CW01430377

Die Farn- und Blütenpflanzen
Baden-Württembergs
Band 4

Im Rahmen des Artenschutzprogrammes Baden-Württemberg
Die Herausgabe erfolgte in Zusammenarbeit mit der Landesanstalt für Umweltschutz
Baden-Württemberg und den Direktionen der Staatlichen Museen
für Naturkunde in Stuttgart und Karlsruhe

Die Farn- und Blütenpflanzen Baden-Württembergs

Band 4: Spezieller Teil
(Spermatophyta, Unterklasse Rosidae)
Haloragaceae bis Apiaceae

Herausgegeben von Oskar Sebald,
Siegmund Seybold und Georg Philippi

Autoren von Band 4:
Siegfried Demuth, Adolf Kappus, Georg Philippi,
Siegmund Seybold, Monika Voggesberger, Arno Wörz

225 Farbfotos, 5 Farbtafeln
188 Verbreitungskarten

E.U.

VERLAG
EUGEN
ULMER

Mit Unterstützung
der Stiftung
Naturschutzfonds!

Die Deutsche Bibliothek – CIP-Einheitsaufnahme

Die **Farn- und Blütenpflanzen Baden-Württembergs** / hrsg. von
Oskar Sebald . . . [Die Hrsg. erfolgte in Zusammenarbeit mit der
Landesanstalt für Umweltschutz Baden-Württemberg und den
Direktionen der Staatlichen Museen für Naturkunde in
Stuttgart und Karlsruhe]. – Stuttgart : Ulmer.
NE: Sebald, Oskar [Hrsg.]

Bd. 4. Spezieller Teil (Spermatophyta, Unterklasse Rosidae) :
   Haloragaceae bis Apiaceae / Autoren: Siegfried Demuth . . . –
   1992
   ISBN 3-8001-3315-6
NE: Demuth, Siegfried

Das Werk einschließlich aller seiner Teile ist urheberrechtlich
geschützt. Jede Verwertung außerhalb der engen Grenzen des
Urheberrechtsgesetzes ist ohne Zustimmung des Verlages und
der Autoren unzulässig und strafbar. Das gilt insbesondere für
Vervielfältigungen, Übersetzungen, Mikroverfilmungen und die
Einspeicherung und Verarbeitung in elektronischen Systemen.

© 1992 Eugen Ulmer GmbH & Co.
Wollgrasweg 41, 7000 Stuttgart 70 (Hohenheim)
Printed in Germany
Einbandgestaltung: A. Krugmann, Freiberg am Neckar
Satz: Typobauer Filmsatz GmbH, Ostfildern-Scharnhausen
Druck und Bindung: Passavia GmbH, Passau
Gedruckt auf Phöno-matt der Papierfabrik Scheufelen, Oberlenningen,
hergestellt aus 100% chlorfrei gebleichtem Zellstoff

Inhaltsverzeichnis

Spezieller Teil

In dem speziellen Teil dieses Werkes werden die Farnpflanzen (Pteridophyta) und die Samen- oder Blütenpflanzen (Spermatophyta oder Anthophyta) Baden-Württembergs behandelt. Beide Abteilungen des Pflanzenreichs werden auch unter den Begriffen Gefäßpflanzen oder Kormophyten zusammengefaßt. Der Vegetationskörper ist bei beiden Abteilungen in der Regel ein aus den drei Grundorganen Sproßachse, Blatt und Wurzel aufgebauter Kormus. Die Bezeichnung Gefäßpflanzen leitet sich von dem bei beiden Abteilungen besonders ausdifferenzierten Leitungsgewebe ab.

Liste der Signaturen auf den Verbreitungskarten

- ● Beobachtung 1970 und später
- ◓ Beobachtung zwischen dem 1. 1. 1945 und dem 31. 12. 1969
- ◒ Beobachtung zwischen 1900 und 1944
- ○ Beobachtung vor 1900
- ○ Beobachtung nur für ein bestimmtes Meßtischblatt, nicht aber für einen bestimmten Quadranten angegeben, Zeitraum 1945 und später.

Liste der Abkürzungen und Zeichen

agg.	= Aggregat, Bezeichnung für eine Gruppe nah verwandter, schwierig zu unterscheidender Kleinarten
BAS	= Herbarium des Botanischen Instituts der Universität Basel
BASBG	= Herbarium der Basler Botanischen Gesellschaft
BBZ	= Berichte des Botanischen Zirkels Stuttgart (Xerokopien)
cv.	= Cultivar (Sorte einer Nutz-oder Zierpflanze)
EGM	= EICHLER, GRADMANN u. MEIGEN (1905–27): Ergebnisse der pflanzengeographischen Durchforschung von Württemberg, Baden und Hohenzollern.
ERZ	= Herbarium des Fürstin-Eugenie-Instituts für Heilpflanzenforschung,

früher Schloß Lindich bei Hechingen, heute dem Herbarium TUB angegliedert.

et al.	= und andere
G0–G5	= Gefährdungskategorien der Roten Liste 1983 (HARMS et al.)
KR	= Herbarium des Staatlichen Museums für Naturkunde Karlsruhe
KR-K	= Kartei der Botanischen Abteilung des Staatlichen Museums für Naturkunde Karlsruhe
L/B	= Verhältnis Länge : Breite
LfU	= Landesanstalt für Umweltschutz Baden-Württemberg
MTB	= Meßtischblatt (Karte 1 : 25000)
nom. cons.	= nomen conservandum, manche Gattungsnamen sind als Ausnahmen von der Prioritätsregel gegen ältere Namen geschützt.
nom. inv.	= nomen invalidum, ungültiger Name
o. O.	= ohne Ortsangabe (Angabe aus den Kartierungsunterlagen ohne Nennung eines Fundorts, aber unter Bezug auf einen bestimmten Quadranten oder auf ein bestimmtes Meßtischblatt).
s. l.	= sensu lato, in weiterem Sinne (bei Arten, die in mehrere Unterarten oder Kleinarten aufgeteilt werden können).
s. str.	= sensu stricto, im engen Sinne (s. Erläuterung bei s. l.)
STU	= Herbarium des Staatlichen Museums für Naturkunde Stuttgart
STU-K	= Kartei der Botanischen Abteilung des Staatlichen Museums für Naturkunde Stuttgart
TUB	= Herbarium des Biologischen Instituts der Universität Tübingen
ZKM	= Zettelkatalog MARTENS (Teil von STU-K)
ZT	= Herbarium des Instituts für spezielle Botanik an der Eidgenössischen Technischen Hochschule in Zürich

♂	= männlich
♀	= weiblich
<	= kleiner als
>	= größer als
≈	= angenähert gleich
ø	= Durchmesser

Abteilung

Spermatophyta (Anthophyta) Samenpflanzen (Blütenpflanzen)

(Fortsetzung)

Haloragaceae

Seebeerengewächse
Bearbeiter: G. Philippi

Zarte Wasserpflanzen oder kräftige Stauden. Blüten sehr klein, radiär, einzeln oder in ährigen Blütenständen. Kelchröhre mit dem Fruchtknoten verwachsen, 2 (–3) Kronblätter, Staubblätter meist 2, 6 oder 8, Fruchtknoten unterständig, 2- bis 4fächrig, mit einer Samenanlage pro Fach.

Familie mit 7 Gattungen und ca. 180 Arten, v.a. in den gemäßigten und subtropischen Zonen der Südhalbkugel. In Europa 1 Gattung. – Zu dieser Familie gehört auch *Gunnera*; die bis 1,5 m hoch werdende *Gunnera tinctoria* (Molina) Mirbel wird gelegentlich als Zierpflanze angebaut (Heimat westliches Südamerika).

1. **Myriophyllum** L. 1753

Tausendblatt

Ausdauernde Wasser- und Sumpfpflanzen mit quirlständigen Blättern, zumindest die untergetauchten Blätter fiederteilig mit haarförmigen Abschnitten, Blütenstände im unteren Teil oft nur mit weiblichen Blüten, im mittleren Teil mit zwittrigen und im oberen mit männlichen. Kelch- und Kronblätter je 4, Fruchtknoten 4fächrig, Frucht in 4 Teilfrüchte zerfallend.

Gattung mit 20–50 Arten, über die ganze Erde verbreitet. In Europa 3 Arten, 2 weitere (aus Amerika stammende) in Frankreich bzw. Österreich eingebürgert.

1 Tragblätter meist länger als die Blüten, alle fiedrig eingeschnitten; Blätter zu 5–6 in einem Quirl; Pflanze meist hellgrün . . . . 1. *M. verticillatum*
 – Tragblätter kürzer als die Blüte, mindestens im oberen Teil des Blütenstandes ungeteilt; Blätter zu 4 in einem Quirl; Pflanze rötlich bis bräunlich . . 2
2 Ähren reichblütig, aufrecht, Blüten in Quirlen; Blätter mit 15–40 haarförmigen Abschnitten, diese ± gegenständig . . . . . . 2. *M. spicatum*
 – Ähren armblütig, oft überhängend, Blüten im oberen Teil des Blütenstandes oft wechselständig; Blätter mit 8–18 haarförmigen Abschnitten, diese meist wechselständig . . . . . 3. *M. alterniflorum*

1. **Myriophyllum verticillatum** L. 1753

Quirlblütiges Tausendblatt

Morphologie: Wasserpflanze, submers lebend, bis 3 m lang, verzweigt, hellgrün, Endknospen (Turionen) bildend, diese auf dem Schlamm überwinternd. Blätter in Quirlen zu 5 oder 6, an den oberflächennahen Sproßteilen etwa 2- bis 3mal so lang wie die Internodien, bis 4 (5) cm lang, mit 15 bis 40 fadenförmigen Abschnitten. Blütenstand über der Wasseroberfläche, bis 10 cm lang, mit fiederteiligen Tragblättern, gelbgrün. Kronblätter der männlichen Blüten weißlich, der weiblichen verkümmert. – Blütezeit Juli–August (September). Windbestäubung. Vegetative Vermehrung über abgerissene Äste und Endknospen.

Ökologie: In lockeren bis mäßig dichten Herden in mäßig eutrophen bis eutrophen, sauberen, kalkhaltigen Gewässern, in Wassertiefen bis ca. 2,5 m, über sandig-kiesigem wie schlammigem Grund, z.T. zusammen mit *M. spicatum*, doch meist in sauberen Gewässern, deutlich weniger Verschmutzung

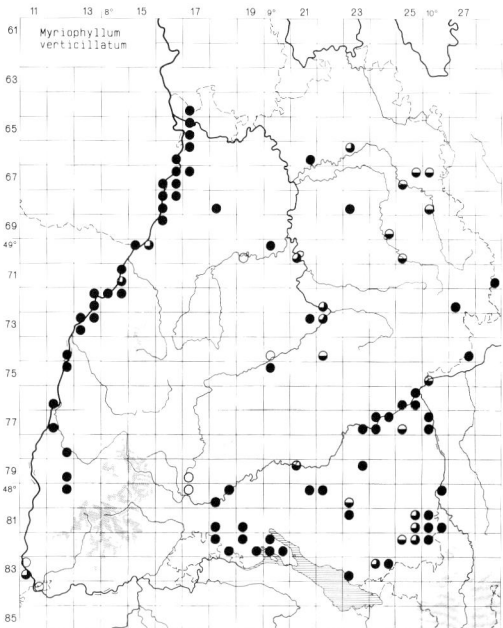

7

Myrioph. verticillatum.

Vogel sc.

ertragend. Kennzeichnend für Seerosen-Gesellschaften (Myriophyllo-Nupharetum), auch in Kiesgruben in eigener *Myriophyllum verticillatum*-Gesellschaft. – Zur Ökologie vgl. KONOLD (1987: 507); Vegetationsaufnahmen vgl. GÖRS (1969, Allgäu), PHILIPPI (1969, Oberrhein), LANG (1973, Bodensee-Gebiet).

Allgemeine Verbreitung: Europa, Asien, Nordamerika (Kanada). In Europa nordwärts vereinzelt bis zum Polarkreis, häufiger bis ca. 63° n.Br., in den Alpen bis fast 1000 m, Südeuropa seltener. In Deutschland v.a. in den großen Flußtälern, in den Gebirgen selten oder fehlend.

Verbreitung in Baden-Württemberg: Schwerpunkt des Vorkommens im Oberrheingebiet, an der Donau und im westlichen Bodensee-Gebiet. Einzelvorkommen im Kraichgau und Neckargebiet sowie im übrigen Alpenvorland.

Tiefste Fundstellen ca. 95 m, höchste bei Tuttlingen (8018/2), ca. 640 m.

Die Pflanze ist einheimisch und war wohl vor den großen Eingriffen des Menschen im Gebiet vorhanden.

Erstnachweise: Cromer-Interglazial, Funde von Steinbach bei Baden-Baden (SCHEDLER 1981). – Erste schriftliche Erwähnung: J.F. GMELIN (1772: 295): „der große Wörth" bei Tübingen.

Bestand und Bedrohung: Die Pflanze ist gegenüber einer Gewässerverschmutzung empfindlich und scheint zurückzugehen, auch wenn der Rückgang in der Karte nicht ablesbar ist. Neue Wuchsorte sind in Form von Kiesgruben hinzugekommen, wo sich *M. verticillatum* nicht in dem Maße wie *M. spicatum* einstellen kann. Die Vorkommen sollten sorgsam verfolgt werden: *M. verticillatum* ist (schwach) gefährdet (G3).

2. Myriophyllum spicatum L. 1753
Ähriges Tausendblatt

Morphologie: Ähnlich *M. verticillatum*, doch Pflanzen meist rötlich oder bräunlich, Blätter in Quirlen zu 4, diese bis 3–4 cm lang, meist etwas kürzer als bei *M. verticillatum*. Tragblätter mindestens im oberen Teil des Blütenstandes ganzrandig, kürzer als die Blüten, im unteren Teil wenig länger. – Blü-

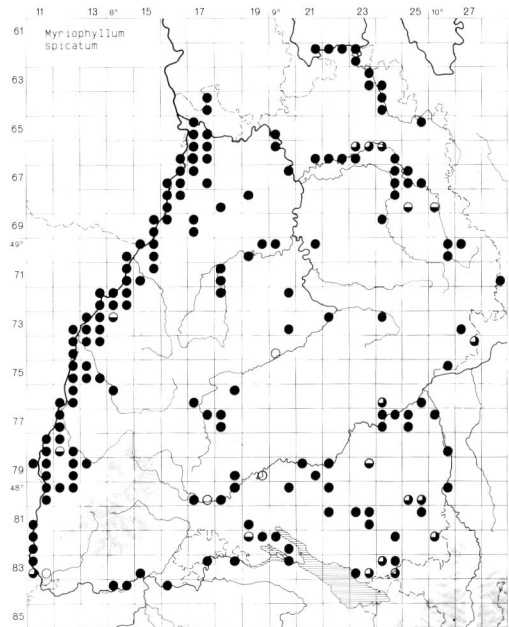

Quirlblütiges Tausendblatt *(Myriophyllum verticillatum)*; aus ROEMER, J.J., Flora Europaea inchoata, Band 12, Tafel 8 (1807).

tezeit Juli–August (September). Windbestäubung. Vegetative Vermehrung über abgerissene Äste und Endknospen.

Ökologie: In lockeren (bis mäßig dichten) Herden in mäßig eutrophen bis eutrophen, z.T. auch sehr eutrophen, sauberen bis mäßig verschmutzten, kalkhaltigen Gewässern, in Wassertiefen bis ca. 2,5 m, über sandig-kiesigem wie schlammigem Grund, in stehenden wie langsam fließenden Gewässern. Schwache Kennart der Seerosen-Gesellschaft (Myriophyllo-Nupharetum), häufiger in Kiesgruben in einer eigenen Gesellschaft. – Ökologische Daten vgl. MONSCHAU-DUDENHAUSEN (1982), KONOLD (1987: 506). In der Nagold (Nordschwarzwald) ist *M. spicatum* für eine Zone mit mäßiger Ammonium-Belastung, aber hoher Phosphat-Belastung kennzeichnend (MONSCHAU-DUDENHAUSEN (1982: 82)). – Vegetationsaufnahmen vgl. LANG (1973), PHILIPPI (1969), aus langsam fließenden Gewässern LANG (1973), PHILIPPI (1981: 546).

Allgemeine Verbreitung: Europa, Asien, Nordafrika, Südafrika, Kanaren, Nordamerika (bis Florida und Kalifornien). In Europa Schwerpunkt in den gemäßigten Gebieten, nordwärts vereinzelt bis Nordnorwegen, in den Alpen (Graubünden) bis 1800 m. In Deutschland in den Flußtälern verbreitet.

Verbreitung in Baden-Württemberg: Oberrhein, Hochrhein, Neckargebiet: v.a. in den Zuflüssen des

Ähriges Tausendblatt *(Myriophyllum spicatum)*
Riedlingen, 27. 6. 1976

Neckars, im Neckar selbst sehr selten. – Tauber
verbreitet, auch im Main vielfach. Alpenvorland
und Donau zerstreut. Insgesamt wesentlich häufiger als *M. verticillatum*.

Tiefste Fundstellen ca. 95 m (Oberrhein), höchst
gelegene in der Baar (8017/3, Kiessee E Hüfingen),
ca. 675 m, und im Alpenvorland (8125/2: S Star-
kenhofen bei Seibranz, 767 m, KONOLD (1987)). Im
Spätglazial bis 758 m Höhe nachgewiesen: 7423/1:
Schopflocher Torfgrube (LANG).

Die Pflanze ist einheimisch.

Erstnachweise: Schleinsee und Schopflocher Torfgrube, gefunden wurden zahlreiche Blätter und vereinzelt auch Früchte, Älteste Dryaszeit, LANG
(1952). – Erste schriftliche Erwähnung: J. F. GME-
LIN ((1772: 295): „in paludibus ambulacri Studen-
tenwäldlein" bei Tübingen.

Bestand und Bedrohung: Nicht bedroht, auch durch
Gewässerverschmutzung nicht. Jüngere Ausbreitung durch die Anlage von Kiesgruben.

3. Myriophyllum alterniflorum DC. in Lam. et DC. 1815
Wechselblütiges Tausendblatt

Morphologie: Ähnlich *M. verticillatum*, doch Pflanzen meist rötlich bis bräunlich, kleiner, meist nur 1
(–2) m lang. Blätter in Quirlen zu 4, kürzer als
2,5 cm. Blütenstand 0,5–3 cm groß, zunächst überhängend. Blüten nicht alle in Quirlen. Tragblätter
kurz, zumindest die oberen ungeteilt. – Blütezeit
Juli–August. Im Gebiet in manchen Jahren steril
bleibend (vgl. ROWECK 1986); Vermehrung vegetativ (abgebrochene Sprosse).

Ökologie: In lockeren Beständen in sauberen, nährstoffarmen, doch meist basenreichen, schwach sauren, kühlen Gewässern über sandig-kiesigem
Grund, selten auch kalkreichen, basischen Stellen,
meist in Wassertiefen von 1–2 (3) m, im Gebiet nur
in stehenden Gewässern, in anderen Gebieten (z. B.
in der Südpfalz) auch in langsam fließenden Gewässern. Im Gebiet zusammen mit *Isoëtes*-Arten
kennzeichnend für das Isoëtetum setacei, in anderen Gebieten auch im Ranunculo-Callitrichetum
hamulatae. – Vegetationsaufnahmen und Vegeta-
tionsprofile vgl. OBERDORFER (1934, 1957), RO-
WECK (1986).

Allgemeine Verbreitung: Europa, Nordamerika,
Grönland, Nordafrika. In Europa v. a. im mittleren
und nördlichen Bereich, nordwärts bis Nordnorwegen, ostwärts bis Finnland, Polen, Rumänien. Im
Mittelmeergebiet selten. – In Deutschland neben
isolierten Vorkommen im Südschwarzwald v. a. in
Nordwestdeutschland (Heidegebiete) und in der
Südpfalz. Vorkommen vielfach erloschen. – Ge-
samtverbreitung nordisch, schwach subozeanisch.

Verbreitung in Baden-Württemberg: Südschwarzwald. Hochrheingebiet. Vorübergehend auch Oberrheinebene. – Die Pflanze ist einheimisch; sie kann
im Gebiet als Glazialrelikt angesehen werden.

Südschwarzwald: 8114/1: Feldsee, 1108 m, NEUBERGER
(1912), hier weiter im Bach, der durch das Feldseemoor
fließt, DE BARY in SCHILDKNECHT (1863); 8114/2: Titisee,
DE BARY in DÖLL (1862); an beiden Stellen heute noch in
großen Beständen vorhanden, vgl. ROWECK (1986); 8014/
4, 8015/3: Gutach bis gegen Neustadt, LAUTERBORN
(1927: 79); früher auch 8114/4, 8115/3: Schluchsee, ca.
910 m, SCHILDKNECHT (1863), OBERDORFER (1930), vgl.
auch KUMMER (1944: 101), Vorkommen nach 1930 durch
Aufstau zerstört; 8115/1: Ursee bei Lenzkirch, 835 m,

Wechselblütiges Tausendblatt *(Myriophyllum alterniflorum)*; aus SOWERBY, J. & J. E. SMITH, Engl. Botany,
Suppl. Band 3, Tafel 2854 (1843).

LAUTERBORN (1941: 289), nicht mehr bestätigt; 8215/2: Schlüchtsee bei Grafenhausen, 914 m, HESS, LANDOLT u. HIRZEL (1970: 785), ob noch?

Hochrheingebiet: 8315/4: Schlüchtwiesen bei Tiengen, in schnellfließenden Seitenkanälen der Schlücht in Menge und blühend, von W. KOCH entdeckt, weiter auf der rechten Seite der Schlücht bis nahe zur Mündung in die Wutach, ca. 320–350 m, BECHERER (1923). Vorkommen offensichtlich erloschen.

Oberrheinebene: 7911/2: Quelltümpel der Faulen Waag bei Breisach-Achkarren, ca. 185 m, zusammen mit *Potamogeton densus* in üppigen Büschen, 1925, LAUTERBORN (1927: 79), später unbestätigt; 7912/4: Kiesgrube W Mundenhof bei Freiburg, 1963, reichlich, später nicht mehr beobachtet (Kiesgrube entstand 1960/61), PHILIPPI in PHILIPPI u. WIRTH (1970).

Vorkommen in Nachbargebieten: Vogesen: Seen der Hochvogesen, in den Weihern der Südwestvogesen (Vosges saônoises) und des Vogesenvorlandes im Terr. d. Belfort. Sandsteinvogesen nördlich Zabern und südlicher Pfälzer Wald, hier meist in langsam fließenden Bächen; Vorkommen vielfach unbestätigt.

Erstnachweise: Pollenfunde in spätglazialen Seeablagerungen des Hochschwarzwaldes (Ältere Dryas-Zeit): OBERDORFER (1931, Schluchsee), LANG (1952, Erlenbruck- und Dreherhofmoor, 1971, Ursee), LOTTER u. HÖLZER (1989, Hirschenmoor). Erste schriftliche Erwähnung: DÖLL (1862, Titisee, nach Funden von DE BARY).

Bestand und Bedrohung: Im Feld- und Titisee noch in reichen Beständen, die wenig bedroht erscheinen. So ist nur eine potentielle Bedrohung aufgrund der wenigen Wuchsorte anzunehmen (G4).

Hippuridaceae

Tannenwedelgewächse
Bearbeiter: G. PHILIPPI

Familienmerkmale ähnlich wie bei den Haloragaceae, doch Kronblätter fehlend, Blütenhülle auf schmalen Saum reduziert, 1 Staubblatt, Frucht einfächrig (einsamig). Familie mit 1 Gattung, diese mit einer (formenreichen) Art.

1. **Hippuris** L. 1753

Tannenwedel

1. **Hippuris vulgaris** L. 1753

Gewöhnlicher Tannenwedel

Morphologie: Wasser- bzw. Sumpfpflanze mit kriechendem Rhizom und aufrechten Sprossen, diese in der Wasserform bis über 1 m lang, in der Landform bis 40 cm hoch. Blätter zu 4–20 in Quirlen; untergetauchte Blätter bis 8 cm lang, weich, Blätter der Landform steif, bis 3 cm lang, schmal, ganzrandig. Blüten an den über das Wasser ragenden Teilen, klein, blattachselständig, Frucht 1,5 mm lang, eiförmig. – Blütezeit Juni–August, Windbestäubung.

Ökologie: In lockeren Herden als Wasserpflanze in meist stehenden, mäßig nährstoffreichen, sauberen Gewässern über kalkreichem, schlammigem

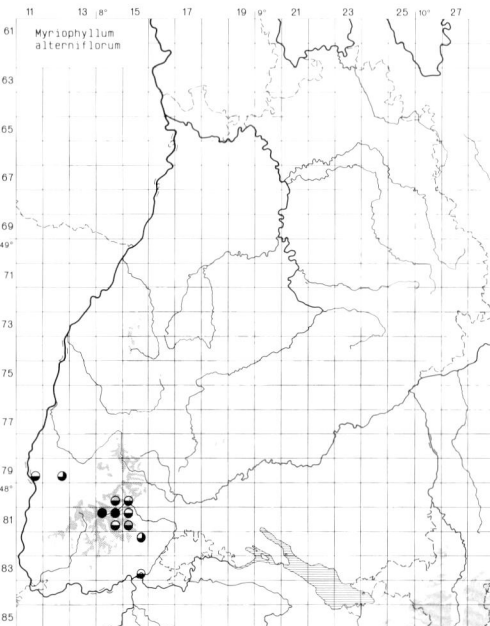

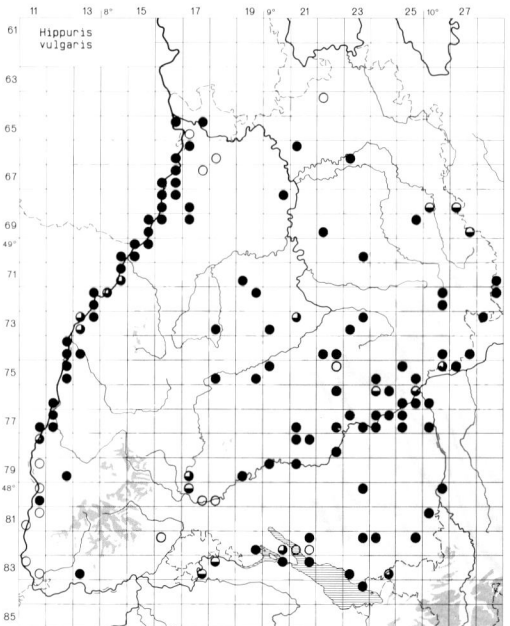

Gewöhnlicher Tannenwedel *(Hippuris vulgaris)*
Breisach, 1991

Grund, in Wassertiefen bis 2 m, gegen Verschmutzung empfindlich, (schwache) Beschattung ertragend, hier zusammen mit Seerosen im Myriophyllo-Nupharetum, seltener an langsam strömenden Stellen in Fluthahnenfuß-Gesellschaften (Ranunculion fluitantis).

Landformen auf trockengefallenen Schlammböden auch an stärker eutrophen Gewässern. – Vegetationsaufnahmen aus Seerosen-Gesellschaften vgl. PHILIPPI (1969, 1978), von Schlammufern vgl. PHILIPPI (1978: 143).

Allgemeine Verbreitung: Europa, Westasien, Nordamerika, südliche Teile von Südamerika, Australien. In Europa von Nordeuropa bis Nordnorwegen, nur im Mittelmeerraum seltener und gebietsweise fehlend. In den Alpen bis 1600 m, vereinzelt bis über 2000 m.

Verbreitung in Baden-Württemberg: In Kalkgebieten mit Gewässern verbreitet, so v. a. am Oberrhein,

selten auch Hochrhein, und Donau. Zerstreut im Neckargebiet und im Alpenvorland (v. a. Bodensee-Gebiet), hier meist in isolierten Teichen.

Tiefste Fundstellen am Oberrhein, ca. 95 m, höchste in der Baar: 7917/1: Schwenninger Moos, ca. 700 m.

Die Pflanze ist einheimisch; Vorkommen in naturnahen Flußlandschaften sind gut vorstellbar.

Erstnachweise: Interglaziale Funde sind von Steinbach bei Baden-Baden bekannt (SCHEDLER 1981). Nachweise aus dem Postglazial fehlen. – Die erste schriftliche Erwähnung der Pflanze findet sich bei LEOPOLD (1728: 55): „Im kleinen Dönelein" bei Ulm.

Bestand und Bedrohung: Vielfach heute noch in reichen Beständen vorhanden, doch ist der Rückgang nicht zu übersehen. Fast dramatische Ausmaße hat der Rückgang im Oberrheingebiet zwischen Rastatt und Breisach angenommen, wo nach dem Stau-

13

Gewöhnlicher Tannenwedel *(Hippuris vulgaris)*
Forchheim, 19. 4. 1992

Familie mit einer Gattung, die in Europa, Asien und Afrika vertreten ist, in Nordamerika eingeschleppt.

1. **Trapa** L. 1753
Wassernuß

Gattung mit wenigen Arten (ca. 3–10), in Europa 1 Art, diese formenreich, mit zahlreichen Lokalsippen (früher z. T. als eigene Arten gewertet).

1. **Trapa natans** L. 1753
Gewöhnliche Wassernuß

Morphologie: Einjährige Wasserpflanze, am Gewässergrund verankert (nicht verwurzelt), mit dünnem verlängertem Stengel, dieser entfernt mit bald absterbenden linealen Blättern besetzt, an deren Ansatzstellen sich fiederteilige Wasserwurzeln bilden. Oberer Teil des Stengels gestaucht, bis 1 cm stark, mit rosettig gehäuften (wechselständigen) Schwimmblättern, diese rhombisch, ledrig, olivgrün, im Spätjahr violettbraun, mit langem, aufgeblasenem Blattstiel; Blätter und Blattstiele unterseits dicht borstig behaart. Blüten weiß, kaum über die Rosette emporgehoben, Kronblätter 8 mm lang. Steinfrucht mit 4 spreizenden bis zurückgebogenen Kelchdornen.

Biologie: Blütezeit Juli–August. Starke vegetative Vermehrung durch Bildung von Tochterrosetten.

stufenbau die Pflanze weitgehend verschwunden ist. KRAUSE et al. (1987) konnten im Gebiet des Taubergießen einen Rückgang von 1960 bis 1978 auf fast 10 % der ursprünglichen Vorkommen nachweisen (wobei die heutigen Vorkommen oft nur noch aus wenigen Einzelpflanzen bestehen). Im Oberrheingebiet südlich Rastatt steht *H. vulgaris* kurz vor dem Aussterben. Ursachen des Rückganges sind Eutrophierung der Gewässer und verändertes Wasserregime (kein Trockenfallen der Schlammufer). In anderen Gebieten Baden-Württembergs ist die Pflanze weniger gefährdet; ein Rückgang ist schwer nachweisbar. Gelegentlich kann die Pflanze sich spontan an neu geschaffenen Stellen einfinden; häufiger wird sie leider künstlich eingebracht! – Gesamtgefährdung in Baden-Württemberg: G3. In der Roten Liste für Deutschland ist *H. vulgaris* nicht enthalten.

Trapaceae
Wassernußgewächse
Bearbeiter: G. PHILIPPI

Einjährige Wasserpflanzen mit vierzähligen Blüten. Blütenachse den unteren Teil des Fruchtknotens becherartig umschließend, Fruchtknoten halbunterständig, zweifächrig, mit 2 Samenanlagen, von denen sich eine entwickelt. Kelch bei der Fruchtreife sich holzig verhärtend.

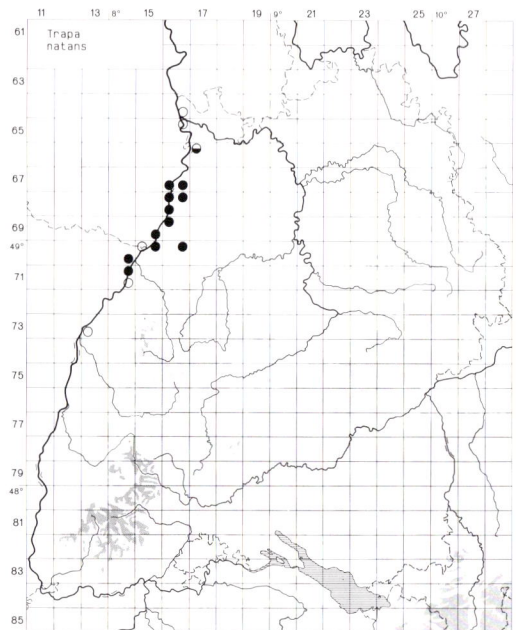

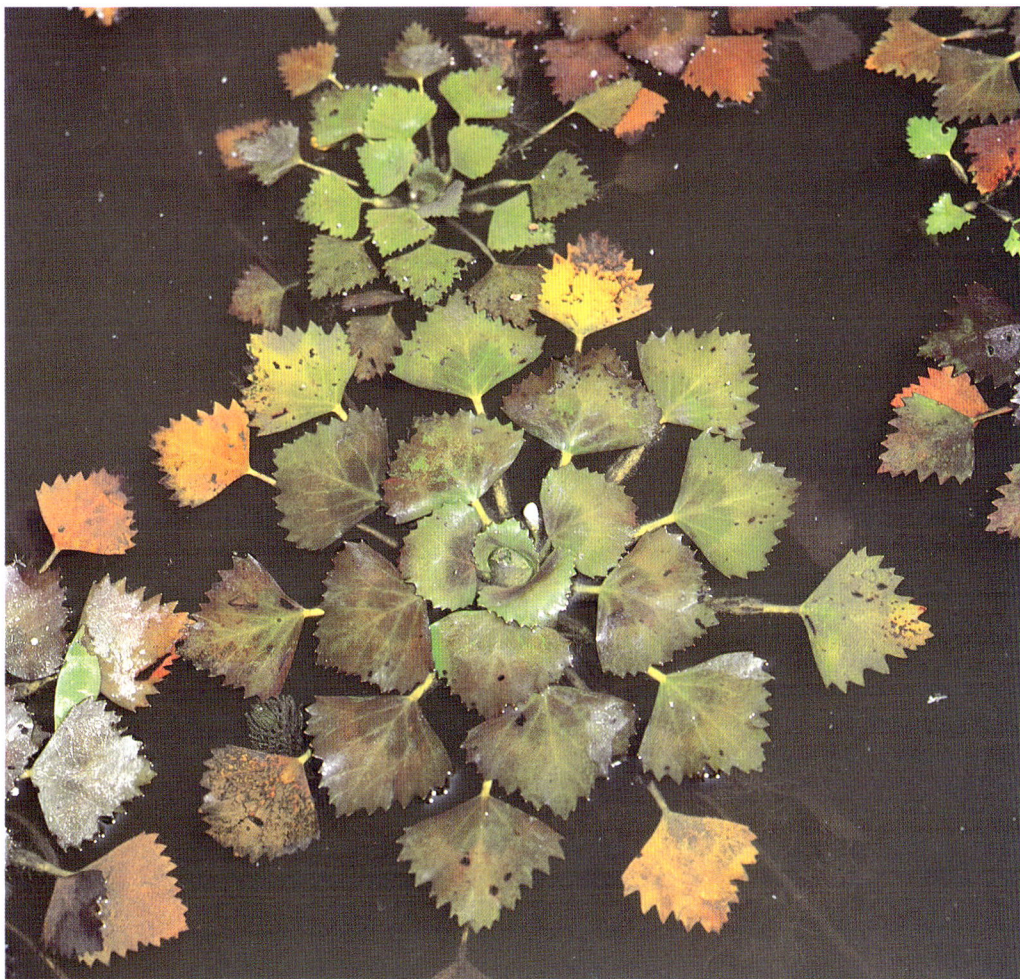

Gewöhnliche Wassernuß *(Trapa natans)*
Plittersdorf, 1988

Verbreitung der reifen Nüsse (die nach Absterben der Pflanze auf den Grund des Gewässers sinken) durch Graugänse, Höckerschwäne, Fischotter und Biber, v.a. aber durch den Menschen, der die Früchte (wegen des Kernes) seit der Jüngeren Steinzeit bis in das 19. Jahrhundert genutzt hat und gebietsweise heute noch nutzt (z.B. im Territoire de Belfort oder in Rumänien).

Ökologie: In dichten Herden in eutrophen bis sehr eutrophen, teilweise auch etwas verschmutzten Gewässern in Wassertiefen meist zwischen 1 und 2 (2,5) m über kalkreichem, schlammigem Grund, sommerwarme Gewässer (ohne starken Grundwassereinfluß) bevorzugend, gegen Beschattung empfindlich. Die Pflanze kann Wasserstandsschwankungen (soweit nicht zu groß) gut ertragen. Vergesellschaftung meist mit *Nuphar lutea* und *Ceratophyllum demersum*, doch kaum einmal mit Arten, die höhere Ansprüche an die Wasserqualität stellen (z.B. selten mit *Myriophyllum verticillatum* oder *Nymphaea alba*). – Pflanzen entwickeln sich Ende Mai/Anfang Juni aus den im Schlamm liegenden Früchten und bilden dann v.a. in der 2. Julihälfte und im August dichte Schwimmdecken.

Vegetationsaufnahmen vgl. PHILIPPI (1969, 1978), zu den Bestandesschwankungen vgl. PHILIPPI (1978: 117).

Allgemeine Verbreitung: Europa, Nordafrika, Asien (ostwärts bis Japan). In Europa v.a. in den wärmeren Gebieten, nordwärts bis Mittelfrankreich, mittlere Elbe, Polen, wärmezeitlich weiter verbreitet, so in Schweden bis 60° n.Br., in Südfinnland bis 63°

15

Gewöhnliche Wassernuß *(Trapa natans)*
Blüten

Gewöhnliche Wassernuß *(Trapa natans)*
Frucht

n.Br. – In Deutschland v.a. im Oberrheingebiet zwischen Rastatt und Mainz, selten auch in Bayern (wenige isolierte Vorkommen) sowie an der mittleren Elbe.

Verbreitung in Baden-Württemberg: Nördliches Oberrheingebiet. Vorkommen in Höhen zwischen 95 und 115 m. Die Pflanze ist einheimisch. Doch sind eine Reihe von Vorkommen ganz offensichtlich synanthrop. Verbreitungskarte oberrheinischer Vorkommen: PHILIPPI (1978: 107).

Oberrheingebiet: 6416/4: Sandhofen, SCHMIDT (1857); 6516/2: Neckarau, DIERBACH (1819); 6617/1: SW Brühl, KNAPP (1946); 6716/3: SW Rheinsheim, PHILIPPI (1978); 6716/3 + 4, 6816/2: Rußheimer Altrhein, reichlich, vgl. FRANK (1830), PHILIPPI (1978); 6816/1: Rheinvorland NW Rußheim, PHILIPPI (1978); 6816/3: Hochstetten, Linkenheim, GMELIN (1805), hier zuletzt 1965; 6816/3: Leopoldshafen, alter Hafen, Vorkommen wohl erst um 1930 entstanden, zuletzt um 1973, erloschen (vgl. dazu PHILIPPI 1969: 145); 6916/1: Kleiner Bodensee, GMELIN (1805), KNEUCKER (1886), noch reichlich vorhanden; 6915/4: W Knielingen, GMELIN (1805), KNEUCKER (1886), zuletzt um 1973, erloschen; 6915/4: Rheinvorland von Daxlanden, GMELIN (1805), zuletzt in größerer Menge um 1987, offensichtlich erlöschend; 7015/1: Au, GMELIN (1805), unbestätigt; 7015/2: Altrhein bei Neuburgweier, stark zurückgehend, zuletzt 1990; früher weiter zw. Mörsch und Neuburgweier, FRANK (1830); 7014/4: Plittersdorf, Bärensee; 7114/2: W Plittersdorf am Altrhein zur Fähre, früher sehr reichlich, GEISSERT, zuletzt um 1973; 7114/2: W Wintersdorf, kleiner Bestand, um 1976, HÜGIN, HARMS (KR-K); 7114/4: Hügelsheim, FRANK (1830); 7313/3: Auenheim, FRANK (1830), beide Vorkommen seit langem unbestätigt. – Daneben existierten eine Reihe isolierter Vorkommen in Fischteichen, die ganz offensichtlich auf Anpflanzungen zurückgehen: Diese Vorkommen wurden

(mit Ausnahme des im Oberwald bei Karlsruhe gelegenen) nicht in der Karte aufgeführt: 6917/3: Weingartner Moor, KNEUCKER (1886: 417), offensichtlich nur ganz kurzlebiges Vorkommen; 7016/2: Karlsruhe, Kiesgrube im Oberwald, von ca. 1950 bis etwa 1976 in reichen Beständen, OBERDORFER (KR-K), inzwischen erloschen; 7015/3: Würmersheim, FRANK (1830); 7314/2: Ottersweier, vor 1600, AGERIUS, nach LAUTERBORN (1927: 79); 7413/1: Odelshofen, FRANK (1830); 7911/2: Burkheim-Breisach, v. ITTNER, nach LAUTERBORN (1927), fragliche Angabe; 7912/4: Lehener Weiher, v. ITTNER, SPENNER (1829), bereits um 1860 erloschen.

Vorkommen in den Nachbargebieten: In den pfälzischen Altrheinen zwischen Neuburg und Speyer an zahlreichen Stellen, doch nach 1973–76 stark zurückgegangen. Auf elsässischer Seite war (neben Vorkommen in isolierten Fischgewässern wie bei Bischwiller) nur ein Vorkommen an der Sauermündung bei Münchhausen (7014/4) bekannt (GEISSERT, hier zuletzt um 1976), inzwischen erloschen. In der rheinhessischen und hessischen Rheinaue existieren heute nur noch wenige Vorkommen (z.B. im Lampertheimer Altrhein, 6416/2, und am Kühkopf).

Neckargebiet: Frühere Beobachtungen vor 1900: 7221/1: Stuttgart, Postsee, gepflanzt, schon 1834 verschwunden, hat sich hier nach KREH (1951: 73) über 23 Jahre gehalten; 7322/4: Nabern, GMELIN (1772), vgl. v. MARTENS u. KEMMLER (1882) und SCHÜBLER und v. MARTENS (1834).

Schwäbisch-Fränkischer Wald: 7027/1: Pfannenschmiedweiher, 2 Stunden von Ellwangen, ROESLER in SCHÜBLER und VON MARTENS (1834), vgl. auch VOGGESBERGER (1991: 185).

Erstnachweise: Federsee (Dullenried), Frühes Subboreal, BERTSCH (1931), Oedenahlen bei Bad Buchau, Frühes Subboreal, U. MAIER (1988). In der postglazialen Wärmezeit war *Trapa* auch im Gebiet wesentlich weiter verbreitet als heute; in den Vogesen noch in Höhen von 500 m nachgewiesen (SCHLOSS 1979, Sewensee). – Erster schriftlicher Hinweis: NIKOLAUS AGERIUS im 16. Jahrhundert, Beobachtung von Ottersweier (zitiert nach LAUTER-BORN 1927: 79).

Bestand und Bedrohung: Im Gebiet noch in sehr reichen Beständen vorhanden, von denen die größten am Rußheimer Altrhein (in manchen Jahren) 4,5 ha Fläche einnehmen, am Kleinen Bodensee 8,5 ha, vgl. dazu PHILIPPI (1977: 41). Doch ist die Pflanze in den Jahren zwischen 1973 und 1980 stark zurückgegangen: Große Populationen können ganz überraschend ausbleiben. Ursachen sind ungünstige Wasserstandsverhältnisse, vielleicht verbunden mit einer Eutrophierung oder Ablagerung von Trübstoffen. *Trapa natans* ist im Gebiet stark gefährdet (mit Tendenz zu G1: vom Aussterben bedroht); sie ist durch die Bundesartenschutzverordnung vom 19. 12. 1986 besonders geschützt. – Auf die Bedeutung der Wassernuß-Vorkommen aus der Sicht des Naturschutzes wies erstmals EBERLE (1926) hin (mit Photos der Vorkommen im Altrhein Kleiner Bodensee bei Karlsruhe).

Lythraceae

Weiderichgewächse
Bearbeiter: G. PHILIPPI

Kräuter (z.T. einjährige Pflanzen), auch Sträucher und Bäume. Blätter meist gegenständig, einfach, Nebenblätter vorhanden oder fehlend. Krone vierzählig, meist mit zwei Symmetrieebenen (aktinomorph), seltener sechszählig. Kelchartiger Achsenbecher, der nicht mit dem Fruchtknoten verwachsen ist, daneben gelegentlich ein kelchartiges Gebilde (Außenkelch). Staubblätter doppelt so viel wie Kronblätter. Frucht Kapsel oder Schließfrucht.

Familie mit 22 Gattungen und ca. 450 Arten, v.a. in den tropischen Gebieten der Alten und Neuen Welt, in Europa 3 Gattungen, eine weitere Gattung *Rotala* eingeschleppt.

1   Pflanze niederliegend, Blätter ± fleischig, glänzend, löffelartig abgerundet, Achsenbecher halbkugelig . . . . 2. *Peplis*
–   Pflanze aufrecht, Blätter nicht fleischig, ± matt, eiförmig-lanzettlich bis lanzettlich, zugespitzt, Achsenbecher röhrig-walzlich . . . . 1. *Lythrum*

1. **Lythrum** L. 1753

Weiderich

Blätter gegenständig oder wechselständig, ganzrandig. Blüten blattachselständig, mit lang-zylindrischem Achsenbecher, Kronblätter länger als (2) 3 mm.

Gattung mit ca. 25 Arten, diese v.a. auf der Nordhalbkugel. In Europa 10 Arten, von denen 2 in Deutschland vorkommen.

1   Blätter gegenständig, eiförmig-lanzettlich, Blütenstand deutlich abgesetzt, endständig, kräftige, ausdauernde Pflanze . . . . 1. *L. salicaria*
–   Blätter wechselständig, lineal-lanzettlich, bläulichgrün, Blütenstand nicht deutlich abgesetzt, kleine, einjährige Pflanze . . . . 2. *L. hyssopifolia*

1. **Lythrum salicaria** L. 1753

Blut-Weiderich, Gemeiner Weiderich

Morphologie: Hemikryptophyt, 0,5–1,5 (2) m hohe Pflanze, Stengel am Grund oft verholzt, vierkantig, im unteren Teil kahl bis zerstreut behaart, im Blütenstandsbereich deutlich behaart. Blätter kreuzweise gegenständig, mit breitem Grund ± sitzend. Blüten zu 2 und mehr in den Achseln von Hochblättern, diese wechselständig. Achsenbecher mit Kelchzipfeln 6–7 mm lang, Kronblätter violettrot, über 1 cm lang. Frucht eine zylindrische Kapsel, 3–6 mm lang, zweiklappig aufreißend. – Blütezeit

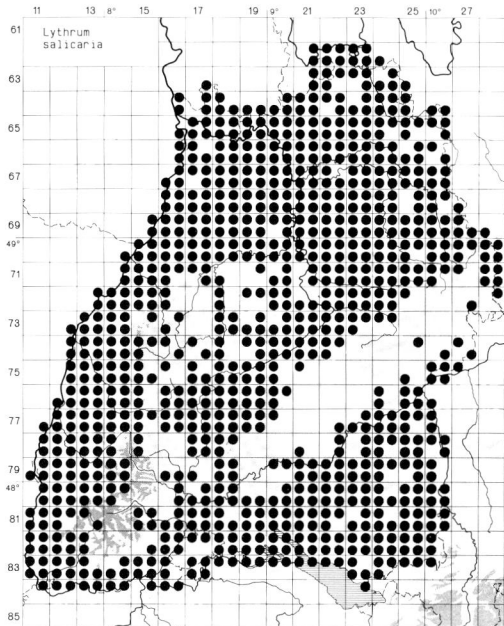

Lythrum salicaria

Blut-Weiderich *(Lythrum salicaria)*

(Juni) Juli bis September. Insektenbestäubung, Klebverbreitung (Samen mit Schleimhaaren).

Ökologie: In Einzelpflanzen oder lockeren Herden an feuchten (bis nassen), gelegentlich auch überschwemmten, basenreichen und (mäßig) nährstoffreichen, gern kalkhaltigen, basischen, oft humosen Stellen. In Feuchtwiesen (v.a. in weniger intensiv genutzten Beständen), in Seggenriedern, seltener auch in (periodisch gemähten) Röhrichten oder Flachmoorwiesen, in Pioniergesellschaften periodisch ausgeräumter Wiesengräben oder an Teichufern, seltener in Brachegesellschaften mit *Filipendula ulmaria*.

Die Pflanze verträgt Mahd; in früh gemähten Wiesen kann sie im Spätsommer Blühaspekte bilden. – Vegetationsaufnahmen mit *Lythrum salica-ria* (wenn auch meist nur in geringer Menge enthalten) liegen reichlich vor.

Allgemeine Verbreitung: Europa, Asien (bis China), Nordafrika, in Nordamerika an der Ostküste (verschleppt?). In Europa vom Mediterrangebiet bis Nordeuropa, im Ostseegebiet vereinzelt bis zum Polarkreis. In Deutschland verbreitet und meist häufig.

Verbreitung in Baden-Württemberg: Verbreitet, v.a. in den tief gelegenen Auenlandschaften. Im Schwarzwald wegen zu armer Böden seltener und gebietsweise fehlend. Hier jedoch vielfach jüngere Vorkommen in Straßengräben, bedingt durch die Verwendung kalkhaltigen Materials beim Straßenbau. Das Gebiet der Schwäbischen Alb ist zu trocken, als daß die Pflanze hier genügend geeignete

Wuchsorte finden könnte. Auch in den Muschelkalkgebieten an der oberen Tauber zeigt die Verbreitungskarte Lücken.

Tiefste Fundstellen in der Rheinebene, ca. 95 m,
höchst gelegene in der Baar bei Tannheim (7916/3)
760 m, an der Schwarzwaldhochstraße (7415/1) bis
900 m.

Die Pflanze dürfte im Gebiet urwüchsig sein;
Vorkommen in naturnahen Gesellschaften sind aus
Auenwäldern und Erlenbrüchern bekannt.

Erstnachweise: Bodman, Mittleres Subboreal
(Frühe Bronzezeit), FRANK (1989). Erste schriftliche Erwähnung: DUVERNOY (1722: 127), Umgebung von Tübingen. Bereits HARDER hat die
Pflanze 1594 im Gebiet gesammelt (HAUG 1915:
72).

Bestand und Bedrohung: Keine Bedrohung, eher
Ausbreitung infolge Eutrophierung der Landschaft
durch Straßenbau.

2. Lythrum hyssopifolia L. 1753
Ysop-Weiderich

Morphologie: Pflanze einjährig (Therophyt),
10–50 cm hoch, aufrecht, an offenen Stellen auch
etwas niederliegend, unverzweigt bis stark verzweigt, etwas blaugrün, kahl. Stengel mit schmalen,
häutigen Längskanten. Blätter wechselständig, lineal, bis 2,5 cm lang und 0,5 cm breit. Blüten meist
zu 2, blattachselständig, meist kurz gestielt, v.a. im
mittleren Stengelteil; Achsenbecher 4–6 mm lang,
Kronblätter hell rosa-violett, Kapsel zylindrisch. –
Blütezeit Juli bis September. Insektenbestäubung,
Selbstbestäubung, Wasserverbreitung.
Ökologie: Einzelne Pflanzen an feuchten, zeitweise
leicht überschwemmten, sandig-lehmigen bis sandig-kiesigen, kalkarmen, schwach sauren, doch basenreichen, seltener auch kalkhaltigen, basischen,
höchstens mäßig nährstoffreichen Stellen, auf Rohböden am Rand von Kiesgruben, in periodisch ver-
nässten Ackerfurchen, gern an durch Tritt verdich-
teten Wegstellen, zusammen mit *Juncus bufonius*
oder *Cyperus fuscus* in Zwergbinsen-Gesellschaften
(Nanocyperion, v.a. im Juncion bufonii). – Veröffentlichte Vegetationsaufnahmen aus Baden-Württemberg liegen nicht vor; Artenliste einer Fundstelle im Kraichgau: SCHÖLCH (1973).
Allgemeine Verbreitung: Europa, Kleinasien bis
Zentralasien, Nordafrika, verschleppt auch in
Nord- und Südamerika, Südafrika und Australien.
In Europa v.a. im südlichen Teil, nordwärts bis
England und Irland (rezent bis 54° n.Br.). In
Deutschland v.a. in den Stromtälern des südlichen
Teils (Oberrhein, Main, auch Donau, Saar), in

Norddeutschland an der Elbe (53° 30′ n.Br.). Insgesamt stark zurückgegangen.
Verbreitung in Baden-Württemberg: Oberrheingebiet und angrenzende Gebiete (Kraichgau, Schwarzwaldrand), Maingebiet, Neckargebiet; Bodensee-
Gebiet (nur vorübergehend?).

Tiefste Fundstellen ca. 100 m, höchste 430 m
(8312/1).

Die Pflanze ist erst mit dem Menschen im Gebiet
eingewandert (Archäophyt).

Oberrheinebene: Schwerpunkt auf kalkarmen Böden, nur
ausnahmsweise auch auf kalkreichen Böden der Rheinniederung, hier dann meist in rheinferner Lage.

Zahlreiche Angaben aus dem Gebiet Karlsruhe–Mannheim–Heidelberg, vgl. dazu GMELIN (1806), SCHMIDT
(1857) und DÖLL (1862). Von diesen Fundstellen konnte
bereits um 1880–90 nur noch das Vorkommen auf der
Schweineweide von Daxlanden (6915/4) bestätigt werden
(vgl. KNEUCKER 1883, 1887). Neuere Beobachtung: 6916/
2: Leopoldshafen, Gelände des Kernforschungszentrum,
ca. 50 Ex., um 1985 über mehrere Jahre beobachtet,
GRUPE (KR-K) (nächste frühere Fundstellen Eggenstein
und Stutensee).

Mittelbadische Rheinebene zwischen Rastatt und Of-
fenburg neben älteren Angaben auch zahlreiche Bestäti-
gungen aus den letzten Jahrzehnten: 7115/1: Ottersdorf,
Schweineweide, reichlich bis 1968 (PHILIPPI 1971), 7115/2:
Haueneberstein, 1987, zahlreich, BREUNIG (KR-K), be-
nachbart von Rastatt – Schloß Favorite auch ältere Anga-
ben von GMELIN (1806) und FRANK (1830); 7214/3: S
Schwarzach, an begrenzter Stelle zu Tausenden, 1987,
BREUNIG (KR-K); 7214/4: W Steinbach, spärlich, 1987,
BREUNIG (KR-K); 7313/3: Linx, KORNECK (PHILIPPI

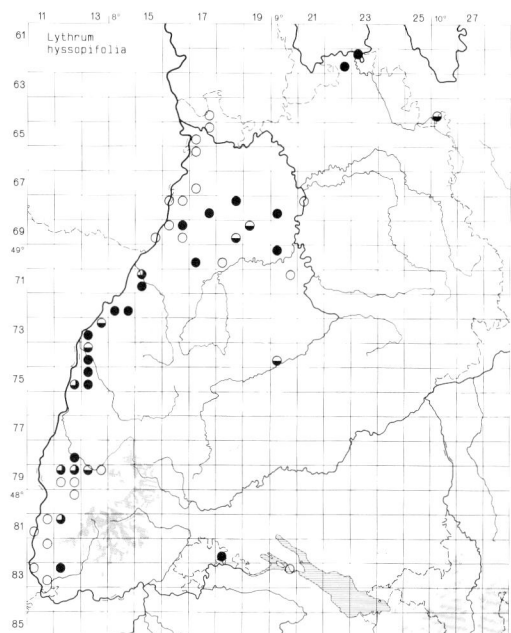

Ysop-Weiderich *(Lythrum hyssopifolia)*
Ochsenfeld bei Cernay (Oberelsaß)

1971), um 1980 noch immer vorhanden, HAISCH (KR-K); 7413/3: Kiesgrube S Hesselhurst, DIETERICH (PHILIPPI 1971), zuletzt um 1975, ob noch?; 7513/1 u. 3: W Offenburg an verschiedenen Stellen, z.T. in reichen Beständen, hier schon früher von BAUR, WINTER und HENN beobachtet, HAISCH, PHILIPPI (KR-K bzw. KR).

Die Vorkommen in der benachbarten Rheinniederung bei Dundenheim, Ichenheim und Kürzell, z.T. bis nach 1955, sind inzwischen erloschen, vgl. dazu die Angaben von BAUR (1886): Dundenheimer und Kürzeller Sauweide häufig.

Südbadische Rheinebene: Hier v.a. aus der Freiburger Bucht bekannt, Einzelangaben vgl. SPENNER (1829) und SCHILDKNECHT (1863), z.B. zw. Waldkirch und Buchholz „copiose". Offensichtlich bereits um 1900 zurückgegangen und an vielen Stellen erloschen, nach 1950 nur noch an wenigen Stellen, meist in wenigen Exemplaren beobachtet: 7812/4: Teningen, Rohrlache, ca. 20 Ex., 1981/82, SCHLESINGER (KR-K); 7912/1: Wasenweiler–Gottenheim, WIRTH; 7912/2: Holzhausen, PHILIPPI; 8112/1: Gallenweiler bei Staufen, HÜGIN und WACKER, vgl. dazu PHILIPPI und WIRTH (1970). Benachbarte Rheinniederung wenige alte Beobachtungen vor 1900, z.B. 8111/2 + 3: Grißheim, Zienken.

Randgebiete der Oberrheinebene: 6817/4: NW Rohrbacher Hof, wenige Pflanzen, 1987, BREUNIG (KR-K); 6818/

Ysop-Weiderich *(Lythrum hyssopifolia)*
Blüten

20

2: N Menzingen, wenige Pflanzen, 1969, 1970, Schölch (1973); 7017/3: E Langensteinbach, 1989, Neubehler (KR-K). In der südbadischen Vorhügelzone vor 1900 bei Müllheim (82211/2), Blansingen (8311/1) und Eimeldingen (8311/4). – Am Fuß des Schwarzwaldes: 8312/1: Hägelberg, ca. 430 m, Buntsandstein, Hügin, Litzelmann (1963), zuletzt 1988 zahlreich (KR-K).
Maingebiet: 6222/4: S Nassig, Feldrand, 2 Ex., 1987, Philippi (KR-K); 6223/1: S Haidhof bei Wertheim, 1 Ex., 1975, Philippi (KR-K); in diesem Gebiet auf bayerischer Seite bereits früher beobachtet: 6123/3: Michelrieth–Röttbach, 1879, Stoll (KR). Die Fundstellen liegen alle über Oberem Buntsandstein. – Benachbart an der Oberen Tauber (über Keuper): 6426/3: Waldmannshofen, Tiergarten, 350 m, 1900–1910, Schlenker (STU).
Neckargebiet: Zusammenstellung der Fundorte vgl. Seybold, Sebald u. Herrn (1971). Die Vorkommen werden mit Schichten des Gipskeupers in Verbindung gebracht; sie wurden meist nur wenige Jahre beobachtet: 6820/3: Zwischen Stetten und Stockheim, Acker, 6 Ex., 1990, 60 Ex., 1991, Plieninger (KR-K), vgl. Plieninger (1992); 6821/1: Heilbronn, Wartberg, 1881, Lökle (STU), u. auch v. Martens u. Kemmler (1882: 175): „am Fuße des Wartberges in Gräben und nassen Äckern, massenhaft auf einem Areal von etlichen Morgen." 6918/4: Maulbronn, Roßweiher, 1910, Schlenker (STU); 7018/3: Pforzheim (wo?), Döll (1843); 7020/1: N Kleinsachsenheim, lokal reichlich, Glocker, Seybold (vgl. Seybold, Sebald u. Herrn 1971); 7120/2: Ludwigsburg, Osterholz, 1865, Schoepfer, 1867, Lökle (STU); 7420/3: Tübingen, Ammertal, 1924, A. Mayer (STU).
Bodensee-Gebiet: 8320/2: Petershausen bei Konstanz, Gmelin (1806), später hier von Leiner noch beobachtet, vgl. Döll (1862), seither unbestätigt. Neuere Beobachtung 8218/3: Bietingen, Tümpel am Autobahnende, ca. 10 Ex., 1990, Borsch u. Dittrich (STU-K); Wuchsort inzwischen zerstört. – Benachbart in der Schweiz: 8218/3: Dörflingen (Merklinger, Brunner 1854, vgl. Kummer 1944: 96); seither unbestätigt.
Hochrheingebiet: Seit langer Zeit unbestätigte Vorkommen auf schweizerischer Seite bei Möhlin-Wallbach (8413/1, vgl. Becherer 1925).
Vorübergehende Vorkommen: L. hyssopifolia wurde mehrfach auf Güterbahnhöfen beobachtet, wo die Pflanze mit Verpackungsmaterial eingeschleppt wurde. Meist wurden jeweils nur wenige Pflanzen festgestellt, in der Regel nur eine Vegetationsperode lang. Über derartige Vorkommen berichten K. Müller (1950) und Seybold, Sebald u. Herrn (1971); eine weitere derartige Beobachtung liegt vom Güterbahnhof in Freiburg (7913/3) vor (1941, 1 Ex., Jauch, KR). Diese Vorkommen wurden in der Verbreitungskarte nicht berücksichtigt.

Erstnachweis: Roth von Schreckenstein (1798: 102) „bey Zinken" (8111).
Bestand und Bedrohung: Insgesamt ist in Baden-Württemberg ein starker Rückgang festzustellen, der offensichtlich bereits vor 1900 begonnen hat. Ursache ist einmal die Umwandlung kleiner Lehmgruben in große Kiesgruben, anschließend deren Übernutzung genauso wie das Zuwachsen der Ufer. Zum anderen war es in den Ackerlandschaf-

ten die verstärkte Düngung, wohl auch die Entwässerung. L. hyssopifolia kann offensichtlich schlecht neu geschaffene potentielle Wuchsorte besiedeln. – Der Rückgang war besonders stark in den Randvorkommen im Neckargebiet oder am Main, weniger stark am Oberrhein, wo heute wenigstens im Gebiet um Offenburg und Bühl größere, auch recht stabile Populationen existieren. – Gesamtgefährdung: Stark gefährdet (G2), im Neckar- und Maingebiet wohl vom Aussterben bedroht (G1).

2. **Peplis** L. 1753
Sumpfquendel

Niederliegende Sumpfpflanzen, Blüten blattachselständig, meist einzeln (oder zu zweien), Achsenbecher hohl, halbkugelig. Kronblätter früh abfallend oder fehlend. – Gattung mit 3 Arten, auf der Nordhalbkugel, davon in Europa 2 Arten vorkommend.

1. **Peplis portula** L. 1753
Lythrum portula (L.) D. A. Webb 1967
Gewöhnlicher Sumpfquendel

Morphologie: Pflanze einjährig (Therophyt), niederliegend (selten aufsteigend), 10–40 cm lang, sich an den Knoten bewurzelnd, kahl. Stengel undeutlich vierkantig, Blätter gegenständig bis 1,5 (2) cm lang, etwas fleischig, leicht fettglänzend, an trocke-

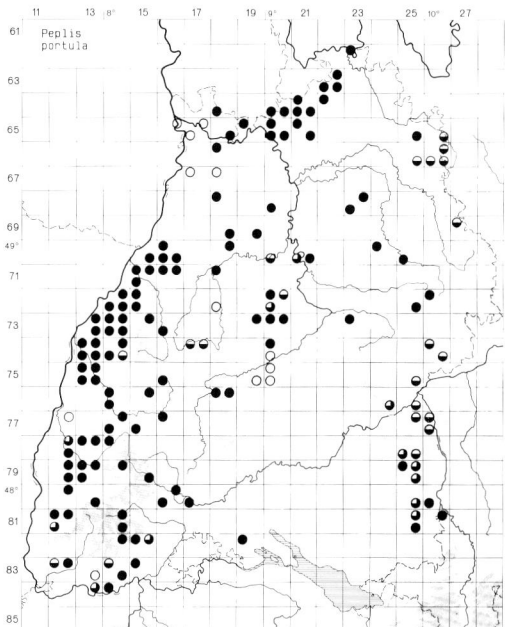
Peplis portula

Gewöhnlicher Sumpfquendel *(Peplis portula)*
Böblingen, 22. 8. 1990

nen Stellen oft rötlich, löffelförmig-stumpf, sich in den kurzen Blattstiel verschmälernd. Blüte sechszählig, rosa-weiß, Kelch mit verlängerten, aufrecht abstehenden oder zurückgebogenen Zwischenzähnen. Frucht kugelig, ca. 1,5 mm groß, Samen eiförmig bis kurz birnförmig, bis 0,5 mm lang. – Blütezeit Mitte Mai bis September (Oktober), Hauptentwicklung ab Juli–August. Insekten- und Selbstbestäubung, Wasserverbreitung (Schwimmsamen).

Ökologie: In Einzelpflanzen oder in großen Herden an feuchten bis nassen, gern flach überschwemmten, kalkarmen, doch oft basenreichen, mäßig sauren, ± nährstoffarmen bis (mäßig) nährstoffreichen offenen Stellen, auf Kies-, Sand- oder Lehmböden. In Gräben, Wegspuren, an Ackerrändern oder am Rand von Lehm- oder Kiesgruben, seltener auch auf Teichböden trockengefallener Weiher, an trockeneren Stellen zusammen mit *Juncus bufonius* oder *Isolepis setacea*, an nassen Stellen (optimal) in einer eigenen Gesellschaft *(Peplis portula*-

Gesellschaft), auch zusammen mit *Eleocharis ovata*. – Vegetationsaufnahmen vgl. KREH (1929), PHILIPPI (1968, 1969, 1971).

Allgemeine Verbreitung: Europa, Nordafrika, Asien (ostwärts bis Ob-Gebiet). In Europa vom Mittelmeergebiet (hier seltener) bis Nordeuropa (Ostsee-Gebiet bis ca. 62° n. Br.), in England bis 59° n. Br.; Verbreitungsschwerpunkt im temperaten Bereich. – In Deutschland in kalkarmen Gebieten verbreitet.

Verbreitung in Baden-Württemberg: Oberrheingebiet, hier v. a. im mittelbadischen Raum und in der Freiburger Bucht, Odenwald, Schwarzwald (bis Baar). Keuper-Lias-Neckarland vereinzelt, so im Stromberg-Gebiet, Schönbuch und Schwäbisch-Fränkischen Wald. Schwäbische Alb: Selten auf entkalkten Lehmen der Ostalb. Alpenvorland: Sehr zerstreut, vgl. hierzu die Verbreitungskarte von BRIELMAIER (1959) sowie die Angaben von K. MÜLLER (1955) und DÖRR (1975).

Tiefste Fundstellen in der Rheinebene, ca. 100 m, höchste im Südschwarzwald am Titisee

(845 m, 8114/2), am Schlüchtsee (910 m, 8215/2) sowie am Schluchsee (930 m, 8114/4).

Die Pflanze dürfte wohl erst mit dem Menschen in das Gebiet eingewandert sein (Archäophyt). Vorkommen an natürlichen Wuchsorten (wie Kies- und Sandbänke an Flüssen) sind im Gebiet kaum vorstellbar.

Isolierte Vorkommen: 6525/4: W Rinderfeld, lokal reichlich, über Keuper, 1985, NEBEL (STU-K). Schwäbische Alb: 7225/4: Rauhe Wiese bei Böhmenkirch, ca. 660 m; 7226/2: W Tauchenweiler, STU-K. – Westliches Bodenseegebiet: 8219/1: E Singen, hier bereits von JACK (1900) genannt.

Erstnachweise: Pollenfunde sind aus dem Subatlantikum bekannt (Sersheim am Rand des Strombergs, 7020/1, SMETTAN 1985). Die erste Erwähnung findet sich bei J. BAUHIN (1598: 194, 1602: 208) nach Funden bei Bad Boll (7323), mit Abbildung.

Bestand und Bedrohung: In der Rheinebene ist die Pflanze wenig gefährdet, auch durch intensiven Akkerbau nicht, da sie eine gewisse Eutrophierung des Standortes ertragen kann. Neu geschaffene Stellen können relativ rasch erobert werden; offensichtlich bleiben die Samen im Boden lange keimfähig. In der Rheinebene ist nur im nordbadischen Gebiet um Heidelberg–Mannheim ein Rückgang zu verzeichnen. Im Schwarzwald und Odenwald kommt *Peplis* oft unbeständig vor, ist aber offensichtlich nicht gefährdet. – Eine Gefährdung der Pflanze ist

Gewöhnlicher Sumpfquendel *(Peplis portula)*
Schönaich, 16. 10. 1990

lediglich bei den isolierten Vorkommen im Schwäbisch-Fränkischen Wald, in der Schwäbischen Alb und im Alpenvorland anzunehmen (G3).

Thymelaeaceae
Seidelbastgewächse
Bearbeiterin: M. VOGGESBERGER

Sträucher, selten einjährige Kräuter oder Bäume, mit faserreichem Rindenbast. Blätter wechselständig, ganzrandig, kahl, Nebenblätter fehlend. Blüten in Ähren, Trauben, Dolden oder Köpfchen, selten einzeln, meist zwittrig, radiär, 4zählig (nur im Gebiet so), Blütenachse becherförmig ausgebildet; Kelchblätter kronblattartig gefärbt, frei; Kronblätter unauffällig oder fehlend; Staubblätter meist in 2 Kreisen am oberen Ende des Blütenbechers eingefügt, Filamente mit der inneren Becherwand verwachsen. Fruchtknoten mittelständig, aus 2 Fruchtblättern, von denen nur eines eine hängende Samenanlage ausbildet, Plazentation zentral-winkelständig; Griffel einfach; Narbe ungeteilt; am Grunde des Fruchtknotens befindet sich ein Diskus. Frucht eine einsamige Nuß, Beere, Steinfrucht oder Kapsel; die Samen enthalten wenig Endosperm, Embryo gerade, Keimblätter oft groß und dick.

Die Seidelbastgewächse sind im allgemeinen stark giftig (Daphnetoxin, Mezerein). Mezerein findet sich in allen Pflanzenteilen mit Ausnahme des Fruchtfleisches.

Die Stellung der Thymelaeaceae im System ist nicht eindeutig geklärt. DOMKE (1934) plädiert in seiner Monographie über die Familie für eine Annäherung an die Malvales, insbesondere an die Euphorbiaceae und Dichapetalaceae. Dies wird durch neuere Untersuchungen der Samenanatomie (TAN 1980) erhärtet. Für einen Anschluß an die Euphorbiaceae sprechen außerdem pollenmorphologische Gesichtspunkte sowie chemische Inhaltsstoffe, soweit sie untersucht sind (HEGNAUER 1973). Dagegen gibt es für eine nähere Verwandtschaft mit den Elaeagnaceae außer einer scheinbaren Ähnlichkeit im Blütenbau kaum Anhaltspunkte.

Zu den Thymelaeaceae zählen rund 50 Gattungen mit 500 Arten, die in gemäßigten und tropischen Gebieten weltweit verbreitet sind. Ihr Entstehungszentrum wird in der asiatischen Paläotropis vermutet; sekundäre Entwicklungszentren gibt es in Südamerika, Eurasien, Afrika und Australien. Aus Europa sind 35 Arten aus 3 Gattungen bekannt. In Baden-Württemberg sind 2 Gattungen mit 4 Arten heimisch, die alle zu den Thymelaeoideae, der größten von insgesamt 4 Unterfamilien, gehören.

1 Strauch oder Zwergstrauch; Blütenhülle kronblattartig gefärbt, nach der Blütezeit abfallend; Frucht eine fleischige Beere . . . . 1. *Daphne*
– Pflanze einjährig; Blütenhülle unscheinbar gelbgrün, bis zur Fruchtreife bleibend, die Kapsel daher geschnäbelt erscheinend . . . . 2. *Thymelaea*

1. **Daphne** L. 1735
Seidelbast

Sträucher, deren Blätter am Ende der Zweige oft schopfig gehäuft sind. Blätter kurzgestielt oder sitzend. Blüten in kurzen Trauben oder Dolden end- oder achselständig, Blütenröhre zylindrisch, wie die Kelchblätter gelbgrün oder auffällig rosa gefärbt; Griffel sehr kurz, Narbe groß, köpfchenförmig. – Die Bestäubung erfolgt durch Insekten, die Samen werden hauptsächlich von Vögeln verbreitet.

Die Gattung umfaßt etwa 50 Arten, die überwiegend in Eurasien und Nordafrika verbreitet sind. Von den 17 europäischen Seidelbastarten kommen 3 in Baden-Württemberg vor, einige weitere werden als Ziersträucher in Gärten kultiviert. Alle Seidelbastarten sind nach der Bundesartenschutzverordnung geschützt.

1 Blätter 30–130 mm lang und > 7 mm breit; Blüten zu 1–7 achselständig im oberen Bereich der Zweige; aufrechter Strauch über 40 cm 2
– Blätter 6–25 mm lang und < 5 mm breit; Blüten zu 2–15 in endständigen Dolden, Frucht bräunlichgelb; Zwergstrauch . . . . . . 3. *D. cneorum*
2 Blätter sommergrün, am Rande kurz behaart; Blüten rosa, in Büscheln zu 2–4, vor den Blättern erscheinend; Frucht rot . . . . . 1. *D. mezereum*
– Blätter wintergrün, ledrig, kahl; Blüten gelbgrün, in meist 5blütigen, nickenden Trauben; Frucht schwarz . . . . 2. *D. laureola*

1. **Daphne mezereum** L. 1753
Gewöhnlicher Seidelbast, Kellerhals

Morphologie: 40 bis 150 cm hoher Strauch mit rutenförmigen, anliegend behaarten Zweigen. Blätter lanzettlich, kahl bis auf den kurz gewimperten Blattrand, oberseits hellgrün, unterseits graugrün, (2–) 3–13 cm lang und 8–27 mm breit. Blüten über den Narben vorjähriger Blätter, duftend. Blütenröhre 4–8 mm lang, seidig behaart, rosa; Kelchblätter etwa so lang wie die Blütenröhre, rosa (selten auch weißblühende Formen). Frucht scharlachrot, kugelig oder eiförmig, 6–10 mm im Durchmesser. – Blütezeit: Februar bis April.

Ökologie: Einzeln wachsender Strauch schattiger Wälder, oft entlang von Waldbächen, in Schluchten und an Hanglagen, auf frischen bis mäßig trockenen, nährstoff- und basenreichen, meist kalkhaltigen, humosen Böden (Braunerden). *D. mezereum* wächst optimal im mittleren Bereich der Buchenwaldstandorte, schwache Fagetalia-Ordnungscharakterart. Auch in Gesellschaften des Alno-Ulmion (Stellario-Alnetum, Alnetum incanae), im Carpinion und im Tilio-Acerion (Aceri-Fraxinetum) ist er regelmäßig anzutreffen. Das Luzulo- und Asperulo-Fagetum nährstoff- und kalkarmer Lagen wird dagegen von der Art gemieden. Sie erträgt weder Überflutungen noch extrem trockene Verhältnisse.

Vegetationstabellen mit *D. mezereum* finden sich u. a. bei KUHN (1937), SEBALD (1974) und NEBEL (1986). Häufige Begleiter sind *Convallaria majalis, Lathyrus vernus, Mercurialis perennis, Polygonatum multiflorum, Viola reichenbachiana.*

Allgemeine Verbreitung: Europäisch-westsibirische Pflanze. Das subkontinentale Verbreitungsgebiet reicht nordwestlich bis Südengland, im Norden von Nordnorwegen über Finnland, Nordrußland bis zum Kaukasus im Osten, von Nordostspanien über Kalabrien und Thessalien bis zu inselartigen Vorkommen in Kleinasien im Süden. Dieses weit nach Osten und in die boreale Zone reichende Areal unterscheidet *D. mezereum* von allen anderen Seidelbast-Arten.

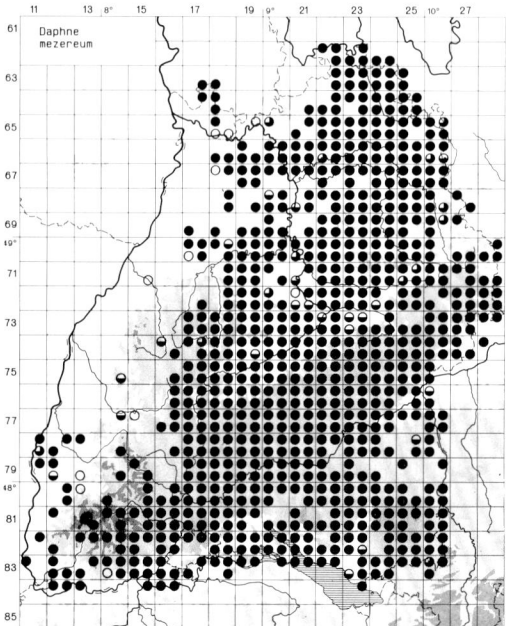

Gewöhnlicher Seidelbast *(Daphne mezereum)*
Holzgerlingen, 15. 3. 1991

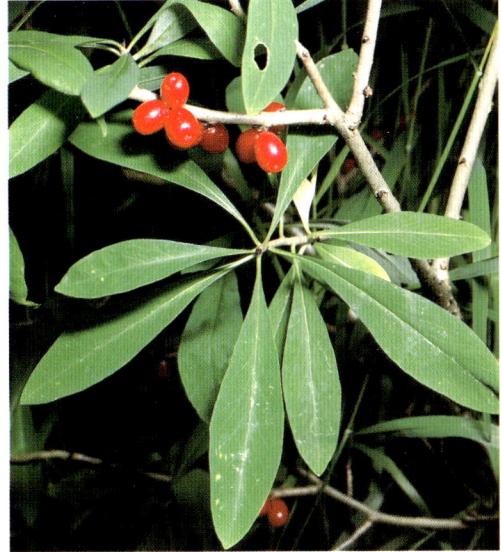

Gewöhnlicher Seidelbast *(Daphne mezereum)*
Hüfingen, 4. 8. 1991

Verbreitung in Baden-Württemberg: Der Gewöhn-liche Seidelbast gehört in weiten Landesteilen zu den häufigen Waldpflanzen. Er fehlt in Naturräu-men über basenarmem Ausgangsgestein: im Bunt-sandstein-Odenwald, im Schwäbisch-Fränkischen Wald, im Schwarzwald und in Teilen Oberschwa-bens. Ebenso fällt er in Tieflagen unter 200 m aus, so im Oberrheingebiet, im Kraichgau und im Nek-karbecken.

Die Vorkommen reichen von 160 m im Kraich-gau (6618) bis 1400 m am Feldberg (8114).

Die Art ist im Gebiet urwüchsig.

Erstnachweise: 15. Jhd. n.Chr., Heidelberg (RÖSCH 1992c). Der älteste Literaturnachweis findet sich bei BRUNFELS (1536: 147) „passim per sylvam Her-ciniam" und (1537: CIII) „findt man vil im Schwartzwald".

Bestand und Bedrohung: Der Gewöhnliche Seidel-bast ist in Baden-Württemberg aufgrund seiner weiten Verbreitung und seiner Vorliebe für Wälder und nährstoffreiche Böden nicht gefährdet. Ledig-lich die Umwandlung von Laubwäldern in Nadel-holzforste würde dem Strauch schaden. Er wird al-lerdings als attraktiver Frühlingsbote in Gärten ge-schätzt und gelegentlich am natürlichen Standort ausgegraben. Dies kann sich auf den lokalen Be-stand der Art bedrohlich auswirken, da die Popula-tionen in der Regel klein sind. Sie unterliegt deshalb der Bundesartenschutzverordnung. Eindeutige Rückgangstendenzen sind bisher nicht erkennbar, ältere Angaben dürften sich noch bestätigen lassen.

2. Daphne laureola L. 1753
Lorbeer-Seidelbast

Morphologie: 40 bis 120 cm hoher, wenig verzweig-ter, immergrüner Strauch mit hellgrauer Rinde. Blätter oberseits glänzend dunkelgrün, unterseits hellgrün, (2–) 3–12 cm lang und 7–35 mm breit, spitz, im vorderen Drittel am breitesten, allmählich in einen kurzen Stiel verschmälert. Blüten zu (3–) 5 (–7), kurzgestielt, 8–12 mm lang, unangenehm rie-chend; Blütenröhre und Kelch gelbgrün, kahl, die Kelchblätter ½ bis ⅓ so lang wie die Röhre. Frucht eiförmig, 6–10 mm lang, reif schwarz.

Variabilität: Es gibt zwei Unterarten, von denen bei uns nur subsp. *laureola* vorkommt.

Biologie: Blüte von Februar bis April. Die Früchte sind ab Mai reif, über reife, aber auch unreife Früchte machen sich besonders Grünlinge her. Sie können die Pflanzen binnen kürzester Zeit vollstän-dig abernten (BRAUN, mündl. 1991). Ähnliches be-obachtete LOHMEYER (1978) am Mittelrhein. Dane-ben findet auch vegetative Vermehrung durch Po-lykormonbildung statt (LOHMEYER 1978).

Ökologie: Der Lorbeer-Seidelbast wächst in war-men, lichten Laubwäldern. Er benötigt mäßig fri-sche, nährstoff- und basenreiche, im Gebiet kalk-haltige, mittel- bis flachgründige Böden in Lagen mit humidem, ausgeglichenem Klima. Querco-Fa-getea-Klassenkennart, lokale Kennart des Buxo-Quercetum, auch in Fagion- (vor allem Carici-Fa-getum) oder Carpinion-Gesellschaften. Pflanzenso-

Lorbeer-Seidelbast *(Daphne laureola)*
Rheinfelden

Lorbeer-Seidelbast *(Daphne laureola)*
Rheinfelden

ziologisches Aufnahmematerial liegt vor von GROSSMANN (1977), von LOHMEYER (1978) für Rheinland-Pfalz und für den Schweizer Jura von MOOR (1952) und FREHNER (1963). Als Begleiter treten *Daphne mezereum, Hedera helix, Helleborus foetidus, Ilex aquifolium* sowie Arten aus dem Berberidion-Verband auf.

Allgemeine Verbreitung: Pflanze mit submediterran-atlantischer Verbreitung: Das geschlossene Verbreitungsgebiet reicht nördlich bis Mittelengland, umfaßt Belgien, Frankreich, Nordspanien, Italien, die Südalpen, Jugoslawien und erstreckt sich bis Mazedonien im Osten. Außerhalb dieses Gebietes existieren kleinere Vorkommen am Mittelrhein, in Südbaden und im Schweizer Jura, in Österreich, Korsika, Sardinien, Südspanien, Marokko (Rif- und Atlasgebirge) und in Algerien (Kabylei).

Verbreitung in Baden-Württemberg: Sehr seltene Seidelbastart mit wenigen Fundstellen in Südbaden, von denen nur zwei am Dinkelberg aktuell sind. Die nächstgelegenen Vorkommen befinden sich im benachbarten Schweizer Jura (Kantone Basel und Aargau). Die Art erreicht im Gebiet die Nordostgrenze ihrer Verbreitung, ein sehr isolierter Fundort liegt noch weiter nördlich bei Brohl am Mittelrhein. Die Urwüchsigkeit der Art ist im Gebiet nicht sicher nachgewiesen.

Südliches Oberrheingebiet: 8211/4: Kandern, 1864, MEHRER in DÖLL (1865: 35), Löscherzen unweit Kandern, etwa 20 Ex., SEUBERT (1866: 71), 1886 nur noch drei, selten

blühende Stöcke!, SEUBERT (1891: 234), seither verschollen. LITZELMANN (1954, in GROSSMANN 1977: 61) hat die Art dort später vergebens gesucht.

Dinkelberg: 8411/2: Grenzacher Horn, BINZ (1901: 202), NEUBERGER (1912: 176), DOMKE (1934: 82), ein Exemplar oberhalb des Dorfes Grenzach, wurde ausgegraben, 1949, LITZELMANN in GROSSMANN (1977: 61), anschließend verschollen. Woher die genauere Angabe „früher beim Rötelsteinfelsen und im westlich davon gelegenen Distrikt Unterberg des Naturschutzgebietes Buchswald heimisch" bei VOGT (1985: 346) stammt, ist unklar. 1983 wurden 280 Jungpflanzen am Unterberg ausgepflanzt (VOGT 1985: 346), 1991 noch 6 Exemplare vorhanden, BRAUN u. VOGGESBERGER (STU-K); 8412/1: Bei Wyhlen im südlichsten Schwarzwald, DOMKE (1934: 82), NSG Rustelgraben N Wyhlen, um 1970 noch vorhanden, inzwischen aber erloschen, BRAUN (STU-K), Degerfelden, 1950, 2 Exemplare, bereits 1951 wieder erloschen, LITZELMANN (1951: 193), NW Degerfelden, 4 Pflanzen, 1991, BRAUN u. VOGGESBERGER (STU-K); 8412/2: Rheinfelden-Minseln, 160 Exemplare, 1976, BRAUN in GROSSMANN (1977: 63), 150–200 Exemplare, 1991, BRAUN u. VOGGESBERGER (STU-K); 8413/1: Ossenberg N Oberdorf, 1 Pflanze, 1989, REINEKE (STU-K).

DÖLL (1865: 35) glaubte *D. laureola* 1854 auf der Länge bei Gutmadingen (8017/4) gefunden zu haben. Er nahm den Fundort in seine Flora aber nicht auf, weil es sich um eine sterile Pflanze handelte. Der Fund konnte nie wieder bestätigt werden. Die Angabe „Wartenberg" bei SEUBERT (1891: 234; s. auch ZAHN 1889: 125) beruhte auf einem Mißverständnis (ZAHN 1895: 283, 284).

1990 fielen bei Brötzingen (7017/4) mehrere Jungpflanzen des Lorbeer-Seidelbastes an einem Waldrand auf (EISENSCHMID, STU-K). Sie entpuppten sich als Gartenflüchtlinge, die sich dort seit einigen Jahren erstaunlich gut halten und zur Einbürgerung tendieren.

Die Vorkommen am Dinkelberg liegen zwischen 310 und 410 m Meereshöhe.

Erstnachweis: *Daphne laureola* wird von DÖLL (1865: 35) zum erstenmal mit der Angabe „Kandern, CARL MEHRER" erwähnt.

Bestand und Bedrohung: Der Lorbeer-Seidelbast befindet sich in Südbaden an der Grenze seiner natürlichen Verbreitung. Er ist wenig konkurrenzkräftig und insbesondere empfindlich gegen große Winterkälte und starke Beschattung. Trotz reichlicher Fruchtansätze sind an den o.g. Wuchsorten kaum Jungpflanzen zu finden.

Bei entsprechender Pflege lassen sich aus den Früchten jedoch leicht Sämlinge ziehen (BRAUN, 1991, mündl.). Auch die vegetative Vermehrung spielt, anders als am Mittelrhein (LOHMEYER 1978), so gut wie keine Rolle.

Bereits geringe Eingriffe – wie Eutrophierung des Waldrands, Änderung der Waldbewirtschaftung – können die Art im Gebiet zum Erlöschen bringen. Maßnahmen zur Unterschutzstellung der Bestände, die z.T. geplant, z.T. bereits durchgeführt sind, sind unbedingt erforderlich, für sich allein aber nicht ausreichend. Schon mehrfach mußte festgestellt werden, daß Pflanzen am natürlichen Standort ausgegraben und in Gärten versetzt wurden. Eine regelmäßige Kontrolle der Wuchsorte, etwa durch Naturschutzwarte, wäre daher wünschenswert. Notwendige Pflegemaßnahmen sind auf gelegentliches Auslichten des Gehölzstandes

und das Entfernen von Nadelhölzern zu beschränken. Dabei ist darauf zu achten, daß die Seidelbaststöcke nicht beschädigt oder erdrückt werden. Da sich die Bestände im Gebiet an Waldrändern oder nicht weit von diesen entfernt im Wald befinden, sollte auch das vor dem Wald liegende Gelände in die Pflege miteinbezogen und Pufferstreifen eingerichtet werden.

Die bisherige Einstufung in der Roten Liste Baden-Württembergs ist von G4 auf G2 (stark gefährdet) zu erhöhen.

3. Daphne cneorum L. 1753
Heideröschen, Reckhölderle

Morphologie: 10–40 cm hoher Zwergstrauch; Zweige teilweise niederliegend, anliegend kurz behaart, fast gleichmäßig beblättert. Blätter mehrjährig, ledrig, kahl, spatelförmig, 6–25 mm lang und 3–5 mm breit. Blüten zu 2–15 in endständigen, sitzenden Dolden, leuchtend rosa, intensiv duftend, Blütenröhre 6–12 mm lang, schlank, dicht anliegend behaart; Kelchblätter ½ bis ¾ so lang wie die Röhre. Fruchtknoten und Frucht behaart.

Biologie: Die kurze Blühphase liegt zwischen Ende Mai und Anfang Juni und kann jahrweise verschieden auftreten. Die Bestäubung erfolgt durch Schmetterlinge. Nur 10–20% der Blüten setzen auch Früchte an. Je trockener und wärmer Frühjahr und Sommer ausfallen, desto mehr Samen

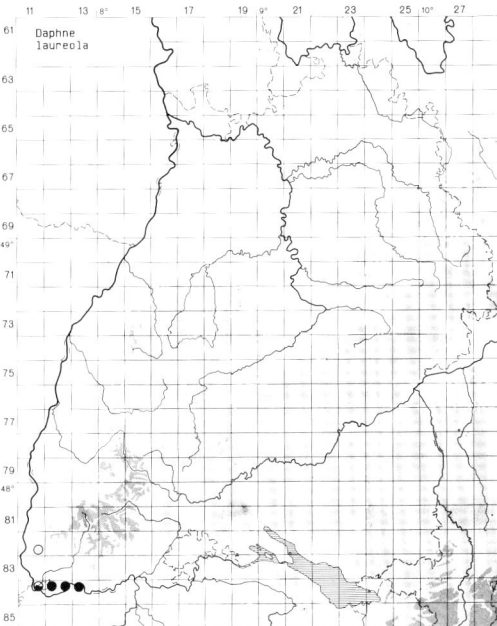

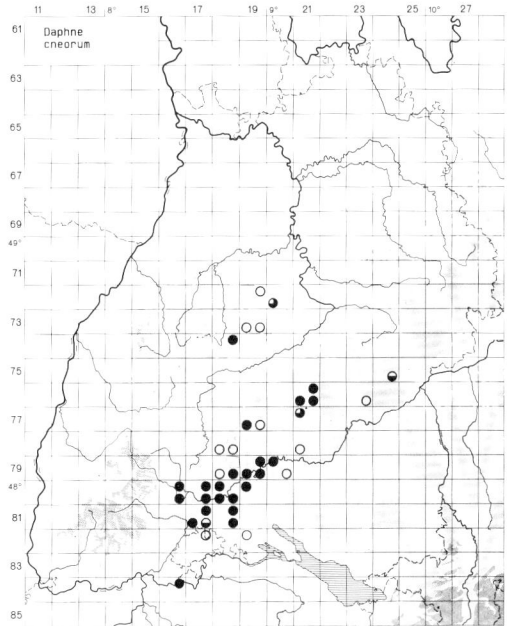

Heideröschen *(Daphne cneorum)*
Geisingen, 8. 5. 1991

werden gebildet (WITSCHEL 1986). Sie werden von Ameisen verbreitet, was sehr langsam vor sich geht. Die Keimung soll durch Frosteinwirkung gefördert werden.

Doch TAN (1980a), der Samen von sechs *Daphne*-Arten einen Monat lang bei 0° C in feuchtem Sand aufbewahrte, konnte damit bei *D. cneorum* keine Erfolge erzielen. Selbst nach sechsmonatiger Wartezeit entdeckte er noch keine Anzeichen von Keimung, während die Samen der anderen Arten längst gekeimt waren.

Ökologie: Das Reckhölderle wächst in individuenreichen Beständen in lichten Kiefern-Trockenwäldern, an Waldrändern, in Halbtrockenrasen und auf Felsen. Es besiedelt trockene, magere, im Gebiet meist kalkhaltige, humusarme Rohmergeloder dolomitische Böden in Süd- bis Westexposition. Erico-Pinetalia-Ordnungskennart: im Cytiso-Pinetum und Coronillo-Pinetum, auch sekundär in Brometalia-Gesellschaften (Gentiano-Koelerietum, Mesobrometum, Pulsatillo-Caricetum humilis). Charakteristische Begleiter sind weitere Reliktarten wie *Polygala chamaebuxus, Calamagrostis varia, Sesleria varia, Coronilla vaginalis, Festuca amethystina, Carex humilis* sowie *Cytisus nigricans* und Festuco-Brometea-Arten. Vegetationstabellen mit *D. cneorum* werden von KUHN (1937: 266, 267) und WITSCHEL (1984: 125) mitgeteilt.

Allgemeine Verbreitung: Süd- und mitteleuropäisch-montane Pflanze mit stark aufgelockertem Areal von den Pyrenäen im Westen über das französische Mittelgebirge, Jura und Schwäbische Alb, Pfälzer Wald, Alpen, im Alpenvorland entlang von Lech und Isar bis Regensburg, Österreich bis Mittelrußland im Nordosten und Serbien im Südosten; Verbreitungskarte bei WITSCHEL (1986). Das stark

28

disjunkte Verbreitungsgebiet weist auf einen zwischeneiszeitlichen oder sogar tertiären Reliktcharakter hin (vgl. Diskussion bei WITSCHEL 1986: 191). Aufgrund ihrer geringen Ausbreitungskraft (s.o.) konnte sich die Art von ihren jeweiligen eiszeitlichen Refugien aus nur langsam ausdehnen. Die Aufspaltung des Verbreitungsgebiets in mehrere isolierte Teilareale bedingt die Ausbildung zahlreicher Formen und Ökotypen.

Verbreitung in Baden-Württemberg: Seltene Pflanze. In Glemswald und Schönbuch selten, auf der Schwäbischen Alb von Blaubeuren südwestwärts bis zum Hochrhein sehr zerstreut, in der Baar und im Hegau zerstreut. Die Wuchsorte am Rand von Glemswald und Schönbuch dürften nach WITSCHEL (1986) synanthropen Ursprungs sein. Sie sind bis auf einen erloschen, ebenso die beiden am Ostrand der Mittleren Donaualb. Die Hauptvorkommen des Reckhölderle befinden sich in der Baar und im Hegau (38 noch vorhandene Fundstellen), auf der Südwestlichen Donaualb (15 aktuelle Fundstellen) und der Mittleren Kuppenalb bei Trochtelfingen (6 aktuelle Fundstellen) Vom Hochrhein ist nur ein Fundort auf Niederterrassenschottern bei Eglisau bekannt. Die baden-württembergischen Bestände bilden den nördlichsten Ausläufer des Alpenareals, der sich über den Schweizer Jura bis in unser Gebiet erstreckt; sie sind hier urwüchsig.

Glemswald, Schönbuch: 7219/2: Renninger Schloßberg; 7220/3: Sindelfingen, an der Steige; 7319/3: Wald des Herrenberger Schlosses gegen Rohrau; 7319/4: Hildrizhausen. 7418/2: Haslach.
Mittlere Donaualb: 7524/4: Frauenberg-Rusenschloß-Eichhalde bei Blaubeuren; 7623/4: Grötzingen-Tiefenhülen.
Mittlere Kuppenalb: 7621/2: Haidkapelle und Schweikardsbühl; Bauenofen W Meidelstetten; 7621/3: Erpfingen; Flachsbühl, Burgkapelle, am Nutenberg, Ruckbein bei Trochtelfingen; 7621/4: Stöckberg, Sautreiber, Spitziger Berg-Hasental bei Trochtelfingen; Trochtelfinger Wald W Meidelstetten; Steinhilben-Oberstetten; 7721/1: Mägerkingen, im Grafenthal.
Heuberg- und Zollernalb: 7719/3: Schafberg bei Hausen am Thann; 7719/4: Gräbelesberg; 7818/3: Denkingen; 7818/4: Böttingen.
Südwestliche Donaualb: 7821/3: Hoppenthal SE Jungnau; 7918/4: Hiltstein E Wurmlingen, 1990, REINEKE u. RIETDORF (STU-K); 7919/2: Bandfelsen; Spaltfelsen; Rauher Stein; Eichfelsen; Hornfels; Benediktushöhle; 7913/3: Gelber Fels; Nendingen, 1991, WITSCHEL (STU-K); 7919/4: Laibfelsen; Stiegelesfels; 7920/1: Wildenstein; Fachfelsen am Talhof; Bischofsfelsen; Werenwag; Schaufelsen; Falkenstein; Bandfelsen bei Hausen, 1987, STADELMAIER (STU-K); 7920/4: Langenhart; 8019/1: Lange Steige NE Tuttlingen, 1991, WITSCHEL (STU-K).
Baar und Hegau: 7918/3: Hausener Berg gegen Seitingen; 8016/2: Buchberg bei Donaueschingen; 8016/4: Schellen-

berg bei Donaueschingen; Palmenbuck bei Bräunlingen, 1986, M. NEBEL (STU-K); Schosen bei Hüfingen; Rauschachen und Untergsfeld bei Döggingen; 8017/2: Osterberg bei Öfingen; Talhof, 1988, WITSCHEL (STU-K); Blatthalde SE Unterbaldingen; 8017/4: Klausemer Tal N Geisingen; Wartenberg; Warmensteig bei Geisingen; Mühlhalde bei Gutmadingen; 8018/1: Ippinger Mühle; 8018/3: mehrfach, z.B. Hagenbühl N Immendingen; 8018/4: mehrfach, z.B. Hohe Wacht; Gutenbühl bei Mauenheim; 8117/2: Länge N Riedöschingen; Leipferdingen; 8117/3: Eichberg bei Blumberg; 8117/4: Riedöschingen; 8118/2: mehrfach, z.B. Kriegertal N Talmühle; Kreuzhalden S Bargen, 1988, WITSCHEL (STU-K), 1990, VOGGESBERGER (STU-K); 8118/4: Hohenhewen; Schoren bei Neuhausen; Heidenkeller N Ehingen; 8217/2: am Wege von Wiechs nach dem Schlauch; 8219/1: Zellerhau E Singen; zw. Steißlingen und Friedingen.
Hochrhein: 8416/2: Rheinhalde unterhalb Eglisau.
    Eine ausführliche Auflistung der Fundorte mit Finder, Datum und Quellen findet sich bei WITSCHEL (1986).

Die vertikale Verbreitung von *Daphne cneorum* erstreckt sich von 350 m am Hochrhein bis 990 m am Schafberg.

Erstnachweise: Die Art wird in der Literatur erstmalig bei ROTH VON SCHRECKENSTEIN (1797, 1798: 99) erwähnt: „in der Baar auf dem Heuberg häufig".

Bestand und Bedrohung: Noch im letzten Jahrhundert waren einzelne Bestände des Reckhölderle so groß, daß auf der Südwestalb blühende Pflanzen massenhaft gesammelt und nach Stuttgart verkauft wurden (ZAHN 1889: 124). Inzwischen sind fast zwei Drittel der Wuchsorte erloschen oder vom Aussterben bedroht (WITSCHEL 1986). Dies betrifft vor allem das Neckarland, die Mittlere Donaualb und den Heuberg. Lediglich auf den Standorten im Weißen Jura zwischen 700 und 800 m scheint sich die konkurrenzschwache Art einigermaßen halten zu können.

    Ursache der Dezimierung sind weniger rücksichtsloses Abpflücken als vielmehr Veränderung oder Vernichtung der Standorte durch intensivierte Landwirtschaft (z.B. Düngung), Aufforstungen mit Fichten, Fortschreiten der natürlichen Sukzession, Straßen- und Wegebau.

    Bei Pflegemaßnahmen ist darauf zu achten, daß Gehölze ausgelichtet und aufkommende Fichten entfernt werden. Gehölzfreie Bestände sind höchstens jedes dritte Jahr ab August nicht zu dicht über dem Boden zu mähen, sofern keine extensive Beweidung stattfinden kann. In die Schutzgebiete sind genügend große Pufferflächen einzubeziehen. Von Auswilderungsversuchen aus mißverstandener Naturliebe ist dringend abzuraten. WITSCHEL (1984, 1986) gibt weitere Hinweise zu Pflege und Erhalt der Bestände.

Gefährdung in anderen Gebieten: In Rheinland-Pfalz ist *D. cneorum* bis auf einen winzigen Bestand bei Ludwigswinkel erloschen (KORNECK in WITSCHEL 1986: 178). Auch in Bayern (SCHÖNFELDER u. BRESINSKY 1990), Burgund und in den Vogesen ist die Art im Rückgang begriffen (WITSCHEL 1986). *D. cneorum* gehört in vielen Ländern zu den geschützten Pflanzen.

Literatur: WITSCHEL, M. (1986).

2. Thymelaea Miller 1754 (nom. cons.)

Stellera L. 1747; *Passerina* L. 1753
Spatzenzunge

Die Gattung *Thymelaea* besteht aus 30 Arten, die auf die Nordhalbkugel der Alten Welt beschränkt sind. Ihr Mannigfaltigkeitszentrum liegt in SW-Europa und NW-Afrika. 17 Arten kommen in Europa vor, alle wachsen an trockenen Standorten. Die Verbreitungsgebiete der meisten Arten sind sehr klein, nur vier Thymelaea-Arten verfügen über ein weiträumiges Areal. Von ihnen reicht *T. passerina* bis in unser Gebiet.

1. Thymelaea passerina L. Cosson et Germ. 1859

Stellera passerina L. 1753; *Passerina annua* (Salisb.) Wikstr. 1818
Spatzenzunge

Morphologie: Einjährige, 6–50 cm hohe, gelbgrüne Pflanze mit dünner, bis zu 30 cm tief reichender Pfahlwurzel. Stengel aufrecht, unverzweigt oder mit wenigen aufrechten Ästen, spärlich behaart. Blätter wechselständig, sitzend, lanzettlich, bis 2 cm lang und 4 mm breit, zur Sproßspitze hin kleiner werdend. Blüten ungestielt zu 1–7 in den Achseln von Laubblättern, mit 2 Tragblättern; Blütenröhre zylindrisch, 2 mm lang, dicht anliegend behaart. Kelchblätter 4, aufrecht, kurz, gelblich; Staubblätter 8, Fruchtknoten mit einzelnen Haaren, Griffel kurz, Narbe kopfig; Frucht trockenhäutig, flaschenförmig, Samen schwärzlich, birnförmig, ca. 2 mm lang.

Die Pflanze kann aus der Ferne mit *Thesium* verwechselt werden, der sie habituell ähnlich sieht.

Biologie: Blüte von Juli bis Oktober. Die Keimung erfolgt epigäisch, ältere Samen keimen schneller als frische. Ein Entwicklungszyklus von der Keimung bis zur Blüte dauert etwa 10 Wochen (TAN 1980a).

Ökologie: Die Spatzenzunge wächst als geselliger Therophyt in Getreideäckern, Brachäckern, an Acker- und Wegrändern, in lückigen Schafweiden,

dort gern auf Pfaden, Wildwechseln und Feuerstellen, in Steinbrüchen und auf Schutthängen. Sie bevorzugt offene, trockene bis frische, meist kalkhaltige, steinige, lehmige, warme Böden. Caucalidion lappulae-Verbandskennart, auch in Sedo-Scleranthetea-Gesellschaften sowie in lückigen Mesobromion- und Xerobromion-Rasen. Natürliche Vorkommen werden im Deschampsietum mediae vermutet.

Vegetationsaufnahmen aus Baden-Württemberg fehlen derzeit noch, sind aber in Vorbereitung (PHILIPPI, VOGGESBERGER). Nach PHILIPPI tritt die Spatzenzunge im Taubergebiet auf Stoppeläckern (Caucalido-Adonidetum, Kickxietum spuriae) und in gestörten Halbtrockenrasen auf. Auf der Ostalb besiedelt sie offene Bodenstellen in Gentiano-Koelerieten. Häufige Begleiter sind dort *Bromus erectus, Prunella grandiflora, Lotus corniculatus* var. *hirsutus, Hippocrepis comosa, Sanguisorba minor, Thymus pulegioides.*

Allgemeine Verbreitung: Europäisch-westasiatische Pflanze. Ihre Areal reicht von der Iberischen Halbinsel im Westen nördlich bis zur Normandie, über Mosel und Main (nördlich bis Köln) nach Mittelpolen, ostwärts bis zum Altai-Gebirge und Pakistan und schließt im Süden das Sagros-Gebirge im Iran mit ein. Von hier verläuft die Südgrenze über Syrien, Türkei, Griechenland (ohne Kreta), Sizilien nach Nordafrika. Nach MEUSEL et al. (1978) stammt *Th. passerina* aus einem artenarmen, se-

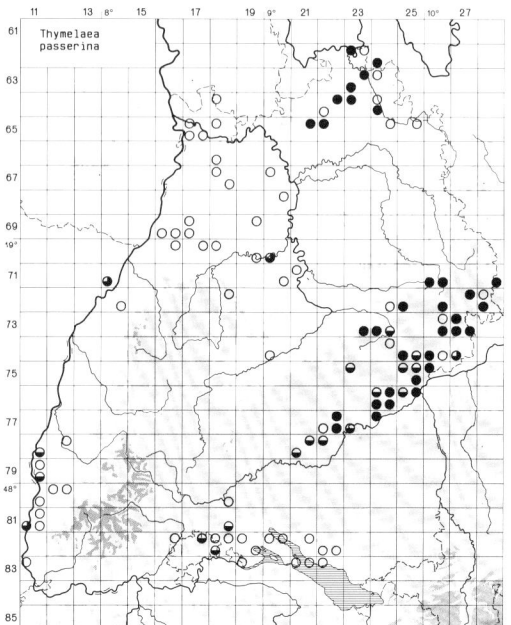

Spatzenzunge *(Thymelaea passerina)*
Eiersheim, 3. 8. 1991

kundären Entwicklungszentrum der Gattung im
Vorderen Orient.

Verbreitung in Baden-Württemberg: Sehr seltene
Pflanze mit einer Vorliebe für die trockenen Kalkgebiete. Im Taubergebiet und Bauland selten, in der
nördlichen Oberrheinebene, im Kraichgau und
mittleren Neckarraum verschollen, im östlichen Bereich der Schwäbischen Alb selten, in der südlichen
Oberrheinebene und den Schwarzwaldvorbergen
erloschen, ebenso im Hegau und am Bodensee. Die
aktuellen Vorkommen beschränken sich auf die
Trockengebiete im Osten des Landes.

Beobachtungen nach 1945:

Oberrheinebene: 8111/3: Zienken bei Neuenburg, 1959,
Kunz in Philippi (1961); im Elsaß: 7114/3: Auenheim,
1960, Korneck (KR-K).
Taubergebiet und Bauland: 6223/1: Dietenhan bei Wert-

heim, 1975, Philippi, später nicht mehr beobachtet (KR-
K); 6224/3: Tälchen W Wenkheim, 1982, Philippi (KR-
K), Schwabengrund bei Wenkheim, bayr., 1980, 1989,
Philippi (KR-K); 6323/2: Ottenberg bei Eiersheim, 1986,
Philippi (KR-K), E Eiersheim, 1991, Baumann (STU-
K); 6323/3: N Schweinberg, 1970, Philippi, später nicht
mehr (KR-K); 6422/2: Brücklein N Bretzingen, 1974, seit
1982 verschollen, Schölch (STU-K); 6423/1: S Birken-
feld, 1973, Schnedler, später nicht mehr (KR-K); 6424/
3: Oberschüpf, 1977, Kraus, später nicht mehr; 6521/2:
bei Bödigheim, Brenzinger (1904: 404), zw. Bödigheim
und Großeicholzheim, zuletzt 1986, Schölch (STU-K),
N Bödigheim, zuletzt 1986, Schölch (KR-K); 6522/1:
Brachacker/Baustelle bei Bödigheim, 1978, Schölch
(STU-K).
Strohgäu: 7020/3: Oberriexingen, 1953, Kreh (STU).
Schwäbische Alb: – Nördliche Ostalb: 7126/3: Oberburg
SE Essingen, 1989, Voggesberger (STU-K); 7126/4: SE
Birkhof bei Aalen, 1960, Baur (STU-K), 1989, Vogges-
berger (STU-K); 7128/4: SW Utzmemmingen, 1987,

31

Spatzenzunge *(Thymelaea passerina)*
Truppenübungsplatz Hartheim, ca. 1970

DÖLER (STU-K), 1989, VOGGESBERGER (STU), 1990, HAUG (STU-K); Riegelberg E Utzmemmingen, 1987, NICKEL (STU-K); 7225/3: Hornberg, 1988, ALEKSEJEW (STU); 7226/4: Hirschtal W Schnaitheim, 1947, KOCH (STU), 1987, NEBEL (STU), 1989, VOGGESBERGER (STU); 7227/2: Dossingen, 1986, 1987, ENGELHARD (STU-K); 7228/3: Fliegenberg NE Dischingen, 1989, VOGGESBERGER (STU-K), Kanzeltal N Dischingen, 1990, ENGELHARDT (STU-K); 7326/4: Bolheim, 1988, AMLER (STU-K); 7327/1: Moldenberg SE Schnaitheim, 1957, HEYDEBRAND (STU), 1989, VOGGESBERGER (STU-K). – Lone-Egau-Alb: 7327/3: Wartberg N Herbrechtingen, 1987, NICKEL u. NEBEL (STU-K); 7327/4: Pfaffenholz N Hohenmemmingen, 1986, NEBEL (STU-K); 7426/3: Eisental NW Börslingen, 1990, VOGGESBERGER (STU-K); 7427/3: Fahrtal S Oberstotzingen, 1955, KOCH (STU-K); 7526/1: Ägenberg bei Hörvelsingen, 1973, RAUNEKER (STU), 1976, SEYBOLD (STU-K). – Mittlere Kuppenalb: 7323/4: Boßler, KIRCHNER u. EICHLER (1913: 294), 1989, VOGGESBERGER (STU-K), Wiesenberg NW Gruibingen, 1989, VOGGESBERGER (STU-K); 7324/3: Haarberg W Unterböhringen, 1972, 1974, WALDERICH (STU-K), 1977, ALEKSEJEW (STU), 1981, SEYBOLD (STU-K); 7425/3: Hätteteich SW Halzhausen, 1986, RAUNEKER (STU-K), Landgarben NE Luizhausen, 1986, RAUNEKER (STU-K); – Mittlere Donaualb: 7525/4: Mähringen, KIRCHNER u. EICHLER (1913: 294), 1932, K. MÜLLER (STU), Lerchenfeld, Wanne, Schönenberg, Kugelberg bei Mähringen, 1989, RAUNEKER (STU-K); 7624/2: Hünenberg bei Vohenbronnen, 1954, K. MÜLLER (STU), Steinbruch Sotzenhausen bei Schelklingen, 1984, POSCHLOD (nach RAUNEKER STU-K); 7624/3: Büchelesberg S Allmendingen, 1973, SEILER (STU), 1986, RAUNEKER (STU-K), Steinbruch bei Allmendingen, 1986, RAUNEKER (STU-K), Galgenberg E Berkach, 1986, BANZHAF (STU-K), Siegental W Altheim, 1988, RAUNEKER (STU-K); 7624/4: Pfraunstetten, KIRCHNER u. EICH-

LER (1900: 264), bei Altheim, 1984, RAUNEKER (STU-K); 7625/2: Söflingen, KIRCHNER u. EICHLER (1913: 294), Oberer Kuhberg S Söflingen, 1980, RAUNEKER (STU-K); 7722/2: Digelfeld W Hayingen, 1990, VOGGESBERGER (STU-K); 7722/4: Spechtberg W Hochberg, 1990, VOGGESBERGER (STU-K); 7224/1: Ehingen, 1986, BANZHAF (STU-K).

Thymelaea passerina ist in Baden-Württemberg von 240 m bei Wertheim (6223, früher um 100 m bei Seckenheim, 6517) bis 720 m auf dem Boßler (7323, früher 840 m bei Zainingen, 7523) verbreitet.

Erstnachweis: LEOPOLD (1728: 165) fand die Spatzenzunge „am Michaelsberg in den Äckern", Umgebung von Ulm.

Bestand und Bedrohung: Die Spatzenzunge war im letzten Jahrhundert wesentlich häufiger als heute und hauptsächlich als Getreideunkraut verbreitet. In der Regel gelangt sie nach der Ernte auf Stoppelfeldern oder auf Brachäckern zu voller Entwicklung. Änderungen im Fruchtwechsel und Intensivierung des Getreideanbaus leiteten schon zu Anfang dieses Jahrhunderts ihren Rückzug ein. Heute stellen Ackervorkommen eher die Ausnahme dar, die Mehrzahl der aktuellen Bestände befinden sich in Halbtrockenrasen. Sie besiedelt darin oftmals steinige Trampelpfade, Fahrwege, Wildwechsel u.ä. Störstellen. K. MÜLLER (1950) sah in dem engen Nebeneinander von Äckern und Schafweiden die Voraussetzung für dauerhafte Populationen.

Das Verschwinden der Spatzenzunge aus den Getreideäckern bewirkte ihr Aussterben im Oberrheingebiet, im Kraichgau und Neckarbecken, im Hegau und am westlichen Bodensee. In diesen Regionen gehört sie der Kategorie G0 an. Im Taubergebiet und Bauland sowie auf der Schwäbischen Alb ist sie weiterhin stark gefährdet (G2).

Wie bei den meisten Therophyten, so können auch bei der Spatzenzunge Populationsgröße und Wuchsorte von Jahr zu Jahr beträchtlich schwanken. Auf Äckern und an Schuttstellen halten sich die Bestände oft nur eine Vegetationsperiode, auf Halbtrockenrasen sind sie dauerhafter. Nur etwa ein Drittel der bestehenden Populationen sind so umfangreich, daß mit ihrem Fortbestand gerechnet werden kann (mind. hundert Pflanzen). Die Samenproduktion von *T. passerina* ist für eine annuelle Art sehr gering, da die Samen verhältnismäßig groß sind. Darüber hinaus sind die Pflanzen oft so kümmerlich, daß ein Individuum nicht mehr als 10–20 Samen hervorbringt. Über die Verbreitung der Samen ist nichts bekannt, möglicherweise bleiben sie an den Hufen von Schafen (vgl. K. MÜLLER 1950) oder Wild hängen. Die Bewirtschaftung der Magerweiden mit Schafen sorgt außerdem immer wieder für offene Bodenstellen, auf denen die Spatzenzunge keimen kann. Als weitere Pflegemaßnahme könnte das Aufhacken der Grasnarbe und Entfernen von Rasenvegetation in Betracht gezogen werden, was bei Wenkheim auf bayerischer Seite mit Erfolg durchgeführt wurde (Philippi, schriftl. 1991).

Gefährdung der Art in anderen Gebieten: Deutschland: Neuere Fundmeldungen von *T. passerina* liegen nur aus Baden-Württemberg und Bayern (Main-Tauber-Gebiet, Fränkische Alb und Donauniederung, überall starke Rückgänge, Schönfelder u. Bresinsky 1990) vor. In Nordrhein-Westfalen, Hessen, dem Saarland und in Rheinland-Pfalz ist sie verschollen (Haeupler und Schönfelder 1988). Schweiz: Überall selten geworden (Hess, Landolt, Hirzel, 1970: 754). Die Art ist allgemein im Rückgang begriffen (Hegi 1968: 1558).

Onagraceae

(Oenotheraceae)
Nachtkerzengewächse
Bearbeiter: G. Philippi, unter Mitarbeit von
A. Kappus *(Oenothera)*

Kräuter, auch einige Sträucher, Pflanzen z.T. wasserlebend. Blätter einfach, Nebenblätter fehlend oder früh abfallend. Blüten mit 2 Symmetrieebenen (aktinomorph) oder mit einer Symmetrieebene (zygomorph), meist vierzählig (*Circaea* zweizählig). Staubblätter meist doppelt so viele wie Kronblätter, Pollen einzeln oder in Tetraden. Fruchtknoten unterständig, zwei- oder vierfächrig (selten einfächrig), mit zahlreichen Samenanlagen, Blüten oft mit trichterartig verlängertem Achsenbecher.

Familie mit ca. 18 Gattungen und ca. 640 Arten, weltweit vertreten (mit Schwerpunkt im südwestlichen Nordamerika und Mexiko). In Europa 4 Gattungen. – Zu den Onagraceae gehört weiter die Gattung *Fuchsia* (v.a. aus Südamerika bekannt).

1 Stengel kriechend, an den Knoten wurzelnd; Blüten einzeln, blattachselständig; Staubblätter 4 . .
  3. *Ludwigia*
– Stengel aufrecht; Blüten in endständigen Trauben; Staubblätter 8 oder 2 2
2 Blüten weiß oder rötlich, Blütenblätter bis 3 mm groß; Krone zweizählig; Staubblätter 2 . . . .
  1. *Circaea*
– Blüten gelb oder rotlila, Blütenblätter über 3 mm groß; Krone vierzählig; Staubblätter 8 3

3 Krone rot bis rotlila; Fruchtknoten und Kapsel schmal-lineal; Samen mit Haarschopf . . . . . .
  4. *Epilobium*
– Krone gelb; Fruchtknoten und Kapsel länglich; Samen ohne Haarschopf . . . . . . 2. *Oenothera*

1. Circaea L. 1753
Hexenkraut

Ausdauernde Pflanzen mit kriechendem Rhizom, Blätter sind kreuzgegenständig; Krone zweizählig (2 Kronblätter, 2 Kelchblätter); Früchte nußartig, 1- bis 2samig.

Gattung mit 7 Arten in gemäßigten Breiten der Nordhalbkugel, in Europa kommen wie im Gebiet 3 Arten vor.

1 Blätter matt, oberseits wenigstens auf den Nerven behaart; Stengel behaart; Blüten ohne Tragblätter
  1. *C. lutetiana*
– Blätter glänzend, kahl (oder mit zerstreuten Haaren), Stengel kahl, Blüten mit Tragblättern (diese hinfällig) 2
2 Frucht zweifächrig, Narbe zweilappig; Blattstiel nicht geflügelt; Kronblätter so lang wie der Kelch
  2. *C. intermedia*
– Frucht einfächrig, Narbe kopfig; Kronblätter kürzer als der Kelch; Blattstiel geflügelt 3. *C. alpina*

1. Circaea lutetiana L. 1753
Gewöhnliches Hexenkraut

Morphologie: Geophyt, bis 60 cm hoch, Stengel am Grund mit schuppenförmigen Niederblättern, im unteren und mittleren Teil kaum verzweigt; Blätter eiförmig, am Grund gestutzt (bis schwach herzförmig), die unteren lang gestielt, die oberen fast sitzend, Blattspreite $1-2 \times$ so lang wie breit, auf den Blattnerven dicht behaart; Blüten und Blütenstiele drüsig behaart; Kronblätter 2–4 mm lang; Frucht 3–4 mm lang. – Blütezeit Juni–August, Insektenbestäubung (Fliegen), Klettverbreitung; vegetative Vermehrung über Ausläufer.

Ökologie: Lockere Herden an beschatteten, frischen bis feuchten, meist nährstoff- und basenreichen, beschatteten Stellen. In frischen Ausbildungen von Hainbuchen- und Buchenwäldern, in Auenwäldern, Schwerpunkt insgesamt an Wegrändern (Binnensäume, Alliarion-Verb.) – In zahlreichen Vegetationsaufnahmen von Laubmischwäldern enthalten.

Allgemeine Verbreitung: Europa (bis Nordafrika), Asien, östliches Nordamerika; in Ostasien eine besondere Unterart (subsp. *quadrisulcata* (Maxim.) Aschers. et Magn.). In Europa vom Mittelmeergebiet nordwärts bis Westnorwegen (62° n. Br.), Süd-

Gewöhnliches Hexenkraut *(Circaea lutetiana)*
St. Wilhelm (Schwarzwald)

Rösch (1990e). Erster schriftlicher Hinweis: J. F. Gmelin (1772: 2): „in monte Balingensi... Ofterdinger", (7719). Vermutlich wurde die Pflanze schon von H. Harder 1576–94 im Gebiet gesammelt, vgl. Schinnerl (1912: 220).

Bestand und Bedrohung: Reiche Bestände, nicht bedroht.

2. Circaea × intermedia Ehrh. 1789
Mittleres Hexenkraut

Morphologie: Geophyt, bis 40 cm hoch, deutlich kleiner als *C. lutetiana*, doch insgesamt recht ähnlich, Pflanze am Grund oft verzweigt, Stengel fast kahl bis sehr zerstreut drüsig behaart, nur im Bereich der Blütenstände dichter behaart; Blätter kahl (bis schwach behaart), schwach glänzend bis matt; Blüten in verlängerten Trauben, Blüten und Blütenstiele drüsenhaarig, Kronblätter 2–3 mm, weiß bis rötlichweiß; Frucht 2–3 mm lang.

Circaea × *intermedia* ist ein Bastard zwischen *C. lutetiana* und *C. alpina*; die Sippe ist offensichtlich steril und vermehrt sich vegetativ über Ausläufer. „Typische" Formen lassen sich an der fehlenden Behaarung und starken Verzweigung leicht von *C. lutetiana* unterscheiden. Doch gibt es auch Zwischenformen, die als Rückkreuzungen mit den Eltern gedeutet werden. – Blütezeit Juni–August. Insektenbestäubung (Fliegenblume).

Ökologie: An ähnlichen Stellen wie *C. lutetiana*,

schweden (v. a. Westküste) und Baltikum, ostwärts bis Ural und Kaukasus. – Submediterran-temperat.
Verbreitung in Baden-Württemberg: In den meisten Gebieten verbreitet und häufig. Größere Vorkommenslücken finden sich im Nordschwarzwald (über Buntsandstein) und im östlichen Südschwarzwald: Hier wird *C. lutetiana* durch *C. intermedia* (und selten *C. alpina*) ersetzt. In der Schwäbischen Alb besteht eine Vorkommenslücke in der Mittleren Donau-Alb, wohl als Folge zu trockener Standorte. Im Alpenvorland ist die Pflanze auf den armen Böden im Bereich der Rißmoräne selten. Die Auflockerung des Areals in den östlichen Landesteilen, die gerade in den Kalkgebieten zu verfolgen ist, setzt sich in den angrenzenden bayerischen Gebieten fort; sie könnte klimatisch bedingt sein (zu große Trockenheit oder zu große Kontinentalität?).

Tiefste Vorkommen in der Rheinebene ca. 95 m, höchste: 8326/2: Schwarzer Grat bei Isny, ca. 1050 m. Im Schwarzwald oberhalb 600 m selten; höchste Fundstelle 8113/2: Fahl, 910 m.

Die Pflanze ist einheimisch.
Erstnachweise: Mittleres Subboreal, Taubried/Federsee, K. Bertsch (1931), Hornstaad-Hörnle V,

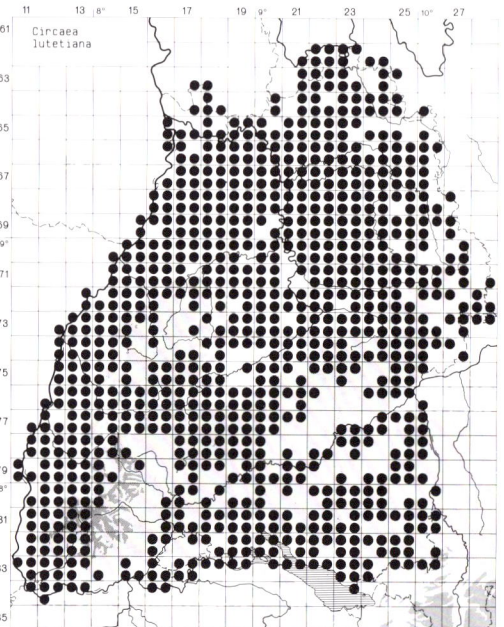

doch insgesamt etwas feuchter stehend, kalkarme Gebiete bevorzugend; Schwerpunkt in (reichen) Quell-Erlenwäldern (Carici remotae-Fraxinetum).– Zahlreiche Vegetationsaufnahmen mit *Circaea intermedia* liegen aus Baden-Württemberg vor, so z. B. aus Auen- und Schluchtwäldern: OBERDORFER (1949), SEBALD (1974), aus Quellfluren: TH. MÜLLER (1969), SEBALD (1975).

Allgemeine Verbreitung: Europa, hier im Süden von den Pyrenäen, dem Apennin und den Gebirgen Jugoslawiens, nordwärts bis England und Schottland, Norwegen bis 63° n. Br., ostwärts bis zu den Karpaten und dem Kaukasus. In der Bundesrepublik v.a. in den kalkarmen Mittelgebirgen sowie im norddeutschen Tiefland. – Temperat-submediterran, schwach subatlantisch.

Verbreitung in Baden-Württemberg: V.a. in kalkärmeren Gebieten, z.T. in Gebieten ohne *C. alpina*. Odenwald, Schwarzwald, Schwäbisch-Fränkischer Wald, selten Schönbuch und Schurwald, Oberer Neckar und angrenzende Teile der Alb, Wutach, Alpenvorland, hier v.a. im Westallgäuer Hügelland. Sicher oft übersehen!

Tiefste Fundstellen: Odenwald bei Rittersbach (6521/3), ca. 250 m, höchste im Südschwarzwald am Blößling (8214/1), 1220 m.

Die Pflanze ist einheimisch.

Odenwald: Wenige Fundstellen im östlichen Odenwald: 6420/2: SW Ernsttal, spärlich, 1975, SCHÖLCH (KR-K); 6520/2: Seebach W Robern, reichlich, 1988, BREUNIG (KR-K); 6521/2: N Waldhausen, Demuth, 1989, DEMUTH (KR-K); 6521/3: S Rittersbach, 1989, DEMUTH (KR-K).

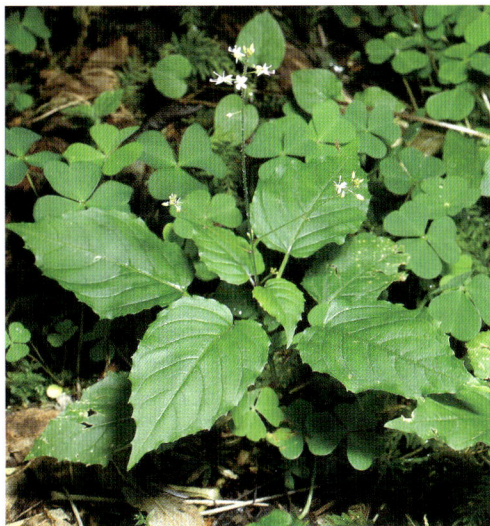

Mittleres Hexenkraut *(Circaea intermedia)*
Murrhardt, 31. 7. 1991

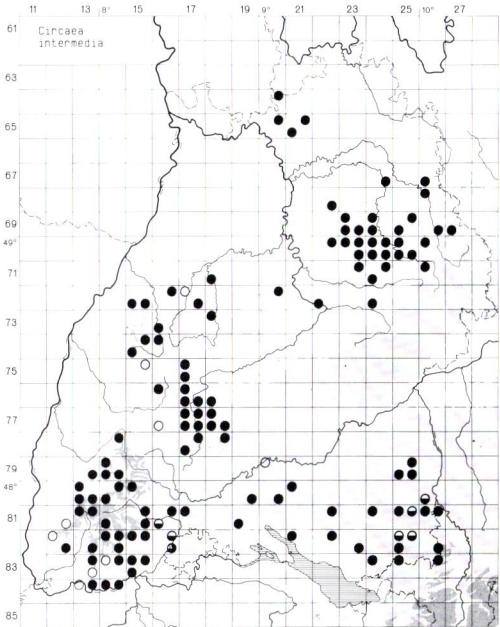

Schwarzwald: Zerstreut, sicher oft übersehen, insgesamt seltener als *C. alpina*.
Schwäbisch-Fränkischer Wald: Verbreitet.
Schönbuch: 7220/2: Rotwildpark am Bärensee, SEYBOLD (1968).
Oberer Neckar–Baar–Wutach–Südwestalb: Vielfach.
Alpenvorland: V.a. im Westallgäuer Hügelland; zu Einzelangaben (meist nach Beobachtungen von K. MÜLLER u. BRIELMAIER) DÖRR (1975).

Erstnachweise: ROTH V. SCHRECKENSTEIN (1799: 6): „Im Duttlinger Oberamt bey Thalheim im Herrschaftswalde". (7917–7918).

Bestand und Bedrohung: Nicht bedroht. Lediglich bei isolierten Vorkommen mit beschränkter Ausdehnung ist eine gewisse Gefährdung anzunehmen (z.B. bei den Vorkommen im Schurwald und Schönbuch).

3. Circaea alpina L. 1753
Alpen-Hexenkraut, Gebirgs-Hexenkraut

Morphologie: Geophyt, bis 15 (30) cm hoch, Stengel am Grund ästig, Stengel und Blätter kahl (nur im Blütenstandsbereich zerstreut behaart). Blätter frischgrün, glänzend, dünn, Blattspreite oft nur 1–2,5 cm lang, wenig länger als breit, am Grund meist herzförmig. Blüten zur Blütezeit kopfig gehäuft, Blütenstand sich erst bei der Fruchtreife verlängernd, Fruchtstiele kahl, Kronblätter 1,5–2 mm; Frucht 2–2,5 mm. – Blütezeit 2. Juni-

Hälfte bis August. – Insekten- und Selbstbestäubung, Klettverbreitung.

Ökologie: Kleine, niederwüchsige, z.T. dicht schließende Trupps an beschatteten, frischen bis feuchten, oft etwas quellig durchsickerten, kalkarmen, sauren, doch basenreichen Stellen, in Kalkgebieten z.B. im Humus über Felsblöcken, an humosen Wegböschungen usw. V.a. im Bereich von Quellfluren (zusammen mit *Chrysosplenium oppositifolium*), in Quell-Erlenwäldern der montanen Stufe, vielfach an Wegböschungen. – In zahlreichen Vegetationsaufnahmen enthalten, doch meist nur in geringer Menge und Stetigkeit: in Quellfluren: TH. MÜLLER (1969), SEBALD (1975), in Erlen-Eschenwäldern: SEBALD (1974), MURMANN-KRISTEN (1987), auch in Buchen-Tannenwäldern: SEBALD (1966).

Allgemeine Verbreitung: Nordhalbkugel: Europa, Asien und Nordamerika. In Europa von den Pyrenäen, dem Apennin und den Gebirgen Jugoslawiens nordwärts bis Nord-Norwegen (bis 70° n. Br.), im Westen (Großbritannien, Frankreich) ± selten. In der Bundesrepublik Deutschland v.a. in den kalkarmen Mittelgebirgen, nach Norden zunehmend auch in den Tieflagen (so bereits im Rhein-Main-Gebiet).

Verbreitung in Baden-Württemberg: Ähnlich verbreitet wie *Circaea intermedia*: V.a. im Schwarzwald, in der Baar, am Oberen Neckar und angrenzenden Gebieten der Schwäbischen Alb, im Schwä-

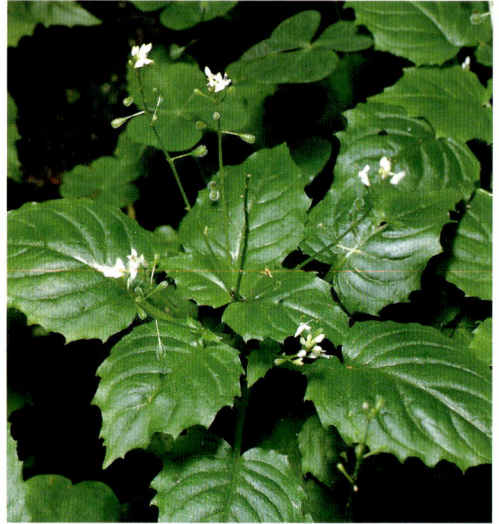

Alpen-Hexenkraut *(Circaea alpina)*
Hüfingen, 4. 8. 1991

bisch-Fränkischen Wald und im Alpenvorland zu finden, selten auch im Odenwald und in der Ostalb. Sicher oft übersehen!

Tiefste Fundstellen: ca. 370 m (Odenwald), höchste bei 1200 m (8214/1: Blößling). Hauptvorkommen im Schwarzwald oberhalb 600 m.

Odenwald: 6519/4: Totenbrunnen bei Eberbach, spärlich, ca. 370 m, um 1975, SCHÖLCH (KR-K).

Die Pflanze ist einheimisch.

Erstnachweis: ROTH VON SCHRECKENSTEIN (1798: 84): „bey Schweikhof unfern Mülheim" (8112/3).

Bestand und Bedrohung: In reichen Beständen vorkommend, auch gern künstliche Stellen wie Wegböschungen besiedelnd. Nicht bedroht.

2. **Oenothera** L. 1753
Nachtkerze
Unter Mitarbeit von A. KAPPUS

Pflanze ein-, meist zweijährig, mit wechselständigen, eiförmig-lanzettlichen Blättern. Blüten einzeln in Blattachseln oder endständigen Blütenständen. Achsenbecher verlängert; die Verlängerung mit der Krone abfallend. Kelchblätter 4, der Blütenachse anliegend, Kronblätter 4, bei einheimischen Arten gelb (sonst auch weiß oder rot), Staubblätter 8, Fruchtknoten eine vierfächrige Kapsel. Samen klein, zahlreich, ohne Haarschopf.

Gattung mit ca. 200 Arten, ursprünglich nur in Amerika heimisch. In Europa bereits im 17. Jahr-

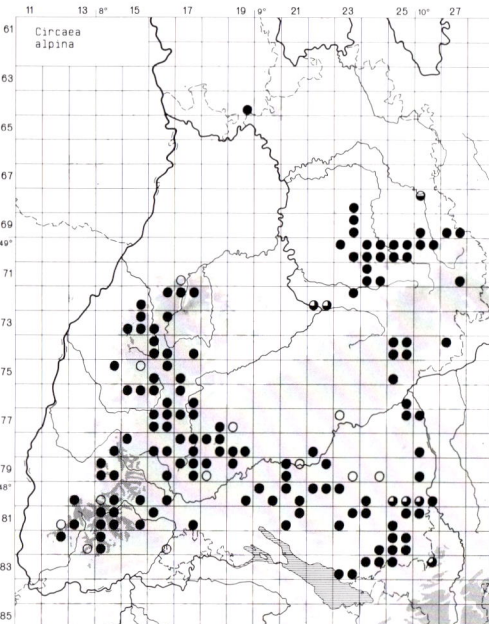

hundert als Zierpflanze eingeführt und bald darauf verwildert. – *Oenothera*-Arten neigen zur Bastardbildung; viele dieser Bastarde bilden bei Selbstbestäubung konstante Nachkommen aus, verhalten sich also wie „echte" Arten. So sind in Europa eine Reihe von Arten entstanden, die in Amerika bisher nicht bekannt sind. Dieser Artbildungsprozeß ist noch im Gange; auch weiterhin ist mit neu entstehenden *Oenothera*-Arten zu rechnen. *Oenothera* wurde ein klassisches Objekt der Vererbungslehre.

Besonderheit der *Oenothera*-Arten des Gebietes ist die Komplex-Heterozygotie. Die einheimischen Sippen enthalten alle zwei verschiedene Genome, sind also heterozygot. Homozygote Sippen einheimischer Arten können experimentell erzeugt werden, sind aber aufgrund von Letalfaktoren nicht lebensfähig. In Nordamerika sind (bei anderen Arten) homozygote Sippen bekannt. Letalfaktoren sind auch die Ursache, daß diese Bastarde bei Selbstbestäubung konstante Nachkommen hervorbringen.

Bei der Meiose entstehen bei den einzelnen Arten charakteristische Chromosomenringe; eine genetische Neukombination über Chromosomenaustausch ist so vielfach nicht möglich.

Aufklärung der einheimischen *Oenothera*-Arten brachten im Gebiet die Untersuchungen von Kappus (1957), im Elsaß Linder, Jean u. Boutandin (1957/58) sowie Renner (1942, 1950). – Nicht jede Pflanze, auch nicht jede Population läßt sich eindeutig ansprechen. Für eine sichere Bestimmung sind zytologische Untersuchungen (der Ringbildung) und Kreuzungsexperimente notwendig.

Blütezeit Ende Juni bis Mitte September. Bei kurzgriffligen Formen herrscht Selbstbestäubung vor, bei langgriffligen Fremdbestäubung (meist durch Nachtfalter).

Die einheimischen Arten verhalten sich ökologisch ganz ähnlich: Wuchsorte sind offene Bodenstellen mit meist kalkreichen, doch nährstoffarmen, basischen, sandig-kiesigen bis sandig-lehmigen (oder schluffigen), mäßig trockenen Böden, meist in sommerwarmen Gebieten. Im ersten Jahr werden am Boden anliegende Blattrosetten gebildet, im folgenden Jahr gelangt die Pflanze dann zur Blüte. Vorkommen vielfach unbeständig, v.a. an frischen Schüttungen.

Oenothera-Arten sind nur selten – eher zufällig – in Vegetationsaufnahmen enthalten, so z.B. im Echio-Melilotetum, etwas häufiger in *Scrophularia canina*-Fluren. Vegetationsaufnahmen vgl. Müller (1974), Müller u. Görs (1974), Oberrhein (Taubergießen).

Schlüssel nach Linder (1958)

1 Blütenstand aufgerichtet-aufrecht; Kronblätter über 20 mm lang (Ausnahme *Oe. ersteinensis*); Blütenblätter länger als Staubblätter (*Oenothera biennis*-Gruppe) 2
– Blütenstand überhängend-nickend; Kronblätter 8–20 mm lang, Blütenblätter so lang wie Staubblätter (*Oenothera parviflora*-Gruppe) 7
2 Stengel und Fruchtknoten nicht rot punktiert oder gestreift; Kelch und Früchte grün 3
– Stengel rot punktiert, im oberen Teil z.T. pfirsichrot, Fruchtknoten rot gestreift 5
3 Kronblätter bis 28 mm lang; Blätter mit roten Nerven, Blüten kaum riechend . . 1. *Oe. biennis*
– Kronblätter größer; Blätter mit farblosen Nerven 4
4 Kronblätter bis 35 mm lang, sich seitlich nicht überdeckend; Blüten duftend . 2. *Oe. suaveolens*
– Kronblätter bis 48 mm lang; Blüten nicht duftend; Pflanze im Freistand zu starker Verzweigung neigend; Blätter am Rand wellig . 3. *Oe. oehlkersii*
5 Kronblätter bis 50 mm lang; Kelch und junge Frucht rot gestreift . . . . . 5. *Oe. erythrosepala*
– Kronblätter unter 28 mm lang; Kelch grün (oder schwach pfirsichrot) 6
6 Kronblätter 20–28 mm lang; Pflanze sehr kräftig (bis 3 m hoch), Stengel oben pfirsichrot . . . . . .
. . . . 4. *Oe. chicagoensis*
– Kronblätter unter 19 mm lang; Blätter dunkelgrün; Pflanze von Grund an ästig, weich behaart, punktiert; Stengel dicht weich behaart, punktiert, pfirsichrot . . . . 6. *Oe. ersteinensis*
7 Pflanze grau, Blätter weichhaarig; Stengel und Fruchtknoten fein punktiert; Kelch zunächst grün, später verwaschen rot; Kronblätter 13 mm lang .
. . . . 7. *Oe. syrticola*
– Pflanze dunkelgrün, Blätter fast kahl, mit roten Nerven, Frucht grün 8
8 Kronblätter 12–20 mm lang; Stengel nicht punktiert, oft büschelig verzweigt; Kelch grün . . . . . .
. . . . 8. *Oe. issleri*
– Kronblätter 9–11 mm lang; Stengel im Spätsommer schwach punktiert; Kelch grün oder verwaschen rot . . . . 9. *Oe. parviflora*

1. Oenothera biennis L. 1753
Gewöhnliche Nachtkerze

Im Gebiet häufigste Art, die auch relativ stabil bleibt (keine besondere Neigung zu Bastardbildung, Selbstbestäubung).

Allgemeine Verbreitung: Nordamerika bis Mexiko, Europa, in verwandten Sippen auch Ostasien. In Europa verbreitet v.a. im südlichen und mittleren Teil, in Skandinavien nordwärts bis ca. 60° n. Br. – In Deutschland verbreitet, in Gebirgen selten.

Verbreitung in Baden-Württemberg: In warmen Tieflagen häufig, so v.a. im Ober- und Hochrheingebiet, im Neckargebiet. Schwarzwald v.a. in den Tälern. Alpenvorland zerstreut. – Auffallend selten im Bauland zwischen Neckar und Tauber, im öst-

Wohlriechende Nachtkerze *(Oenothera suaveolens)*
Kehl, Hafen, 1992

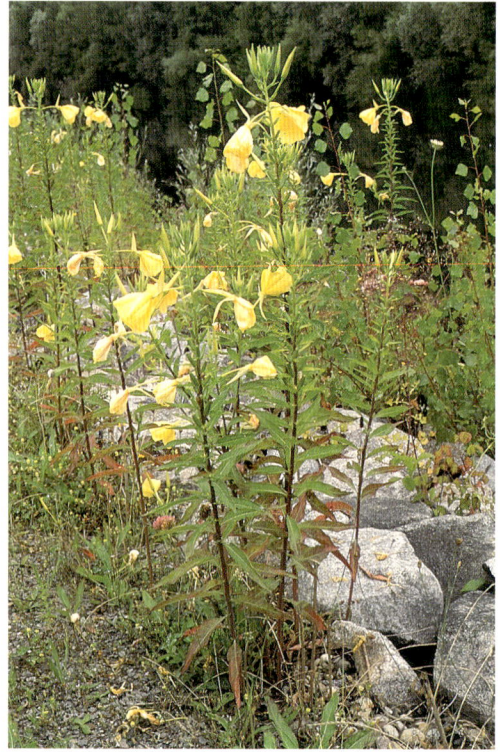

Oehlkers Nachtkerze *(Oenothera oehlkersii)*
Altenheim, Rheindamm, 1992

lichen Schwäbisch-Fränkischen Wald und in der Schwäbischen Alb. Vorkommen vielfach unbeständig (z. B. an frischen Straßenböschungen). – Tiefste Fundstellen am Oberrhein, ca. 95 m, höchstgelegene in der Baar ca. 800 m (8116/1: Löffingen).
Erstnachweise: Erster schriftlicher Hinweis bei POL-LICH (1777): „Copiosa circa Mannheim ad Rheni ripam", weiter GATTENHOF (1782), Heidelberg. SPENNER (1829) nennt die Pflanze für das Freiburger Gebiet als „frequentissima". – Vermutlich dürfte sich die Pflanze bereits im frühen 17. Jahrhundert im Gebiet eingebürgert haben; BAUHIN kultivierte diese (oder eine verwandte) Sippe um 1623 im Botanischen Garten zu Basel. Er wies auf rasche Ausbreitung durch Samen hin.
Bestand und Bedrohung: Nicht bedroht, hat sich in den letzten Jahren beim Straßenbau ausgebreitet.
Variabilität: Häufig ist von Karlsruhe rheinabwärts var. *angustifolia* RENNER mit schmalen Blättern. var. *sulphurea* DE VRIES kommt in einer Häufigkeit von 0,1–0,2 % unter der Normalform vor. Die var. *cruciata* DE VRIES wurde erst einmal am Rückhaltebecken südlich Kehl (7412/2) beobachtet (A. KAPPUS, mündl. Mitt.).

2. Oenothera suaveolens Pers. 1805
Wohlriechende Nachtkerze

Labile Art, die sehr stark zur Bastardbildung neigt. Im Gebiet in mehreren Formen, die weder mit der Standardrasse noch mit den von RENNER beschriebenen Formen völlig übereinstimmen.

V.a. entlang des Rheins, zerstreut, zurückgehend; Fundortskarte vgl. KAPPUS (1957: 40). Hochrhein bei Waldshut (1922, W. KOCH, vgl. BE-CHERER u. KOCH 1923, BECHERER 1925).

3. Oenothera oehlkersii Kappus 1966
Oehlkers' Nachtkerze

Von KAPPUS (1957) zunächst als *Oe. Rimsingen* beschrieben, nach zytologischer Untersuchung als eigene Art behandelt.

Vorwiegend südeuropäische Art. Vorkommen entlang des Rheins zwischen Weil im Süden und Freistett im Norden, v.a. um Weil-Istein, rheinabwärts seltener werdend, z.B. Altenheim, Freistett. – Wohl beschränktes Areal; über Vorkommen in anderen Teilen Deutschlands ist nichts bekannt.

4. Oenothera chicagoensis Renner ex Cleeland et Blakeslee 1930
Chicagoer Nachtkerze

Verbreitung offensichtlich mehr mediterran-subme-diterran; eine der wenigen Sippen des Gebietes, die auch in Nordamerika vorkommt.

Um Freiburg mehrfach, KAPPUS (1960), auf Trümmerfeldern der Innenstadt (7913/3), auf Schuttplätzen der Umgebung: 7913/3: Gundelfin-gen, 8012/2: Uffhausen, 8013/1: Schlierberg, zeit-weise über 2500 Pflanzen (1959). Ob noch? – 8311/1: Istein, 1992, KAPPUS (KR-K). Linksrhei-nisch südwestlich Neubreisach: zwischen Dessen-heimer Mühle und Niederhergheim.

5. Oenothera erythrosepala Borb. 1903
Oe. lamarckiana auct.
Rotgestreifte Nachtkerze

Im Gebiet in einer besonderen Sippe, die von KAP-PUS (1957) als *Oe. lamarckiana Altenheim* beschrie-ben wurde: Größer und kräftiger als der Typ, Länge der Kronblätter bis 60 mm, stärkere Rotfär-bung der Knospen.

Die kleinere Sippe *Oe. lamarckiana Jugenheim* (von HEINE 1950/51 als *Oe. grandiflora* bezeichnet),

die in den Merkmalen der *Oe. lamarckiana* REN-NER nahesteht, benachbart an der hessischen Berg-straße bei Jugenheim.

Im Gebiet entlang des Rheins zwischen Basel und Kehl häufig, auch nördlich Kehl? – Vorberg-zone bei Mahlberg auf Löß (7712/2), Schönberg bei Freiburg, in Zunahme, OBERDORFER (KR-K). – Benachbart in der Nordschweiz im Aargau in gro-ßen Mengen entlang der Autobahnen.

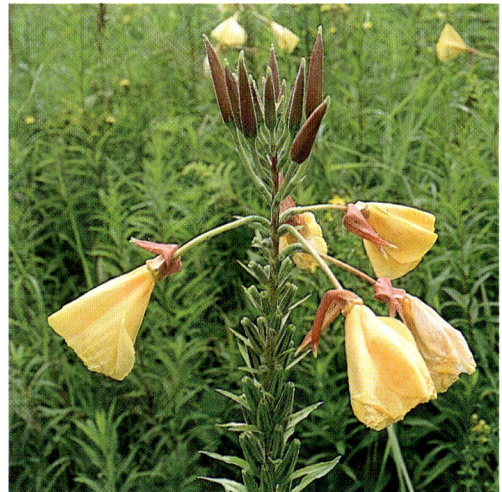

Oehlkers Nachtkerze *(Oenothera oehlkersii)*
Altenheim, Rheindamm, 1992

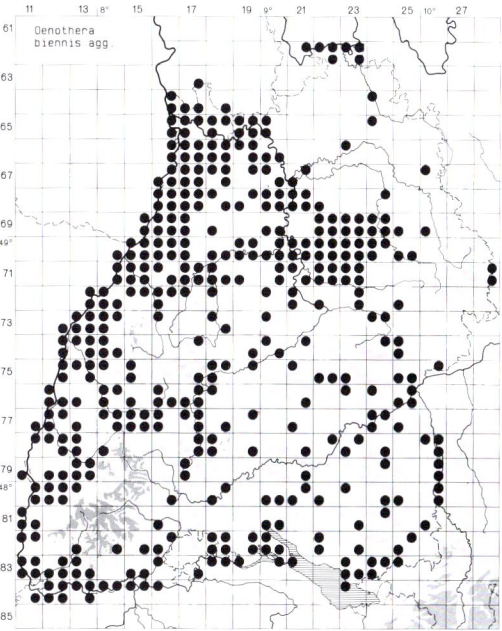

Rotgestreifte Nachtkerze *(Oenothera erythrosepala)*
Marlen bei Kehl, 1992

Ersteiner Nachtkerze *(Oenothera ersteinensis)*
Altenheim, Rhein, 1992

Oe. erythrosepala wird wegen der Rotfärbung im Blütenbereich und wegen der großen Blüten gelegentlich als Zierpflanze angebaut (so z.B. in der Nordschweiz).

Häufiger als *Oe. erythrosepala* ist z.T. *Oe. × fallax* Renner *(Oe. erythrosepala × biennis)*, von *Oe. erythrosepala* durch kürzere Kronblätter geschieden.

6. Oenothera ersteinensis Linder et Jean 1969
Ersteiner Nachtkerze

Zunächst als *Oe. rubricaulis* bezeichnet (LINDER 1956), nach zytologischer Prüfung als eigene Art beschrieben. Vorkommen um Erstein und Eschau (südlich Straßburg) bis Straßburg, auf deutscher Seite um Altenheim und Marlen (7512/2–7412/4) nachgewiesen, vgl. KAPPUS (1979). – Offensichtlich jung entstandene Sippe von beschränkter Verbreitung, in Ausbreitung.

7. Oenothera syrticola Bartl. 1914

Im Elsaß zwischen Mülhausen und Neubreisach vielfach, Colmar, Straßburg, doch zurückgehend. Sichere Nachweise von der badischen Rheinseite fehlen.

Doch gehört *Oenothera Kehl* (KAPPUS 1957) mit 17 mm langen Kronblättern, schwach nickendem Gipfel und meist unter 1 m Höhe in die nächste Verwandtschaft von *Oe. syrticola* (mündl. Mitt. A. KAPPUS).

8. Oenothera issleri Renner 1950
Isslers Nachtkerze

Vorkommen v.a. im Elsaß zwischen Mülhausen und der Vorbergzone nordwestlich Straßburg vielfach, wo sie sich auf Kosten von *Oenothera syrticola* ausgebreitet hat. In Baden-Württemberg erst einmal beobachtet: 6916/3: Karlsruhe, Rheinhafen, 1947, OBERDORFER, det. ROSTANSKI (KR).

9. Oenothera parviflora L. 1759
Oe. muricata auct.
Kleinblütige Nachtkerze

Oberrheingebiet zerstreut, v.a. in den Sandgebieten der nordbadischen Rheinebene und in der Freiburger Bucht häufiger; Neckargebiet. Fundortskarte für das badische Oberrheingebiet vgl. KAPPUS (1957: 47).

Erstnachweis: LEOPOLD (1728: 115) „*Onagra minor humilis* ... an der Ihler ob Wiblingen wie auch an der Donau hin und wieder" (Umgebung von Ulm), Angabe nur mit großem Vorbehalt auf *Oe. parviflora* zu beziehen! SPENNER (1829: 798): „in glareosis prope Haslach ad Drisamiae ripas frequens; sine

Oenothera Kehl (Oe. syrticola nahestehend)
Altenheim, Rhein

Täuschende Nachtkerze *(Oenothera × fallax)*
Altenheim, Rheindamm

dubio olim ex horto botanico emigravit, nunc quasi spontanea". (8012/2, 8013/1: Freiburg).

Weitere Oenothera-Arten:

Mit weiteren *Oenothera*-Arten ist im Gebiet zu rechnen. So gehört zu den kleinblütigen Sippen weiter „*Oenothera Goldscheuer*" (mit 18 mm langen Kronblättern, sehr stark rot gefärbten Kelchblättern und rot punktiertem Stengel; Pflanze sehr kräftig). – Entlang des Rheines zwischen Basel und Kehl, Fundortskarte vgl. KAPPUS (1957: 47).

3. **Ludwigia** L. 1753
Heusenkraut

Sumpf- und Wasserpflanzen mit gegenständigen Blättern, 4 Kelchblätter, an der Frucht bleibend, Kronblätter fehlend oder höchstens so lang wie die Kelchblätter, 4 Staubblätter. Frucht eine vielsamige Kapsel.

Gattung mit ca. 30 Arten, v.a. in den Tropen und Subtropen, Schwerpunkt in Amerika. In Europa 3 Arten, davon 2 aus Amerika eingeschleppt und eingebürgert. – Nah verwandte Gattungen sind *Jussiaea* L. und *Oocarpon* Mich. (insgesamt ca. 75 Arten), die z.T. mit *Ludwigia* vereinigt werden.

1. **Ludwigia palustris** (L.) Elliott 1817
Isnardia palustris L. 1753
Sumpf-Heusenkraut

Morphologie: Therophyt, Hemikryptophyt. Pflanze niederliegend (bis aufsteigend), im Durchmesser (10) 20–70 cm, verzweigt, sich an den unteren Knoten bewurzelnd. Stengel vierkantig, oft rötlich.

Blätter dunkelgrün, schwach glänzend, z.T. rot berandet, ganzrandig, Blattspreite bis 2 cm lang, breit eiförmig, (stumpf) gespitzt, Blattstiel bis 1 cm lang. Blüten einzeln in den Blattachseln, grünlich, am Grund mit 2 schuppenartigen Blättchen. Kelchzipfel gerade vorgestreckt, Kronblätter fehlend, Fruchtkapsel bis 5 mm lang, etwa doppelt so lang wie breit. – Blütezeit Juli–September. Insekten- und Selbstbestäubung. Wasserverbreitung.

Ökologie: Einzelne Pflanzen an kalkarmen, sauren (selten auch kalkreichen, basischen), nährstoffarmen, feuchten bis nassen, mindestens zeitweise überschwemmten, sandig-kiesigen bis lehmigen Stellen. An offenen Stellen in Lehm- und Kiesgruben, meist zusammen mit *Peplis portula* oder *Eleocharis acicularis*, auch in Gräben mit lückiger Vegetation, zusammen mit *Glyceria fluitans* oder *Veronica scutellata*, hier oft spreizklimmerartig wachsend.

Vegetationsaufnahmen vgl. PHILIPPI (1968: 88, *Juncus tenageia*-Gesellschaft, 1971: 38), vgl. ferner KRAUSCH (1974).

Allgemeine Verbreitung: Europa, Nordafrika, Südafrika, Nordamerika (südwärts bis Mexiko). In Europa v.a. in den südlichen und mittleren Gebieten, nordwärts bis Südengland (51° n.Br.) und Schleswig-Holstein (ca. 54° n.Br.), vielfach erloschen. In Deutschland heute v.a. von wenigen Stellen aus dem Oberrheingebiet und aus der Mark Brandenburg bekannt. – Submediterran.

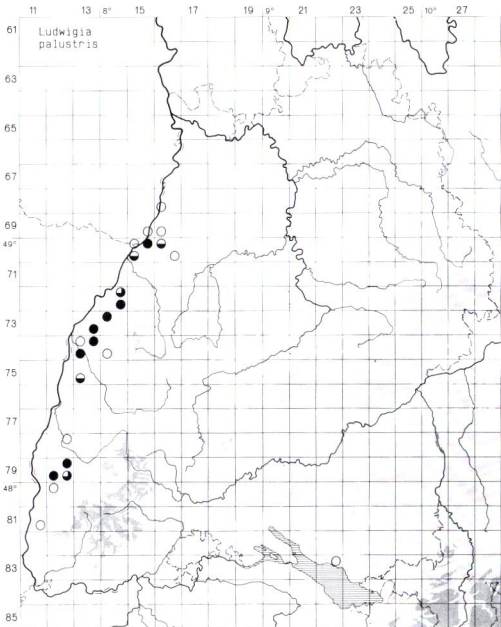

Sumpf-Heusenkraut *(Ludwigia palustris)*
Holzhausen bei Freiburg, 1961

Verbreitung in Baden-Württemberg: Oberrheingebiet, früher auch Alpenvorland (Bodensee).

Tiefste Fundstelle bei etwa 105 m, höchste bei ca. 400 m.

Die Pflanze ist wohl erst mit dem Menschen in das Gebiet eingewandert (Archäophyt); Vorkommen in einer Naturlandschaft sind wenig wahrscheinlich. – Verbreitungskarte und Auflistung der oberrheinischen Vorkommen vgl. PHILIPPI (1969: 163).

Oberrheingebiet: Rheinniederung um Karlsruhe von zahlreichen Stellen angegeben, wohl meist in Gebieten am Rand der Niederung, auf kalkhaltigen Substraten, vgl. GMELIN (1805), so 6816/3: Hochstetten, Linkenheim, Leopoldshafen; 6916/3: Knielingen; 6915/4: Daxlanden; 7015/1: Au. Bereits von DÖLL um 1850 nicht mehr bestätigt. – Neuere Beobachtung: 7015/2: SW Daxlanden, Kieswei-

her, seit 1984, PHILIPPI (KR). – Auf kalkarmen Böden der Kinzig-Murg-Rinne um Karlsruhe früher vielfach beobachtet, vgl. GMELIN, DÖLL: 6916/3: Mühlburg, in Gräben, zuletzt um 1890, KNEUCKER; 7016/1: Bulach–Beiertheim––Scheibenhardt, vielfach in Gräben, letzte Beobachtung Beiertheim, 1910, KNEUCKER (KR); 7016/1: Rüppurr, BONNET; 7016/4: Etzenrot (Albtal), DÖLL (1862), KNEUKER (1888). 7015/3: W Bietigheim, 1929, KNEUCKER (KR).

In der mittelbadischen Rheinebene auf kalkarmen Böden der Schwarzwaldalluvionen: 7214/2: zw. Hügelsheim und Sinzheim spärlich, 1969, PHILIPPI (KR, 1971); 7214/4: S Balzhofen, spärlich, 1987, BREUNIG (KR-K); 7313/4: N Wagshurst, Rand einer Kiesgrube, 1990, 1991, WOLFF (KR-K); 7314/1: N Michelbuch bei Unzhurst, PHILIPPI (1971), zuletzt 1987, nur noch spärlich, 7413/1: Kork, FRANK (1830); 7413/2: N u. NW Urloffen mehrfach, ZIMMERMANN (1929), 1932, HENN (KR-K), PHILIPPI (1971), zuletzt 1987 spärlich (KR-K); 7413/3: S Hesselhurst, PHILIPPI (1971), zuletzt 1976, wohl erloschen; 7414/1: zw. Renchen und Zimmern, ZIMMERMANN (1929); 7414/3: Oberkirch an der Rench, HARTMANN in FRANK (1830); 7513/3: Höfen, Schweineweide, um 1938, HENN, vgl. PHILIPPI (1969).

In der südbadischen Rheinebene v.a. in der Freiburger Bucht von zahlreichen Stellen genannt, vgl. dazu SPENNER (1829), SCHILDKNECHT (1863), NEUBERGER (1912). Hier nach 1960 beim Bau der Autobahn mehrfach aufgetaucht, doch nur in wenigen Exemplaren. 7912/2: Unterreute-Holzhausen, 1960, HÜGIN in PHILIPPI (1969), zuletzt 1961, 7912/4: S Hochdorf, 1968, PHILIPPI (1969). Jüngere Beobachtungen: 7912/2: N Holzhausen, 1985, E. RENN-WALD (KR); 7912/3: Dachswangen bei Umkirch, 1992, PLIENINGER (KR-K); an beiden Fundstellen jeweils wenige Pflanzen. – Umgebung von Müllheim: 8111/4: Ziegelmatten bei Müllheim, Niederweiler, vgl. SPENNER (1829). Alpenvorland: 8322/2: Friedrichshafen, „am Grund des in heißen Sommern austrocknenden Sammelweihers", KAUFMANN in v. MARTENS u. KEMMLER (1882), schon um 1880 nicht mehr bestätigt.

Vorkommen in Nachbargebieten: Elsässische Rheinebene, zahlreiche Angaben, nach 1900 kaum Bestätigungen, zuletzt um 1935 in Wiesengräben um Weißenburg-Altenstadt. Pfälzische Rheinebene zahlreiche Angaben aus dem vergangenen Jahrhundert, v.a. aus der Lauterniederung und im Gebiet von Speyer-Schifferstadt, keine jüngeren Bestätigungen. – In Südhessen alte Angaben im Gebiet von Frankfurt-Hanau, Vorkommen offensichtlich erloschen.

Erstnachweis: Die beiden ältesten Angaben von ROTH VON SCHRECKENSTEIN (1798: 91) „in einem Graben bei Ofingen" und (1804: 340) „am Rheinufer… VULPIUS" sind wohl irrig, einmal wegen der Höhenlage (um 650 m), zum anderen wurde die Pflanze am Rheinufer nie beobachtet. GMELIN (1805: 369), zahlreiche Fundorte um Karlsruhe.

Bestand und Bedrohung: *Ludwigia palustris* kommt heute im Gebiet nur noch in sehr kleinen Beständen vor. Die Pflanze ist zwar unbeständig, kann längere Zeit ausbleiben und dann wieder auftreten, wenn geeignete Stellen geschaffen werden. Im Gegensatz zu vielen anderen Arten der Zwergbinsengesellschaften, z.B. *Peplis portula*, ist sie nicht besonders ausbreitungsfreudig. Im vergangenen Jahrhundert war sie noch recht häufig, wie z.B. aus den Angaben von GMELIN zu entnehmen ist. Der Rückgang dürfte bereits um 1900 deutlich gewesen sein. Gründe hierfür sind Entwässerungen, Aufgabe der Wiesenbewässerung und die Eutrophierung der Gewässer. Die Pflanze braucht offene Stellen, wie sie früher beim periodischen Ausräumen der Wiesengräben oder in kleinen Lehmgruben immer wieder geschaffen wurden. An modernen Kiesgruben hat sie wegen des Fehlens von Flachwasserbereichen und wegen der Übernutzung der Ufer kaum eine Überlebenschance. *Ludwigia palustris* läßt sich als vom Aussterben bedroht einstufen (G1).

4. **Epilobium** L. 1753
Weidenröschen

Ausdauernde Pflanzen, Blätter gegenständig oder wechselständig, meist entfernt gesägt. Blüten meist mit zwei Symmetrieebenen (aktinomorph), seltener auch Übergang zu Blüten mit einer Symmetrieebene (zygomorph). Achsenbecher 2 mm über den Fruchtknoten verlängert, kurz trichterförmig, Kelchblätter 4, den Kronblättern anliegend. Narbe kopfig oder vierteilig. Früchte vierkantig und vierfächrig.

Die Gattung umfaßt ca. 200 (–250) Arten; sie ist über die ganze Erde (auch Australien und Tasmanien) zu finden, mit Ausnahme tropischer Gebiete. In Europa sind 27 *Epilobium*-Arten bekannt, in Baden-Württemberg 15.

Epilobium-Arten neigen zur Bastardierung. Die Bastardformen wurden bisher im Gebiet noch wenig untersucht. Umfangreichere Listen beobachteter Bastarde veröffentlichten THELLUNG (1911, 1925) aus dem Gebiet um Freiburg und Bad Boll und K. MÜLLER (1957) aus dem Ulmer Raum.

Biologie: Die großblütigen Arten *E. angustifolium, E. dodonaei* und *E. hirsutum* sind protandrisch (Staubblätter entwickeln sich vor der Narbe) und sind so auf Fremdbestäubung angewiesen. Bei den kleinblütigen Sippen überwiegt Selbstbestäubung: die langen Staubblätter werden beim Schließen der Blüte gegen die Narbe gedrückt. – Vermehrung durch Tochterrosetten, die am Wurzelhals gebildet werden. – Samen sind flugfähig: Windverbreitung.

1   Blätter wechselständig; Blüten bis 20–30 mm breit, ± dorsiventral-symmetrisch (zygomorph), ausgebreitet; Staubblätter und Griffel stets abwärts geneigt (Subgen. *Chamaenerion* Tausch) . . 2
–   Blätter mindestens im unteren Teil des Stengels gegenständig oder quirlig; Blüten fast radiär-symmetrisch, ± trichterig; Staubblätter und Griffel aufrecht (Subgen. *Epilobium*) 4
2   Blätter lanzettlich, bis 10–20 mm breit, unterseits blaugrün mit hervortretenden Seitennerven . . . . .
               1. *Epilobium angustifolium*
–   Blätter lineal, bis 5 mm breit, beiderseits grün, ohne deutlich hervortretende Seitennerven 3
3   Stengel aufrecht, Pflanze bis 1 m hoch, Blätter ganzrandig; Griffel nur im unteren Drittel zottig behaart . . . . 2. *E. dodonaei*
–   Stengel niederliegend-aufsteigend, Pflanze bis 0,4 m hoch; Blätter fein gezähnelt; Griffel bis zur Mitte behaart . . . . *[E. fleischeri]* S. 45
4   Narbe (im entwickelten Zustand) vierspaltig; Stengel immer stielrund 5
–   Narbe kopfig; Stengel stielrund, mit erhabenen Linien oder vierkantig 10
5   Stengel abstehend behaart; Blätter sitzend; Blütenknospen aufrecht 6

Epilobium inornatum Melville 1960

Pflanze niederliegend, mit kleinen, rundlich-elliptischen Blättern, diese bis 1 cm lang, gegenständig, ganz kurz gestielt; Kronblätter bis 4 mm lang, weiß, Samen glatt.

Pflanze aus Neuseeland, in botanischen Gärten und Parks von Westeuropa z.T. eingebürgert. Im Gebiet einmal beobachtet: 7021/3: Ludwigsburg, „Blühendes Barock", an schattiger Wegstelle, 1968, Seybold (vgl. auch Sebald u. Seybold (1969). Spätere Beobachtungen fehlen; offensichtlich konnte sich die Pflanze bisher im Gebiet nicht einbürgern.

1. Epilobium angustifolium L. 1753

E. spicatum Lam. 1778; *Chamaenerion angustifolium* (L.) Scop. 1772
Schmalblättriges Weidenröschen

Morphologie: Hemikryptophyt, bis 1,8 (2) m hoch, unverzweigt (oder nur im oberen Teil verzweigt), Stengel stumpfkantig, kahl, nur im Blütenstandsbereich angedrückt behaart. Blätter alle wechselständig, lineal-lanzettlich, unterseits etwas blaugrün. Blütenstand deutlich abgesetzt, nur untere Blüten in den Achseln großer Laubblätter; Kronblätter bis 15 mm lang, purpur bis rotlila. Griffel mit 4 Narbenästen, gebogen, am Grund zottig behaart. Samen 1–1,3 mm groß, glatt. – Blütezeit Juli–August (September).

Ökologie: In ± dichten Herden an lichtreichen, frischen (bis mäßig trockenen), meist kalkarmen, sauren, doch meist basenreichen, z.T. mäßig stickstoff-

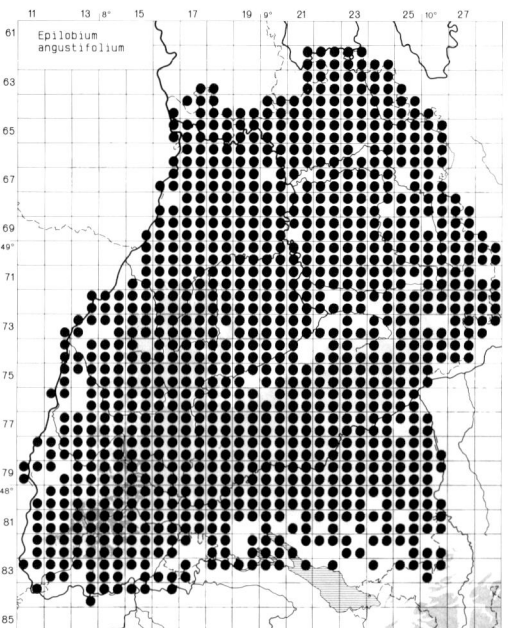

44

Schmalblättriges Weidenröschen
(Epilobium angustifolium)

reichen Stellen, meist auf Lehmböden, seltener auf anmoorigen Böden. In Hochstaudenfluren, an Böschungen, in Waldverlichtungen, in der subalpinen Stufe zusammen mit *Rumex alpestris* oder *Cicerbita alpina*, in tieferen Lagen im Senecioni-Epilobietum ang., in Schlaggesellschaften, hier nur ausnahmsweise mit *Digitalis purpurea*.

Vegetationsaufnahmen vgl. z.B. K. MÜLLER (1948: 257), PHILIPPI (1989: 800), zum Vorkommen in Schlagfluren vgl. OBERDORFER (1973, synth. Listen).

Allgemeine Verbreitung: Nordhalbkugel: Europa, Asien, Nordamerika. In Europa weit verbreitet, nordwärts bis Nordnorwegen, im Mittelmeergebiet stellenweise seltener oder fehlend. In Deutschland verbreitet und meist häufig, kaum einem Naturraum fehlend.

Verbreitung in Baden-Württemberg: Im ganzen Gebiet verbreitet und meist häufig, nur in den trockenwarmen Tieflagen wie in der Oberrheinebene seltener und örtlich fehlend. Verbreitungslücken im mittleren Neckargebiet, auf der Ostalb und im Alpenvorland (v.a. Westallgäuer Hügelland).

Tiefste Fundstellen in der Oberrheinebene, ca. 100 m, höchste am Feldberg, ca. 1400 m.

Die Pflanze ist einheimisch und dürfte bereits vor den größeren Eingriffen durch den Menschen vorhanden gewesen sein. Natürliche Wuchsorte könnten damals Staudenfluren der subalpinen Stufe oder frischere Stellen an Felshängen gewesen sein, in der Schwäbischen Alb und im Alpenvorland vielleicht auch Bergrutschhänge. In den übrigen Landschaften Baden-Württembergs ist die Pflanze wohl erst mit dem Menschen eingewandert; sie ist hier als Archäophyt anzusehen. Lokal erfolgte nach 1945 eine starke Ausbreitung in den Trümmerfeldern der Städte; diese Vorkommen sind inzwischen weitgehend verschwunden.

Erstnachweis: J. BAUHIN (1598: 171), Umgebung Bad Boll.

Bestand und Bedrohung: Nicht bedroht.

Epilobium fleischeri Hochst. 1826
Fleischers Weidenröschen

Ähnlich *E. dodonaei*, doch niedriger. – Pflanze der Schuttfelder in der alpinen Stufe (meist oberhalb 2000 m), auf kalkarmen, doch basenreichen, schwach sauren, gern etwas sickerfrischen Schuttböden. – Alpen (in den bayerischen Alpen nur an wenigen Stellen im Allgäu).

Vorübergehende Vorkommen in Baden-Württemberg, die auf Verschleppungen oder Samenanflug zurückzuführen sind: Oberes Donaugebiet: (7921) Mengen, Alpenvorland: (7924) Hochdorf, (8225) Gebrazhofen; vgl. dazu KIRCHNER u. EICHLER (1913), BERTSCH (1933).

2. Epilobium dodonaei Vill. 1779
E. rosmarinifolium Haenke 1789; *Chamaenerion dodonaei* (Vill.) Schur 1866
Rosmarinblättriges Weidenröschen

Morphologie: Hemikryptophyt bzw. Halbstrauch (Hemiphanerophyt, da Stengel am Grund oft verholzt), bis 1 (1,5) m hoch, Stengel im oberen Teil verzweigt (oder unverzweigt), rund bis stumpfkantig, zumindest im oberen Teil fein behaart. Blätter alle wechselständig, beiderseits grün, ganzrandig. Blütenstand undeutlich abgesetzt: Blüten in Achseln von großen Laubblättern. Kronblätter bis 15 mm lang, violettrot. Griffel mit vier Narbenästen, gebogen, behaart. Samen 1,5–2 mm groß, papillös. – Blütezeit Juli–August.

Ökologie: Einzelne Pflanzen an trockenen, sandig-kiesigen, kalkreichen, basischen Böden. In offenen Pioniergesellschaften auf humusarmen, kiesigen Rohböden, gern zusammen mit *Scrophularia canina*. Vegetationsaufnahmen vgl. TH. MÜLLER (1974: 185, Epilobio-Scrophularietum caninae), v. ROCHOW (1951, Echio-Melilotetum).

Allgemeine Verbreitung: Mittel- und Südeuropa (bis Balkanhalbinsel, auf der Iberischen Halbinsel fehlend), Schwerpunkt im Alpengebiet. Nordwärts bis Oberrheingebiet, Sudetenländer und Karpaten. Kleinasien, Kaukasus.

Verbreitung in Baden-Württemberg: Ein Schwerpunkt ist im Oberrheingebiet, nordwärts bis Karlsruhe, seltener im Hochrheingebiet. Alpenvorland: Bodensee, entlang der Iller. Daneben gelegentlich verschleppt.

Tief gelegene Fundstellen am Oberrhein, ca. 105 m, höchst gelegene im Alpenvorland, ca. 630 m.

Die Pflanze ist in Baden-Württemberg wohl nicht urwüchsig. Ob sie vor Eingriff des Menschen im Gebiet vorhanden war, erscheint zweifelhaft. Natürliche Wuchsorte sind höchstens an hoch gelegenen Kiesstellen am südlichen Oberrhein anzunehmen; derartige Vorkommen sind wenig wahrscheinlich. So wäre die Pflanze im Gebiet als Archäophyt zu betrachten.

Oberrheingebiet: Hier wurde die Pflanze entlang des Rheines im letzten Jahrhundert nur von wenigen Fundstellen zwischen Basel und Breisach genannt (SCHILDKNECHT 1863: 4 Fundstellen). Um 1955 war entlang des Rheins auf badischer Seite nur ein Vorkommen bekannt (Steinenstadt südlich Neuenburg); auf elsässischer Seite war damals die Pflanze häufiger. Nach dem weiteren Ausbau des Rheinseitenkanals und der Schlingen in den Jahren zwischen 1955 und 1975 hat sich die Pflanze sehr stark ausgebreitet; nordwärts reichte sie bis in die Gegend von Wintersdorf

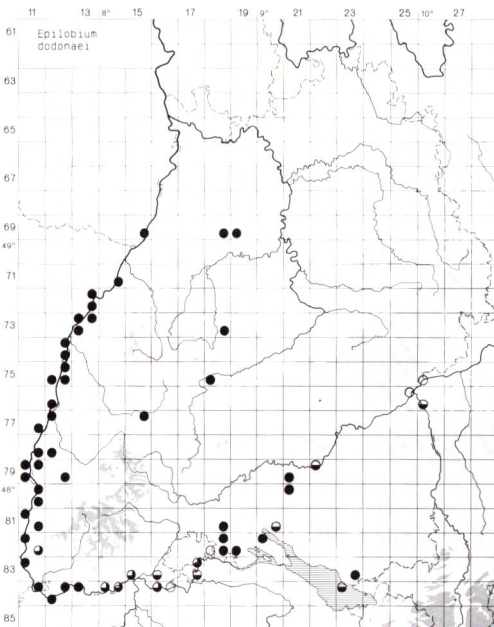

Rosmarinblättriges Weidenröschen *(Epilobium dodonaei)* Schelingen, 25. 8. 1991

(7114/4). Die Kiesschüttungen der Dämme wie auch die zahlreichen Kiesgruben boten beste Siedlungsmöglichkeiten. Inzwischen ist die Pflanze infolge des Zuwachsens der Dämme deutlich zurückgegangen, aber immer noch im ganzen Gebiet regelmäßig zu finden.

Daneben wurde E. dodonaei vielfach in Steinbrüchen rheinnaher Gebiete beobachtet, so mehrfach im Kaiserstuhl, v. ROCHOW (1951, 1952) oder am Isteiner Klotz und Hardberg, LITZELMANN (1951). Diese Bestände sind nach dem Auflassen der Steinbrüche zurückgegangen, im Extremfall auch erloschen, auch wenn sich E. dodonaei an den Wuchsorten zäh halten kann. – In den letzten Jahren wurden auch Vorkommen in Industriegebieten (durch Verschleppung mit Rheinkies) festgestellt, so z. B. (7913/3) Freiburg, Güterbahnhof, U. KOCH, weiter nach KOCH an zahlreichen weiteren Stellen mit Kiesschüttungen um Freiburg, hier wohl nur vorübergehend, ferner (7214/4) Industriegebiet westlich Bühl, 1990 (KR-K). – Das Vorkommen im Rheinhafen bei Karlsruhe (6915/4) ist seit etwa 1970 bekannt.

Hochrheingebiet: Mehrfach in Kiesgruben zwischen Säkkingen und Basel, z. T. nur unbeständig, zwischen Säckingen und Jestetten z. Z. offensichtlich erloschen. Einzelangaben vgl. KUMMER (1945), spätere Beobachtungen THOMMA (KR-K).

Alpenvorland: V. a. im westlichen Bodensee-Gebiet, hier in den Steinbrüchen des Hegaus seit dem letzten Jahrhundert bekannt, in den letzten Jahrzehnten sich in Industrieanlagen und Kiesgruben ausbreitend (vgl. z. B. HENN in OBERDORFER 1956). An der Argen zwischen Gießenbrücke und Langenargen mehrfach (BERTSCH 1948). Jüngere Bestätigung: 8323/4: Betznau, DÖRR (1975).

Verschleppungen in Kiesgruben, so 7922/1: Mengen, KIRCHNER u. EICHLER. Neuere Beobachtungen: 7921/3: NE Bittelschieß, 630 m, PFAFF (STU-K); 8021/1: S Göggingen, 630 m, PFAFF, (STU-K); 8024/4: Bad Waldsee, 1981, GÖRS (KR-K). – Die Vorkommen entlang der Donau und Iller um Ulm (Oberkirchberg, Wiblingen und Thalfingen) sind bereits nach 1925 erloschen, K. MÜLLER (1957).

Rosmarinblättriges Weidenröschen *(Epilobium dodonaei)*
Oberrimsingen

Isolierte Vorkommen: 6918/4: Steinbruch E Maulbronn, wenige Pflanzen, 1992, PHILIPPI (KR-K), 76919/3: S Diefenbach, 1976, PHILIPPI (KR); 7318/4: E Sulz, 510–520 m, 1990, BAUMANN (STU-K); 7516/3: o.O., ADE (STU-K); 7715/2: o.O., ADE (STU-K); 7813/1: Steinbruch E Heimbach, Buntsandstein, wenige Pflanzen, 1991, SCHLESINGER (KR-K).

Erstnachweis: LEOPOLD (1728: 38): „an der Iler und Donau hin und wieder", Umgebung von Ulm.

Bestand und Bedrohung: Reiche Bestände am Oberrhein, teilweise auch im westlichen Bodensee-Gebiet, die nicht bedroht sind. Gefährdet sind die isolierten Vorkommen an der Argen (G3–G4), an der Donau und Iller um Ulm ausgestorben.

3. Epilobium hirsutum L. 1753
Zottiges Weidenröschen

Morphologie: Hemikryptophyt, Pflanze bis 1,5 m hoch, im dichten Stand bis 2 m hoch, mit Ausläufern, diese mit Niederblättern. Stengel rund bis schwach kantig, abstehend behaart. Untere Blätter halbstengelumfassend, obere mit ± verschmälertem Grund, mit scharfen, vorwärts gerichteten Zähnen, oberseits deutlich behaart, unterseits v.a. auf den Nerven. Kelchblätter stachelspitzig, 8–10 mm lang, Kronblätter 12–18 mm lang, tiefrosa bis (purpur)rot. – Blütezeit (Juni) Juli–September.

Ökologie: Einzeln, in kleinen Gruppen oder in dichten Herden an lichtreichen, feuchten (bis nassen), meist kalkreichen, basischen und nährstoffreichen Stellen, meist über schlammigem, seltener auch humos-anmoorigem Grund. An Gräben (z.T. mit verschmutztem Wasser), in Hochstaudenfluren, hier v.a. in einer eigenen Gesellschaft (Convolvulo-Epilobietum hirsuti), seltener in Filipendulion-Gesellschaften, Einzelpflanzen zerstreut an Wegrändern oder Schuttplätzen. Vegetationsaufnahmen vgl. KUHN (1937, *Filipendula*-Hochstaudenfluren), v. ROCHOW (1951, Bach-Röhricht), GÖRS (1960), PHILIPPI (1981).

Zottiges Weidenröschen *(Epilobium hirsutum)*
Hofsgrund (Südschwarzwald)

Allgemeine Verbreitung: Europa, Nordafrika, Asien (bis zum Himalaja), eingeschleppt in Nordamerika. In Europa vom Mittelmeergebiet bis ca. 60° n.Br. (Südschweden, vereinzelt Mittelschweden und Finnland). In Deutschland weit verbreitet.

Vorkommen in Baden-Württemberg: Verbreitet, nur in wenigen Gebieten seltener oder fehlend, so im Schwarzwald (wegen zu armer Böden), in der mittleren und östlichen Alb (wegen fehlender Gewässer) und im Alpenvorland (Westallgäuer Hügelland). Im Schwarzwald wegen der Kalkung der Wege, z.T. auch durch Eutrophierung der Gewässer gefördert und hier in Ausbreitung.

Tiefste Fundstellen: Oberrheinebene, ca. 100 m, höchst gelegene im Südschwarzwald und in der Baar über 800 m (8114/4: Äule, 1050 m, 8113/1: Notschrei, 1050 m).

Die Pflanze ist einheimisch; natürliche Wuchsorte sind auf Kiesbänken der kleineren und mittelgroßen Flüsse anzunehmen.

Erstnachweis: J. BAUHIN (1598: 171): Umgebung von Bad Boll.

Bestand und Gefährdung: Nicht gefährdet, teilweise in Ausbreitung. Pionierfreudige Art, so daß ein Verschwinden an der einen Stelle rasch durch ein Auftreten an einer anderen ausgeglichen werden kann.

4. Epilobium parviflorum Schreb. 1771
Kleinblütiges Weidenröschen

Morphologie: Hemikryptophyt, bis 0,8 m hoch, ohne Ausläufer, am Grund des Stengels Tochterrosetten, Stengel rund, kaum verzweigt, dicht abstehend behaart, dazwischen z.T. auch kürzere Drüsenhaare. Blütenstand dicht drüsenhaarig. Blätter graugrün, ± sitzend, undeutlich entfernt gesägt, oberseits behaart, unterseits dicht behaart, Kelchblätter 2–4 mm lang, stumpflich, Kronblätter weißlila, 4–9 mm lang. – Blütezeit: Juli–August (September).

Ökologie: Einzeln an lichtreichen, frischen (selten auch feuchten), meist kalkreichen, basischen (bis neutralen), basen- und nährstoffreichen Stellen, oft auf Rohböden. In niederwüchsigen Bachröhrichten, an Grabenrändern, in Seggenröhrichten an gestörten Stellen, gern an Wegrändern oder Schuttplätzen.

Vorkommen mit gut entwickeltem *Epilobium parviflorum* wurden in Vegetationsaufnahmen selten erfaßt. Vgl. GÖRS (1968: 230, *Rumex aquaticus-Epilobium parviflorum*-Gesellschaft).

Allgemeine Verbreitung: Europa, Vorder- und Mittelasien, Nordafrika; eingeschleppt in Nordamerika. In Europa vom Mittelmeergebiet nordwärts im Ostsee-Gebiet bis 61° n.Br. In Deutschland relativ weit verbreitet und nur in kalkarmen Gebieten örtlich fehlend.

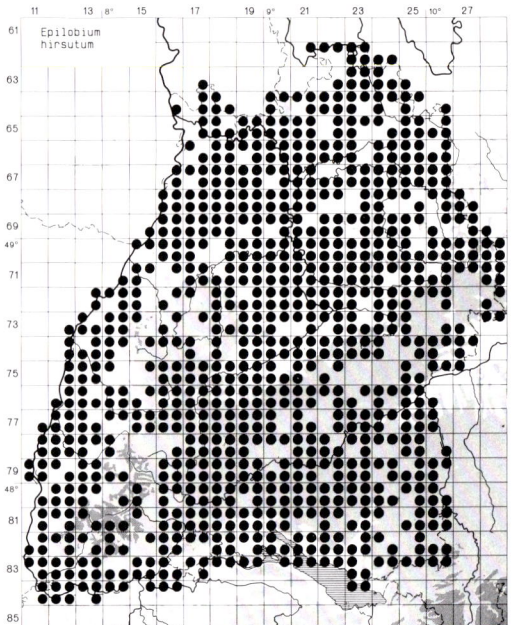

Verbreitung in Baden-Württemberg: Verbreitet. Nur in kalkarmen Gebieten seltener oder fehlend, so im Schwarzwald und im nördlichen Alpenvorland. Auch in der Schwäbischen Alb sind offensichtlich wegen des Fehlens feuchter Stellen größere Verbreitungslücken vorhanden.

Tiefste Fundstellen in der Oberrheinebene (ca. 95 m), höchste bei ca. 920 m (8014/4: Jostal).

Die Pflanze ist einheimisch. Sie könnte bereits vor dem Neolithikum vorhanden gewesen sein. Als Wuchsorte in einer Naturlandschaft sind Flußufer oder Randbereiche von Kalk-Quellfluren denkbar. Die meisten heutigen Vorkommen sind synanthrop. Im Schwarzwald ist eine jüngere Ausbreitung infolge Wegebau (mit kalkhaltigem Material) wahrscheinlich.

Erstnachweis: J. BAUHIN (1587: 171): Umgebung von Bad Boll.

Bestand und Bedrohung: Die Pflanze ist nicht bedroht.

5. Epilobium montanum L. 1753
Berg-Weidenröschen

Morphologie: Hemikryptophyt. Pflanzen einzeln wachsend, ohne Ausläufer, unverzweigt oder nur im oberen Teil mit kurzen Seitenästen, gerade an besonnten Stellen oft rotviolett überlaufen, Stengel kurz anliegend behaart, im oberen Teil mit abstehenden Drüsenhaaren. Blätter 4–10 cm lang (meist

Kleinblütiges Weidenröschen *(Epilobium parviflorum)* Burkheim bei Breisach

6–7 cm), am Rand kerbig gesägt. Kelchblätter spitz, Kronblätter 8–12 mm, meist lila bis trübpurpur. Frucht mit Drüsenhaaren. – Blütezeit Juni–September.

Ökologie: In einzelnen Pflanzen oder lockeren Trupps an (schwach) beschatteten, mäßig frischen bis mäßig trockenen, kalkarmen, (mäßig) sauren bis kalkreichen, basischen, meist etwas nährstoffreichen Stellen. Mullbodenpflanze. – An Wegrändern, in Parkanlagen, in Wäldern bevorzugt an etwas aufgelichteten Stellen, auch an Mauern. Schwache Kennart des Epilobio-Geranietum robertiani. – Vereinzelt in Aufnahmen von Waldgesellschaften enthalten; Vorkommen in nitrophilen Säumen vgl. GÖRS u. MÜLLER (1969), TH. MÜLLER in OBERDORFER (1983), Einzelaufnahmen vgl. PHILIPPI (1989: 879).

Allgemeine Verbreitung: Europa, Vorder- und Mittelasien (bis zum Himalaja und Altai-Gebirge). In Europa vom Mittelmeergebiet bis Nordeuropa (Westküste Norwegens bis ca. 70° n. Br., im Ostseegebiet Grenze des geschlossenen Vorkommens etwa bei 63° n. Br.).

Verbreitung in Baden-Württemberg: Häufig, nur örtlich seltener oder fehlend, so z. B. in der Oberrheinebene (auf kalkhaltigen Böden der Rheinaue) oder im Alpenvorland.

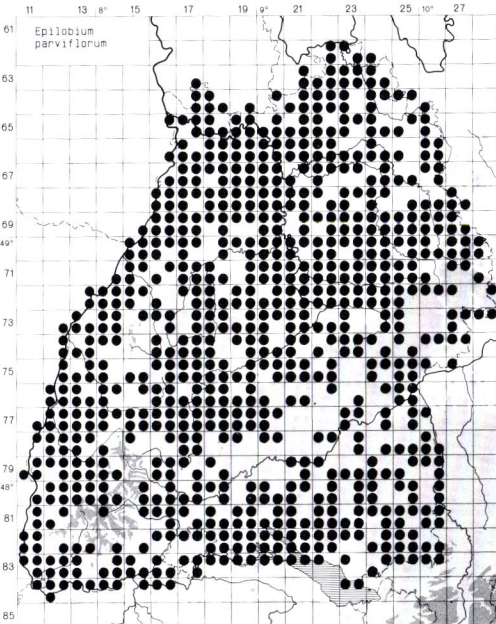

Tiefste Fundstellen in der Rheinebene (ca. 100 m), höchste im Südschwarzwald (Feldberg, Belchen, 1300–1350 m).

Die Pflanze ist einheimisch.

Erstnachweise: Fossilfunde von Oedenahlen (Federsee-Gebiet) aus dem Frühen Subboreal, U. Maier (1988). – Erster schriftlicher Hinweis bei J. Bauhin (1598: 171), Umgebung von Bad Boll.

Bestand und Bedrohung: Keine Bedrohung. Zunahme infolge Eutrophierung der Landschaft und infolge Waldsterbens?

Variabilität: var. *thellungianum* Lévl., unterschieden durch größere Blüten: Kronblätter 12 mm und größer. – Hochlagen des Südschwarzwaldes: (8113/3) Belchen, (8114/1) Feldberg; Angaben nach Rubner in Hegi (1926).

Die Pflanzen wurden früher offensichtlich mit *E. duriaei* verwechselt.

Epilobium duriaei Gay 1849
Durieus Weidenröschen

Nah verwandt mit *E. montanum* und *E. collinum*, unterschieden durch lange, teilweise unterirdische Ausläufer. Pflanze bis 0,4 m hoch, Blätter eiförmig, mit breitem, fast herzförmigem Grund, am Rand mit entfernt stehenden, scharfen Zähnen, Kronblätter 7–10 mm.

Subalpine Hochstaudenfluren an sickerfrischen, kalkarmen-sauren, doch basenreichen Stellen.

Südwesteuropa von Spanien bis zu den Westalpen, im französischen und schweizerischen Jura, benachbart in den Hochvogesen (Hohneck-Gebiet, Grand Ballon). Die

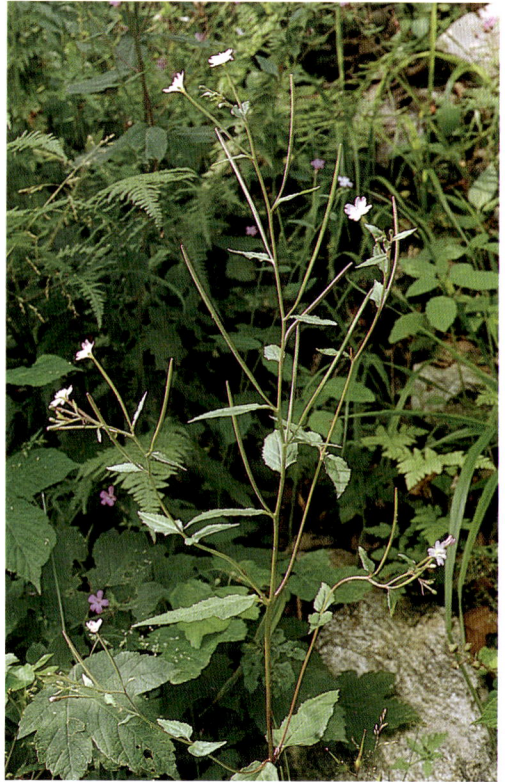

Berg-Weidenröschen *(Epilobium montanum)*
Glottertal, 1991

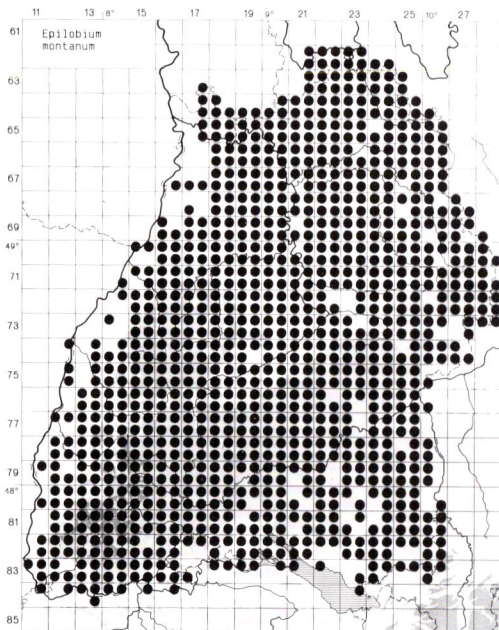

Angaben aus dem Schwarzwald (Seebuck in der Rinne zum Feldsee, Belchen) sind sehr fraglich. Belege fehlen.

Die Angabe Seebuck geht auf eine Aufsammlung von Vulpius zurück, die von ihm zunächst als *E. anagallidifolium* bestimmt, von Haussknecht (1876) als *E. duriaei* revidiert wurde. Die Fundortsangabe Seebuck taucht jedoch in der Monographie der Gattung von Haussknecht (1884) nicht mehr auf. Hier könnte eine Etikettenverwechslung vorgelegen haben. Die Angabe vom Belchen (z.B. bei Neuberger 1912) könnte sich auf großblütige Sippen von *Epilobium montanum* (var. *thellungianum*) beziehen.

6. Epilobium collinum C.C. Gmelin 1826
Hügel-Weidenröschen

Morphologie: Hemikryptophyt. Pflanze bis 0,4 m hoch, kurzes Rhizom mit zahlreichen Stengeln, diese z.T. von Grund an beastet, Wuchs daher büschelig. Stengel anliegend, oft etwas kraus behaart, ohne Drüsenhaare. Blätter entfernt gesägt, meist unter 2 cm lang, sitzend oder bis 2 mm lang gestielt. Kelchblätter stumpf, Kronblätter 4–6 mm lang, rosa. Frucht ohne Drüsenhaare. – Blütezeit Juni–August.

Hügel-Weidenröschen *(Epilobium collinum)*
Glottertal, 1991

Ökologie: Einzelne Pflanzen an lichtreichen bis sonnigen, mäßig trockenen, kalkarmen, sauren, doch oft basenreichen Stellen. In Felsspaltgesellschaften, z.T. mit *Asplenium septentrionale* (doch meist an feinerdereicheren Stellen), häufiger in Spalten von Trockenmauern, auch auf Felssimsen oder Mauerkronen, an Feinschutt-Stellen mit *Galeopsis segetum*, ausnahmsweise auch an gemörtelten Mauern von Burgruinen oder in Siedlungen am Fuß von Mauern. Vorkommen an Sekundärstellen deutlich häufiger als an Primärstandorten (wie ungestörten Felsmassiven). So läßt sich die Art ganz deutlich als (mäßig) hemerophil einstufen. – V.a. im Grundgebirge über Gneis oder Granit, in Buntsandsteingebieten zumeist an Mauern. – Vegetationsaufnahmen vgl. OBERDORFER (1934), WIRTH (1975), PHILIPPI (1989: 818, 819).

Allgemeine Verbreitung: Europa. Vom Mittelmeergebiet bis Nordeuropa (Westnorwegen bis 70° n.Br., Ostseegebiet nur bis ca. 65°). England fehlend. Ostwärts bis zum Ural. Alpen bis über 2000 m. – In Deutschland fast nur in den kalkarmen Gebieten Süd- und Mitteldeutschlands.

Verbreitung in Baden-Württemberg: Schwarzwald, hier weit verbreitet, von den Tieflagen um 200 m bis 1270 m (Belchen), auch in den Buntsandsteingebieten bis über 1050 m (7415/1: Hornisgrinde). – Odenwald: zerstreut.

In beiden Gebieten wurde die Art sicher öfters übersehen: Es dürften sich leicht weitere Vorkommen nachweisen lassen.

Einzelvorkommen im Keuper-Lias-Neckarland, auf der Schwäbischen Alb und im Bodensee-Gebiet (Hegau). – Benachbart in den Allgäuer Alpen auf kalkarmen Substraten bis 1700 m (vgl. DÖRR 1975).

Bemerkenswerte Einzelvorkommen: 7722/1: Winnenden, Hohreuschwald, Schilfsandsteinbruch, 1956, SEYBOLD (vgl. SEYBOLD 1968: 236), später nicht mehr beobachtet. – 7225/4: Hochfläche der Schwäbischen Alb auf Feuersteinlehm bei Böhmenkirch, HAUFF, K. MÜLLER (1957: 141). – 8218/2: Hohentwiel, „an Mauern", V. STENGEL in JACK (1900); spätere Beobachtungen offensichtlich fehlend.

Vorübergehendes Vorkommen in der Oberrheinebene: 6916/3: Karlsruhe, im Straßenpflaster nahe dem Mühlburger Tor, um 1990, HARMS (KR-K). (Der Punkt wurde nicht in die Karte aufgenommen.)

Vorkommen in Nachbargebieten: Spessart, mehrfach, am Main entlang. Einzelne isolierte Vorkommen im Nördlinger Ries.

Erstnachweis: Die Pflanze wurde von GMELIN (1826: 265) aus dem Gebiet beschrieben. A. BRAUN fand sie 1821 bei Baden-Baden (7215/1 oder 2), hier wohl in unteren Schwarzwaldlagen: „Prope Baden

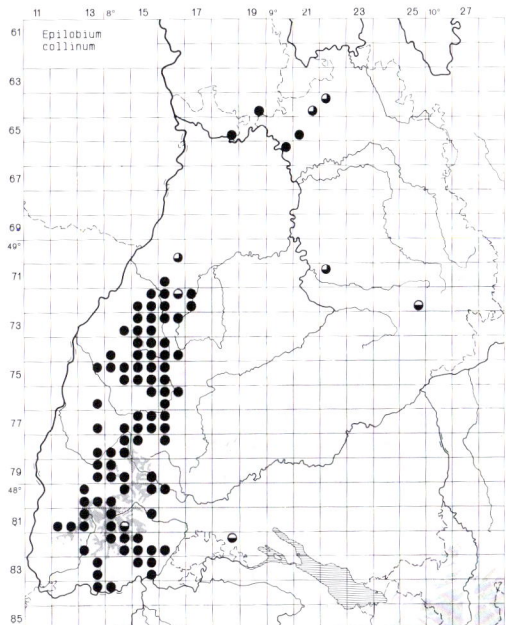

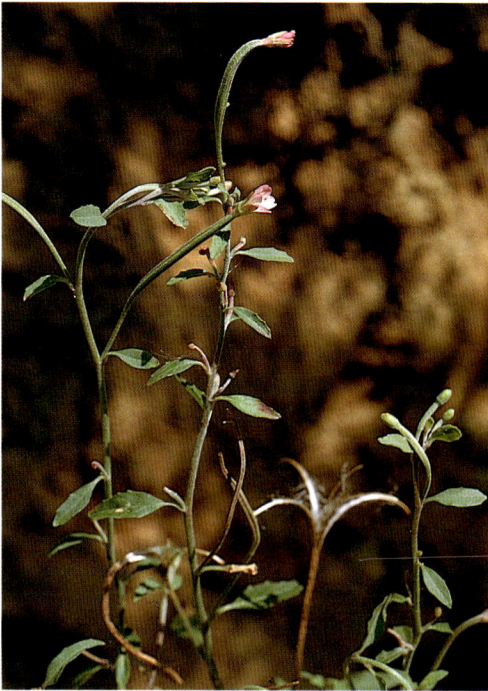

Lanzettblättriges Weidenröschen *(Epilobium lanceolatum)*
Glottertal, 1991

mig in den 4–10 mm langen Blattstiel verschmälert. Kronblätter 6–8 mm lang, beim Aufblühen fast weiß. Frucht mit abstehenden Drüsenhaaren. – Blütezeit Mai–August.

Ökologie: Einzeln an lichtreichen bis beschatteten, mäßig frischen bis mäßig trockenen, kalkarmen, doch basenreichen, mäßig sauren Stellen in trocken-warmer Lage, gern an feinschuttreichen Hängen. Im Gebiet v. a. an Rändern von Waldwegen, seltener in Feinschuttrinnen südexponierter Eichenwälder oder an Rebmauern. Auch vereinzelt an Straßenböschungen; die Pflanze kann hier eine (frühe) Mahd gut ertragen (es werden dann zahlreiche Seitenäste gebildet). Ganz offensichtlich reichere Gesteine wie Granit, Diorit oder Basalt bevorzugend und nur ausnahmsweise über Buntsandstein (vgl. dazu SCHULTZ 1855, 1863). – Vegetationsaufnahmen mit *E. lanceolatum* fehlen aus dem Gebiet.

Allgemeine Verbreitung: Europa, Nordafrika, Kleinasien. In Europa vor allem im südlichen und westlichen Teil, nordwärts bis Südengland. In Deutschland vornehmlich in den Gebirgen westlich des Rheins, Taunus und Sauerland, ostwärts bis zur Fulda, Spessart, Odenwald und Schwarzwald. In Nachbargebieten in der Tschechoslowakei und in Ungarn; in der Schweiz nur aus der Südwestschweiz bekannt. – Subatlantisch – schwach submediterran, im Gebiet etwa an der Ostgrenze der Verbreitung.

in collibus siccis lapidosis asperis apricis cum Aira canescente non infrequens, ubi eam legit ALEXANDER BRAUN Ann. 1821." – F. SCHULTZ (1863: 142), der die Vorkommen bei Baden-Baden kannte, bezweifelt die Vorkommen auf Sand in Vergesellschaftung von *Corynephorus canescens*!

Bestand und Bedrohung: Im Schwarzwald meist in reichen Beständen vorkommend und in keiner Weise bedroht. Lediglich in Buntsandsteingebieten, wo die Pflanze an Trockenmauern vorkommt, ist eine gewisse Gefährdung anzunehmen. Im Odenwald ist *E. collinum* als (potentiell) gefährdet einzustufen. Die Vorkommen in den übrigen Gebieten Südwestdeutschlands konnten nicht mehr bestätigt werden.

7. Epilobium lanceolatum Seb. et Mauri 1818
Lanzettblättriges Weidenröschen

Morphologie: Hemikryptophyt, Pflanzen am Grund büschelig, mit kurzen Ausläufern (im Herbst gebildet), wenig verzweigt, bis 0,6 m hoch (höher und schlanker als *E. collinum*). Stengel anliegend und kraus behaart, im oberen Teil mit Drüsenhaaren. Blätter eiförmig-lanzettlich, am Rand entfernt gesägt, in der Mitte am breitesten, keilför-

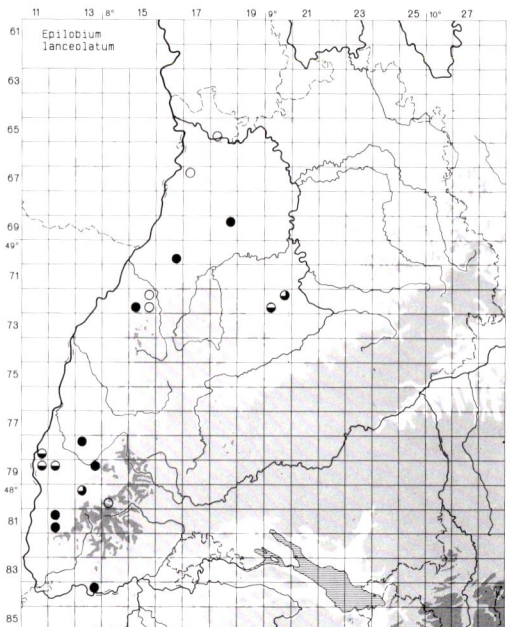

Verbreitung in Baden-Württemberg: Schwarzwald, Odenwald, selten Stromberg und Schönbuch, ausnahmsweise auch Rheinebene.

Tiefste Fundstellen ca. 100 m, höchst gelegene ca. 560 m (600 m?).

E. lanceolatum könnte im Gebiet urwüchsig sein; Vorkommen an natürlichen bis naturnahen Standorten wie in Eichenwäldern südexponierter Hänge sind bekannt, z.B. bei Staufen im Südschwarzwald. An den meisten Fundstellen erweist sich die Pflanze jedoch als hemerophil.

Oberrheingebiet: 6717/1: Waghäusel, wohl auf Sand, F.W. SCHULTZ (1863). – Kaiserstuhl, nach SLEUMER (1934: 148) mehrfach, so 7811/4: Mondhalde, 7911/2: Strümpfekopf, 7912/1: Totenkopf; unbestätigt.
Odenwald: 6518/3: Granit bei Heidelberg, F.W. SCHULTZ (1863). Die Angabe aus dem Dreitrögetal bei Heidelberg („am Bächlein", SCHMIDT 1857, 6618/1) erscheint unsicher und wurde deshalb nicht berücksichtigt.
Schwarzwald: Von zahlreichen Stellen genannt, sicher oft übersehen. Doch sind nicht alle Angaben glaubwürdig. DÖLL hat offensichtlich die Pflanze nicht gekannt (und zudem ihren Artwert angezweifelt, vgl. DÖLL (1862: 1072), SCHULTZ (1863), Zahn (1895)). Belege der alten Funde fehlen. Die in den späteren Floren übernommene Angabe „Schwarzwald zerstreut" ist sicher übertrieben. Im Gebiet wie auch in den anderen Gebieten Baden-Württembergs ist die Pflanze selten und meist nur in kleinen Populationen zu finden. – Nordschwarzwald: Erste Beobachtung bei F.W. SCHULTZ (1863): „Rothliegendes und Granit bei Baden-Baden, nämlich am alten Schloss, am Batter und im Thale oberhalb Geroldsau." (7215/2 u. 7215/4). Jüngere Bestätigungen fehlen. – 7016/4: Buntsandsteinmauern der Watthalde bei Ettlingen, OBERDORFER (1951), 1991 noch ± reichlich vorhanden; 7215/3: Iberg, in den Weinbergen, 1987, SEYBOLD (STU). – Mittlerer und südlicher Schwarzwald: „Im Elz-, Simonswälder- und Schuttertal", SCHILDKNECHT (1863, nicht genau zu lokalisieren). Freiburg: Botanischer Garten (damals an der Dreisam, 8013/1) und an der Roßhalde (Roßkopf? 7913/3?), THIRY in SCHILDKNECHT (1863). 8014/3: Falkensteig und Höllental, A. BRAUN in SCHILDKNECHT, 8113/4: Todtnau, SICKENBERGER in SCHILDKNECHT (1863) (über 600 m!). – Neuere Beobachtungen: 7913/2: Glottertal, Eichberg, mehrfach, 400–450 m, 1991, PHILIPPI (KR), 8013/1: Schloßberg, RUBNER in OBERDORFER (1951); 8112/1: Staufen, in Umgebung des Messerschmiedfelsens mehrfach, HARMS, PHILIPPI, zuletzt 1991; 8112/3: S Ruine Neuenfels, wenige Pflanzen, ca. 560 m, 1991, PHILIPPI (KR-K); 8413/2: Eggberg bei Säckingen, reiche Bestände an der Straße, ca. 500–550 m, 1992, PHILIPPI (KR).
Stromberg-Gebiet: 6918/2: Oberderdingen, Hagenrain, 1987, SEYBOLD (STU).
Schönbuch/Glemswald: Hier erstmals von KREH u. SCHAAF (1931) als neu für Württemberg nachgewiesen: 7220/4: Sandsteinbrüche der Weißenhofgegend, Höhe über Rohr a. F. Spätere Beobachtungen: 7220/2: Schatten bei Büsnau, um 1960, SAUERBECK in SEYBOLD (1968).

Erstnachweise: F.W. SCHULTZ (1863: 47), SCHILDKNECHT (1863). (In einer früheren Abhandlung

von SCHULTZ über *Epilobium lanceolatum* finden sich keinerlei Hinweise auf rechtsrheinische Vorkommen.)

Bestand und Bedrohung: *E. lanceolatum* findet sich im Gebiet an der Verbreitungsgrenze und ist überall nur in kleinen Populationen anzutreffen. Durch die Vorkommen an Wegrändern erweist sich die Pflanze als deutlich hemerophil. Da sie leicht zu übersehen ist, wurde sie sicher sehr unvollständig erfaßt.

Ein Rückgang erscheint nicht gesichert, obwohl die Karte zahlreiche unbestätigte Vorkommen zeigt. Eine gewisse Gefährdung (G3) der Pflanze ergibt sich durch die Lage am Arealrand.

8. Epilobium alpestre (Jacq.) Krocker 1787
E. trigonum Schrank 1789
Quirlblättriges Weidenröschen

Morphologie: Hemikryptophyt, Pflanze kräftig, bis 0,8 m hoch, ohne Ausläufer, unverzweigt. Stengel kantig, behaart, Blätter im mittleren und oberen Teil des Stengels in Quirlen zu 3 (selten 4), Blätter eiförmig, mit ± lang ausgezogener Spitze, unterseits glänzend, entfernt (scharf) gesägt am Rand und auf den Nerven behaart. Kronblätter 6–10 mm lang, deutlich ausgerandet. Früchte locker behaart. – Blütezeit Juli–August.

Ökologie: Einzeln oder in kleinen Trupps an lichtreichen, frischen bis feuchten, schwach durchsicker-

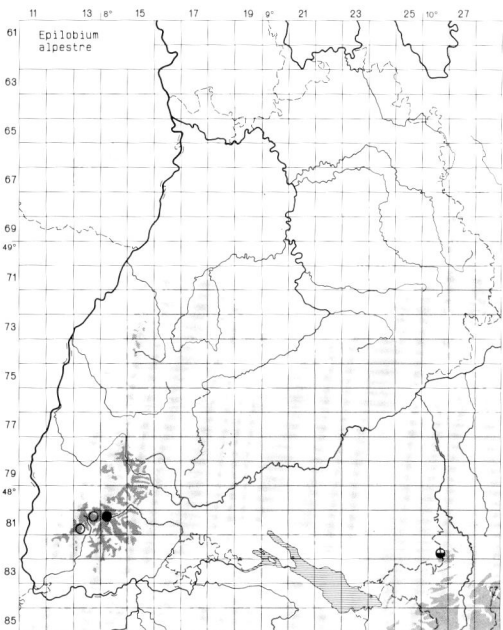

Quirlblättriges Weidenröschen *(Epilobium alpestre)*
Feldberg, 1979

ten, meist (mäßig) nährstoff- und basenreichen, kalkarmen (schwach sauren) wie kalkreichen, basischen Stellen. In Hochstaudenfluren mit *Adenostyles alliariae* und *Cicerbita alpina*, hier primäre Wuchsorte, häufiger synanthrop am Rand von Sikkerfluren um die Viehhütten, in Nachbarschaft von *Rumex alpinus* oder (in den Alpen) von *Senecio alpinus*. Vegetationsaufnahme vgl. OBERDORFER (1957: 81, Rumicetum alpini).

Allgemeine Verbreitung: V.a. Alpen, im Südosten bis zum Balkan (Bulgarien), Pyrenäen, Massif Central, Vogesen, Schweizer Jura, Schwarzwald, Erzgebirge, Riesengebirge, Karpaten, Kaukasus.

Verbreitung in Baden-Württemberg: Südschwarzwald, Westallgäuer Hügelland. Vorkommen in Höhen zwischen 800 (?) und 1250 m. Die Pflanze ist einheimisch; die Vorkommen gerade am Feldberg können als Glazialrelikte gedeutet werden, nach der gewissen Förderung durch den Menschen als (schwach) „progressive" Glazialrelikte.

Südschwarzwald: Feldberg, hier von SPENNER (1829: 794) von zahlreichen Stellen genannt: 8114/1: Seebuckabsturz („cum Campanula latifolia et Hieracio austriaco"), um 1990 von BOGENRIEDER bestätigt, spärlich (KR-K), 8113/2: Gebiet Tote Mann – St. Wilhelmer Hütte, verschollen.

8114/1: Zastler Loch, in Umgebung der Viehhütte; kleiner Bestand, noch vorhanden. 8113/3: Belchen, FRIES in BINZ (1901), später nicht wieder beobachtet.
Alpenvorland: (8226/4) Rohrdorfer Tobel an der Adelegg, 800–900 m (?), BERTSCH (1933). Das Vorkommen schließt an die im benachbarten Allgäu an (nächste Fundstellen auf 8327/1 und 8127/1).
Fragliche Angaben: Hegau: 8218/4: Rosenegger Berg, BRUNNER (1882), vgl. auch JACK (1900), bei der Höhenlage von ca. 500 m Vorkommen unwahrscheinlich. Oberes Donautal: 8018/3 oder 4: Immendingen, ENGESSER (1852: 246); Vorkommen von ZAHN (1889) mit zwei Fragezeichen versehen. Diese fraglichen Vorkommen wurden nicht in die Karte aufgenommen.

Erstnachweise: BRAUN (1824: 109) fand sie am Feldberg; SPENNER (1829), zahlreiche Fundstellen am Feldberg.

Bestand und Bedrohung: Heute sind nur noch zwei kleine Bestände im Gebiet bekannt. Die Pflanze ist in Baden-Württemberg potentiell gefährdet (G4).

9. Epilobium tetragonum L. 1753
E. adnatum Griseb. 1852
Vierkantiges Weidenröschen

Morphologie: Hemikryptophyt, Pflanze ohne Ausläufer, bis 1 m hoch, oft gerötet. Stengel am Grund mit Innovationsrosetten, v.a. im oberen Teil verzweigt, Äste anliegend. Blätter lineal-lanzettlich, bis 8 cm lang und 2 cm breit, (scharf) gesägt, Blüten 4–6 mm lang, Kelch ohne Drüsenhaare. Samen

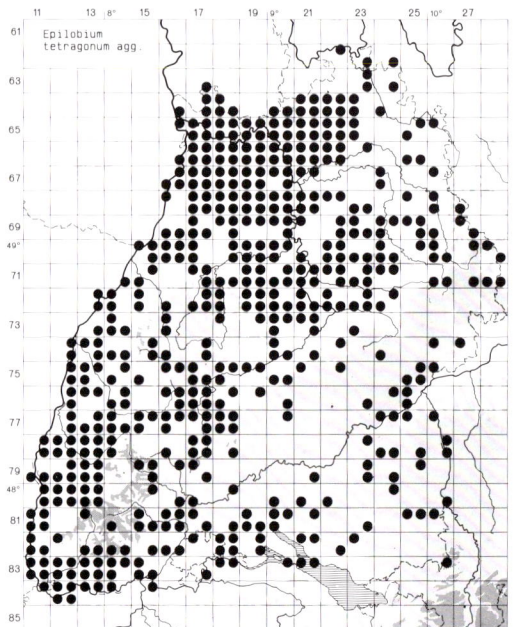

54

Vierkantiges Weidenröschen *(Epilobium tetragonum)*
Marlen bei Kehl

dicht mit langen Warzen besetzt. – Blütezeit Juli–August.

Ökologie: In lockeren Herden oder Einzelpflanzen an mäßig frischen bis frischen, meist kalk- und nährstoffreichen, lehmigen Stellen, gern auf Rohböden. – Auf Erdschüttungen, an Wegrändern, in Gärten und Weinbergen, hier in den letzten Jahrzehnten häufiger geworden, wenn auch noch kein „Problemunkraut" (vgl. WILMANNS 1989). – Vegetationsaufnahmen vgl. WILMANNS (1989: 96, 115).

Allgemeine Verbreitung: Europa, Kleinasien bis Zentralasien, Nordafrika, Südafrika. In Europa nordwärts bis Südschweden und Finnland bis 60° n. Br., in England bis ca. 54° n. Br. In Deutschland verbreitet.

Verbreitung in Baden-Württemberg: V. a. in den westlichen und nordwestlichen Landesteilen verbreitet und häufig, nach Osten und Südosten hin seltener werdend. Schwarzwald v. a. in Gärten. Schwäbische Alb sehr zerstreut (wohl wegen des Fehlens entsprechender Lehmböden), Alpenvorland sehr zerstreut.

Tiefste Fundstellen ca. 95 m, höchste im Südschwarzwald: 8114/3: Bernau, 920 m, 8113/2: Todtnauberg, 1120 m, HARMS (KR-K).

Die Pflanze ist wohl erst mit dem Menschen in das Gebiet eingewandert und so als Archäophyt anzusehen.

Erstnachweis: Hegne (Bodensee), Frühes/Mittleres Subboreal (Schnurkeramik), Bestimmung nicht ganz sicher, RÖSCH (1990d). Erste schriftliche Erwähnung bei LEOPOLD (1728: 39): Umgebung von Ulm.

Variabilität: *Epilobium tetragonum* ist sehr formenreich. Im Gebiet lassen sich zwei Unterarten unterscheiden:

a) subsp. **tetragonum**: Stengel kahl, nur oberwärts angedrückt behaart, untere und mittlere Blätter sitzend, etwas herablaufend, deutlich gesägt-gezähnt.

b) subsp. **lamyi** (F. W. Schultz) Nyman 1879: Stengel oberwärts dicht behaart (Pflanze dadurch im oberen Teil ± graugrün), untere und mittlere Blätter kurz gestielt, nicht herablaufend, weniger gesägt.

Über Verbreitung der beiden Unterarten und ihre ökologischen Unterschiede ist nichts bekannt. F. W. SCHULTZ (1865) konnte bereits nachweisen, daß es sich hier um deutlich verschiedene Sippen handelt. – Von den angegebenen Merkmalen dürfte das mit der unterschiedlichen Behaarung sehr schwach sein: Im Oberrheingebiet sind fast alle Pflanzen oberwärts deutlich behaart. Doch können sich innerhalb einer Population auch (fast) kahle Formen finden lassen.

Erstnachweis: LEOPOLD (1728: 39): Umgebung von Ulm.

Bestand und Bedrohung: In reichen Beständen und meist häufig. Vermutlich ist die Pflanze in den letzten Jahrzehnten häufiger geworden (Folge einer Eutrophierung?).

10. Epilobium obscurum Schreber 1771
Dunkelgrünes Weidenröschen

Morphologie: Hemikryptophyt, Pflanze bis 0,9–1 m hoch, mit langem, kriechendem Rhizom, zur Blütezeit mit langen, dünnen, z. T. unterirdischen Ausläufern (diese selten auch Achseln der Niederblätter entspringend). Pflanze meist verzweigt, unterwärts kahl, oberwärts behaart, Stengel meist 2- bis 4kantig. Blätter eiförmig-lanzettlich, etwa 4–8 × so lang wie breit, entfernt kleingesägt. Blütenknospen nickend, Kelch mit vereinzelten Drüsenhaaren, Kronblätter 5–7 mm lang. Samen verkehrt-eiförmig. – Blütezeit Juni bis August (September).

Ökologie: In einzelnen Pflanzen an lichtreichen, feuchten (bis nassen), gern quellig durchsickerten, kalkarmen, basenreichen, schwach sauren, höchstens mäßig nährstoffreichen Stellen, auf humosen

Dunkelgrünes Weidenröschen *(Epilobium obscurum)*
Hofsgrund (Südschwarzwald)

wie auf mineralischen Böden. Gern an Grabenrändern, zusammen mit *Glyceria fluitans*, in Sickerfluren mit *Stellaria alsine*, in Quellfluren mit *Montia fontana*. – Bisher nur in wenigen Vegetationsaufnahmen – mehr zufällig – enthalten, so z. B. GRÜTTNER (1987), PHILIPPI (1989: 827).

Allgemeine Verbreitung: Europa, Nordafrika. In Europa nordwärts bis Südschweden und bis zum Finnischen Meerbusen (61° n.Br.), ostwärts bis Rußland (bis unteres Don-Gebiet). In Deutschland in den kalkarmen Gebieten weit verbreitet.

Verbreitung in Baden-Württemberg: V.a. Schwarzwald und Odenwald (Verbreitung im Südschwarzwald sehr unvollkommen erfaßt), sehr zerstreut im Keuper-Lias-Neckarland: Schwäbisch-Fränkischer Wald, Schönbuch, Glemswald. Schwäbische Alb: Vereinzelt; zahlreiche ältere Angaben aus dem Gebiet um Ulm (K. MÜLLER 1957). Alpenvorland: Häufiger im westlichen Bodensee-Gebiet sowie in den östlichen Teilen gegen die Iller (Westallgäuer Hügelland bis Nördliches Oberschwaben); ältere Angaben vielfach auf K. MÜLLER (in DÖRR 1975) zurückgehend. In Kalkgebieten weitgehend fehlend; auch Oberrheinebene bisher nicht nachgewiesen. Die Karte dürfte sehr unvollständig sein. *E. obscurum* ist im Gelände nicht einfach anzusprechen (die Blüten sind oft geschlossen, so daß eine Bestimmung erschwert wird).

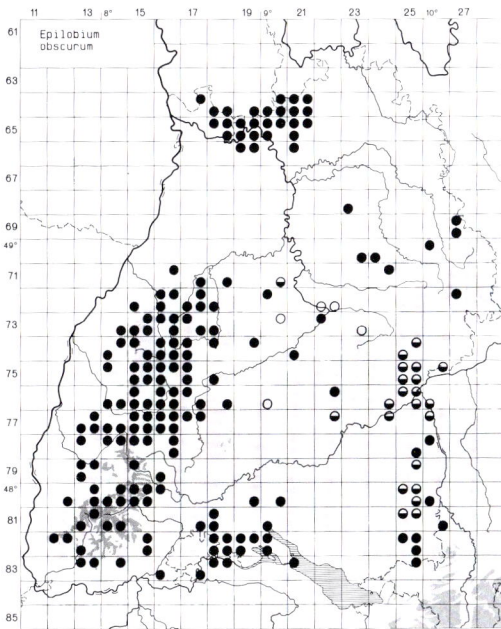

Epilobium obscurum (distribution map)

Tiefste Vorkommen: Tieflagen des Schwarzwaldes und des Odenwaldes, ca. 250–300 m, höchste Fundstellen: 8113/2: Feldberg, Hüttenwasen, 1180 m.

Die Pflanze ist einheimisch. Sie könnte im Gebiet bereits vor Eingriff des Menschen vorhanden gewesen sein. Als Wuchsorte in einer Naturlandschaft sind Bachalluvionen (Kiesbänke) anzunehmen. Den Quellfluren der subalpinen Stufe fehlt die Pflanze ganz offensichtlich.

Ebensogut könnte die Pflanze erst mit dem Menschen eingewandert sein.

Erstnachweise: Hagnau (Bodensee), Mittleres/Spätes Subboreal (Späte Bronzezeit); Bestimmung nicht ganz gesichert, RÖSCH (1992b). – Erste schriftliche Erwähnung: J.F. GMELIN (1772: 116), Burgholz bei Tübingen (7420).

Bestand und Bedrohung: Örtlich zurückgehend infolge Ausbaus und Eutrophierung der Gewässer, doch insgesamt nicht gefährdet. Besonders im Schwarzwald und Odenwald in ausreichenden (wenn auch nicht in besonders üppigen) Beständen vorhanden.

11. Epilobium roseum Schreb. 1771
Rosablühendes Weidenröschen

Morphologie: Hemikryptophyt. Pflanze bis 0,8 m hoch, ohne Ausläufer. Stengel unterwärts kantig, oberwärts rund, v.a. im oberen Teil dicht drüsig

behaart. Blätter deutlich gestielt, eiförmig, am Rand scharf gesägt, z.T. mit stumpflicher bis abgerundeter Spitze, auf der Unterseite mit scharf hervortretendem Adernetz, am Rand und auf den Nerven zerstreut behaart. Blütenstand vor dem Aufblühen nickend, Kronblätter ca. 6 mm lang, weißlila bis rosa. – Blütezeit Juli–September.

Ökologie: Einzelpflanzen an lichten, meist feuchten bis nassen, basen- und nährstoffreichen, vorzugsweise an kalkarmen Stellen, doch auch auf Kalk nicht fehlend, auf Schlick-, Lehm-, Sand- oder Kiesböden. – In lückigen Bachröhrichten, in Zweizahn-Gesellschaften schlammiger Gräben, auf Kiesbänken der Flüsse, an Straßenrändern, in Siedlungen am Fuß von Mauern, an Heckenrändern usw. Weite ökologische Amplitude, doch offensichtlich konkurrenzschwache Art. – Die Art ist nur vereinzelt in Vegetationsaufnahmen enthalten (z.B. PHILIPPI 1984: 72).

Allgemeine Verbreitung: Europa, Asien, eingeschleppt in Nordamerika. In Europa vom Mittelmeergebiet bis Nordeuropa (Südnorwegen, Süd- und Mittelschweden, selten Finnland, insgesamt bis etwa 60° n.Br. reichend).

Verbreitung in Baden-Württemberg: Verbreitet, meist nicht selten. Zurücktretend in der Rheinebene (zu kalkreiche Böden?), in den Waldgebieten des Schwarzwaldes, in Gebieten der Schwäbischen Alb (wegen des Fehlens von Gewässern) und in Teilen des Alpenvorlandes.

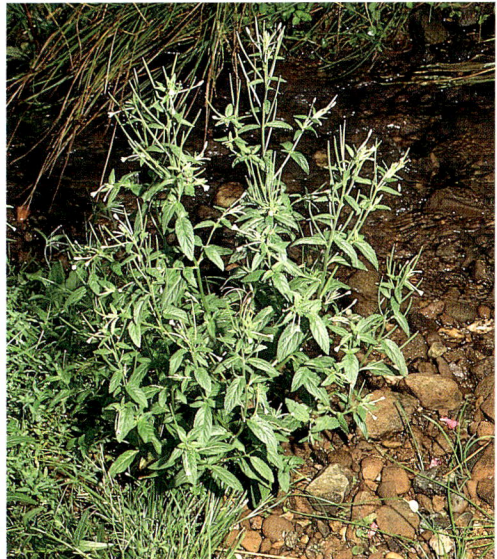

Rosablühendes Weidenröschen *(Epilobium roseum)* Bleichtal östlich Herbolzheim, 23. 8. 1992

A   329.   b.

Epilobium roseum. SCHREB.

L. Rchb. del.   C. Buchling sc.

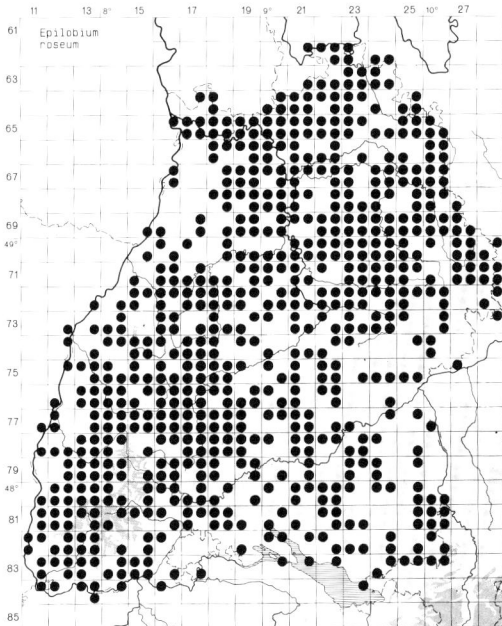

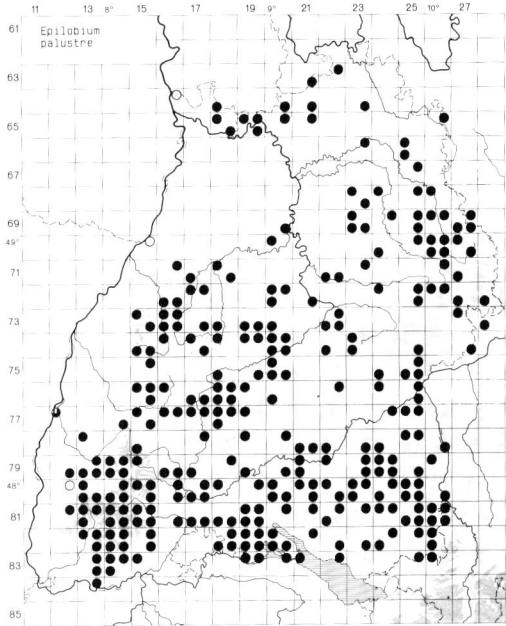

Tiefste Fundstellen in der Oberrheinebene 95 m, höchste im Südschwarzwald (8114/2: Bärental) 950 m, im Nordschwarzwald (7415/1: Seibelseckle) 955 m.

Die Pflanze ist einheimisch und dürfte bereits vor den großen Eingriffen des Menschen vorhanden gewesen sein. Vorkommen in einer Naturlandschaft sind auf Kiesbänken der Flüsse zu erwarten.

Erstnachweis: HAGENBACH (1821: 359–360) „prope Müllheim, Säckingen Cl. F. NEES".

Bestand und Bedrohung: Kein Rückgang oder Bedrohung erkennbar. Ausgesprochen hemerophile Art (vgl. Vorkommen in Städten!).

12. Epilobium palustre L. 1753
Sumpf-Weidenröschen

Morphologie: Hemikryptophyt, Pflanze bis 0,7 m hoch (meist nur 0,4–0,5 m), mit kurzem Rhizom, nach der Blüte mit langen, dünnen, teilweise unterirdischen Ausläufern. Stengel kaum verzweigt, stielrund oder durch zwei herablaufende Linien kantig,

unterwärts kahl, oberwärts (wie Blätter) behaart, Blätter lineal-lanzettlich, entfernt gesägt bis fast ganzrandig, oft mit etwas umgerollten Rand, 6–12 × so lang wie breit, meist kürzer als die Stengelglieder. Knospen oft etwas nickend; Kronblätter 4–7 mm lang, Samen lang zylindrisch, an beiden Enden sich verjüngend. – Blütezeit Juli–August (September). Vegetative Vermehrung durch Ausläuferknospen.

Ökologie: Einzelne Pflanzen (oder lockere Trupps) an lichtreichen, feuchten bis nassen, meist kalkarmen (mäßig) sauren, basenreichen, z.T. auch etwas nährstoffreichen Stellen, v.a. auf Humusböden. In Flachmoorwiesen (Caricion canescenti-nigrae) gern an gestörten Stellen, in Gräben, in lückigen oder gestörten (mesotrophen) Seggen-Röhrichten, in Extensivweiden feuchter Stellen (Epilobio-Juncetum effusi).

Vegetationsaufnahmen vergleiche K. MÜLLER (1948, Quellfluren), GÖRS (1968: Epilobio-Juncetum), LANG (1973: Röhricht-Gesellschaften), DIERSSEN (1978: Caricetum nigrae), GRÜTTNER (1987, 1990).

Allgemeine Verbreitung: Nordhalbkugel: Europa, Asien bis Kamtschatka und Japan, Nordamerika, Grönland. In Europa vom Nordkap bis Südeuropa (Spanien, Süditalien, Balkan-Halbinsel), in den Alpen bis über 2000 m. In Deutschland weit verbreitet; nur in Trocken- oder Kalkgebieten seltener oder fehlend.

Rosablühendes Weidenröschen *(Epilobium roseum)*; aus REICHENBACH, L., Iconographia botanica seu plantae criticae, Band 2, Tafel 190, Fig. 329 a + b (1824).

Sumpf-Weidenröschen *(Epilobium palustre)*
Feldberg, 4. 8. 1991

Verbreitung in Baden-Württemberg: In kalkarmen Gebieten verbreitet. Schwerpunkt im Südschwarzwald und Alpenvorland. Seltener im Nordschwarzwald, in der Baar und im Keuper-Lias-Neckarland (bis östlicher Schwäbisch-Fränkischer Wald). Selten in der Schwäbischen Alb und im Odenwald. Früher auch Oberrheinebene.

Oberrheinebene: 6416/2: Sandtorf; 7015/2: Daxlanden, Federbachsümpfe; 7912/4, 8012/2: Mooswälder der Freiburger Bucht, nach 1900 nicht mehr bestätigt.
Odenwald: Nach SCHMIDT (1957) häufig. Neuere Beobachtungen 6418/3: Oberflockenbach, 6518/1: Altenbach, jeweils wenige Pflanzen; 6519/4: Schwanheim, NSG Totenbrunnen, reichlich, DEMUTH (KR-K).

Tiefste Vorkommen in der Oberrheinebene, ca. 95 m, höchste Vorkommen am Feldberg bei 1350–1400 m.

Die Pflanze ist bei uns einheimisch. Natürliche Vorkommen sind in Quellmooren am Feldberg und in Niedermooren des Alpenvorlandes anzunehmen. In den meisten anderen Gebieten dürfte die Pflanze erst mit dem Menschen eingewandert sein (Archäophyt).

Erstnachweise: Kirchheim/Teck, Frühmittelalter, RÖSCH (unpubl.). Die erste schriftliche Erwähnung findet sich bei J. F. GMELIN (1772: 115): „in paludibus juxta viam Hechingensem et reg. Zaberg. cl.

HILLER" (Tübingen an der Hechinger Straße und im Zabergäu).

Bestand und Bedrohung: *E. palustre* ist im Südschwarzwald und im Alpenvorland noch reichlich vorhanden, wenn auch durch Intensivierung wie auch Extensivierung der Nutzung oder Aufforstung zurückgehend. Hier aber noch wenig gefährdet, in anderen Gebieten gefährdet (bis stark gefährdet, so im Odenwald).

13. Epilobium nutans F.W. Schmidt 1794
Nickendes Weidenröschen

Morphologie: Pflanze bis 15 (20) cm hoch, Stengel einzeln (nicht rasig), mit oberirdischen Ausläufern. Stengel mindestens im oberen Teil (locker) behaart, Sproßspitze überhängend. Blätter länglich-eiförmig, stumpflich, schwach gezähnt bis ganzrandig, bis 1,5 (2) cm lang, die unteren kurz gestielt, Blüten 5 mm lang. Früchte dicht anliegend behaart, mit einzelnen abstehenden Drüsenhaaren, oft sichelig gebogen. – Blütezeit Juli–August.

Ökologie: An feuchten, meist durchsickerten, kalkarmen, sauren, doch basenreichen Stellen, meist in ± moosreichen Quell- und Sickerfluren. Im Schwarzwald zusammen mit *Philonotis seriata* und *Bryum schleicheri*; Vegetationsaufnahmen vgl. TÜXEN (1931), K. MÜLLER (1948: 224).

Allgemeine Verbreitung: Europa, hier v.a. in den Alpen (1000 bis über 2400 m), Pyrenäen, Massif

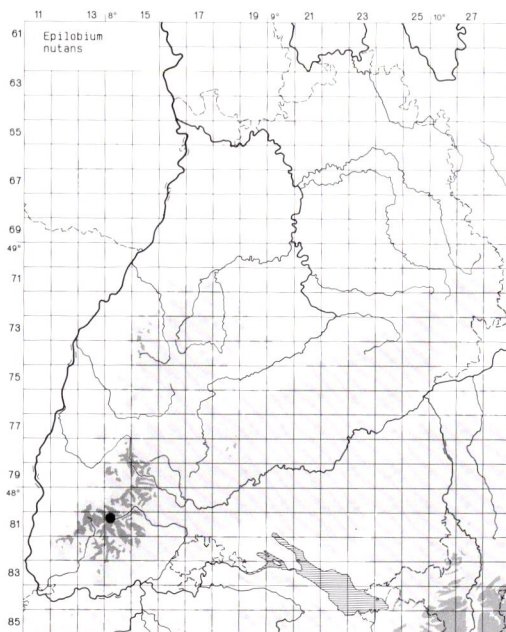

Nickendes Weidenröschen *(Epilobium nutans)*
Feldberg, 19. 8. 1962

Central, Karpaten. In den Gebirgen Mitteleuropas in den Vogesen, im Schwarzwald, Bayerischen Wald, in der Rhön, im Erzgebirge und in den Sudeten.

Verbreitung in Baden-Württemberg: Südschwarzwald, Feldberg.

8114/1: Feldberg, mehrere kleine Vorkommen in Höhen zwischen 1300 und 1450 m, so am Felsenweg, OBERDORFER (KR-K), im oberen Teil der Grüblemulde, BOGENRIEDER (KR-K) sowie auf der Feldberg-Südseite gegen die Todtnauer Hütte, DEMUTH (KR-K).

Erstnachweis: EICHLER, GRADMANN u. MEIGEN (1906: 89), Feldberg, 1857, VULPIUS.

Bestand und Bedrohung: Kleine Bestände, die wegen ihrer geringen Ausdehnung potentiell gefährdet sind. Ein Rückgang läßt sich nicht nachweisen. Gefährdung: G4.

14. Epilobium anagallidifolium Lam. 1786
Epilobium alpinum auct. non L.
Alpen-Weidenröschen

Morphologie: Hemikryptophyt, bis 15 (20) cm hoch, ähnlich *E. nutans*, doch Wuchs rasenartig (zahlreiche Stengel). Oberirdische Ausläufer, diese mit kleinen, ovalen oder runden Blättern besetzt. Stengel unverzweigt, kahl oder höchstens mit behaarten Kanten, oft rot überlaufen. Blätter klein, eiförmig bis breit-eiförmig, die unteren kurz gestielt, ganzrandig bis kaum gezähnt. Blüten 4–5 mm groß. Frucht zerstreut drüsenhaarig, später verkahlend, meist sichelig gebogen. – Blütezeit Juli–August.

Ökologie: In lockeren Herden oder kleinen Trupps an frischen bis feuchten, durchsickerten Stellen mit langer Schneedeckung, über kalkreichen, basischen wie kalkarmen, sauren, doch basenreichen Mineralböden.

In Schneetälchen-Gesellschaften, im Allgäu in *Cratoneuron decipiens*-Quellfluren, aus dem Schwarzwald aus dem Scapanietum paludosae angegeben (K. MÜLLER 1948: 222).

Allgemeine Verbreitung: Nordhalbkugel, Europa, Asien (von Kleinasien bis zur Beringstraße und Kamtschatka), Nordamerika. In Europa von Nordeuropa (hier v.a. im atlantischen Bereich) bis zu den südeuropäischen Gebirgen (Pyrenäen, Sierra Nevada, Balkanhalbinsel). In Mitteleuropa außerhalb der Alpen im Schweizer Jura, in den Vogesen (fraglich) und im Schwarzwald, selten im Bayerischen Wald.

Verbreitung in Baden-Württemberg: Südschwarzwald, 8114/1: Feldberg, vermutlich im Gebiet Seebuckabsturz–Grüble, von KNEUCKER um 1900 belegt (KR), später von K. MÜLLER (1948) angegeben. Neuere Bestätigungen fehlen. – Die zahlreichen alten Angaben von *Epilobium alpinum* bei SPENNER (1829: 797) vom Feldberg (an ver-

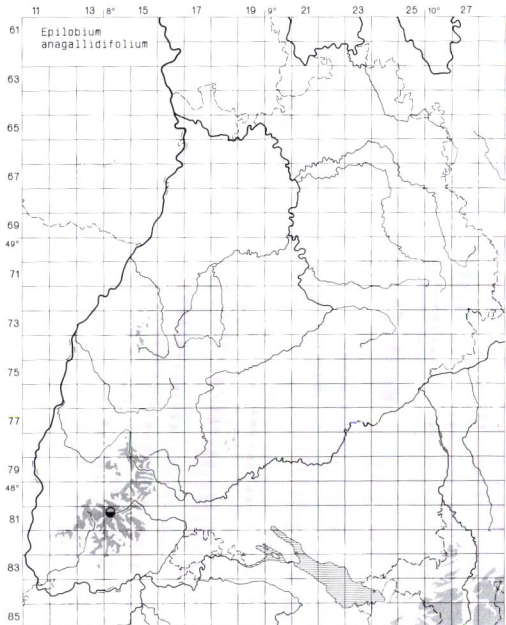

Alpen-Weidenröschen *(Epilobium anagallidifolium)* Muotatal (Kt. Schwyz), 1700 m

schiedenen Stellen, z.T. „copiose") könnten sich auf *E. nutans* beziehen.

Bestand und Bedrohung: Die Pflanze ist im Gebiet verschollen.

15. Epilobium alsinifolium Villars 1779

Epilobium origanifolium Lam. 1786
Mierenblättriges Weidenröschen

Morphologie: Hemikryptophyt, Pflanze bis 30 cm hoch, mit zahlreichen unterirdischen Ausläufern, kaum verzweigt, nur auf 2 oder 4 Kanten behaart, sonst kahl. Blätter eiförmig bis eiförmig-lanzettlich, 3–6 cm lang, 2–3 × so lang wie breit, glänzend dunkelgrün, mit entfernt gesägtem Rand (bis fast ganzrandig). Kronblätter 8–12 mm lang, z.T. tiefrot geadert. Junge Früchte zerstreut drüsenhaarig, später verkahlend. – Blütezeit Juli, August.

Ökologie: In lockeren Gruppen an durchsickerten, feuchten bis nassen, kalkarmen, sauren, doch basenreichen, aber auch an kalkreichen Stellen, in oft moosarmen Sickerfluren, gern an gestörten Stellen wie Wegrändern. In den Alpen vorwiegend mit *Cratoneuron commutatum*, im Schwarzwald an kalkarmen Stellen zusammen mit *Philonotis seriata*.

Vegetationsaufnahmen vgl. K. MÜLLER (1948: 223, Bryetum schleicheri).

Allgemeine Verbreitung: Europa, von Nordeuropa bis südeuropäische Gebirge (Spanien, Apennin, Balkan). Alpen in Höhen von 800 bis über 2500 m; Bayerische Alpen zerstreut, Schweizer Jura (nordwärts bis Chasseral), Vogesen, Schwarzwald, Erzgebirge, Riesengebirge, früher auch Bayerischer Wald. Karpaten.

Verbreitung in Baden-Württemberg: Südschwarzwald, Allgäu.

Vorkommen in Höhen zwischen 1050 und 1400 m im Schwarzwald, im Allgäu 1050–1100 m.

Die Pflanze ist einheimisch; im Südschwarzwald kann sie als (progressives) Glazialrelikt angesehen werden.

Südschwarzwald: 8114/1: Feldberg, mehrere kleine Vorkommen, so im oberen Teil der Grüblemulde, BOGENRIEDER (KR-K), zwischen Gipfel und Immisberg, OBERDORFER (KR-K); früher auch im oberen Bärental, 1925, K. MÜLLER (STU); nach SPENNER weiter 8113/2 (auch 8013/4?): „in adscensu ab Erlenbacher- et Stollenbacher Hütte ad Longimmi", also Tote Mann. 8114/3: Oberes Prägbachtal am Herzogenhorn, LITZELMANN (1963), noch vorhanden (1983); 8113/2: N Todtnauberg, Radschert gegen Schweinebach, ca. 1150 m, HARMS, PHILIPPI (KR-K); 8113/3 (?): Belchen, SPENNER, SCHNEIDER in BINZ (1901), unbestätigt.
Allgäu: 8326/1: Schwarzer Grat, 1050–1100 m, 1908, BERTSCH (STU), vgl. BERTSCH (1933). Isoliertes Vorkommen, das nicht mehr bestätigt werden konnte; vielleicht infolge Aufforstungen der Schletteralpe erloschen?

Erstnachweis: A. BRAUN (1824: 109): Feldberg; SPENNER (1829: 797): Feldberg (von mehreren Stellen genannt) und Belchen.

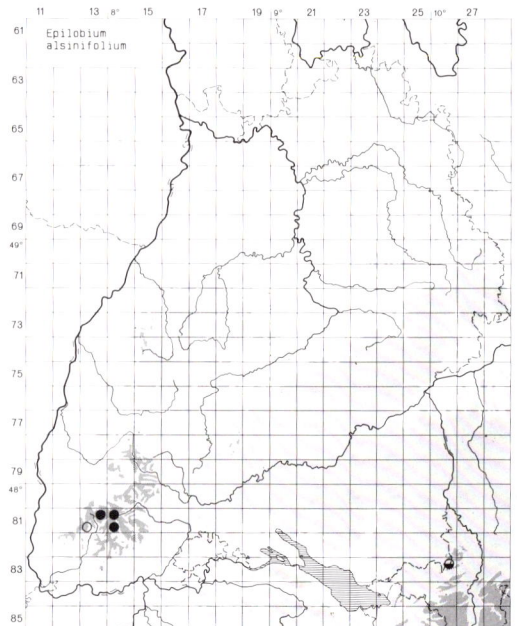

Mierenblättriges Weidenröschen *(Epilobium alsinifolium)*
Feldberg, 19. 8. 1962

Drüsiges Weidenröschen *(Epilobium ciliatum)*
Böblingen, 21. 7. 1991

Standorte bevorzugend, an Wegrändern, aufgelassenem Gartengelände, an Erdschüttungen. – In Vegetationsaufnahmen ist *E. ciliatum* bisher nicht enthalten.

Allgemeine Verbreitung: Ursprünglich nordamerikanische Pflanze, die sich inzwischen in den weiten

Bestand und Bedrohung: Überall handelt es sich um kleine Bestände, die schon wegen der geringen Ausdehnung potentiell bedroht sind. Andererseits findet sich da die Pflanze gern an sickernassen Wegrändern, also an Sekundärstellen. Sie ist von den alpinen *Epilobium*-Arten des Gebietes sicher die am wenigsten gefährdete.

16. Epilobium ciliatum Rafin. 1808
E. adenocaulon Hausskn. 1879
Drüsiges Weidenröschen

Morphologie: Hemikryptophyt, Pflanze bis 1 (1,4) m hoch, oft rot überlaufen, Stengel am Grund mit Innovationsrosetten, v.a. im oberen Teil dicht drüsig behaart. Blätter bis 10 cm lang und 3 cm breit, kurz gestielt, am Rand gesägt. Kronblätter 5–6,5 mm lang, oft weiß. Oberfläche der Samen mit spitzen Papillen (bei *E. tetragonum* stumpfe Papillen). – Blütezeit Juli–August (September).

Ökologie: Einzelne Pflanzen auf nährstoffreichen, offenen Lehmböden, offensichtlich kalkärmere

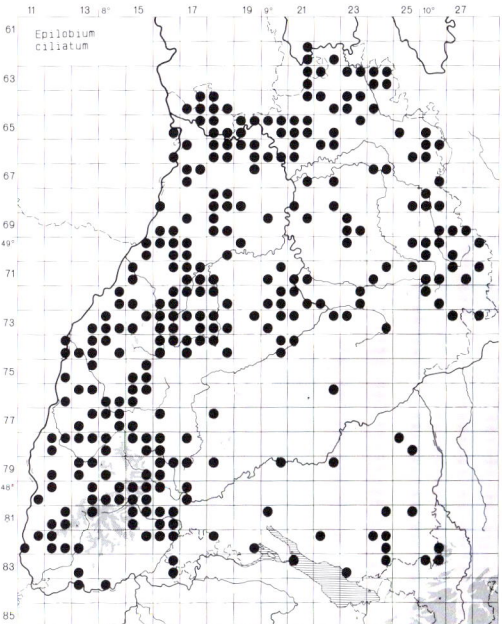

63

Teilen Europas außerhalb des Mittelmeergebietes ausgebreitet hat.

Verbreitung in Baden-Württemberg: Z. Z. hat die Pflanze den Schwerpunkt ihres Vorkommens im westlichen und nordwestlichen Landesteil. Im Oberrheingebiet, Odenwald und Schwarzwald gehört die Pflanze heute schon zu den häufigen *Epilobium*-Arten. Im Neckargebiet ist sie seltener, von der Schwäbischen Alb liegen nur wenige Beobachtungen vor. Vereinzelt im Alpenvorland.

Tiefste Fundstellen im Oberrheingebiet ca. 95 m, höchste im Allgäu um Isny (8326/2) 1050 m.

Die Ausbreitung ist noch nicht abgeschlossen!

Erstnachweise: Erste Beobachtungen gehen auf SEBALD u. SEYBOLD (1980) zurück: Beobachtungen an mehreren Stellen um Stuttgart im Jahr 1978.

Cornaceae

Hartriegelgewächse
Bearbeiter: G. PHILIPPI

Meist Bäume und Sträucher, seltener Kräuter, z. T. wintergrün. Blätter meist gegenständig, ungeteilt. Blüten ebensträußig oder doldig. Kronen 4- bis 5zählig, mit einem Staubblattkreis, Fruchtknoten unterständig, aus 2 (selten 3 und 4) Fruchtblättern bestehend. Frucht eine Steinfrucht oder Beere.

13 Gattungen mit über 100 Arten, Schwerpunkt in den gemäßigten (bis subtropischen) Zonen der Nordhalbkugel, einige Gattungen auch auf der Südhalbkugel.

1. **Cornus** L. 1753
Hartriegel

Sträucher (selten ausdauernde Kräuter) mit 4zähliger Krone und zweifächrigem Fruchtknoten. Griffel mit kopfiger Narbe.

Gattung mit ca. 50 Arten auf der Nordhalbkugel. In Europa 4 Arten (eine weitere eingebürgert); in Baden-Württemberg eine Art urwüchsig.

1   Blütenstand kugelig, mit 4 Hochblättern, Blüten gelb, vor den Blättern erscheinend . . *[C. mas]*
–   Blütenstand ± doldenartig-halbkugelig, ohne Hochblätter, Blüten weiß, nach den Blättern erscheinend 2
2   Blätter mit 3–4 Nervenpaaren, unterseits (blaß-) grün, Frucht schwarzblau . . . . 1. *C. sanguinea*
–   Blätter mit 5–7 Nervenpaaren, unterseits graugrün bis weißlich, Frucht weiß oder hellblau . . . *[C. alba]*

1. **Cornus sanguinea** L. 1753
Blutroter Hartriegel

Morphologie: Strauch, bis 4 m hoch, junge Triebe violettbraun, glänzend, Blätter gegenständig, eiförmig, meist stumpflich, kurz gestielt, ganzrandig (bis unregelmäßig gezähnelt), mit 3–4 Paaren gebogener Nerven, beiderseits zerstreut behaart, Kronblätter 4,5–6 mm lang. Früchte schwarzblau, 6–8 mm groß, mit 4–5 mm großem Steinkern. – Blütezeit Mai–Juni. Insektenbestäubung, Vogelverbreitung. Gute Bienenweide.

Ökologie: An frischen bis (mäßig) trockenen, meist kalkreichen, basischen, selten auch kalkarmen, doch basenreichen, (schwach) sauren Stellen, auf Lehm- wie auf Schuttböden (z. B. in Steinriegeln), meist in trocken-warmer Lage. – In Gebüschgesellschaften, v. a. im Pruno-Ligustretum, auch in anderen Berberidion-Gesellschaften, weiter im Salici-Viburnetum opuli im Auenbereich, hier auch längere Überflutung ertragend, an Waldrändern reicher Hainbuchen- oder Buchenwälder, in Wäldern gewisse Beschattung ertragend, hier oft als Zeiger früherer Nieder- oder Mittelwaldwirtschaft. – Vegetationsaufnahmen aus Gebüschgesellschaften vgl. z. B. TH. MÜLLER (1966, Spitzberg), LANG (1973, Bodensee-Gebiet, hier auch Aufnahmen aus dem Salici-Viburnetum opuli).

Allgemeine Verbreitung: Europa, vom Mittelmeergebiet (Mittel- und Nordspanien, Italien, Balkan-

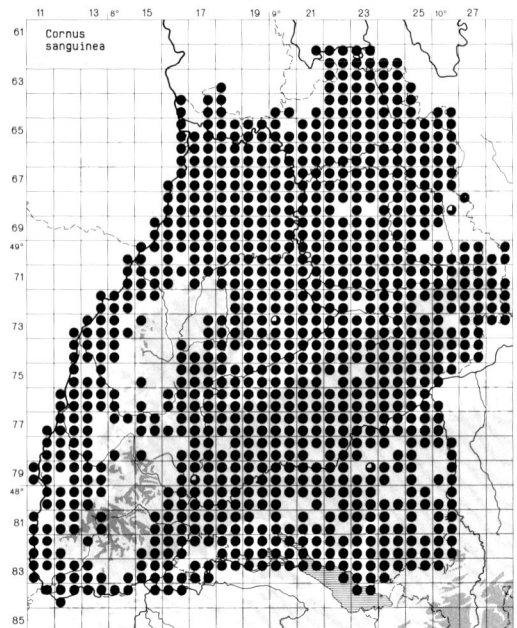

Blutroter Hartriegel *(Cornus sanguinea)*
Mägdeberg, 23. 6. 1991

halbinsel) bis Süd- und Mittelengland, selten auch Irland, Südost-Norwegen (bis 60° n. Br.), Südschweden (58° n. Br.) und zum Baltikum, ostwärts bis Rußland westlich der Wolga. In Deutschland stark verbreitet, nur in Nordwestdeutschland und im westlichen Schleswig-Holstein selten oder sogar fehlend.

Verbreitung in Baden-Württemberg: Verbreitet und meist nicht selten. Fehlend oder zurücktretend im Sandstein-Odenwald, im Schwarzwald (v.a. Granit- und Buntsandsteingebiete des Nordschwarzwaldes), in den Tälern zerstreut, am Schwarzwaldrand regelmäßig. Verbreitungslücken im Alpenvorland, v. a. im Bereich der Altmoräne. Das Fehlen in diesen Gebieten ist auf zu arme Böden zurückzuführen. Auch in Sandgebieten der nördlichen Oberrheinebene seltener, ohne daß jedoch Lücken in der Verbreitungskarte sichtbar sind.

Tiefste Fundstellen in der nördlichen Oberrheinebene, ca. 95 m, höchste in der Schwäbischen Alb 1010 m (nach BERTSCH); im Schwarzwald in den Devonschiefer-Gebieten um Geschwend (8113/4) bis 750 m, synanthrop an der Ruine Bärenfels (8313/4) bis 700 m. – In den Vogesen (auf Grauwacke) bis 800 m, vgl. ISSLER et al. (1966). Die Pflanze ist einheimisch.

Erstnachweise: Erste Nachweise aus dem Holozän aus dem Späten Atlantikum von Hornstaad, RÖSCH (1985). Crom-Eem-Interglazial: Funde bei Bad Cannstatt (K. BERTSCH 1927). Erste schriftliche Erwähnung: FUCHS (ca. 1565: 2 (2): 82): „iuxta Tubingam ... copiosissime".

Bestand und Bedrohung: Reiche Bestände, die insgesamt nicht bedroht sind.

Cornus alba L. 1767
Weißer Hartriegel

Zierstrauch, Heimat asiatisches Rußland (bis östliches Asien), Nordamerika. In Baden-Württemberg gelegentlich verwildert, nach BERTSCH (1948): Blitzenreute bei Ravensburg, Inzigkofen und Krauchenwies im Donautal. Offensichtlich keine Tendenz zur Einbürgerung.

65

Kornelkirsche *(Cornus mas)*
Gardasee, 12. 4. 1970

Cornus mas L. 1753
Kornelkirsche

Morphologie: Ähnlich *C. sanguinea*, doch höher werdend (bis 6 m), Blätter oft mit etwas ausgezogener Spitze, unterseits in den Aderwinkeln stärker behaart (bei *C. sanguinea* hier keine auffallend stärkere Behaarung). 1–3 Früchte pro Blütenstand, rot, bis eilänglich, bis 2 cm lang, mit 1 cm großem Steinkern. – Blütezeit Februar–März. Früchte eßbar, früher genutzt (v. a. zur Herstellung von Marmelade). Schlechte Bienenweide.
Ökologie: In warmen Lagen in verschiedenen Laubmischwald-Gesellschaften kalkreicher Standorte, gern an Waldrändern.

Kornelkirsche *(Cornus mas)*
Efringen-Kirchen, 1988

Allgemeine Verbreitung: Östliches Mittelmeergebiet, Kleinasien bis zum Kaukasus und bis Armenien. Bereits zur Römerzeit als Kulturpflanze genutzt und in Teilen von Süd- und Mitteleuropa eingebürgert. In Deutschland eingebürgert im Gebiet des Fränkischen Juras (zwischen unterer Altmühl und Donau), weiter im Leine-Bergland und Harzvorland. In Nachbargebieten im lothringischen Moselgebiet und in den elsässischen Rheinwäldern zwischen Marckolsheim und Dalhunden bei Sessenheim.
Verbreitung in Baden-Württemberg: Im Gebiet vereinzelt verwildert, ohne Tendenz zur Einbürgerung, Vorkommen vielfach auf Pflanzungen zurückzuführen. (Vorkommen, wie sie aus den elsässischen Rheinwäldern bekannt sind, fehlen auf der badischen Uferseite.) – Neuerdings vielfach bei Böschungsbegrünung verwendet.
Erstnachweise: Pollenfunde ab frühem Subboreal, z. B. Wallhausen (Rösch 1990), Früchte ab Spätmittelalter nachgewiesen (z. B. Heidelberg, U. Maier 1983).

Elaeagnaceae
Ölweidengewächse
Bearbeiterin: M. Voggesberger

Sträucher oder seltener kleine Bäume mit sehr charakteristischer Behaarung aus silbrigen oder braunen, schild- oder sternförmigen Haaren. Pflanzen oft dornig; Blätter gegen- oder wechselständig, einfach, ganzrandig, ledrig; Nebenblätter fehlend. Blüten einzeln oder in wenigblütigen Trauben oder Ähren, zwittrig oder eingeschlechtig, radiär, 4zählig; Kelchblätter 2 oder 4, Blütenröhre bei zwittrigen und weiblichen Blüten gut ausgebildet, Kronblätter fehlend. Staubblätter 4 oder 8, am oberen Rand der Blütenröhre angeheftet, Fruchtknoten mittelständig, 1fächerig mit 1 aufrechten Samenanlage, am Grunde oft mit Diskus, Narbe einfach. Frucht eine Nuß, die von der fleischigen Basis der Blütenröhre umgeben ist; der Same enthält wenig oder kein Endosperm, Embryo gerade.

Einige Autoren fassen die Elaeagnaceae mit den Thymelaeaceae zu einer Ordnung zusammen, da in ihrem Blütenbau scheinbare Ähnlichkeiten bestehen. Takhtajan (1973), Cronquist (1981) und Heywood (1982) rücken sie jedoch in die Nähe der Proteaceae, die wie sie nur ein Fruchtblatt besitzen.

Zu den Elaeagnaceae gehören die 3 Gattungen *Elaeagnus, Hippophaë* und *Shepherdia* mit insgesamt 50 Arten, von denen *Elaeagnus* mit 45 Arten bei weitem die größte ist. Sie sind von Nordamerika, Europa, Asien – ohne Nordasien – bis nach Australien verbreitet.

In Europa ist nur die Gattung *Hippophaë* mit einer Art heimisch. Die schmalblättrige Ölweide (*Elaeagnus angustifolia* L.) und die Silberölweide

(*Elaeagnus commutata* Bernh. ex Rydb.) werden ihres dekorativen Laubes wegen als Ziersträucher gepflanzt.

Die Ölweidengewächse besitzen Wurzelknöllchen mit symbiotischen, stickstoffbindenden Aktinomyzeten, die nahe mit denen von *Alnus glutinosa* verwandt sind.

1. Hippophaë L. 1754
Sanddorn

Das Entstehungszentrum der 3 Arten der Gattung *Hippophaë* liegt im kontinentalen Bereich Zentralasiens: *H. tibetana* Schlecht. besiedelt Hochflächen des tibetanischen Plateaus, *H. salicifolia* D. Don den Südabfall des Himalaja. Lediglich das Areal von *H. rhamnoides* reicht bis nach Europa und in unser Gebiet.

1. Hippophaë rhamnoides L. 1753
Sanddorn

Morphologie: Strauchige Pflanze bis 3 m Höhe, mit bis zu 3 m tief reichender Hauptwurzel und weitstreichenden Wurzelsprossen. Äste glatt, dunkelrotbraun, junge Triebe mit Schild- und Sternhaaren. Blätter wechselständig, lineal-lanzettlich, kurz gestielt, 3–10 mm breit und 2–8 cm lang, oberseits dunkelgrün, verkahlend, unterseits dicht silber-

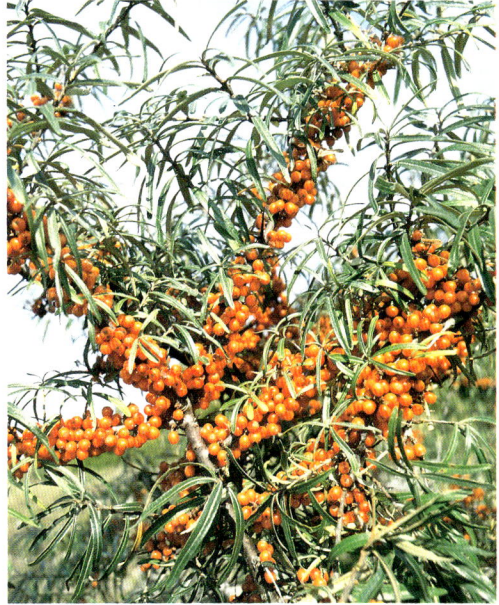

Sanddorn *(Hippophaë rhamnoides)*
Hartheim, 1971

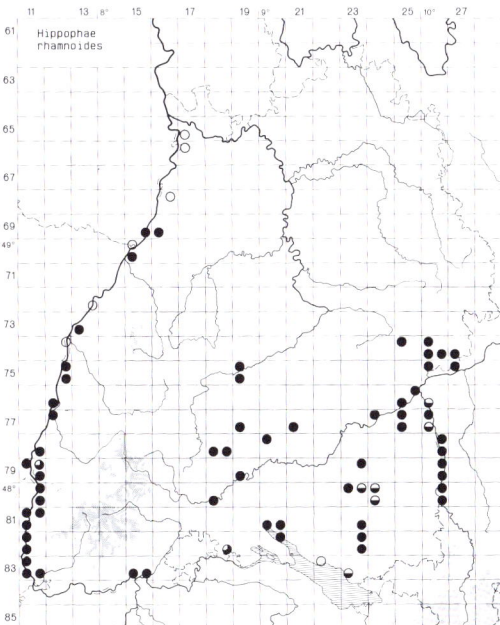

schülferig mit einzelnen kupferfarbenen Schildhaaren. Blüten eingeschlechtig, zweihäusig, männliche in kleinen Kätzchen, Kelchblätter 2, frei, 2–3 mm lang, außen mit Schildhaaren, Staubblätter 4; weibliche Blüten in wenigblütigen Trauben, Blütenhülle kurz 2lappig, Griffel kurz, Narbe lang zylindrisch. Frucht fleischig, orangerot oder gelb, eiförmig, 7–8 mm lang; Samen schwarz.

Variabilität: Die Art wird in 9 Unterarten aufgeteilt (ROUSI 1971), von denen bei uns nur subsp. *fluviatilis* van Soest nachgewiesen ist. Subsp. *carpatica* Rousi soll von Osten her bis nach Bayern (Donau bei Neuburg, Isarauen München, ROUSI 1971) reichen. Diese unterscheidet sich von subsp. *fluviatilis* durch kräftigeren Wuchs, breitere Blätter und abgeflachte Samen, wobei die Abgrenzung von subsp. *fluviatilis* nicht immer eindeutig ist. Habituelle Unterschiede bestehen auch zwischen weiblichen und männlichen Pflanzen (STEINER 1984).

Biologie: Blüte von März bis Mai, Fruchtreife ab August. Die Früchte werden z.T. von Vögeln gefressen, wobei die Samen die Verdauung unbeschädigt überstehen (PEARSON u. ROGERS 1962). Trotz guter Keimrate sind Jungpflanzen selten anzutreffen (STEINER 1984). Samen und Wurzelstücke können mit dem Wasser über größere Strecken verfrachtet werden. Die lokale Ausbreitung erfolgt hauptsächlich vegetativ durch Sproßstücke und Wurzeltriebe, so daß eingeschlechtliche Kolonien entstehen. Die Früchte sind eßbar und enthalten reichlich Vitamin C (Sanddornsirup).

Ökologie: An Flußufern, in Kiesgruben und Steinbrüchen, in Trockengebüschen, Waldmänteln, lichten Kiefernwäldern und am Rand von Mooren, oft undurchdringliche Dickichte bildend. Der Sanddorn benötigt mineralreiche, pH-neutrale, in den oberen Bodenschichten trockene bis wechseltrockene, licht- und wärmebegünstigte Standorte mit Grundwasseranschluß. Durch die Symbiose mit stickstoffbindenden Mikroorganismen kann er auf kalkreichen Rohböden, wie Sand, Kies oder Schotter, gut gedeihen. – Kennart des Hippophao-Berberidetum (Berberidion). Vegetationsaufnahmen sind zu finden bei MÜLLER u. GÖRS (1958: Tab. 11), KUHN (1961: Tab. 13), LANG (1973: Tab. 105), TH. MÜLLER (1974: Tab. 8) und WITSCHEL (1980: Tab. 27). Typische Begleiter sind beispielsweise *Salix elaeagnos, S. purpurea, Berberis vulgaris* und *Pinus sylvestris*.

Allgemeine Verbreitung: Eurasiatische Pflanze. Das Verbreitungsgebiet gliedert sich in drei Teilareale: Ein zentralasiatisches, das von Ostchina über Südsibirien, Tibet, Tienschan westwärts bis Ostafghanistan und Usbekistan reicht; ein westasiatisches vom Elburs-Gebirge im Iran über den Kaukasus bis in die Osttürkei, und ein europäisches Areal. Letzteres umfaßt die Küstenbereiche von Nordsee und Ostsee, die norwegische Atlantikküste sowie Inlandvorkommen vom Schwarzen Meer bis zu den Alpen. Verbreitungskarten finden sich bei ROUSI (1971). Das mitteleuropäische Areal ist als Rest einer einst weiteren Verbreitung anzusehen. Im Spätglazial und frühen Postglazial, insbesondere vor der Wiederbewaldung (Ältere Tundrenzeit) bildete der Sanddorn ausgedehnte Dorngebüsche.

Verbreitung in Baden-Württemberg: Seltene, präalpine Pflanze. Natürliche Vorkommen befinden sich in den Rheinauen vom Rheinknie bei Lörrach abwärts bis zur Neckarmündung, und zwar insbesondere am südlichen Oberrhein, in der nördlichen Oberrheinebene seltener werdend, am Hochrhein nur stellenweise, außerdem an Lößhängen im Kaiserstuhl. Weitere natürliche Bestände liegen an der Iller von Aitrach bis zur Mündung in die Donau, in den Donauauen von Ehingen bis Günzburg, vereinzelt an Molassehügeln des Bodensees sowie auf eiszeitlichen Schottern im Schussen- und Federseebecken. Darüber hinaus besiedelt der Sanddorn sekundäre Standorte wie Kiesgruben und andere Abtragungsflächen. Im Landschaftsbau wird er häufig zur Befestigung frisch angelegter Böschungen verwendet. Von solchen Anpflanzungen aus verwildernd kann sich der Strauch im offenen, flachgründigen Gelände vorübergehend einbürgern.

Die natürlichen Vorkommen reichen von ca. 100 m bei Wörth am Rhein (6915) bis 595 m in den Illerauen bei Aitrach (8026).

Die Art ist im Gebiet urwüchsig.

Erstnachweise: Älteste Dryas, Schopfloch (LANG 1952). Ältester Nachweis in der Literatur bei LEOPOLD (1728: 148) „im Thalfinger Grieß" (7526).

Bestand und Bedrohung: Die Regulierungen von Rhein und Iller führten zum Verlust der Auendynamik und damit der natürlichen Standorte des Sanddorns. Dies sind vegetationsarme, offene Kiesinseln und -terrassen, die bei stärkeren Hochwassern überflutet werden. Nach der Rheinkorrektur konnte sich das Pioniergehölz auf den trockengefallenen Flächen zunächst ausbreiten (LAUTERBORN 1927), ist inzwischen aber wieder im Rückgang begriffen. Reichliche Bestände dieses sekundären Sanddornbusches sind in der Rheinaue südlich von Breisach erhalten. Bei den Iller-Populationen handelt es sich fast ausschließlich um sehr kleine Restbestände oder Einzelvorkommen am befestigten Flußufer und an synanthropen Standorten. Auch am Federsee ist der Sanddornbestand stark geschrumpft, offenbar gibt es nur noch 4 Exemplare, darunter 1 weibliches (GRÜTTNER, mündl. 1991).

Die naturnahen Vorkommen sind, abgesehen vom Wegfallen der Dynamik, vor allem durch Kiesausbaggerung und Aufforstung bedroht. Die Art ist daher in der Roten Liste Baden-Württemberg zurecht als gefährdet (G3) eingestuft. Sie kann am natürlichen Standort nur durch die Wiederherstellung der Auendynamik oder durch künstliches Offenhalten der Flächen – etwa durch eine niederwaldartige Nutzung (vgl. WITSCHEL 1980: 148) – erhalten werden.

Nicht naturschutzrelevant sind dagegen die aus Anpflanzungen verwilderten Bestände an Straßenböschungen, Dämmen o.ä. An diesen Stellen kann es durch den Sanddorn sogar zu einer beträchtlichen, unerwünschten Stickstoffanreicherung kommen (vgl. STEWART u. PEARSON 1967).

Santalaceae

Sandelholzgewächse
Bearbeiter: S. SEYBOLD

Bäume, Sträucher oder Kräuter, manchmal parasitierend, Blätter einfach, zum Teil auch reduziert, Blüten oft grünlich; Blütenhülle einfach; Fruchtknoten unterständig oder halbunterständig.

Zur Familie gehören 400 Arten der tropischen, subtropischen und gemäßigten Zonen.

1. **Thesium** L. 1753
Leinblatt

Ausdauernde Halbparasiten; Blätter wechselständig, meist schmal lineal.

Zur Gattung gehören 220 Arten, von denen die meisten in Südafrika und im tropischen Afrika vorkommen. In Europa kennt man 22 Arten (JALAS u. SUOMINEN 1976).

Sie haben ihre Verbreitung im mediterran-orientalischen Gebiet. Sie sind lichtliebend und können auf trockeneren Standorten gedeihen. Einzelne Arten haben ein auffallend kleines Areal, das auf den Umkreis der zentraleuropäischen Gebirge beschränkt ist.

1	Blüten mit nur einem Tragblatt	3. *Th. rostratum*
–	Blüten mit einem größeren und zwei kleineren Tragblättern	2
2	Blütenzipfel nach dem Verblühen bis zum Grund eingerollt	4
–	Blütenzipfel nach dem Verblühen nur an der Spitze eingerollt, Blütenröhre auch später meist länger als die Frucht	3
3	Blütenzipfel stets 4; Fruchtäste aufrecht-abstehend . . . . 1. *Th. alpinum*
–	Blütenzipfel meist 5; Fruchtäste fast waagerecht abstehend . . . . 2. *Th. pyrenaicum*

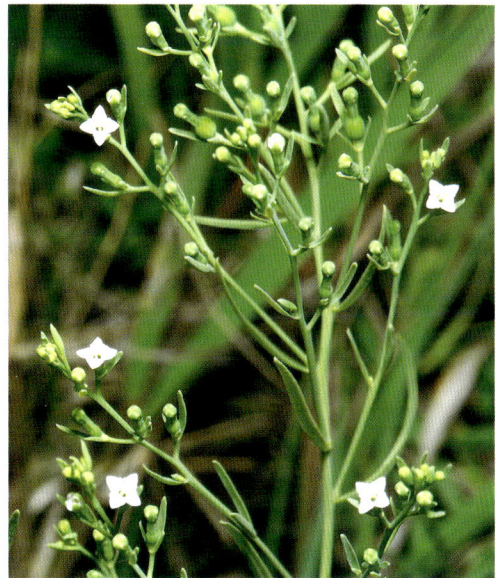

Alpen-Leinblatt *(Thesium alpinum)*
Grißheim, 7. 7. 1992

4	Blätter relativ breit, 3–5nervig; Pflanze ohne Ausläufer	4. *Th. bavarum*
–	Blätter schmal, 1- bis (3)nervig; Pflanze mit unterirdischen Ausläufern	5. *Th. linophyllon*

1. **Thesium alpinum** L. 1753
Alpen-Leinblatt

Morphologie: Pflanze ausdauernd, 10–30 cm hoch, aufsteigend oder aufrecht, Grundachse holzig, vielstengelig; Blätter lineal, einnervig; Blütenstand traubig, selten rispig; Blüten oft fast sitzend, mehr oder weniger einseitswendig, mit 3 Hochblättern; Blütenhülle vierspaltig, nach dem Abblühen nur an der Spitze eingerollt; Frucht fast kugelig. – Blütezeit: Juni bis Juli.

Ökologie: In den Alpen in subalpinen oder alpinen Magerrasen, im Gebiet auf sandig-kiesigem Boden in lichtem trockenem Eichenwald. Vegetationsaufnahmen aus dem Gebiet sind keine bekannt.

Allgemeine Verbreitung: Gebirge Mittel- und Südeuropas, nördlich bis Südschweden und West-Rußland, östlich bis Kleinasien und zum Kaukasus.

Verbreitung in Baden-Württemberg: Fehlt im Schwarzwald! Wird zwar von NEUBERGER (1912) und weiter bei OBERDORFER (1949: 127 bis 1970: 307), HEGI (1957/8: 338) und HESS et al. (1967: 712) vom Feldberg oder vom Belchen angegeben, aber anscheinend zu Unrecht.

Nur im südlichen Oberrheingebiet:

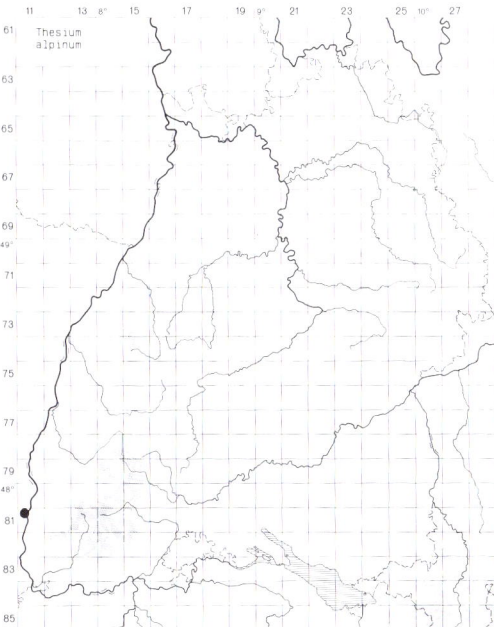

8111/1: Grißheim. Untere Mereköpfle, 208 m; ältester Nachweis: SEUBERT u. PRANTL (1885: 149), später oft angezweifelt, von D. REINEKE 1980 wiederentdeckt, REINEKE (1983: 6), 1984, S. SEYBOLD (STU).

Bestand und Bedrohung: Das einzige nicht sehr zahlreiche Vorkommen sollte unbedingt als Naturdenkmal geschützt werden. Die Art ist dort potentiell durch ihre Seltenheit bedroht.

2. Thesium pyrenaicum Pourret 1788
Th. pratense Ehrhart ex Schrader 1790
Wiesen-Leinblatt

Morphologie: Pflanze ausdauernd, 10–40 cm hoch; Stengel aufsteigend bis aufrecht; Blätter linealisch, einnervig; Büten 5-(selten 4-)zählig, Blütenhülle nach dem Abblühen nur an der Spitze eingerollt. – Blütezeit: Juni bis Juli.
Ökologie: Auf basenreichen, oft kalkarmen, humosen Lehmböden, in Magerrasen, in Trockenrasen, an Rändern schwach gedüngter Wiesen. Oft zusammen mit *Festuca rubra* oder *Polygala vulgaris*. Vegetationsaufnahmen finden sich z.B. bei HAUFF (1936: 106–108), KUHN (1937: 188–190), SEBALD (1966: Tab. 11); LANG (1973: Tab. 87) oder WITSCHEL (1984: 124–127).
Allgemeine Verbreitung: Nur im westlichen und mittleren Europa sowie in Norditalien.
Verbreitung in Baden-Württemberg: Hauptsächlich im Schwarzwald, auf der Schwäbischen Alb, im

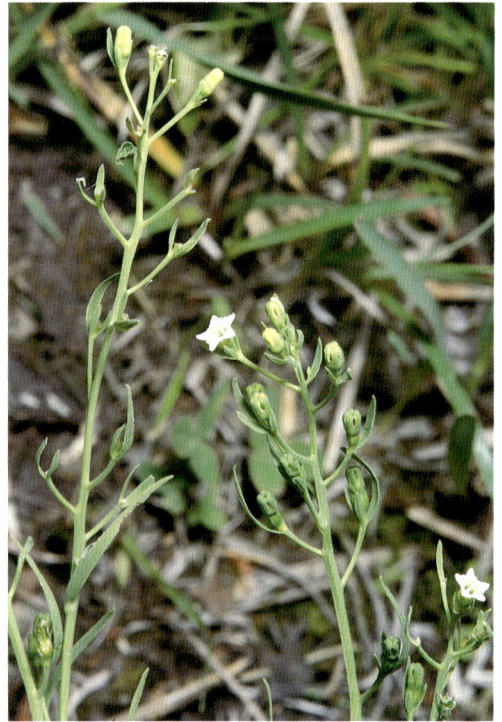

Wiesen-Leinblatt *(Thesium pyrenaicum)*
Breitenstein, 29. 6. 1991

Baar-Wutachgebiet und im Keuper-Lias-Gebiet des Neckarlandes. Selten im Alpenvorland, sehr selten im Oberrheingebiet. Fehlt fast ganz im nördlichen Teil des Landes.

Isolierte Einzelfunde: 6915/4: o.O. (KR-K); 6618/3: zwischen Nußloch und Wiesloch, 1965, R. DÜLL (KR-K);6726/2: Kühnhard-Reubach, HANEMANN (STU-K).

Höchste Vorkommen: 8114/1: Seebachtal, ca. 1000 m; tiefstes Vorkommen: 6915/4: bei 100 m.
Erstnachweise: Die Urwüchsigkeit der Art im Gebiet ist fraglich. Ältester literarischer Nachweis: ROTH VON SCHRECKENSTEIN (1798: 92) „um Mulheim, zwischen Bachzimmern und Smendingen" (sic!), (8118, 8018).
Bestand und Bedrohung: Der Rückgang von *T. pyrenaicum*, einer Art der mageren Standorte, zeigt beispielhaft die Wirkung der allgemeinen Eutrophierung der Böden.

Der Anteil der aktuellen Rasterfelder am Gesamtbestand (173 Felder von 283 beim Stand vom 1. 10. 1990) ist mit 61,1% erschreckend niedrig. Nur Schutzgebiete, die gemäht, aber nicht gedüngt werden, können den Rückgang etwas aufhalten. Die Art ist bedroht (G3).

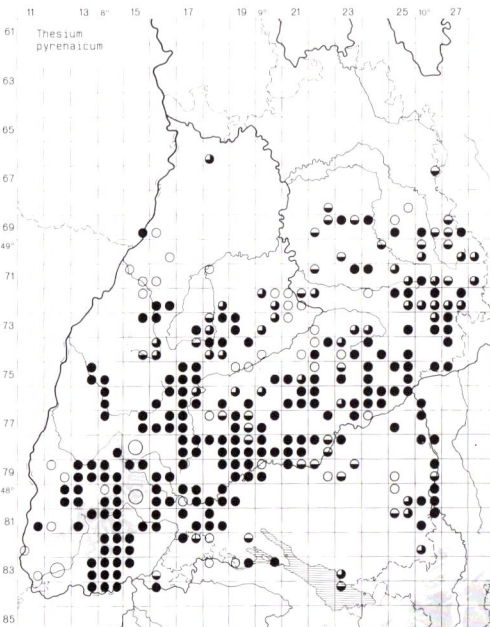

Geschnäbeltes Leinblatt *(Thesium rostratum)*
Schoren bei Engen, 8. 6. 1991

3. Thesium rostratum Mertens et Koch 1826
Geschnäbeltes Leinblatt

Morphologie: Pflanze ausdauernd, 20–30 cm hoch, aufsteigend bis aufrecht; Wurzelstock holzig, ohne Ausläufer; Blätter lineal, einnervig; Blüten nur mit 1 Tragblatt; Perianth nach dem Abblühen 2- bis 3mal so lang wie die Nuß. – Blütezeit: Mai bis Juli.
Ökologie: Auf trockenen, kalkhaltigen Schotter- oder Mergelböden, an Waldrändern, auf Trockenrasen. Gern zusammen mit *Pinus sylvestris* oder *Anthericum ramosum*. Vegetationsaufnahmen finden sich bei WITSCHEL (1986: 166 170 und 1989: 193–199).
Allgemeine Verbreitung: Ostpräalpine Art mit ziemlich kleinem, trapezförmigem Areal, das von den Eckpunkten Tuttlingen–Zürich, Vorderrheintal, Rijeka und Prag begrenzt wird. Kommt nach JALAIS u. SUOMINEN (1976: 110) überhaupt nur in 43 Rasterfeldern der Größe 50 × 50 km vor, von denen etwa 2 auf unser Gebiet entfallen. Die Fundorte unseres Gebiets bilden die Nordwestecke des Areals.
Verbreitung in Baden-Württember: Sehr selten, nur im Hegau und auf der Südwestalb der Donau:

7920/3: Rohrdorf-Kreenheinstetten, 1985, O. SEBALD (STU); 8018/4: Gutenbiel bei Hattingen, 1974, S. SEYBOLD (STU); 8019/3: Zeilental, ZIMMERMANN, MEIGEN, BARTSCH in BARTSCH (1925: 303); 8118/2: Talmühle und Kriegertal, 1974, S. SEYBOLD (STU), WITSCHEL (1986: 167); 8118/4: Schoren bei Neuhausen, 1974, 1984, S. SEYBOLD (STU); 8119/1: Wasserburgertal, ZIMMERMANN

71

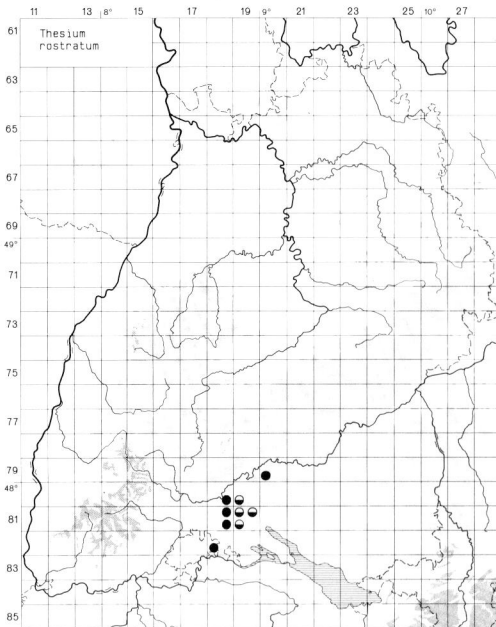

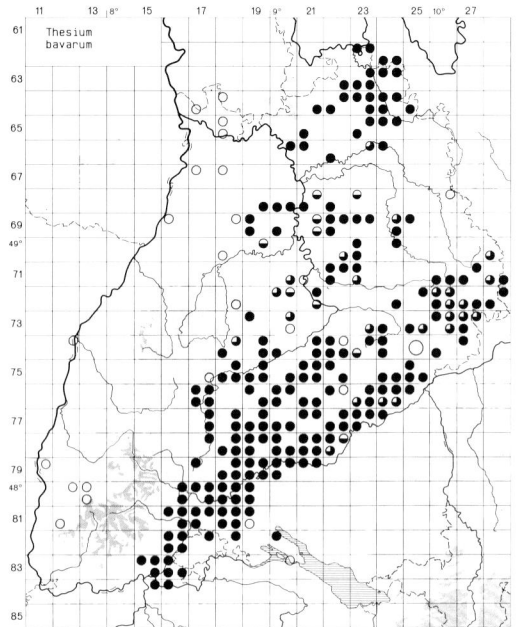

(1924: 298, 300); 8119/2: Waldrand NW Nenzingen, BARTSCH (1923: 303); Aach, ZIMMERMANN (1924: 298, 300), BARTSCH (1924: 303); 8218/3: Bibertal bei Bietingen, 1988–90, E. KOCH (STU-K).

Höchste Vorkommen: 7920/3: Kreenheinstetten, 710 m; tiefste Vorkommen: 8118/4: Schoren bei Neuhausen, 520 m.

Erstnachweise: Die Art ist im Gebiet urwüchsig. Ältester literarischer Nachweis: BRUNNER (1882: 46) „Kriegerthal".

Bestand und Bedrohung: Der Gesamtbestand der Art umfaßt kaum mehrere hundert Exemplare. Da ein Rückgang vorhanden ist, ist sie stark bedroht, Gefährdungsstufe G2!

Die Art dürfte in ganz Europa gefährdet sein. Nur zwei Vorkommen bei uns befinden sich in Naturschutzgebieten.

Literatur: MAGNIN (1904).

4. Thesium bavarum Schrank 1786
Th. montanum Ehrhart ex Hoffmann 1790
Berg-Leinblatt

Morphologie: Pflanze ausdauernd, aufrecht, 30–80 cm hoch, ohne Ausläufer, aber mit Wurzelsprossen; Blätter lanzettlich, 3- bis 5nervig, 2–7 mm breit; Blüten in Trugdolden, die zu einer Rispe vereinigt sind, Blütenhülle fünfspaltig, zur Fruchtzeit höher als die Frucht. – Blütezeit: Juni bis Juli.

Ökologie: Auf trockenen, kalkreichen Lehm- oder Steinböden, im Saum sonniger Gebüsche, an Waldrändern, meist in Gesellschaften des Geranion sanguinei, oft zusammen mit *Peucedanum cervaria* und *Geranium sanguineum*. Vegetationsaufnahmen finden sich z. B. bei KUHN (1937: 234–263), T. MÜLLER (1966: 438–449), LANG (1973: Tab. 97 und 102), WITSCHEL (1980: 105–124) oder SEBALD (1983: Tab. 9).

Allgemeine Verbreitung: Alpen, Mittel- und Südosteuropa, Italien. Im Gebiet an der Westgrenze des Areals. Kommt außerhalb Europas nur in Kleinasien an 2 Stellen vor.

Verbreitung in Baden-Württemberg: Hauptsächlich auf der Schwäbischen Alb und im Gebiet von Baar und Wutach bis zum Hochrhein, außerdem im Neckargebiet bis zum Bauland und zum Maingebiet, im Oberrheingebiet und an der Bergstraße verschollen, im Alpenvorland sehr selten, im Schwarzwald fehlend.

Alpenvorland: 8220/1: o. O., 1984, M. PEINTINGER (STU-K); 8320/2?: Konstanz, SEUBERT u. KLEIN (1905).

Höchste Vorkommen: 7818: Lemberg, 1010 m, BERTSCH (1919: 335); tiefste bei 100 m.

Erstnachweise: Die Art ist im Gebiet urwüchsig. Ältester literarischer Nachweis: WIBEL (1799: 189) „ad montem Wartenberg, locis saxosis, tam supra viam versus Vachenrodam, quam prope Bestenhaid" (6223). Auch schon von H. HARDER

Berg-Leinblatt *(Thesium bavarum)*
Fridingen

1576–94 vermutlich im Gebiet gesammelt (SCHIN-NERL 1912: 232).

Bestand und Bedrohung: Die Art ist die stabilste unserer *Thesium*-Arten. Sie ist an der Arealgrenze – im Oberrheingebiet – ganz verschwunden. Sie ist also an isolierten Fundorten gefährdet, nicht jedoch im gesamten Gebiet.

Literatur: MAGNIN (1904), EICHLER, GRADMANN und MEIGEN (1914).

5. Thesium linophyllon L. 1753
Th. intermedium Schrader 1794
Mittleres Leinblatt

Morphologie: Pflanze ausdauernd, 15–30 cm hoch, mit unterirdischen Ausläufern, Stengel zahlreich, aufrecht oder aufsteigend; Blätter einnervig oder schwach dreinervig, gelbgrün; Blüten mit 3 Hoch-blättern; Blütenhülle nach dem Abblühen bis zum Grund eingerollt. – Blütezeit: Juni bis Juli.

Ökologie: Auf trockenen, basenreichen, lockeren Sand- oder Steinböden, auf Trockenrasen. Gern zusammen mit *Anthericum ramosum* oder *Carex humilis*.

Vegetationsaufnahmen z.B. bei BARTSCH (1925: 53–54) und WITSCHEL (1984: 124–127; 1986: 168–173). Außerhalb des Gebiets Charakterart des Adonido-Brachypodietums.

Allgemeine Verbreitung: Europäisch-kontinentale Pflanze, von Frankreich und Italien ostwärts bis zur Wolga.

Verbreitung in Baden-Württemberg: Selten, haupt-sächlich im mittleren Neckargebiet, im Hegau bis zum Bodensee und am Hochrhein; sehr selten auf der Ostalb, im Tauber-Maingebiet, an der Berg-straße und im Oberrheingebiet.

73

Fundorte von *T. linophyllon:*
(Beobachtungen ab 1970)
Oberrheingebiet: 6816/4: NE Hochstetten, 1975, P. Sperling, 1991 (KR-K); 7612/3 und 7712/1: NSG Taubergießen, Görs u. Müller (1974).
Odenwald: 6418/1: Nächstenbacher Berg bei Weinheim, 1984, Held u. Seybold (STU), 1987, Demuth (KR-K).
Neckarland: 6524/1: Hang NW Bobstadt, 1970, S. Seybold (STU); 7219/3: Sportpatz NE Gechingen, 1978, H. Baumann (STU-K); 7319/1: Wolfsberg N Deufringen, 1978, H. Baumann (STU-K); 7320/1: Aichhalde S Schönaich, 1985, S. Seybold (STU-K); 7418/1: Rohrdorfer Staufen, 1986, W. Wrede (STU-K); Klingenberg N Emmingen, 1984, W. Wrede (STU-K); 7418/2: Kuppingen-Haslach, 1984, W. Wrede (STU-K); 7419/4: Unterjesingen, Bock (1986).
Hochrhein: 8314/2: S Baunholz, 1988, S. Demuth (KR-K); 8315/1: o.O. (KR-K); 8415/2: o.O. (KR-K).
Südwestalb, Hegau und Bodenseegebiet: 8018/3: Hintschingen, Witschel (1984: 127); 8018/4: Biesendorf, oberes Mühletal, 1976, K. Henn (STU-K); 8117/4: Tiefenried bei Tengen, 1975/6, K. Henn (STU-K); 8118/1: Leipferdingen, 1978, K. Henn (STU-K); Zimmerholz, 1978, K. Henn (STU-K), Witschel (1984: 129); 8118/2: Talmühle, 1978, K. Henn (STU-K); 8118/3: Kiesgrube SE Hohenhewen, 1974, K. Henn (STU-K); 8118/4: Schoren bei Neuhausen, 1979, 1984, S. Seybold (STU-K); 8218/2: Plören, Meister (1887: 150); Magnin (1904: 59), 1990, M. Voggesberger (STU-K); 8320/2: Wollmatingen, 1977, K. Henn (STU-K).
Schwäbische Alb (übriges Gebiet): 7128/2: o.O. (STU-K); 7128/4: Riegelberg bei Utzmemmingen, 1987, H.P. Döler (STU-K); 7228/2: o.O. (Bayern); 7327/2: NW Zöschingen, 1970, O. Engelhardt (STU-K); 7422/1: Neuffener Heide, Pfadenhauer u. Erz (1980: 414).

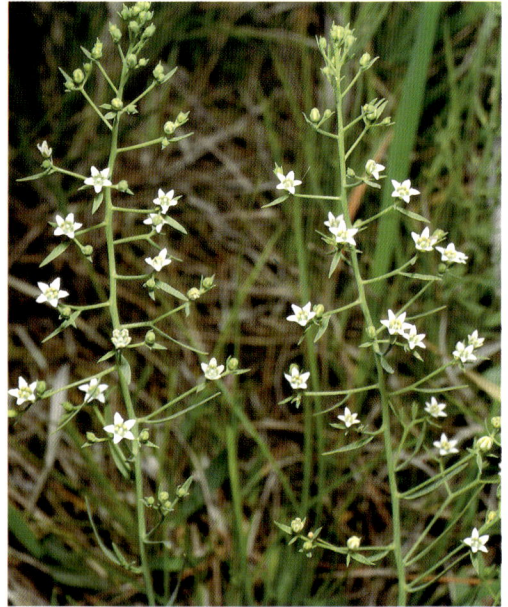
Mittleres Leinblatt *(Thesium linophyllon)*
Engen, 8. 6. 1991

Wegen fehlender oder falsch bestimmter Belege wurden einige unsichere Angaben der Kartenblätter 7219, 7220, 7221 und 8319 weggelassen.

Höchstes Vorkommen: 8018/3: Hintschingen, 710 m, tiefste Vorkommen: früher 100 m; heute 7612/3: Taubergießen, 170 m.

Erstnachweise: Die Art ist im Gebiet wohl urwüchsig. Ältester literarischer Nachweis: im Hegau, 1806 von Amtsbühler gefunden (Kummer 1941: 150). Eine ältere Angabe von Duvernoy (1722: 16) trennt nicht zwischen *Th. bavarum, Th. linophyllon* und *Th. pyrenaicum.*

Bestand und Bedrohung: Die Art weist einen starken Rückgang auf. Besonders die Düngung von Trokkenrasen und allgemein die Intensivierung der landwirtschaftlichen Nutzung hat ihr geschadet. Sie ist heute stark gefährdet (G2). Neue Schutzgebiete sollten für sie ausgewiesen werden, da sie bisher kaum in solchen auftritt.

Loranthaceae
Mistelgewächse
Bearbeiter: S. Seybold

Parasitische Sträucher auf Bäumen, selten im Boden wachsend; Blätter gegenständig oder quirlständig, einfach; Blüten oft stark gefärbt, gelb oder

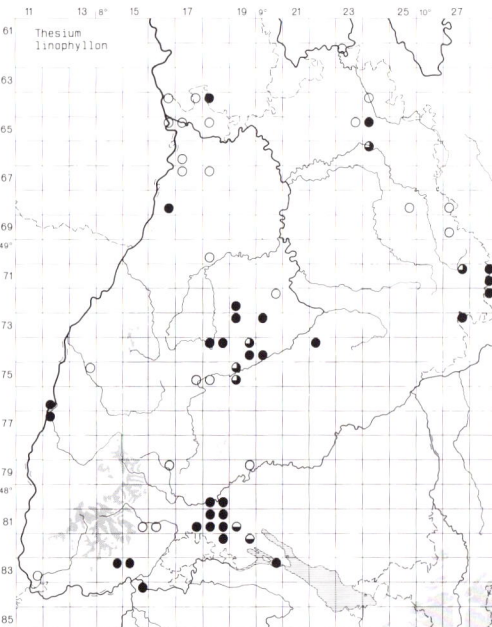

rot, durch Insekten oder Vögel bestäubt, nur selten unter 1 cm groß; Fruchtknoten unterständig.

Die Familie umfaßt 1300 Arten, in Europa kommen aber nur 4 vor.

1. **Viscum** L. 1753
Mistel

Parasitische Sträucher mit wiederholt gabeligen Ästen; Blätter lederig; Blüten eingeschlechtig.

Die Gattung wird manchmal auch in eine eigene Familie (Viscaceae) gestellt. Zu ihr gehören 65 Arten, von denen die meisten im tropischen und subtropischen Afrika und Asien sowie in Nordaustralien vorkommen. In Europa gibt es außer unserer Art nur noch die rotfrüchtige *V. cruciatum* in Spanien und Portugal.

1. **Viscum album** L. 1753
Mistel

Morphologie: Immergrüner, auf Bäumen wachsender, oft kugelförmiger Strauch bis zu 1 m Höhe; Wurzel als Senker im Holz der Wirtsbäume; Äste gabelig verzweigt, Rinde grün; Blätter gegenständig, lederig, gelbgrün, 2–8 cm lang, schmal oval, stumpf; Pflanze zweihäusig; Blüten in Knäueln mit vierteiliger Blütenhülle, männliche Blüten mit Staubblättern, die mit der Blütenhülle verwachsen

sind; Beere weiß oder gelblich, kugelig, 6–10 mm im Durchmesser, innen mit Schleimfäden und grünen Samen.

Biologie: Blütezeit ist Februar bis Mai. Die Blüten werden durch Fliegen bestäubt. Die Beeren werden allerdings erst im November und Dezember reif. Sie werden nur von wenigen Vogelarten gefressen, so von der Misteldrossel *(Turdus viscivorus)* und vom Seidenschwanz *(Bombycilla garrulus)*. Die Samen werden dann mit Schleim herausgepickt oder ausgeschieden und heften sich so an die Rinde an. Bei der Keimung, die auch auf ungeeigneten Unterlagen wie etwa Glasscheiben erfolgen kann, wächst die Wurzel erst parallel zur Rinde und bildet dann eine Haftscheibe. Innerhalb der Haftscheibe bildet sich eine Senkerwurzel, die Rinde und Holz durchbohrt. Erst wenn er Anschluß an das Wasserleitungssystem der Wirtspflanze gefunden hat, richtet sich der Keimling auf und ist angewachsen. Dies ist erst etwa nach einem Jahr der Fall. Diese kritische Zeit ohne Wasser kann nur in luftfeuchten Gebieten überstanden werden; das begrenzt das zur Besiedlung mögliche Areal.

Es gibt 3 biologische, wirtsspezifische Rassen der Mistel, die sich aber morphologisch kaum voneinander unterscheiden lassen. Ihre Verschiedenheit ist durch Anpflanzungsversuche erwiesen (TUBEUF 1923). Die Laubholzmistel kommt nur auf Laubholz vor, die Tannenmistel nur auf Weißtannen-Arten und die Kiefernmistel nur auf der Kiefer.

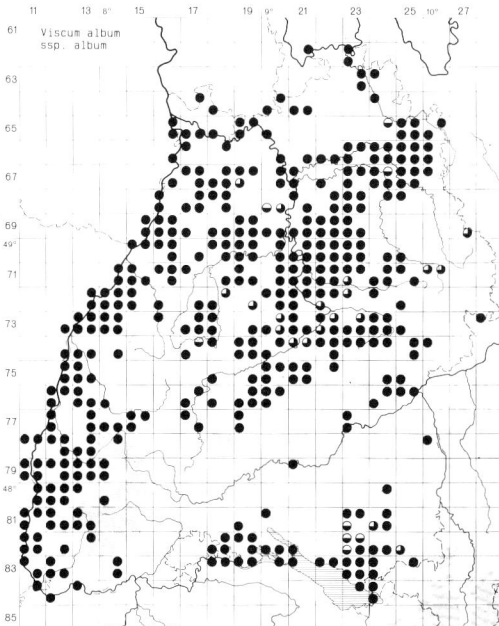

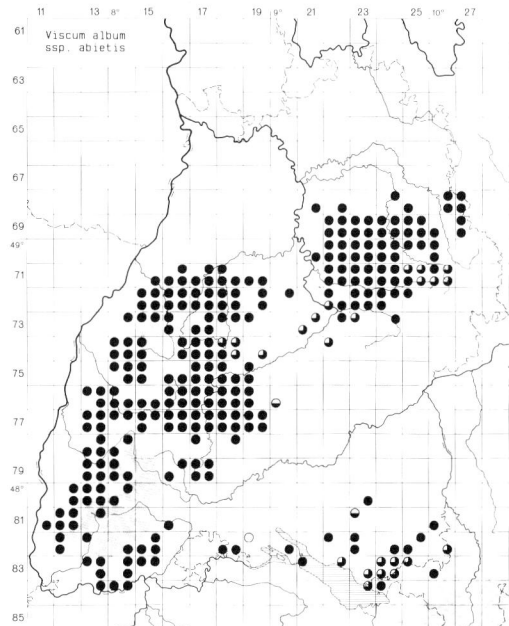

Mistel *(Viscum album)*
Pflanze mit Sperlingsnest, Hartheim, 1985

Die Mistel ist mit ihrer komplizierten Ökologie und der bedrohten Keimungsphase ein Beispiel, wie schwierig wohl auch bei anderen Pflanzen der Vorgang der Neuansiedlung ist und wie wenig wir davon wissen und verstehen.

Ökologie: Auf dem Licht ausgesetzten Ästen von Bäumen oder Sträuchern; urwüchsig vielleicht in Auwäldern, Lindenmischwäldern, Tannen- oder Kiefernwälder, heute meist auf Apfelbäumen in Streuobstanlagen, auf Pappel- oder Lindenalleen, oft auf Einzelbäumen wie in Parks. Auffallend gern auf Wirtspflanzen, die durch Bastardierung oder Kultivierung etwas verändert sind (CARBIENER 1974: 484).

Vegetationsaufnahmen bei OBERDORFER (1957: 361–363) und PHILIPPI (1972: 13–14).

Bestand und Bedrohung: Bei der Kiefernmistel ist keine Veränderung feststellbar; die Tannenmistel hat seit der Erkrankung der Tanne sogar zugenommen. Die Laubholzmistel ist durch die Intensivierung des Obstbaus seltener geworden; sie ist aber höchstens lokal bedroht. Ihr Refugium findet sie in alten Parks, sofern dort noch Drosseln auftreten können. Eine Bedrohung könnte durch die Weihnachtsmärkte entstehen. Doch könnte man durch Mistelkulturen in alten Obstanlagen zu Verkaufszwecken dem entgegenwirken. Die Ansamung der Art ist leicht, sie sollte aber mit Hilfe von Leitern ausgeführt werden.

Literatur: TUBEUF (1923), KREH (1958), SEYBOLD (1967).

Variabilität: a) subsp. **album**
Laubholzmistel

Ökologie: Auf Apfelbäumen, Linden, Pappeln, Ebereschen, Robinien, Ahorn-Arten, Weiden, auf Mehlbeere, Weißdorn, Hainbuche, Schlehe, Erle, Weichselkirsche, Kornelkirsche, selten auf Birke, fast nie auf Birnbäumen, nie auf Buchen. Auffallend gern werden amerikanische Ziergehölze besiedelt, etwa Robinie, Silberahorn *(Acer saccharinum)*, Schwarznuß *(Juglans nigra)*, Tulpenbaum, die Kastanien *(Ae. pavia* u. *Ae. lutea)*, Papier-Birke *(Betula papyrifera)* oder *Fraxinus pensylvanica.*

Weitere Wirtsbäume des Gebiets bei KREH (1958) oder SEYBOLD (1967, 1968). Die Befallshäufigkeit eines Wirtsbaums kann sogar mit der Gegend wechseln, so z. B. bei der Birke und der Birne. Der unterschiedliche Befall zeigt uns, wie schwierig es für die Mistel – und vergleichsweise wohl auch für andere Pflanzen – sein muß, sich irgendwo neu anzusiedeln. Die Mistel zeigt dieses Problem aber deutlicher als andere Pflanzen.

Allgemeine Verbreitung: Europa von Spanien und Sizilien bis Südskandinavien, Nordwestafrika, Westasien und Himalaja, mit einer anderen Unterart auch in Ostasien. In Nordamerika nur selten und eingeschleppt.

Verbreitung in Baden-Württemberg: Zerstreut, besonders im Oberrheingebiet, im Neckarland und im Bodenseegebiet, im Odenwald, im Schwarzwald mehr im westlichen Teil, auf der Schwäbischen Alb mehr in den Randgebieten, im Alpenvorland mehr im südlichen Teil und im Schwäbisch-Fränkischen Wald in den westlichen Teilen.

Höchste Vorkommen: 8113/2: Untermulten, 1040 m, auf *Populus × canadensis*; tiefste Vorkommen bei 100 m.

Erstnachweise: Die Urwüchsigkeit dieser Unterart ist im Gebiet fraglich. Ältester archäologischer Nachweis für die Art insgesamt: Pollen tritt regelmäßig ab Boreal/Atlantikum auf; ältester Großrest aus dem Mittleren Atlantikum von Hilzingen (Bandkeramik, STIKA 1991). Ältester literarischer Nachweis für die Laubholzmistel: CORDUS (1561: 223a), um 1540 auf der Schwäbischen Alb auf Schwarzpappel, Mehlbeere, Eberesche und Weißdorn beobachtet (SEYBOLD 1987).

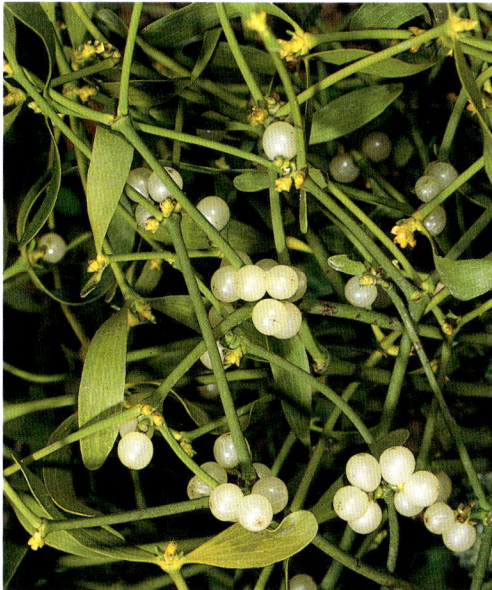

Mistel *(Viscum album)*
Schönberg, 1987

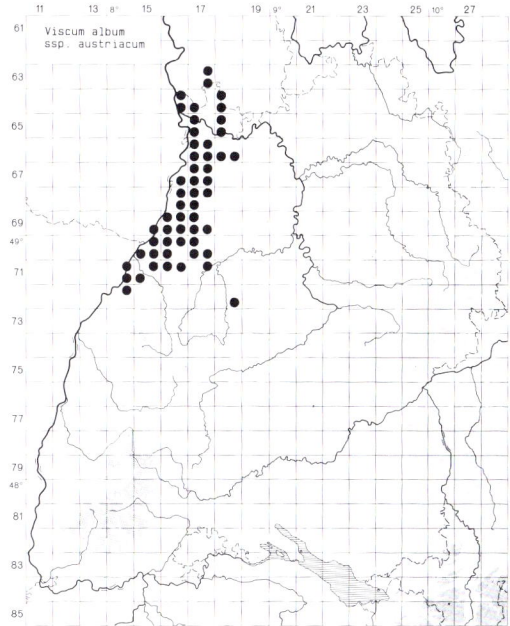

b) subsp. **abietis** (Wiesb.) Janchen 1942
V. abietis (Wiesb.) Fritsch 1922, *V. austriacum* var. *abietis* Wiesbaur 1884
Tannenmistel

Ökologie: Auf Weißtannen, nie auf Fichten.

Allgemeine Verbreitung: Pyrenäen, Alpen, Mitteleuropa bis Polen, Südosteuropa, Kleinasien und Kaukasus.

Verbreitung in Baden-Württemberg: Im natürlichen Wuchsgebiet der Tanne ziemlich verbreitet, im Schwarzwald, Schwäbisch-Fränkischem Wald, oberen Neckargebiet, auf der Südwestalb sowie im südlichen Alpenvorland. Geht nur wenig über das natürliche Tannengebiet hinaus.

Höchste Vorkommen: 7718/4: Plettenberg, 1000 m; tiefste Vorkommen: 7613/1: Scheibenberg bei Oberweier, 250 m.

Erstnachweise: Die Unterart ist im Gebiet urwüchsig. Ältester literarischer Nachweis: KERNER (1788: 105) für Württemberg.

c) subsp. **austriacum** (Wiesb.) Vollmann 1914
V. laxum Boissier et Reuter 1842, *V. austriacum* Wiesbaur 1883
Kiefernmistel

Ökologie: Auf Kiefern.

Allgemeine Verbreitung: Nordost-Spanien, Oberitalien und Griechenland, Mitteleuropa bis Polen, außerdem Türkei und Armenien.

Verbreitung in Baden-Württemberg: Nur im Wuchsgebiet natürlicher Kiefernwälder. Im Oberrheingebiet von Mannheim bis Rastatt ziemlich verbreitet, von hier im Kraichgau bis Pforzheim. Ein Vorposten auf dem Standortübungsplatz Calw (7218/4) wurde 1990 von TH. BREUNIG und A. KÖNIG entdeckt. Die Angabe von 7217: Meistern (TUBEUF 1923: 220) konnte nie bestätigt werden, sie beruht wohl auf einem Irrtum.

Höchste Vorkommen: 7218/4: Calw, ca. 550 m; tiefste Vorkommen bei 100 m.

Erstnachweise: Die Unterart kann möglicherweise im Gebiet urwüchsig sein. Ältester literarischer Nachweis: GATTENHOF (1782: 327) „In . . . Pino sylv. in sylvis probe Hockenheim" (6617/3).

Celastraceae

Spindelstrauchgewächse
Bearbeiter: S. DEMUTH

Bäume, Sträucher, Kletter- und Schlingpflanzen. Blätter gegen- oder wechselständig, einfach. Nebenblätter vorhanden oder fehlend. Blüten klein, grünlich, zwittrig oder eingeschlechtig, meist in Rispen, 4- bis 5zählig; Kelchblätter frei oder am Grunde vereint; Kronblätter bei manchen Arten fehlend; Blütenboden mit fleischigem, ringförmigem Diskus. Staubgefäße stehen auf Lücke zu den Kronblättern. Fruchtknoten oberständig, 2- bis 5fächrig, meist mit 2 Samenanlagen pro Fach, 1 Griffel. Frucht vielgestalt: Flügelnuß, Kapsel, Beere oder Steinfrucht. Samen bei kapselfrüchtigen Arten oft mit Arillus.

Weltweit verbreitet, fehlt in der borealen und polaren Zone. Ca. 55 Gattungen mit 850 Arten, die meisten davon in den Tropen und Subtropen. In Europa 2 Gattungen mit 6 Arten, davon *Maytenus senegalensis* nur in Südspanien, die 4 indigenen *Euonymus*-Arten verbreiteter; eine Art, *E. japonicus* aus Japan, ist eingeführt und stellenweise verwildert.

Verwildert und stellenweise eingebürgert ist auch *Celastrus orbiculatus*.

1   Aufrechte oder mit Wurzeln kletternde Sträucher
    oder Bäume; Kapsel 4 bis 5fächrig; Arillus orange-
    rot . . . . 1. *Euonymus*
–   Windende Liane; Kapsel 3fächrig; Arillus karmin-
    rot . . . . *[Celastrus]*

1. **Euonymus** L. 1753
Pfaffenhütchen

Bäume und Sträucher, selten Kletterpflanzen, z.T. immergrün. Blätter gegenständig. Blütenstände oft eine Scheindolde bildend, seltener Blüten einzeln, zwittrig; Kelchblätter abstehend oder zurückgeschlagen; Kronblätter rundlich oder linealisch-fadenförmig, ganzrandig oder gefranst. Diskus polsterförmig, 4- bis 5lappig. Staubgefäße auf dem Diskus stehend. Fruchtknoten 4- bis 5fächrig, in den Diskus eingesenkt; Frucht eine Kapsel, im Querschnitt sternförmig. Samen mit leuchtend orangerotem oder rotem Arillus.

Weltweit ca. 200 Arten, die meisten davon in Südostasien. In Europa 4 indigene Arten, in Deutschland und Baden-Württemberg 2.

1   Blüten 4zählig, Blütenstand 2- bis 6blütig, 1–3 cm
    lang gestielt; Frucht 4teilig, Fruchtklappen mit abgerundeten Kanten, Fruchtstand abstehend; Blätter an blühenden Zweigen 3,5–5 cm lang, Spreite
    an den Enden spitz/keilförmig zulaufend, in der
    Mitte am breitesten . . . . . . 1. *E. europaeus*
–   Blüten 5zählig, Blütenstand 6- bis 15blütig,
    4–6 cm lang gestielt; Frucht 5teilig, Fruchtklappen mit geflügelten Fruchtklappen, Fruchtstand
    hängend; Blätter an den blühenden Zweigen
    7–12 cm lang, Spreite am Grunde abgerundet, etwas oberhalb der Mitte am breitesten, z.T. in der
    Mitte ein kurzes Stück parallelrandig . . . . .
    . . . . 2. *E. latifolius*

1. **Euonymus europaeus** L. 1753
Gewöhnliches Pfaffenhütchen

Morphologie: Bis 6 m hoher Strauch. Junge Zweige grün, im Querschnitt ± quadratisch mit schmal geflügelten Kanten. Ältere Sprosse mit 4 längs verlaufenden Korkleisten. Blätter an nicht blühenden Zweigen bis 12 cm, an blühenden Zweigen 3,5–5 cm lang, bis 3,5 cm breit, etwa doppelt so lang wie breit, lanzettlich, fein gezähnt; Blattstiel ca. 0,5 cm lang. Neben den zwittrigen Blüten selten auch solche mit verkümmerten Staubgefäßen, bzw. Fruchtknoten; Kelchblätter etwa 1 mm lang, Kronblätter 3–5 mm lang, am Rand etwas gefranst. Staubbeutel öffnen sich durch Längsriß; Griffel ca. 2 mm lang. Kapsel dunkelrot gefärbt, Samen weiß mit orangerotem Arillus, giftig.

Biologie: Blütezeit von Mai bis Juni. Die Blüten sind proterandrisch und werden von Insekten, vornehmlich Dipteren (Musciden, Syrphiden u.a.) bestäubt. Die Samen werden durch Vögel verbreitet; sie hängen in der aufgesprungenen Kapsel an ihrem Funiculus nach unten heraus, dabei kontrastiert der orangerote Arillus mit der dunkelroten Kapsel,

Gewöhnliches Pfaffenhütchen *(Euonymus europaeus)*
Sandhausen, 1. 6. 1991

Gewöhnliches Pfaffenhütchen *(Euonymus europaeus)*
Böblingen, 22. 9. 1991

was eine anlockende Wirkung auf Vögel haben soll. Das Holz von *E. europaeus* kann zu Drechsler- und Tischlerarbeiten verwendet oder zu Zeichenkohle verarbeitet werden.

Ökologie: Meist auf frischen bis mäßig feuchten, selten auf trockenen, nährstoff- und basenreichen, tiefgründigen Lehmböden (Mullböden). In Gebüschgesellschaften (Prunetalia-Ordnungskennart) und Waldgesellschaften, vor allem in Auwäldern. Vegetationsaufnahmen von erlen- und eschenrei-

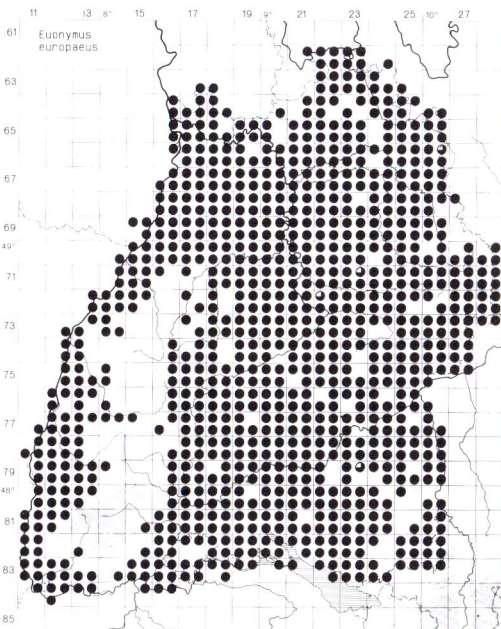

chen Wäldern feuchter Standorte (Alno-Ulmion-Verband) bei HÜGIN (1982, Mooswälder bei Freiburg), PHILIPPI (1980, Kraichgau), MURMANN-KRISTEN (1987: Tab. 10, Nordschwarzwald), SCHWABE (1987: Tab. 36, 38, Schwarzwald), LANG (1973: Tab. 108, 109, 110, Bodenseegebiet). Aufnahmen von buchen- und hainbuchenreichen Wäldern mäßig trockener bis frischer Standorte (Fagion-, Carpinion-Verband) bei HÜGIN (1982), NEBEL (1986: Tab. 9, 10, 14, Hohenlohe), KUHN (1937: Tab. 34, 36, Schwäbische Alb), LANG (1973: Tab. 114); von Gebüschgesellschaften (Berberidion-Verband) bei SCHWABE (1987: Tab. 34), KUHN (1937: Tab. 32), WITSCHEL (1980:Tab. 28, 29, Südbaden), LANG (1974: Tab. 107), T. MÜLLER (1966: Tab. 17, Spitzberg; 1974: Tab. 4, 5, 6, Taubergießen).

Allgemeine Verbreitung: Europa, selten in Kleinasien. Im Westen von den Britischen Inseln, Westfrankreich nach Osten bis Rußland, etwa bis zur Wolga und bis in den Kaukasus, ein isoliertes Vorkommen im Koppe Dargh-Gebirge südöstlich des Kaspischen Meeres. Im Norden bis Dänemark, Südschweden, östlich etwa bis zur Linie Riga–Moskau, weiter nördlich in Skandinavien wird *E. europaeus* etwa bis in Höhe von Oslo kultiviert (60° n.Br.). Im Süden bis Südfrankreich, vereinzelt in Nordspanien, Korsika, Elba, Sizilien, Nordgriechenland, in der Türkei im europäischen Teil und an der Südküste des Schwarzen Meeres. In Nordamerika eingeführt und verwildert.

Verbreitung in Baden-Württemberg: Weit verbreitet, in fast allen Naturräumen. Im Schwarzwald nur randlich und im Kinzigtal, fehlt im höheren, zentralen Teil. Tiefstes Vorkommen: ca. 95 m, Mannheim (6416). Höchstes Vorkommen: 1010 m, Lemberg (7818); im Schwarzwald zieht sich *E. europaeus* in den Randtälern bis auf etwa 650; über 700 m reicht die Art hier sehr wahrscheinlich nicht hinaus.

Erstnachweise: Ältester literarischer Nachweis von J. BAUHIN (1598) aus der Umgebung von Bad Boll (7323). Ältester fossiler Nachweis aus dem Frühen Subboreal bei Wallhausen (RÖSCH 1990). Die Art ist im Gebiet indigen.

Bestand und Bedrohung: *E. europaeus* ist zahlreich und nicht gefährdet.

2. **Euonymus latifolius** Miller 1768
Breitblättriges Pfaffenhütchen

Morphologie: Ähnlich *E. europaeus*; Unterschiede siehe Schlüssel, außerdem: junge Zweige im Querschnitt nicht quadratisch, Blattstiel bis 1 cm lang. Staubbeutel öffnen sich durch Querriß, Griffel sehr kurz, daher Narbe fast sitzend.

Biologie: Die Blütezeit ist von Mai bis Juni. Blütenbiologie und Verwendung wie bei *E. europaeus*. Gelegentlich wird *E. latifolius* auch als Zierstrauch gepflanzt.

Ökologie: Auf mäßig nährstoff(stickstoff)reichen, basenreichen, meist kalkhaltigen, frischen, tiefgründigen, lockeren Lehmböden (Mullböden); Schatten-/Halbschattenpflanze. In Laub- und Na-

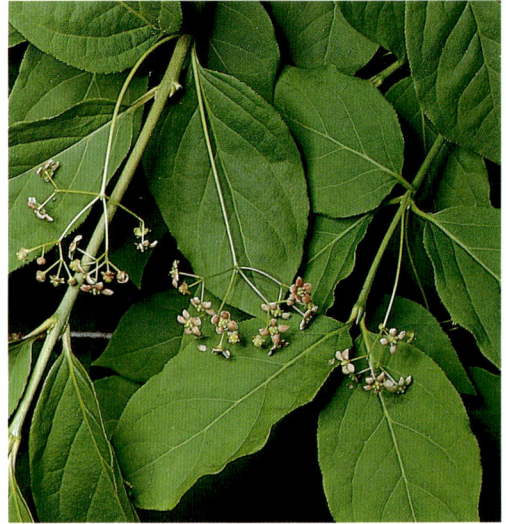

Breitblättriges Pfaffenhütchen *(Euonymus latifolius)* Niederösterreich, 1987

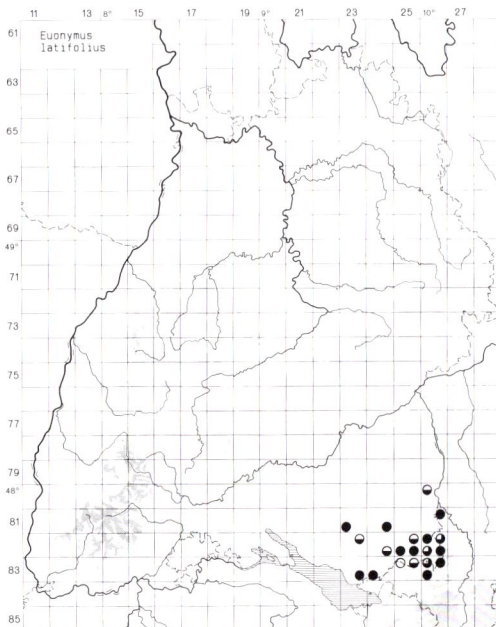

delmischwäldern (vor allem in präalpinen Fagion-Gesellschaften), in Hang-, Schlucht- und Auwäldern (Tilio-Acerion und Alno-Ulmion-Gesellschaften), sowie in Gebüschen des Berberidion-Verbandes; im Mittelmeergebiet auch in Kastanienwäldern. Vegetationsaufnahmen aus Baden-Württemberg nur in Sammeltabellen, z.B. bei MÜLLER und GÖRS (1958: Tab. VII, Alnetum incanae aus dem Voralpengebiet, dem Westallgäuer Hügelland, von der Iller, Aitrach, der Unteren und Oberen Argen). Aufnahmen außerhalb des Gebietes aus dem bayerischen Allgäu bei OBERDORFER (1950: Tab. 3, nordalpine Buchenwälder), aus Bayern und der Schweiz (nördliche Kalkalpen und Schweizer Jura) bei OBERDORFER und MÜLLER (1984: Tab. 1, präalpine Fageten; Tab. 2 Lonicero alpigenae-Fagetum; Tab. 3, Carici-Fagetum) und bei T. MÜLLER (1989: 154, Lonicero alpigenae-Fagenion-Gesellschaften).

Allgemeine Verbreitung: Alpen und Voralpengebiet, Gebirge Südosteuropas, Kaukasus und vereinzelt in Vorderasien und Nordafrika. Im Norden bis Süddeutschland – bis zum Bodenseegebiet und zur Donau; im Süden in Europa bis Süditalien, Balkanländer, Griechenland (Peloponnes), in der Türkei sehr vereinzelt; in Nordafrika an der Mittelmeerküste Marokkos und Algeriens. Im Westen bis zu den französischen Alpen, zum französischen Jura, sehr selten in der Provence und in den Ostpyrenäen. Nach Osten bis in den Kaukasus und an die Küsten des Schwarzen und des Kaspischen Meeres. In den französischen Alpen bis ca. 1600 m aufsteigend.

Breitblättriges Pfaffenhütchen *(Euonymus latifolius)*
Adelegg, 4. 8. 1989

Verbreitung in Baden-Württemberg: Nur im Voralpengebiet: im Westallgäuer Hügelland, auf der Adelegg (vor allem in den Tobeln), im südlichen Oberschwaben, im Bodenseegebiet nur im Argental, sowie im Illertal.

Tiefstes Vorkommen: ca. 430 m, Argental bei Apflau (8323/4). Höchste Vorkommen auf der Adelegg bei ca. 800 m im Eibentobel (8226/4) und im Tiefertobel (8326/2).

Nur erloschene Vorkommen:
8026/1: Mooshausen, KIRCHNER u. EICHLER (1913); 8223/2: Laurental bei Weingarten, vor 1900, VALET (STU), 1915, BERTSCH (STU); 8224/4: Tal der Unteren Argen (Pfärrich), 1912, BERTSCH (STU); 8225/2: Untere Argen bei Waltershofen, 1910, BERTSCH (STU); 8226/2: o.O., 1955/57, BERTSCH (STU-K); 8226/3: o.O., 1955/57, BERTSCH (STU-K); 8325/1: Giesswald, HERTER (1888: 183); 8325/2: Gaisschachen, HERTER (1888: 183); Eglofs, Eisenharz, KIRCHNER u. EICHLER (1913); 8326/1: Isny, KIRCHNER u. EICHLER (1913); o.O., 1955, BERTSCH (STU).

Erstnachweise: Ältester literarischer Nachweis bei SCHÜBLER und MARTENS (1834: 162) vom Laurental bei Weingarten (8223/2). Die Art ist im Gebiet indigen.

Bestand und Bedrohung: *E. latifolius* zeigt seit etwa 100 Jahren deutliche Rückgänge. Ursache könnten u.a. Aufforstungen mit Koniferen an Stelle ehemaliger lichterer Laubmischwälder sein. Größere Populationen sind selten, meist sind es nur wenige Pflanzen. Die bisherige Einstufung in der Roten Liste als schonungsbedürftig (Gef. Grad 5) scheint zu optimistisch. Es wird der Gef. Grad 4 (potentiell durch Seltenheit gefährdet) vorgeschlagen, da die Art in Baden-Württemberg die Nordwestgrenze ihres Areals erreicht.

Wichtig für die Erhaltung der Bestände wäre eine Unterlassung der Nutzung (Bannwald) oder die eingeschränkte Nutzung (Schonwald) der Schlucht- und Auwälder mit *E. latifolius*.

2. **Celastrus** L. 1753
Baumwürger

Meist sommergrüne Lianen mit ca. 35 Arten in Nordamerika, Ost-, Südostasien und Australien. Einige Arten im Gebiet als Zierpflanzen kultiviert, bisher 1 Art, *C. orbiculatus*, verwildert beobachtet.

Celastrus orbiculatus Thunb. 1784
Blüten eingeschlechtig, diözisch; Sproßachse und Blätter kahl. Seitensprosse stielrund, mit weißem, durchgehendem Mark. Blätter rundlich bis breit-eiförmig, kurz zugespitzt, bis 2,5 cm lang gestielt. Frucht kugelig, orangegelb, bis 8 mm breit. Heimat: China, Japan.

Bisher nur einmal verwildert beobachtet: 6617/4:, Sandhausen, NSG Pferdstriebdüne, 1992, BREUNIG (Kr-K). Es handelt sich um zahlreiche Pflanzen in einem Kiefernwald, die bis ca. 8 m hoch winden und 1992 gefruchtet haben. Es ist anzunehmen, daß die Art eingebürgert ist.

Aquifoliaceae
Stechpalmengewächse
Bearbeiter: S. DEMUTH

Bäume und Sträucher. Blätter ledrig, oft immergrün, wechselständig, Nebenblätter vorhanden (bis auf die Gattung *Phelline*). Blütenstand sympodial, Blüten oft in dichten Knäuel. Blüten klein, zwittrig oder getrenntgeschlechtig, dann meist diözisch, meist 4, seltener 5- oder 6zählig. Kelch- und Kronblätter bei der größten Gattung *Ilex* an der Basis verwachsen. Staubgefäße 4 (5, 6), bei der weiblichen Blüte als sterile Staminodien, Staubfäden an der Basis mit den Kronblättern verwachsen; Diskus fehlend. Fruchtknoten (3) 4–6 (22)fächrig, bei der männlichen Blüte stark reduziert, Griffel 1, sehr kurz oder fehlend. 1, selten 2 Samenanlagen pro Fruchtfach. Frucht eine Steinfrucht mit 4–6 oder zahlreichen Steinkernen.

Weltweit 3 Gattungen mit etwa 400 Arten. Von der tropischen bis zur temperaten Zone beider Hemisphären in Amerika, Eurasien, Afrika und Australien (fehlt in Neuseeland). Die meisten Arten besiedeln die Tropen und Subtropen. In Europa nur 1 Gattung, *Ilex*, mit 3 Arten.

1. **Ilex** L. 1753
Stechpalme

Morphologie siehe Artbeschreibung.

Mit etwa 400 Arten weltweit verbreitet, von der tropischen bis zur temperaten Zone beider Hemisphären. Einige Arten aus der temperaten Zone Amerikas und Asiens werden in Europa neben der heimischen *Ilex aquifolium* als Ziersträucher angepflanzt.

Von großer Bedeutung sind etwa 10–15 *Ilex*-Arten aus Südamerika, vor allem *I. paraguensis*, aus deren Blättern der Mate-Tee oder Paraná-Tee (Yerba Mate) hergestellt wird. In Europa kommen 5 Arten vor, davon *I. perado* und *I. canariensis* auf Madeira und den Kanarischen Inseln, *I. colchica* und *I. spinigera* am Schwarzen Meer, im Kaukasus und in der Türkei und *I. aquifolium* im übrigen, westlichen Europa.

1. **Ilex aquifolium** L. 1753
Stechpalme, Hülse

Morphologie: Strauch oder Baum, bis 10 m hoch; auf den Britischen Inseln Einzelbäume mit bis zu 23 m Höhe! Blätter wintergrün (bis zu 3 Jahren am Zweig), ledrig, dunkelgrün-glänzend, Blattunterseite heller als Blattoberseite, länglich-eiförmig, lanzettlich, 3–8 cm lang, 3–4 cm breit. Blattrand meist wellig und gezähnt, mit lang ausgezogenen,

Stechpalme *(Ilex aquifolium)*

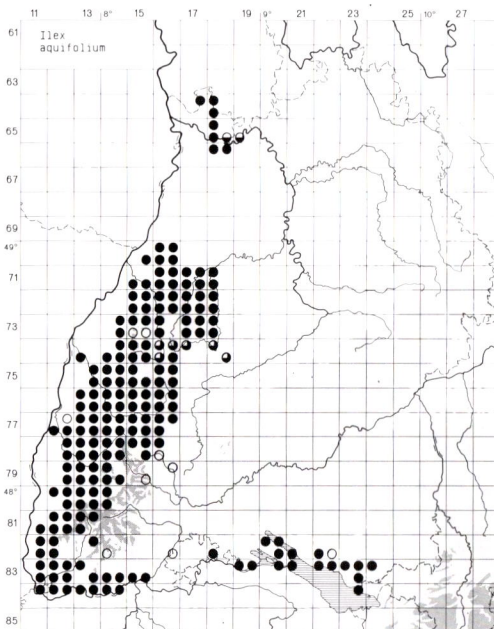

harten, spitzen Zähnen (Dornen). Bei älteren Exemplaren kommen an den oberen Zweigenden auch ganzrandige, nicht gewellte Blätter vor, dazwischen gibt es alle Übergangsformen. Nebenblätter klein, früh abfallend. Pflanze diözisch. Weibliche Teilblütenstände 1- bis 3blütig, männliche vielblütig. Blüten klein, 4-, selten 5zählig, kurzgestielt. Kelchblätter stumpf, grün, fein behaart; Kronblätter etwas länger als die Kelchblätter, stumpf, weißlich oder rötlich. Staubgefäße 4, selten 5. Fruchtknoten 4-, selten 5fächrig. Frucht eine rote, kugelige Steinfrucht.

Biologie: Blütezeit von Mai bis Juni. Insektenbestäubung, hauptsächlich durch Wildbienen und Wespen. Die Früchte bleiben über Winter an der Pflanze und werden von Vögeln gefressen und die Samen wieder ausgeschieden (endozoochore Verbreitung). Die Vermehrung erfolgt allerdings weniger über die Samen, als vielmehr vegetativ durch Wurzelsprosse. Einzelne Exemplare können bis 300 Jahre alt werden.

Die Art ist nicht sehr frosthart. Nach CALLAUCH (in: POTT 1990: 497) nimmt zwar innerhalb der *Ilex aquifolium*-Populationen auf dem europäischen Festland die Frosthärte von West nach Ost zu, allerdings reichen einmalige Minustemperaturen von −20/22° C aus, um *I. aquifolium* zum Absterben zu bringen, was ihre weitere Ausbreitung nach Osten verhindert.

Stechpalme *(Ilex aquifolium)*

Ökologie: Auf mäßig trockenen bis feuchten, mäßig nährstoffreichen, basenarmen, mäßig sauren, meist sandigen Lehmböden; auch, wenn auch seltener, auf kalkreichen Böden. Schatten- und Halbschattenpflanze. In mesophilen Laubmischwaldgesellschaften in wintermilder, regenreicher Lage. Vor allem in Buchenwäldern (Fagion-Gesellschaften) und in Eichen-Hainbuchenwäldern (Carpinion-Gesellschaften), seltener in Birken-Eichenwäldern trockener Standorte, in Schluchtwäldern oder in Fichtenwäldern. Im Mittelmeergebiet auch in Kastanienwäldern. Gefördert wurde *Ilex aquifolium* früher durch die Waldweide, da das Vieh wegen der dornigen Blätter wenig davon gefressen hat; dies stellte einen Vorteil gegenüber anderen Straucharten dar, die bevorzugt verbissen wurden. Werden dennoch die Knospen und jungen Blätter gefressen, werden dadurch Seitentriebe und der Austrieb von Wurzelsprossen gefördert, was die Pflanzen sehr dicht werden läßt.

Vegetationsaufnahmen aus dem Schwarzwald und vom Bodenseegebiet (LANG 1974) von Eichenwäldern bei OBERDORFER (1938: Tab. 20, 21), MURMANN-KRISTEN (1987: Tab. 3), von Hainsimsen-Buchenwäldern (Luzulo-Fagetum) bei OBER-DORFER (1938: Tab. 22); BERTSCH und BERTSCH (1940: Tab. 27), LANG (1974: Tab. 113), MURMANN-KRISTEN (1987: Tab. 1, 2), von Waldmeister-Buchenwäldern (Asperulo-Fagetum) von OBERDORFER (1938: Tab. 23), BERTSCH und BERTSCH (1940: Tab. 26), LANG (1974: Tab. 114), MURMANN-KRISTEN (1987: Tab. 4), von einem Seggen-Buchenwald (Carici-Fagetum) von LANG (1974: Tab. 115), von einem Schluchtwald von MURMANN-KRISTEN (1987, Aceri-Fraxinetum), von einem Fichtenwald (Vaccinio-Piceetum) von BERTSCH und BERTSCH (1940: Tab. 25) und TH. MÜLLER (in OBERDORFER 1992, A: 118: *Ilex aquifolium – Fagus –* Gesellschaft).

Allgemeine Verbreitung: Europa, Kleinasien mit ozeanisch-subozeanischer Verbreitung. Im Westen von den Britischen Inseln bis Nordwestspanien (vereinzelt auch im Süden der Iberischen Halbinsel), im Osten bis Dänemark, Westdeutschland, Österreich und bis zu den Gebirgen der Balkanländer entlang des Adriatischen Meeres, weiter östlich nur sehr vereinzelt. Im Norden an der Küste Südwestnorwegens, im Süden vereinzelt in Nordwestafrika (in Teilen des Atlasgebirges), auf Korsika, Sardinien, in Süditalien (mit Sizilien) und in Nordgriechenland. Verbreitungskarten: OLTMANNS (1922, Karte 7), Schwarzwald u. angrenzende Gebiete, POTT (1990: 498).

Verbreitung in Baden-Württemberg: Nur im ozeanisch geprägten Westen und Süden Baden-Württembergs: Im westlichen Odenwald, im Schwarzwald einschließlich der kalkreichen Vorbergzone (Dinkelberg, Markgräfler Hügelland bis Schönberg), im Südosten des Schwarzwaldes fehlend, Bodenseegebiet. In der Oberrheinebene v. a. in den Mooswäldern der Freiburger Bucht, sonst sehr selten. Linksrheinisch bedeutend häufiger, etwa im Hagenauer Forst (Elsaß) und im Bienwald (Pfalz). Die östliche Verbreitungsgrenze deckt sich etwa mit der mittleren Januar-Isotherme von − 1° C. *I. aquifolium* kommt bevorzugt in Gebieten mit mehr als 800 mm Jahresniederschlag vor. Neben dieser ziemlich scharf begrenzten natürlichen Verbreitung gibt es außerhalb noch an mehreren Stellen gepflanzte Exemplare, auch in Wäldern, etwa im Raum Stuttgart, die aber nicht in die Karte übernommen wurden. − Zum Vorkommen bemerkenswerter baumförmiger Exemplare siehe KLEIN (1908).

Tiefste Vorkommen: ca. 120 m, Lindenhart SW Bruchhausen (7016/3), „Hertel" W Rüppurr (7016/1). Höchste Vorkommen: 1290 m, 1 kleiner Einzelstrauch W des Belchengipfels (8112/4), gefunden von THOMAS (PHILIPPI 1989: 764); im weiteren Belchengebiet noch einige Vorkommen zwischen 1000 und 1100 m (8112, 8113) und im Nordschwarzwald ebenfalls einige Fundstellen zwischen 1000 und 1100 m im Hornisgrinde-Gebiet (7415/1, 7517/3).

Erstnachweise: Die Art ist indigen. Ältester literarischer Nachweis bei STAHL (1769: 246) für Württemberg. Ältester fossiler Nachweis von Pollen aus dem Atlantikum. Ältester Steinkern-Fund von Hagnau aus dem Mittleren/Späten Subboreal (RÖSCH 1992). Bereits während des Tertiärs in Europa weit verbreitet. Von der nacheiszeitlichen Ausbreitung von *Ilex aquifolium* gibt POTT (1990) eine ausführliche Darstellung.

Bestand und Bedrohung: Es scheint früher lokale Rückgänge gegeben zu haben durch das Abhauen der Sträucher, die zum Kranzbinden und in der Holzverarbeitung Verwendung fanden (zum Beispiel im Odenwald, BEISINGER 1952). Zeitweilig kommt es zum Zurückfrieren oder Absterben von Pflanzen in besonders kalten Wintern. Ein Beispiel dafür gibt K. MÜLLER (1935: 177ff.) für einen Stechpalmenhain bei St. Märgen im Schwarzwald (7914/4).

Ilex aquifolium ist noch zahlreich und nicht gefährdet. Es sollten jedoch bei Forstarbeiten (Kahl-hieben, Durchforstungen) vor allem größere, ältere Pflanzen geschont werden. Die Art ist durch die Bundesartenschutzverordnung vom 19. 12. 1986 besonders geschützt.

Buxaceae

Buchsbaumgewächse
Bearbeiter: S. DEMUTH

In der Mehrzahl immergrüne Sträucher, seltener Bäume oder Kräuter. Blätter gegen- oder wechselständig, einfach, oft hartlaubig, ledrig; Nebenblätter fehlen. Blütenstand eine Ähre oder Rispe oder Blüten in dichten Knäuel. Blüten eingeschlechtig, monözisch oder diözisch, meist mit Hochblättern (Tragblatt und Vorblätter); Kelchblätter 4–6, selten mehr, an der Basis vereint; Kronblätter fehlen. Männliche Blüten mit 4–6 (10) Staubgefäßen, bei 2 Gattungen mehr als 10; manche Arten mit rudimentärem Fruchtknoten. Weibliche Blüten mit oberständigem, 3 (–6)fächrigem Fruchtknoten, mit einer oder zwei Samenanlagen pro Fach; Griffel 3, frei oder am Grunde verwachsen. Frucht eine loculizide Kapsel.

Weltweit etwa 5 Gattungen mit 100 Arten. Von den tropischen bis zu den borealen Zonen beider Hemisphären; fehlen in Nordafrika, Nordasien und Australien.

1. **Buxus** L. 1753

Buchs, Buchsbaum

Morphologie siehe Artbeschreibung.

Weltweit etwa 70 Arten in der temperaten Zone Nordamerikas und Eurasiens und in den subtropischen und tropischen Zonen Afrikas und Asiens.

1. **Buxus sempervirens** L. 1753

Immergrüner Buchs

Morphologie: In der temperaten und meridionalen Zone ein bis 2 m hoher Strauch (in Kultur bis 8 m hoch), in den Subtropen ein bis 20 m hoher Baum. Zweige meist kurz, schräg aufwärts stehend, junge Zweige behaart, später kahl, olivgrün, kantig. Blätter dichtstehend, gegenständig, kurzgestielt, elliptisch, ledrig, wintergrün, 1–2,5 cm lang, etwa doppelt so lang wie breit, in der Mitte am breitesten, oberseits dunkelgrün glänzend, unterseits mattgrün; Blattrand nach unten umgerollt. Blüten in blattachselständigen Knäuel, klein, grünlichgelb.

Teilblütenstand (= 1 Knäuel) mit 1 weiblichen, ± zentral stehende Blüte und mehreren männlichen Blüten. Männliche Blüte mit 2 kleinen Hüllbättern an der Basis und 4 Kelchblätter. Weibliche Blüte mit mehreren kleinen Hüllblättern, die ohne deutliche Zäsur in die etwa 4–6 Kelchblätter übergehen. Fruchtknoten 3fächrig mit 3 freien Griffeln, Narben 2hörnig; zwischen den Griffeln höckrige Nektarien. Samen 3kantig, schwarzglänzend, mit kleinem Elaiosom.

Biologie: Blütezeit von März bis April. In der Regel findet Fremdbestäubung durch Bienen und Schmetterlinge statt; Nektar wird reichlich abgesondert. Die Samen werden, zumindest nach Beobachtungen im Mittelmeerraum, von Ameisen verbreitet.

Der Buchs wächst sehr langsam, kann aber sehr alt werden (nachweislich bis 600 Jahre). Das harte, sehr feinfaserige Holz wird schon sehr lange (seit dem Neolithikum?) zur Herstellung von Gebrauchsgegenständen verwendet, etwa Gabeln, Löffel, Kämme, Weberschiffchen. Die Zweige werden als Palmzweige für Ostern verwendet. Außerdem wird er sehr oft als Zierstrauch gepflanzt.

Ökologie: Auf trockenen bis mäßig frischen, mäßig nährstoffarmen, meist kalkhaltigen, lockeren, humosen Lehmböden; wärmeliebend, aber relativ frostunempfindlich. In den Waldgesellschaften bei Grenzach in Südbaden fehlt er oder wird deutlich seltener auf Standorten, die einen Boden-pH unter

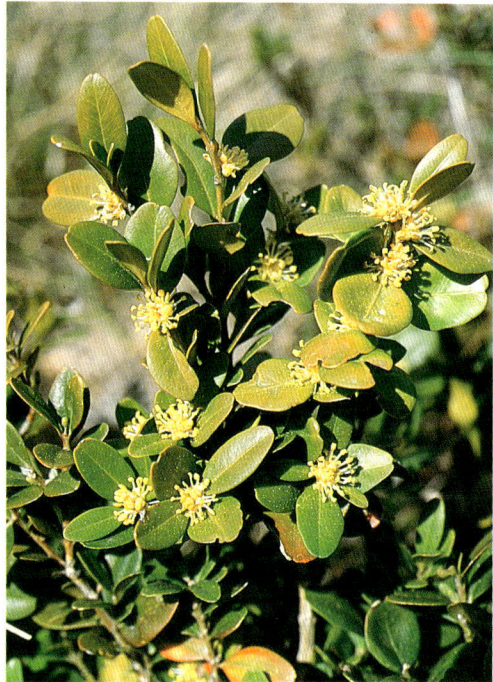

Immergrüner Buchs (*Buxus sempervirens*)
Grenzach, 1978

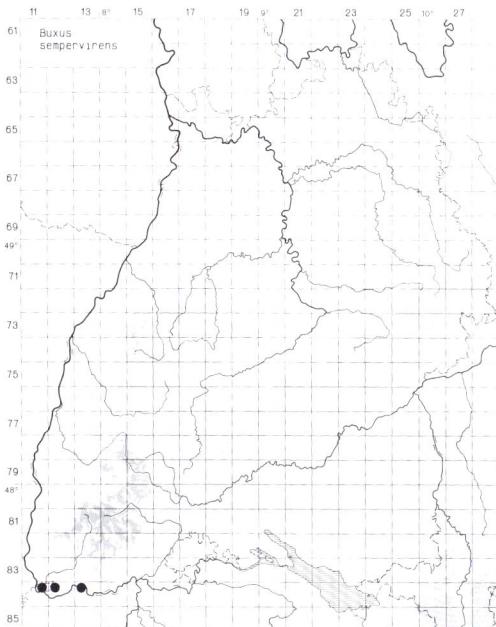

5 haben (Übergang zum Asperulo- oder Luzulo-Fagetum) oder die zu feucht sind (z.B. Buchenwald mit *Ranunculus ficaria*). In Mitteleuropa kommt er vor allem in Linden-, Eichen- und Seggen-Buchenwäldern vor. Im mediterranen Raum in Macchien, Kiefern- und Steineichenwäldern der tieferen Lagen. In höheren Lagen auch in Nadel- und Laubmischwäldern. Der Buchs besiedelt im Mittelmeerraum als Pioniergehölz auch Steinschutthalden, Felsen oder Sanddünen aufgrund der guten Keimfähigkeit der Samen und der reichlichen Wurzelsproßbildung, über die er sich auch vegetativ gut vermehrt und verbreitet. Vegetationsaufnahmen aus Baden-Württemberg bei Hügin (1979) aus dem NSG Buchswald bei Grenzach (Tab. 1, Buxo-Quercetum pubescentis; Tab. 2, 3, Lindenmischwald; Tab. 4, Aceri-Fraxinetum, hier selten und Tab. 5, Carici-Fagetum). Aus Rheinland-Pfalz Aufnahmen bei Korneck (1974: Tab. 154, Aceri monspessulani-Quercetum petraeae) von den Moselbergen und aus der Schweiz von Montreux bei Trepp (1947: Tab. II, Lindenmischwald – Tilieto-Asperuletum taurinae).

Allgemeine Verbreitung: West-submediterrane Verbreitung mit Schwerpunkt im ozeanisch geprägten Klimabereich. Disjunktes Areal mit 2 Arealschwerpunkten: im Westen in Nordspanien und Südwestfrankreich, im Osten auf dem Balkan (Albanien, Griechenland außer Peloponnes) und an der türkischen Schwarzmeerküste. Dazwischen nur sehr vereinzelte Vorkommen. Im Westen bis Nordwestspanien, im Osten bis in die Türkei. Im Norden bis Südengland (nach CLAPHAM et al. (1962) indigen), Frankreich (Elsaß, Pariser Becken), Belgien (Maas), Westdeutschland (Mosel, Südbaden), im Süden bis Korsika, Italien (einschl. Sizilien), Griechenland und Türkei. In den Südalpen und im Schweizer Jura bis ca. 800 m, in Spanien (Serra de Gudar) bis 1900 m und am Olymp in Griechenland bis 2000 m. Verbreitungskarte bei CHRIST (1913) und HEGI (1925: 206, nach CHRIST).

Verbreitung in Baden-Württemberg: Nur am Dinkelberg in Südbaden:

8411/2: Unterberg N Grenzach; 8412/1: Oberberg und Wald um den Ziegelhof NE Grenzach, Augstberg und Schloßkopf NE Wyhlen, an letzteren beiden Stellen nur wenige Pflanzen; 8413/1: N Schwörstadt, steiler Südhang, entdeckt von BECHERER (1921).

Die Vorkommen sind alle noch vorhanden, vielfach dokumentiert und bis auf letzteres schon sehr lange bekannt. Näheres über die Lokalitäten und Bestandesgrößen bei KLEIN (1908) und WENIGER (1967).

Benachbarte Vorkommen im Baseler Jura bei Liestal und Waldenburg (beide SE Basel), im Elsaß im Kastenwald E Colmar und im Sundgau (z.B. Buchsberg bei Tagolsheim).

Erstnachweise: Ältester literarischer Nachweis bei BAUHIN (1622: 111): „In monte Crentzacensi (Grenzach)". Ältester fossiler Nachweis: subfossile Pollenkörner seit dem Boreal, z.B. im westlichen Bodenseegebiet. Nach RÖSCH (Manuskr. 1991) können diese nicht als Beleg für ein Indigenat gelten. Wahrscheinlich seit der römischen Besiedlung kultiviert (Großreste aus dem Späten Mittelalter (RÖSCH, unpubl.)).

Das Indigenat des Buchses bei Grenzach läßt sich nicht zweifelsfrei klären. Dagegen sprechen die isolierten, geschlossenen Populationen am Dinkelberg, im Schweizer Jura und im Elsaß, die eher auf Anpflanzung und lokale Verwilderung schließen lassen; ebenso spricht dagegen, daß der Buchs dort, wo er sehr dicht und hoch steht, jegliches Aufkommen von Baumkeimlingen verhindert. Daraus könnte man schließen, daß er erst in den bereits bestehenden Wald eingedrungen ist oder dort angepflanzt wurde, aber hier nicht natürlich vorkommt. Für ein Indigenat spricht die ehemals nördlichere Verbreitung in den Interglazialen bis Irland und Dänemark.

Bestand und Bedrohung: Fast der ganze Bestand befindet sich im NSG Grenzacher Buchswald und im NSG Ruschbachtal. Der Buchs besiedelt hier eine Fläche von ca. 50 ha. Die Bestände sind nicht gefährdet; die Art ist dort aber nach der Bundesartenschutzordnung vom 19. 12. 1986 besonders geschützt.

Euphorbiaceae

Wolfsmilchgewächse
Bearbeiter: S. DEMUTH

Ein- bis mehrjährige Kräuter, Sträucher und Bäume, stammsukkulente Arten in Afrika, Madagaskar, der Arabischen Halbinsel, wenige in Westindien, auf den Kanarischen Inseln, in Mittel- und Südamerika. Sprosse oft mit weißem Milchsaft (Latex). Laubblätter einfach oder gefiedert, meist wechselständig, bei sukkulenten Formen als Dornen ausgebildet. Nebenblätter fehlend oder vorhanden, auch in Form von Nektardrüsen ausgebildet. Blüten meist radiär-symmetrisch, eingeschlechtig, ein- oder zweihäusig. Blütenhülle doppelt (*Andrachne*), einfach (*Mercurialis*) oder fehlend (*Euphorbia*). Staubgefäße eines bis viele, Fruchtknoten meist dreifächrig mit meist 1, seltener 2 Samenanlagen pro Fach. Blütenstand meist reich verzweigt, Teilblütenstände Rispen, Dolden, Trauben oder Ähren, auch in Form von Scheinblüten (z.B. bei *Euphorbia*). Frucht meist eine in 3 Teilfrüchte zerfallende Kapsel, selten kommen Beeren oder Steinfrüchte vor.

Weltweit verbreitet, mit ca. 300 Gattungen und 5000 Arten, fehlen nur in der polaren Zone. Auf der Nordhalbkugel bis ca. 65° n.Br. (Norwegen) auf der Südhalbkugel bis Neuseeland. Verbreitungszentrum sind die Tropen, besonders der indomalayische Raum, gefolgt von Südamerika. In Europa 7 Gattungen (2 synanthrop) mit 118 Arten, davon 6 synanthrop.

Eine Reihe von Gattungen (*Euphorbia, Hevea, Manihot* u.a.) besitzen weißen Milchsaft (Latex). Sehr giftig sind die Bestandteile Euphorbin und Lectine, bei manchen Arten mit für den Menschen tödlicher Wirkung. Aus dem Bestandteil Kautschuk (mit weniger als 1% vom Trockengewicht) wird Gummi hergestellt. Lieferant ist der Gummi- oder Kautschukbaum *Hevea brasiliensis*.

1 Pflanzen monözisch, mit weißem Milchsaft, Blüten in Scheinblüten (Cyathien) zusammengefaßt .
                                       1. *Euphorbia*
– Pflanzen diözisch, selten monözisch, ohne Milchsaft, Blüten nicht in Scheinblüten zusammengefaßt . . . . 2. *Mercurialis*

1. **Euphorbia** L. 1753
Wolfsmilch

Ein- bis mehrjährige Kräuter, Sträucher oder Bäume. Laubblätter einfach, wechselständig, selten gegenständig. Nebenblätter vorhanden oder fehlend. Gesamtblütenstand zusammengesetzt, die unteren Teilblütenstände, wenn vorhanden, wechselständig, die oberen in drei- bis vielstrahligen Dolden angeordnet. Die Doldenstrahlen (obere Teilblütenstandsachsen 1. Ordnung) oft ein- bis mehrmals gabelig verzweigt. Der Hauptsproß schließt wie die Blütenstandsachsen letzter Ordnung mit einem Einzelblütenstand ab. Ein Einzelblütenstand gleicht einer Zwitterblüte, stellt aber eine Scheinblüte (Pseudanthium) dar, die bei *Euphorbia* als Cyathium bezeichnet wird. Aufbau eines Cyathiums: 5 miteinander verwachsene Hochblätter bilden einen Becher mit 5 Zipfeln (Hüllbecher). Vor jedem Zipfel steht eine Gruppe von 5 Staubgefäßen, die zickzackförmig angeordnet sind. Jedes Staubgefäß hat in der Mitte eine Einschnürung. Es wird als extrem reduzierte, gestielte, männliche Blüte ohne Blütenhüllblätter gedeutet. Die Einschnürung wäre dann der Übergang zum Blütenstiel. Jede 5er-Gruppe Staubgefäße wäre dann ein als Wickel ausgebildeter männlicher Teilblütenstand, jedes der 5 Hochblätter das Tragblatt eines solchen Wickels. Zwischen den Zipfeln des Bechers sitzen 4, seltener 5, ovale oder halbmondförmige Nektardrüsen. In der Mitte des Bechers befindet sich eine gestielte, weibliche Blüte ebenfalls ohne Blütenhülle. Sie besteht aus einem dreifächrigen Fruchtknoten mit 3 im unteren Teil verwachsenen Griffeln. Jeder Griffel hat eine zweispaltige Narbe. Die Frucht ist eine Kapsel, diese zerfällt in 3, jeweils mit zwei Längsspalten aufspringenden Teilfrüchte. Außer bei der Anisophyllum-Gruppe haben die Samen aller *Euphorbia*-Arten unseres Gebietes ein ölhaltiges Anhängsel, ein Elaiosom, das bei *Euphorbia* als Caruncula bezeichnet wird. Es dient der Verbreitung durch Ameisen.

Einige *Euphorbia*-Arten, hauptsächlich *E. cyparissias*, aber auch *E. amygdaloides*, *E. dulcis*, *E. esula*, *E. seguierana* und *E. verrucosa*, sind Zwischenwirte (Haplonten-Wirte) des Erbsenrostes *(Uromyces pisi, Uromyces spec.)*. Die befallenen Pflanzen haben einen verlängerten, meist unverzweigten Sproß, keine oder verkümmerte Blüten und kurze, breite Blätter, auf deren Unterseite sich die Sporenlager der haplontischen Phase des Rostpilzes (Aecidien) befinden. Sproß und Blätter sind gelblichgrün. Hauptwirte (Dikaryontenwirte) sind

zahlreiche Arten mehrerer Gattungen der Fabaceae, z.B. *Anthyllis, Astragalus, Lathyrus, Oxytropis, Pisum, Vicia* u.a. Einige *Euphorbia*-Arten, insbesondere die ausdauernden *E. amygdaloides, cyparissias, dulcis, esula, palustris, virgata*, werden von Gallmücken (z.B. *Dasyneurap* subsp.) oder Gallmilben (z.B. *Eriophyes euphorbiae*) befallen, was zu arttypischen Gallbildungen an den Blättern führt (Ross u. Hedicke 1927).

Die allermeisten *Euphorbia*-Arten sind proterogyn; Bestäuber der als „Scheibenblumen mit offen ausgeschiedenem Nektar" typisierten Cyathien sind meist Dipteren, seltener Hymenopteren oder Coleopteren.

Die Gattung umfaßt weltweit ca. 1600 Arten, davon 105 in Europa und 18 in Baden-Württemberg. Die Euphorbiaceae sind weltweit verbreitet mit Schwerpunkt in den Tropen und Subtropen. Viele Arten haben ein sehr kleines Verbreitungsgebiet.

Anmerkung: Zimmermann (1907) hat neben den hier aufgenommenen Arten in seiner Arbeit über die Ruderalflora von Mannheim und Umgebung eine ganze Reihe, hier nicht erwähnter, adventiver *Euphorbia*-Arten für den Hafen von Mannheim (6416/4) angegeben, doch sind diese Angaben sehr fraglich. Von diesen hier nicht aufgenommenen Arten gibt es weder Herbarbelege noch Bestätigungen durch andere Autoren. Diese Angaben und weitere unbeständige *Euphorbia*-Arten für Baden-Württemberg werden bei Hegi (1925: 140f., mit wenigen Quellenangaben) erwähnt. Eine Angabe von *Euphorbia peplis* L. (nicht *peplus*!), mit Beleg in KR (Keimpflanze) von Jauch (1938: 105), stellte sich als *E. helioscopia* heraus.

1 Blätter gegenständig, stets mit Nebenblätter, Spreite am Grunde deutlich (bei *E. nutans* schwach) asymmetrisch, Drüsen der Cyathien mit nach außen gerichtetem Anhängsel, Samen ohne Caruncula (Sektion *Anisophyllum*) 2
– Blätter wechselständig (mit Ausnahme von *E. lathyris*), ohne Nebenblätter, Spreite am Grunde symmetrisch, Drüsen der Cyathien ohne Anhängsel, Samen stets mit Caruncula (Sektion *Tithymalus*) 7
2 Pflanze aufrecht oder aufsteigend, 10–40 cm hoch, Blätter meist länger als 1 cm . 1. *E. nutans*
– Pflanze niederliegend, oft dicht dem Boden angepreßt, Blätter meist kürzer als 1 cm 3
3 Pflanze kahl, Samenoberfläche glatt (nur bei starker Vergrößerung fein punktiert) 2. *E. humifusa*
– Pflanze zerstreut bis dicht behaart, Samenoberfläche mit Furchen und Waben 4
4 Blätter lineal-länglich bis lineal-lanzettlich, Samen auf zwei Seiten mit 3–5 parallelen, oft undeutlichen, nicht miteinander verschmolzenen Fur-

chen, Internodien meist kürzer oder ebensolang wie die dazugehörenden Blätter . 3. *E. maculata*
– Blätter rundlich oder verkehrt-eiförmig-länglich, Samenoberfläche mit unregelmäßig verbundenen oder parallelen, deutlich abgesetzten Furchen (Leisten) oder Waben, Internodien meist länger als die dazugehörenden Blätter 5

5 Fruchtklappen nur auf den Kanten behaart, Samenoberfläche mit 5–7 parallelen, untereinander meist nicht verbundenen, deutlichen Leisten, Samen im Querschnitt scharf vierkantig, Kanten hervortretend . . . . *[E. prostrata]*
– Fruchtklappen meist auf der ganzen Fläche behaart, Samenoberfläche mit untereinander verbundenen Furchen (Leisten), wabenförmig, Samenquerschnitt vierkantig, mit abgerundeten Kanten 6

6 Ganze Pflanze dicht behaart, mit langen, weißen Haaren, Blätter rundlich, 2,8–5 mm breit, 4–7 mm lang, weniger als 2mal so lang wie breit. Blattrand ganzrandig bis schwach gekerbt. Drüsen wachsgelb mit meist größeren, oft gelappten Anhängseln . . . . *[E. chamaesyce]*
– Stengel einreihig behaart, mit kurzen, angedrückten Haaren, sonst kahl. Blätter verkehrt-eiförmig-länglich, Drüsen purpurn mit schmalen, kleineren Anhängseln . . . . *[E. engelmannii]*

7 Stengelblätter gekreuzt gegenständig
. . . . 4. *E. lathyris*
– Stengelblätter wechselständig 8

8 Drüsen der Hüllbecher rundlich oder länglich-oval
. . . . 9
– Drüsen der Hüllbecher halbmondförmig oder zweihörnig 15

9 Frucht ohne Warzen, glatt oder fein punktiert . . 10
– Frucht mit Warzen 11

10 Endständiger Blütenstand meist mit 5 Doldenstrahlen, Blätter eiförmig bis spatelig, am vorderen Rand gesägt; einjährig . . . . . 10. *E. helioscopia*
– Endständiger Blütenstand 9- bis 15strahlig, Blätter lineal-lanzettlich, Rand glatt, ausdauernd . . .
. . . . 15. *E. seguieriana*

11 Endständiger Blütenstand meist mit mehr als 5 Doldenstrahlen, Pflanze bis 1,5 m hoch, Stengel hohl . . . . 5. *E. palustris*
– Endständiger Blütenstand mit 3–5 Doldenstrahlen, Pflanze meist kleiner als 80 cm, Stengel markig 12

12 Alle Blätter kurzgestielt oder am Grund deutlich verschmälert; ausdauernd 13
– (Obere) Blätter mit herzförmigem Grund sitzend; einjährig oder zweijährig 14

13 Blätter meist kurz gestielt, Drüsen des Hüllbechers zuerst gelbgrün, später sich rot verfärbend, Hüllblätter der Cyathien breit dreieckig, mit schwach herzförmigem oder gestutztem Grund sitzend . .
. . . . 6. *E. dulcis*
– Blätter meist sitzend, in den Grund verschmälert, Drüsen zuerst gelb bis gelbbraun, sich nicht rot verfärbend, Hüllblätter der Cyathien länglich-oval bis verkehrt-eiförmig, in den Grund verschmälert
. . . . 7. *E. verrucosa*

14 Kapsel 2,5–3 mm lang, mit 3 schmalen, deutlich

warzenfreien Streifen auf den Rückennähten, Samen (1,4) 1,8–2 (2,2) m lang, 1,6–1,9 mm breit .
. . . . 8. *E. platyphyllos*
– Kapsel 1,8–2 mm lang, etwa ebenso breit, warzenfreie Streifen undeutlich oder fehlend, Samen 1,2–1,5 mm lang, etwa 1 mm breit . . 9. *E. stricta*

15 Die beiden Hüllblätter der Cyathien miteinander verwachsen . . . . 11. *E. amygdaloides*
– Die beiden Hüllblätter frei 16

16 Endständiger Blütenstand mit mehr als 5 Doldenstrahlen, Samenoberfläche glatt; ausdauernd . . . 17
– Endständiger Blütenstand mit 3–5 Doldenstrahlen, Samenoberfläche grubig, furchig oder höckerig; einjährig 20

17 Drüsen der Hüllblätter schwach halbmondförmig (oder länglich-oval – siehe 9); ohne sterile, blütenlose Seitenäste . . . . 15. *E. seguieriana*
– Drüsen deutlich halbmondförmig oder zweihörnig; die meisten Pflanzen mit sterilen, blütenlosen Seitenästen 18

18 Blätter 1–3 cm lang, 2–3 mm breit . . . .
. . . . 12. *E. cyparissias*
– Blätter, zumindest die oberen, länger als 3 cm und breiter als 3 mm 19

19 Blätter linealisch, in der Mitte parallelrandig, meist unterhalb der Mitte am breitesten, am ganzen Rand glatt, Hörnchen der Drüsen am Ende oft keulig verdickt oder gabelig . . . . . 14. *E. virgata*
– Blätter lineal-lanzettlich, über der Mitte am breitesten, vorderer Rand fein gezähnt (Lupe!), Hörnchen der Drüsen am Ende nicht verdickt oder gabelig . . . . 13. *E. esula*

20 Blätter verkehrt eiförmig, rundlich, kurzgestielt, Frucht an den 3 Rückennähten deutlich geflügelt
. . . . 16. *E. peplus*
– Blätter lineal-lanzettlich bis spatelig, sitzend, Frucht nicht geflügelt aber gekielt 21

21 Blätter lineal-lanzettlich, in der Mitte parallelrandig, Hüllblätter der Cyathien schmal-lanzettlich, Samenoberfläche mit unregelmäßigen Höckern .
. . . . 17. *E. exigua*
– Blätter spatelförmig, selten die oberen lanzettlich, über der Mitte am breitesten, nicht parallelrandig, Hüllblätter der Cyathien eiförmig-dreieckig, oft schwach asymmetrisch, Samenoberfläche mit 4 Reihen mit je 5–6 paralleler Querfurchen . . . .
. . . . 18. *E. falcata*

Anmerkung zur Sektion *Anisophyllum*:
Die Nomenklatur innerhalb dieser Sektion ist verwirrend und noch nicht befriedigend gelöst. Zu fast jeder Art dieser Sektion gibt es zahlreiche Synonyme, was immer wieder zu Verwechslungen und Mißverständnissen geführt hat (siehe dazu PETRY 1895, 1907, 1908, THELLUNG 1907, 1908). So gibt es etwa veröffentlichte Exsikkatenbelege von Petry mit *E. engelmanni* (KR, PETRY 1907, 1908, THELLUNG 1908), die eindeutig *E. humifusa* darstellen, oder Belege von F. ZIMMERMANN (siehe ZIMMERMANN 1907) mit *E. humifusa*, die sich als *E. maculata* herausstellten.

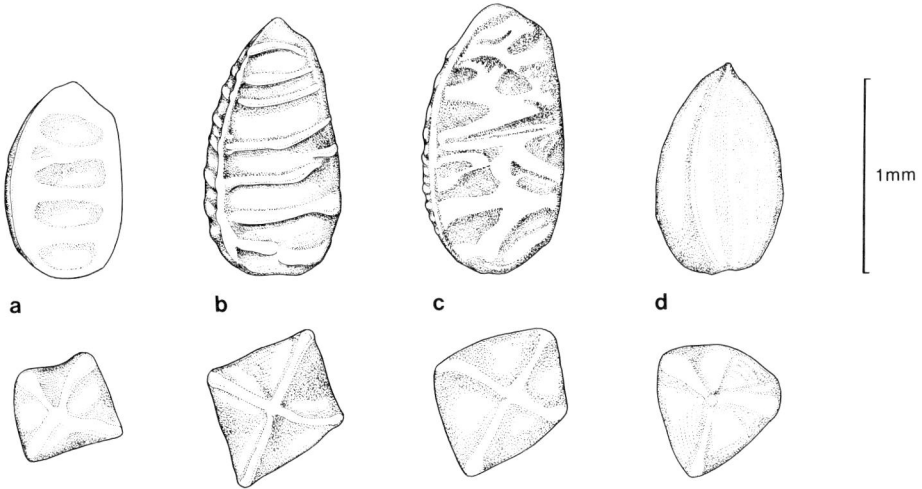

Samen von *Euphorbia maculata* (a), *E. prostrata* (b), *E. chamaesyce* (c), *E. humifusa* (d). Obere Reihe Seitenansicht, untere Reihe Aufsicht. Zeichnung: F. WEICK.

Für die Flora von Baden-Württemberg werden nur solche Arten übernommen, die nicht ausschließlich kultiviert wurden oder werden, sondern verwildern und von denen entweder Belege vorliegen oder die THELLUNG, den damals besten Kenner dieser Sektion in Mitteleuropa, bestätigt hat, sowie *Euphorbia engelmannii* und *E. chamaesyce*, da andere Arten mit diesen gelegentlich verwechselt werden.

Die beste Übersicht der Arten der Sektion *Anisophyllum* mit guten Beschreibungen gibt THELLUNG (1907, 1917).

1. Euphorbia nutans Lagasca y Segura 1816
Nickende Wolfsmilch

Morphologie: Einjährig. Sproß und Blätter zerstreut behaart mit langen, abstehenden und kurzen, anliegenden Haaren. Blätter kurzgestielt, lineallanzettlich, (3) 8–12 mm breit, (6) 10–30 mm lang, gesägt. Nebenblätter dreieckig, gewimpert. Neben dem einzelnen Cyathium in der Gabelung der Stengel mehrere Cyathien in doldigen Teilblütenständen am Ende der Zweige, am Grund der Dolde zwei Hochblätter. Hüllbecher schmal kreiselförmig, außen kahl, innen rauhhaarig mit lanzettlichen Zipfeln, Drüsenanhängsel breiter als die Drüse, zuerst weiß, bei der Fruchtreife purpurn überlaufen. Kapsel kahl, Samen mit unregelmäßig verbundenen Querfurchen.
Biologie: Blütezeit von Juli bis September.
Ökologie: Auf Ruderalflächen, an Dämmen, in Weinbergen und Olivenhainen.

Allgemeine Verbreitung: Amerika und von Kanada bis ins nördliche Südamerika. In Europa ist die Art vor allem im Mittelmeergebiet eingebürgert. In Deutschland bisher nur aus Baden-Württemberg bekannt.
Verbreitung in Baden-Württemberg: Unbeständig; bisher nur im Oberrhein- und Bodenseegebiet.

Oberrheingebiet: 7913/3: Güterbahnhof Freiburg, 1976 (später nicht mehr bestätigt), KOCH (KR); 8411/2: Weil-

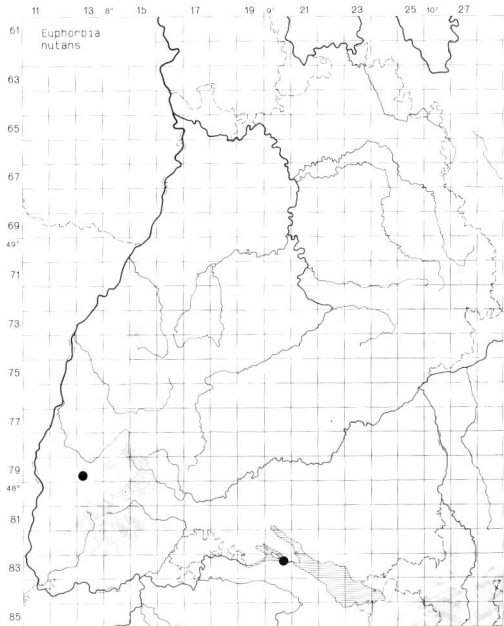

89

Niederliegende Wolfsmilch *(Euphorbia humifusa)*
Freiburg, 1977

Bahnhof, 1983 (nach G. HÜGIN SEN. dort bereits seit den 1950er Jahren), HÜGIN und KOCH 1992.
Bodenseegebiet: 8320/2: Bahnhof Reichenau W Wollmatingen, 1986, PEINTINGER (STU).

Erstnachweise: Neophyt seit den 1950er Jahren?
Bestand und Bedrohung: *E. nutans* ist eine seltene Adventivart. Sie zeigt bisher keine Ausbreitungs- und Einbürgerungstendenzen.

2. Euphorbia humifusa Willd. 1814
Niederliegende Wolfsmilch

Morphologie: Ganze Pflanze kahl, im Alter rötlich überlaufen. Blätter verkehrt-eiförmig bis lineal-lanzettlich, gestielt (2) 2,2–3,8 (4) mm breit, (3) 3,2–6,6 (7) mm lang, gesägt. Nebenblätter pfriemlich. Cyathien einzeln; Drüsenanhängsel kleiner als die Drüse. Kapsel kahl.
Ökologie: In lückigen Ruderal- und Trittrasengesellschaften.
Allgemeine Verbreitung: Temperate Zone in West-, Mittel- und Ostasien. In Europa seit Beginn des 19. Jahrhunderts in botanischen Gärten kultiviert

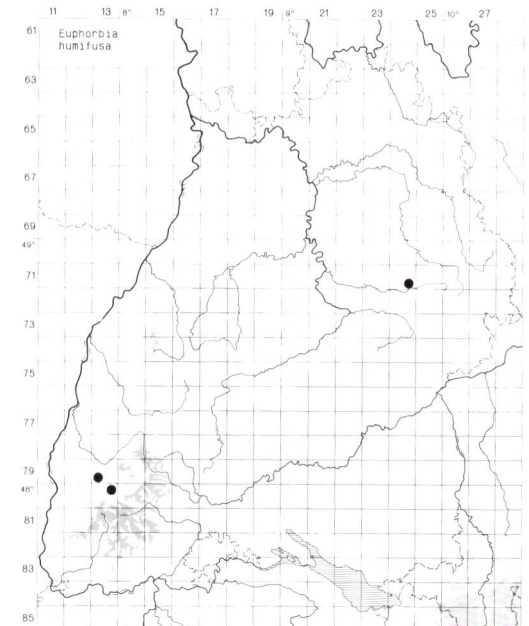

Gefleckte Wolfsmilch *(Euphorbia maculata)*
Nördlich Breisach, 1987

und gelegentlich verwildert, vor allem im Mittel-meergebiet. In Deutschland zum erstenmal wahr-scheinlich 1813 im Botanischen Garten Berlin an-gebaut (THELLUNG 1917).

Verbreitung in Baden-Württemberg: Neophyt. Zum erstenmal wahrscheinlich um 1880 im Botanischen Garten in Tübingen kultiviert (THELLUNG 1917). Neben weiteren Kulturen in botanischen Gärten (Karlsruhe, Freiburg, Straßburg (THELLUNG 1917)) gibt es einige verwilderte Vorkommen:

Oberrheingebiet und Schwarzwald-Vorbergzone: 7913/3: Als Unkraut im Alpinum des Botanischen Gartens Frei-burg und auf dem Hauptfriedhof, zahlreich, 1975, 1991, KOCH (KR), HÜGIN und KOCH 1992; 8013/2: Kirchzar-ten/Friedhof, 1991, KOCH (KR-K).
Ostalbvorland: 7124/4: Schwäbisch-Gmünd, Dreifaltig-keitsfriedhof, 1991, RODI (STU).

Erstnachweise: siehe oben.
Bestand und Bedrohung: *E. humifusa* ist eine seltene Adventivart. Sie zeigt bisher keine Ausbreitungs-tendenzen. Fest eingebürgert scheint sie im Alpi-num des Botanischen Gartens und im Hauptfried-hof von Freiburg.

3. Euphorbia maculata L. 1753
Gefleckte Wolfsmilch

Morphologie: Einjährig. Sproß dicht dem Boden anliegend, zerstreut bis dicht behaart mit langen weißen Haaren. Blätter 2–4 mm breit, 5–9 mm lang, linealisch, behaart. Spreite am Grunde asym-metrisch, Blattrand etwa ab der Mitte zur Spitze hin gesägt. Blattoberseite, weniger die Blattunter-seite, und der Stengel rot überlaufen. Blattoberseite oft in der Mitte mit einem dunkelpurpurnen Fleck. Anhängsel der Nektardrüsen größer als diese, oft gelappt. Frucht behaart.
Biologie: Blütezeit von Juni bis September.
Ökologie: Auf trockenen Ruderalflächen, in Tritt-gesellschaften, Pflasterfugen, besonders auf Fried-höfen auf den Kieswegen zusammen u.a. mit *Po-lygonum aviculare, Matricaria discoidea, Plantago major, Eragrostis minor*. Vegetationsaufnahme bei OBERDORFER (1971: Tab. 2d, Eragrostio-Polygone-tum avicularis).
Allgemeine Verbreitung: Nordamerika von Kanada bis Florida und Texas. In Europa zum erstenmal in

Euphorbia maculata

Oberrheingebiet: 6516/2: Mühlauhafen von Mannheim, um 1950, Feldhofen (HEINE 1952); 6617/1: Bahndamm zwischen Oftersheim und Hockenheim, 1905, ZIMMERMANN (1906: 130); 6817/4: Bruchsal/Friedhof, 1991, DEMUTH (KR-K); 6916/1: Neureut, Friedhof, 1989, NEUBEHLER (KR-K); 6916/2: Büchig, Friedhof, 1990, HAISCH (KR-K); 6916/3: Botanischer Garten Karlsruhe (heutige Orangerie), KNEUCKER (1886, 1895), Stadtgarten in Karlsruhe, 1894, PETRY (1895), 1990, DEMUTH (KR-K), Karlsruhe/Weinbrennerstraße, 1937, JAUCH (KR), Schloßlatz in Karlsruhe, vor 1907, GRAEBNER (THELLUNG 1907), 1985, BREUNIG (KR-K), 1991, DEMUTH (KR-K); 6916/4: Karlsruhe, Kleingärten N Gerwigstraße, 1991, PHILIPPI (KR); 7015/2: Forchheim/Friedhof, 1990, BREUNIG, KLEINSTEUBER (KR-K); 7314/1: Unzhurst, HÜGIN und KOCH 1992; 7413/4: Appenweier/Friedhof, 1990, KLEINSTEUBER (KR-K); 7913/3: Botanischer Garten Freiburg als Unkraut, 1989, Koch (KR); 8211/3: Bahnkörper bei der Station Rheinweiler, 1877, STARK (WINTER 1889, als E. chamaesyce var. canescens, bei PETRY (1895) als engelmannii, bei NEUBERGER (1912) als E. maculata, nach BINZ (1910) hier noch nach 1900 vorhanden.

Mittlerer Schwarzwald: 7615/4: Schapach, Friedhof, 1989, PHILIPPI (KR-K).

Südlicher Schwarzwald: 8112/2: St. Trudpert/Friedhof, 1991, PHILIPPI (KR); 8212/4: Holl, Tegernau, HÜGIN und KOCH (1992); 8213/1: Schönau, HÜGIN und KOCH (1992); 8213/3: Mambach, HÜGIN und KOCH (1992); 8215/4: Riedern, HÜGIN und KOCH (1992); 8216/3: Mauchen, HÜGIN und KOCH (1992); 8313/3: Eichen, HÜGIN und KOCH (1992); 8313/4: Rickenbach, HÜGIN und KOCH (1992); 8314/1: Herrischried, HÜGIN und KOCH (1992); 8314/2: Wilfingen, HÜGIN und KOCH (1992); 8314/3: Görwihl, Niederwihl, HÜGIN und KOCH (1992); 8314/4: Unteralpfen; 8315/2: Aichen, HÜGIN und KOCH (1992); 8414/1: Hänner, HÜGIN und KOCH (1992).

Neckarbecken: 7021/3 und 7121/1: Schloßpark Ludwigsburg, 1988, 1991, SEYBOLD (STU).

Bodenseegebiet und Westallgäuer Hügelland: 8321/1: Konstanz, Friedhof, 1991, DEMUTH (KR); 8325/2: Eisenharz, Friedhof, 1989, DEMUTH (KR).

Erstnachweise: Ältestes literarischer Nachweis bei Kneucker (1886: 68) für Karlsruhe (6916/3) und bei WINTER (1889) für Rheinweiler (8211/3).

Bestand und Bedrohung: E. maculata ist mit Abstand die häufigste Art der Anisophyllum-Gruppe. Es scheint so, als ob sich die Art seit einigen Jahren ausbreitet. Alle Vorkommen befinden sich entweder auf Friedhöfen oder in Gartenanlagen und Parks. Es bleibt abzuwarten, ob sie sich auf weniger stark durch den Menschen beeinflußten Standorten ausbreiten kann (etwa Ruderalflächen außerhalb von Gärten und Friedhöfen, Weinberge usw.). Die bisher beobachteten Funde auf solchen Ruderalflächen (Mühlauhafen, Bahnschotter, Rheinweiler) sind erloschen.

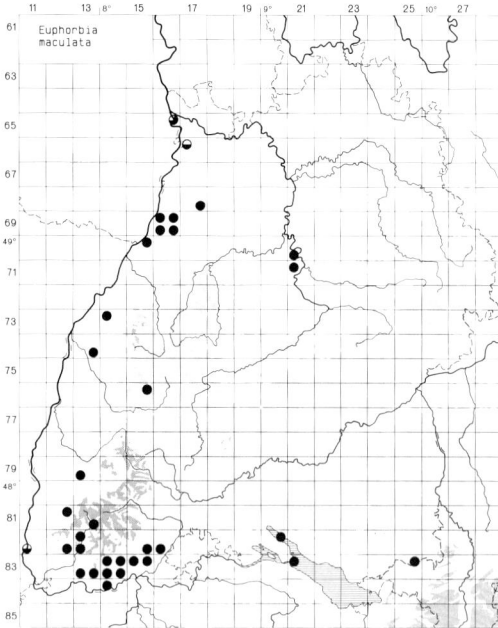

London vor 1660 kultiviert, in Amsterdam um 1689. Danach, vor allem zwischen 1870 und 1900, in zahlreichen botanischen Gärten und anderen Gartenanlagen kultiviert und verwildert: z.B. Paris 1781, Pavia 1876, Genf 1888. In Deutschland erstmals von Marburg um 1794 erwähnt.

Verbreitung in Baden-Württemberg: Neophyt. E. maculata ist sicher auf Friedhöfen und in Parkanlagen verbreiteter als es die Verbreitungskarte ausdrückt; diese muß als reine Fundortkarte interpretiert werden.

Der Schwerpunkt der bekannten Vorkommen liegt im Oberrheingebiet und im Südlichen Schwarzwald. Weitere Vorkommen sind im Nekkarbecken, im Mittleren Schwarzwald und im Westallgäuer Hügelland. Erstmalig wird E. maculata (als E. chamaesyce var. canescens) vom Bahnhof Rheinweiler (8211/3) 1877 erwähnt (WINTER 1889). Danach weitere Fundmeldungen, bzw. Anpflanzungen in Gartenanlagen im Oberrheingebiet (Freiburg, Karlsruhe, Mannheim).

In den letzten Jahren wird E. maculata häufiger auf Friedhöfen gefunden (Bruchsal, Büchig bei Karlsruhe, Appenweier, Schapbach, Eisenharz) wohin sie wahrscheinlich mit Erde oder Kies für den Wegebau verschleppt wurde.

Tiefstes Vorkommen: erloschen, ca. 95 m, Mühlauhafen Mannheim (6516/2). Rezent 113 m, Friedhof Büchig (6916/2). Höchstes Vorkommen: 680 m, Friedhof Eisenharz (8325/2).

Euphorbia chamaesyce L. 1753
Zwerg-Wolfsmilch

Merkmale: ähnlich *maculata* (siehe Schlüssel), oft mit dieser verwechselt, da in manchen Floren des mitteleuropäischen Raumes nur diese Art aus der *Anisophyllum*-Gruppe angegeben ist. Vegetationsaufnahmen aus dem Mittelmeergebiet von *E. chamaesyce*, im Euphorbio-Oxalidetum corniculatae, bei BRANDES (1987).

Herkunft: Mittelmeergebiet, Westasien. Konnte sich bisher nördlich der Alpen nirgends einbürgern. *E. chamaesyce* wurde vor allem im 19. Jahrhundert in botanischen Gärten kultiviert, ist aber wahrscheinlich nie verwildert, z.B. 7016/1: Schulgarten der Nebeniusschule, 1905, KNEUCKER (KR); 7913/3: Botanischer Garten Freiburg, 19. Jahrhundert, *Anonymus* (KR). In jüngerer Zeit keine Nachweise mehr.

Euphorbia engelmannii Boiss. 1860

Merkmale: ähnlich *chamaesyce* und *maculata*; Unterschiede siehe Schlüssel. Eine Pflanze aus KR mit der Schedenaufschrift: „Botanischer Garten Karlsruhe, 1798–1800, Gmelin" (6916/3) stimmt nicht in allen Merkmalen mit der Beschreibung THELLUNGS (1917) überein, unterscheidet sich jedoch von *maculata* und *chamaesyce*. Sie ist fast kahl, hat aber Samenmerkmale wie *chamaesyce*.

Herkunft: Südamerika (Chile, Argentinien). In Europa im 19. Jahrhundert in botanischen Gärten kultiviert, z.B. Madrid 1816, Paris 1819, Berlin 1821 oder 1890, in Baden-Württemberg in Karlsruhe 1849 (nach THELLUNG 1917). Bisher nirgends verwildert. Sehr wahrscheinlich hat THELLUNG (1917: 461) recht, wenn er schreibt, daß *E. engelmannii* seit etwa 1900 nördlich der Alpen nicht mehr vorgekommen ist und sie nur noch im Botanischen Garten von Madrid kultiviert wurde. Die Pflanzen von Rheinweiler, die PETRY (1895) zu *engelmanni* stellt, von KNEUCKER (1895) so übernommen, gehören zu *maculata* (siehe Stellungnahmen von PETRY 1895, 1907, 1908 und THELLUNG 1907, 1908, 1917).

Euphorbia prostrata Aiton 1789

Merkmale: ähnlich *maculata* und *chamaesyce*; Unterschiede siehe Schlüssel.

Herkunft: Tropisches und subtropisches Amerika. In Europa Neophyt, z.B. am Alpensüdfuß verbreitet, im Mittelmeergebiet zerstreut. In Baden-Württemberg bis heute noch nicht nachgewiesen. Es gibt jedoch in Südhessen (z.B. 6018/3: Bhf. Kranichstein, 1985, A. KÖNIG) Fundnachweise, so daß auch in Baden-Württemberg mit Vorkommen zu rechnen ist; da Verwechslungsmöglichkeit mit *E. maculata* und *chamaesyce* besteht, könnte die Art bisher auch übersehen worden sein.

4. Euphorbia lathyris L. 1753
Kreuzblättrige Wolfsmilch

Morphologie: Nach PAX u. HOFFMANN (1908) kann die Art einjährig, einjährig überwinternd oder zweijährig sein; sie ist wintergrün. Stengel aufrecht, bis 1,5 m hoch, kahl, dunkelgrün, bläulich bereift. Im ersten Jahr ist der Stengel dicht beblättert, im zwei-

Kreuzblättrige Wolfsmilch *(Euphorbia lathyris)* Gingen/Fils, 25. 5. 1974

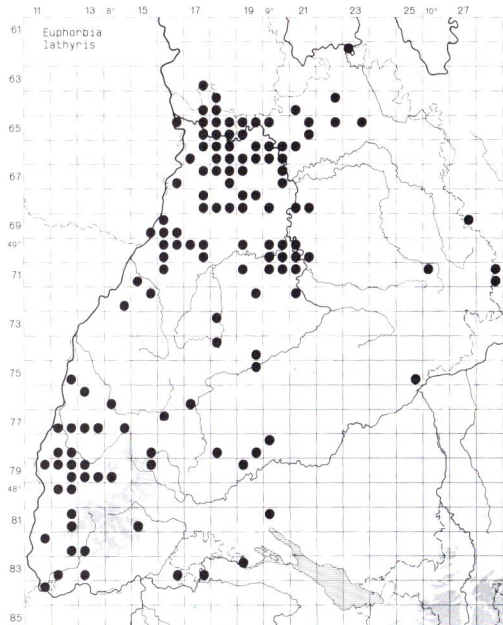

ten Jahr, bei der Ausbildung der Blüten, ist der untere Stengelteil blattlos. Blätter gekreuzt gegenständig, zuweilen 3 an einem Knoten, die unteren lineal bis lineal-lanzettlich, bis 12 cm lang und bis 2 cm breit, die oberen länglich-eiförmig. Blütenstand wiederholt gabelig (dichasial) verzweigt, am Ende der Teilblütenstände monochasiale Verzweigungen. Nektardrüsen halbmondförmig, zweihörnig. Samen groß, 5–7 mm lang, 4–5 mm breit.

Biologie: Blütezeit Juni bis August. Bereits im Altertum wurde *Euphorbia lathyris* als Heilpflanze geschätzt und angebaut. Das Öl des Samens wurde als Brech- und Abführmittel verwendet. Seit dem Mittelalter wurde sie ebenfalls in Mitteleuropa in Kloster- und Bauerngärten als Zier- und Heilpflanze gezogen. Die Samen dienten neben medizinischen Zwecken auch als Kaffeersatz und das Samenöl als Brennöl.

Heute dient sie wohl nur noch als Zierpflanze und soll angeblich in Gärten Maulwürfe und Wühlmäuse vertreiben. Nicht nur die Samen, auch der weiße Milchsaft ist sehr giftig.

Ökologie: Aus Gärten verwildert. In Ruderalgesellschaften, z. B. auf Schuttplätzen, an Wegrändern, in Weinbergen; wärmeliebend.

Allgemeine Verbreitung: Die Herkunft ist nicht mehr exakt festzustellen, da *E. lathyris* bereits im Altertum als Kulturpflanze weit verbreitet war. Wahrscheinlich stammt sie aus dem Mittelmeerraum und den wärmeren Teilen Asiens. Heute ist

sie in Asien, fast ganz Europa (außer in der borealen und polaren Zone) in Nord- und in Südamerika und in Australien verbreitet.

Verbreitung in Baden-Württemberg: Es ist nicht sicher, wo die Art in Baden-Württemberg vollständig eingebürgert oder unbeständig ist. Möglicherweise bedarf es für Verwilderungen immer wieder des Nachschubes von Samen von gepflanzten Exemplaren. Statusangaben bei verwilderten Pflanzen sind schwierig zu erstellen, so daß die Art von vielen Kartierern überhaupt nicht berücksichtigt wurde. Die Karte ist als Fundortkarte zu interpretieren. Sie gibt zwar gut die wärmeren Landesteile als Schwerpunkt einer möglichen Einbürgerung wieder (Weinbauklima), aber auch den Aktionsraum derjenigen Kartierer, die sie erfaßt haben.

Bestand und Bedrohung: Da der Status noch nicht geklärt ist, kann über eine mögliche Gefährdung oder über eine mögliche Ausbreitung der Art nichts ausgesagt werden.

5. Euphorbia palustris L. 1753
Sumpf-Wolfsmilch

Morphologie: Ausdauernd, Hemikryptophyt mit verzweigtem, dickem Rhizom und unterirdischen Ausläufern. Stengel aufrecht, hohl, unten über 1 cm dick, oben mit sterilen Seitenästen, diese zur Fruchtzeit oft die Fruchtstände überragend, bis 1,5 m hoch. Blätter des Hauptsprosses 4–8 cm lang und 1–2 cm breit, lanzettlich, ganzrandig oder im vorderen Teil fein gesägt, kahl, oberseits kräftig grün, unterseits blaugrün. Der endständige Teilblütenstand mit meist mehr als 5 Doldenstrahlen, diese zumeist zuerst 3fach, dann gabelig verzweigt. Nektardrüsen oval, gelb. Kapsel dicht mit kurzen Warzen besetzt.

Biologie: Blütezeit von Mai bis Juni.

Ökologie: Auf humosen, nährstoff- und basenreichen, nassen Aueböden, vor allem auf periodisch oder unregelmäßig überschwemmten und dadurch gestörten Stellen; in brachliegenden Pfeifengraswiesen (selten in gemähten), in Hochstaudengesellschaften und lückigen Röhrichten; gern im Halbschatten von Weidengebüsch, in alten Flußrinnen, in Gräben und an Bachufern. Vegetationsaufnahmen bei GÖRS (1974: 253, Valeriano-Filipenduletum), PHILIPPI (1978: 233, Tab. 43, *Euphorbia palustris*-Gesellschaft), THOMAS (1990: Tab. 8, selten im Molinietum coeruleae, Tab. 13, reichlich im Phragmitetum communis); von der hessischen Oberrheinebene gibt es Aufnahmen von KORNECK (1963: Tab. 23, im Veronico longifoliae-Euphorbietum). Regelmäßige Begleiter sind u.a. *Phragmites*

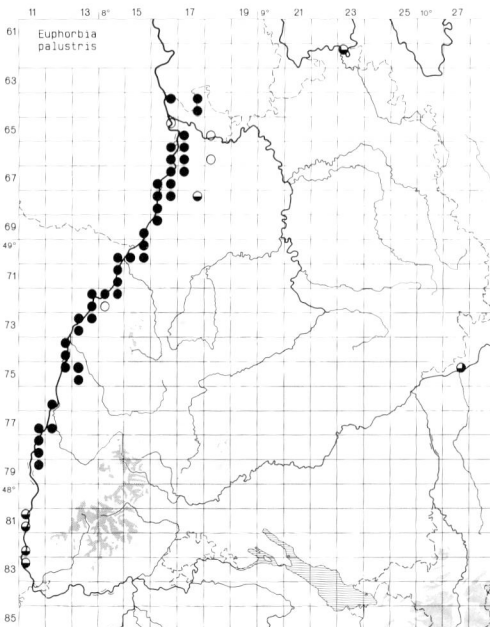

Sumpf-Wolfsmilch *(Euphorbia palustris)*
Niederrotweil

communis, Phalaris arundinacea, Lysimachia vulgaris, Filipendula ulmaria, Lythrum salicaria, Symphytum officinale, Thalictrum flavum, Calystegia sepium und die Großseggen *Carex riparia, Carex gracilis* und *Carex acutiformis.*

Allgemeine Verbreitung: Im Westen bis Nordspanien, Südwestfrankreich, fehlt auf den Britischen Inseln; nach Osten bis Westsibirien; im Norden bis Südskandinavien, etwa bis 35° n. Br.; im Süden bis Süditalien, Albanien, Nordgriechenland, in Kleinasien vereinzelte Vorkommen. In Europa ist *E. palustris* eine Stromtalpflanze, die fast nur entlang größerer Flüsse, seltener an Nebenflüssen vorkommt. In Zentraleuropa sind dies z. B. Loire, Po, Rhein, Main, Donau, Weser, Elbe, Oder.

Verbreitung in Baden-Württemberg: Indigen. Nur im Oberrheingebiet und an einer Stelle am Rand des Odenwaldes im Neckartal bei Heidelberg (erlo-

schen). Ein rezentes Vorkommen im Bereich des Altneckars ist auf hessischem Gebiet, nur wenig von der Landesgrenze entfernt: 6417/4: Neutzenlache, 1990, DEMUTH (KR-K) und 6317/2: Erlache E Lorsch, 1988, DEMUTH (KR-K). Die allermeisten Vorkommen befinden sich in der Rheinaue, Vorkommen auf der Niederterrasse sind selten und nur in Fluß- und Bachniederungen: Altneckar (Bergstraßenneckar) (6417/2 und 4), Leimbachniederung (6618/3), Kraichbachniederung (6817/2), Schuttniederung (7513/3). Eine Angabe vom Bodensee von JACK (1891, nach Forstinspektor v. STENGEL) ist zweifelhaft, da die Bodenseefloren (HÖFLE 1850, BAUMANN 1911) die Art nicht erwähnten.

Tiefstes Vorkommen: ca. 95 m, Mannheim (6416/2). Höchstes Vorkommen: ca. 235 m, Istein, Kleinkems (erloschen), ca. 184 m, Faule Waag N Breisach (aktuell).

95

Nur erloschene Vorkommen:

Oberrheingebiet: 6417/2: W Weinheim, um 1970, Buttler u. Stieglitz (1976; durch den Bau der A 5 wurde der Fundort wahrscheinlich 1972 vernichtet); 6516/2: Rheinwälder bei Neckarau, Dierbach (1819/20), 1888, K. Müller (KR); 6618/3: Zw. St. Ilgen und Kirchheim, Schmidt (1857); 6817/2: Wolfwinkel bei Forst, Oberdorfer (1936); 6916/1: Zw. Neureut und Leopoldshafen, Kneucker (1886); 7214/2: Hügelsheim, Frank (1830); 7214/3: Lichtenau, Moos, Frank (1830); 8111/1: Rheinwald bei Grißheim, um 1900, Frey (Klein 1905); 8111/3: Neuenburg, um 1900, Neuberger (Klein 1905); 8211/3: Rheinweiler, um 1900, Schillinger (Klein 1905); 8311/1: Istein, Kleinkems, um 1900 (Binz 1905, Klein 1905). Odenwald: 6518/3: Zw. Heidelberg und Ziegelhausen, Schmidt (1857).

Vorkommen außerhalb Baden-Württembergs nahe der Landesgrenze: Bayern: 7525/2: Unteres Riedwirtshaus bei Günzburg, 1942, K. Müller (KR und 1957, inzwischen erloschen); 6223/1: Kreuzwertheim, Vollmann (1914).

Erstnachweise: Ältester literarischer Nachweis bei Gmelin (1806: 340–341): Rheininseln.

Bestand und Bedrohung: Im Oberrheingebiet südlich Breisach waren bereits alle Vorkommen kurz nach 1900 erloschen. Die starken Grundwasserabsenkungen (5 bis 7 m) von Basel bis Breisach nach der Tullaschen Rheinkorrektion im letzten Jahrhundert haben die Standorte austrocknen lassen, so daß *Euphorbia palustris* keine geeigneten Wuchsorte mehr hatte. Nördlich Breisach war die Absenkung nicht ganz so stark (1–2 m), so daß sich hier die Art bis heute halten konnte. Die Bestände im Bereich der mittleren Oberrheinebene nehmen jedoch seit etwa 30 Jahren dramatisch ab. Der Bau der Staustufen und der Ausbau der Dämme zwischen Breisach und Iffezheim nach 1960 hatte die Austrocknung ehemaliger Naßwiesenstandorte und die Überführung der Fächen in Äcker zur Folge. Dadurch sind viele Populationen in diesem Bereich auf Restbestände in Gräben und an Gebüschrändern reduziert worden (z. B. 7911/2: „Faule Waag" N Breisach). In der Nördlichen Oberrheinebene wurden zwar ebenfalls viele Naßstandorte trockengelegt, jedoch gibt es hier noch einige größere Populationen, so daß die Art nicht ganz so stark gefährdet ist. Insgesamt ist die Art gefährdet (Gef. Grad 3); sie ist nach der Bundesartenschutzverordnung vom 19. 12. 1986 besonders geschützt.

6. Euphorbia dulcis L. 1753
Süße Wolfsmilch

Morphologie: Ausdauernd, mit verzweigtem, z. T. knollig verdicktem, ± waagerechtem Rhizom. Mehrere, bis 60 cm hohe, unverzweigte Stengel, zerstreut behaart. Blätter wechselständig, 3–8 cm lang und 1–2,5 cm breit, länglich-oval bis länglich-lanzettlich, mit verschmälertem Grund sitzend oder sehr kurzgestielt, kahl oder unterseits zerstreut behaart. Die beiden Hüllblätter der Cyathien länglich-dreieckig, etwas länger als breit, mit schwach herzförmigem oder gestutztem Grund sitzend. Gesamtblütenstand mit (3) 5 Doldenstrahlen, diese einfach, selten gabelig verzweigt. Drüsen oval, bei Blühbeginn gelbgrün, später sich rot färbend. Fruchtknoten 3–3,5 mm lang, 1,8–2 mm breit mit halbkugelförmigen Warzen.

Biologie: Blütezeit von April bis Juni.

Ökologie: Auf frischen, häufig durchsickerten, selten trockeneren, nährstoff- und basenreichen bis schwach sauren, humosen, lockeren Lehmböden (Mullböden). In artenreichen Laubmischwäldern, z. B. (mit Vegetationsaufnahmen) in Buchenwaldgesellschaften: Lathyro-Fagetum (Kuhn 1937), selten im Asperulo-Fagetum (v. Rochow 1951, Sebald 1974), im Carici-Fagetum (v. Rochow 1951, Hügin 1979) oder im Abieti-Fagetum (Oberdorfer 1971); in Schluchtwaldgesellschaften: Aceri-Fraxinetum (Hügin 1979, Sebald 1974, Müller 1966); in Eichen-Hainbuchenwäldern: Carpinion (Libbert 1939, Roser 1962, Müller 1966), selten in Auwäldern: Carici-Fraxinetum und im Stellario-Alnetum (Sebald 1974), im Alnetum incanae (Müller u. Görs 1958, Schwabe 1985) und sehr selten im Querco-Ulmetum des Taubergießen-Gebietes (Carbiener 1974) – fehlt in den Aufnahmen

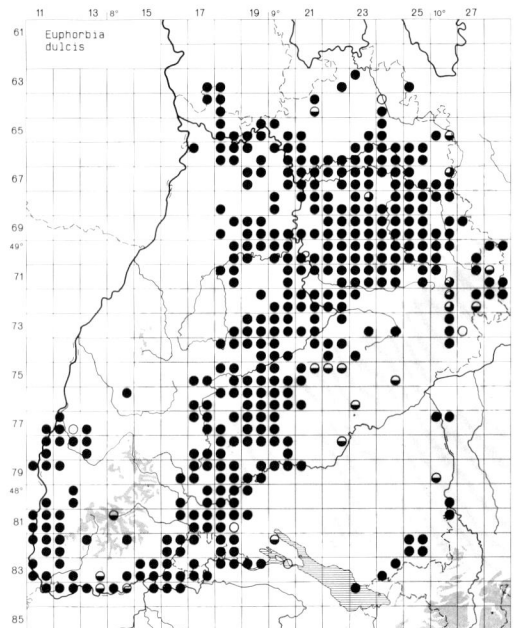
Euphorbia dulcis

96

Süße Wolfsmilch *(Euphorbia dulcis)*
Geisingen, 22. 6. 1991

des rechtsrheinischen Taubergießen (LOHMEYER u. TRAUTMANN 1974), kommt aber im Gebiet vor. Etwas ungewöhnlich sind die Vorkommen in den trockenen, meist südexponierten Eichenmischwäldern (Lithospermo-Quercetum und Potentillo-Quercetum) am Spitzberg bei Tübingen (MÜLLER 1966).

E. dulcis ist eine Schatten- bis Halbschattenpflanze. Man findet sie seltener im dunklen Waldinneren, sondern mehr an lichten Waldstellen und in der Nähe von Waldrändern oder Waldwegen. Sie ist in den Waldaufnahmen meistens spärlich und mit geringer Deckung vertreten.

Allgemeine Verbreitung: Verbreitungsschwerpunkt ist West- und Mitteleuropa. Nach Westen bis Westfrankreich, Nordportugal und Nordwestspanien, nach Osten bis zu den Karpaten (Polen, Tschechoslowakei). Im Süden bis Mittelitalien (Apennin) und Jugoslawien, im Norden bis Norddeutschland und Nordpolen (etwa zum 53° n.Br.). In Großbritannien eingebürgert.

Das Areal besitzt in Mitteleuropa eine auffällige Lücke. Vom Westen her erreicht es nördlich der Donau das Mittelfränkische Becken und die Ostalb, von Osten her das östliche Harzvorland, das fränkische Rhönvorland und den Böhmerwald. Südlich der Donau ist das Areal durchgehend. Nach SCHÖNFELDER (1970) soll es sich um eine unvollständige postglaziale Rückwanderung handeln.

Nach dem Zurückdrängen der Art zu Beginn der letzten Eiszeit in die westlichen und östlichen Refugien, sollen sich dort die beiden Unterarten *dulcis* im Osten und *purpurata* im Westen herausgebildet haben. Beide hätten sich nach Ende der Eiszeit vor etwa 10000–12000 Jahren in Richtung Mitteleuropa ausgebreitet. Bei etwa 500–600 km bis zur „mitteleuropäischen Lücke" ergäbe dies eine Wandergeschwindigkeit von 50–60 m/Jahr. Da *E. dulcis* eine myrmekochore Samenverbreitung besitzt, müßte dieser Wert der Transportstrecke der Ameisen, die den Samen verbreiten, entsprechen. Nach GÖSWALD (1989) und ZAKHAROV (1980) liegen die Aktionsradien von Waldameisenarten (*Formica* spp.) bei 50–100 m. Nach SERNANDER (1906) beträgt die maximale Transportstrecke von Samen durch Ameisen 70 m. Da geeignete Habitate in der Lücke vorhanden sind, würden nach Schönfelder die derzeitigen West- und Ostgrenzen der Unterarten nicht die potentiell natürlichen Verbreitungsgrenzen darstellen, sondern zeitliche Grenzen der Ausbreitung. Inwieweit diese Hypothese zutrifft, läßt sich schwer beurteilen, zumal über die Systematik und Verbreitung von *E. dulcis* sicherlich noch nicht alles bekannt ist (der subsp. *dulcis* nahestehende Pflanzen kommen in Baden-Württemberg und im Elsaß vor, was dieser Hypothese widerspricht).

Verbreitung in Baden-Württemberg: Indigen. In Waldgebieten mit nährstoff- und basenreichen, kalkhaltigen oder kalkfreien Böden verbreitet: Odenwald (Bergstraße), östlicher Kraichgau, Neckartal und Neckarbecken, Hohenloher Ebene, Obere Gäue, Keuper-Lias-Neckarland, Westalb, Ostalb, Baar und Wutachgebiet, Klettgau und Hochrhein, Südliches Oberrheingebiet. Selten in den trockenen Kalkgebieten oder in regenreichen, kalten Naturräumen: Taubergebiet, westlicher Kraichgau, Mittlere Alb, Westallgäuer Hügelland. Fehlt weitgehend im Mittleren und Nördlichen Oberrheingebiet, in Oberschwaben und im Bodenseebecken. Zur Verbreitung auf der Ostalb und ihrem Vorland siehe MAHLER (1953).

Tiefstes Vorkommen: ca. 95 m, Rheinaue bei Ketsch (6617/1). Höchstes Vorkommen: ca. 1100 m, Feldseewand (8114/1).

Angaben zu Vorkommen außerhalb der Hauptverbreitung:
Oberrheingebiet: 7314/2: Neusatz, nach Apotheker STOLZ, FRANK (1830) – Angabe zweifelhaft, daher nicht in die Karte übernommen.
Schwarzwald: 7614/2: Harmersbachtal, 1985, BREUNIG (KR-K); 8114/1: Seewand am Feldsee, K. MÜLLER (1935), Seebuckabsturz, K. MÜLLER (1938) – ob noch?;

8214/2: Albtal N St. Blasien zw. Glashofsäge und Nieder-
mühle im Alnetum incanae, D. KNOCH (in: OBERDORFER
1982), SCHWABE (1985); 8213/1: Kastel, 1987, PHILIPPI
(KR-K).

Mittlere Donaualb: 7524/4: Blaubeuren, KIRCHNER u.
EICHLER (1913); 7623/3: Granheim, KIRCHNER u. EICH-
LER (1913); 7822/2: Riedlingen im Teutschbuch, KIRCH-
NER u. EICHLER (1913).

Bodenseegebiet: 8220/1: Gütletal, GROSS (1906); 8320/2:
Ruine Schopfeln auf der Reichenau, JACK (1891).

Erstnachweise: Ältester literarischer Nachweis bei
BAUHIN (1598: 209): Umgebung von Bad Boll
(7323).

Bestand und Bedrohung: Die Art ist in Baden-Württemberg nicht gefährdet.

Variabilität: *E. dulcis* gliedert sich in bisher zwei
bekannte Unterarten, die beide im Gebiet vorkommen.

Schlüssel zu den Unterarten:

1 Fruchtknoten und reife Früchte silbrig behaart,
Laubblätter 6–8 cm lang, (1,6) 2–2,5 cm breit,
Pflanze bis ca. 60 cm hoch . . . . . a. subsp. *dulcis*
– Reife Frucht kahl, höchstens unreifer Fruchtknoten wenig behaart, später verkahlend, Laubblätter
3,3–4,5 cm lang, 1,2–1,8 cm breit, Pflanze bis ca.
40 cm hoch. . . . . b. subsp. *purpurata*

a) subsp. **dulcis**

E. dulcis var. *lasiocarpa* Neilreich

Morphologie: In allen vegetativen Teilen größer als
die subsp. *purpurata*, Warzen grün (bisher nur bei
einer Pflanze im Gebiet selbst beobachtet).

Ökologie: Im Gebiet sehr wahrscheinlich in den
gleichen Waldgesellschaften wie subsp. *purpurata*.

Allgemeine Verbreitung: Im Ostteil des Gesamt-
areals von *E. dulcis* verbreitet, bis zur „mitteleuropäischen Lücke". Westlich davon einzelne, isolierte
Teilareale und Einzelvorkommen bis ins Elsaß (hier
nur Zwischenformen).

Verbreitung in Baden-Württemberg (Nur nach Her-
barbelegen): Pflanzen, die in allen Merkmalen der
subsp. *dulcis* entsprechen sind bisher nur vom
Schwäbisch-Fränkischen Wald belegt:

6926/4: Rand der Glasbachaue S Jagstzell, 1974, HARMS
(STU); 6823/3: Waldweg E Brettach, 370 m, ca. 100 Ex-
emplare, 1989, SCHWEGLER (STU); 6924/3: Waldweg SW
Westheim, 350 m, ca. 30 Exemplare, 1989, SCHWEGLER
(STU).

Pflanzen, die in den Merkmalen zwischen *dulcis*
und *purpurata* liegen (silbrig behaarte Fruchtknoten,
aber Größenverhältnisse wie bei *purpurata*
oder kahle Fruchtknoten und Größenverhältnisse
wie *dulcis*, z.T. Laubblätter bis 7,3 cm lang):

Odenwald: 6418/1: Bergstraße bei Weinheim, 1891, LUTZ
(KR) – auf diese Pflanzen bezieht sich sehr wahrscheinlich
die Angabe von DÖLL (1859) von Weinheim, auch am

Haarlaß bei Heidelberg (6518/3), jedoch gibt es von hier
keine Belege.

Hohenloher Ebene: 6723/2: Kupfertal bei Neufels, 1970,
SEYBOLD (STU).

Neckarbecken: 6821/3: Heilbronn, 1880, LÖCKLE (STU);
7020/4: Markgröningen, 1953, HRUBY (KR).

Schwäbisch-Fränkischer Wald: 7026/1: Glasweiher SW
Eggenrot, 450 m, 1985, VOGGESBERGER (STU). Baar:
7916/4: Rietheim, 1986, SEYBOLD (STU).

Bodenseegebiet: 8323/3: Langenargen, 413 m, 1974,
DÖRR (STU).

Außerhalb Baden-Württembergs gibt es einen Fund aus
dem Elsaß: 7112/4: Königsbrück bei Hagenau, 1986,
PHILIPPI (KR).

Bestand und Bedrohung: Solange über die tatsächliche Verbreitung wenig bekannt ist, kann über die
Bestandesgröße und über eine eventuelle Gefährdung nichts ausgesagt werden.

b) subsp. **purpurata** (Thuill.) Rothm. 1963

subsp. *incompta* (Cesati) Nyman 1865; *E. purpurata* Thuill. 1800

Morphologie: In allen vegetativen Teilen kleiner als
die subsp. *dulcis*. Warzen dunkelpurpurn.

Ökologie: Siehe Artbeschreibung.

Allgemeine Verbreitung: Im Westteil des Gesamt-
areals von *E. dulcis* bis zur „mitteleuropäischen
Lücke".

Verbreitung in Baden-Württemberg: Sie ist mit Abstand die häufigste Sippe. Ihre Verbreitung entspricht in Baden-Württemberg der Verbreitung der
Art.

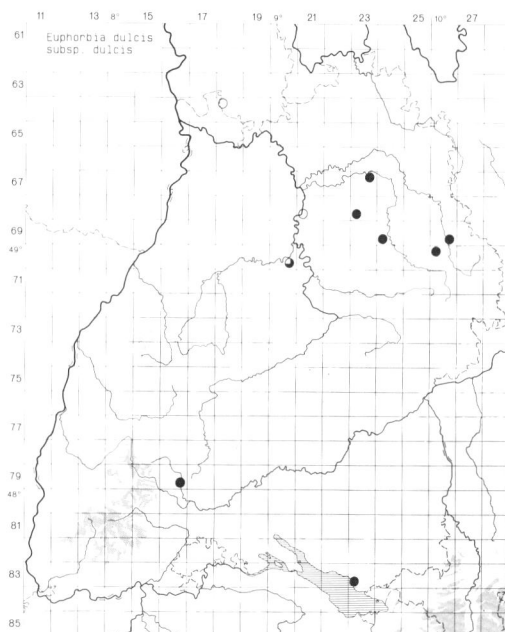

Euphorbia dulcis
subsp. dulcis

Warzen-Wolfsmilch *(Euphorbia verrucosa)*
Grafenberg bei Kayh, 28. 4. 1991

7. **Euphorbia verrucosa** L. 1753
E. brittingeri Opiz ex Samp. 1914
Warzen-Wolfsmilch

Morphologie: Ausdauernd, mit dickem, kurzem, verzweigtem, ± senkrechtstehendem Rhizom mit mehreren Stengeln, diese am Grunde verzweigt (aus den Achseln der Niederblätter eines Stengels können im Jahr nach dessen Absterben Seitensprosse austreiben), 20–50 cm hoch, unten oft rötlich bis purpurn überlaufen. Blätter zahlreich, länglich-oval, länglich-verkehrteiförmig, mit verschmälertem Grund sitzend (nicht gestielt), etwa 2–4 cm lang und 0,7–1,3 cm breit, kahl oder zerstreut bis dicht weich behaart, dann aber nach der Blüte verkahlend; Blattoberseite grasgrün, Unterseite bläulichgrün. Seitenständige Teilblütenstände selten vorhanden, endständiger Blütenstand 5strahlig, die Doldenstrahlen zuerst 3fach, dann gabelig verzweigt. Die beiden Hüllblätter der Cyathien länglich-oval bis verkehrt-eiförmig, am Grunde verschmälert. Nektardrüsen oval, gelb bis gelbbraun. Zwischen den männlichen Blüten (Staubgefäßen) kleine Tragblätter vorhanden, diese oben zerschlitzt und behaart. Kapsel 3–4 mm lang, kahl, mit walzlichen Warzen dicht besetzt (zahlreicher als bei *E. dulcis*).

Biologie: Blütezeit von Mai bis Juni.

Ökologie: Auf mäßig trockenen bis mäßig frischen, stickstoffarmen, basen- und meist kalkreichen, humosen, lockeren Ton-, Lehm- oder Schluffböden; auf Kalk- und Gipsgesteinen. *E. verrucosa* ist etwas licht- und wärmeliebend. Die Art kommt in verschiedenen Kalkmagerrasen-Gesellschaften vor.

99

Der Schwerpunkt liegt im Bereich der gemähten Mesobromion-Gesellschaften. Vegetationsaufnahmen bei KUHN (1937: Tab. 17, 19), v. ROCHOW (1951: Tab. 15b), GÖRS (1974: Tab. 3), WITSCHEL (1980: Tab. 9, 11) und SEBALD (1983: Tab. 12). Sie fehlt aber auch nicht in mäßig trockenen bis mäßig frischen Magerweiden (KUHN 1937: Tab. 23, WITSCHEL 1980: Tab. 12). In den trockenen Xerobrometen Süddeutschlands fehlt die Art weitgehend. Sie kommt in Saumgesellschaften kalkreicher Standorte vor, z.B. im Geranio-Peucedanetum cervariae (WITSCHEL 1980: Tab. 17, PHILIPPI 1983: Tab. 12). *E. verrucosa* kann sich lange in brachliegenden Magerrasen halten. Weitere Vegetationsaufnahmen bei MÜLLER (1966: Tab. 15, Kiefernforst), WITSCHEL (1980: Tab. 1, Anthyllido-Leontodetum hyoseroides, Tab. 13, Caricion ferrugineae).

Allgemeine Verbreitung: Das Areal von *Euphorbia verrucosa* ist auf Mitteleuropa und den nördlichen Mittelmeerraum beschränkt. Im Westen reicht es nach Westfrankreich und Nordwestspanien, im Süden verläuft die Grenze von Nordostspanien, Südfrankreich, Mittelitalien nach Jugoslawien, im Osten bis ins westliche Ungarn (etwa bis Budapest, überschreitet hier die Donau nicht) und in die südwestliche Tschechoslowakei. Im Norden erreicht die Art Nordostfrankreich, Luxemburg und Mitteldeutschland, in der südlichen Röhn ist die Nordgrenze des Areals.

Verbreitung in Baden-Württemberg: Vielleicht indigen in Wald und Gebüschsäumen. Nur in den Gebieten mit basenreichen Böden. Schwerpunkt der Verbreitung auf der Schwäbischen Alb und im nördlichen Albvorland, im Taubergebiet, dem Nekkarbecken (früher), in den Oberen Gäuen, auf der Hohenloher Ebene, vor allem im Bereich des Gipskeupers, im Mittleren und Südlichen Oberrheingebiet, am Hochrhein und im Klettgau. Selten im Nördlichen Oberrheingebiet, im Kraichgau, im Bauland und im Alpenvorland (im Illertal häufiger).

Fehlt im Schwarzwald, im Odenwald und im Nördlichen Oberschwaben.

Tiefstes Vorkommen: 95 m, Ketscher Rheininsel (6617/1). Höchstes Vorkommen: 1014 m, Lemberg (7818), ca. 1000 m, Plettenberg (7718/4, beide BERTSCH 1919).

Vorkommen außerhalb der Verbreitungsschwerpunkte und erloschene Vorkommen:
Nördliches und anschließendes Mittleres Oberrheingebiet: 6617/1: NSG Ketscher Rheininsel, 1986, THOMAS (KR-K); 6816/3: Insel Rott, 1986, THOMAS (KR-K); 6915/4: Karlsruhe-Rheinhafen, 1933, JAUCH (KR); 7114/4: N Hügelsheim, 1980, PHILIPPI (KR-K); 7313/3: Auenheim, FRANK (1830); 7314/4: Lauf, FRANK (1830); 7612/4: am Rhein bei Nonnenweier, MOHR (1898); 7613/3: Waldrand am Sulzer Weg, MOHR (1898); 7712/3: Oberhausen, DÖLL (1857–1862); 8013/1: Schloßberg, DÖLL (1857–1862); 8112/3: Badenweiler, Oberweiler, Laufen, Muggard, DÖLL (1857–1862).

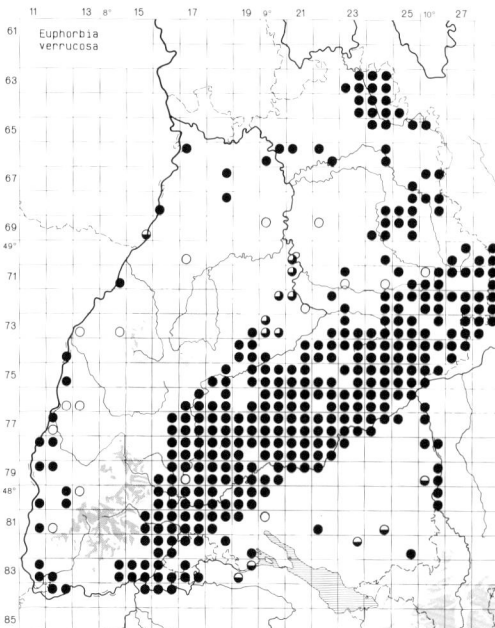

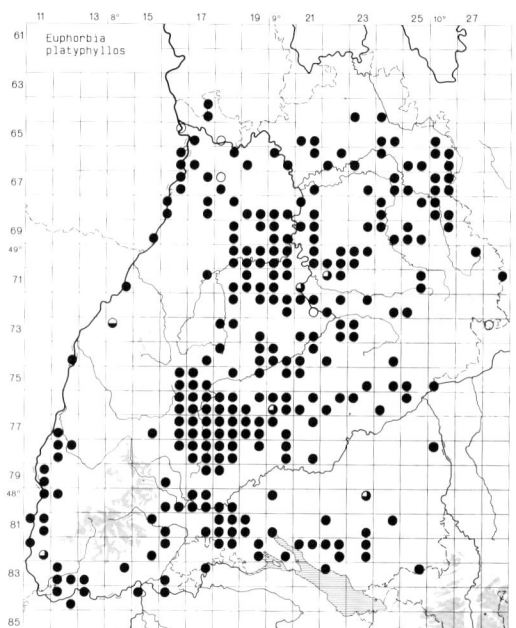

Neckarland: 6920/1: Stockheim, 1890, ALLMENDINGER (KR); 6922/1: Löwenstein, KIRCHNER u. EICHLER (1913); 7017/3: Langensteinbach, FRANK (1830); 7021/3: Ludwigsburg, SEYBOLD (1968); 7121/1: Güterbhf. Kornwestheim (eingeschleppt), SEYBOLD (1968); 7123/3: Schorndorf, KIRCHNER u. EICHLER (1913); 7124/4: KIRCHNER u. EICHLER (1913); 7126/1: Abtsgmünd, KIRCHNER u. EICHLER (1913); 7220/2: Hasenberg, KREH (1950); 7221/1: Fischerwäldle bei Gaisburg, KREH (1950); 7221/4: Esslingen, KIRCHNER u. EICHLER (1913); 7320/1: Ackerrain bei Böblingen, SEYBOLD (1968); 7320/3: Schönberg bei Holzgerlingen, SEYBOLD (1968); 7320/4: Totenbachtal bei Waldenbuch, SEYBOLD (1968).

Baar: 7917/3: Dürrheim, ZAHN (1889).

Alpenvorland: 7926/3: Rot, KIRCHNER u. EICHLER (1913); 8120/1: Stockach, DÖLL (1857–1862), JACK (1892); 8122/3: Evagarten N Deggenhausen, 1983 (STU-K); 8123/4: Kiesgrube S Baindt, QUINGER (STU-K); 8225/4: o.O., 1983–85, BUSSMANN (STU-K).

Wahrscheinlich irrtümliche Angaben (ohne Kartenpunkte): 6518/3: Stift Neuburg bei Heidelberg, DIERBACH (1819) – *E. verrucosa* wird weder bei GATTENHOF (1782) noch bei SCHMIDT (1857) von Heidelberg erwähnt, die Art fehlt auch heute an der Bergstraße. 8124/4: Wolfegg, 8223/2: Ravensburg, 8325/2: Eisenharz, alle KIRCHNER u. EICHLER (1913) – BERTSCH (1928) bezweifelt alle diese Angaben und hält sie für Verwechslungen (mit *E. stricta*?); er kennt *E. verrucosa* aus Oberschwaben nicht.

Erstnachweise: Ältester literarischer Nachweis bei DUVERNOY (1722: 141); wurde jedoch schon 1594 von H. HARDER vermutlich im Gebiet gesammelt (HAUG 1915: 88).

Bestand und Bedrohung: Im Oberrheingebiet (siehe GÖRS u. MÜLLER 1974: 253) und im Neckarbecken ist die Art zurückgegangen, im Kraichgau und im Voralpengebiet war sie schon immer selten. In diesen Gebieten sind die Populationen unbedingt schonungsbedürftig, d.h., daß die Magerrasen und Säume, in denen *E. verrucosa* vorkommt, erhalten bleiben müssen. Auf der Schwäbischen Alb und im Taubergebiet besteht keine Gefährdung.

8. Euphorbia platyphyllos L. 1753
Breitblättrige Wolfsmilch

Morphologie: Einjährig – sommergrün; mit Pfahlwurzel. Stengel kahl oder zerstreut behaart, meist unterhalb der Infloreszenz unverzweigt, aufrecht oder der untere Stengelteil bogig aufsteigend. Stengelblätter lanzettlich, 1,5–4 cm lang, 0,5–1 cm breit, meist über der Mitte am breitesten, zum Grund hin verschmälert, mit gestutztem oder schwach herzförmigen Grund sitzend; vor und während der Blütezeit aufwärts gerichtet oder waagerecht abstehend, erst zur Fruchtreife etwas herabgeschlagen und danach abfallend. Blattrand etwa ab der Mitte zur Spitze hin fein gesägt. Blatt-

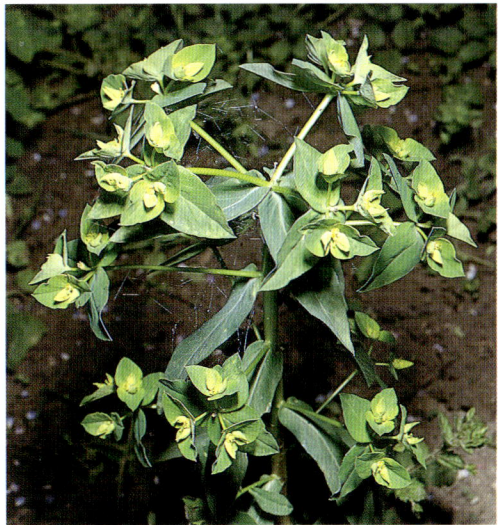

Breitblättrige Wolfsmilch *(Euphorbia platyphyllos)* Unterjesingen, 26. 6. 1991

oberseite meist kahl, Unterseite mit zerstreuten, langen weißen Haaren, seltener kahl. Tragblätter der Teilblütenstände und die Hüllblätter der Cyathien breit dreieckig, zugespitzt, am Rand fein gezähnt. Endständiger Teilblütenstand mit 3–5 Doldenstrahlen, diese mehrfach gabelig verzweigt. Wenige verzweigte seitliche Teilblütenstände. Kapsel 2,5–3 mm lang und etwa ebenso breit, mit halbkugelförmigen Warzen; entlang der Rückennähte der Fruchtklappen ein schmaler, warzenfreier Streifen (beim jungen Fruchtknoten noch nicht so deutlich). Samen (1,4) 1,8–2 (2,2) mm lang, 1,6–1,9 mm breit, schwarzbraun, glänzend.

Biologie: Blütezeit von Juni bis September.

Ökologie: Auf nährstoffreichen, kalkhaltigen, mäßig frischen bis feuchten lehmigen und tonigen Böden (nach HANF (1990) ein Lehm- oder Tonbodenzeiger); etwas wärmeliebend. In Ackerunkrautgesellschaften, z.B. im Caucalido-Adonidetum flammulae (Vegetationsaufnahmen bei KUHN 1937: Tab. 7 und SEBALD 1966: Tab. 12); in nitrophilen Saumgesellschaften, z.B. in Convolvulion sepium- und Alliarion-Gesellschaften (Vegetationsaufnahmen bei GÖRS 1974: 326, Tab. 1 und 332, Tab. 3); auf Schuttstellen, an Weg- und Grabenrändern.

Allgemeine Verbreitung: Mittleres und südliches Europa, Asien und Nordafrika; in Nordamerika eingebürgert. Ursprünglich wohl nur in der ozeanisch geprägten meridionalen Zone Eurasiens.

Verbreitung in Baden-Württemberg: Archäophyt. In den Gebieten mit kalkhaltigen Böden und Ackerbau zerstreut bis verbreitet, aber nirgends sehr zahlreich: im Oberrhein- und Hochrheingebiet, in den meisten Gäulandschaften, auf der Schwäbischen Alb, im Bodenseegebiet; seltener im Mittleren Oberrheingebiet und im Alpenvorland im Bereich der Würmmoräne; fehlt fast ganz im Westallgäuer Hügelland, im Nördlichen Oberschwaben (Riß- und Mindelschotter), im Schwarzwald (bis auf die südwestliche Vorbergzone und am Rand der Ostabdachung), im Odenwald und im Taubergebiet (zu trocken).

Tiefstes Vorkommen: ca. 100 m, Weinheim (6417/2). Höchstes Vorkommen: ca. 1000 m, Hochberg NW Wehingen (7818/2).

Erstnachweise: Ältester literarischer Nachweis bei ROTH V. SCHRECKENSTEIN (1799: 26): o.O.; wurde jedoch schon 1594 von H. HARDER im Gebiet gesammelt (HAUG 1915: 88).

Bestand und Bedrohung: Der Bestand ist insgesamt rückläufig. Regional ist *Euphorbia platyphyllos* schon zur Seltenheit geworden. In vielen lokalen Floren und Landesfloren vor 1950 wird die Art durchweg als verbreitet und häufig angegeben. In den Floren danach meist als selten, höchstens als zerstreut. Zwar sind diese Angaben immer subjektiv, doch kann diese negative Entwicklung durch neuere Beobachtungen bestätigt werden. Ursächlich dafür ist zum einen der intensivere Ackerbau nach 1950, aber auch die Zerstörung geeigneter Ruderalstellen, etwa durch Ausbau und Asphaltieren der Feldwege.

Die Populationen dürften heute in vielen Gebieten klein sein; meist findet man an Weg- und Ackerrändern nur wenige Exemplare. Nach der Roten Liste Baden-Württembergs ist *Euphorbia platyphyllos* nicht gefährdet, in anderen Bundesländern (Hessen, Rheinland-Pfalz, Niedersachsen) ist sie bereits als gefährdet oder stark gefährdet eingestuft. Bei anzunehmender rückläufiger Bestandsentwicklung ist die Art in Baden-Württemberg als gefährdet (Gef. Grad 3) einzustufen.

9. Euphorbia stricta L. 1759
E. serrulata Thuill. 1800
Steife Wolfsmilch

Morphologie: Einjährig (?), einjährig-überwinternd bis zweijährig; mit einfacher oder verzweigter Pfahlwurzel. Sproß am Grunde oft mehrfach verzweigt, mit mehreren aufrechten Stengeln, seltener unverzweigt mit nur einem Stengel. Stengelblätter wie bei *E. platyphyllos*, nur etwas schmäler, vor und während der Blütezeit herabgeschlagen, bereits zu Beginn der Fruchtreife abfallend. Die einzelnen

Stengel mit zahlreichen, schräg nach oben abstehenden seitlichen Teilblütenständen, diese entweder mehrfach gabelig verzweigt, oder ebenso wie der endständige Teilblütenstand mit 3–5 Doldenstrahlen und diese wiederum mehrmals gabelig verzweigt. Der Gesamtblütenstand ist größer, reicher verzweigt und besitzt entsprechend mehr Cyathien als *E. platyphyllos*. Kapsel 1,8–2 mm lang, etwa ebenso breit, mit kurz-walzlichen, zylindrischen Warzen besetzt; bei manchen reifen Früchten zeichnen sich drei warzenfreie Streifen auf den Rückennähten der Fruchtblätter ab, sie sind aber nicht so deutlich wie bei *E. platyphyllos*. Samen 1,2–1,5 mm lang, etwa 1 mm breit.

Biologie: Blütezeit von Juni bis September. Die Art blüht bereits im ersten Jahr. Am Ende des Jahres oder im folgenden Frühjahr kann sie neue Triebe am Grund des Sprosses hervorbringen. Nach DÖLL (1859) wird die Pflanze nicht älter als 2 Jahre.

Ökologie: Auf nährstoffreichen, kalkhaltigen, frischen bis mäßig trockenen, lehmigen, tonigen Böden, etwas wärmeliebend, gern im Halbschatten. In nitrophilen Saumgesellschaften, auf Ruderalstellen, z.B. im Convolvulion sepii (Vegetationsaufnahmen bei GÖRS u. MÜLLER 1969: im Urtico-Convolvuletum und im Chaerophyllo-Petasitetum hybridi; bei LANG 1973: Tab. 45, im Artemisietum velotorum) und im Geo-Alliarion (Aufnahmen bei PHILIPPI 1978: Tab. 4, Sp. 2, im Chelidonio-Alliarietum). Eine Alliarion-Gesellschaft, das Euphor-

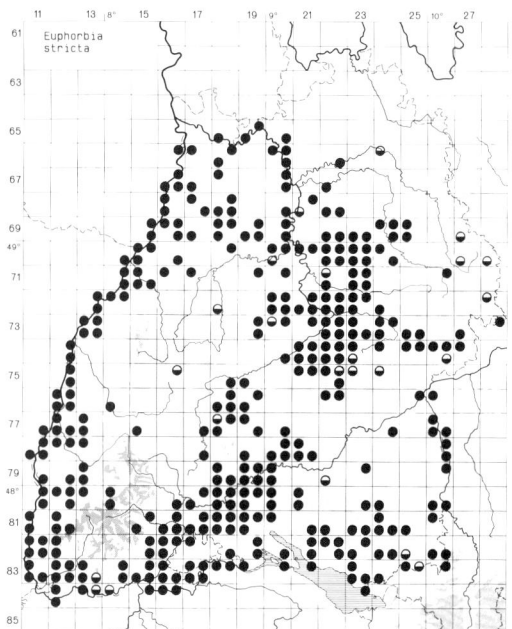

Steife Wolfsmilch *(Euphorbia stricta)*
Böblingen, 10. 7. 1991

Berge, Teile des Schwäbisch-Fränkischen Waldes, das Baar-Wutachgebiet, die Südwestliche Schwäbische Alb, das Albvorland und Teile des Alpenvorlandes. Sehr selten oder fehlend im Odenwald, Schwarzwald, im Bauland, im Main-Taubergebiet, auf der Hohenloher Ebene, auf der südlichen und östlichen Schwäbischen Alb und im Nördlichen Oberschwaben.

Tiefstes Vorkommen: ca. 94 m, Kollerinsel (6616/2). Höchstes Vorkommen: ca. 700–800 m, Südschwarzwald, Baar, Schwäbische Alb.

Erstnachweise: Ältester literarischer Nachweis bei BAUHIN (1598: 209): Umgebung von Bad Boll (7323).

Bestand und Bedrohung: Die Art hat vereinzelt lokale Rückgänge zu verzeichnen, vor allem die Populationen im Nördlichen Oberrheingebiet sind in den letzten Jahrzehnten kleiner geworden oder ganz verschwunden.

Umgekehrt scheint sich die Art in jüngster Zeit lokal durch Waldwegebau mit Kalkschotter auszubreiten, z. B. im Odenwald und Schwarzwald. Insgesamt im Gebiet nicht gefährdet.

10. Euphorbia helioscopia L. 1753
Sonnenwend-Wolfsmilch

Morphologie: Einjährig, mit Pfahlwurzel. Sproß einfach oder verzweigt, (5) 10–40 cm hoch. Stengelblätter verkehrt-eiförmig bis spatelig, gegen den Grund stielartig verschmälert, oberhalb der Mitte am breitesten. Stengelblätter und alle Tragblätter etwa ab der Mitte zur Spitze hin fein gesägt, sonst

bietum strictae mit *E. stricta* als Kennart, wurde von OBERDORFER et al. (1967) aufgestellt (Aufnahmen bei GÖRS z. MÜLLER 1969 und PHILIPPI 1978: Tab. 4, Sp. 1). *E. stricta* wächst oft zusammen mit *Geranium robertianum, Geum urbanum, Brachypodium sylvaticum, Clematis vitalba, Humulus lupulus, Alliaria petiolata, Rubus caesius, Calystegia sepium, Glechoma hederacea* u.a.

Allgemeine Verbreitung: In fast ganz Europa mit Ausnahme des Nordens, in Klein- und Vorderasien. Im Süden bis Nordspanien, Italien (mit Sizilien), Nordgriechenland, Albanien, die Südosttürkei, im Osten bis Nordiran und dem Gebiet zwischen Kaspischem Meer und Aralsee, nach Norden bis England, Holland (Maas), in Deutschland bis zum Niederrhein (fehlt in Norddeutschland), bis Frankfurt a.d. Oder, in Polen bis ins obere Weichselgebiet und in Mittel- und Südrußland. Der Schwerpunkt der Verbreitung liegt in den ozeanisch geprägten großen Flußtälern und ihren Zuflüssen; die Art kommt aber auch außerhalb vor.

Verbreitung in Baden-Württemberg: Indigen. Schwerpunkte der Verbreitung sind das Oberrheingebiet, der Hochrhein mit Klettgau, der Kraichgau, fast der gesamte Neckarlauf, die Löwensteiner

Sonnenwend-Wolfsmilch *(Euphorbia helioscopia)*
Oberrimsingen

ganzrandig. Tragblätter der endständigen Teilblütenstände meist größer als die Stengelblätter. Teilblütenstände meist mit 5 Doldenstrahlen, diese oft zuerst dreifach, dann gabelig verzweigt. Nektardrüsen oval, gelb. Kapsel ohne Warzen, sehr fein punktiert. Caruncula des Samens schwach entwickelt (SERNANDER 1906: 231 f.).

Biologie: Hauptblütezeit von April bis Oktober, meist in zwei Generationen (J. TÜXEN 1958: 26). Bei milder Witterung auch in den Wintermonaten blühend.

Ökologie: Auf frischen bis mäßig trockenen, nährstoff- und basenreichen, schwach sauren bis basischen, humusreichen, lockeren Lehmböden. In einjährigen Unkrautgesellschaften, hauptsächlich in Gärten, Hackfruchtäckern und Weinbergen, auch auf Ruderalstellen.

Vegetationsaufnahmen bei KUHN (1937), V. ROCHOW (1951), ROSER (1962), GÖRS (1966), LANG (1973) und WILMANNS (1989).

Allgemeine Verbreitung: Europa, Asien, Nordamerika, Australien und Neuseeland. Ursprünglich vielleicht nur im Mittelmeergebiet und in Westasien. Nach Norden bis Nordnorwegen und Finnland (bis 70° n. Br.), nach Süden bis Nordafrika (nur nördlich des Atlas-Gebirges?). Fehlt im kontinentalen Asien und in der polaren Zone.

Verbreitung in Baden-Württemberg: Archäophyt. Weit verbreitet. Selten oder regional fehlend nur in den höheren Lagen des Schwarzwaldes und im Alpenvorland (kein Ackerbau). Die Lücken auf der Schwäbischen Alb und im Schwäbisch-Fränkischen Wald sind weitgehend Kartierungslücken.

Tiefstes Vorkommen: ca. 92 m, Mannheim (6416). Höchstes Vorkommen: ca. 1000 m, Breitnau „Beim Löwen" (8014/4), 990 m, Plettenberg (7718/4, BERTSCH 1919).

Erstnachweise: Ältester literarischer Nachweis bei BAUHIN (1598: 208), Umgebung von Bad Boll (7323).

Bestand und Bedrohung: Die Art ist überall sehr zahlreich und nicht gefährdet.

11. Euphorbia amygdaloides L. 1753
Mandelblättrige Wolfsmilch

Morphologie: Ausdauernder Chamaephyt. Sproß am Grunde stark verzweigt, mit zahlreichen, nichtblühenden Stengeln, diese reich beblättert und oben mit einer Blattrosette abschließend, welche überwintert. Die blühenden Stengel entwickeln sich aus der Spitze der vorjährigen, inzwischen verholzten und im unteren Teil entblätterten Stengel. Laubblätter dunkelgrün, verkehrt-eiförmig bis lanzettlich, in oder über der Mitte am breitesten. Die beiden Hüllblätter der Cyathien miteinander verwachsen.

Biologie: Blütezeit von April bis Juni.

Ökologie: Auf mäßig trockenen bis frischen, kalkreichen oder oberflächlich entkalkten aber nähr-

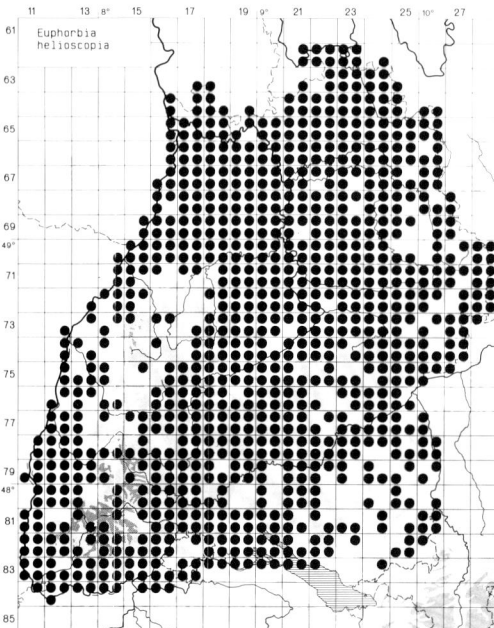

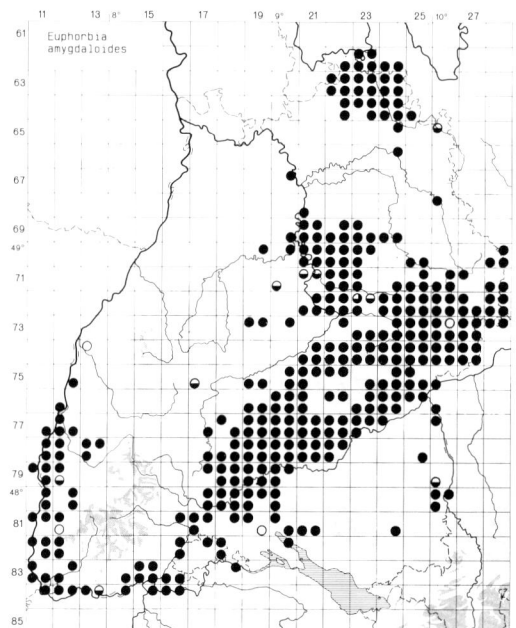

104

Mandelblättrige Wolfsmilch *(Euphorbia amygdaloides)*
Bremgarten, 1984

stoff- und basenreichen Lehmböden (Braunerde, Braunerde-Rendzina). Vorwiegend in Eichen-Hain-buchenwäldern (Galio-Carpinetum, Stellario-Car-pinetum), in Buchenwäldern (Asperulo-Fagetum, Lathyro-Fagetum, in mäßig trockenem Carici-Fa-getum), in höheren Lagen im Tannen-Buchenwald, im Weißseggen-Eichen-Hainbuchenwald auf kie-sig-sandigen Aueböden (südliche Oberrheinebene, MÜLLER u. GÖRS 1958, LOHMEYER u. TRAUTMANN 1974); auch auf kalkfreien, schwach sauren Wald-böden (Braunerde, Parabraunerde), z. B. in den Vo-gesen im Tannen-Buchenwald über Porphyr und Grauwacke (ISSLER 1942), am Kaiserstuhl im Lu-zulo-Fagetum über Tephrit und Essexit (V. RO-CHOW 1951) und im östlichen Odenwald und Bau-land im Luzulo-Fagetum über Buntsandstein mit Lößlehmdecke (PHILIPPI 1983). *E. amygdaloides* bevorzugt lichtere Stellen im Wald oder die Wald-ränder. Sie wächst auch auf Straßenböschungen, z. B. bei Landeck (7813/2, PHILIPPI, KR-K) oder S Weitenau (8312/2, PHILIPPI, KR-K).

Weitere Vegetationsaufnahmen: KUHN (1937), BAUER u. MÜLLER (1972), HÜGIN (1979), SEBALD (1974 u. 1983).

Allgemeine Verbreitung: In der submeridionalen und südlichen temperaten Zone. Im Westen von Portugal, Spanien, östlich bis zum Kaspischen Meer (Nordiran). Im Süden bis Süditalien und Nordafrika (Algerien) – fehlt in Südspanien, Grie-chenland und der Türkei. In Deutschland bis zum Südwestharz und im Nordosten bis Südpolen und Südrußland. Verbreitungsschwerpunkt ist die sub-meridionale Region Europas.

Verbreitung in Baden-Württemberg: Indigen. In den Gebieten mit kalkreichen Gesteinen: Muschelkalk, Jura, diluvialen (Würmmoräne) und alluvialen Ab-lagerungen (Löß, Kies und Sande des Rheingra-bens). Im Taubergebiet, dem Neckarbecken, im Schwäbisch-Fränkischen Wald, selten im nordöst-lichen Kraichgau (6720/2: NSG „Bannwald Schlierbach N Bad Rappenau, 1983, BÜCKING STU-K) und auf der Hohenloher-Haller Ebene (6826/1), in den Oberen Gäuen – früher auch am Schwarzwald-Ostrand (7517/3: Glatten, KIRCHNER u. EICHLER 1913), auf der ganzen Schwäbischen Alb, der Donau-Iller-Lech-Platte, im Oberschwäbi-schen Hügelland (hier nur im westlichen Würmmo-ränengebiet und am Rand zum Westallgäuer Hü-gelland (8124/4: 9) im Wutachgebiet, am Hoch-rhein und Dinkelberg, selten im Südschwarzwald (8312/2: Weitenauer Vorbergzone S Weitenau, 1990, PHILIPPI, K R-K), im südlichen und mittleren Oberrheingebiet, nördlich bis Ichenheim (7512/4: PHILIPPI (1971), auch linksrheinisch in der Som-merley bei Plobsheim (Elsaß), früher weiter nörd-lich bis Kork (7413/1: FRANK, 1830)).

Tiefstes Vorkommen: ca. 150 m, Rheinvorland bei Ichenheim (7512/4). Höchstes Vorkommen: 998 m, Schafberg (7719/3, BERTSCH 1919).

Erstnachweise: Ältester literarischer Nachweis bei LEOPOLD (1728: 166): „Im Oerlinger Hoeltzlein, Böfinger Halde“, bei Ulm; wurde jedoch schon von H. HARDER (1574–76) vermutlich im Gebiet ge-sammelt (SCHORLER 1908: 91).

Bestand und Bedrohung: Die Art ist in Baden-Würt-temberg nicht gefährdet.

12. Euphorbia cyparissias L. 1753
Zypressen-Wolfsmilch

Morphologie: Geophyt mit dickem, verzweigtem Rhizom und langen, unterirdischen Ausläufern. Trupp- oder herdenweise wachsend. Stengel zahl-reich, 15–50 (70) cm hoch. Blätter wechselständig, zahlreich, 1–3 cm lang und 2–3 mm breit, schmal-lineal, am Rand etwas umgebogen. Die beiden Hüllblätter der Cyathien rautenförmig, bei der Fruchtreife rot verfärbt. Gesamtblütenstand mit

Zypressen-Wolfsmilch *(Euphorbia cyparissias)*
Rheindamm bei Breisach, 1987

etwa 15 Doldenstrahlen. Halbmondförmige, 2hörnige Drüsen. Fruchtknoten dicht mit halbkugelförmigen Warzen besetzt.

Oft findet man Stengel, die vom Erbsenrost *(Uromyces pisi)* befallen sind. Diese sind unverzweigt, bilden keine Blüten mehr aus und die Blätter sind kurz-eiförmig.

Variabilität: In Europa gibt es zwei zytologisch verschiedene Sippen, die sich morphologisch nur durch die Pollengröße unterscheiden: eine sterile, selten fertile, diploide Sippe mit 2n = 20 und eine fertile, tetraploide Sipe mit 2n = 40 Chromosomen.

Biologie: Blütezeit von April bis Juli. Die Art ist giftig und wird von Vieh und Schafen nicht gefressen, daher in mageren Weiden als Weideunkraut häufig. Die einzige Tierart, die sogar obligatorisch von *E. cyparissias* lebt, ist die Raupe des Wolfsmilchschwärmers.

Am Ende eines Zweiges kann man hin und wieder eine rundliche, feste Blattschopfgalle sehen, die von der Gallmücke *Bayeria capitigena* hervorgerufen wird.

Ökologie: Auf kalkreichen bis kalkfreien, meist trockenen und nährstoffarmen Böden. In gemähten oder beweideten Magerrasen, in Sandtrockenrasen, in Säumen, in lichten Wäldern (z.B. Kiefernwälder), an Wegrändern, auf Dämmen und Feldrainen, in ausdauernden Ruderalgesellschaften.

Allgemeine Verbreitung: In Mittel- und Südeuropa einheimisch, sonst eingebürgert, so in Skandinavien, in Norddeutschland und wahrscheinlich auch in Großbritannien, sowie in Zentralasien am Baikalsee und in Nordamerika. In Europa im Westen

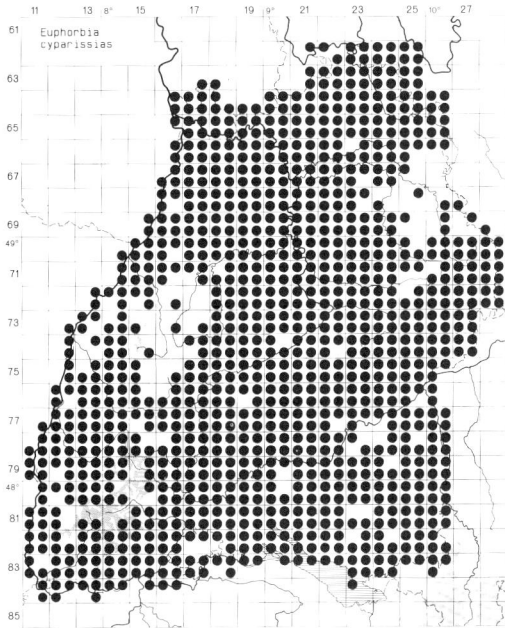

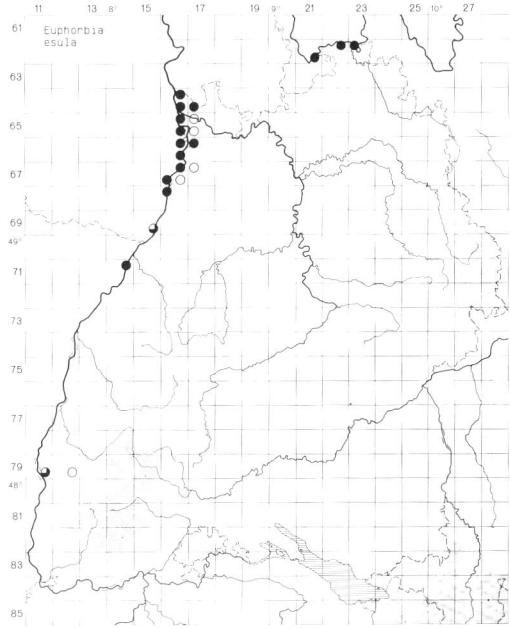

von Großbritannien, Westfrankreich nach Osten bis Mittelrußland (hier wahrscheinlich synanthrop). Nach Norden bis Norwegen (ca. 64° n. Br.), nach Süden bis Süditalien und zu den südlichen Pyrenäen (fehlt im Rest Spaniens), in Griechenland und der Türkei.

Verbreitung in Baden-Württemberg: Vielleicht indigen in lichten Kiefern- und Eichenwäldern und in Säumen. Überall verbreitet, fehlt regional in den großen Waldgebieten des Nordschwarzwaldes, stellenweise selten in intensiv genutzten, großflächigen Ackerbaugebieten.

Tiefstes Vorkommen ist bei ca. 92 m, Mannheim (6416). Höchstes Vorkommen bei ca. 1000 m im Südschwarzwald und auf der Zollern- und Heubergalb.

Erstnachweise: Ältester literarischer Nachweis bei BAUHIN (1598: 208): Eichelberg (7323).

Bestand und Bedrohung: Die Art ist in Baden-Württemberg zahlreich und nicht gefährdet.

13. Euphorbia esula L. 1753
Esels-Wolfsmilch

Morphologie: Ausdauernd, Hemikryptophyt mit verzweigtem Rhizom und langen, unterirdischen Ausläufern. Ganze Pflanze kahl. Stengel mehrere, 30–80 cm hoch, am Grund mit schuppenförmigen, bräunlichen Niederblättern. Im oberen Teil des Stengels sterile Seitentriebe. Blätter zahlreich,

2–6 cm lang, länglich-lanzettlich, über der Mitte am breitesten, Blattrand etwas nach unten umgebogen, Blattunterseite bläulich-grün. Oberer Teilblütenstand mit 7–13 Doldenstrahlen, nicht oder einmal, selten bis dreimal gabelig verzweigt. Kapsel 3–4 mm lang, dreifurchig, kahl, dicht mit kurzen Warzen besetzt.

Biologie: Blütezeit von Mai bis Juni. Insektenbestäubung, hauptsächlich von Dipteren (Muscidae, Syrphidae) und Hymenopteren (Apidae, Ichneumonidae).

Ökologie: Auf mäßig trockenen bis frischen, nährstoff- und basenreichen Lehm- oder Tonböden, auch auf feinerdearmen, sandigen Kiesböden, auf

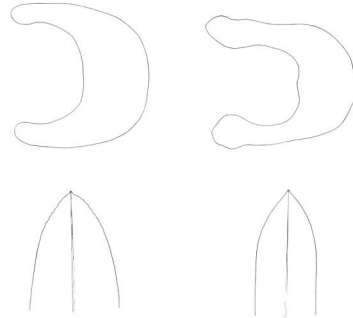

Nektardrüsen (oben) und Blattspitzen (unten) von *Euphorbia esula* (links) und *E. virgata* (rechts). Zeichnung: F. WEICK.

Esels-Wolfsmilch *(Euphorbia esula)*
Kreuzwertheim, 25. 5. 1991

alluvialen, lehmigen Rohböden. Licht- und wärmeliebend. In flußbegleitenden Staudengesellschaften,
z. B. im Cuscuto-Convolvuletum euphorbietosum
esulae und Euphorbia esulae-Carduetum (LOH-
MEYER 1975), in mäßig frischen bis trockenen, ruderal geprägten Glatthaferwiesen, z. B. an Dämmen
und Straßenböschungen, in wärmebegünstigten
Ruderalgesellschaften (Onopordetalia), seltener in
Feucht- und Naßwiesen, so im Molinietum medioeuropaeum, im Oenantho-Molinietum und in
der *Cnidium dubium-Viola pumila*-Gesellschaft (alle
in: KORNECK 1962). Eine Vegetationsaufnahme
aus Baden-Württemberg bei THOMAS (1990:
Tab. 8, im Molinietum coeruleae), aus dem benachbarten hessischen Teil der Nördlichen Oberrheinebene bei KORNECK (1962: Tab. 1, Tab. 10,

Tab. 14) und vom Mittel- und Niederrhein bei
LOHMEYER (1975).

Allgemeine Verbreitung: Europa, im Norden meist
synanthrop. Im Westen von den Britischen Inseln,
Nordspanien, Westfrankreich, Dänemark nach
Osten bis ins westliche Rußland, im Norden bis
Südskandinavien, einzelne Vorkommen fast bis
zum nördlichen Polarkreis (ca. 66° n. Br.), im Süden
bis Korsika, Norditalien, Albanien und Rumänien.
Der Schwerpunkt innerhalb des Areals sind die
Tieflagen und Stromtäler (Stromtalpflanze, z. B. in
Westdeutschland an Donau, Rhein, Ems, Weser
und Elbe).

Verbreitung in Baden-Württemberg: Vielleicht indigen in Säumen und an lückigen Stellen im Auwald-
bereich. Im Nördlichen Oberrheingebiet eine ge-

schlossene Verbreitung von Mannheim bis Rußheim. Einzelne, z.T. erloschene Vorkommen in der Mittleren und Südlichen Rheinebene. Zerstreut entlang des Mains.

Tiefstes Vorkommen: 93 m, Mannheim Neckarau (6516/2). Höchstes Vorkommen: ca. 230 m, Dreisamdamm bei Lehen (7912/4 erloschen), ca. 170 m, Bettingen (6223/1 aktuell).

Erloschene Vorkommen und solche außerhalb der Nördlichen Oberrheinebene:
Nördliches Oberrheingebiet: 6517/1: Seckenheim, DÖLL (1859); 6517/3: Mannheim-Rohrhof, vor 1819, DIERBACH (KR und DIERBACH 1819/20), zwischen Schwetzingen und Mannheim, DÖLL (1958); 6617/1: Ketsch, Brühl, DÖLL (1859); 6716/4: Philippsburg, DÖLL (1859); 6717/1: Neulußheim, DÖLL (1859); 6915/4: Rappenwörth bei Karlsruhe, 1948, HRUBY (OBERDORFER 1951).
Mittleres Oberrheingebiet: 7114/2: Plittersdorf, 1977, PHILIPPI (KR-K).
Südliches Oberrheingebiet: 7912/4: Dreisamdamm gegen Lehen, vor 1896, HERZOG (ANONYMUS 1896), NEUBERGER (1898).
Kaiserstuhl: 7911/4: Ihringen, 1946, OBERDORFER (1951).
Odenwald: 6621/4: W Freudenberg, 1980, PHILIPPI (KR-K); 6622/2: Mondfeld, Grünenwört, 1980, PHILIPPI (KR-K).
Taubergebiet: 6223/1: Hafen von Wertheim, 1980, PHILIPPI (KR-K), Bettingen, Autobahnbrücke am Main, 1983, SEYBOLD (STU).

Erstnachweise: Ältester literarischer Nachweis bei GMELIN (1777: 18): Mannheim.
Bestand und Bedrohung: Trotz einiger lokaler Rückgänge scheint die Art nicht gefährdet.

14. Euphorbia virgata Waldst. u. Kit. 1804
Ruten-Wolfsmilch

Morphologie: Ausdauernd, mit dickem Rhizom, mit oder ohne unterirdische Ausläufer. Stengel mehrere, 30–100 (150) cm hoch, kahl, mit zahlreichen sterilen Seitentrieben. Laubblätter zahlreich, 4–12 (14) cm lang, 3–10 (18) mm breit, linealisch bis lineal-lanzettlich, im Mittelteil meist parallelrandig, die größte Breite in oder unter der Mitte. Blätter der Seitenäste kürzer und schmäler als die des Hauptsprosses. Endblütenstand mit 6–12 Doldenstrahlen, diese (1–) 2 (–3)mal gabelig verzweigt. Frucht kahl, 3–4 mm lang, dreifurchig, auf dem Rücken dicht mit kurzen Warzen versehen oder nur runzelig (weniger ausgeprägt als bei *E. esula*).
Biologie: Die Blütezeit ist von Mai bis August. Als Bestäuber wurden Dipteren und Hymenopteren beobachtet.
Ökologie: Auf mäßig frischen bis trockenen, nährstoff- und basenreichen, meist kalkhaltigen Sand-, Kies- oder Lehmböden, auch auf Rohböden. In wärmebegünstigten Ruderalgesellschaften und Segetalgesellschaften. Auf Äckern, auf Bahnhofs- und Hafenarealen, auf Bahndämmen, an Straßenböschungen und Straßenrändern, in Kiesgruben, an der Ostsee als Neophyt auch in Dünen. Im Ursprungsareal (Osteuropa, Asien) in Steppen, lichten Wäldern und Strauchformationen sowie in Staudengesellschaften und Röhrichten an Gewässerufern. Vegetationsaufnahme bei SEBALD (1966: Tab. 12, im Caucalido-Adonidetum flammulae).
Allgemeine Verbreitung: Ursprünglich in Ost- und Südosteuropa, in Klein-, Vorder- und Zentralasien, in Südrußland und Südsibirien. In Mitteleuropa seit Beginn des 19. Jahrhunderts als Neophyt eingeführt: in der Schweiz, in Österreich, Norditalien, Deutschland, Ostfrankreich (Elsaß). In Deutschland seit 1834 im Nördlinger Ries, mit Getreide eingeschleppt (SCHNIZLEIN u. FRICKHINGER 1848).
Verbreitung in Baden-Württemberg: Neophyt. Zum erstenmal 1885 von Rheinweiler im Südlichen Oberrheingebiet erwähnt (BAUMGARTNER 1885), vorher in den Landesfloren nicht aufgeführt. Danach breitete sich *E. virgata* in den wärmeren Landesteilen wahrscheinlich entlang von Eisenbahndämmen aus: Oberrheingebiet, Taubergebiet, Neckarbecken, Obere Gäue, Klettgau, Unteres Donautal.

Tiefstes Vorkommen bei 98 m, Weinheim-West (6417/3). Höchstes Vorkommen: 570 m, Heidenheim (7327/1).

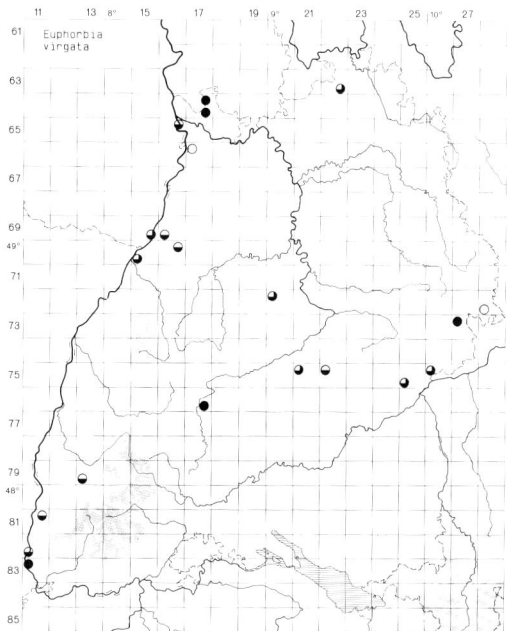

Ruten-Wolfsmilch *(Euphorbia virgata)*
Heidenheim, 16. 6. 1979

Oberrheingebiet: 6417/2: Autobahnkreuz Weinheim, 1989, DEMUTH (KR-K); 6417/4: Weinheim-West, 1989, DEMUTH (KR); 6516/2: Mühlauhafen Mannheim, um 1950, FIEDLER (STU); 6617/1: Ketsch, 1891, ZIMMER-MANN (1906); 6915/4: Rheinhafen Karlsruhe, 1932, JAUCH (KNEUCKER 1935), 1925–1947, KNEUCKER (KR), Maxau – Zellstoffabrik, 1932, KNEUCKER (KR); 6916/3: Appenmühle in Karlsruhe-Daxlanden, 1932, JAUCH (KNEUCKER 1935), KNEUCKER (KR); 7015/3: Zw. Au a.R. und Illingen, 1958, KORNECK (PHILIPPI 1961); 7016/2: Karlsruhe, zw. Turmberg und Rittnerhof, 1932, JAUCH (KNEUCKER 1935), 1934, KNEUCKER (KR); 7913/3: Kiesgrube bei Herdern, 1885, STEHLE (BAUMGARTNER 1887, STEHLE 1895), Freiburg – Güterbahnhof, 1925, ANONYMUS (STU), 1926, JAUCH (1938); 8011/2: Rothaus, um 1900, KLEIN (1905), NEUBERGER (1912); 8211/3: Am Rhein bei Rheinweiler, vor 1885, STERK (BAUMGARTNER 1885), NEUBERGER (1898), 1942, ANONYMUS (KR); 8311/1: Kleinkems, um 1900, SEUBERT u. KLEIN (1905), NEUBERGER (1912), Rheinvorland von Istein, 1970, KUNZ (KR-K).
Taubergebiet: 6322/4: N Hardheim, 1958, SACHS (1961).
Glemswald: 7220/1: Autobahn bei Eltingen, 1952, BAUER (STU), KREH (1955).
Obere Gäue: 7617/4: 1 km E Wittershausen (Weizenacker), 1963, SEBALD (STU), Sulz, 1981, ADE (STU).
Schwäbische Alb: 7228/3: Härtsfeld bei Neresheim, um 1900, POEVERLEIN (KIRCHNER u. EICHLER 1913); 7327/1: Schmittenberg NE Heidenheim a.d.B., 1979, KLEMM (STU); 7521/1: Ursulaberg bei Pfullingen, Wiesenrand, 1916, A. MAYER (STU) 1951, K. MÜLLER (STU); 7522/1: Urach – Bahnhof, 1933, PLANKENHORN (STU); 7525/3:

Blockstelle Arnegg zw. Herrlingen und Gerhausen, 1954, K. MÜLLER (STU); 7526/1: Kornberg S Hörvelsingen (Ackerrand), 1933–36, K. MÜLLER (STU), 1945, MÜLLER-DORNSTADT (STU).
Vorkommen außerhalb Baden-Württembergs: Bayern: 7128/4: Stoffelsberg S Nördlingen, 1834 SCHNIZLEIN u. FRICKHINGER (1848); 1976, FISCHER (1982, S. 218: Population stark abnehmend!); 7626/1: Talfingen bei Neu-Ulm, 1940, K. MÜLLER (STU). – Schweiz: 8316/2: Wangental S Osterfingen (1 km von der Landesgrenze), vor 1979, ISLER-HÜBSCHER (1979).

Erstnachweise: Ältesten literarischer Nachweis siehe Abschnitt Verbreitung in Baden-Württemberg.

Bestand und Bedrohung: *E. virgata* scheint sich vor allem zwischen 1920 und 1940 ausgebreitet zu haben, für diesen Zeitabschnitt gibt es jedenfalls die meisten Meldungen und Aufsammlungen. Danach ist die Art deutlich zurückgegangen, insbesondere nach 1950. Die Rückgangsursachen sind nicht bekannt. Da viele ältere Funde von Äckern oder Wiesenrändern stammen, scheint die Intensivierung der Landwirtschaft zumindest teilweise ursächlich für den Rückgang zu sein. Da die Art in Baden-Württemberg an der Grenze ihres Areals ist und somit die Standorte nicht optimal sind, scheinen sich solche Veränderungen negativer auszuwirken als es bei anderen eingebürgerten oder einheimischen Ruderalarten der Fall ist. Da derzeit nur noch 5 Vorkommen mit kleinen Populationen bekannt sind, sollte *E. virgata* in die Rote Liste mit „stark gefährdet" (Gef. Grad 2) aufgenommen werden.

Bastarde und abweichende Form: *E. virgata* × *E. esula* = *E.* × *intercedens* Podp.: Aus Südosteuropa bekannt.

Für Baden-Württemberg gibt es 2 Belege, die zwischen *E. esula* und *E. virgata* stehen, deren Bastardnatur aber nicht gesichert ist (die Blätter sind lineal-lanzettlich, die Blattränder nicht parallel aber der Blattrand ist nicht gezähnt, die Hörnchen der Nektardrüsen stehen zwischen esula und virgata): Schwarzwald: 7418/1: Nagold (Acker am Straßenrand gegen Herrenberg), 1952, KREH (det. K. MÜLLER) (STU), LEIDOLF (STU) als f. *esulifolia* Thellung beschrieben. Da *E. esula* nur in der Oberrheinebene und am Main vorkommt und so im Schwarzwald mit *E. virgata* schwerlich bastardieren kann, handelt es sich bei den Pflanzen von Nagold wahrscheinlich um *E. virgata*.

E. cyparissias × *E. virgata* = *E.* × *gayeri* Boros et Soó: in Baden-Württemberg noch nicht beobachtet. *E. cyparissias* × *E. esula* = *E.* × *figerti* Dörfler (= *E.* × *pseudo-esula* Schur): von Mannheim angegeben (HEGI et al. 1925), aber keine Belege vorhanden.

15. Euphorbia seguieriana Necker 1770
E. gerardiana Jacq. 1778
Steppen-Wolfsmilch

Morphologie: Ausdauernd, mit kurzem Rhizom und einer bis 1,5 m langen, bis 4 cm dicken Wurzel. Rhizom mit zahlreichen Stengeln, die dicht unter der Bodenoberfläche angelegt werden. Stengel 15–60 cm hoch, aufrecht, seltener niederliegend bis aufsteigend, kantig, gelblichgrün, meist mit Blütenständen. Laubblätter zahlreich, bis 3 cm lang und bis 6 mm breit; die unteren kleiner, linealisch bis lineal-lanzettlich, die oberen mehr lanzettlich, bläulichgrün. Wenige oder keine seitlichen Teilblütenstände ausgebildet. Endständiger Blütenstand mit 9–15 Doldenstrahlen. Die beiden Hüllblätter der Cyathien breit dreieckig, zugespitzt. Nektardrüsen queroval, an der Außenseite ausgerandet bis schwach halbmondförmig. Hüllbecher am oberen Rand mit langen Haaren (gewimpert). Tragblätter männlicher Blüten („Staubgefäße") 1–1,2 m lang, mehrfach tief geteilt, am oberen Ende zerschlitzt und fein gewimpert. Kapsel fein punktiert, kahl.

Variabilität: Nach HEGI et al. (1925: 178) werden außer *E. seguieriana* s.str. weiter 5 Varietäten unterschieden, die alle außerhalb Mitteleuropas vorkommen. Rechinger (1948) beschreibt 3 Subspezies: subsp. *seguieriana*, die verbreitetste Sippe, subsp. *niciciana* (Borb.) Rech. fil. und subsp. *hohenackeri* (Boiss.) Rech. fil., die beiden letzten in Vorderasien bzw. im Kaukasus.

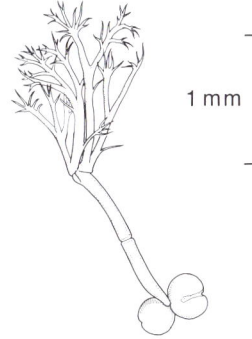

Euphorbia seguieriana, Tragblatt einer männlichen Blüte (Staubgefäß). Zeichnung: F. WEICK.

Steppen-Wolfsmilch *(Euphorbia seguieriana)*
Sandhausen, 1. 6. 1991

Steppen-Wolfsmilch *(Euphorbia seguieriana)*
Sandhausen, 1. 6. 1991

Biologie: Blütezeit von Mai bis Juli. Die Stengelknospen treiben bereits im Herbst und in milden Wintern aus und überwintern oberirdisch; sie sind unempfindlich gegen Frost. Die lange, kräftige Wurzel reicht auf lockeren Böden bis in tief liegende Grundwasserschichten hinab. Die Art kann so auch auf stark austrocknenden Böden wachsen. Nach VOLK (1931) steigt während der Trockenperiode im Sommer der osmotische Wert des Zellsaftes nur wenig an, auch erträgt die Pflanze hohe osmotische Maximalwerte. Diese Eigenschaften, typisch für Steppenpflanzen, befähigen *E. seguieriana*-Gebiete mit ausgesprochen kontinentalem Klima und Trockenregionen in mehr ozeanischen Klimabereichen zu besiedeln. Die Angabe bei HEGI (1925: 179), daß die Samen nur zum geringen Teil myrmekochor seien und überwiegend epizoisch durch Weidetiere verbreitet würden (ohne Quellenangabe), ist nicht nachzuvollziehen. Zwar wurde diese Art in der Arbeit von SERNANDER (1906) nicht behandelt, doch hat sie, wie die meisten von ihm untersuchten *Euphorbia*-Arten, eine große Caruncula und wächst in Biotypen mit reichlich Ameisen; es gibt keinen Grund, an der myrmekochoren Verbreitung der Samen zu zweifeln, schon eher an der epizoischen: Die Samen sind klein und weder sie noch die Früchte besitzen Klettvorrichtungen.

Ökologie: Auf basenreichen, oft kalkhaltigen, seltener kalkfreien, trockenen, sandigen bis lehmigen Böden über Löß, Sand, Kies, Kalkstein und Gips, seltener auf Serpentinfelsen, z. B. in Mähren/CSFR (KORNECK 1974: Tab. 72). In den Sandgebieten der Oberrheinebene nur auf kalkreichen Sanden (VOLK 1931). Im Verbreitungszentrum, in Südrußland und

Vorderasien, in verschiedenen Steppenlandschaften (Kraut-, Gras- und *Artemisia*-Steppen) und in Felsgesellschaften der montanen Stufe; in der Türkei bis ca. 1900 m ansteigend.

In Mittel- und Südwesteuropa kommt *E. seguieriana* in folgenden Gesellschaften vor: in Trocken- und lückigen Halbtrockenrasen (Xerobrometum, Mesobrometum alluviale), in Blauschillergras-Gesellschaften (Jurineo-Koelerietum glaucae), Federgras-Steppenrasen (Allio-Stipetum capillatae) und subkontinentalen Halbtrockenrasen (Adonido-Bachypodietum); im Mittelmeergebiet auch in lückigen, therophytenreichen *Brachypodium*-Rasen, in der montanen Stufe in Magerrasen der Ordnung Ononidetalia striatae. In den inneralpinen Trockentälern wächst *E. seguieriana* auch in lichten Kiefernwäldern (BRAUN-BLANQUET 1961: Tab. 23, Ononido-Pinion).

Von Baden-Württemberg liegen folgende Vegetationsaufnahmen vor: Sandgebiete der Nördlichen Oberrheinebene, im Jurineo-Koelerietum glaucae und verwandte Gesellschaften – VOLK (1931: Tab. 10), PHILIPPI (1971: Tab. 1, 2, 3); Taubergießengebiet, Xerobrometum und Mesobrometum alluviale – GÖRS (1974: Tab. 2, 3); Kaiserstuhl, Xerobrometum – v. ROCHOW (1951: Tab. 14a), WILMANNS (1988); Südliche Oberrheinebene, im Xerobrometum und im Hippophao-Berberidetum – WITSCHEL (1980). Weitere Aufnahmen aus Süddeutschland (Mainzer Sand, Rheinpfalz, Rheinhes-

sen und fränkisches Gipskeupergebiet) bei KORNECK (1974, 1987 – Mainzer Sand).

Allgemeine Verbreitung: Schwerpunkt der Verbreitung im kontinentalen Osteuropa und Westasien, im Bereich der Schwarzerde (Tschernosem)-Böden. Im Westen von Nordwestdeutschland, Holland nach Süden über Mittel-, Südfrankreich bis Nordostspanien, Norditalien, Nordgriechenland, Balkanländer, Türkei; nach Osten durch Mittel- und Südrußland bis Westsibirien, Usbekistan, Turkmenien und Nordiran.

Die subsp. *niciciana* kommt nach RADCLIFFE-SMITH (1982) in der Türkei und in Nordiran, die subsp. *hohenackeri* in der Türkei vor. In Mitteleuropa ist *E. seguieriana* eine ausgesprochene Stromtalpflanze an Rhone, Rhein, Main, Mosel, Ems, Elbe, Saale, Unstrut; an der Donau kommt sie erst ab Österreich flußabwärts vor. Verbreitungskarte in HEGI (1925: 177).

Verbreitung in Baden-Württemberg: Vielleicht indigen in pleistozänen Dünenresten oder in lückigen Kiefernwäldern auf den Sanddünen des Nördlichen Oberrheingebietes. Im Gebiet nur in der Oberrheinebene. Am Main kommt die Art nur auf bayerischer Seite vor (die Angabe 6223/3 bei SCHÖNFELDER u. BRESINSKY (1990) ist sehr wahrscheinlich falsch). Die Vorkommen im MTB 6417 liegen alle auf hessischem Gebiet (BUTTLER und STIEGLITZ 1976); sie wurden in die Karte mit aufgenommen.

Es ist fraglich, ob *E. seguieriana*, wie viele Arten der Sand- und Steppenrasen des Oberrheingebietes, von Beginn der Nacheiszeit (Frühes Atlantikum) bis heute an geeigneten, offenen Standorten überdauern konnte. Nach PHILIPPI (1971: 92ff.) ist es eher wahrscheinlicher, daß mit Beginn der Besiedlung und des Ackerbaus in der Jungsteinzeit (Frühes Subboreal) die Art eingewandert ist; in diesem Fall wäre sie als Archäophyt zu betrachten. Ganz ausgeschlossen ist es aber nicht, daß sich die Art während der Eichen-Mischwald-Zeit ab dem Frühen Atlantikum bis zur Besiedlung gehalten hat, etwa auf Kiesrücken, die der alte Rhein immer wieder schuf; mit Beginn des Ackerbaus hätte die Art sich sehr rasch auf die entstehenden waldfreien Standorte ausbreiten können; in diesem Fall wäre sie indigen.

Tiefstes Vorkommen: ca. 100 m, Mannheim (6517/1). Höchstes Vorkommen: ca. 400 m, Badberg (7912/1).

Vorkommen an der Grenze Baden-Württembergs:
Hochrhein (Schweiz): 8315/3: Zw. Fall und Bernau, 1922, BECHERER (1923).
Maingebiet (Bayern): 6223/1: Wertheim, an der Straße nach Dertingen, 1888, STOLL (KA).

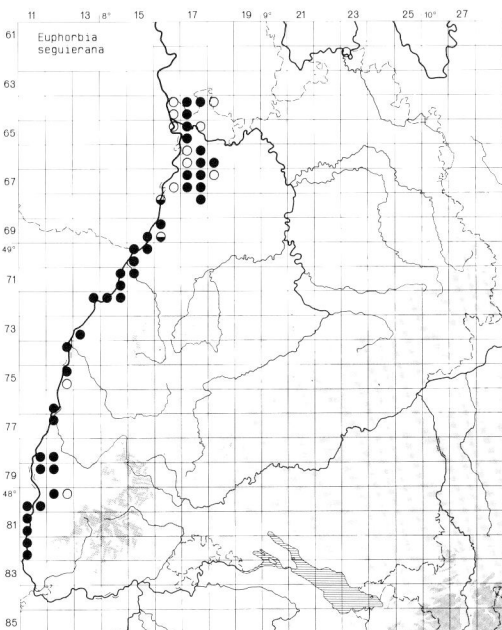

Euphorbia
seguierana

113

Im Elsaß und in Rheinland-Pfalz entlang des Rheins verbreitet.

Nur erloschene Vorkommen:
6223/1: außerhalb Bettingen, an der Straße nach Dertingen, 1880, STOLL (KR); 6416/2: Sandtorf, vor 1900 (?), EICHLER et al. (1905–1926); Sandhofen, vor 1900 (?), EICHLER et al. (1905–1926); 6418/1: Weinheim, SCHMIDT (1857); 6516/2: Mannheim – Hafen, 1891, KNEUCKER (KR); 6517/2: Ladenburg, SCHMIDT (1857); 6617/1: Schwetzingen, DIERBACH (1819); 6617/3:Hockenheim, DIERBACH (1819); 6716/4: Philippsburg, 1814, GMELIN (KR); 6718/1: Wiesloch, Rauenberg, Malsch, SCHMIDT (1857); 6816/1: Kümmelwiesen NW Rußheim, ISSLER (1930); 6916/3: Karlsruhe-Appenmühle, 1936, KNEUCKER (KR); 7512/4: Ichenheim, 1849, LEINER und 1856, BAUR (KR), EICHLER et al. (1905–1926); 8012/2: Schönberg, vor 1900, ANONYMUS (KR).

Erstnachweise: Ältester literarischer Nachweis bei GMELIN (1806: 337): Neu- und Altlußheim (6617 – 6717) und Nußloch (6618/3).

Bestand und Bedrohung: Die Art muß früher in vielen Gebieten der Oberrheinebene häufiger gewesen sein als sie heute ist, wie ältere Angaben zeigen: SUCCOW (1822: 174, „In arenosis frequent") von Mannheim, KNEUCKER (1886: 69, „. . . ziemlich häufig") von Karlsruhe oder SCHILDKNECHT (1863: 61, „auf der Rheinfläche gemein") von der Freiburger Gegend. Größere Bestände finden sich noch im NSG Pferdstrieb-Düne bei Sandhausen 6617/4) im NSG Badberg im Kaiserstuhl (7912/1). Kleinere Populationen finden sich an den Rheindämmen südlich Karlsruhe. Außerhalb der Schutzgebiete, etwa in den Sanddünen zwischen Karlsruhe und Mannheim, an den Rheindämmen südlich Karlsruhe oder im Taubergießengebiet gibt es Rückgänge. Es gibt eine Reihe von Gefährdungsursachen, die die Populationen außerhalb der Schutzgebiete bedrohen: Dammbaumaßnahmen, wie zur Zeit bei Altenheim (7512/2); Zerstörung der Bodenoberfläche und Eutrophierung durch Freizeitnutzungen (Moto-Cross, Hunde etc.) und Landwirtschaft, das Zuwachsen mit Gehölzen und das Vordringen von Robinien und damit eine Beschattung. Insgesamt ist die Situation schlechter als die Verbreitungskarte sie wiedergibt.

Die Art ist in Baden-Württemberg gefährdet. (Gef. Grad 3), auf den Flächen außerhalb der Schutzgebiete ist die Art bereits stark gefährdet (Gef. Grad 2).

16. Euphorbia peplus L. 1753
Garten-Wolfsmilch

Morphologie: Einjährig, grün überwinternd; mit Pfahlwurzel. Sproß aufrecht, verzweigt, 5–20 (35) cm hoch. Stengelblätter verkehrt-eiförmig bis

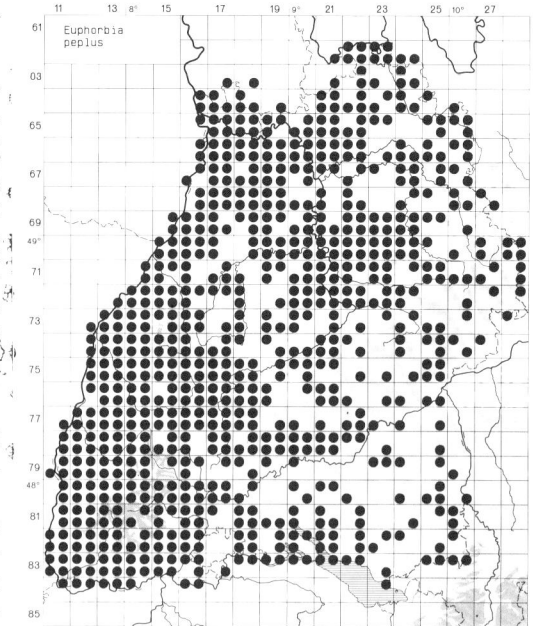

rundlich, zum Grund hin verschmälert mit kurzem Stiel, an der Spitze abgerundet oder ausgerandet, 0,5–2 cm lang, etwa ebenso breit. Die beiden Hüllblätter der Cyathien eiförmig, in eine vom Mittelnerv gebildete Spitze auslaufend. Endständiger Teilblütenstand mit 3 Doldenstrahlen, diese 2- bis 3mal gabelig verzweigt. Kapsel mit 6 parallel verlaufenden Längsleisten, je zwei davon dicht nebeneinander an der Rückennaht einer Fruchtklappe. Samen 1,2–1,5 mm lang und 0,6–1 mm breit, undeutlich sechskantig; 4 Flächen mit einer Reihe von 3–4 rundlichen Gruben, 2 Flächen mit je 1 breiten Längsfurche.

Biologie: Blütezeit von Juni bis Oktober, bei milder Witterung auch in den Wintermonaten. Erträgt Minustemperaturen bis etwa −3° C. Spätkeimer, zuweilen zwei Generationen im Jahr (J. TÜXEN 1958).

Ökologie: Auf nährstoff- und basenreichen, mäßig trockenen bis frischen, humosen, lockeren, sandiglehmigen oder lehmigen Böden; etwas wärmeliebend. Vor allem im Siedlungsbereich in Gärten, auf Friedhöfen und Ruderalstellen, seltener in Äckern und Weinbergen; gern im Halbschatten. *E. peplus* kommt bevorzugt in Hackfruchtgesellschaften des Fumario-Euphorbion-Verbandes vor (Verbandskennart). Nach J. TÜXEN (1958: 35f.) ist *E. peplus* eine typische Art der Gärten. Vegetationsaufnahmen bei KUHN (1937), v. ROCHOW (1951), ROSER (1962), GÖRS (1966), PHILIPPI (1972) und LANG (1973).

Allgemeine Verbreitung: Ursprünglich wohl nur im Mittelmeergebiet. Heute weltweit verbreitet in sub-ozeanischen und ozeanischen Klimagebieten: in fast ganz Europa (östlich bis zum Ural), in Westasien und Nordafrika. Ebenfalls eingebürgert in Teilen Nord- und Südamerikas, Australiens und Neuseelands, sowie auf einigen ozeanischen Inseln (Hawaii, Kapverden u.a.). Die Art fehlt in der polaren und weitgehend in der borealen Zone und im kontinentalen Klimabereich.

Verbreitung in Baden-Württemberg: Archäophyt. Die Karte besitzt viele Kartierungslücken. *E. peplus* ist weit verbreitet, nur in Gebieten mit geringerer Besiedlung und damit weniger Gartenbau seltener, z.B. im Westallgäuer Hügelland, in Oberschwaben, auf der Ostalb oder im Schwäbisch-Fränkischen Wald. Tiefstes Vorkommen: ca. 92 m, Mannheim (6416). Höchstes Vorkommen: ca. 1000 m, Holzarbeit (8113/1), Turner (8014/2), 1070 m, Obermulten (8113/3, PHILIPPI 1989).

Erstnachweise: Ältester literarischer Nachweis bei BAUHIN (1598: 208): Umgebung von Bad Boll (7323).

Bestand und Bedrohung: Die Art ist sehr zahlreich und nicht gefährdet.

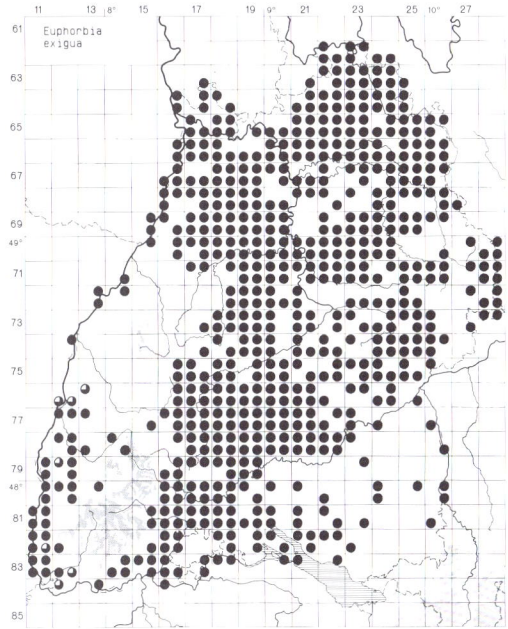

Garten-Wolfsmilch *(Euphorbia peplus)*
Korsika, 7. 4. 1974

17. Euphorbia exigua L. 1753
Kleine Wolfsmilch

Morphologie: Einjährig, mit dünner Pfahlwurzel. Sproß meist aufrecht, aber auch niederliegend bis aufsteigend, 5–25 cm hoch, verzweigt. Blätter lineal-lanzettlich, in der Mitte parallelrandig, 0,5–3 cm lang, 1–4 mm breit. Mehrere Teilblütenstände am Ende der Seitenzweige, diese mit 3 (5) Doldenstrahlen, jeder Doldenstrahl 2 (–4)mal gabelig verzweigt.

Unterhalb dieser endständigen Teilblütenstände sind oft einfache oder wenig verzweigte Teilblütenstände mit nur einem Blütenstandsstiel ausgebildet. Die beiden Hüllblätter der Cyathien schmal-lanzettlich, spitz zulaufend, größte Breite nahe dem Grund, dieser herzförmig bis keilförmig. Nektardrüsen der Cyathien sichelförmig mit langen, fadenförmigen Hörnchen.

Biologie: Blütezeit von Mai bis Oktober.

Ökologie: Auf lehmigen, seltener lehmig-sandigen, nährstoff- und basenreichen, meist kalkhaltigen, mäßig trockenen bis frischen Böden. In Getreide-Unkrautgesellschaften mit Schwerpunkt in den Kalk- und Tonäckern (Caucalidion lappulae-Gesellschaften), selten auf kalkarmen Böden in Aperion spica-venti-Gesellschaften, z.B. in reicheren Ausbildungen des Aphano-Matricarietum (LANG 1973). Auch in Hackfrucht-Gesellschaften, vor allem auf basenreichen Böden mit Schwerpunkt im

Kleine Wolfsmilch *(Euphorbia exigua)*
Hildrizhausen, 21. 7. 1991

Fumario-Euphorbion, seltener auf kalk- und nähr-
stoffärmeren Böden, z. B. im Chenopodio-Oxalidetum fontanae (LANG 1973). In Ruderalgesellschaften kommt *Euphorbia exigua* nur selten vor, etwa
auf frisch aufgeschüttetem Boden. Weitere Vegetationsaufnahmen bei KUHN (1937), v. ROCHOW
(1951), WILMANNS (1956), ROSER (1962), GÖRS
(1966), PHILIPPI (1972, 1978, 1982), ZIMMERMANN
u. ROHDE (1989).

Allgemeine Verbreitung: Europa, Nordafrika und
Kleinasien mit Verbreitungsschwerpunkt im westsubmediterranen Raum. Von Marokko, Spanien,
Irland und England im Westen, vereinzelt in
Schottland, nach Osten bis Polen, Westrußland,
Griechenland und Kleinasien. Im Norden bis Südschweden, Einzelvorkommen bis Nordschweden,
nach Süden bis Nordafrika nördlich des Atlasgebirges.

Verbreitung in Baden-Württemberg: Archäophyt.
Weit verbreitet; in den Hochlagen über 1000 m im
Schwarzwald selten oder regional ganz fehlend
(fehlender Ackerbau), ebenso in den Gebieten mit
kalk- und nährstoffarmen, sauren Böden, so im
Buntsandstein-Odenwald, in weiten Teilen des
Schwarzwaldes, stellenweise in der Mittleren Oberrheinebene, im Schwäbisch-Fränkischen Wald, im
nördlichen Oberschwaben und im Bereich der Rißmoräne. *E. exigua* fehlt ebenso im regenreichen,
sommerkalten Westallgäuer Hügelland (fehlender
Ackerbau).

Tiefstes Vorkommen: ca. 92 m, Mannheim
(6416). Höchstes Vorkommen: 990 m, Plettenberg
(7718/4), BERTSCH 1919).

Erstnachweise: Ältestes literarischer Nachweis bei
BAUHIN (1598: 208): Umgebung von Bad Boll
(7323).

Bestand und Bedrohung: *Euphorbia exigua* scheint
resistenter gegenüber Herbiziden und starker Düngung zu sein als andere charakteristische Arten der
Kalkäcker.

Auch wenn sie regional selten ist und stellenweise
nur in kleinen Populationen vorkommt, ist sie, be-
zogen auf ganz Baden-Württemberg, nicht gefährdet.

18. Euphorbia falcata L. 1753
Sichel-Wolfsmilch

Morphologie: Einjährig, mit dünner Pfahlwurzel.
Sproß (6) 8–40 cm hoch, meist aufrecht und unverzweigt, selten am Grunde mit wenigen Seitenästen.
Laubblätter sitzend, ganzrandig, spatelförmig, selten die oberen lanzettlich, über der Mitte am breitesten, in eine kurze Spitze ausgezogen, 5–25 mm
lang, 2–7 mm breit; Laubblätter des Sprosses frühzeitig abfallend. Die beiden Hüllblätter des Cyathiums und die Tragblätter der Blütenstandsstiele
2. und höherer Ordnung eiförmig-dreieckig, zuweilen etwas asymmetrisch, am Grunde breit abgerundet, in eine durch den Mittelnerv gebildete Spitze

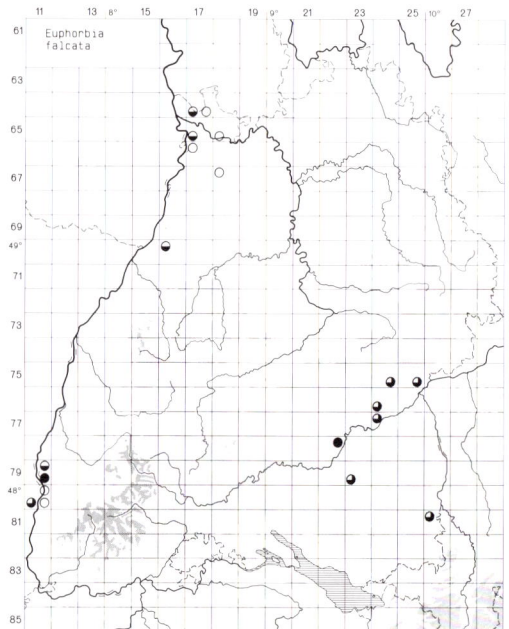

Sichel-Wolfsmilch *(Euphorbia falcata)*
Breisach, 1976

endend. Endständiger Teilblütenstand mit (2) 3–4 (5) Doldenstrahlen, diese mehrmals gabelig verzweigt. Samen vierkantig, auf allen vier Flächen mit tiefen, breiten Querfurchen.

Biologie: Blütezeit von Juni bis Oktober.

Ökologie: Auf nährstoff- und basenreichen, kalkhaltigen Lehmböden. In Unkrautgesellschaften: in Gärten, auf Äckern, Schuttablagerungen, Bahnhofsgelände und an Wegrändern. Eine Vegetationsaufnahme bei HÜGIN (1986: Tab. 2, Aufn. 6) in einer Ackerunkrautgesellschaft.

Allgemeine Verbreitung: Mittelmeergebiet und Westasien. In Mitteleuropa ein Archäophyt, der mit Getreide und Kleesaat eingeschleppt wurde.

Verbreitung in Baden-Württemberg: Unklar ob Archäophyt oder Neophyt. Im Oberrheingebiet, auf der östlichen Schwäbischen Alb und im Alpenvorland.

Tiefstes Vorkommen: ca. 95 m bei Viernheim, Weinheim (6417/3–4). Höchstes Vorkommen: 624 m Aichstetten (8126/1).

Oberrheingebiet: 6417/3: bei Viernheim (Hessen?), 1906, ZIMMERMANN (1906); 6417/4: Weinheim, in Äckern, 1899, DÜRER (KR); 6517/3: Rohrhof, 1880–1905, ZIMMERMANN (1906: 130); 6518/3: Heidelberg, vor 1900, ANONYMUS (KR); 6617/1: Schwetzingen, 1899, FRICK (KR); 6718/1: „Inter Wiesloch et Baierthal", um 1800, MÄRKLIN (in: DIERBACH 1825–27: 127); 7016/1: Karlsruhe, im Nebeniusschulgarten als Unkraut, 1908, KNEUCKER (KR); 7911/2: Kreuzbuck bei Ihringen, 1913, NEUBERGER (ZIMMERMANN 1913, SLEUMER 1934); 7911/4: Stoppelfeld SW Ihringen (1 Exemplar), 1982, HÜGIN (1986) – 1985/86 nicht mehr vorhanden (HÜGIN, briefl.); 8011/2: Rothaus, um 1900, KLEIN (1905) und NEUBERGER (1912); 8011/4: Hartheim, um 1900, KLEIN (1905) und NEUBERGER (1912); Elsaß : 8011/3: An der Straße Fessenheim–Hirtzfelden, 1965, HÜGIN u. KUNZ (BECHERER 1966).
Mittlere Donaualb und Donauniederung: 7524/4: Bahnhof Blaubeuren, 1954, K. MÜLLER (STU-K); 7525/4: Bahnhof Söflingen, 1954, K. MÜLLER (STU-K); 7624/3: Bahnhof Allmendingen, 1954, K. MÜLLER (STU-K); 7724/1: Güterbahnhof Ehingen, 1954, K. MÜLLER (STU-K); 7822/2: Bahnhof Riedlingen, 2 Pflanzen, 1973, SEYBOLD u. SCHÖNFELDER (STU).
Alpenvorland: 7923/3: Saulgau, 1947, K. MÜLLER (STU-K); 8126/1: Bahnhof Aichstetten, 1950, K. MÜLLER (STU-K).

Erstnachweise: Ältester literarischer Nachweis bei DIERBACH (1827: 127) bei Wiesloch (6718/1).

Bestand und Bedrohung: Die letzten Vorkommen stammen aus den Jahren 1973 (7822/2) – 2 Pflanzen! und 1982 (7911/4) – 1 Pflanze! In jüngster Zeit wurde die schon immer seltene *E. falcata* nicht mehr beobachtet. Aufgrund dieser Tatsachen muß die Art als verschollen angesehen werden (Gef. Grad 0), auch wenn es nach 1970 noch Nachweise gab. Es ist aber nicht auszuschließen, daß sie mit Saatgut aus dem Herkunftsgebiet wieder eingeschleppt wird.

2. **Mercurialis** L. 1753
Bingelkraut

Einjährige oder ausdauernde Kräuter, Milchsaft fehlend, Blätter gegenständig, mit kleinen, meist dreieckigen Nebenblättern. Pflanzen monözisch oder diözisch, männliche Blütenstände reichblütig, ährenförmig; männliche Blüten klein, mit 3 grünlichen Blütenhüllblättern, Staubgefäße 8–20. Weibliche Blütenstände wenigblütig, rispig, Blüten oft in Knäuel; weibliche Blüten klein, mit drei grünlichen Blütenhüllblättern, dazwischen drei schmale Zipfel (Staminodien?), Fruchtblätter 2, selten 3. Frucht eine 2- oder 3fächrige Kapsel, die sich loculizid und septizid öffnet. In jedem Fruchtfach 1 Samen. Samen mit Arillus, dieser 2lappig oder als dünne Haut den ganzen Samen umhüllend, ölhaltig.

Der Arillus (Elaiosom) dient der Verbreitung durch Ameisen. Diese myrmekochore Samenverbreitung ist zumindest bei *M. annua* und *perennis* sehr erfolgreich (Sernander 1906: 134f.).

Die Gattung umfaßt 8 Arten, die ursprünglich eurasisch verbreitet waren, 7 kommen im Mittelmeergebiet vor, 1 in Ostasien. In Baden-Württemberg gibt es 2 Arten.

1   Pflanze einjährig, Stengel verzweigt, weibl. Blüten fast sitzend . . . . 1. *M. annua*
–   Pflanze ausdauernd, Stengel unverzweigt, weibl. Blüten lang gestielt . . . . 2. *M. perennis*

1. Mercurialis annua L. 1753
Einjähriges Bingelkraut

Morphologie: Sommer-einjährig oder einjährig überwinternd, mit Pfahlwurzel. Sproß verzweigt, Äste gegenständig; Stengel aufrecht oder aufsteigend, bis 40 (70) cm hoch, Blätter zahlreich, 3–10 (15) cm lang, lanzettlich, stumpf gesägt. Fruchtstiel kürzer als die Frucht. Pflanzen im Gebiet diözisch.
Variabilität: Neben diözischen Populationen mit $2n = 16$ (in Deutschland bisher nur diese nachgewiesen) gibt es in Frankreich, Nordafrika und wahrscheinlich auch im Mittelmeergebiet monözische Populationen mit der Polyploidreihe $2n = 32, 48, 64, 80, 96$ und 112 (Durand 1957, 1962, 1963).
Biologie: Blütezeit von Mai bis Oktober, bei milder Witterung auch in den Wintermonaten. In einer Ve-

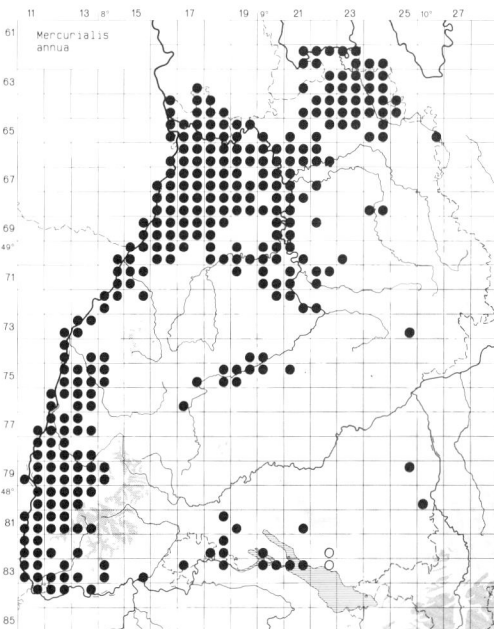

getationsperiode werden in wärmeren Gebieten meist 2 Generationen hervorgebracht. Die erste von Mai bis Juli/August, die zweite von Oktober bis Dezember. *M. annua* ist ein ausgesprochener Wärmekeimer, dessen Samen Ende April/Anfang Mai mit dem Keimen beginnen. Bei Temperaturen unter $-5°$ C sterben die Pflanzen ab (J. Tüxen 1958: 26).

Die männlichen Blüten besitzen einen interessanten Mechanismus zum Ausbreiten der Pollen (v. Wettstein 1916): Kurz vor der Anthese verlängert sich der Blütenstiel. Unmittelbar vor dem Aufspringen der Antheren verdickt sich ein hyalines Gewebe am Grund der Blütenhüllblätter durch Wasseraufnahme. Dieser Schwellvorgang bewirkt ein starkes Zurückkrümmen der Blütenhüllblätter, die dadurch gegen die umliegenden Knospen und Stengelteile drücken und sich so regelrecht abstemmen. Dadurch wird auf den Blütenstiel eine Zugkraft ausgeübt. In dem Moment, in dem der Blütenstiel entlang einer Trennschicht abreißt, tritt infolge des Zurückschlagens der Blütenblätter das Abstoßen der gesamten Blüte ein (bis 22 cm weit). Beim Loslösen öffnen sich die Antheren, und der Pollen wird herausgeschleudert; er kann so besser vom Wind fortgetragen werden.

Die Früchte von *M. annua* gehören zu den Austrocknungsstreuern; die Samen werden bis zu 3 m weggeschleudert (Müller-Schneider 1977: 46), anschließend können sie von Ameisen verbreitet werden (Sernander 1906: 35, 134).

In der Sproßachse und in den Blattstielen lebt die Larve des Rüsselkäfers *Apion semivittatum*, die gallähnliche Verdickungen an diesen Organen hervorruft.
Ökologie: Auf frischen bis mäßig trockenen, nährstoff- und basenreichen, kalkarmen oder kalkreichen, lockeren, humosen Schluff- und Lehmböden; Stickstoffzeiger. *M. annua* kommt in zahlreichen Assoziationen der Klasse Chenopodietea vor, sowohl in annuellen Ruderalgesellschaften (Sisymbrietalia), als auch in Hackfrucht-Unkrautgesellschaften (Polygono-Chenopodietalia) des submediterran-subatlantisch geprägten Europas. Nach Th. Müller (in Oberdorfer 1983: 97ff., Tab. 156) ist *M. annua* Kennart einer nach ihr benannten Gesellschaft, dem Mercurialetum annuae, einer Hackfruchtgesellschaft, die in warmen, wintermilden Tieflagen auf sehr nährstoffreichen Böden mit gutem Garezustand weit verbreitet ist. Neben dieser Assoziation, die sich in Gärten, Gemüse-, Kartoffel-, Rüben- und Maisäckern einstellt, hat die Art einen weiteren Schwerpunkt im Geranio-Allietum der Weinberge. Vegetationsauf-

Einjähriges Bingelkraut *(Mercurialis annua)*, links weibliche Pflanzen, rechts männliche Pflanzen
Oberrimsingen, 1986

nahmen mit *M. annua* von Äckern und Gärten bei v. ROCHOW (1951, Tab. 4), GÖRS (1966, Tab. 1, 6), PHILIPPI (1972, Tab. 13, LANG (1973, Tab. 16), HÜGIN (1986, Tab. 2); Aufnahmen von Weinbergen bei ROSER (1962), GÖRS (1966, Tab. 4, 6), WILMANNS (1989, Tab. 1).

Allgemeine Verbreitung: *M. annua* ist eine alte Arzneipflanze, die bereits im Altertum im Mittelmeerraum, in Mitteleuropa seit dem Mittelalter, angebaut wurde. Ihr werden harntreibende, abführende und antirheumatische Wirkungen zugeschrieben (RIZK 1987: Tab. 7). Das ursprüngliche Verbreitungsgebiet läßt sich nicht mehr feststellen, wahrscheinlich ist es der Mittelmeerraum, Nordafrika und Kleinasien. Heute ist die Art in weiten Teilen Europas (nördlich fast bis zum Polarkreis in Schweden, hier aber unbeständig), in Vorderasien, Nordamerika und Neuseeland eingebürgert. Das geschlossene Verbreitungsgebiet beschränkt sich allerdings weitgehend auf die submeridional-subozeanisch geprägten Klimabereiche.

Verbreitung in Baden-Württemberg: Archäophyt. Die Art kommt fast nur in den wärmebegünstigten Landesteilen vor (besonders dort, allerdings nicht ausschließlich, wo Wein angebaut wird): im Oberrheingebiet, im Kraichgau, Odenwald, Bauland, Taubergebiet, am Main, entlang des Neckars bis zu den Oberen Gäuen (besonders häufig im Neckarbecken) und am Bodensee. Sie ist sehr selten und unbeständig oder fehlt völlig im Hohenlohischen, im Keuper-Lias-Neckarland (mit Ausnahme des Neckartals), auf der Schwäbischen Alb, im Schwarzwald, in der Baar, am Hochrhein und im Alpenvorland.

Tiefstes Vorkommen: ca. 92 m, Mannheim (6416). Höchstes Vorkommen: ca. 600 m, Südschwarzwald.

Erstnachweise: Ältester literarischer Nachweis bei LEOPOLD (1728: 107): „Hier und da auf Miststätten", bei Ulm. Wurde schon von H. HARDER (1576–94) vermutlich im Gebiet gesammelt (SCHINNERL 1912: 220).

Bestand und Bedrohung: Durch die zunehmende Eutrophierung der Böden, auch außerhalb der Akkerflächen, dürften die Populationen innerhalb ihrer jetzigen Verbreitung zunehmen. Dagegen wird sich *M. annua* wahrscheinlich nicht über ihre klimatisch bedingten Verbreitungsgrenzen hinaus ausbreiten können. Die Art ist zahlreich und nicht gefährdet.

2. Mercurialis perennis L. 1753
Wald-Bingelkraut

Morphologie: Ausdauernd, mit verzweigtem, waagerechtem, stellenweise knotig verdicktem Rhizom. Stengel aufrecht, unverzweigt, bis 40 cm hoch. Laubblätter lanzettlich bis oval-lanzettlich, 4–12 cm lang, mehr als doppelt so lang wie breit. Am Übergang von der Spreite zum Stiel 4 kleine Drüsen. Unterer Stengelteil unbeblättert. Pflanzen im Gebiet überwiegend diözisch. Chromosomenzahl: 2n = 42 (BAKSAY 1957), 2n = 64 weibl. u. 2n = 66 männl. (GADELLA u. KLIPHUIS 1963, 2n = 84 (GADELLA u. KLIPHUIS 1967).

Variabilität: Es werden eine Reihe von Varietäten noch unsicherer taxonomischer Stellung beschrieben, die sich in dem Längen/Breiten-Verhältnis der Blätter, der Blattstiellänge und der Behaarung unterscheiden (HEGI 1925: 130f., HAUSSKNECHT 1893). Diese korrelieren z. T. mit unterschiedlichen Chromosomenzahlen. So fand BAKSAY (1957) in Ungarn eine Sippe mit 2n = 64, die er als *M. longistipes* beschrieb und die in ihren morphologischen Merkmalen zwischen *M. perennis* und *M. ovata* steht: Sie hat ovalere Blätter und einen kürzeren

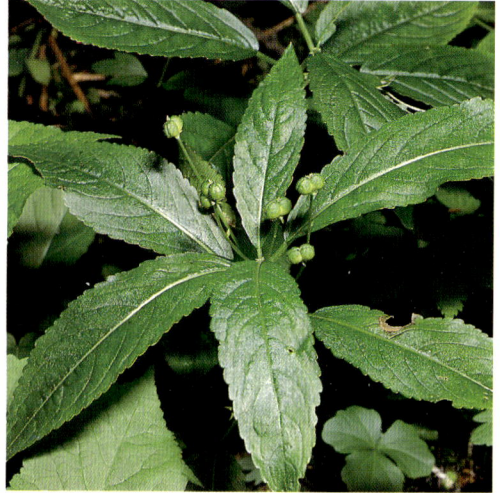

Wald-Bingelkraut *(Mercurialis perennis)* weibliche Pflanze, Bad Aussee, 12. 7. 1991

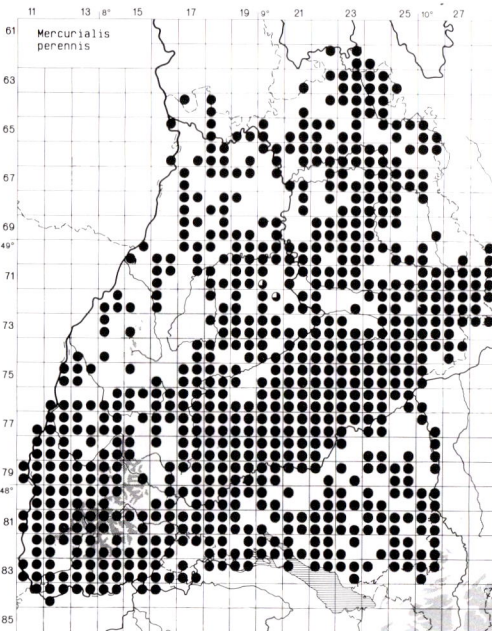

Blattstiel als *M. perennis.* Es wird angenommen (ROTHMALER 1982, OBERDORFER 1983), daß es sich hierbei um den von GRAEBNER (in: ASCHERSON u. GRAEBNER 1913–1917) beschriebenen Bastard *M. × paxii* handelt. Das würde jedoch dem Vorkommen von Sippen mit 2n = 64 aus Holland widersprechen, da *M. ovata*, eine südosteuropäische Art, dort nicht vorkommt. Außerdem ist ein Bastard mit 2n = 64, der Eltern mit 2n = 42 *(perennis)* und 2n = 32 *(ovata)* hat, schwer vorstellbar. Eher möglich wäre, daß Pflanzen mit 2n = 64 einen triploiden Bastard aus der diploiden Sippe (2n = 42) und der tetraploiden Sippe (2n = 84) darstellen – ein analoger Fall zu *Papaver somniferum*? (KADEREIT 1986).

Pflanzen der forma *ovalifolia* Hausskn. 1893 mit oval-lanzettlichen Blättern werden von T. MÜLLER (1966: 397f.) vom Spitzberg bei Tübingen beschrieben. Bei OBERDORFER (1983) und ROTHMALER (1982) werden diese Form und die *M. longistipes* (Borbás) Baksay als Synome zu *M. × paxii* Graebner *(M. perennis × ovata)* aufgefaßt. Eine Klärung der Beziehungen innerhalb der *Mercurialis perennis*-Gruppe steht jedoch noch aus.

Biologie: Blütezeit von April bis Mai. Im Gegensatz zu *M. annua* werden die männlichen Blüten nicht weggeschleudert. Nach WEISS (1906) wird *M. perennis* von Fliegen bestäubt, eine zusätzliche Windbestäubung ist jedoch nicht auszuschließen. Die Früchte gehören zu den Austrocknungsstreuern; die Samen werden bis zu 4 m weit gestreut. *M. perennis* ist wie *M. annua* eine alte Arzneipflanze und zeigt dieselben offizinellen Wirkungen.

Wald-Bingelkraut *(Mercurialis perennis)*
Kaiserstuhl, 1986

Ökologie: Auf sickerfrischen, nährstoff- und basen-reichen, schwach sauren bis schwach basischen, hu-mosen, lockeren sandig-lehmigen Böden; bevor-zugt skelettreiche Mullböden; Schattenpflanze. Nach BÜCKING und DIETERICH (1981) ein aus-gesprochener Kalkzeiger, was jedoch den Verhält-nissen im Odenwald, Südschwarzwald und in den Vogesen nicht entspricht. Hier kommt die Art auf kalkfreien Böden vor. *M. perennis* ist eine Kennart der Ordnung Fagetalia sylvaticae. Meist in Ein-zelpflanzen oder kleinen Trupps in hainbuchenrei-chen Wäldern (Carpinion-Aufnahmen bei v. RO-CHOW (1951: Tab. 25), RODI 1959/60: Tab. IV), T. MÜLLER (1966: Tab. 1, 2), LANG (1973: Tab. 111), HÜGIN (1982), PHILIPPI (1983: Tab. 15, 16, 18), in erlen- und eschenreichen Wäldern (Alno-Padion-Aufnahmen bei MÜLLER und GÖRS (1958: Tab. V), Alnetum incanae, HÜGIN (1982), Pruno-

Fraxinetum, PHILIPPI (1982: Tab. 5), Alno-Fraxi-netum, WINSKI (1983: Tab. 2), PHILIPPI (1989: Tab. 5), Carici remotae-Fraxinetum, OBERDORFER (1971: Tab. 7), Alnetum incanae, SCHWABE (1987: Tab. 40, Stellario-Alnetum, Alnetum incanae), oft in kleinen Trupps oder größeren Herden in Bu-chenwald-Gesellschaften, vor allem im Carici-Fa-getum, Asperulo-Fagetum und Lathyro-Fagetum (zahlreiche Aufnahmen liegen vor, z. B. bei KUHN 1937, v. ROCHOW 1951: Tab. 23, OBERDORFER 1971: Tab. 13, OBERDORFER 1982: Tab. 1, PHILIPPI 1983, NEBEL 1986, MURMANN-KRISTEN 1987: Tab. 4, PHILIPPI 1989: Tab. 3, 4). Größere Herden, mit Deckungsgraden bis 100 % bildet *M. perennis* in Schluchtwäldern (Tilio-Acerion) auf schuttrei-chen, bewegten Böden, die die Art aufgrund ihres langen Rhizoms gut besiedeln kann (Aufnahmen bei BARTSCH u. BARTSCH 1940, OBERDORFER 1971,

121

LANG 1973: Tab. 116, NEBEL 1986: Tab. 13, MUR-MANN-KRISTEN 1987: Tab. 5, SCHWABE 1987: Tab. 39, PHILIPPI 1989).

Allgemeine Verbreitung: Europa, Vorderasien. Im Westen bis Irland, im Süden bis Nordspanien (Pyrenäen), weiter südlich (Portugal, Kanarische Inseln, Nordafrika) nur vereinzelt, Nordgriechenland, Türkei, im Osten bis zum Ural, in Vorderasien isolierte Teilareale im Kaukasus und im Nordiran (Elburskgebirge). Im Norden reicht das geschlossene Areal bis Südskandinavien und Mittelrußland (ca. 60° n.Br.) vereinzelte Vorposten bis Mittelnorwegen. In Australien eingeschleppt. Verbreitungskarte bei SAXER (1955: 72).

Verbreitung in Baden-Württemberg: Indigen. Die Art kommt in fast allen Landesteilen vor. In Gebieten mit nährstoffarmen, sauren Böden (z.B. über Sandsteinen oder entkalkten Sanden) ist sie jedoch selten oder fehlt gebietsweise völlig, so im Nordschwarzwald, im Strom- und Heuchelberggebiet, im Buntsandstein-Odenwald, in Teilen des Schwäbisch-Fränkischen Waldes und im Nordöstlichen Oberschwaben. Sie fehlt auch streckenweise im Nördlichen Oberrheingebiet im Bereich der Dünensande und in der eigentlichen Rheinaue.

Tiefstes Vorkommen: ca. 92 m, Reißinsel bei Mannheim (6516/2). Höchstes Vorkommen: ca. 1200 m, Herzogenhorngebiet, Feldberg (8114).

Erstnachweise: Ältester literarischer Nachweis bei BAUHIN (1598: 173, 1602: 186): Eichelberg (7323) und Teck (7422).

Bestand und Bedrohung: Die Art ist zahlreich und nicht gefährdet.

Mercurialis ovata Sternb. u. Hoppe 1815
Eiblatt-Bingelkraut

Unterschied zu *M. perennis*: Blätter sitzend oder höchstens 2 mm lang gestielt, rundlich-eiförmig, ein- bis zweimal so lang wie breit. Unterer Teil des Stengels mit kleinen Laubblättern.

Verbreitungsschwerpunkt ist Südosteuropa; in Deutschland nur in Bayern, im Südteil der Fränkischen Alb.

Rhamnaceae

Kreuzdorngewächse
Bearbeiter: S. DEMUTH

Sträucher und Bäume, seltener Kletter- oder Schlingpflanzen. Blätter gegen- oder wechselständig, einfach, mit Nebenblättern. Blütenstand meist eine Rispe. Blüten klein, 4- bis 5zählig; Kronblätter oft kleiner als die Kelchblätter oder fehlend, oft

kapuzenartig zusammengefaltet; die Staubgefäße stehen vor den Kronblättern. Fruchtknoten 2- bis 3fächrig, ober- oder unterständig; zwischen Staubgefäßen und Fruchtknoten ein ringwallartiger Diskus. Fruchtformen vielfältig.

Die Rhamnaceae sind weltweit verbreitet, sie fehlen nur in der polaren Zone. Die Familie umfaßt 58 Gattungen mit ca. 900 Arten; in Europa kommen ursprünglich 3 Gattungen mit 18 Arten vor, 2 Arten der Gattung *Ziziphus*, aus Nordamerika und Asien, werden im Mittelmeergebiet kultiviert. In Baden-Württemberg 2 Gattungen mit 3 Arten.

1 Blüten 4zählig, Griffel mit 2- bis 4spaltiger Narbe; Blätter meist gegenständig, am Rande gesägt; Sproß z.T. mit Sproßdornen . . . . . 1. *Rhamnus*
– Blüten 5zählig, Griffel mit kopfiger Narbe; Blätter wechselständig, ganzrandig; Sproß ohne Dornen .
                                            2. *Frangula*

1. **Rhamnus** L. 1753
Kreuzdorn

Sträucher und Bäume, oft mit Sproßdornen. Blätter gegen- oder wechselständig. Laubknospen mit Knospenschuppen. Neben eingeschlechtigen Blüten, die ein- oder zweihäusig verteilt sind, auch zwittrige Blüten; Blüten 4- bis 5zählig (bei den heimischen Arten meist 4zählig), grünlich, in blattachselständigen Scheindolden; Kelchblätter klein, nach dem Verblühen abfallend; Kronblätter kürzer als die Kelchblätter, jeweils das davor stehende Staubgefäß umschließend. Fruchtknoten 2- bis 4fächrig, in den Blütenboden eingesenkt; Frucht 2- bis 4samig, giftig.

Ca. 150 Arten mit Schwerpunkt in Eurasien und Afrika; in den temperaten, meridionalen und tropischen Zonen.

1 Blätter (3) 4–6 (9) cm lang, elliptisch, Blattstiel länger als die früh abfallenden Nebenblätter; Blütenstiel 4–9 mm lang; bis etwa 3 m hoch . . . . .
                                            1. *R. cathartica*
– Blätter (0,8) 1–3 (3,2) cm lang, lanzettlich, Blattstiel etwa so lang wie die Nebenblätter; Blütenstiel 2–4 mm lang; bis 1 (1,5) m hoch . 2. *R. saxatilis*

1. **Rhamnus cathartica** L. 1753
Purgier-Kreuzdorn, Echter Kreuzdorn

Morphologie: Meist bis 3 m hoher Strauch, selten höher, mit Wurzelsprossen und Sproßdornen. Blätter und Zweige ± gegenständig. Blätter rundlich bis elliptisch mit vorgezogener Spitze, kahl oder behaart, Blattrand gesägt. Blüten grünlich; Kelchblätter 2–3 mm lang, dreieckig-lanzettlich, Kronblätter weniger als halb so lang wie die Kelchblätter, lineal-lanzettlich. Frucht schwarz.

Biologie: Blütezeit von Mai bis Juni. Wichtige Nahrungspflanze für die Raupe des Zitronenfalters *(Gonepteryx rhamni)*. Rinde und Früchte enthalten Anthraglykoside, die als abführende Drogen Verwendung finden. Aus dem sehr harten Holz werden Drechsler- und Tischlerarbeiten gefertigt. *R. cathartica* ist Zwischenwirt (Aecidienwirt) des Hafer-Rostes *(Puccinia coronifera)*.

Ökologie: Auf trockenen bis mäßig feuchten, basenreichen (meist kalkreichen) Lehmböden; auch auf flachgründigen kiesig-sandigen Alluvionen. Licht-/Halblichtpflanze. In Gebüschgesellschaften und lichten Eichen- und Kiefernwäldern; Berberidion-Verbandskennart.

Vegetationsaufnahmen bei T. MÜLLER (1966: Tab. 17, Pruno-Ligustretum und 1974: Tab. 6, Pruno-Ligustretum; Tab. 7, *Berberis vulgaris*-Gesellschaft), WITSCHEL (1980: Tab. 27, Hippophao-Berberidetum; Tab. 28, Pruno-Ligustretum; Tab. 29, Corylo-Rosetum vosagiacae; Tab. 30: Lithospermo-Quercetum, selten; Tab. 31, Cytiso-Pinetum, selten), BRONNER (1986: Tab. 17, Pruno-Ligustretum; Tab. 2, Corylo-Rosetum vosagiacae) und GRÜTTNER (1990: Tab. 58, div. Gebüschgesellschaften; Tab. 49, Pruno-Fraxinetum, *Prunus padus-Corylus*-Gesellschaft).

Allgemeine Verbreitung: Europa, Mittelasien, Nordafrika; in Nordamerika eingeführt. Im Westen

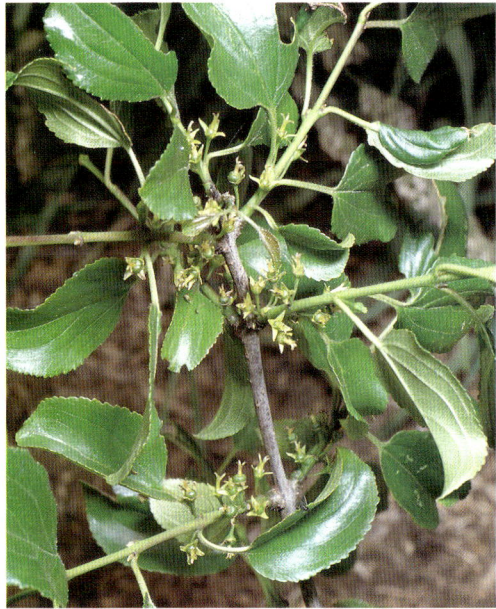

Purgier-Kreuzdorn *(Rhamnus cathartica)*
Weissach, 22. 6. 1991

von Irland, England, Frankreich nach Osten durch das Westsibirische Tiefland bis zum Sayan- und Altaigebirge. Im Norden bis Südschweden, Südfinnland und dem Baltikum (etwa bis 60° n.Br.); im Süden von den Pyrenäen (auf der Iberischen Halbinsel nur sehr vereinzelt) im Westen über Süditalien, Nordgriechenland bis zum Kaukasus (Osttürkei, Nordiran, Armenien, Aserbaidschan); fehlt in der westlichen Türkei, in Nordafrika selten. In den Alpen bis ca. 1600 m (Engadin).

Verbreitung in Baden-Württemberg: In den Kalkgebieten verbreitet, selten im Mittleren Oberrheingebiet (saure Böden durch die entsprechenden Alluvionen aus dem Schwarzwald). Im Odenwald (außer Bergstraße) und im Schwarzwald fehlend.

Tiefstes Vorkommen: ca. 95 m, Mannheim (6416/2). Höchstes Vorkommen: ca. 1000 m, Heubergalb (z.B. 7818) und im Schwarzwald nach GROSSMANN (1989: 678) ca. 1000 m, Belchen-Südseite (8113/3).

Erstnachweise: Ältester literarischer Nachweis von BAUHIN (1598: 147), Umgebung von Bad Boll (7323). Ältester fossiler Nachweis bei Sersheim, Pollen aus dem Frühen Atlantikum (SMETTAN 1985). Früchte aus dem Frühen Subboreal bei Allensbach (KARG 1990). Die Art ist im Gebiet indigen.

Bestand und Bedrohung: Zahlreich und nicht gefährdet.

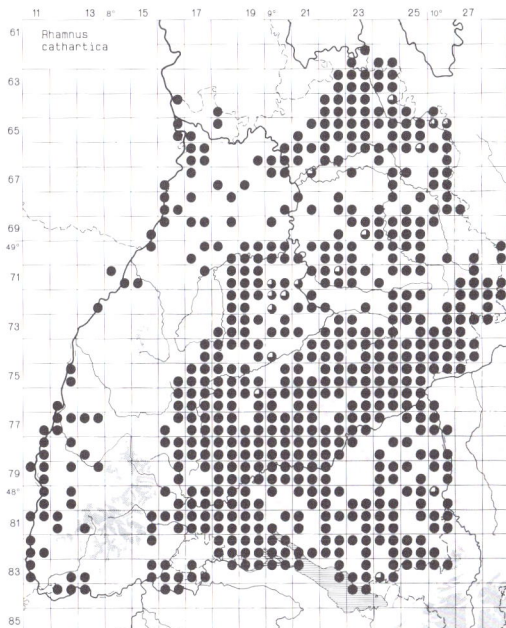

2. Rhamnus saxatilis Jacq. 1762
Felsen Kreuzdorn

Morphologie: Aufrecht-aufsteigender bis niederlie-gender Strauch, bis 1,5 m hoch, mit zahlreichen Sproßdornen. Einjährige Zweige behaart. Blätter klein und schmäler als bei *R. cathartica*, 2- bis 3mal so lang wie breit, lanzettlich, mit der größten Breite in oder etwas über der Mitte, oberseits kahl, unter-seits behaart, mit 2–4 nach vorne gebogenen Sei-tennerven; Blattrand drüsig gesägt. Teilblüten-stände mit weniger Blüten als *R. cathartica*, Blüten und Früchte wie bei letzterer Art, nur etwas kleiner.
Biologie: Blütezeit von April bis Juni.
Ökologie: Auf nährstoff(stickstoff)armen, kalkrei-chen, trockenen, flachgründigen, steinigen Böden (Rendzina). Licht-, Halblichtpflanze. In lichten Kiefern-, Flaumeichenwäldern, in Gebüschgesell-schaften (Berberidion), Waldmänteln, an felsigen Hängen.
Vegetationsaufnahmen bei BRAUN-BLANQUET (1932: Tab. 1, Cytiso-Pinetum) aus dem Hoch-rheingebiet bei Eglisau auf Schweizer Seite, T. MÜLLER (1980: Tab. 1, Cytiso-Pinetum) und WITSCHEL (1980: Tab. 31, Cytiso-Pinetum).
Allgemeine Verbreitung: Mittel- und Südeuropa. Nordspanien, Mittel- und Südfrankreich, Italien (nach Süden bis Sizilien), Süddeutschland, Öster-reich, Ungarn, Jugoslawien, Bulgarien, Rumänien. In den Südalpen nach PIGNATTI (1982) bis 1800 m.

Felsen-Kreuzdorn *(Rhamnus saxatilis)*
Schoren bei Engen, 1962

In Deutschland in Bayern (Alpen, Voralpengebiet und Fränkische Alb) und in Baden-Württemberg.
Verbreitung in Baden-Württemberg: Nur auf der Schwäbischen Alb. Die Vorkommen im Klettgau und am Hochrhein liegen auf Schweizer Seite.
Tiefstes Vorkommen: 550 m, Bitzental NW Engen (8118/2). Höchstes Vorkommen: 900 m, Gehrn bei Hausen ob Verena (7918/3).

Nördliche Ostalb: 7126/4: Unterkochen, SCHNIZLEIN und FRICKHINGER (1848); 7225/2: Scheuelberg, KIRCHNER u. EICHLER (1913).
Mittlere Kuppenalb: 7421/4: Dettinger Roßberg beim Grünen Felsen, 1927, A. MAYER (STU-K); 7521/3: Reut-lingen, auf der Wanne, KIRCHNER u. EICHLER (1913); 7521/4: Holzelfingen, MARTENS (1828).
Südwestliche Donaualb: 7918/4: Furtbühl N Papiermühle, 1988, DÖHLER (STU-K); 7919/3: Ludwigstal, KIRCHNER u. EICHLER (1913); 7919/4: Beuron, KIRCHNER u. EICH-LER (1913); Felsen S Scheuerlehof, 1980, SEBALD (STU-K).
Baaralb: 7918/3: Gehrn bei Hausen ob Verena, 1988, DÖLER (STU-K); 8117/1: Zisiberg bei Hondingen (NSG), 1978, HENN (STU-K); 8117/2: Längehaus bei Riedöschin-gen, 1986, SEYBOLD (STU-K).
Hegaualb: 8018/1: Mühlhalde bei Bachzimmern, 1991, DEMUTH (KR); 8018/3: Bühl bei Zimmern, 1982, SEY-

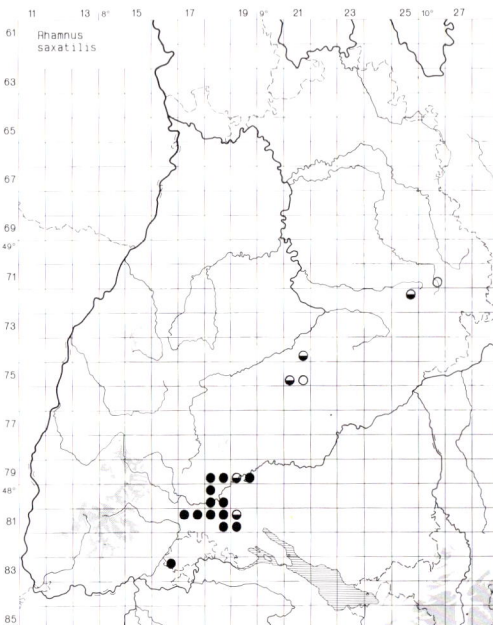

BOLD (STU-K); 8018/4: Ramberg, Gutenbühl bei Hattingen, 1975/79, SEYBOLD (STU-K); 8118/1: Zimmerholz, Katzensteig, 1978, HENN (STU-K); 8118/2: Kriegertal/Talmühle, MAYER (1934); 1974, SEYBOLD (STU-K); Hörnle NW Talmühle, 1974, SEYBOLD (STU-K), 1991, DEMUTH (KR-K); Bitzental (NSG), 1991, DEMUTH (KR-K); 8118/4: Schoren bei Neuhausen (NSG), 1974, SEYBOLD (STU-K); 8119/1: Aach, Eingang ins Wasserburger Tal, BARTSCH (1924: 306); Kessel N Aach, ZIMMERMANN (1924: 298); 8119/3: Steinbruch NE Aach, 1990, VOGGESBERGER (STU-K).

Klettgau (Schweiz): 8316/2: Roßberg bei Osterfingen, *Anonymus* (1896, Mitt. Bad. Bot. Ver., 141: 367), ob noch?

Weitere Vorkommen im Hochrheingebiet bei Eglisau auf Schweizer Seite.

Erstnachweise: Ältester literarischer Nachweis von MARTENS (1828) bei Holzelfingen (7521/4). Die Art ist im Gebiet indigen.

Bestand und Bedrohung: Die Populationen auf der Mittleren Kuppenalb und der Nördlichen Ostalb sind alle erloschen. Die Ursachen sind nicht bekannt. Auf der Baar- und Hegaualb hat es in den letzten 100 Jahren Rückgänge gegeben. Zwar gibt es hier noch eine Reihe von Populationen, doch bestehen die meisten nur aus wenigen Pflanzen, selten einmal aus mehr als einem Dutzend. Ursachen sind Zerstörung der alten Waldränder z.B. durch Aufforstung, das Zuwachsen der Waldränder mit höheren Sträuchern und damit das Überwachsen von *R. saxatilis*, starke Beschattung der Pflanzen durch hochwachsende Bäume (z.B. im Tal bei Bachzimmern (8018/1), sowie die Waldrand-, Weg-

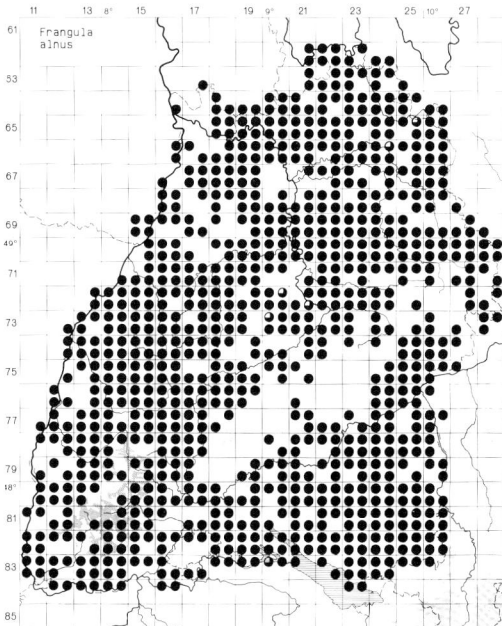

randpflege durch den Forst, bei der die Pflanzen abgehauen werden.

Da es insgesamt in Baden-Württemberg wahrscheinlich weniger als 500 Pflanzen gibt und nur 3 Vorkommen in Naturschutzgebieten liegen, sollte die Art in der Roten Liste als stark gefährdet (Gef. Grad 2) eingestuft werden; bisherige Einstufung: gefährdet (Gef. Grad 3). Die Vorkommen sollten durch gezielte Pflegemaßnahmen erhalten und gefördert werden, z.B. durch Entfernen von Sträuchern und Bäumen, die *R. saxatilis* zu überwachsen drohen.

2. **Frangula** Miller 1768
Faulbaum

Sträucher und Bäume. Blätter wechsel- oder gegenständig. Laubknospen ohne Knospenschuppen. Blüten einzeln oder in Rispen, meist zwittrig. Frucht eine hartschalige Steinfrucht.

Ca. 20 Arten in Eurasien und Nordamerika, hier die meisten Arten. In Europa 3 Arten, eine *(F. rupestris)* im nordöstlichen Mittelmeerraum, eine *(F. azorica)* auf Madeira; in Mitteleuropa nur *F. alnus*.

1. **Frangula alnus** Miller 1768
Faulbaum, Pulverholz

Morphologie: Strauch- oder baumförmig, bis etwa 7 m hoch. Borke im Alter graubraun bis schwarzbraun, mit länglichen, quergestellten Lentizellen. Blätter wechselständig, oval, mit ausgezogener Spitze, etwa 5–7 cm lang, ganzrandig, am Rand leicht gewellt mit 7–9 Paar parallel verlaufenden Seitennerven, die kurz vor dem Blattrand nach oben abbiegen und diesen nicht erreichen. Blütenstand eine blattachselständige Scheindolde. Blüten trichterförmig, grünlich; Kelchblätter ca. 3 mm lang, länglich-dreieckig, Kronblätter weißlich, am Rande umgerollt, je eines ein Staubgefäß umfassend. Frucht 2- bis 3samig, giftig.

Biologie: Blütezeit von Mai bis Juni. Insekten und Selbstbestäubung. Die Früchte werden durch Vögel verbreitet. Wichtige Nahrungspflanze für die Raupe des Zitronenfalters *(Gonepteryx rhamni)*. Die Rinde des Faulbaums enthält Glucofrangulin (ein Anthraglykosid). Die daraus gewonnene Droge findet als leichtes Abführmittel Verwendung.

Ökologie: Auf feuchten (zumindest in der Tiefe), nährstoff- und meist basenarmen, sauren Sand-, Torf-, Lehm- oder Tonböden. In erlenreichen

125

Faulbaum *(Frangula alnus)*
Ichenheim, 1981

Waldgesellschaften, Birken- und Kiefernmooren, in Weidengebüschen, in Waldmantel-Gesellschaften, seltener in Nadel- und Laubholzgesellschaften. Vegetationsaufnahmen bei SEBALD (1966: Tab. 5, Tannen-Buchen-Mischwald und 1974: Tab. 2b, heidelbeerreicher Eichen-Kiefern-Buchenwald; Tab. 3e, Vaccinio-Abietum; Tab. 13b, erlenreiche Waldgesellschaft), T. MÜLLER (1966: Tab. 11, Dicrano-Pinetum und 1974: Tab. 2, Salicetum triandrae; Tab. 4: Frangulo-Salicetum cinereae, Salici-Viburnetum salicetosum cinereae), DIERSSEN und DIERSSEN (1984: Tab. 23, Vaccinio-Betuletum carpaticae und Frangulo-Salicetum cinereae), MURMANN-KRISTEN (1987: Tab. 2, Luzulo-Fagetum; Tab. 3, Luzulo-Quercetum) und GRÜTTNER (1990: Tab. 56, *Caltha palustris-Alnus glutinosa*-Ges., Carici elongatae-Alnetum; Tab. 58, div. Gebüschgesellschaften).

Allgemeine Verbreitung: Europa, Asien, Nordafrika, in Nordamerika eingeführt. Im Westen von den Britischen Inseln und der Iberischen Halbinsel nach Osten durch das Westsibirische Tiefland bis zum Sajan- und Altai-Gebirge; im Norden bis Skandinavien, etwa bis zum Polarkreis (35° n.Br.), im Süden bis ins Mittelmeergebiet, fehlt jedoch in den südlichen Teilen Spaniens, Italiens, Griechenlands und der Türkei. Sehr zerstreut in Vorderasien und selten im westlichen Nordafrika. In den Alpen (Tirol) bis etwa 1400 m.

Verbreitung in Baden-Württemberg: Weit verbreitet, selten und regional fehlend nur auf der Schwäbischen Alb.

Tiefstes Vorkommen: ca. 95 m, Mannheim (6416/4). Höchstes Vorkommen: ca. 1000 m, Feldberggebiet (8114).

Erstnachweise: Ältester literarischer Nachweis von BAUHIN (1598: 144), Umgebung von Bad Boll (7323). Ältester fossiler Nachweis aus dem Pleistozän (Cromer-Eem-Interglazial) von Bad Cannstatt (BERTSCH 1927), aus dem Holozän aus dem Späten Atlantikum von Hornstaad (RÖSCH 1985). *F. alnus* ist im Gebiet indigen.

Bestand und Bedrohung: Die Art ist zahlreich und nicht gefährdet.

Vitaceae

Weinrebengewächse
Bearbeiter: S. DEMUTH

Meist Lianen, seltener Sträucher oder kleinere Bäume, auch stammsukkulente Arten, z.B. afrikanische *Cissus*-Arten. Sproß oft mit Ranken. Laubblätter meist handförmig gelappt oder gefiedert, wechselständig; Nebenblätter vorhanden. Blüten in Rispen, seltener in Trauben oder Ähren; Blütenstand meist einem Blatt gegenüberstehend. Blüten eingeschlechtig oder zwittrig, Pflanze monözisch oder diözisch. Blütenorgane (3) 4–5 (7)zählig. Blütenkrone ausgebreitet oder die Krone bleibt geschlossen und löst sich als Ganzes bei der Anthese ab – wird von den sich streckenden Staubgefäßen emporgehoben und abgeworfen *(Cissus)*. Fruchtknoten oberständig, meist zweifächrig, mit 2 anatropen Samenanlagen. Zwischen Staubgefäßen und Fruchtknoten ist ein Diskus ausgebildet. Die Furch ist eine Beere.

Die Vitaceen sind weltweit in den tropischen bis temperaten Zonen verbreitet. Sie fehlen in den borealen und polaren Zonen.

Die Familie umfaßt 12 Gattungen mit 700 Arten, mit Schwerpunkt in den Tropen. In Europa kommt wild nur 1 Art vor, *Vitis vinifera*. Einige Arten aus 2 Gattungen, *Parthenocissus* und *Ampelopsis* (nicht weiter aufgeführt), werden in Europa kultiviert und sind zum Teil verwildert.

1   Blütenstand eine Rispe; Borke älterer Sprosse sich in Längsstreifen ablösend; Blätter 3- bis 5lappig .
          1. *Vitis*
–   Blütenstand eine Scheindolde; Borke sich nicht in Längsstreifen ablösend; Blätter gelappt oder gefingert . . . . 2. *Parthenocissus*

1. **Vitis** L. 1753
Weinrebe, Weinstock

Morphologie und Biologie siehe Artbeschreibung.

Weltweit gibt es ca. 50 Arten der Gattung, in Europa nur eine. Die meisten Arten kommen in den Tropen vor. In Nordamerika gibt es etwa 14 Arten, von denen einige reblausresistente (vor allem *V. labrusca* und *V. riparia*) als Pfropfunterlage für die heimischen Kultursorten eine Rolle spielen. Nur diese beiden Arten werden im Schlüssel aufgeführt; weitere bei Fitschen (1987).

1 Blätter undeutlich dreilappig, nicht gebuchtet, unterseits bleibend braun- bis graufilzig . . . . .
   [V. labrusca]
– Blätter 3- bis 5lappig, ± gebuchtet, unterseits kahl, behaart oder etwas weißfilzig 2
2 Blätter schwach 3lappig, undeutlich gebuchtet, Blattrand spitz gezähnt/gesägt, unterseits kahl . .
   [V. riparia]
– Blätter meist deutlich 3- bis 5lappig, deutlich, z. T. sehr tief gebuchtet, Blattrand stumpf gezähnt/gesägt, unterseits behaart, selten kahl   1. *V. vinifera*

1. **Vitis vinifera** L. 1753
Weinrebe

Bemerkungen: Alle folgenden Angaben beziehen sich auf die Wildform *V. vinifera* var. *sylvestris*. Auf die Unterschiede zur Kulturrebe var. *sativa* wird im Abschnitt Variabilität eingegangen. Ein Teil der Angaben aus Schumann (1967).

Morphologie: Bis etwa 40 m hohe Liane mit verzweigtem Sproß. Hauptsproß bis 30 (50) cm im Durchmesser, Borke sich streifenförmig ablösend, dunkel-braunrot (kastanienfarben). Die Zweige sind braunrot bis braungelb, kahl, einfach behaart oder flockig, mit punktförmigen Lentizellen und mit Mark, das an den Knoten durch Scheidewände getrennt ist. Laubblätter im Umriß rundlich, meist 3- bis 5lappig mit meist 2 Buchten, stumpfzähnig; Spreite mit herzförmigem Grund, oberseits verkahlend, unten einfach behaart bis weißwollig-filzig, 5–15 cm breit. Bei den europäischen Populationen kann kein Unterschied in der Blattform (Art und Tiefe der Buchtungen) zwischen männl. und weibl. Pfanzen festgestellt werden. Nach Bronner (1857) und Schumann (1991, mündl. Mitt.) kommen unterschiedliche Blattformen sogar an einer Pflanze vor. Pflanze meist diözisch. Die 5 Kronblätter fallen während der Anthese als Haube geschlossen ab. Beeren länglich-oval bis kugelig, 6–22 mm lang, blauviolett, rötlich, grünlich oder gelblich, süß bis sauer schmeckend; bei Wildpflanzen 1–4 Samen pro Beere – die statistische Verteilung an größeren

Populationen ist heute nicht mehr feststellbar; bei der Kulturrebe 1–6 Samen. Samen herzförmig bis birnenförmig, auf einer Seite mit zwei länglichen Gruben.

Biologie: Blütezeit Mai bis Juni. Die diözische var. *sylvestris* wird wohl hauptsächlich durch Insekten bestäubt, Windbestäubung kommt aber auch vor. Bei der seltenen zwittrigen Wildform und der fast immer zwittrigen Kulturform var. *sativa* finden überwiegend Selbstbestäubung statt. Ebenso wie die Kulturreben wird die Wildrebe von den im 19. Jh. aus Nordamerika eingeschleppten Pilzkrankheiten Peronospora *(Plasmopara viticola)* und Oidium *(Uncinula necator)* sowie von der eingeschleppten Reblaus *(Viteus vitifolii)* befallen.

Ökologie: Auf mäßig feuchten, nährstoff- und basenreichen (meist kalkreichen), schluffigen, lehmigen Böden; in Südosteuropa auch auf trockenen Böden (Jugoslawischer Karst). Die var. *sylvestris* wächst in Auwäldern in Alno-Ulmion-Gesellschaften oder an Waldrändern an trockeneren Stellen in Berberidion-Gebüschgesellschaften. Stützbäume in der Oberrheinebene sind meist *Quercus robur*, *Ulmus minor* (früher), *U. laevis*, *Acer campestre*, *Pyrus pyraster*, *Populus × canadensis*, *P. alba*. Es gibt aus dem Gebiet eine Vegetationsaufnahme von Philippi (1978: Tab. 34) von einer *Ulmus minor*-*Carpinus*-Gesellschaft des Rußheimer Altrheins.

Allgemeine Verbreitung: In der meridionalen und temperaten Zone Europas und Vorderasiens. Im

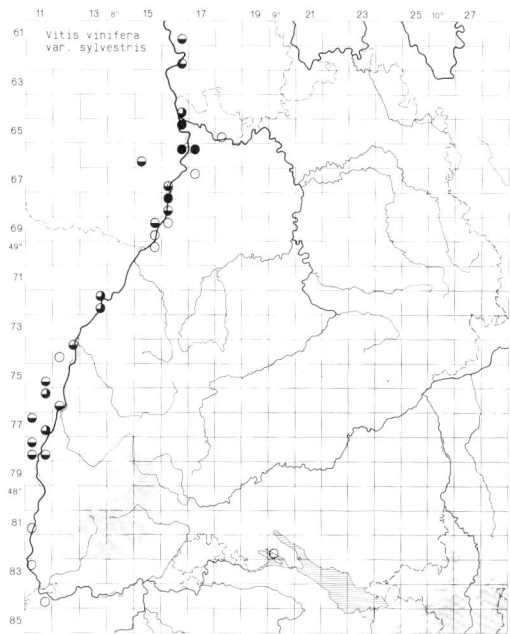

Vitis vinifera var. sylvestris

Weinrebe, Wildform (*Vitis vinifera* var. *sylvestris*)
Mannheim, Reißinsel, 28. 10. 1991

Westen von Ostspanien, Südfrankreich durch das Mittelmeergebiet bis zur Osttürkei und zum Kaspischen Meer im Osten. Im Süden erreicht das Areal Nordwestafrika, Sizilien, Griechenland und die Südtürkei, im Norden das Rhonetal (Frankreich), das Oberrheintal (als absolute Nordgrenze), den Donauraum in Niederösterreich, sowie den Nordrand des Schwarzen Meeres mit der Krim. Verbreitungskarte bei LEVADOUX (1956: 84).

In Mitteleuropa kommt die Wildrebe außer im Oberrheingebiet in der Schweiz im Wallis vor (DES-FAYES 1989).

Verbreitung in Baden-Württemberg: Nur in den Auwäldern des Oberrheingebietes. Bei der Erwähnung der Wildrebe von der Reichenau am Bodensee in der Glossaria Augiensis des Klosters Reichenau (13. Jh.) als „wildu reba, labrusca" könnte auch eine verwilderte Kulturrebe gemeint sein, denkbar ist aber auch ein mittelalterliches Vorkommen der Wildrebe am Bodensee. Verbreitungskarte für das Oberrheingebiet bei SCHUMANN (1968).

Baden-Württemberg: 6517/2: Reißinsel/Mannheim, 1991, SCHUMANN, DEMUTH u.a. (KR); Neckarau (wahrscheinlich Waldpark – heute erloschen), SUCCOW (1822), KIRCHHEIMER (1946); 6518/3: Haarlaß/Heidelberg, DIER-BACH (1819); 6617/1: Rheinaue bei Ketsch, 1991, SCHUMANN, DEMUTH u.a. (KR); 6717/1: Neulußheim, DÖLL (1862); 6816/1: Elisabethenwört/Rußheim, PHIL-IPPI (1961, 1978), 1991, SEMMELMANN, DEMUTH (KR-K); 6816/3: Linkenheim, GMELIN (1806), KIRCHHEIMER (1946: 1941/42 letzte Rebe abgestorben); Leimersheim (Pfalz), GMELIN (1806), BERTSCH (1936); 6915/4: Daxlanden, Knielingen, GMELIN (1806), KNEUCKER (1886); 6916/2: Eggenstein, DÖLL (1862), KNEUCKER (1886); 7015/2: Au a.R., DÖLL (1862); 7811/4: Sponeck, OBERLIN (1900), MÜLLER (1937, 1953), KIRCHHEIMER (1946: bis 1939 bekannt); zw. Sasbach und Jechtingen, MÜLLER-STOLL (1941); 8111/3: Müllheim, SPENNER (1829), DÖLL (1862); Neuenburg, DÖLL (1862), SCHILDKNECHT (1862); 8311/1: Am Fuß des Isteiner Klotzes um 1850, A. BRAUN (DÖLL 1866); 8220/3: Reichenau, Glossaria Augiensis (13. Jh.)

Hessen: 6116/4: Kühkopf-Knoblochsaue, bis 1942, KIRCHHEIMER (1944, 46); 6216/4: Biedensand/Lampertheim, KIRCHHEIMER (1944).

Pfalz: 6416/4: Stadtpark Ludwigshafen, bis 1956, SCHUMANN (1967), WILDE (1935, 36), KIRCHHEIMER (1946); 6615/3: Benzenloch/Speyerdorf bis 1932/33, WILDE (1935, 35); 6616/2: E Otterstadt, am Rhein, 1991: 1 Pflanze, SCHUMANN (1991, mündl. Mitt.), früher auch Kollerinsel, KIRCHHEIMER (1946); 6716/3: Germersheim, WILDE (1935, 36); 6915/2: Wörth, BASSERMANN-JORDAN (1923).

Elsaß: 7213/2: Drusenheim, bis 1967 1 Rebe, SCHUMANN (1967), KRAUSE 1913; 7213/4: Offendorf, 1946 1 Rebe,

KIRCHHEIMER (1946) zuletzt GEISSERT (um 1960, KR-K); 7412/2: Straßburg, noch 1925, SCHUMANN (1967), GMELIN (1806); 7412/3: Illkirch, Ostwald, GMELIN (1806); 7511/4: Osthausen, ISSLER (1938); 7611/2: Matzenheim, ISSLER (1965); Benfeld, bis 1967 1 Rebe, GEISSERT (SCHUMANN 1967), ISSLER (1938); Hüttenheim, bis etwa 1913, ISSLER (1938); Semersheim, KIRCHHEIMER (1946); 7612/3: Friesenheim, 1913, ISSLER (1938); Rhinau, 1921, ISSLER (1938); 7711/1: Mutterholz, KRAUSE (1913); 7711/4: Sundhausen, 1921, ISSLER (1938, 1965); 7811/1: Markkolsheim, OBERLIN (1900); 7811/3: Arzenheim, bis 1914, KIRCHHEIMER (1946).

Schweiz: 8411/4: Münchenstein a.d. Birs, v. HALLER (1742).

Erstnachweise: Ältester literarischer Nachweis im Glossaria Augiensis des Klosters Reichenau für die Reichenau, 13. Jh. (wenn es sich um die Wildrebe handelt), sonst bei GMELIN (1806). Ältester fossiler Nachweis aus dem Späten Atlantikum (BERTSCH und BERTSCH 1947) von der Berger Inselquelle/Stuttgart, vom Isteiner Klotz und von Eriskirch/Bodensee (BERTSCH 1949).

Bestand und Bedrohung: Die Wildrebe gehört in Baden-Württemberg zu den bedrohtesten Gefäßpflanzen; sie ist vom Aussterben bedroht (Gef. Grad 1) und als solche Art durch die Bundesartenschutzverordnung vom 19. 12. 1986 besonders geschützt. Die Art hat in den vergangenen 150 Jahren im gesamten Oberrheingebiet einen dramatischen Rückgang erlebt.

Situationsbeschreibung: (SCHUMANN 1977) In Südhessen sind alle Vorkommen bereits vor 1945 erloschen. Wie groß die Populationen einmal gewesen waren, wissen wir nicht (KIRCHHEIMER 1946).

In der Pfalz waren es vor 1900 noch über 60 nachgewiesene Pflanzen an mehreren Stellen. Zwischen 1900 und 1945 etwa 15 Reben an 3 Stellen, heute sind noch 3 Reben an 2 Stellen übrig.

Im Elsaß waren vor 1900 noch etwa 200 Reben bekannt, zwischen 1900 und 1945 reduzierte sich die Zahl auf 7 Reben an 3 Stellen, heute gibt es noch wenige Pflanzen bei Colmar (SCHUMANN 1991, mündl. Mitt., ob noch?).

In Baden-Württemberg muß es vor der Tullaschen Rheinkorrektion (1817–1870) sehr gegeben haben. BRONNER (1857) schreibt, daß die Wildreben zu Tausenden in den Auwäldern des Rheinufers (zwischen Mannheim und Rastatt) wachsen. Danach setzte der massive Rückgang ein, wie bereits OBERLIN 1883 feststellt. Noch um das Jahr 1920 gab es in den Rheinauen westlich des Kaiserstuhls Hunderte von Pflanzen (BERTSCH 1949: 130). Diese Reben, obwohl damals bereits unter Naturschutz gestellt, fielen einem Kahlhieb zum Opfer (MÜLLER 1953: 10). KIRCHHEIMER

(1946) erwähnt sie in seiner Aufzählung der damals aktuellen Fundstellen nicht mehr. Zusammengefaßt gilt, daß es vor 100–150 Jahren noch Tausende gab, vor 50–100 Jahren Hunderte und heute etwa 25 Pflanzen.

Für das gesamte Oberrheingebiet dürften es nicht mehr als 30–40 Exemplare sein.

Rückgangsursachen sind:

1. Die Rheinkorrektion und damit die Absenkung des Grundwasserspiegels, besonders in der südlichen Oberrheinebene. Nachfolgend die Austrocknung der Aueböden und damit das Verschwinden der Eichen-Ulmen-Auwälder. Der Bau der Kanalschlingen und Staustufen nach 1960 brachten ein völlig verändertes Wasserregime im Auwald mit sich (PHILIPPI 1982). So wurden früher mit den Hochwässern Sedimente in den Wald eingetragen. Der Schlick deckte die am Boden liegenden Beeren zu und ergab ein ideales Keimbrett. Das heutige Hochwasser ist oft Bodendruckwasser ohne Sedimenteintrag und fließt zu langsam ab, es ergeben sich völlig veränderte Keimbedingungen. Dies führt dazu, daß wir heute an den Stellen der alten Wildreben fast keine Keim- oder Jungpflanzen mehr finden. Kommt es doch einmal zur Keimung, sind die Jungpflanzen durch Rehverbiß oder Schneckenfraß gefährdet.

2. Durch Befall von *Peronospora* und *Oidium* sowie der Reblaus werden die Wildreben geschädigt.

3. Die veränderte Waldbewirtschaftung hat vor allem ab 1900 viele Wildreben vernichtet. Die Kahlschlagwirtschaft mit Aufforstungen in Form dichter Schonungen läßt den lichtbedürftigen Vitispflanzen kaum eine Überlebenschance. Beim Durchforsten werden Wildreben, auch durch Verwechslung mit *Clematis vitalba*, abgehauen. Haben Pflanzen, deren Stützbäume umgefallen sind, noch eine gute Chance durch Seitentriebe auf benachbarte Bäume zu gelangen, wenn genug Licht vorhanden ist und ihr Hauptstamm intakt bleibt. Sie gehen meist ein, wenn dieser abgesägt wird. Im Auwald bei Ketsch sind viele Wildreben durch das Absägen von absterbenden Ulmen und dem Abschneiden der Wildrebenstämme vernichtet worden.

4. Die kleinen Restpopulationen sind durch die Zweihäusigkeit in ihrer Fortpflanzungsfähigkeit stark beeinträchtigt. Stehen nicht mindestens eine männliche und eine weibliche Pflanze nahe genug beisammen, so kommt es zu keiner Bestäubung und Samenbildung. Auf der Mannheimer Reißinsel gibt es heute noch zwei (bis 1980 drei) alte weibliche Pflanzen und bei Rußheim nur noch ein kränkelndes Exemplar. Diese Populationen sind ohne Hilfsmaßnahmen zum Aussterben verurteilt.

Deshalb wurden von 1967–1974 von der Landes-Lehr- und Forschungsanstalt für Landwirtschaft, Weinbau und Gartenbau in Neustadt a.d.W. zusammen mit dem Grünflächenamt Mannheim über 200 Jungreben aus Samen der Ketscher Population gezogen und in vielen kleinen Gruppen auf der Reißinsel gepflanzt. Einige wenige davon haben überlebt und sind bis heute zu 15–20 m hohen Pflanzen herangewachsen. Ein Exemplar bringt seit einigen Jahren auch Früchte mit Samen hervor (SCHUMANN 1977).

Solche Pflanzaktionen sind wohl die einzige Möglichkeit für die Wildrebe zu überleben. Sie sollten jedoch mit allen zuständigen Stellen (Naturschutz, Forstamt etc.) abgesprochen sein und wissenschaftlich sowie pflegerisch betreut werden (SCHUMANN 1977).

Variabilität: Wie variabel die var. *sylvestris* ist bzw. war, können wir heute nur erahnen. J.P. BRONNER (1857) sammelte um 1837 zahlreiche Wildreben aus den Rheinauen zwischen Rastatt und Mannheim und konnte 36 verschiedene „Sorten" aufgrund von Blatt- und Fruchtmerkmalen unterscheiden. Die Blattbehaarung reichte von kahl bis flockig behaart, die Beerenfarbe von schwarzblau über rötlich bis (seltener) grün, der Geschmack von sauer bis süß. Auch fand er Pflanzen mit Zwitterblüten, die einen besonders hohen Anteil an süßen Beeren hatten. Von diesem Spektrum ist innerhalb der heutigen Population nichts mehr zu sehen. C.C. GMELIN war der erste, der 1806 die Wildrebe als eigenständige Sippe gegen die Kulturrebe abgrenzte. Er trennte beide in 2 Arten auf, *V. vinifera* und *V. sylvestris*. HEGI (1925) faßte sie als 2 Unterarten von *V. vinifera* auf: subsp. *vinifera* und subsp. *sylvestris*. Die Tatsache, daß ein großer Teil unserer Kulturreben von der Wildrebe abstammt, und daß ältere Sorten wie Riesling, Traminer oder Sylvaner von

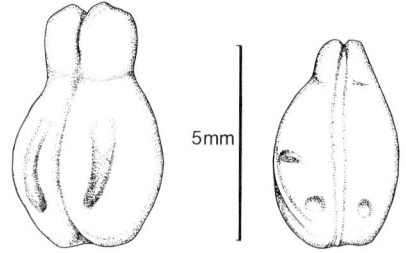

Samen von *Vitis vinifera*. Links: var. *sativa* (L/B 1,6:1). Rechts: var. *sylvestris* (L/B 1,4:1). Zeichnung: F. WEICK.

manchen Varietäten der Wildpflanzen (zu BRONNERS Zeiten) so gut wie nicht zu unterscheiden und problemlos kreuzbar sind, veranlaßten LEVADOUX (1956) sie als „formae" und ALLEWELDT (1965) als Varietäten der *Vitis vinifera* aufzufassen. Bei einer alten Kultursorte, der Orangetraube, ist sogar nachgewiesen, daß sie aus BRONNER's Sortiment von Wildreben stammt. Der Sichtweise ALLEWELDTS wird hier entsprochen:

Wildform: *V. vinifera* L. var. *sylvestris* (Gmelin) sensu ALLEWELDT 1965

Kulturform: *V. vinifera* L. var. *sativa* (De Candolle) sensu ALLEWELDT 1965.

Physiologische Unterscheidungsmerkmale:
Die var. *sylvestris* ist gegen Schädlinge, Krankheiten oder Frost unempfindlicher, die Keimfähigkeit ihrer Samen ist größer, die Bewurzelungsfähigkeit von Stecklingen aber geringer als bei der var. *sativa*.

Vitis labrusca L.
Fuchs-Weinrebe

Windende Liane aus dem östlichen Nordamerika. Als Pfropfunterlage für die mitteleuropäischen Kulturreben und als Zierpflanze verwendet. Bisher sind keine Verwilderungen bekannt.

Morphologische Unterscheidungsmerkmale:

var. sylvestris	**var. sativa**
meist diözisch	Zwitterblüten
Stielbucht weit, Ränder am Grund der Blattspreite 1–3 cm entfernt	Stielbucht eng, die Ränder enger beisammen, sich z.T. überlappend
Samen rundlich-herzförmig: Länge: 4,9–5,7 mm Breite: 3,1–4,1 mm L/B: (1,2:1 –) 1,5:1 (– 1,7:1)	Samen birn-, flaschenförmig: Länge: 5,3–7,5 mm Breite: 3,2–4,9 mm L/B: (1,2:1 –) 1,7:1 (– 1,9:1)
Fruchtstand locker, die Rispenäste deutlich zu sehen	Fruchtstand dicht, die Rispenäste kaum zu sehen
Beeren ca. 5–10 mm breit, berühren sich meist nicht	Beeren deutlich über 10 mm breit, berühren sich gegenseitig
Herbstfärbung des Laubs meist rot bis purpurn	Herbstfärbung meist gelb, rötlich-gelb

Vitis riparia Michx.
V. vulpina auct. non L.
Ufer-Weinrebe

Windende Liane aus dem östlichen Nordamerika. Als Pfropfunterlage für die mitteleuropäischen Kulturreben und als Zierpflanze verwendet. Selten verwildert, bzw. angesalbt, z. B. im Nördlichen Oberrheingebiet: 6617/1: Auwald am Rhein nördlich des Leimbachs, 2 große Pflanzen (eine bis über 20 m hoch) auf Silberpappeln, 1991, SCHACH (KR).

2. **Parthenocissus** Planchon 1887
Wilder Wein

Ausdauernde Winde- und Klettersträucher mit Ranken. Blätter gelappt oder fingerförmig gefiedert. Blüten zwittrig, selten getrenntgeschlechtig/monözisch. Frucht eine 1- bis 4samige, dunkelblaue bis schwarze Beere.

15 Arten in Nord- und Mittelamerika und Ostasien.

Bemerkung: Die Nomenklatur von *P. quinquefolia* und *inserta* richtet sich nach WEBB (1967). SKALICKÁ (1989) gibt zwar an, daß es bei der aus Kanada stammenden, von P. KALM gesammelten und von LINNÉ 1751 erworbenen Art, nach der die Erstbeschreibung erfolgte, um die haftscheibenlose, nördliche Art handelt, diese also nach der Gattungsumstellung von PLANCHON doch *Parthenocissus quinquefolia* (L.) Planchon heißen müßte, doch belegt sie dies nicht glaubwürdig. WEBB (1967) bemerkt hingegen, daß es an diesen LINNÉSCHEN Exemplaren nicht möglich sei, zu erkennen, ob es sich um die haftscheibenlose oder -tragende Art handelt.

Nach WEBB ist außerdem völlig unklar, wo die Pflanze gesammelt wurde. Das erwähnte Kanada erstreckte sich vor 1763 viel weiter nach Süden, auch dorthin, wo beide Arten vorkommen. Da es keine endgültige Lösung des Problems zu geben scheint, wird im folgenden die Ansicht WEBBS beibehalten, die auf die Arbeit REHDERS (1905) zurückgeht und der sich viele spätere Autoren angeschlossen haben.

1 Blätter 3lappig oder ungelappt, nie gefingert . . .
    [P. tricuspidata]
– Blätter 5- bis 7zählig gefingert 2
2 Ranken mit 5–8 Verzweigungen, am Ende mit Haftscheiben; junge Zweige und Knospen rötlich; Blätter meist mit 4–10 cm langen, wenig gezähnten bis ganzrandigen, auf der Oberseite mattgrünen, auf der Unterseite bläulichgrünen Fiedern
    [P. quinquefolia]
– Ranken mit 3–5 Verzweigungen, am Ende ohne Haftscheiben; junge Zweige und Knospen grün;

Blätter meist mit 5–12 cm langen, grob gesägten, auf der Oberseite glänzenden, dunkelgrünen, auf der Unterseite hellgrünen Fiedern . . 1. *P. inserta*

1. **Parthenocissus inserta** (Kern.) Fritsch 1922
P. quinquefolia auct. non (L.) Planchon 1887; *Vitis inserta* Kern 1888; *Parthenocissus vitacea* Hitchc. 1894

Wilder Wein

Morphologie: Ausdauernder, schlingender Strauch, meist nicht sehr hoch wachsend. Ranken am Ende ohne, oder selten mit kleinen Haftscheiben. Ältere Zweige mit Luftwurzeln. Frucht mit 3–4 Samen.
Biologie: Blütezeit von Juni bis Juli. Insektenbestäubung.
Ökologie: In der Heimat in Mantelgesellschaften von Auwäldern, hier über benachbarte Sträucher, kleine Bäume oder Felsen wachsend. In Europa als Zierpflanze kultiviert und stellenweise verwildert an Zäunen, Hecken oder an Waldrändern. Eine Vegetationsaufnahme aus dem Taubergießengebiet bei T. MÜLLER (1974: Tab. 3, *Humulus lupulus-Sambucus nigra*-Gesellschaft).
Allgemeine Verbreitung: Ursprünglich in Nordamerika. Südwestliche und nördliche USA und südliches Kanada. Die Art schließt nordwestlich an das Verbreitungsgebiet von *P. quinquefolia* an, mit einer breiten Überlappungszone.
Verbreitung in Baden-Württemberg: Kulturpflanze, nach REHDER (1905) später als *P. quinquefolia* ein-

Wilder Wein *(Parthenocissus inserta)*
Oberrimsingen, 1990

geführt. In den wärmeren Landesteilen auch verwildert und z.T. eingebürgert: im Oberrheingebiet,
Kraichgau und im Neckartal von Mannheim bis
etwa Tübingen sowie einigen Seitentälern.
Bestand und Bedrohung: Die Art scheint sich in
manchen Auwaldbereichen und an Flußufern
(Rhein, Neckar) eingebürgert zu haben, auch weit-
ab von Gärten. Auf weitere Ausbreitung und Einbürgerung ist zu achten.

Parthenocissus quinquefolia (L.) Planch. 1887

P. pubescens (Schlecht.) Graebner 1908; *Hedera quinquefolia* L. 1753; *Ampelopsis pubescens* Schlecht. 1835
Ausdauernder, hochkletternder Strauch. Ranken am Ende
mit gut entwickelten Haftscheiben, diese sich aber erst
nach Kontakt mit der Unterlage entwickelnd! Frucht mit
2–3 Samen. Wärmeliebender als *P. inserta*.

In Europa als Zierpflanze zur Haus- und Fassadenbegrünung kultiviert; nach REHDER (1905) früher als *P. inserta*. In Baden-Württemberg bisher noch nicht verwildert
beobachtet, aber z.B. in der Tschechoslowakei (SKALICKÁ
1989).
   Herkunft ist Nord- und Mittelamerika. Nordöstliche
und südöstliche USA, Mexiko, die Bahamas und Kuba.
Die Verbreitung schließt sich mit einer breiten Überlappungszone südöstlich an die von *P. inserta* an.

Parthenocissus tricuspidata (Sieb. et Zucc.) Planch. 1887

Ausdauernder, kletternder Strauch. Ranken am Ende mit
Haftscheiben. Neben den 3lappigen Blättern kommen
auch (nur an Jungpflanzen und Jungtrieben?) kleinere,
ungelappte, breit-lanzettliche Blätter vor.
   Herkunft ist Japan und China. Die Art wird in Europa
als Kletterpflanze für Haus- und Fassadenbegrünung kultiviert. Bisher wurden noch keine Verwilderungen beobachtet.

132

Staphyleaceae

Pimpernußgewächse
Bearbeiter: S. DEMUTH

Bäume und Sträucher, Blätter gegen- oder wechselständig, gefiedert; Nebenblätter vorhanden. Blüten zwittrig, seltener eingeschlechtig, dann meist monözisch verteilt. Blütenstand eine Rispe. Blüten 5zählig, die 5 Staubgefäße alternieren mit den Kronblättern. Fruchtknoten oberständig, 2- bis 4fächrig, mit einem oder wenigen Samen pro Fach. Griffel 2–4, frei oder verwachsen. Frucht eine Beere oder eine „aufgeblasene" Kapsel. Eine Ausnahme ist *Euscaphis* aus Ostasien mit 3–4 freien Fruchtblättern, Balgfrüchten und Samen mit Arillus.

Weltweit 5 Gattungen mit ca. 60 Arten; temperate und meridionale Zone Nordamerikas, Europas und Asiens, subtropische und tropische Zone Mittel- und Südamerikas (Kolumbien, Peru) und Südostasien; fehlt in Afrika und Australien. In Europa eine Gattung mit einer Art *(Staphylea pinnata)*.

1. **Staphylea** L. 1753
Pimpernuß

Morphologie: Siehe Artbeschreibung.
Weltweit 10 Arten in der temperaten und meridionalen Zone Nordamerikas, Europas und Asiens. Einige davon, z.B. *S. trifolia* aus Nordamerika, *S. bumalda* aus Japan und China oder *S. colchica* aus dem Kaukasus, aber auch die heimische *S. pinnata*, werden als Ziersträucher in Gärten und Parks gepflanzt.

1. **Staphylea pinnata** L. 1753
Pimpernuß, Paternosterbaum

Morphologie: Bis 5 m hoher Strauch; junge Zweige grünlich, später braun. Blätter gegenständig, lang gestielt, unpaarig gefiedert mit 5–7 Fiedern, diese gestielt oder, mit Ausnahme der Endfieder, fast sitzend. Fiedern elliptisch bis breit-lanzettlich, in eine schmale Spitze ausgezogen, scharf gezähnt. Nebenblätter klein, schmal, leicht abfallend. Blüten in vielblütigen Rispen; Kelchblätter gelblichweiß, 8–14 mm lang; Kronblätter gelblichweiß, außen etwas rötlich, wenig länger als die Kelchblätter, glockenförmig zusammenneigend. Die 2 Griffel an der Spitze miteinander verwachsen. Frucht eine kugelige, aufgeblasene, dünnhäutige, grünliche 2–3 cm breite Kapsel mit 2–3 Fächern und meist nur einem Samen pro Fach; Samen kugelig, ca. 1 cm im Durchmesser, gelbbraun.

Biologie: Blütezeit von Mai bis Juni. Durch das gleichzeitige Reifen der Narben und dem Ausstreuen der Pollen, sowie der Nähe der Staubbeutel zu den Narben kommt es oft zur Selbstbestäubung; auch Insektenbestäubung (z.B. durch Dipteren) kommt vor. Als Zierstrauch gelegentlich angebaut und verwildert, aber ohne Einbürgerungs- und Verbreitungstendenz.

Ökologie: Auf mäßig frischen bis trockenen, nährstoffarmen, basenreichen, meist kalkhaltigen, humosen Lehmböden in wärmebegünstigten Lagen; Halbschattenpflanze. In lichten Laubwaldgesellschaften mit Eiche, Ahorn und Linde, in Südeuropa auch in Manna-Eschen-Wäldern, bevorzugt in warmen, sonnigen Hanglagen. Vor allem im Lindenmischwald (Carici-Tilietum cordatae, Asperulo-Tilietum), nach TREPP (1947: 24ff.) eine Kennart dieser Waldgesellschaft; auch im Aceri-Fraxinetum, im Carici-Fagetum oder in Quercetalia pubescentis-Gesellschaften, sowie in Gebüschgesellschaften des Berberidion-Verbandes.

Vegetationsaufnahmen bei OBERDORFER (1957: 536, im Lithospermo-Quercetum, ob vom Kaiserstuhl?), MÜLLER und GÖRS (1958: Tab. X, Carici-Tilietum aus dem Argen-Mündungsgebiet am Bodensee), bei LANG (1974: Tab. 116, Aceri-Fraxinetum im westlichen Bodenseegebiet) und bei HÜGIN (Tab. 2, Eichen-Lindenwald) vom NSG Buchberg N Istein. Aufnahmen aus dem Schweizer Jura bei MOOR (1952: 49 und Tab. 3, Linden-Buchen-

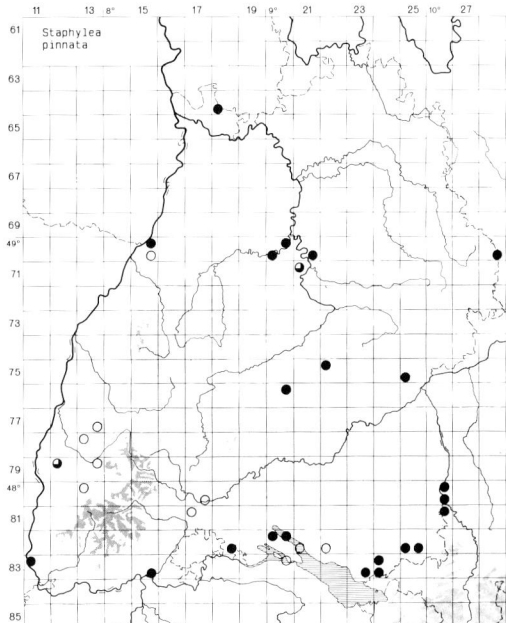

Pimpernuß *(Staphylea pinnata)*
Istein, 1986

wald auf Hangschutt (Tilieto-Fagetum)) und vom Nordrand der Schweizer Alpen (Walenseegebiet) von TREPP (1947: Tab. im Anhang, Asperulo-Tilietum).

Allgemeine Verbreitung: Europa, Kleinasien (Türkei), mit Verbreitungsschwerpunkt in den südosteuropäisch-pontischen Gebirgen. Im Kaukasus kommt eine nahe verwandte Art, *S. colchica*, vor. Im Norden bis zum Elsaß, Süddeutschland (Südl. Oberrheinebene, Bodenseegebiet, bayerisches Voralpengebiet, Donau), Nordwestschweiz, Ungarn, Tschechoslowakei, Ukraine und bis Moldawien; im Süden bis Süditalien, bis zu den Balkanländern und zur Südlichen Schwarzmeerküste; fehlt in Griechenland. Im Westen bis Südostfrankreich; östlich bis zum Schwarzen Meer. In den Rhodopen (Bulgarien) bis 1100 m aufsteigend, in Italien bis ca. 900 m, in den nördlichen Kalkalpen bis ca. 600 m.

Verbreitung in Baden-Württemberg: Indigen sicher nur im südlichen Landesteil: im Südlichen Oberrheingebiet, am Hochrhein, im Bodenseegebiet und im Illertal. Die Vorkommen nördlich davon sind sehr wahrscheinlich alle synanthrop und gehen entweder auf Pflanzungen oder Verwilderungen zurück. Ob die Art stellenweise eingebürgert ist, kann

nicht gesagt werden. Sie zeigt jedenfalls keine Ausbreitungstendenz. Während in den Gebieten mit indigenen Vorkommen, etwa bei Istein (8311/1), z. T. größere Populationen mit guter Naturverjüngung zu finden sind, zeigen die Vorkommen außerhalb davon keine oder wenig Ansätze zur selbständigen Vermehrung. Möglicherweise beziehen sich die älteren Angaben aus der Vorbergzone des Schwarzwaldes im Raum Freiburg auf ehemals indigene Vorkommen; aufgrund der Standorte wäre dies denkbar.

Tiefstes Vorkommen: sicher indigen bei ca. 300 m, NSG Buchgraben N Istein (8311/1). Höchstes Vorkommen: ca. 500 m, Bodenseegebiet (8218/4, 8324/3).

Nur die vermutlich indigenen Vorkommen:
Oberrheingebiet und Schwarzwald-Vorbergzone: 7015/2: zw. Au a. R. und Neuburgweier (mehrere größere Sträucher, synanthrop?), 1976, PHILIPPI (KR-K); 7015/4: Durmersheim (synanthrop?), um 1850, BRAUN (DÖLL 1962); 7713/4 (?): Hünersedel gegen Biederbach, synanthrop? NEUBERGER (1912); 7812/3: Katharinenkapelle/Kaiserstuhl (mehrere ältere Sträucher, synanthrop?), 1987, KÜBLER (KR-K); 7813/1: Freiamt bei Emmendingen, DÖLL (1862), SCHILDKNECHT (1863) und NEUBERGER (1912); 7912/1: Eichstetten im Kaiserstuhl, 1957, KAPPUS (PHILIPPI 1961 – hält es für synanthrop); 7913/2: Kastelburg bei Waldkirch, SPENNER (1829) und NEUBERGER (1912); 8013/1: Sternwald bei Freiburg, SPENNER (1829) und NEUBERGER (1912); 8311/1: NSG Buchgraben N Istein (sicher indigen), um 1850, LANG (SCHILDKNECHT 1863), 1990, DEMUTH (KR-K).
Hochrheingebiet: 8315/4: Küssaberg, 1982, HARMS (KR-K).
Bodenseegebiet und Westallgäuer Hügelland: 8218/4: Rosenegger Berg, 1982, HARMS (KR-K); 8220/1: o.O., 1980, HELLMANN (STU-K); 8220/2: o.O., 1985, KIECHLE (STU-K); 8221/3: Mainau, DÖLL (1862); 8222/3: „Viehweide" u. „Schweppenen" NE Markdorf, JACK (1892: 374); 8225/3: Argenbühl, 1979, Harms (KR-K), S Beutelsau, 1982, BUSSMANN (STU-K); 8225/4: W Grütt, 1984, BUSSMANN (STU-K); 8320/2: Wollmatinger Ried, DÖLL (1862), nach JACK (1892: 352) verschollen; 8323/1: E der Schussen S Sassen, 1984, DÖRR (1985); 8323/4: Unterösch SE Wiesach, Schwanden-Holz bei Betnau, 1979, DÖRR (1979), Hochwacht bei Gießenbrück, 1989, DÖRR (1990); 8324/1: o.O., 1982, HARMS (KR-K); 8324/3: links der Argen zw. Regnitz und Achberg, unterhalb Achberg, 1989, DÖRR (1990).
Illertal: 8026/2: o.O., 1983/84, LENKER (STU-K); Brunnen, vor 1975, GLÖGGLER (DÖRR 1975); 8026/4: Marstetten (Württemberg) und Ferthofen (Bayern), vor 1975, GLÖGGLER (DÖRR 1975); 8126/2: S Maria-Steinbach an den Illerhängen, 1982, HACKEL und BUSCH (DÖRR 1982: 54).

Erstnachweise: Ältester literarischer Nachweis bei ROTH VON SCHRECKENSTEIN (1799: 19) von Wollmatingen am Bodensee (8320) und bei Donaueschingen (8017).

Bestand und Bedrohung: Z. T. sind die Populationen groß, etwa im NSG Buchberg (8311/1), z. T. sind es nur Einzelpflanzen. Die Art scheint zur Zeit nicht gefährdet. In der Roten Liste wird *S. pinnata* als schonungsbedürftig (Gef. Grad 5) eingestuft.

Hippocastanaceae
Roßkastaniengewächse
Bearbeiter: S. Seybold

In Europa kommt wild nur eine Art vor.

Aesculus L. 1753
Roßkastanie

Die Gattung umfaßt 13 Arten.

A. hippocastanum L. 1753
Roßkastanie

Bis 25 m hoher Baum mit dicken, harzigen Knospen; Blätter langgestielt, gefingert, mit 5–7 Teilblättchen, diese eiförmig, am Grund keilig, 10–25 cm lang, kerbig gesägt, mit aufgesetzter Spitze; Blütenrispe zylindrisch bis kegelig; Blüten groß; Kronblätter weiß, mit gelbem oder rotem Fleck; Frucht kugelig, stachelig, bis 6 cm im Durchmesser; Samen glänzend braun, mit großem Nabelfleck. – Blütezeit: Mai bis Juni.

Roßkastanie *(Aesculus hippocastanum)*

Kommt wild in Schluchtwäldern der Balkanhalbinsel vor. Dieser wohl schönste Laubbaum Europas wird bei uns in Parks oder Alleen oft gepflanzt, seltener in Wäldern. Als Sämling häufig verwildert, aber noch nirgends in 2. Generation eingebürgert.

Aceraceae
Ahorngewächse
Bearbeiterin: M. Voggesberger

Sommergrüne Bäume oder Sträucher. Blätter gegenständig, gestielt, handförmig gelappt, seltener ungeteilt oder aus mehreren Blättchen zusammengesetzt; Nebenblätter fehlend. Blüten in Trauben, Rispen oder Doldenrispen end- oder seitenständig, radiär, funktionell eingeschlechtig, Bäume ein- oder zweihäusig; Kelch- und Kronblätter gewöhnlich je 5, frei, gleichartig. Diskus ringförmig, Staubblätter am Rand oder in der Mitte des Diskus entspringend, meist 8, Griffel und Narben 2; Fruchtknoten oberständig, zweifächrig, mit 2 anatropen bis atropen Samenanlagen je Fach. Frucht eine geflügelte Spaltfrucht, die aus zwei 1samigen Teilfrüchten besteht. Samen ohne Endosperm.

Die Familie besteht aus der umfangreichen Gattung *Acer* und der Gattung *Dipteronia* mit nur zwei Arten in China. Manche Autoren (vgl. De Candolle 1824: 596, Bentham and Hooker 1862: 409) stellen *Acer negundo* in eine eigene Gattung *Negundo*, weil er in einigen Merkmalen stark abweicht. Ein besonders charakteristisches Familienmerkmal ist die geflügelte Spaltfrucht. Die Aceraceae sind mit den Sapindaceae und den Hippocastanaceae nahe verwandt.

1. Acer L. 1753
Ahorn

Zur Gattung *Acer* zählen etwa 150 Arten, die überwiegend in den gemäßigten Breiten der Nordhalbkugel vorkommen. Ihr heutiger Verbreitungsschwerpunkt liegt eindeutig in Asien, wo etwa 90 % der Arten beheimatet sind. Baden-Württemberg beherbergt 5 der 15 europäischen Ahornarten. Von ihnen sind *A. pseudoplatanus, A. platanoides* und *A. campestre* wichtige Laubgehölze unserer Landschaft. *A. opalus* gehört zu den großen Seltenheiten unserer Flora, und *A. negundo* hat sich als Neophyt an wenigen Stellen einbürgern können. Eine große Anzahl weiterer Ahornarten aus Nordamerika und Asien fand Eingang in unsere Gärten und Parks, manche auch als seltene Exoten in die Wälder.

Ein bemerkenswertes Phänomen innerhalb der Gattung *Acer* ist der Übergang von Ein- zu Zweihäusigkeit sowie die Tendenz zur Ausbildung stark reduzierter Blüten im Zusammenhang mit der Entwicklung von Insekten- zu sekundärer Windbestäubung.

Nach ihrer Funktion werden 4 verschiedene Blütentypen unterschieden: Weibliche, männliche, zwittrige (sehr selten) und asexuelle (selten). Männliche Blüten besitzen längere Staubfäden, der Fruchtknoten ist rudimentär (Typ I) oder fehlt ganz (Typ II). Bei weiblichen Blüten sind die Staubfäden verkürzt, die Staubbeutel öffnen sich nicht oder sind verkümmert. DE JONG (1976) untersuchte die Blüh- und Geschlechtsverhältnisse von *Acer* in einer ausführlichen Monographie.

Die weiblichen Blüten aller Ahornarten zeigen weiterhin eine verschieden stark ausgeprägte Neigung zur Parthenokarpie (Fruchtentwicklung ohne Befruchtung). Die geflügelten Spaltfrüchte sind Schraubenflieger und können durch Wind über größere Strecken verbreitet werden.

Aus dem im Frühjahr reichlich fließenden Blutungssaft von *A. saccharum, A. saccharinum* und *A. rubrum* kann Zucker und Ahornsirup gewonnen werden.

Ahorn-Großreste (Blätter, Blüten, Früchte) gehören zu den häufigsten Pflanzenfossilien tertiärer Schichten. Dagegen wird der klebrige Pollen (Insektenbestäubung!) unserer heimischen Ahornarten wegen seiner geringen Zahl und schlechten Erhaltung bei Pollenanalysen kaum erfaßt.

1 Blätter aus getrennten Blättchen zusammengesetzt; Kronblätter und Diskus fehlend, Staubblätter 4–6; streng zweihäusig . . . . . 5. *A. negundo*
– Blätter gelappt; Kronblätter und Diskus vorhanden, Staubblätter 8; überwiegend einhäusig, selten rein männliche Individuen 2
2 Blattlappen unregelmäßig grob kerbzähnig . . . 3
– Blattlappen mit wenigen, lang und spitz ausgezogenen, oder mit 1–2 breiten, sehr stumpfen Zähnen oder ganzrandig 4
3 Mehrzahl der Blätter breiter als 10 cm, 5lappig, bis zur Mitte oder zu ¾ eingeschnitten, Blattlappen allmählich zugespitzt; Blütenstand reichblütig, lang herabhängend; Fruchtschalen innen mit langen, silberweißen Haaren . 1. *A. pseudoplatanus*
– Mehrzahl der Blätter unter 10 cm breit, 3lappig, höchstens zu ⅓ eingeschnitten, Blattlappen bespitzt; Blüten in wenigblütigen, nickenden Doldenrispen; Früchte innen kahl . . . . 2. *A. opalus*
4 Blätter 3lappig, Blattlappen ganzrandig, Blattnarben entfernt; Fruchtflügel fast parallel; Pflanze ohne Milchsaft . . . . . . *[A. monspessulanum]*
– Blätter (3–) 5lappig, Blattlappen gezähnt, Blattnarben zusammenstoßend; Fruchtflügel horizontal spreizend; Pflanze mit Milchsaft 5

5 Blätter breiter als 10 cm, Blattlappen spitz, an beiden Seiten mit 1–3 lang ausgezogenen, spitzen Zähnen . . . . 3. *A. platanoides*
– Blätter unter 10 cm breit, Blattlappen stumpf, mit 1–2 kurzen, stumpfen Zähnen beiderseits . . . .
4. *A. campestre*

1. Acer pseudoplatanus L. 1753
Bergahorn

Morphologie: Bis 30 m hoher Baum mit breit gewölbter Krone; Stammdurchmesser bis 2 m, Borke hellgrau bis braun, schuppig abblätternd; Knospen eiförmig, mit olivgrünen, am Rand gewimperten Schuppen. Blätter 8–15 cm breit, (3–) 5lappig, oberseits dunkelgrün, kahl, unterseits nur die Nerven bleibend behaart, Blattnarben nicht zusammenstoßend. Rispe 5–15 cm lang, mit 25–150 Blüten; Blütenhülle gelbgrün, bis 5 mm lang, Staubbeutel in männlichen Blüten an langen Staubfäden, Diskus außerhalb des Staubblattkreises, Fruchtknoten behaart. Teilfrüchte bis 6 cm lang, einen spitzen oder stumpfen Winkel bildend, Fruchtschale kugelig. Keimblätter spitz, erste Laubblätter doppelt gesägt und am Grunde tief herzförmig.

Biologie: Blühreife nach 20–40 Jahren, Blüte von Ende April bis Anfang Juni mit dem Blattaustrieb, bei kühlem Wetter etwas früher. Mehr als die Hälfte der Bäume beginnen mit einer männlichen Blühphase (protandrisch), auch rein männlich blü-

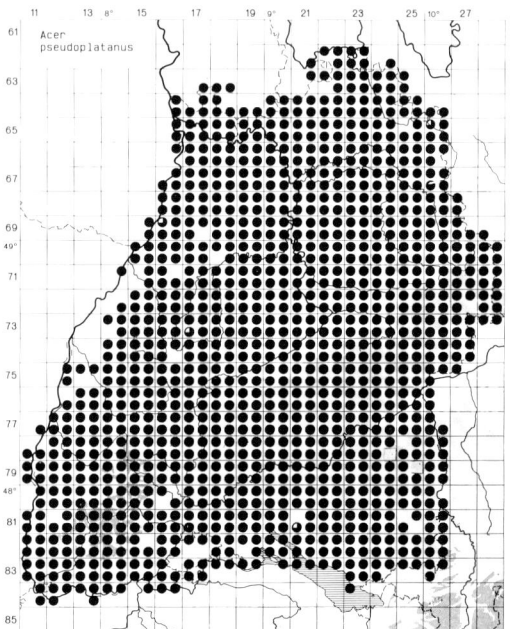

Bergahorn *(Acer pseudoplatanus)*
Irndorfer Hardt, 9. 6. 1991

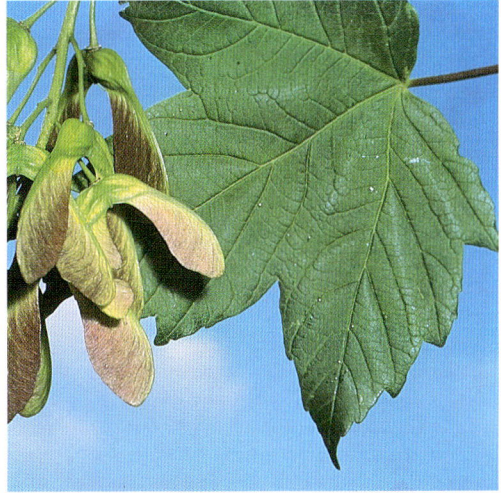

Bergahorn *(Acer pseudoplatanus)*
Feldberg, Zastler, 1986

hende Individuen kommen vor. Samen werden an guten Standorten regelmäßig produziert. Die Rinde des Bergahorns ist wie die der Esche basenreich, was sich in einem dichten Moos- und Flechtenbewuchs aus anspruchsvollen Arten äußert. Das glänzend gelblichweiße Holz wird als Werkholz sehr geschätzt. Der Bergahorn kann ein Alter von 500 Jahren erreichen.

Ökologie: In hochmontanen bis subalpinen Mischwäldern, in Schneerunsen und Steinschlagdurchgängen, auf Blockschutthalden, steilen Rutschhängen und an Hangfüßen auch in tiefere Lagen herabreichend, auf mäßig frischen bis feuchten, nährstoff- und basenreichen, milden, steinigen bis felsigen, aber feinerdereichen Lehmböden. Dürreempfindliche Halbschatt- bis Schattbaumart, an sonnabgewandten Hängen mit hoher relativer Luftfeuchtigkeit, reichen Niederschlägen und wasserzügigen, gut durchlüfteten Böden; Staunässe und Wechselfeuchtigkeit werden gemieden.

Dank seiner mäßigen Spätfrostempfindlichkeit, seiner Schneebruchresistenz und Windhärte steigt der Bergahorn in subatlantisch getönten Gebirgen bis an die Baumgrenze, so im Südschwarzwald (BARTSCH 1940: 206) und in den Vogesen, wo er stellenweise in reinen Beständen vorkommt (Aceretum subalpinum bei ISSLER 1942). Die sog. „Ahornböden", Bergmatten mit alten Bergahorn-Weidbäumen, prägen in manchen Alpengegenden das Landschaftsbild. Im Schwarzwald sind Weidfelder mit Ahornen nicht mehr erhalten, obwohl die Gewannbezeichnung Ahornboden hin und wieder zu finden ist.

Schwache Tilio-Acerion-Verbandskennart: Bestandbildend im luftfeuchten Eschen-Bergahornwald auf mäßig steilen bis ebenen, fruchtbaren Schwemmböden in Auen und an Prallhängen (Fraxino-Aceretum sensu Etter 1947), auf bewegten, humosen Rieselböden in schattigen Schluchten (Arunco-Aceretum) oder grobblockigen Schutthalden am Fuß von Felswänden (Phyllitido-Aceretum). Reichlich auch in wärmeliebenden Lindenwäldern auf konsolidierten Blockhalden über kalkhaltigem Untergrund (Aceri-Tilietum). Ein weiterer Siedlungsschwerpunkt liegt in hochmontanen bis subalpinen, hochstaudenreichen Buchenmischwäldern (Aceri-Fagetum).

Vegetationsaufnahmen finden sich bei FABER (1936), KUHN (1937: Tab. 39), BARTSCH (1940: Tab. 31), TH. MÜLLER (1966: Tab. 6), LANG (1973), SEBALD (1974: Tab. 10, 1980, 1983: Tab. 4), NEBEL (1986: Tab. 13).

Der Bergahorn ist oft mit der Sommerlinde vergesellschaftet, die ähnliche Ansprüche hat. Weitere charakteristische Begleiter sind Bergulme und Esche, außerdem krautige Schatthangarten wie *Lunaria rediviva, Phyllitis scolopendrium, Mercurialis perennis* oder Nitrophyten wie *Sambucus nigra, Alliaria petiolata* und *Impatiens noli-tangere*.

Allgemeine Verbreitung: Europäisch-westasiatischer Laubbaum. Fehlt im atlantischen Europa und bevorzugt die feuchten Bergregionen von Nordspanien im Westen bis zum Westkaukasus im Osten, nordwärts bis an den Rand der deutschen Mittelgebirge (einzelne isolierte Vorposten an der Ostsee), Südpolen und Ukraine; im Süden reicht

137

das Verbreitungsgebiet bis zur südlichen Schwarz-meerküste, Nordgriechenland und Sizilien. Verbreitungskarte bei RUHE (1936). Darüber hinaus wird *Acer pseudoplatanus* oft gepflanzt und breitet sich am N- und NW-Rand seines Areals subspontan aus.

Verbreitung in Baden-Württemberg: Großflächige natürliche Vorkommen des Bergahorns liegen in den Buchenmischwäldern der Hochlagen des Süd-schwarzwaldes auf Gneis und in den winterkalten Gebieten der Schwarzwald-Ostabdachung. In den übrigen Landesteilen ist er von Natur aus zerstreut bis selten und weicht auf Spezialstandorte aus: In der Rheinebene auf den reichen Böden der Niede-rung (außerhalb des Überflutungsbereichs) vielfach die Verjüngung dominierend, während Altbäume in den Beständen meist fehlen. Im Odenwald selten, an schattigen Steilhängen im Bereich des Neckarta-les sogar auf Buntsandstein-Blockhalden. Im nörd-lichen Schwarzwald selten, nur in den westlichen Tälern, vor allem über Porphyr, weit herabsteigend. In den warmen und trockenen Gäulandschaften findet man den Bergahorn an Muschelkalksteilhän-gen und in Klebwäldern, in den Keupergebieten in Klingen und an Rutschhängen der Liaskante. Bei den Vorkommen in bachbegleitenden und quelligen Erlen-Eschen-Wäldern der Keuper- und Muschel-kalkgebiete dürfte es sich teilweise um Anpflanzun-gen handeln. Am Nordtrauf der Schwäbischen Alb tritt der Bergahorn in schattigen Hangwäldern wieder stärker in Erscheinung, ebenso an Steilhän-gen des Oberen Donautals. In den übrigen Berei-chen der Alb ist *Acer pseudoplatanus* selten; in Schluchtwäldern des Wutachgebietes und am Hochrhein wieder reichlicher. Im Alpenvorland ist er auf nicht überschwemmten Bach- und Flußse-dimenten und an wasserzügigen Moränenhängen ursprünglich, war früher in Schluchten und Tobeln verbreitet, heute nur noch in Restbeständen. Vor-kommen im westlichen Bodenseegebiet stocken an Steilhängen und auf Schuttfächern der Molasse-hügel.

Die tiefsten naturnahen Bestände des Berg-ahorns liegen um 150 m bei Wertheim (6223), im Westschwarzwald um 250 m (7215, Ibachtal SW Baden-Baden, MURMANN-KRISTEN 1987), an-gepflanzt bis 100 m bei Viernheim (6417). Sein höchstes Vorkommen befindet sich am Feldberg (8114) bei 1450 m. Der Bergahorn ist ein indigener Laubbaum.

Erstnachweise: Der älteste Nachweis stammt aus dem Unteren Travertin von Stuttgart-Untertürk-heim (Eem-Interglazial), SCHWEIGERT (1991); frü-hester nacheiszeitlicher Nachweis: Boreal-Atlanti-kum, Moosburg/Federsee, BERTSCH (1931). Erste schriftliche Überlieferungen bei J. BAUHIN (1598: 146; 1602: 158) „nächster Berg bei Boll" (7323) und J. BAUHIN et al. (1650: 169) „in monte prope Leu-rach" (8311).

Bestand und Bedrohung: *Acer pseudoplatanus* ist waldbaulich einfach zu behandeln, er verjüngt sich leicht und reichlich. Allerdings scheint es sich bei der starken Naturverjüngung um eine verhältnis-mäßig junge Erscheinung zu handeln, die vielleicht auf erhöhten Stickstoffeintrag zurückzuführen ist. In der submontanen und kollinen Stufe kann sich der Bergahorn aufgrund seines raschen Jugend-wachstums und seiner Regenerationsfähigkeit (Stockausschläge) auf nährstoffreichen, gut durch-feuchteten Standorten oder an Stellen mit starker Bodenunruhe gegen die Buche durchsetzen. Als Edellaubholz wird er aber auch auf Buchenwald-standorten forstlich begünstigt. Wegen seiner leuchtenden Herbstfärbung ist er als Park- und Straßenbaum beliebt und bildet in Städten spon-tane Pioniergehölze (neue Rassen aus Gartenfor-men?). Allerdings reagiert er wie die anderen Ahornarten auf Bodenversalzung empfindlich.

Den Schlucht- und Hangwaldgesellschaften, an deren Aufbau der Bergahorn maßgeblich beteiligt ist, drohen Gefährdungen durch Umwandlung in Douglasien- oder Edellaubbaum-Forsten (MUR-MANN-KRISTEN 1987), durch Straßen- und Wege-bau sowie durch künstliche Veränderungen im Wasserhaushalt. Da diese Standorte ökologisch au-ßerordentlich wertvoll sind, werden Schutzmaß-nahmen dringend empfohlen.

2. Acer opalus Miller 1768

A. opulifolium Chaix 1785; *A. italum* Lauth 1781
Frühlingsahorn, Schneeballblättriger Ahorn

Morphologie: Kleiner Baum bis etwa 20 m Höhe; Rinde glatt, graubraun, abschuppend oder rissig gefeldert; junge Zweige rotbraun; Knospen spitz ei-förmig, Schuppen auf der Fläche behaart. Blätter bis 12 cm breit, stumpf 3 (–5)lappig, denen des Bergahorns ähnlich, aber nicht so tief eingeschnit-ten und rundlicher, derb, oberseits dunkelgrün, kahl, unterseits graugrün, behaart, später z.T. ver-kahlend, Blattnarben nicht zusammenstoßend. Blüten zu 10–50 an 3–4 cm langen Stielen hän-gend, Blütenhülle bis 8 mm lang, lebhaft gelbgrün. Teilfrüchte gewölbt, mit hervortretenden Nerven. Flügel einen spitzen Winkel bildend.

Variabilität: Während WALTERS (1968) in Flora Eu-ropaea 5 Arten zu einer *Acer opalus*-Gruppe zu-sammenfaßt, zieht MURRAY (1979) die Kleinarten ein und teilt *A. opalus* im europäisch-nordafrika-nisch-westasiatischen Raum in 9 geographische Unterarten. GREUTER et al. (1984) unterscheiden die drei Arten *obtusatum* Willd., *hyrcanum* Fischer & C.A. Meyer und *opalus* Miller, letzteren mit zwei Unterarten: subsp. *opalus* und subsp. *granatense*. Bei uns kommt nur subsp. *opalus* vor.

Biologie: Der Frühlingsahorn blüht schon vor dem Laubaustrieb Ende März bis Anfang April und ist dann von weitem leicht zu erkennen. *Acer opalus*-Bäume können entweder männlich sein, was vermutlich genetisch fixiert ist, oder protogyn (d.h. am selben Baum folgt auf eine weibliche eine männliche Blühphase). Die Tendenz zur Ausbildung parthenokarper Früchte ist bei ihm stark ausgeprägt (DE JONG 1976).

Ökologie: In lichten Laubwäldern der kollinen bis montanen Stufe auf trockenen bis mäßig frischen, im Gebiet kalkhaltigen, mittel- bis tiefgründigen Rendzinen über ruhendem Hangschutt warmer Süd- und Westlagen. Frostempfindliche Holzart, daher meist im oberen Bereich von Hängen mit subozeanischem Klima zu finden. Der Frühlings-ahorn tritt in verschiedenen Querco-Fagetea-Gesellschaften auf, bevorzugt im Flaumeichenbusch (Coronillo-Quercetum) und anderen wärmeliebenden Eichenmischwäldern (Buxo- und Lithospermo-Quercetum), auch im Carici-Fagetum und in Lindenmischwäldern (Aceri-Tilietum). Eine Vegetationsaufnahme mit dem Grenzacher Baum findet

Frühlingsahorn *(Acer opalus)*
Grenzach, 1970

sich bei HÜGIN (1979: Tab. 2). Weitere Aufnahmen aus der Schweiz bei TREPP (1947) und MOOR (1952).

Acer opalus tritt oft in Gesellschaft von *Quercus petraea*, *Sorbus aria* und *S. torminalis*, *Buxus sempervirens* und *Hedera helix* auf.

Allgemeine Verbreitung: West-submediterrane Baumart. Von Spanien im Westen über die Pyrenäen, Cevennen, das Rhône- und Saônetal aufwärts, über den Französischen und Schweizer Jura nördlich bis zum Rheinknie, Westalpen, Apennin bis Mittelitalien und NW-Afrika im Süden. Subsp. *granatense* ist auf Marokko, Spanien und die Balearen beschränkt.

Verbreitung in Baden-Württemberg: Vom Frühlings-ahorn sind nur wenige Bäume aus dem Dinkelberggebiet bekannt. Sie bilden die nördlichsten Vorposten des *Acer opalus*-Areals und sind vermutlich autochthon. In nur 5–6 km Entfernung schließen sich auf der gegenüberliegenden Rheinseite die Bestände des Schweizer Jura am Horn S Pratteln (8412/3), am Wartenberg SE Muttenz (8411/4), sowie bei Arlesheim (PLATTNER, KUNZ zit. in VOGT 1985) an. MOOR (1962) sieht in ihnen Relikte aus der postglazialen Wärmezeit.

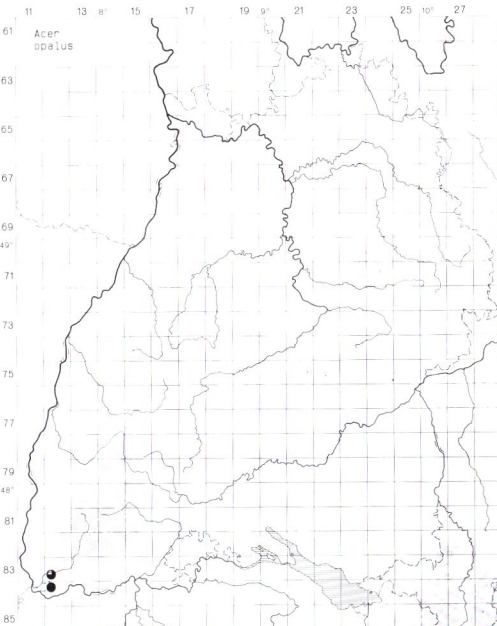

Französischer Maßholder *(Acer monspessulanum)*
Frankreich, Mt. Ventoux, 4. 5. 1981

8312/3: Homburg E Lörrach, ca. 1960, BRAUN (STU-K). Das Vorkommen soll dem Bau der Dinkelbergtrasse der A 98 zum Opfer gefallen sein; ein Beleg ist nicht vorhanden. 8412/1: Rötelsteinfelsen, LAUTERBORN (1934: 245), 1936, KNEUCKER (KR), 1937, HOFSTETTER (KR), ROENSCH (1979: 201), 1982, VOGT (1985: 346); Klosterhau N Wyhlen, 1982, VOGT (1985: 346), 1990, VOGGESBERGER (STU-K).

Die Wuchsorte des Frühlingsahorns am Dinkelberg liegen in einer Höhe von 350–400 m ü. NN.
Erstnachweis: Das älteste Literaturzitat findet sich bei LAUTERBORN (1934: 245–246) „Grenzach, beim Rötelsteinfelsen".
Bestand und Bedrohung: Der Baum am Rötelsteinfelsen galt lange Zeit als das einzige Exemplar dieser Art in Deutschland. Er steht in einem Eichen-Lindenwald, ist 22 m hoch und 4stämmig, also wohl aus Stockausschlägen hervorgegangen. Die vier 1982/83 entdeckten, etwa 100jährigen Bäume bei Wyhlen erreichen ebenfalls Höhen um 20 m. Sie wachsen in einem Buchenwald (Carici-Fagetum), in den Fichten, Kiefern, Eschen und Bergahorne eingebracht sind. Nur eines der 5 bekannten Individuen produziert Früchte, alle anderen sind männlich. Trotz gelegentlich auftretender Keim-

linge ist bislang kein Nachwuchs durchgekommen, was zum einen auf die Beschattung, zum anderen auf Wildverbiß zurückgeführt werden könnte (VOGT 1985). Dank der seither ergriffenen Schutzmaßnahmen konnten 1990 in der näheren Umgebung der Altbäume 13 Jungpflanzen gezählt werden. Der Verbleib in G1 der Roten Liste Baden-Württembergs ist auch weiterhin gerechtfertigt.

Acer monspessulanum L. 1753
Französischer Maßholder, Felsenahorn

Kleiner Baum bis 5 m, selten höher; Blätter 4–9 cm breit, ledrig, breiter als lang, die 3 Lappen etwa gleichgroß, stumpf, seitliche fast waagrecht abstehend; Blüten lang gestielt in wenigblütigen, doldenartigen Blütenständen, Geschlechtsverhältnisse ähnlich *A. opalus*, Blütenhülle 4–5 mm lang, gelbgrün; Fruchtflügel 2–3 cm lang. – Blütezeit: April bis Mai.
In lichten Laubgehölzen, an sonnigen Felshängen auf trockenen bis mäßig frischen, basenreichen, flach- bis mittelgründigen Böden besonders warmer, in der Regel südexponierter Hanglagen. In Deutschland auf Porphyr, Melaphyr, Schiefer und Kalkgesteinen. Kennart des mittelrheinischen Felsenahorn-Traubeneichen-Mischwalds (Aceri monspessulani-Quercetum petraeae) und dessen Ersatz- und Mantelgesellschaft, dem Felsenahorn-Schneeballgebüsch (Aceri monspessulani-Viburnetum lantanae);

Quercetalia pubescenti-petraeae-Ordnungskennart, auch im Galio-Carpinetum, oft in Begleitung der Felsenkirsche und des Buchses wachsend. Vegetationsaufnahmen aus der Pfalz, dem Mittelrhein-, Mosel- und Nahetal bei OBERDORFER (1957) und KORNECK (1974).

Acer monspessulanum ist im Mittelmeergebiet, nördlich bis zum Schweizer Jura und im angrenzenden Westasien verbreitet. Zwei isolierte Vorposten im Mittelrheingebiet und am Main, über deren Indigenat noch diskutiert wird, reichen bis nahe an die Grenzen Baden-Württembergs. Die nächsten Wuchsorte befinden sich am Donnersberg in der Nordpfalz sowie bei Würzburg und Karlstadt in Unterfranken. In Baden-Württemberg kann die Art unbeständig verwildern.

3. Acer platanoides L. 1753
Spitzahorn

Morphologie: Bis 25 m hoher Baum mit eirundlicher Krone; Borke grau, glatt, fein längsrissig; Knospen spitz eiförmig, endständige rötlichbraun. Blätter 10–20 cm breit, bis etwa zur Hälfte 5lappig, platanenähnlich, beiderseits gleichfarbig, kahl, unterseits achselbärtig. Blüten in aufrechten Doldenrispen, Kelch- und Kronblätter 4–6 mm lang, gelbgrün; Staubblätter auch in männlichen Blüten kürzer als die Krone, in der Mitte des Diskus inseriert. Fruchtflügel 4–6 cm lang, Fruchtschale flach. Keimblätter im Unterschied zu denen des Bergahorns mit abgerundeter Spitze, erste Laubblätter buchtig gezähnt.

Biologie: Der Spitzahorn blüht mit der Laubentfaltung von April bis Mai; blühreif wird er mit etwa 20 Jahren. Die einzelnen Individuen blühen entweder protandrisch oder protogyn, männliche sind selten. Wie der Bergahorn wächst auch der Spitzahorn in der Jugend sehr rasch, ist aber mit einem Höchstalter von 150 Jahren nicht so langlebig. Das Holz ist dem des Bergahorns sehr ähnlich. Für den gärtnerischen Bedarf gibt es zahlreiche Zuchtformen.

Ökologie: In submontanen und kollinen, edellaubholzreichen Wäldern an Steilhängen, in Schluchten und in Klebwäldern, auch am Rande von Flußauen, auf frischen bis mäßig feuchten, nährstoff- und basenreichen, milden, lockeren Böden. Halbschatt-Baumart mit gut zersetzlicher Streu. Der Spitzahorn ist etwas anspruchsvoller als der Bergahorn, er benötigt sommerwarmes, mäßig kontinentales Klima. Das ökologische Verhältnis der beiden Arten zueinander ist dem von Sommer- und Winterlinde vergleichbar.

Tilio-Acerion-Art, vor allem in den wärmeliebenden Lindenmischwäldern (Asperulo-Tilietum) voralpiner Föhngebiete (TREPP 1947), Trennart der Lindenwälder von den Bergahornwäldern (PFA-

DENHAUER 1969). Bei uns schwerpunktmäßig im Aceri-Tilietum, und im trockeneren Flügel des Fraxino-Aceretum. Darüber hinaus in subkontinentalen, osteuropäischen Linden-Hainbuchenwäldern (Tilio-Carpinetum), die in Baden-Württemberg fehlen, sowie selten in frischen Buchenwäldern (Asperulo-Fagetum, Lathyro-Fagetum). Vegetationsaufnahmen finden sich bei KUHN (1937), TH. MÜLLER (1966: Tab. 11), SEBALD (1980), LANG (1973) und NEBEL (1986). Begleitet wird der Spitzahorn von den beiden Lindenarten und vom Bergahorn.

Allgemeine Verbreitung: *A. platanoides* ist ein mittel- und osteuropäischer Laubbaum mit subkontinentaler Verbreitung, in der atlantischen Provinz völlig zurückweichend. Von Nordspanien und den Pyrenäen im Südwesten über die Cevennen, Burgund und die Eifel nord- und ostwärts, dem Norddeutschen Flachland fehlend, nördlich bis Südskandinavien. Die Ostgrenze verläuft vom Ural im Nordosten bis zum griechischen Pindos-Gebirge im Südosten, mit einzelnen isolierten Vorkommen im Kaukasus und auf der Krim. Das Dinarische Gebirge, die Alpen und der nördliche Apennin bilden die Südgrenze des Areals. Verbreitungskarte bei RUHE (1936).

Verbreitung in Baden-Württemberg: Von Natur aus seltener Waldbaum. Ursprüngliche Standorte des Spitzahorns sind die edellaubholzreichen Wälder klimatisch günstiger Lagen, wie die Hang- und

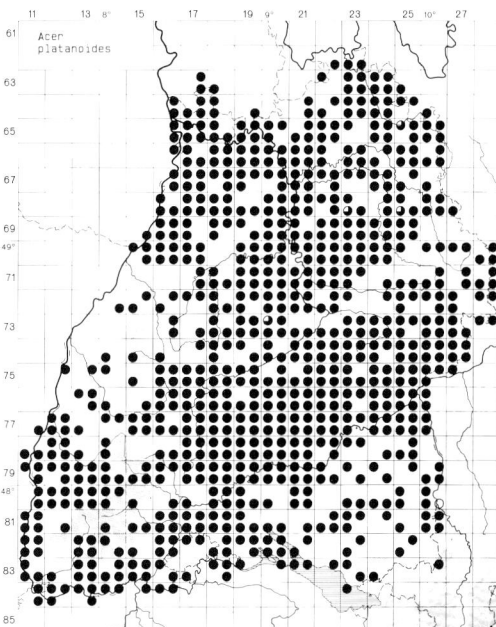

141

Spitzahorn *(Acer platanoides)*

forstlich eingebracht. Aus solchen Anpflanzungen versamt er sich gerne und ist dann in der Strauch- oder Krautschicht reichlich anzutreffen. Auch in Städten verwildert er leicht. Wie andere ausschlagfreudige Arten wird der Spitzahorn durch Nieder- und Mittelwaldnutzung gefördert. Das verstärkte Auftreten von Jungwuchs in Beständen, in denen Altbäume fehlen, kann auf erhöhten Stickstoffeintrag zurückzuführen sein. Eine Gefährdung des Spitzahorns ist nicht zu erkennen. Seine potentiell natürlichen Standorte sind im Gebiet jedoch selten und schützenswert.

4. Acer campestre L. 1753
Feldahorn, Maßholder

Morphologie: Knorriger Strauch oder kleiner Baum, bis 24 m hoch werdend; Krone rundlich, Borke hellbraun mit netzartigen Leisten, Zweige anfangs kurz behaart, gelegentlich mit Korkleisten; Knospenschuppen an der Spitze behaart. Blätter anfangs beiderseits behaart, später verkahlend; 4–10 cm breit, bis über die Mitte in 3–5 stumpfe Lappen geteilt, Basallappen kleiner. Blütenstände aufrecht, doldenrispig, wenigblütig, flaumig behaart; Kron- und Kelchblätter grünlich, behaart, 3–5 mm lang. Früchte kahl oder behaart, 2–4 cm lang.

Variabilität: Formenreiche Art. Die taxonomische Bedeutung von Formen, die nach der Behaarung

Schluchtwälder des (Süd-) Westschwarzwaldes, der Gäulandschaften und der Schwäbischen Alb, im Hegau und am Bodensee.

Darüber hinaus ist er vielfach aus Anpflanzungen verwildert und insbesondere in den warmen Landschaftsteilen mit reicheren Böden (meist über Kalkgestein) eingebürgert. In der Rheinebene sind auf reichen Böden Jungpflanzen verstärkt zu beobachten, doch seltener als bei *A. pseudoplatanus*. Der Spitzahorn fehlt dem Buntsandstein-Odenwald, großen Bereichen des Schwarzwalds und der Baar, dem östlichen Keuperbergland und dem Alpenvorland.

Acer platanoides kommt in Baden-Württemberg zwischen 100 m bei Viernheim (6417) und 1240 m am „Blößling" (8214, natürlicher Standort) vor. Er gehört zu den ältesten Waldbaumeinwanderern nach der Eiszeit, ist also indigen.

Erstnachweise: Ein subfossiler Nachweis für das späte Atlantikum stammt aus der neolithischen Feuchtbodensiedlung Reute bei Bad Waldsee, BERTSCH (1935). Ältester literarischer Nachweis: LEOPOLD (1728: 2) „in Waldungen um Überkingen, Lutzhausen" (7324, 7425).

Bestand und Bedrohung: Der Spitzahorn tritt in Baden-Württemberg nicht bestandbildend auf. Aufgrund seiner Kurzlebigkeit dringt er meist nur bis in die untere Baumschicht vor. In frischen Buchenwäldern, eichenreichen Beständen, in Steilhangbestockungen und auf Auestandorten wird er

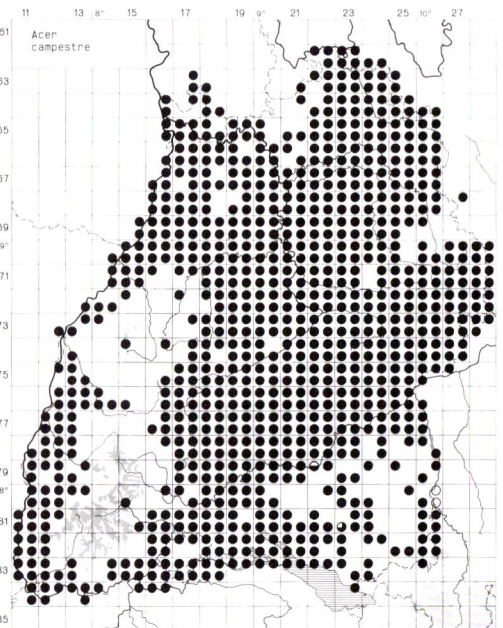

der Früchte, der Blattform, Herbstfärbung oder nach dem Vorhandensein von Korkleisten unterschieden werden, ist nicht eindeutig geklärt.

Biologie: Die Blüten entfalten sich Anfang Mai (April bis Juni) kurz nach den Blättern. Die Blühverhältnisse ähneln denen von *A. platanoides. A. campestre* blüht mit etwa 25 Jahren zum erstenmal und wird höchstens 200 Jahre alt. Sein rötlichweißes oder hellbraunes Holz ist schön gemasert und eignet sich gut für Drechslerarbeiten.

Ökologie: In lichten Laubmischwäldern, an Waldrändern, in Feldgehölzen und Gebüschen, auf frischen bis trockenen, basen-, vorzugsweise kalkreichen, milden bis mäßig sauren, kiesig-sandigen bis lehmigen, auch schweren Böden. Im Vergleich zu Berg- und Spitzahorn ist der Feldahorn in seinen Ansprüchen an den Wasserhaushalt sehr flexibel; dafür benötigt er mehr Licht und Wärme und wächst langsamer.

Querco-Fagetea-Klassenkennart: Erreicht seine optimale Entwicklung in der Hartholzaue (Querco-Ulmetum), gedeiht auch in anderen frischen Waldgesellschaften gut (Querco-Carpinetum, Fraxino-Aceretum), besiedelt ebenso trockene, wärmegebundene Wälder (Lithospermo-Quercetum, Carici-Fagetum) und ist auch in Prunetalia-Gesellschaften

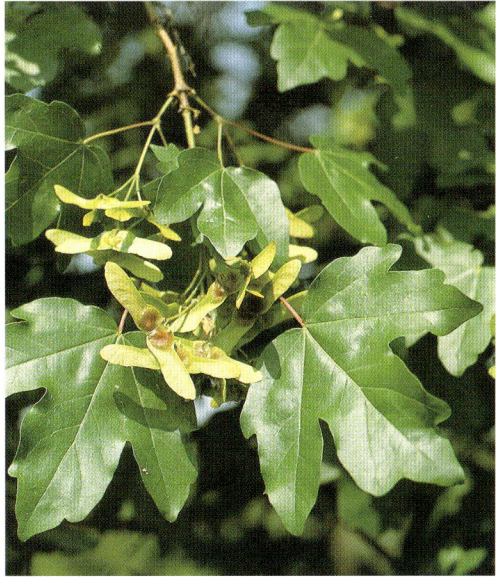

Feldahorn *(Acer campestre)*
Rheinweiler, ca. 1987

häufig. Der Feldahorn ist in vielen Vegetationsaufnahmen gehölzreicher Bestände enthalten, u.a. von KUHN (1937), LOHMEYER u. TRAUTMANN (1974), HÜGIN (1979), PHILIPPI (1978: Tab. 34, 1983) und SEBALD (1983). Er tritt meist in Begleitung von Eichen, Linden, Hainbuche, Mehlbeere und Hasel auf.

Allgemeine Verbreitung: Europäisch-westasiatische Holzart. Von Nordspanien im Westen, über Frankreich bis nach Irland im Norden, weiter über Mittelengland, die südlichste Spitze Schwedens, Südpolen bis zur Wolga im Osten, von dort aus zum Schwarzen Meer (vereinzelt bis zum Kaukasus und Elburs-Gebirge). Einzelne Wuchsorte auf dem Peloponnes, in Sizilien und Algerien bilden die Südgrenze. Verbreitungskarte bei RUHE (1936).

Verbreitung in Baden-Württemberg: In den Tieflagen und Kalkgebieten des Landes verbreitet und häufig. Der Feldahorn meidet die armen Böden von Odenwald, Schwarzwald und östlichem Schwäbisch-Fränkischen Wald. In Oberschwaben wächst er nur zerstreut.

Seine Höhenverbreitung erstreckt sich von 100 m bei Viernheim (6417) bis 1000 m auf dem Hochberg bei Deilingen (7818). Er ist im Gebiet urwüchsig.

Erstnachweise: Erste fossile Funde aus dem Holstein-zeitlichen Travertin des Cannstatter Sulzerrains, GREGOR u. VODIČKOWÁ (1983), für das Holozän aus dem 3. Jhd. n.Chr., Welzheim, KÖRBER-

Feldahorn *(Acer campestre)*
Irndorfer Hardt, 9. 6. 1991

GROHNE u. PIENING (1983). J. BAUHIN (1598: 146) erwähnt den Feldahorn erstmalig in der Literatur aus der Umgebung von Bad Boll (7323).

Bestand und Bedrohung: Der Feldahorn ist in Baden-Württemberg nicht gefährdet. Als sehr ausschlagkräftiges Gehölz wird er durch Nieder- und Mittelwaldnutzung gefördert und oft in Schnitthecken gepflanzt.

5. Acer negundo L. 1753

Negundo aceroides Moench 1794; *N. fraxinifolium* (Nutt.) DC. 1824
Eschenahorn

Morphologie: Bis 20 m hoher Baum mit glatter, graubrauner Rinde; Zweige hängend, 1- bis 2jährige oft bläulich bereift; Knospen mit 2–3 Schuppenpaaren, behaart. Blätter unpaarig gefiedert, Fiederblättchen zu 3–7, gestielt, bis 15 cm lang und 8 cm breit, lang zugespitzt, unregelmäßig gezähnt bis gelappt, unterste zuweilen bis zum Grund geteilt, dünn, jung unterseits behaart, später verkahlend, oberseits auf den Nerven behaart. Blüten an langen, hängenden, behaarten Stielen, die weiblichen in Trauben, die männlichen in kurzen, büscheligen Rispen; Kelchblätter 4–5, Fruchtknoten dicht behaart, Narben lang, weibliche Blüten ohne Staubblätter, männliche ohne Fruchtknotenrudiment. Fruchtflügel 2–4 cm lang, einen spitzen Winkel bildend.

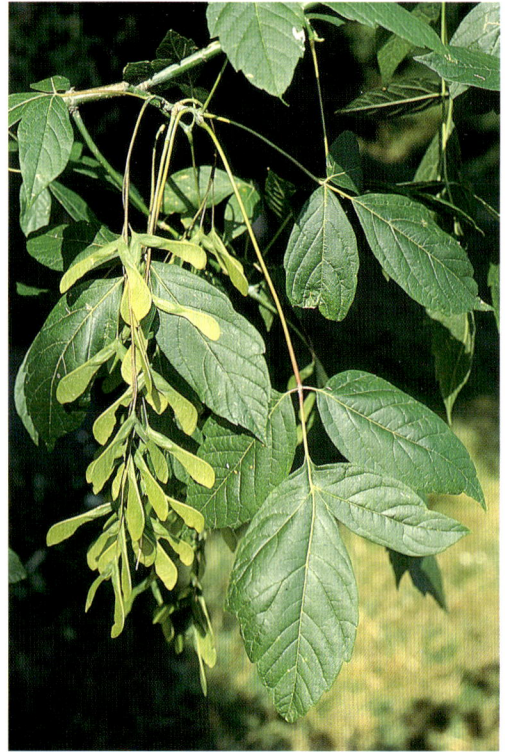

Eschenahorn *(Acer negundo)*
Niederösterreich, 1985

Biologie: Blüte März–Mai vor der Blattentfaltung. *A. negundo* ist die einzige vollständig windblütige Art der Gattung und eine der wenigen zweihäusigen. Die gefiederten Blätter und geringe Anzahl an Knospenschuppen sind als ursprüngliche Merkmale aufzufassen und lassen auf eine frühzeitige Abtrennung des Vorfahren dieser Sektion schließen (DE JONG 1976). Es besteht eine starke Tendenz zur Parthenokarpie. Das Jugendwachstum ist sehr rasant, stagniert aber bald.

Ökologie: In Auenwäldern, an Uferböschungen, auf dem Gelände von Bahnhöfen und anderen städtischen Lebensräumen, auf mäßig trockenen bis feuchten, nährstoffreichen, kiesig-sandigen bis lehmigen Böden sonniger oder beschatteter, milder Lagen. Der Eschenahorn verfügt über eine große ökologische Amplitude, erträgt hohe Sommertemperaturen und Trockenheit, obwohl er auf feuchten Standorten optimaler gedeiht. Als verwildernder Baum Verbandskennart mediterraner Auenwälder (Populion albae), bei uns selten in Alno-Ulmion-Gesellschaften (Pruno-Fraxinetum, Querco-Ulmetum) eingebürgert. Auf der Reißinsel (6516/2, NSG) löst der Eschenahorn die Silberweide als po-

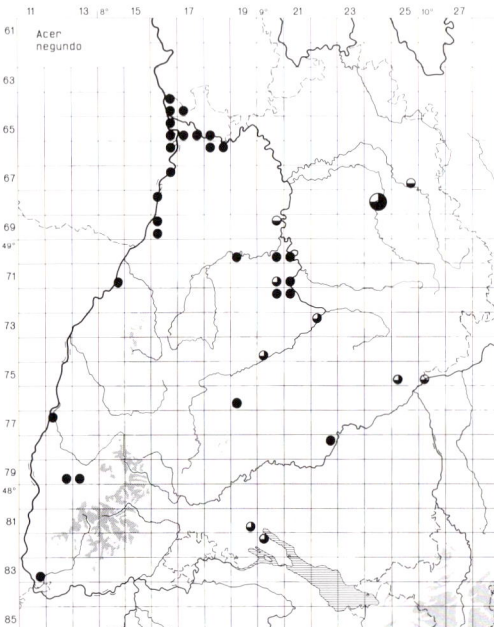

tentiell natürliche Baumart ab. In Stuttgart wurde er als Pionierbaumart im Dauco-Melilotion beobachtet. Vegetationsaufnahmen von *Acer negundo*-Beständen liegen aus Baden-Württemberg nicht vor. Bei PASSARGE (1990) finden sich pflanzensoziologische Aufnahmen aus Berlin von Ahorn-Pioniergehölzen auf Ruderalböden.

Allgemeine Verbreitung: Eine nordamerikanische Auenpflanze. Hauptsächlich im Osten Nordamerikas von Vermont bis Florida verbreitet, eine Varietät bis Kalifornien an der Westküste. Im 17. Jh. nach Europa eingeführt, seither in vielen Ländern gepflanzt und gelegentlich verwildernd.

Verbreitung in Baden-Württemberg: Selten verwildernde Baumart. Zu spontanem Auftreten kommt es in den Auebereichen von Rhein, Neckar, Donau, Jagst und am westlichen Bodensee sowie in den besonders warmen Zentren der größeren Städte Mannheim, Karlsruhe, Stuttgart, Ulm und Freiburg. In den allermeisten Fällen liegen den Fundmeldungen unbeständige Verwilderungen zugrunde. Der Eschenahorn ist nur am nördlichen Oberrhein und der angrenzenden Neckaraue bis Heidelberg eingebürgert (Neophyt).

Seine Wuchsorte liegen zwischen 93 m auf der Reißinsel (6516, eingebürgert) und 530 m am Bahnhof Riedlingen (7822, unbeständig).

Erstnachweis: Älteste literarische Nennung eines nicht angepflanzten Vorkommens bei SCHMIDT (1857: 59) „mitunter in Gebüschen und Wäldern verwildert", Umgebung von Heidelberg.

Bestand und Bedrohung: Während der Eschenahorn sonst nur unbeständig auftritt, hat er sich im nördlichen Oberrheingebiet in empfindlichen Auebereichen etabliert, an denen er die heimischen Baumarten verdrängt. Untersuchungen über die Weiterentwicklung und ökologischen Auswirkungen an diesen Standorten wären wünschenswert.

Simaroubaceae

Bittereschengewächse
Bearbeiter: S. DEMUTH

Sträucher und Bäume. Blätter wechselständig, gefiedert, selten einfach; Nebenblätter fehlend. Blüten zahlreich, meist in Rispen, klein, zwittrig oder eingeschlechtig, 3- bis 7zählig, Kelch- und Kronblätter frei oder verwachsen, zwischen Krone und Staubgefäßen ein ring- oder becherförmiger Diskus. Staubgefäße ebensoviele oder doppelt so viele wie Kronblätter. 2–5 Fruchtblätter zu einem 1fächrigen Fruchtknoten vereinigt oder frei, dann oft die

2–5 Griffel oder Narben vereint. Frucht eine Spaltfrucht, Flügelnuß oder Kapsel.

Weltweit etwa 20 Gattungen mit 120 Arten. Verbreitet in den tropischen und subtropischen Zonen beider Hemisphären, in Mittel- und Südamerika, Afrika, Süd- und Ostasien und Australien. In Europa nur wenige Arten angepflanzt und z.T. verwildert, z.B. *Picrasma quassioides* und *Ailanthus altissima*, in Mitteleuropa nur letztere Art.

1. **Ailanthus** Desf.
Götterbaum

Morphologie siehe Artbeschreibung.
Etwa 10 Arten in Süd-, Ostasien und Nordostaustralien. In Europa nur eine Art, *A. altissima*, verwildert. Während des Tertiär kamen mehrere Arten der Gattung in Mitteleuropa vor.

1. **Ailanthus altissima** (Miller) Swingle 1916
Chinesischer Götterbaum

Morphologie: Bis 20 (25) m hoher Baum mit längsgestreifter, hellgrauer Borke. Blätter 40–60 cm lang, unpaarig gefiedert mit 13–25 Fiedern, diese etwas asymmetrisch, lanzettlich, ganzrandig, nur am Grunde mit wenigen stumpflichen, breiten Zähnen; jeder Zahn am Grund mit einer großen Drüse. Blüten in vielblütigen Rispen, zwittrig oder einge-

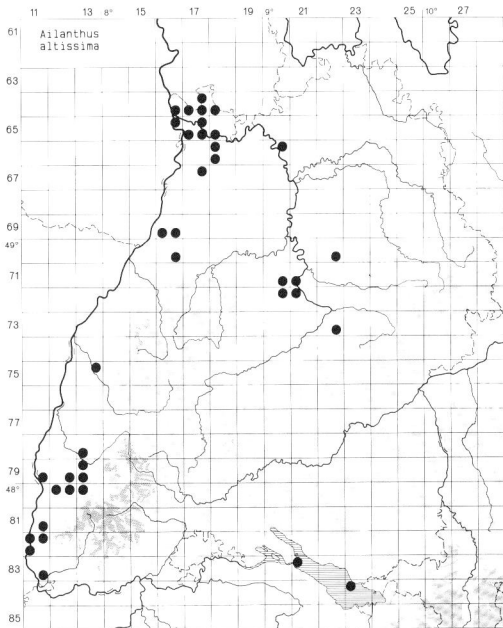

Chinesischer Götterbaum *(Ailanthus altissima)*
Freiburg, 1982

schlechtig, dann monözisch. Kelchblätter 5, sehr klein, bis zur Mitte verwachsen, Kronblätter 5, 2–4 mm lang, grünlichweiß, viel länger als die Kelchblätter. Diskus 10lappig. Staubgefäße bei männlichen Blüten 10, bei zwittrigen 5, bei den weiblichen fehlend. Fruchtblätter frei, in der zwittrigen und weiblichen Blüte 5–6, in der männlichen verkümmert. Die 5–6 Griffel frei oder miteinander verbunden. Frucht besteht aus 5–6 freien, länglichen Flügelnüßchen mit 1 rundlichen Samen pro Nüßchen.

Biologie: Blütezeit von Juni bis Juli. Die Blüten sind proterogyn und sondern viel Nektar ab. Insektenbestäubung, z.B. durch Dipteren. *Ailanthus altissima* besitzt viele Eigenschaften von Pionierpflanzen: hohe Samenproduktion, rasches Jugendwachstum (bis zu 3 m pro Jahr) und eine gewisse Anspruchslosigkeit an den Boden. Daneben besitzt die Art eine ausgeprägte Bildung von Wurzelausläufern und Wurzelsprossen, was sich vor allem nach dem Abhauen des Hauptsprosses bemerkbar macht; dadurch kann *Ailanthus* große zusammenhängende Polykormone bilden. Die Art ist dürreresistent und nur mäßig frostempfindlich, braucht

aber während der Vegetationsperiode eine hohe Wärmesumme. *A. altissima* wird in Europa hauptsächlich als Zierbaum, im Mittelmeerraum und in Südosteuropa und Asien auch als Forstbaum angepflanzt, etwa zur Befestigung rutschender Böden in Hanglage oder von Sanddünen, auch zur Holzproduktion wird der Baum gelegentlich kultiviert. *Ailanthus* eignet sich aufgrund der Unempfindlichkeit gegenüber Imissionen und dem Stadtklima gut zum Begrünen von Industriegebieten und Siedlungsräumen oder von stark befahrenen Straßen.

Ökologie: Auf trockenen bis frischen, mäßig nährstoffreichen bis nährstoffreichen, lockeren Böden. Meist auf anthropomorphen Böden, etwa stark gestörten Aufschüttungsflächen, Gartenböden (Hortisole) oder Rohböden, auch in Mauerspalten, auf Bauschutt, in Pflasterfugen oder in Kellerschächten (ähnlich *Acer pseudoplatanus*). Spontan in Pionier- und ausdauernden Ruderalgesellschaften (Chenopodietea, Artemisietea und Agropyretea), sehr selten in naturnäheren Gesellschaften, etwa in Kiefern-Robinien-Forsten oder Eichenwäldern. Auch in gepflanzten oder spontan entstandenen, ruderal geprägten Gehölzen mit *Robinia pseudacacia, Acer pseudoplatanus, Ulmus sp., Sambucus nigra, Rosa sp.* u.a. Sträuchern.

Verwildert meist in den wärmebegünstigten Stadtzentren oder auch in stadtnahen Industriegebieten. Außerhalb bisher selten, etwa in Kiefernforsten S Mannheim (6517/3) – hier möglicherweise angepflanzt, im Autobahnstreifen der A5 zwischen Karlsruhe und Bruchsal (BREUNIG 1991, mündl.; 6916/4) oder am Haarlaß bei Heidelberg an einem felsigen Hang im lichten Eichenwald (BREUNIG 1991, mündl.; 6518/3). Vegetationsaufnahmen aus Baden-Württemberg sind bisher nicht veröffentlicht. Ein Beispiel für die Vergesellschaftung von *A. altissima* geben KOWARIK und BÖCKER (1984) für Berlin.

Allgemeine Verbreitung: Die Heimat ist China, aber hier ist das ursprüngliche Areal durch Anpflanzungen und Verwilderungen nicht mehr zu rekonstruieren. In Europa um 1750 nach Paris und/oder London eingeführt, seither vielerorts kultiviert. Verwildert vor allem oder gar ausschließlich in sommerwarmen Gebieten mit mindestens 20 Sommertagen (Temperatur mindestens 25° C) im Jahr, wahrscheinlich Hauptbegrenzungsfaktor der spontanen Verbreitung. Im norddeutschen Tiefland erreicht die Art z.B. nicht die Küstengebiete mit geringerer Wärmesumme (KOWARIK und BÖCKER 1984).

Heute ist *Ailanthus altissima* weltweit als Zier- und Forstbaum eingeführt und verwildert.

Verbreitung in Baden-Württemberg: Die Karte gibt die spontanen Vorkommen nur unvollkommen wieder, da die Art nicht von allen Kartierern erfaßt wurde und der Status oft unberücksichtigt blieb. Man kann davon ausgehen, daß überall dort, wo *Ailanthus* angepflanzt wird und zur Fruchtreife gelangt, auch verwildert. Die Karte gibt allerdings eine Verbreitung wieder, die bezüglich des Klimas der Verbreitung in Mitteleuropa entspricht (nach Kowarick und Böcker 1984). Die spontanen Vorkommen dürften sich im wesentlichen auf die wärmeren Naturräume beschränken, dem Oberrheingebiet, dem Stuttgarter Neckarbecken und dem Bodenseegebiet. Gebiete mit mindestens 40 Sommertagen im Jahr (Höchsttemperatur mindestens 25° C) und einer Jahresdurchschnittstemperatur von mindestens 9° C.

Erstnachweise: Ältester literarischer Nachweis von spontanen Vorkommen bei F. Zimmermann (1907: 119) von Mannheim (6416, 6417). Die Art ist ein Neophyt.

Bestand und Bedrohung: Seit etwa 1900 breitet sich die Art langsam dort aus, wo sie angepflanzt wird. Nach dem 2. Weltkrieg fand *Ailanthus* im Trümmerschutt der großen Städte fast ideale Ansiedlungsbedingungen, dargestellt z.B. für Stuttgart von Kreh (1955). Seit 1945 wird dieser Baum in städtischen Ballungsräumen gern kultiviert und ist inzwischen in einigen innerstädtischen und industriellen Bereichen fest eingebürgert. Ob er sich auch in Zukunft weiter in die Außenbereiche, etwa entlang von Straßen oder Bahnlinien, ausbreitet (z.B. an der A5 zw. Karlsruhe und Bruchsal, bleibt abzuwarten. Solche Vorkommen sollten zukünftig mehr beachtet werden.

Rutaceae

Rautengewächse
Bearbeiter: S. Demuth

Bäume, Sträucher, Halbsträucher und Kräuter. Blätter wechselständig, einfach oder zusammengesetzt, bei den meisten Arten mit zahlreichen Öldrüsen im Blattgewebe, ebenso wie am Sproß, an den Blütenorganen und z.T. an den Fruchtschalen (*Citrus* spp.). Blütenstand eine Rispe, Schirmtraube oder Blüten einzeln blattachselständig. Blüten meist radiärsymmetrisch, oft grünlichgelb oder weiß, 4- bis 5zählig. Staubgefäße oft in 2 Kreisen, dann doppelt so viele wie Kelch oder Kronblätter oder zahlreicher. Fruchtknoten (1) 4–5 (6)fächrig. Fruchtblätter z.T. nur in der unteren Hälfte ver-

wachsen. Zwischen Staubgefäßen und Fruchtknoten ein ringförmiger Diskus. Die Früchte sind vielgestaltig: Kapseln, Beeren, Steinfrüchte, Spaltfrüchte, Flügelnüsse.

Die Rutaceae umfassen 150 Gattungen mit etwa 900 Arten. Sie sind weltweit verbreitet. Die meisten Arten kommen in den tropischen, subtropischen und meridionalen Zonen der Nord- und Südhalbkugel vor. Die Verbreitungszentren sind Südafrika und Australien. In Europa sind es 6 Gattungen mit ca. 23 Arten. Davon stammen 3 Gattungen, *Citrus, Phellodendron* und *Ptelea*, mit etwa 10 Arten aus Asien und Afrika, werden aber schon sehr lange als Nutz- und Zierpflanzen vor allem im Mittelmeergebiet kultiviert und sind teilweise eingebürgert. In Baden-Württemberg gibt es nur 1 einheimische Art, *Dictamnus albus*. Die mediterran verbreitete *Ruta graveolens* ist stellenweise eingebürgert.

Weltwirtschaftlich von großer Bedeutung sind viele Arten der Gattung *Citrus*, nach Mansfeld (1986: 767) gibt es etwa 40.

1 Blüten 4- und 5zählig, in Scheindolde, gelblichgrün, 15–20 mm breit. Blätter 1- bis 2fach gefiedert, Fiedern fiederteilig . . . . 2. *Ruta*
– Blüten immer 5zählig, in endständiger Traube, rosa bis purpurn, selten weißlich, etwa 4–5 cm breit. Blätter 1fach, gefiedert . . . 1. *Dictamnus*

1. **Dictamnus** L. 1753

Diptam

Morphologie und Verbreitung siehe Artbeschreibung.

Die Gattung besteht nur aus einer sehr formenreichen Art, *D. albus*. Manche Formen werden als eigenständige Arten beschrieben, in Europa sind dies *D. caucasicus* Fischer ex Grossh. von Südrußland, *D. gynnostylis* Steven von der Ukraine und *D. hispanicus* Webb ex Willk. von Südostspanien. Weitere Arten (Formen) gibt es in Mittel- und Ostasien. Nach Townsend (1968) gehören die europäischen alle zu einer Art, *D. albus*. Die Unterscheidung beruht auf der Variabilität der Kronblätter, Laubblätter und des Fruchtknotenstiels (Gymnophors).

1. **Dictamnus albus** L. 1753

Weißer Diptam

Morphologie: Ausdauernde Staude mit dickem, walzlichem, verzweigtem, waagrechtem bis aufsteigendem Rhizom. Sproß einfach, aufrecht, 60–120 cm hoch, besonders oben dicht flaumig behaart, neben einfachen Haaren zahlreiche schwarze Drüsenhaare an Sproß, Laub- und Blütenblättern, die einen starken, zimtartigen Geruch abgeben. Untere Blätter einfach, sitzend, verkehrt eiförmig. Die übrigen gestielt, unpaarig gefiedert, mit 7–11 Fiedern. Diese sitzend, länglich-eiförmig, fein gesägt, etwas asymmetrisch, bis 8 cm lang. Blütenstand eine endständige Traube. Blüten zygomorph, mit kurzem Tragblatt, gestielt. 5 Kelchblätter, 6–8 mm lang, die unteren etwas länger als die oberen. Kronblätter 5, rosa, seltener weißlich oder purpurn, mit dunklen Adern und grünlicher Spitze, breit-lanzettlich, oben zugespitzt, genagelt, 2–2,5 cm lang, unterschiedlich groß. Die 4 größeren nach oben gerichtet, das kleinere nach unten abstehend. 10 Staubgefäße; Staubfäden am Ende nach oben gebogen. Fruchtknoten mit kurzem Gynophor, 5fächrig mit 3–4 Samenanlagen pro Fach, Griffel 1, fadenförmig. Frucht eine in 5 Teilfrüchte zerfallende Kapsel. Samen birnenförmig-rundlich, schwarz-glänzend, 4 mm lang.

Biologie: Blütezeit von Mai bis Juni. Insektenbestäubung durch Hummeln und Bienen, besonders häufig durch die Honigbiene. Die Tiere landen auf den etwa waagerecht abstehenden Staubfäden und dem Griffel. Die Blüten sind proterandrisch. Die Kapseln besitzen einen Mechanismus zum Ausstreuen der Samen: Die Fruchtblätter sind im oberen Teil der Kapsel frei. Bei der Fruchtreife reißen diese hier entlang der Bauchnaht auf, so daß die

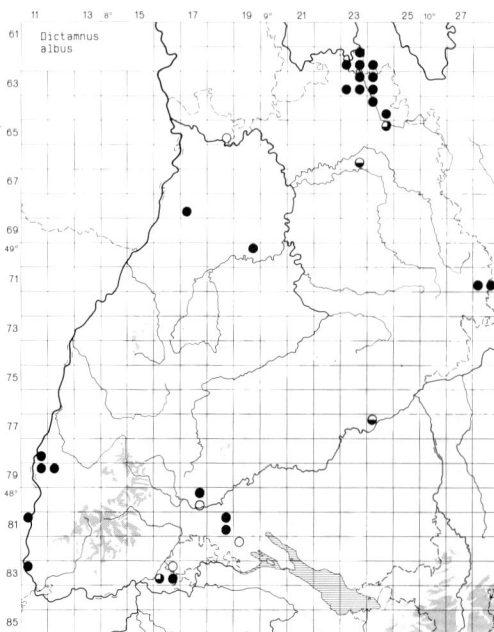

Innenseite der Teilfrüchte und die Kapselfächer mit den Samen freiliegen. Die Fruchtwand besteht aus einem harten Exokarp und einem weicheren, dünnen Endokarp. Beim Eintrocknen löst sich das Endokarp eines jeden Fruchtfaches vom Exokarp und rollt sich plötzlich beim Zerreißen der letzten Verbindung ein. Die Endokarpteile werden dabei aus der Kapsel geschleudert und reißen die Samen mit, die bis zu 2 m weit geschleudert werden können.

An heißen Tagen wird aus den Drüsen der Blütenhüllblätter besonders viel ätherisches Öl abgesondert. Dieses verdunstet und kann bei Windstille entzündet werden, es brennt dann mit blasser Flamme ab.

Dictamnus albus wurde früher als Heil- und Zierpflanze häufig in Kloster- und Bauerngärten angepflanzt.

Ökologie: Auf trockenen, nährstoffarmen (stickstoffarmen), schwach sauren bis basischen, meist kalkhaltigen, oft flachgründigen, lehmigen Böden; über Kalkgesteinen und über mineralreichen Silikatgesteinen wie Porphyr, Porphyrit, Melaphyr, devonischen Schiefern oder Gesteinen des Rotliegenden. In Saumgesellschaften und in lichten Eichen- und Kiefernwäldern. Kennart des Geranio-Dictamnetum. *Dictamnus albus* wächst in Süddeutschland hauptsächlich an sonnigen, meist südexponierten, bebuschten Hängen im Saum von Berberidion-Gebäuschgesellschaften oder termophilen Waldgesellschaften. Bevorzugt werden etwas gestörte Sekundärstandorte wie künstliche Waldränder, z. T. Waldschläge, dort wo es für Epilobietalia-Arten zu trocken ist. In natürlichen Saumgesellschaften findet man *D. albus* seltener. Im Taubergebiet breitet sich die Art auch an einigen frisch angelegten Forststraßen aus (Philippi 1984). Die Art ist recht ausbreitungsfreudig: Auf kurzen Strecken mittels der Rhizome und zahlreicher Wurzelsprosse, auf größere Distanz durch die gut keimenden Samen.

Häufig zusammen mit *Geranium sanguineum, Tanacetum corymbosum, Polygonatum odoratum, Peucedanum cervaria*; im Taubergebiet regelmäßig vergesellschaftet mit *Coronilla coronata, Inula hirta, Thesium bavarum* und *Laserpitium latifolium.*

Vegetationsaufnahmen bei v. Rochow (1951: Tab. 22 vom Büchsenberg/Kaiserstuhl, Querco-Lithospermetum, mit *Quercus petraea/pubescens, Coronilla emerus, Lithospermum purpureo-coeruleum*), Müller (1962: Tab. 1, Geranio-Dictamnetum, Sammeltabelle mit Aufnahmen vom Maingebiet, Schaffhausen, Comer- und Gardasee und Südwestdeutschland), Witschel (1980: Tab. 21, Geranio-Dictamnetum von Isteiner Klotz, Kätzler

Diptam *(Dictamnus albus)*
Büchsenberg bei Achkarren, 1987

bei Grießen, Riedern, Talhof – siehe Fundorte), PHILIPPI (1984: Tab. 11, Geranio-Dictamnetum vom Taubergebiet). Aufnahmen vom Geranio-Dictamnetum von der benachbarten Nordpfalz, dem Nahegebiet, dem unteren Moselgebiet und dem südlichen Mittelrheingebiet bei KORNECK (1974: Tab. 121, 122).

Allgemeine Verbreitung: *Dictamnus albus* s.l. ist in der meridionalen und warm-temperaten Zone Europas und Mittel-/Ostasiens verbreitet. *D. albus* s.str. nur in Europa. Im Westen bis Mittelspanien (in Südostspanien *D. hispanicus*), östliches Frankreich (Ostpyrenäen, Burgund, Elsaß), Westdeutschland; im Osten bis zum Schwarzen Meer; im Nor-

den bis Mitteldeutschland (südniedersächsisches Hügelland, südliches Sachsen-Anhalt); im Süden bis Süditalien, Griechenland (Peloponnes), sehr selten in der Türkei.

Verbreitung in Baden-Württemberg: Nur in den wärmebegünstigten Naturräumen mit Kalkgesteinen: Taubergebiet, Hohenloher Ebene, Kraichgau, Südliches Oberrheingebiet, Schwäbische Alb, Hegau, Kettgau. Die Verbreitungsschwerpunkte mit den größten Populationen sind im Taubergebiet und im Kaiserstuhl.

Tiefstes Vorkommen: ca. 150 m, Eichelberg (6817/3). Höchste Vorkommen: 830–850 m, Talhof (8017/2) – dies sind sehr wahrscheinlich die höch-

149

Diptam *(Dictamnus albus)*
Büchsenberg bei Achkarren, 1987

sten Vorkommen für *D. albus* s. str. überhaupt (WITSCHEL 1980: 126).

Taubergebiet: Etwa 15 Einzelvorkommen im Main- und Taubertal; Fundorte siehe Punktverbreitungskarte bei PHILIPPI (1984: 588); hier vor allem im Taubertal zwischen Tauberbischofsheim und Werbach, im unteren Welzbachtal, im Böttigheimer Tal und im Königheimer Tal. Im benachbarten Bayern an der Kallmuth bei Homburg.
Hohenloher-Ebene: 6623/4: Diebach, KIRCHNER u. EICHLER (1913).
Odenwald: 6518/4: Wälder oberhalb Ziegelhausen, GATTENHOF (1782), nach DIERBACH (1819) nicht mehr dort.
Kraichgau: 6817/3: Eichelberg S Bruchsal, DÖLL (1843), 1991, im Querco-Lithospermetum, PHILIPPI (KR-K); 7019/2: Kendelbach (?) bei Vaihingen, 1770, Siegel (ROTH VON SCHRECKENSTEIN 1799, 1804), Schanze (= Eselsberg?) bei Ensingen, SCHÜBLER und MARTENS (1834), Eselsberg N Ensingen, 1978, SEYBOLD (STU-K).
Südliches Oberrheingebiet – Kaiserstuhl: 7811/4: NSG Limberg, SPENNER (1829), 1971, WILMANNS (KR-K); Lützelberg, SPENNER (1829); zw. Burkheim und Sponeck, ,v. ITTNER (in: ROTH VON SCHRECKENSTEIN 1804), GMELIN (1806), SLEUMER (1934), 7911/2: NSG Büchsenberg W Achkarren, SPENNER (1829), 1990, DEMUTH (KR-K); Bitzenberg NE Achkarren (2 Pflanzen, wahrscheinlich angesalbt), 1991, PHILIPPI (KR-K); Fohrenberg, SCHILD-

KNECHT (1863); bei Ihringen mehrfach, 1957, PHILIPPI (1961); 7912/1: Lilienthal – 1 sterile Pflanze, 1981, DIENST (KR-K). – 8111/1: NSG Käfigecken W Grißheim, 1985, REINECKE, RIETDORF (ST-K), 1991, DEMUTH (KR-K); 8311/1: Isteiner Klotz N Istein, DÖLL (1862), WITSCHEL (1980), 1990, DEMUTH (KR-K).
Schwäbische Alb: 7128/3: Kapf S Trochtelfingen, vor 1882, FRICKHINGER (MARTENS und KEMMLER 1882), 1987, NEBEL (STU-K), 1988, ENGELBACH (STU-K); auf bayerischer Seite: 7229/1: SE Ruine Niederhaus, 1979, SEYBOLD (STU-K); 8017/2: Talhof, WITSCHEL (1980); 8017/4: bei Geisingen (könnte auch das Vorkommen bei Talhof (8017/2) gemeint sein), um 1850, KUENZER (DÖLL 1862: 1176).
Hegau: 8118/2: Thalkapelle (heute Martinskapelle?) und „Im Thal" NE Engen, um 1880, JACK (1892: 98), 1981, BEYERLE (STU-K, „1 Ex. wohl angesalbt"); 8118/4: Mägdeberg und Hohenhöwen, DÖLL (1862), JACK (1892), NSG Schoren NE Neuhausen, 1984, SEYBOLD (STU-K).
Bodenseegebiet: 8219/1: Im Wald zwischen Radolfzell und Singen, DÖLL (1862), „Im Walde „Zellerhau" bei Singen" – ob gleiche Fundstelle wie bei DÖLL?, JACK (1900).
Klettgau: 8316/3: Küssaburg, 1954, MAYER (STU-K); 8316/4: Hornbuck bei Riedern, Kätzler bei Grießen, SCHLATTERER (1920), MAYER (1954), WITSCHEL (1980).
Benachbarte Schweiz: 8316/2: Osterfingen, vor 1896, Eckstein, ANONYMUS (1896: 141); 8317: Randen N Schaffhausen, v. HALLER (in ROTH VON SCHRECKENSTEIN 1804), DÖLL (1862), WELTEN und SUTTER (1982), BINZ und HEITZ (1986).
Folgende Fundorte sind sehr wahrscheinlich auf Ansalbungen oder Verwilderungen zurückzuführen und unbeständig (wurden nicht in die Karte übernommen):
6623/4: Diebach, KIRCHNER u. EICHLER (1913); ca. 6826/1: Zwischen Crailsheim und Kirchberg, SCHNIZLEIN und FRICKHINGER (1848). 6927/3: N von der Straße zw. Aumühl und Ellenberg, SCHNIZLEIN und FRICKHINGER (1848); dazu schreibt KURZ (1886, über die Pflanzenwelt des Bezirkes Ellwangen), daß *D. albus* ein Gartenflüchtling sei. SCHULTHEISS (1950–53) schreibt, das die Art nicht mehr zu finden wäre. 7724/1: Kohlberg W Ehingen, KIRCHNER u. EICHLER (1913).
Im benachbarten Elsaß gibt es noch größere Bestände in der Vorhügelzone der Vogesen z. B. bei Rouffach und in der Rheinebene zwischen Mulhouse und Neuf-Brisach.

Erstnachweise: Ältester literarischer Nachweis von BOCK (1539: 6b): „an hohen felsechten dürren Bergen als ... auch im Schwarzwald". Im Gebiet indigen im Saum von termophilen Eichenwäldern und Gebüschen im Südlichen Oberrheingebiet und im Taubergebiet.

Bestand und Bedrohung: Der Diptam hat stellenweise starke Einbußen erlitten. Vor allem am Kaiserstuhl sind mehrere Populationen erloschen, z. B. am Lützelberg, an der Ruine Sponeck und am Fohrenberg; die Vorkommen bei Ihringen, die PHILIPPI noch 1957 gesehen hat, dürften alle der Rebflurbereinigung zum Opfer gefallen sein. Der größte Bestand von mehreren hundert Pflanzen befindet sich

150

im NSG Büchsenberg in einem Lithospermo-Quercetum und im Geranio-Dictamnetum. Daneben gibt es noch eine kleine Population am Limberg. Dies sind wahrscheinlich die letzten Vorkommen am Kaiserstuhl.

Im Hegau ist die Situation ähnlich. Die Vorkommen am Mägdeberg und Hohenhöwen sind wahrscheinlich zu Beginn des 20. Jahrhunderts erloschen, ebenso das Vorkommen bei Singen. Die Population im NSG Schoren (8118/4) besteht aus etwa 200 Pflanzen (SEYBOLD 1984, STU-K).

Bei dem Bestand am Eichelberg bei Bruchsal (6817/3) handelt es sich um etwa 2 Dutzend Exemplare in einem Lithospermo-Quercetum, die möglicherweise schon sehr früh angesalbt wurden; es ist seit DÖLL (1843) bekannt. Das Vorkommen am Eselsberg (7019/2) umfaßt ebenfalls nur wenige Pflanzen.

Auch die Population auf der Nordostalb am Kapf (7128/3) ist sehr klein, wahrscheinlich besteht sie aus weniger als 10 Exemplaren. Das benachbarte bayerische Vorkommen bei der Ruine Niederhaus (7229/1) umfaßt ca. 200 Exemplare. Die größten und stabilsten Populationen, die z.T. aus mehreren hundert Pflanzen bestehen, finden sich im Taubergebiet.

Die Bestände in den NSGs Isteiner Klotz, Büchsenberg und Schoren scheinen stabil, auch im Taubergebiet ist die Art nicht gefährdet (PHILIPPI 1984: 608). Die übrigen Vorkommen sind sehr klein und

bedürfen Schutz- und z.T. Pflegemaßnahmen. In Baden-Württemberg ist *D. albus* gefährdet (Gef. Grad 3); die Art ist nach der Bundesartenschutzverordnung vom 19. 12. 1986 besonders geschützt.

2. **Ruta** L. 1753
Raute

Morphologie siehe Artbeschreibung (entspricht der Untergattung *Euruta*).

Die Gattung umfaßt etwa 60 Arten. Sie gliedert sich in 2 Untergattungen:
1. *Euruta*. Mit 4- und 5zähligen Blüten und fiederteiligen bis gefiederten Blättern; vorwiegend mediterran verbreitet.
2. *Haplophyllum*. Mit 5zähligen Blüten und einfachen bis fiederteiligen Blättern; verbreitet im ostmediterranen Raum und in Asien, selten in Nordafrika.

1. **Ruta graveolens** L. 1753
Wein-Raute

Morphologie: Halbstrauch mit verzweigtem Rhizom. Sproß kahl, verzweigt, 20–90 cm hoch, in Kultur auch höher. Blätter wechselständig, 1- bis 2fach gefiedert, Fiederabschnitte fiederteilig, blaugrün, durch Öldrüsen im Gewebe durchscheinend punktiert, 4–11 cm lang, 3–7 cm breit. Blütenstand eine sympodial aufgebaute Scheindolde. Endblüten 5zählig, Seitenblüten 4zählig. Kelchblätter eilanzettlich, zur Fruchtreife abfallend. Kronblätter spatelig, löffelförmig, am Rand fein gezähnt, grünlichgelb, 6–10 mm lang. Staubgefäße doppelt so viele wie Kronblätter. Fruchtknoten 4- oder 5fächrig. Die ganze Pflanze besitzt einen streng aromatischen Geruch.
Biologie: Blütezeit von Juni bis August. Blüten proterandrisch. Insektenbestäubung, hauptsächlich durch Dipteren und Hymenopteren (Apiden), seltener durch Coleopteren. *R. graveolens* und andere Rutaceae sind für die Raupe des Schwalbenschwanzes *(Papilio machaon)* im Mittelmeergebiet eine wichtige Futterpflanze, wobei vor allem Blüten und Blätter im Blütenstandsbereich als Nahrung dienen. In *Citrus*-Plantagen und bei feldmäßig angebauter Wein-Raute kann es dadurch zu großen Schäden kommen.

Im Mittelmeerraum wird *R. graveolens* seit dem Altertum kultiviert. Auch in den wärmeren Gegenden Deutschlands (z.B. in Thüringen) wurde die Art früher feldmäßig angebaut. Verwendet werden die Blätter und Samen zur Gewinnung von Ölen,

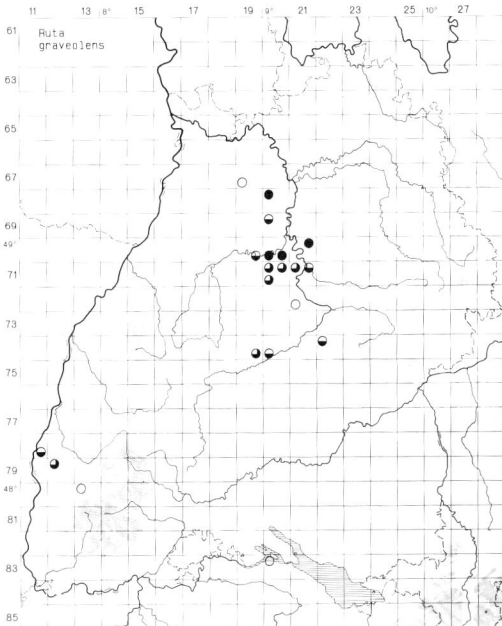

Ruta graveolens

Wein-Raute *(Ruta graveolens)*
Wallis

aus denen Mittel gegen Rheuma, Gicht oder Haut-reizmittel hergestellt werden. Früher diente die Pflanze auch als Speisegewürz und, in Italien noch heute, durch Einlegen der Blätter als aromatischer Zusatz zum Grappa (Tresterschnaps). Die ausge-schiedenen ätherischen Öle können bei Berührung starke Hautreizungen hervorrufen.

R. *graveolens* ist wahrscheinlich eine Kulturform, die sich von der Wildart *R. divaricata* ableitet. Letz-tere kommt im adriatischen Mittelmeerraum vor.

Ökologie: Ursprünglich (*R. divaricata*?) im ostme-diterranen Gebiet in Gariguen, Felsband- und ähn-lichen Pflanzengesellschaften trocken-heißer Stand-orte. Im gesamten Mittelmeergebiet und im süd-lichen Mitteleuropa aus Kulturen verwildert und an Felsen, Mauern, Lößböschungen, in Weinber-gen und seltener in Trockenrasen eingebürgert; stel-lenweise auch unbeständig. Im Gebiet auf kalkrei-chen, trockenen, oft steinigen Böden. In Ruderal- und Mauergesellschaften, selten in Mesobromion-Gesellschaften (7020/3, Leudelsbachtal).

Allgemeine Verbreitung: Südliches Europa. Heute im ganzen Mittelmeergebiet verbreitet. Im Osten bis zum Schwarzen Meer (Krim), im Norden bis Frankreich, Süddeutschland, Schweiz, Österreich, Ungarn, Tschechoslowakei, Bulgarien, Rumänien.

Verbreitung in Baden-Württemberg: Früher verwil-dert vor allem im Neckargebiet (Stuttgarter Nek-karbucht), im Kraichgau und am Kaiserstuhl.

Taubergebiet: 6526/1: Creglingen KIRCHNER u. EICHLER (1913: 272, eingebürgert).
Kraichgau: 6719/3: Ruine Steinsberg bei Sinsheim, um 1880, REINHARD (ANONYMUS 1883: 91); 6820/1: „Hasen-baum" SE Massenbach (Weinberg), 1990, SCHWEGLER

152

(STU-K); 6920/1: Stockheim, 1890/96, ALLEMDINGER (STU, in Weinbergen häufig verwildert), KIRCHNER u. EICHLER (1913).

Neckargebiet (mit Enztal) und Obere Gäue: 7019/4: Roßwag, Vaihingen a.d. Enz, KIRCHNER u. EICHLER (1913); 7020/3: Leudelsbachtal N Markgröningen, GRAETER (DÖLL 1843), MARTENS und KEMMLER (1882), KREH (1950), 1991, DEMUTH (KR-K); 7020/4: Tamm, KIRCHNER u. EICHLER (1913), Rothenacker, 1975, ARNOLD (STU-K); 7120/1:Schwieberdingen, KIRCHNER u. EICHLER (1913), SEYBOLD (1968); 7120/3: Hagelloch, KIRCHNER u. EICHLER (1913), beim Sportplatz auf dem Engelberg (bei Leonberg), um 1930, BAUER (STU-K), KREH (1950); 7121/1: Oßweil, SEYBOLD (1968); 7121/2: Hegnach, KIRCHNER u. EICHLER (1913); 7221/3: Hohenheim, 1880, ANONYMUS (STU); 7420/3: Hagelloch, KIRCHNER u. EICHLER (1913); 7422/1: Hohen-Neuffen, MARTENS und KEMMLER (1882), 1901, A. BRAUN (STU), 1958/63, KNAUSS (STU); 7617/3: Aistaig, KIRCHNER u. EICHLER (1913).

Südliches Oberrheingebiet: 7811/4: Burg Sponeck/Kaiserstuhl, GMELIN (1806), DÖLL (1862), 1888, STEHLE (1895: 325), SLEUMER (1934); 7912/1: Wasenweiler – Lilienthal/Kaiserstuhl (Lößhohlwege), 1948/50, MAYER STU) 8013/1: Schloßberg bei Freiburg und Ebnet, DÖLL (1862), 1888, STEHLE (1895: 325).

Bodenseegebiet: 8320/1: Insel Reichenau, am Bodenseeufer, DÖLL (1843).

Erstnachweise: Ältester literarischer Nachweis von CORDUS (1561), Schwäbische Alb. Die Art wurde sicher schon im Mittelalter, vielleicht sogar schon zur Zeit der römischen Besetzung kultiviert und ist wahrscheinlich damals schon verwildert, sie ist daher im Gebiet als Archäophyt anzusehen.

Bestand und Bedrohung: Die meisten Vorkommen sind erloschen. Nur an einer Stelle bei Massenbach (6820/1) und an einigen Stellen bei Markgröningen im Leudelsbachtal (7020/3–4) haben sich Populationen der Wein-Raute erhalten können. Das Vorkommen im Leudelsbachtal ist bemerkenswert, wahrscheinlich war es schon DÖLL (1843) bekannt. Hier wächst *Ruta graveolens* in einem Kalk-Magerrasen (beweidete Mesobromion-Gesellschaft) und im Saum der Gebüsche (Geranion sanguinei-Gesellschaften) an mehreren Stellen am steilen, nach SW exponierten Talhang. Begleitpflanzen sind u.a. *Bromus erectus, Centaurea scabiosa, Koeleria pyramidata, Scabiosa columbaria, Thymus pulegioides* und an einer Stelle auch *Bothriochloa ischaemum.* Die Pflanzen sind hier bis zu 80 cm hoch und besitzen Halbstrauchform, sind also recht alt. Insgesamt sind es etwa 100–200 Exemplare. Das Gebiet ist seit 1979 als NSG ausgewiesen (Hammelberg/Oberer Wannenberg), so daß gute Voraussetzungen bestehen, die Art bei geeigneter Pflege hier zu erhalten. Die Fläche muß offengehalten und vordringende Sträucher zurückgedrängt werden.

Wein-Raute *(Ruta graveolens)*
Markgröningen, 18. 8. 1991

Zwei Ursachen dürften für den Rückgang verantwortlich sein. Erstens wird *Ruta graveolens* heute kaum mehr angebaut, es fehlt also der Samennachschub. Zweitens sind in den Weinbergen und an Burgen, wo die Art sich hauptsächlich eingebürgert hatte, die besiedelbaren Biotope in großem Umfang zerstört oder verändert worden: alte Mauern wurden erneuert oder abgerissen, Steinlesehaufen und andere geeignete Plätze für Ruderalgesellschaften trockener Standorte zwischen den Weinbergen beseitigt. Daß sich die Art durchaus von selbst erhalten kann, zeigt das Vorkommen im Leudelsbachtal, wo sie sehr wahrscheinlich seit mindestens 150 Jahren existiert.

In Baden-Württemberg von HARMS et al. (1983: 52) als Neophyt angesehen und als gefährdet eingestuft (Gef. Grad 3). Vorgeschlagen wird eine Änderung des Status (Archäophyt).

Juglandaceae

Walnußgewächse
Bearbeiterin: M. VOGGESBERGER

Die Juglandaceae sind eine Familie einhäusiger, laubwerfender Gehölze mit wechselständigen, unpaarig gefiederten Blättern ohne Nebenblätter. Die Blüten sind getrennt-geschlechtlich, in beiden Geschlechtern bilden Tragblatt und Vorblätter zusammen mit den Perigonblättern eine einfache Blütenhülle. Weiterhin charakteristisch für die ganze Familie ist der hohe Gerbstoffgehalt und der Inhaltsstoff Juglon (ein Chinon).

Die Walnußverwandten werden je nach Auffassung des Autors entweder den Hamamelididae (z. B. CRONQUIST 1981) oder den Rosidae zugeordnet (z. B. HEYWOOD 1982). SCHAARSCHMIDT (1988: 92) schlägt vor, die Unterklassen Hamamelididae und Rosidae zur Unterklasse (Ur-)Rosidae zu vereinigen, in der die Hamamelidanae, die Juglandanae und Rosanae als gleichberechtigte Überordnungen nebeneinander stehen.

Die Familie umfaßt 63 Arten in 8 Gattungen und ist überwiegend in der gemäßigten Zone der nördlichen Halbkugel verbreitet. In Europa ist nur die Gattung *Juglans* mit der Art *Juglans regia* heimisch. Einzelne Arten der Gattungen *Carya* (Hikkorynuß) und *Pterocarya* (Flügelnuß) werden bei uns als Parkbäume oder in Gärten angepflanzt.

1. **Juglans** L. 1753
Walnuß

Mark einjähriger Zweige quergefächert; männliche Kätzchen einzeln an vorjährigen Trieben, weibliche Blüten in 2- bis 5blütigen Ähren am Ende diesjähriger Triebe.

Die Gattung ist mit 22 Arten disjunkt in Eurasien und Amerika verbreitet. Bei uns kommt nur die Art *J. regia* vor. Gelegentlich findet man die beiden aus Nordamerika stammenden Arten *J. nigra* (Schwarznuß) und *J. cinerea* (Butternuß) als Zierbäume. Sie werden in geringem Umfang auch forstlich kultiviert.

1. **Juglans regia** L. 1753
Echte Walnuß

Morphologie: Bis 25 m hoher Baum mit kräftiger Pfahlwurzel; Rinde anfangs grau und glatt, später längsrissig. Blätter im Durchschnitt mit 7–9 Fiederblättchen; Blättchen oval, oft mit aufgesetzter Spitze, bis 18 cm lang, unterseits achselbärtig, sonst kahl, beim Zerreiben aromatisch riechend, Endfieder größer als die Seitenfiedern. Männliche Blüten sitzend, Blütenhülle 1- bis 5zipflig, Staubblätter 6–30; weibliche Blüten 4spaltig, rostbraun behaart, unscheinbar, Narbenlappen 2, breit und kraus, 1 aufrechte Samenanlage. Kugelige Steinfrucht.
Variabilität: Bei den Walnußgewächsen besteht eine große sippenspezifische und individuelle Variabili-

tät in allen Merkmalsbereichen. Dies führt bei *J. regia* zu einer unübersehbaren Sortenvielfalt. BERTSCH (1951) differenziert zwischen großfrüchtigen, aus dem mediterranen Raum stammenden Walnüssen *(J. regia)* und kleinfrüchtigen, aus dem nördlichen Alpenvorland stammenden Steinnüssen *(J. germanica)*.

WERNECK (1953: 116) greift diese Unterscheidung auf dem Niveau von Varietäten auf und schlägt eine var. *mediterranea* Werneck und eine var. *germanica* Bertsch (bzw. var. *neolithica* Werneck) vor. Diese Einteilungen fanden keine weitere taxonomische Beachtung.

Biologie: Walnußbäume werden ab dem 10. Jahr blühreif. Die Blüte erstreckt sich von April bis Juni und die Früchte reifen Mitte September bis Ende Oktober. Trag-, Vor- und Kelchblätter sind zu einer glatten, grünen Fruchtschale verwachsen, während die Fruchtknotenwand völlig verholzt und die braune, runzlige „Nußschale" bildet. Eine echte und eine falsche, pergamentartige Scheidewand teilen den Innenraum in vier Kammern. Die beiden großen, wulstig gefurchten Keimblätter sind von der gelblichen Samenschale überzogen und sehr ölhaltig (60 %). Die wohlschmeckenden Früchte werden von Eichhörnchen, Mäusen, Spechten und Hähern verbreitet. In manchen Jahren werden Walnußbäume stark von dem Pilz *Marsoniella juglandis* befallen. Der Befall kann zu vorzeitigem Laubfall führen.

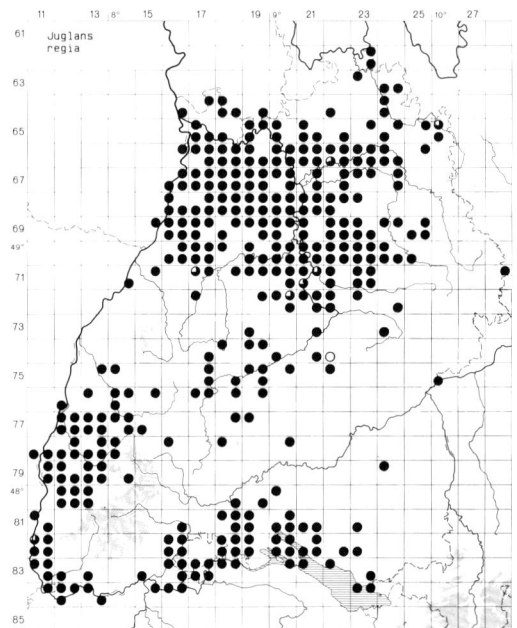

Walnuß *(Juglans regia)*
Oberrimsingen, 1989

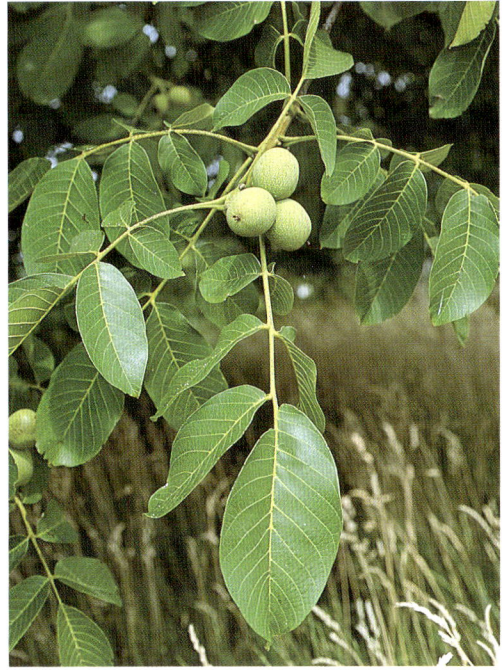

Walnuß *(Juglans regia)*
Oberrimsingen, 1989

Ökologie: Vereinzelt in lichten Wäldern, an Flußufern und auf Feinschuttrieselhalden, an Waldwegen, Waldrändern und in Feldgehölzen, in Steinbrüchen. Der Walnußbaum bevorzugt frische, nährstoff- und basenreiche, insbesondere kalk- und skelettreiche Lehmböden; er ist eine spätfrostgefährdete Lichtholzart, die Temperaturminima sollten im Winter −25° C nicht unterschreiten. Als seltener Begleiter in der Hartholzaue, im Unterwuchs lichter Eichen-Ulmen-Wälder und in Lindenmischwäldern, sowie in Buchenwäldern besonders warmer Lagen, aber auch auf trockenem Kalkschotter zusammen mit der Flaumeiche (BERTSCH 1953: 75). Aufnahmen aus dem Fraxino-Ulmetum der Oberrheinaue bei OBERDORFER (1957: 413), aus dem Alnetum incanae und Carici-Tilietum des Bodensees bei MÜLLER u. GÖRS (1958: Tab. 6 und 10), aus dem Eichen-Linden- und Buchenwald am Grenzacher Horn und bei Istein von HÜGIN (1979: Tab. 2 und 5). Typische Begleiter sind z. B. *Tilia platyphyllos, Acer platanoides, Ulmus glabra.*
Allgemeine Verbreitung: Eurasiatische Pflanze. Die Abgrenzung autochthoner Vorkommen von Verwilderungen ist oft schwierig. Folgendes Areal gilt als ursprünglich: von der Balkanhalbinsel im Westen über Kleinasien, Iran, Turkmenien, Tadschikistan, Kirgisien, Himalaja bis nach China im Osten.

Die Ursprünglichkeit der Vorkommen im Banat und in den Auewäldern Oberösterreichs (WERNECK 1953) ist umstritten (SCHAARSCHMIDT 1988). Synanthrope Vorkommen reichen in Europa westwärts bis Spanien und nordwärts bis Südengland.
Verbreitung in Baden-Württemberg: Verwilderte oder eingebürgerte Vorkommen der Walnuß finden sich nur in Landesteilen mit besonders mildem Weinbauklima, also im nördlichen und südlichen Oberrheingebiet, in den Gäulandschaften, am Bodensee und im Hegau. Bei Angaben aus anderen Gebieten handelt es sich in der Regel um unbeständige Verwilderungen oder um Anpflanzungen.

Das tiefstgelegene Vorkommen befindet sich mit 95 m auf der Kollerinsel (6616), das höchstgelegene um 720 m bei Straßberg (7820). Die Walnuß ist in Baden-Württemberg alteingebürgert (Archäophyt).
Erstnachweise: Im Tertiär war die Gattung *Juglans* Teil der mitteleuropäischen Flora, wurde im Pleistozän jedoch gänzlich in die transkaukasischen und pontischen Gebirge verdrängt. In Mitteleuropa lassen sich Pollen erst wieder seit dem Neolithikum nachweisen (ISENBERG 1986). Die ersten nacheiszeitlichen Pollenfunde aus Baden-Württemberg stammen aus einer frühlatènezeitlichen Siedlungsphase bei Lauffen (SMETTAN 1990). Ab der römischen Kaiserzeit bis zu einem Maximum im

155

Hochmittelalter sind Pollen kontinuierlich in den Diagrammen enthalten. Gesicherte Nachweise durch Nußschalen bestehen ab dem Mittleren Subatlantikum (Römische Kaiserzeit, Rottweil, BAAS 1974). Dagegen werden Funde einer kleinfrüchtigen „Wildnuß" aus neolithischen und bronzezeitlichen Siedlungen am Bodensee (BERTSCH u. BERTSCH 1947) in Zweifel gezogen (RÖSCH, schriftl.). Bei diesen Funden ist der Verdacht auf Kultivierung wahrscheinlich, so daß es für die Annahme einer spontanen, vom Menschen unabhängigen Verbreitung bislang keine Anhaltspunkte gibt. In der Literatur werden wilde Vorkommen der Walnuß erstmalig von R. FINCKH (1860: 156–157) „Umgebung von Urach" (7522) erwähnt.

Bestand und Bedrohung: Die Walnuß wird als Schalenobst vielfach kultiviert und wegen ihres wertvollen Nutzholzes in thermophile Laubmischwälder forstlich eingebracht. Langfristige Untersuchungen über die Entwicklung eingebürgerter Populationen in naturnahen Waldgesellschaften liegen für unser Gebiet nicht vor.

Linaceae

Leingewächse
Bearbeiter: S. DEMUTH

Ein- bis mehrjährige Kräuter, Sträucher und außerhalb Europas auch Bäume und Lianen. Sproß meist aufrecht, monopodial verzweigt. Blätter meist wechselständig, sitzend, einfach und ganzrandig. Nebenblätter fehlend oder als Drüsen ausgebildet. Blüten radiär-symmetrisch, meist 5zählig, zwittrig. Staubblätter meist 5. Fruchtknoten oberständig, 5-, selten 2- oder 3fächrig mit (2, 3) freien Griffeln. Frucht meist eine Kapsel, die sich mit Längsspalten öffnet, seltener eine Steinfrucht. Blüten einzeln oder sympodialer Blütenstand (Monochasien und Dichasien).

Die Linaceae besiedeln die meridionalen und temperaten Zonen der Erde, einige Arten auch die Tropen. Sie fehlen in der polaren Zone. Weltweit gibt es 13 Gattungen mit ca. 500 Arten, in Europa 2 Gattungen mit 37 Arten, in Baden-Württemberg sind es 2 Gattungen mit 7 Arten.

1 Blüten 5zählig, Kelchblätter ganzrandig . . . . .
    . . . . 1. *Linum*
– Blüten 4zählig, Kelchblätter 2- bis 3zähnig . . . .
    . . . . 2. *Radiola*

1. **Linum** L. 1753
Lein

Einjährige bis ausdauernde Kräuter, seltener Sträucher. Blätter wechsel- oder gegenständig. Blüten 5zählig mit 5 Staubblättern und 5 alternierenden, kurzen Staminodien. 5fächriger Fruchtknoten, selten 2- oder 3fächrig, Griffel 5 (2 oder 3). Frucht eine Kapsel, deren Fächer durch falsche Scheidewände in 2 unvollständig getrennte Kammern mit je 1 Samen geteilt sind. Die Kapsel öffnet sich mit 10 Längsspalten.

Weltweit gibt es etwa 230 Arten in der temperaten und subtropischen Zone, die meisten auf der nördlichen Hemisphäre mit Schwerpunkt im mediterranen Raum. In Europa sind es 35 Arten, 6 in Baden-Württemberg.

1 Blätter gegenständig, Kronblätter 4–5 mm lang,
    weiß, am Grunde gelb . . . . . 7. *L. catharticum*
– Blätter wechselständig, Kronblätter > 1 cm, Blüten andersfarbig 2
2 Stengel scharfkantig, Krone gelb . 1. *L. flavum*
– Stengel rund oder fein gerillt, Krone bläulich oder rötlich 3
3 Pflanze meist einstengelig, einjährig, Kelchblätter am Rande gewimpert, nicht drüsig, Narbe lineal bis keulig . . . . *[L. usitatissimum]*
– Pflanze meist mehrstengelig, ausdauernd, Kelchblätter am Rande kahl oder drüsig gewimpert, Narbe kopfig 4
4 Kelchblätter am Rande drüsig gewimpert, Krone hellrosa bis hellila . . . . . . 6. *L. tenuifolium*
– Kelchblätter ohne Drüsen, Krone blau 5
5 Stengel wenige, aufsteigend bis liegend, mit 1–6 Blüten. Ränder der Kronblätter decken sich nur am Grunde, Blüten homostyl (Staubgefäße und Stempel gleich lang) . . . . 4. *L. leonii*
– Stengel zahlreich, aufrecht, Blüten zahlreich, Kronblätter decken sich fast auf der ganzen Länge, Blüten heterostyl (Staubgefäße und Stempel unterschiedlich lang) 6
6 Fruchtstiele waagerecht abstehend bis zurückgebogen, äußere Kelchblätter 0–0,3 (0,5) mm länger als die inneren . . . . 3. *L. austriacum*
– Fruchtstiele schräg nach oben abstehend, äußere Kelchblätter (0,1) 0,3–0,6 (1,1) mm länger als die inneren . . . . 2. *L. perenne*

1. **Linum flavum** L. 1753
Gelber Lein

Morphologie: Ausdauernd. Ganze Pflanze kahl, 20–50 cm hoch. Sproßachse gestaucht (Erdstock), mit zahlreichen langen, aufrechten, beblätterten fertilen oder sterilen Seitentrieben. Die einzelnen Stengel sind unverzweigt (nur im Blütenstand Verzweigungen) und kantig. Blätter zahlreich, verkehrt-eiförmig, spatelig (unten) bis lanzettlich

Gelber Lein *(Linum flavum)*
Heimertingen (Illertal), 22. 7. 1990

(oben), sitzend, ganzrandig, blaugrün. Blattgrund mit 2 Drüsen. Gesamtblütenstand ein Thyrsus (dichasiale, am oberen Ende monochasiale Teilblütenstände, diese an wechselständig angeordneten Seitenästen). Blüten gestielt, Kelchblätter 5–9 mm lang, eiförmig, lang zugespitzt mit hellem Hautrand, dieser drüsig gewimpert. Kronblätter verkehrt-eiförmig, in den Grund verschmälert, 12 bis 20 mm lang, gelb. Staubblätter 5, Griffel 5 mit keuliger Narbe.

Biologie: Blütezeit von Juni bis Juli. *Linum flavum* wird u.a. von der oligolektischen Mauerbiene *Osmia mocsaryi* bestäubt, die vorzugsweise diese *Linum*-Art, selten andere, besucht; diese Bienenart kommt allerdings nicht in Deutschland vor, sondern nur in den angrenzenden Ländern Österreich, Tschechoslowakei und Polen (WESTRICH 1990: 195, 343).

Ökologie: Auf mäßig trockenen, basenreichen, nährstoff-, stickstoffarmen, meist kalkhaltigen Lehm- und Tonböden. Im Arealzentrum Osteuropas in Wiesensteppen. In Baden-Württemberg in trockenen bis wechselfrischen, mageren Wiesen (Mesobromion), auf Waldlichtungen und in Wald- und Heckensäumen (Geranion sanguinei). Vegetationsaufnahmen: MÜLLER, TH. (1962: Tab. 1, Geranio-Peucedanetum cervariae).

Allgemeine Verbreitung: Südost- und Osteuropa. Das geschlossene Verbreitungsgebiet reicht von der Linie Niederösterreich–Bulgarien im Westen bis nach Mittelrußland im Osten (ca. 55° ö.L.). Die Vorkommen auf der Schwäbischen Alb sind die westlichsten Vorposten des gesamten Areals. Verbreitungskarte bei HORVAT et al. (1974: 224).

Verbreitung in Baden-Württemberg: Wahrscheinlich indigen. Nur auf der Schwäbischen Alb.

Tiefstes Vorkommen: Ehemals „Stubenacker" S Rammingen (7427/3), 475 m, heute „Kleinfeld" N Oberstotzingen (7427/3), 500 m. Höchstes Vorkommen: ehemals 665 m, „Hohegert" N Steinenfeld (7624/2), heute 615 m, bei Allewind (7625/1).

Nördliche Ostalb: 7326/2: Straße von Heidenheim nach Schnaitheim, v. Martens u. Kemmler (1882).
Lone-Egau-Alb: 7426/3: „Horn" NE Bernstadt, 1954, K. Müller (1957a); 7426/4: Langenau, Kirchner u. Eichler (1913); 7427/3: „Stubenacker" S Rammingen, 1941, K. Müller (1957a); Kleinfeld N Oberstotzingen, 1990, Demuth (KR-K); 7526/1: Hörvelsingen, v. Martens u. Kemmler (1882); 1933, K. Müller (1957a).
Mittlere Donaualb: 7524/4: Hellebart NE Gerhausen, 1948, K. Müller (1957), 1990, Meckle, Rauneker, Demuth (KR-K); 7525/1: Unteres Kiesental Gemarkung Bollingen, K. Müller (1957a); 7525/3: Arnegg, v. Martens u. Kemmler (1882); Herrlingen, v. Martens u. Kemmler (1882), 1937 K. Müller (1957); „Zaunhalde" E Herrlingen, 1990, Rauneker (KR-K); Kiesental W Mähringen, K. Müller (1957), 1990, Rauneker, Demuth (KR-K); 7525/4: Eselsberg bei Ulm, Leopold (1726), v. Martens u. Kemmler (1882); „Hinter der Wanne" N Söflingen, v. Martens u. Kemmler (1882); 7624/1: Unteres Bernental NE Schelklingen, 1939, K. Müller (1957); Oberes Bernental N Schelklingen, 1990, Rauneker, Meckle (KR-K); 7624/2: „Hohegert" N Steinenfeld, 1939, K. Müller (1957); „Wanne" W Papelau, 1933, K. Müller (1957); „Hasenweide" bei Beiningen, v. Martens u. Kemmler (1882), 1954, K. Müller (1957); „Rohr" im Achtal NE Schelklingen, 1990, Rauneker (KR-K); 7624/3: Siegeltalhof NE Allmendingen, 1954, K. Müller (1957); Büchelesberg SSE Allmen-

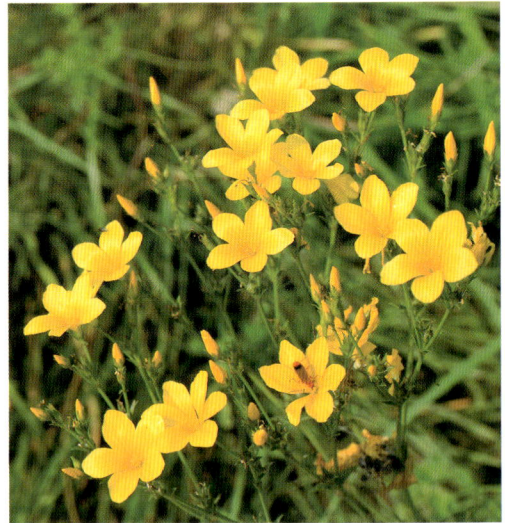

Gelber Lein *(Linum flavum)*
Heimertingen, 22. 7. 1990

dingen, 1990, Rauneker (KR-K); 7625/1: „Erdisse" W Markbronn, 1945, K. Müller (1957); NW Weiler Schaffelklingen, 1990, Rauneker (KR-K); „Binzelfinger" W Söflingen, 1944, K. Müller (1957); 7625/2: Unterer Kuhberg SW Ulm, 1949, K. Müller (1957).
Unteres Illertal: 7926/2: Ein isoliertes Vorkommen in Bayern am Rande der Niederterrasse im Illertal N Heimertingen, ca. 500 m von der Baden-Württembergischen Landesgrenze entfernt, Vollmann (1914), 1985, Seybold (STU-K). Nach Hackel (1991) gab es die Art bis vor wenigen Jahren noch bei Steinheim (7926/4).

Erstnachweise: Ältester literarischer Nachweis bei Leopold (1728: 94): „Im Eselsperg, im Julio" (7525). Vermutlich von H. Harder im Gebiet gesammelt (Haug 1915: 64).

Bestand und Bedrohung: Ist nach der Bundesartenschutzverordnung vom 19. 12. 1986 besonders geschützt. In Baden-Württemberg stark gefährdete Art (Gef. Grad 2), seit etwa 1900 stark rückläufig. Der Gesamtbestand von den ehemals 28 einzelnen Vorkommen ging bis 1900 um 6, bis 1945 um 7 und bis 1970 um weitere 7 Einzelvorkommen zurück, so daß heute nur noch 8 existieren. Davon haben 3 zwischen 50 und 100 Individuen, die übrigen 5 weniger als 30. Dazu kommt, daß die einzelnen Populationen kleiner geworden sind, wie das Beispiel vom Kleinfeld N Oberstotzingen zeigt: K. Müller (1957) fand 1942 die Pflanze dort „ziemlich reichlich", Seybold (STU-K) fand 1972 noch 18 Exemplare und 1990 waren es noch 7 (Demuth KR-K).

Ursachen des Rückganges sind Eutrophierung des Standortes und damit Verdrängung des Gelben

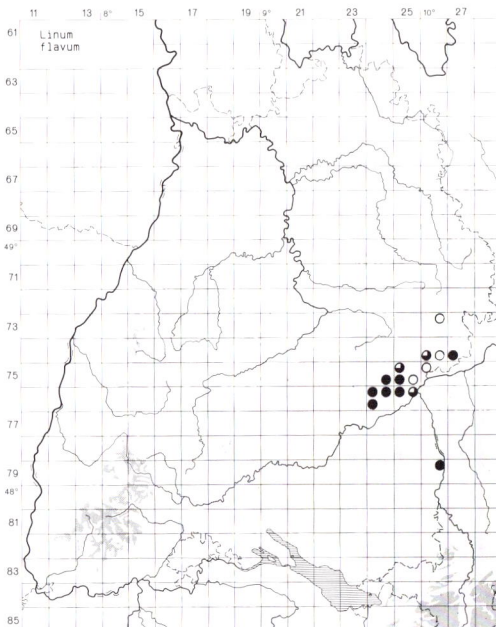

Leins durch nitrophytische Stauden (Brennessel etc.), Aufforstung der Waldlichtungen und -säume oder Überbauung der Flächen.

Soll das völlige Zusammenbrechen der Populationen in Baden-Württemberg verhindert werden, ist ein konsequenter Schutz aller Flächen, auf denen *Linum flavum* heute noch vorkommt, dringend geboten. Ebenso sind Pflegemaßnahmen notwendig, um die Standorte zu erhalten: Mahd der Wiesen; gelegentliches „Auf den Stock setzen" der Sträucher, zwischen denen der Gelbe Lein wächst; Extensivierung der Ackernutzung, d.h. keine oder nur sehr wenig Düngung auf den angrenzenden Flächen, um eine Eutrophierung zu verhindern (z.B. im Gewann Kleinfeld N Oberstotzingen (7427/3), einem der wenigen Vorkommen auf Akkerrainen).

Auch das bayerische Vorkommen bei Heimertingen (7926/2) hatte nach HACKEL (1991) früher eine größere Verbreitung.

2. Linum perenne L.
Ausdauernder Lein, Stauden-Lein

Morphologie: Sproß 30–80 cm hoch, meist, aufrecht, selten aufsteigend, reich verzweigt. Blütenstand ein Thyrsus, Teilblütenstände als Wickel ausgebildet, vielblütig. Innere und äußere Kelchblätter verschieden lang: äußere 3–4,2 mm, innere 3,5–5 mm. Die Differenz zwischen den inneren

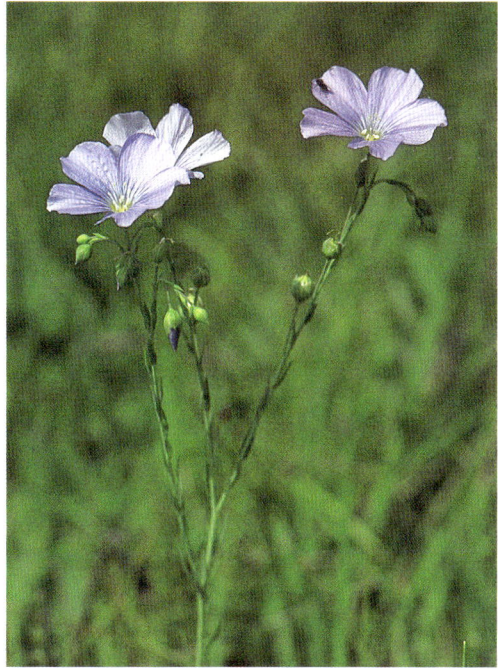

Ausdauernder Lein *(Linum perenne)*
Garchinger Heide, 22. 6. 1970

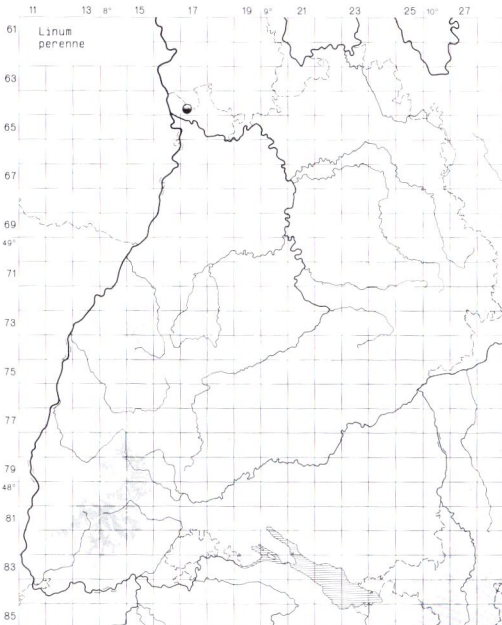

und den äußeren beträgt nach MEIEROTT (1990) (0,1) 0,3–0,6 (1,1) mm. Kronblätter bis 2 cm lang, hellblau bis rötlichblau. Fruchtstiel schräg nach oben in einem Winkel von ca. 15–55 Grad abstehend.

Biologie: Blütezeit von Juni bis Juli.

Variabilität: In Süddeutschland kommt außerhalb der Alpen nur die subsp. *perenne* vor. In den bayerischen Alpen wächst noch an einer Stelle die subsp. *montanum* (Eckerfirst beim Göll bei Berchtesgarten, 1700 m (VOLLMANN 1914, OCKENDON 1968).

Ökologie: Auf kalkreichen Sand- und sandigen Lehmböden (Flugsand, Löß, Kalkstein), in trockenen Kalksand-Kiefernwäldern (Viernheim, Pfungstadt, beide Hessen), in kalkreichen Sandtrockenrasen (Viernheim), in der trockenen Ausbildung des Arrhenatheretum brometosum (Bayern, MEIEROTT 1990) und im Adonido-Brachypodietum (Bayern, ZAHLHEIMER 1979). Für Baden-Württemberg gibt es vom ehemaligen Vorkommen keine Vegetationsaufnahme, sondern nur eine Auflistung der Begleitarten (KRAMER 1942): *Ajuga reptans, Anthyllis vulneraria, Asparagus officinalis, Cerastium semidecandrum, Chimaphila umbellata, Cynoglossum officinale, Potentilla arenaria, Pulsatilla vulgaris, Saxifraga tridactylites, Scabiosa suaveolens, Thymus spec.*

Allgemeine Verbreitung: Mittel- und Osteuropa, Westsibirien und Nordamerika. In Europa im Westen von Süddeutschland, Österreich nach Osten über Ungarn, Rumänien bis nach Rußland zum Ural. Fehlt in Ostdeutschland, der Tschechoslowakei und auf der Balkan-Halbinsel.

Verbreitung in Baden-Württemberg: Bisher nur einmal in der Nördlichen Oberrheinebene gefunden: 6417/3: E Käfertal, ca. 130 Exemplare im Käfertaler Wald auf badischer Seite, 100 m, KRAMER (1942). Das nächste Vorkommen ist ca. 30 km von der hessischen Landesgrenze entfernt bei Darmstadt in der nördlichen Oberrheinebene.

Erstnachweise: Ältester literarischer Nachweis siehe oben.

Bestand und Bedrohung: Seit der Entdeckung der Art durch KRAMER 1942 wurde sie nicht mehr bestätigt; heute verschollen. Auf den Sanddünen um Darmstadt, wo die Art früher häufiger war, zeichnet sich nach BREYER (1991) seit etwa 30 Jahren ein drastischer Rückgang der Populationen ab. Viele sind erloschen oder in ihrer Größe so dezimiert, daß ein Überleben fraglich ist.

Die Art ist durch die Bundesartenschutzverordnung vom 19. 12. 1986 als vom Aussterben bedroht besonders geschützt!

3. Linum austriacum L. 1753
Österreichischer Lein

Morphologie: Unterscheidet sich von *Linum perenne* durch die waagerecht abstehenden bis zurückgebogenen Fruchtstiele und die Differenz der äußeren zu den inneren Kelchblättern, die hier nur 0–0,3 (0,5) mm beträgt (MEIEROTT 1990), sowie die Farbe der Kronblätter, die meist intensiver und dunkler blau ist als bei *L. perenne*.

Biologie: Blütezeit von Mai bis Juni.

Variabilität: In Mitteleuropa kommt nur die subsp. *austriacum* vor.

Ökologie: In Südosteuropa und Vorderasien wächst *L. austriacum* in submediterranen Rasengesellschaften und Steintriften, in Mitteleuropa in lückigen, ruderal beeinflußten Magerrasen, auf Böschungen und Dämmen, in Weinbergsbrachen, auch im Gentiano-Koelerietum (PHILIPPI 1984). Vegetationsaufnahmen liegen für Baden-Württemberg nicht vor. Bei dem von GÖRS u. MÜLLER (1974: 252) für das Taubergießengebiet angegebene *Linum perenne* handelt es sich wahrscheinlich um ein synanthropes Vorkommen von *Linum austriacum*. Die Art wächst hier in einem lückigen, ruderalen Halbtrockenrasen zusammen mit *Brachypodium pinnatum, Daucus carota, Erigeron annuus,* *Euphorbia cyparissias, Festuca lemanii, Picris hieracioides, Prunella grandiflora* u.a. Für Nordbayern gibt es Vegetationsaufnahmen bei PHILIPPI (1984) und MEIEROTT (1990).

Allgemeine Verbreitung: Mittel- und Südosteuropa, Vorderasien. Von Mittel- und Süddeutschland und der Schweiz im Westen bis östlich zum Kaspischen Meer; im Süden bis zur Türkei und dem nördlichen Iran; im Norden bis Dänemark.

Verbreitung in Baden-Württemberg: Neophyt. Überwiegend in wärmebegünstigten Naturräumen: Oberrheingebiet, Taubergebiet, Obere Gäue, Hohenloher-Haller Ebene, Keuper-Lias-Neckarland, Unteres Illertal.

Tiefstes Vorkommen: ca. 90 m, Mannheim, Friesenheimer Insel (6416/4). Höchstes Vorkommen: ca. 600 m, Heubach/Schwarzwald (7615/4).

Oberrheingebiet: 6416/4: Mannheim, Industriehafen, 1948, HEINE (1952); Mannheim, Friesenheimer Insel, 1989 DEMUTH (KR-K); 7712/3: Taubergießen, „Ober Langgrien", 1971, GÖRS (1974); 7912/4: Freiburg-Weingarten, 1990, CERFF (KR-K); 8012/4: Am Südteil des Schönberges, 1985, KÜBLER, THOMAS (KR-K); 8311/4: Märkt, 1990, DEMUTH (KR-K).
Schwarzwald: 7615/4: Heubach, 1986, VENTH (KR-K).
Gäulandschaften – Taubergebiet: 6224/2: Vogelberg S Roßbrunn (Bayern, wenige Kilometer von der Landesgrenze entfernt), etwa 1000 Exemplare, 1976, KÜNKELE (STU-K), PHILIPPI (1984); 6323/2: Alter Berg SW Hochhausen, 1963, KNAUSS (STU-K), 1978, SEBALD, SEYBOLD (STU-K), NSG Apfelberg S Gamburg, mehrere hundert

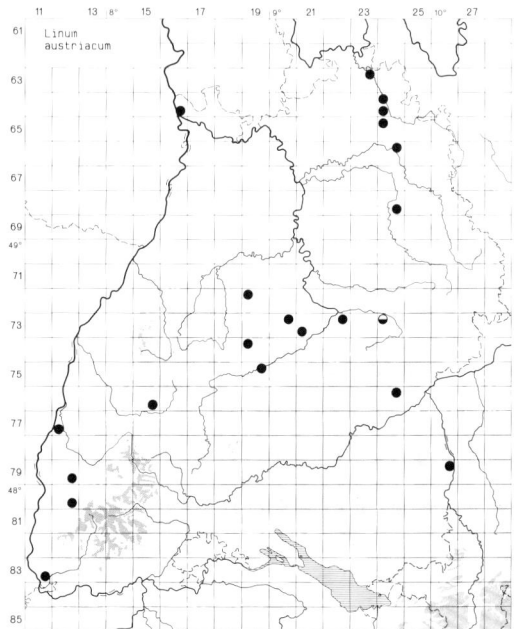

Österreichischer Lein *(Linum austriacum)*
Rossbrunn, 5. 6. 1991

Exemplare, 1990, DEMUTH (KR-K); 6424/1: Galgenberg SW Lauda, 1988, NEBEL (STU-K); 6424/3: o.O., 1987, RATHANSKY (STU-K); 6524/1: „Unterer Bürgerwald" W Bad Mergentheim, an Straßenböschung 100–200 Exemplare, 1978, ZORZI (STU-K), 1987, SEYBOLD (STU-K). – Hohenloher-Haller Ebene: 6624/2: Jagstaue NW Mulfingen, Straßenböschung, 1991, DEMUTH (KR-K); 6824/4: Steinbruch E Comburg, ca. 10 Exemplare, 1986, GOTTSCHLICH (STU-K). – Obere Gäue: 7219/1: Beim Bahnhof Weil der Stadt, 1973, BÜCKING (STU-K), 1978, SEBALD, SEYBOLD (STU-K); 7419/1: Altingen und Ammertal, 1983, GOTTSCHLICH (STU-K); 7519/2: Weggental, 1983, GOTTSCHLICH (STU-K).

Keuper-Lias-Neckarland: 7320/2: zw. Leinfelden und Musberg, 1986, REINÖHL (STU-K); 7322/2: Zwischen Notzingen und Kirchheim, ca. 5 Exemplare, 1976, JÜNGLING (STU-K).

Alpenvorland – Unteres Illertal: 7926/2: Bei Kirchdorf, verwildert, 1988, SEYBOLD (STU-K).

Erstnachweis: Nach MEIEROTT (1990) ist die Art in Thüringen ab 1860 und in Nordbayern ab 1880 belegt. Sie wurde angesalbt oder mit Saatgut eingeschleppt. Seitdem verwildert die Art und breitet sich aus. Sie kann daher als völlig eingebürgert gelten. In Baden-Württemberg wird sie zum erstenmal 1948 im Industriehafen von Mannheim gefunden (HEINE 1952, ältester literarischer Nachweis). Sie taucht in den Floren für Baden-Württemberg zum erstenmal 1962 bei OBERDORFER (1962) auf (mit diesem Fundort). In allen früheren Floren fehlt *Linum austriacum* entweder ganz oder es gibt keine Angaben für Baden-Württemberg. Es gibt allerdings frühere Belege nicht weit von der Landesgrenze entfernt am Main: 1891 von Würzburg (MEIEROTT 1990), 1922 von Lengfurth a.M.

(KNEUCKER, KR), so daß die Art möglicherweise im angrenzenden Taubergebiet bereits zu dieser Zeit vorgekommen ist. Die meisten Angaben und Belege aus Baden-Württemberg stammen aus der Zeit nach 1960. *Linum austriacum* muß deshalb für Baden-Württemberg als Neophyt gelten, der sich seit etwa 1950 auszubreiten begann und heute völlig eingebürgert ist.

Bestand und Bedrohung: Neben unbeständigen Vorkommen mit wenigen Exemplaren gibt es solche, die mehrere hundert umfassen und als fest eingebürgert gelten können. Auch zeigt *Linum austriacum* eine Ausbreitungstendenz; die große Population im NSG Apfelberg (6323/2) existiert erst seit wenigen Jahren. Zur Zeit ist eine Gefährdung nicht zu erkennen. Die Art ist nicht gefährdet, sie ist aber durch die Bundesartenschutzverordnung besonders geschützt.

4. Linum leonii F.W. Schultz 1838
L. anglicum auct. non Miller 1768
Lothringer Lein

Morphologie: Ausdauernd. Sproß 5–10 cm, nahe dem Grund verzweigt, mit wenigen Stengeln, zuerst aufrecht, später bei der Fruchtreife herabgebogen oder liegend. Mittlere Stengelblätter 0,5–2 mm breit. Blütenstand nicht oder nur wenig verzweigt, 1- bis 6blütig. Innere Kelchblätter 3,5–6 cm lang, zugespitzt. Kronblätter 4–6 mm breit und

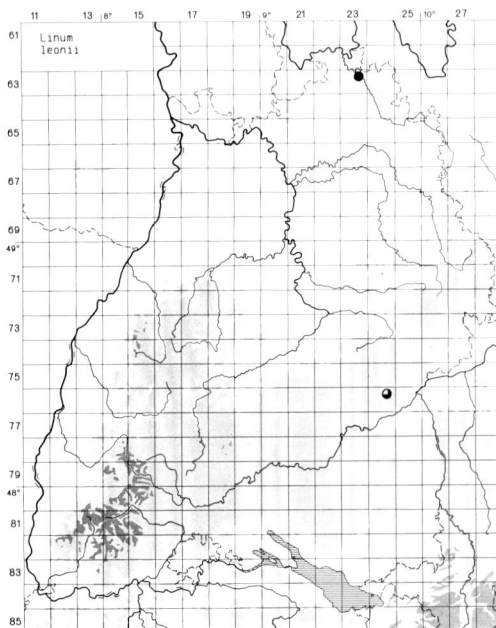

8–14 mm lang, kräftig blau. Blüten homostyl. Fruchtstiele gerade oder schwach gebogen, aufrecht bis waagrecht abstehend. Kapseln 5–7 mm lang.

Biologie: Blütezeit von Mai bis Juli. Während die anderen Arten der *Linum perenne*-Gruppe (*austriacum, perenne* s.str. inkl. ihrer Unterarten) weitgehend selbststeril sind, ist *L. leonii* zu fast 100% selbstfertil und daher auf Fremdbestäubung durch Insekten nicht angewiesen (OCKENDON 1968: 797, 1971: 227).

Ökologie: Auf mäßig trockenen bis trockenen, kalkreichen, nährstoffarmen, flachgründigen, oft steinigen Lehmböden. In lückigen Trockenrasen, hauptsächlich im Gentiano-Koelerietum; am Apfelberg und am Neuberg in der trockensten Ausbildung, der Subassoziation von *Linum tenuifolium*, seltener im Mesobrometum (Nordhessen, NIESCHALK 1963).

Vegetationsaufnahmen vom Apfelberg bei PHILIPPI (1984: 562) und MEIEROTT (1990: 38). Weitere Aufnahmen aus Rheinland-Pfalz bei KORNECK (1974: Tab. 104, Gentiano-Koelerietum pyramidatae aus der Südeifel und S. 139).

Allgemeine Verbreitung: Nur in Mittel- und Nordostfrankreich, Mittel- und Süddeutschland. Genauere Angaben über die einzelnen deutschen Vorkommen für Hessen bei Nieschalk (1963), für Bayern bei GAUCKLER (1964) und MEIEROTT (1990), für Niedersachsen bei LEWEJOHANN (1969), für das Saarland, Rheinland-Pfalz, Thüringen und Sachsen-Anhalt bei RAUSCHERT (1967). Verbreitungskarte bei OCKENDON (1971: 227).

Verbreitung in Baden-Württemberg: Ob Archäophyt? Nur an zwei Stellen, im Taubergebiet und auf der Schwäbischen Alb.

Tiefstes Vorkommen: Apfelberg (6323/2), 335 m. Höchstes Vorkommen: Gerhausen (7624/2), 660 m (erloschen).

Taubergebiet: 6323/2: Apfelberg S Gamburg, 1920, KNEUCKER (1921: 125), 1976, SEYBOLD (STU-K), 1990, DEMUTH (KR-K); auf bayerischem Gebiet, ca. 3,5 km vom Apfelberg und wenige 100 m von der Landesgrenze entfernt am Neuberg SW Böttigheim, 1964, GAUCKLER (1964), MEIEROTT (1986).
Mittlere Donaualb: 7624/2: Gerhausen bei Blaubeuren auf felsiger Hochwiese bei ca. 600 m, BERTSCH (1948), wahrscheinlich derselbe Fundort: Zementmergelbruch auf dem Hörnle bei Blaubeuren – 660 m – mageres Grasland nahe dem Grabenrand, 1954, K. MÜLLER (STU-K und K. MÜLLER 1957).

Erstnachweise: Ältester literarischer Nachweis KNEUCKER (1922), Apfelberg (6323/2).

Bestand und Bedrohung: Das Vorkommen bei Gerhausen ist erloschen. K. MÜLLER (STU-K, 1957) fand 1954 nur noch 5 Pflanzen. Somit ist das Vor-

Lothringer Lein *(Linum leonii)*
Apfelberg, 25. 5. 1991

kommen am Apfelberg das einzige in Baden-Württemberg. Seit 1978 steht das Gebiet unter Naturschutz. Die Population scheint stabil zu sein; SEYBOLD (STU-K) gibt 1976 mehrere 100 Pflanzen an, 1990 konnte dies bestätigt werden (DEMUTH, KR-K). KNEUCKER machte bei seiner Entdeckung der Pflanze im Jahr 1920 leider keine Angaben zur Populationsgröße. Die benachbarte bayerische Population am Neuberg ist stark rückläufig. Nach MEIEROTT (1986: 88, 1990: 31) sind heute nur noch 8 Pflanzen vorhanden, zudem ist die Population durch Müllablagerungen stark bedroht und auf Dauer wohl nicht existenzfähig.

Das Vorkommen am Apfelberg scheint zwar stabil und wird derzeit unter Auflagen der BNL Stuttgart von Schafen extensiv beweidet, ist jedoch zu isoliert um als ungefährdet gelten zu können. Standortveränderungen, etwa durch Nährstoffeintrag, Zuwachsen der Fläche bei länger ausbleibender Nutzung könnten die Population schrumpfen lassen oder gar völlig vernichten. Die Beibehaltung des bisherigen Gefährungsgrades 2 (stark gefährdet) ist angebracht. Der Bestand sollte langfristig beobachtet werden. Die Art ist durch die Bundesartenschutzverordnung besonders geschützt.

5. Linum tenuifolium L. 1753
Schmalblättriger Lein

Morphologie: Ausdauernd. Sproß am Grunde verzweigt, 15–40 cm hoch mit fertilen und sterilen Stengeln, reich beblättert. Blätter schmal lineal, ca.

163

0,5–1,5 mm breit, bis ca. 30 mm lang. Blütenstand reich verzweigt, ein Thyrsus (Teilblütenstände als Wickel ausgebildet). Blüten zahlreich, kurz gestielt, Kelchblätter lanzettlich, lang zugespitzt, am Rand mit Drüsenhaaren, Kronblätter 10–15 mm lang, hellrosa bis hellila, selten weißlich.

Biologie: Blütezeit von Ende Mai bis Juli.

Ökologie: Bevorzugt kalkreiche, trockene Lehm- und Lößböden oder kiesige, steinige Substrate. Selten auf schwach kalkhaltigen (z.B. durch Einfluß von kalkhaltigem Wasser) oder kalkfreien aber basenreichen Granodiorit-Verwitterungsböden (Bergstraße). In trockenen Kalkmagerrasen: Im Xerobrometum und verwandten Gesellschaften (Teucrio-Seslerietum, *Aster linosyris-Carex humilis*-Gesellschaft), in den trockenen Ausbildungen des Mesobrometums und des Gentiano-Koelerietums; auch an Ruderalstandorten auf steinigen Hängen und trockenen, lückigen Böschungen (vor allem im Taubergebiet).

Vegetationsaufnahmen bei BRAUN-BLANQUET (1931), SLEUMER (1934: 58, Tab. 2), v. ROCHOW (1951: 57, Tab. 14a), T. MÜLLER (1966: 28, Tab. 4), WITSCHEL (1980: 56, Tab. 7; 68 Tab. 9, Tab. 10), BÜRGER (1983), PHILIPPI (1984: 540, Tab. 2; 546, Tab. 3,, S. 556, Tab. 4), WILMANNS (1988, Anh., Tab. 1).

Allgemeine Verbreitung: Europa, Kleinasien. Im Westen bis West- und Mittelfrankreich; im Süden bis Süditalien (fehlt auf der Iberischen Halbinsel),

Schmalblättriger Lein *(Linum tenuifolium)*

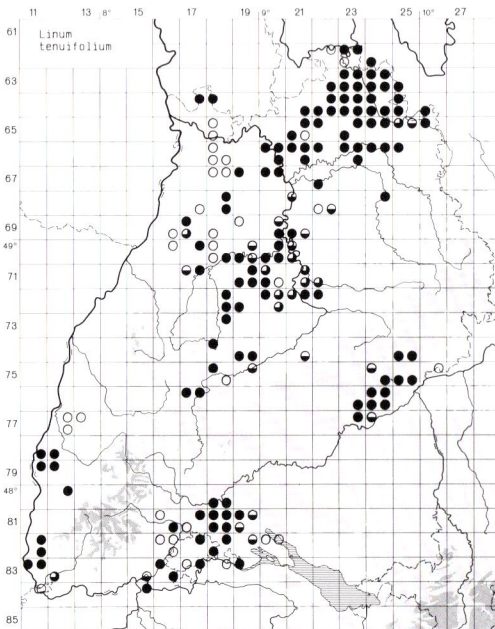

Nordgriechenland (selten auf dem Peloponnes), Südtürkei (fehlt in der Westtürkei und in der Ägäis), Nordsyrien; im Osten bis zum Kaspischen Meer; im Norden bis Belgien, Mitteldeutschland (Mosel-, Maingebiet, Südniedersachsen) – hier das nördlichste Vorkommen überhaupt im Oberen Leinetal (BORNKAMM 1960), Thüringen, Ukraine. Submeridional bis temperat und schwach subozeanisch.

Verbreitung in Baden-Württemberg: Archäophyt. In den wärmeren und trockeneren Gebieten Baden-Württembergs (Mittlere Jahrestemperatur meist über 7 °C, mittlerer jährlicher Niederschlag meist unter 800 mm). Im Oberrheingebiet: Vorbergzone des südlichen Oberrheingebietes, Kaiserstuhl; früher im mittleren Oberrheingebiet bei Ettenheim; im nördlichen Oberrheingebiet nur an der Bergstraße; in den Gäulandschaften: Taubergebiet, Neckarbekken, Kraichgau (bis zum Rand des Oberrheingebietes), Kocher-Jagst-Ebene, Bauland, Heckengäu und im Oberen Gäu; im Keuper-Lias-Neckarland nur in der Stuttgarter Bucht und im Glemswald; im Wutachgebiet; im Klettgau; auf der Schwäbischen Alb: auf der Hegaualb, dem Randen, der Mittleren

Donaualb und der Lone-Egau-Alb; im westlichen Bodenseegebiet.

Tiefstes Vorkommen: früher wahrscheinlich Schriesheim an der Bergstraße (6518/1, EICHLER et al. 1905–1926: 375) bei 150–200 m, heute ca. 170 m, am Hohberg NE Stein im Kraichgau (HERTEL 1990, KR-K). Höchstes Vorkommen: ca. 680 m, Hattingen (8018/4).

Erstnachweise: Ältester literarischer Nachweis bei BAUHIN et al. (1650: 453): „prope Krenzach … prope Leurach" (8411, 8311).

Bestand und Bedrohung: In Baden-Württemberg gefährdet (Gef. Grad 3). Bis heute ist mindestens ein Drittel der ehemaligen Vorkommen erloschen. Rückgänge gibt es in allen Naturräumen, in denen der Schmalblättrige Lein vorkommt. Besonders gravierend sind die Verluste an der Bergstraße zw. Wiesloch und Weinheim, im Mittleren Oberrheingebiet, im Kraichgau, in der Stuttgarter Bucht, im Wutachgebiet und im westlichen Bodenseegebiet. Die Populationen sind entweder ganz verschwunden, oder es existieren nur noch Restbestände aus wenigen Pflanzen. Die Art ist durch die Bundesartenschutzverordnung besonders geschützt.

6. Linum catharticum L. 1753
Purgier-Lein

Morphologie: Ein- bis zweijährig oder ausdauernd. Stengel einfach oder am Grund verzweigt oder mehrere Sprosse aus einer liegenden, schwach verholzten Grundachse entspringend, aufsteigend bis aufrecht, 5–30 cm hoch, dichotom verzweigt. Blätter gegenständig, die unteren verkehrteiförmig, spitzlich bis stumpf, die oberen lanzettlich, zugespitzt. Blütenstand oft im unteren Teil dichasial, im oberen monochasial. Blütenknospen nickend. Kelchblätter elliptisch, spitz zulaufend, in der oberen Hälfte drüsig gewimpert, 2–3 mm lang. Kronblätter weiß, am Grunde gelb, 4–5 mm lang. Frucht 2–3 mm lang, die falschen Scheidewände behaart.

Biologie: Blütezeit von Mai–Juli. *L. catharticum* besitzt eine Mycorrhiza (MEJSTRIK 1971).

Variabilität: Neben der verbreiteten subsp. *catharticum* wurde von HAYEK (1908–1911) eine subsp. *suecicum* (Murb.) Hayek 1909 (= var. *subalpinum* Hausknecht 1894) für das Alpen- und Voralpengebiet beschrieben: schwach verholzter Wurzelstock, am Grunde verzweigter Sproß mit aufsteigenden Ästen, die an der Basis dicht beblättert sind, und mit sterilen Kurztrieben im Herbst. Diese Sippe wurde bisher nur zweimal in Baden-Württemberg gefunden: Einmal bei Mannheim (HEGI 1925: 7,

Angabe ohne Finder) und 1959 beim Oberen Fahlen Loch im Feldberggebiet bei 1180 m (LITZELMANN 1963).

Diese Sippe als Unterart (HAYEK 1908–1911) oder gar als Art aufzufassen (MURBECK) erscheint jedoch fraglich (HESS et al. 1970, OCKENDON und WALTERS 1968). Es lassen sich zwischen dieser Form und den Formen mit einfachem Stengel viele Übergänge beobachten. So findet man einstenglige, locker beblätterte Pflanzen mit unverholzter dünner Wurzel in Flachmoorwiesen oder Quellsümpfen, und dicht daneben im trockenen Wegschotter Pflanzen mit schwach verholzter Pfahlwurzel und an der Basis stark verzweigtem Sproß, die einen mehrjährigen Eindruck machen. Dies konnte an vielen Stellen beobachtet werden, auch im Feldberggebiet.

Es bleibt zu untersuchen, ob es sich bei der subsp. *suecicum* tatsächlich um eine Unterart oder lediglich um eine Standortmodifikation handelt.

Ökologie: Auf mageren, nassen bis wechseltrockenen, kalkreichen oder kalkfreien aber basenreichen Torf-, Lehm- oder Mergelböden. In lückigen, basenreichen Flachmooren (Tofieldietalia-Gesellschaften), Magerrasen (im Cirsio-Brachypodietum, in Mesobromion- und Xerobromion-Gesellschaften) in Ruderalgesellschaften auf Wegen, an Wegrändern und Wegböschungen.

Allgemeine Verbreitung: Europa, nördlich bis zum 69° n. Br. einschließlich Island, nach Süden bis Mit-

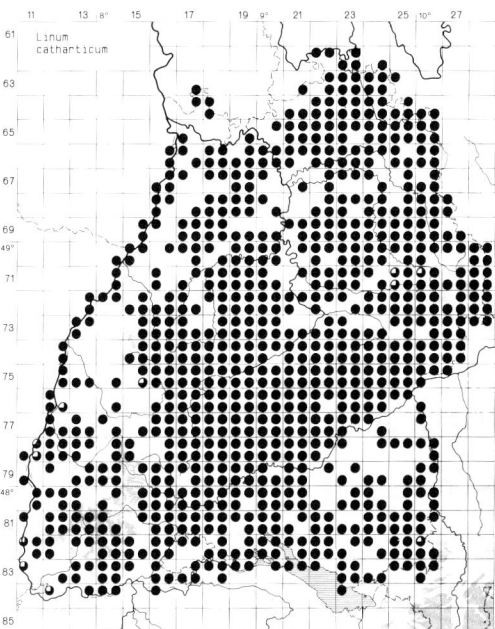
Linum catharticum

165

Purgier-Lein *(Linum catharticum)*
Neuenburg, 1987

Linum usitatissimum L.
Saat-Lein, Flachs

Morphologie: Sommer-einjährig oder überwin-
ternd-einjährig. Sproß 20–100 (150) cm hoch,
meist unverzweigt, dicht beblättert. Blätter 3–4
× 20–30 mm. Blütenstand ein reich verzweigter,
vielblütiger Wickel. Blüten langgestielt. Kelchblätter 5–6 mm lang, hautrandig, im vorderen Teil am
Rande rauh und fein gewimpert, Kronblätter
12–15 mm lang, himmelblau, seltener hellrosa, lila
oder weiß. Staubbeutel blau, Narben kurz keulenförmig bis kopfig. Fruchtstiel aufrecht, schwach gebogen. Frucht eine sich öffnende oder geschlossen
bleibende 6–9 mm lange Kapsel.

Variabilität: Weltweit werden zwei Sorten Saat-
Lein angebaut:

1. Öl-Lein (susp. *crepitans* (Boenn.) Vav. et Ell.),
eine kleinere Pflanze mit sich öffnender Kapsel
(Spring-Lein) und ölreicheren Samen; Anbau zur
Ölgewinnung in der heißen, trockenen meridionalen Zone.

2. Faser-Lein (subsp. *usitatissimum*), eine größere Pflanze mit geschlossen bleibender Kapsel
(Schließ-Lein); Anbau zur Fasergewinnung in der
feuchten, gemäßigten temperaten Zone.

Biologie: Blütezeit von Juni bis Juli. Die Stammart
des Saat-Leins ist sehr wahrscheinlich der wild
wachsende Zweijährige Lein (*Linum bienne* Miller
1768). Er ist im ganzen Mittelmeergebiet, in Vor-
der- und Mittelasien verbreitet. Er unterscheidet
sich von *L. usitatissimum* durch einen kürzeren
Sproß, der aufsteigend bis aufrecht und im oberen
Teil verzweigt ist. Die Blätter (1–1,5 × 8–12 mm)
und die Kapseln sind kleiner (4–6 mm lang).

Ökologie: Kulturpflanze, die selten verwildert und
sich bisher nirgends eingebürgert hat. Kennzeichnend für die Begleitflora der Leinfelder sind, bzw.
waren einige Arten, die fast ausschließlich hier vorkamen, z.B. *Cuscuta epilinum, Lolium remotum,
Spergula maxima, Camelina alyssum* oder *Silene li-
nicola*. Mit dem Erlöschen des Leinanbaus in
Deutschland sind auch diese Arten verschwunden
(siehe auch Rothmaler 1946, Hjelmqvist 1950
und Kornas 1988).

Verbreitung in Baden-Württemberg: Der Flachs ist
eine reine Kulturpflanze, die sehr selten verwildert.
Der Anbau in Mitteleuropa ist seit dem Neolithikum (Bandkeramik) nachgewiesen. In Mittel- und
Osteuropa wurde überwiegend die subsp. *usitatissimum* kultiviert. Ab etwa 1955 wurde in Baden-
Württemberg und in der Bundesrepublik kein Lein
mehr angebaut; in der ehemaligen DDR seit 1979
nicht mehr. Seit 1984 wird wieder Lein in Baden-

telspanien, Süditalien, Griechenland (im Süden nur
im Gebirge), in Westasien bis zum Kaspischen
Meer (Iran), in Nordamerika adventiv.

Verbreitung in Baden-Württemberg: Fast überall
verbreitet. Etwas seltener und streckenweise ganz
fehlend im Schwarzwald, Odenwald, im Keuper-
Lias-Neckarland und auf der Hohenloher Ebene,
jeweils in den Bereichen des Buntsandsteins, basen-
armer Keuperformationen oder Tiefengesteinen
(Granite, Gneise). Im Schwarzwald (auch im Odenwald) breitet er sich in den letzten Jahren entlang
der Forstwege infolge Verwendung von kalkreichem Schottermaterial aus (Philippi 1989).

Tiefstes Vorkommen: ca. 98 m bei Mannheim.
Höchstes Vorkommen: ca. 1300 m, Feldberggebiet
(8114).

Erstnachweise: Ältester literarischer Nachweis von
Duvernoy (1722: 96) bei Tübingen (7420), vermutlich von H. Harder 1574–76 im Gebiet gesammelt (Schorler 1908: 89). Vermutlich indigen.

Bestand und Bedrohung: Lokale Rückgänge durch
Intensivierung der Landwirtschaft (Düngung, Entwässerung, Wiesenumbruch) oder Wiesenauffor-
stung. Insgesamt nicht gefährdet.

Württemberg kultiviert (seit 1987 finanziell durch die EG und das Land gefördert), überwiegend Öl-Lein (1990: 240 ha, Verarbeitung im Land), weniger Faser-Lein (1990: 100 ha, Verarbeitung in Belgien). Schwerpunkt des Anbaus ist die Baar, kleine Flächen im Odenwald, bei Schwäbisch Hall und auf der Schwäbischen Alb.

Erstnachweise: Ältester fossiler Nachweis aus dem Mittleren Atlantikum von Ulm-Eggingen (GREGG 1984). Häufig ab dem Späten Atlantikum, z. B. von Riedschachen (K. BERTSCH 1931) oder von Wangen (HEER 1866).

Literatur: KÖRBER-GROHNE (1987).

Linum viscosum L. 1762
Klebriger Lein

Kelchblätter am Rande drüsig, Blätter lanzettlich, 4–9 mm breit, drüsig; Stengel abstehend behaart; Blüten rosa. Früher nahe der württembergisch-bayerischen Grenze bei Burlafingen (7526/3): VALET (1847) und um 1850, VALET (STU); nach MÜLLER (1957) bereits 1898 vermißt und seither nicht mehr wiedergefunden.

2. **Radiola** Hill 1756
Zwerg-Lein

Die Gattung umfaßt nur eine Art.

1. **Radiola linoides** Roth 1789
Gemeiner Zwerg-Lein

Morphologie: Einjährig. Sproß 1–10 cm hoch, gabelig verzweigt. Blätter gegenständig, sitzend, eiförmig bis lanzettlich, einnervig. Blütenstand ein wenig- bis reichblütiges Dichasium. Blüten am Ende der Äste knäulig gehäuft. Kelchblätter 4, 2- bis 3zähnig, 1–1,5 mm lang, Kronblätter 4, so lang wie die Kelchblätter, weiß, 4 Staubgefäße und ein 4fächriger Fruchtknoten mit 4 zusätzlichen, unvollständigen Scheidewänden, 4 Griffel. Frucht eine mit 8 Klappen aufspringende Kapsel.
Biologie: Blütezeit von Juli bis August.
Ökologie: Auf feuchten, nährstoff- und basenarmen, sandigen Böden. An Wegrändern, auf Äckern, offenen Sandflächen. Von Baden-Württemberg gibt es keine Vegetationsaufnahmen, wir wissen auch nichts über die Vergesellschaftung und Ökologie der ehemaligen Vorkommen. In angrenzenden Gebieten hat die Art ihren Schwerpunkt in Zwergbinsengesellschaften (Nanocyperion) oft zusammen mit *Juncus bufonius, Isolepis setacea, Centunculus minimus*. Nach OBERDORFER (1983) Charakterart des Ranunculo-Radioletum, auch im Cicendietum filiformis. Vegetationsaufnahmen gibt es

aus den Nordvogesen (PHILIPPI 1968), dem Oberrheingebiet (Vorderpfälzer Tiefland) (PHILIPPI 1969) und dem Spessart (KORNECK 1960).

Allgemeine Verbreitung: Der Schwerpunkt liegt im westsubmediterranen Europa, in Nordafrika, in Gebirgen Zentralafrikas und in Asien. In Europa im Westen von der Iberischen Halbinsel, Frankreich und den Britischen Inseln bis östlich (Einzelvorkommen) nach Mittelrußland (etwa 40° ö. Länge). Nach Norden bis Südnorwegen und Schweden (etwa 60° n. Breite).

Verbreitung in Baden-Württemberg: Archäophyt. Früher im Oberrheingebiet, im Odenwald und am Westrand des Schwarzwaldes, sowie isolierte Vorkommen im Schwäbisch-Fränkischen Wald und auf der Schwäbischen Alb. Eine Zusammenstellung der ehemaligen Vorkommen im Oberrheingebiet gibt PHILIPPI (1969). Die alte Fundortangabe bei WIBEL (1799) von Wertheim am Main („an der Bildeiche") ist nicht sicher Baden-Württemberg zuzuordnen, sie könnte auch für den bayerischen Teil nördlich des Mains gelten.

Oberrheingebiet: 6416/2: Holzhof bei Mannheim, SUCCOW (1822), DIERBACH (KR), Sandtorf bei Mannheim (gegen Lampertheim, SCHMIDT (1857); 6417/2: Stoppelfeld bei Weinheim (gegen Muckensturm zu gibt es sandige, schwach saure Ackerböden), 1862, ex herb. BOCKHOLTZ (Herbarium Univ. Heidelberg); 6518/3: bei Heidelberg an der Hirschgasse – auf der Rheinfläche häufig, DÖLL (1862); 6717/3: zwischen Wiesental und Waghäusel, SCHMIDT (1857); 7016/1: Scheibenhardt bei Ettlingen,

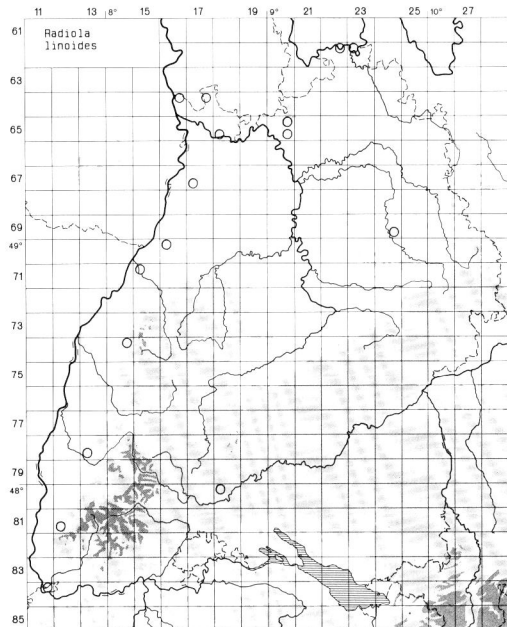

Gemeiner Zwerg-Lein *(Radiola linoides)*
Frankreich, Moubissont (Gironde), 30. 5. 1990

DÖLL (1862); 7115/1: bei Rastatt, DÖLL (1862); 7813/3: bei Emmendingen, DÖLL (1862); 8112/3: „um Badenweiler", ROTH VON SCHRECKENSTEIN (1805).
Odenwald: 6222/2: Grünenwörth, vor 1890, AXMANN (KR, Hinweis auf Schedenaufschrift von Stoll-KR); 6520/2: Lehmgrube bei Robern, 1891, STOLL (KR); 6520/4: Auf einem Feldweg von Trienz nach Fahrenbach, ziemlich häufig, 1891, STOLL (KR).
Mittlerer Schwarzwald: 7414/2: Waldulm, GMELIN (1826), Frank (1830).
Schwäbisch-Fränkischer Wald: 6924/4: Auf feuchtem Sandboden bei Winzenweiler, MARTENS und KEMMLER (1882). KIRCHNER und EICHLER (1913) können dieses Vorkommen schon nicht mehr sicher bestätigen.
Schwäbische Alb: 8018/1: „im Thale zu Bachzimmern", ROTH VON SCHRECKENSTEIN (1805).
Außerhalb Baden-Württembergs:
Bayern: 6223/1: Altherrenholz/Trennfelder Pfad E Kreuzwertheim, 1886, 1890, 1910, STOLL (KR);
Schweiz: 8411/2: Ufer der Wiese oberhalb Basel, 18. Jahrh., A.v. HALLER (GMELIN 1805).

Erstnachweise: Ältester literarischer Nachweis eventuell WIBEL (1799), siehe oben; ROTH VON SCHRECKENSTEIN (1805: 582): „um Badenweiler, Valet; im Thale zu Bachzimmern, Roth" (8112, 8018).

Bestand und Bedrohung: Der Zwerg-Lein ist bereits seit etwa 100 Jahren in Baden-Württemberg verschollen.

Geraniaceae
Storchschnabelgewächse
Bearbeiter: S. DEMUTH

Ein- bis mehrjährige Kräuter, außerhalb Europas auch Halbsträucher und Sträucher. Sproß kahl oder behaart, oft mit Drüsenhaaren. Blätter gegen-, seltener wechselständig, gestielt. Blattrand gesägt, gezähnt, handförmig geteilt bis mehrfach gefiedert. Nebenblätter oft vorhanden. Blüten radiärsymmetrisch bis schwach zygomorph *(Pelargonium, Erodium)*, meist mit (4) 5 (8) Kelchblättern, (4) 5 (8) Kronblättern (selten fehlend), meist frei. 2, seltener 3 Kreise mit je 5 Staubgefäßen; diese häufig am Grunde miteinander verbunden. Fruchtknoten oberständig, meist aus 3–5, seltener 2–3 oder 8 verbundenen Fruchtblättern (synkarpes Gynaeceum), (2–3) 5 (8)fächrig mit zentralwinkelständiger Plazentation. Frucht eine oft lang geschnäbelte Kapsel, in meist einsamige Teilfrüchte zerfallend.

Die Geraniaceae besiedeln alle Kontinente von Meereshöhe bis in hohe Gebirgslagen. Verbreitungsschwerpunkte sind die temperaten (semiariden – semihumiden), subtropischen und warmen extratropischen Gebiete. In den humiden Tropen fehlen sie fast völlig. Weltweit 780 Arten in 11 Gattungen. In Europa 3 Gattungen mit 72 Arten, davon in Baden-Württemberg 2 Gattungen mit 17 Arten.

1   Blätter länglich, gefiedert; Blüten in Dolden; Fruchtschnabel (Granne) im unteren Teil bei Trockenheit spiralig eingerollt . . . . 1. *Erodium*
–   Blätter rundlich oder im Umriß 3- bis 5eckig, fingerförmig, fiederteilig oder gefiedert *(G. robertianum)*; Blütenstand ein Monochasium, Teilblütenstände 1–2-, selten mehrblütig; Fruchtschnabel gerade, zuletzt bogig gekrümmt . . . 2. *Geranium*

1. **Erodium** L.'Héritier 1787
Reiherschnabel

Ein- und zweijährige, seltener ausdauernde Kräuter und außerhalb Europas auch Halbsträucher. Weitere Merkmale siehe Artbeschreibung.

Weltweit etwa 75 Arten mit Verbreitungsschwerpunkt im Mittelmeerraum. In Europa 34 Arten, in Baden-Württemberg nur 1 Art ursprünglich.

Selten und unbeständig wurden in Baden-Württemberg *Erodium moschatum* (L.) L'Hérit. 1789 und *E. ciconium* (L.) L'Hérit. 1789 gefunden; beides mediterrane Arten.

1 Fiederblätter gleichmäßig gefiedert, Blattrhachis zw. den Fiedern ohne Zähne oder Lappen; Frucht bis 4 (5) cm lang 2
− Fiederblätter unterbrochen gefiedert, Blattrhachis zw. den Fiedern mit Zähnen oder Lappen; Frucht 5–10 cm lang . . . . *[E. ciconium]*
2 Fiedern sitzend, tief geteilt; Stengel kaum drüsig; Nebenblätter zugespitzt; Staubfäden am Grunde zahnlos . . . . 1. *E. cicutarium*
− Fiedern gestielt, gezähnt; Stengel drüsig; Nebenblätter stumpf; Staubfäden am Grunde zweizähnig . . . . *[E. moschatum]*

1. Erodium cicutarium (L.) L'Hérit. 1789
Gewöhnlicher Reiherschnabel

Bemerkungen: Sehr variable und schwierige Artengruppe. Es lassen sich für Mitteleuropa nach KNUTH (1912) zwei Formen unterscheiden:
1. *E. bipinnatum* (Cav.) Willd. 1800 (= *E. glutinosum* Dumort. 1865). Zu dieser Form gehören die später beschriebenen, von OBERDORFER (1983) und ROTHMALER (1982) als Kleinarten zu *E. cicutarium* (L.) L'Hérit. s.l. gestellten *E. ballii* Jordan 1852, *E. lebelii* Jordan 1852 und *E. danicum* Larsen 1958. Diese Sippen besiedeln die Küsten- und Sandgebiete des westlichen Europa, sie fehlen in Baden-Württemberg.
2. *E. cicutarium* (L.) L'Hérit. s.str. 1789. Weit verbreitete, heute fast über die ganze Erde verschleppte, sehr häufige Sippe.

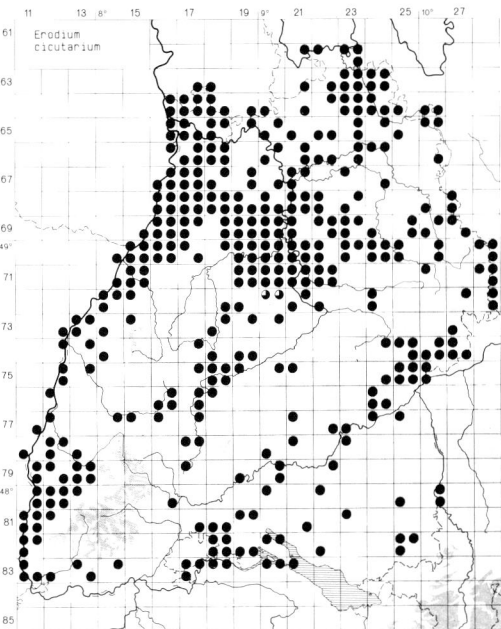

WEBB u. CHARTER (1968) stellen beide Sippen als Unterarten zu *E. cicutarium* (L.) L'Hérit. (subsp. *bipinnatum* Tourlet 1908 und subsp. *cicutarium*).
Morphologie: 1- bis 2jährig, mit dünner Pfahlwurzel; Sprosse 0,5–50 (100) cm lang, zerstreut bis dicht, oft rauh behaart, Haare einfach, selten mit Drüsenhaaren; Blätter einfach gefiedert, Fiedern sitzend, tief, fast bis zum Mittelnerv geteilt, mit schmalen, spitzen Zipfeln, beiderseits kurz behaart, Nebenblätter weißhäutig, zugespitzt; Blütenstände langgestielte Dolden; Frucht bei der Reife in 5 1samige Teilfrüchte zerfallend.
Biologie: Blütezeit von April bis September. Die Teilfrüchte besitzen eine Einrichtung, um den Samen in den Boden hineinzubohren. In den Zellwänden der Grannen, die sich an jeder der fünf Teilfrüchte befinden, gibt es zwei Lagen von Mikrofibrillen. Diese verlaufen in einem spitzen Winkel zueinander. Bei Austrocknung kommt es durch die unterschiedliche Richtung des Zusammenziehens der Fibrillen zu einer spiraligen Drehung des unteren Teils der Granne. Bei Wasseraufnahme entspiralisiert sie sich. Dieser Vorgang des Einrollens und des Streckens ist beliebig oft wiederholbar.

Liegt die Teilfrucht auf einem nicht zu dichten Boden und findet das äußere, nicht spiralig gewundene Ende der Granne Widerstand, so wird der samentragende Fruchtteil am anderen Ende bei Streckung der Granne in den Boden gebohrt. Die an der Fruchtwand abstehenden Haare legen sich um und stellen so kein Hinderniss dar. Bei Austrocknung und folgender spiraligen Einrollung der Granne verhindern diese Haare in Form eines Widerlagers allerdings, daß das Fruchtfach wieder aus dem Boden herausgedreht wird. Durch wiederholtes Einrollen und Strecken kann das Fruchtfach mit dem Samen sehr tief in den Boden gebohrt werden. Dabei können einige Stunden bis mehrere Tage vergehen, je nach Witterung und Bodenverhältnisse. Dieser Vorgang kann auch dazu dienen, die Teilfrucht, nun mit Klettverbreitung, in das Fell von vorbeistreifenden Tieren zu bohren.
Ökologie: Auf mäßig trockenen bis trockenen, sandigen bis lehmigen, basenreichen, oft humus- und kalkarmen Böden, wärmeliebend. In lückigen Unkrautgesellschaften, sandigen Äckern und Weinbergen, an Wegen und Böschungen, auf Sanddünen und in Trockenrasen. Bezeichnender Begleiter der Klasse Sedo-Scleranthetea.
Allgemeine Verbreitung: Stammt ursprünglich wohl aus dem Mittelmeergebiet und dem angrenzenden Westasien. Heute durch den Menschen fast weltweit verbreitet. In Europa liegt die Nordgrenze in Norwegen bei etwa 70° n. Br.

Gewöhnlicher Reiherschnabel *(Erodium cicutarium)*
Sandhausen, 1. 6. 1991

Verbreitung in Baden-Württemberg: *E. cicutarium* ist im Gebiet sehr wahrscheinlich indigen. Verbreitet und häufig in den wärmebegünstigten Landesteilen. Deutlicher seltener im Schwarzwald, Klettgau und Hochrhein, auf der Baar, auf der Schwäbischen Alb und im Alpenvorland.

Tiefstes Vorkommen: ca. 95 m, Mannheim (6416). Höchstes Vorkommen: ca. 700 m, Südschwarzwald.

Erstnachweise: Ältester literarischer Nachweis bei BAUHIN (1598: 206, 1602: 230): „Kirchheim ... wie auch auff Nabern zu, unnd auff dem Berge Teck" (7322, 7422). Ältester fossiler Nachweis von Hagnau aus dem Mittleren/Späten Subboreal (RÖSCH 1992).

Bestand und Bedrohung: Fast überall zahlreich und nicht gefährdet.

2. **Geranium** L. 1753
Storchschnabel

Einjährige bis ausdauernde Kräuter, außerhalb Europas auch Halbsträucher und Sträucher. Die Sproßknoten, die Basis der Seitensprosse, der Blütenstands- und Blütenstiele und der Blattstiele sind oft verdickt. Bewegungsvorgänge der Blatt-, der Teilblütenstands- und Blüten- bzw. Fruchtstiele erfolgen durch einseitiges Wachstum (Zellenvergrößerung) innerhalb dieser Knoten (WANGERIN 1926). Pflanzen mit einfachen Haaren und Drüsenhaaren, selten fast kahl. Laubblätter meist gegenständig, handförmig geteilt, selten ungeteilt (nur bei Arten außerhalb Europas). Die 3–7 Blattlappen gezähnt bis fiederteilig. Blattstiel und Nebenblätter vorhanden. Blütenstand sympodial aufgebaut.

170

Teilblütenstände an den Enden der Sproßteile, meist mit 2, seltener mit 1 oder 3 Blüten, monochasial, als Schraubel (WYDLER 1851, 1878) oder reduzierte Dolden (SCHWIEKER 1924) interpretiert. Blüten mit 5 freien Kelch- und 5 freien Kronblättern. Zwischen den Kronblättern 5 Nektardrüsen. 10 Staubgefäße in 2 Kreisen. Der äußere Kreis steht vor den Kronblättern (Obdiplostemonie). Fruchtknoten aus 5 verbundenen Fruchtblättern, 5fächrig, meist mit langem Schnabel. Dieser besteht aus 5 sterilen Fortsätzen der Fruchtblätter (Grannen), die in der Mitte zu einer Säule verbunden sind. In jedem Fruchtfach 2 Samenanlagen, von denen nur eine zur Reife kommt. Samen glatt oder runzlig, manchmal behaart.

Bei der Fruchtreife lösen sich die Fruchtklappen mit den Grannen von der Mittelsäule. Dabei rollen sie sich mittels einer hygroskopischen Bewegung zur Spitze hin ± schnell spiralig ein. Vier Typen können bei den mitteleuropäischen Arten unterschieden werden:

1. Der Samen bleibt im Fruchtfach eingeschlossen, dieses löst sich nicht von der Granne. Samen, Fruchtfach und Granne werden zusammen weggeschleudert; bei *G. phaeum*.

2. Der Samen wird beim Aufrollen der Granne aus dem Fruchtfach herausgeschleudert. Das Fruchtfach bleibt zunächst mit der Granne an der Mittelsäule: *G. columbinum, dissectum, pratense, palustre, sanguineum, sylvaticum*.

3. Der Samen bleibt im Fruchtfach eingeschlossen. Beim Abschleudern trennt sich das Fruchtfach von der Granne. Die Granne löst sich ihrerseits vollständig von der Mittelsäule: *G. pusillum, molle, pyrenaicum, rotundifolium, robertianum, purpureum, macrorrhizum*.

4. Der Samen verbleibt im Fruchtfach, dieses fällt ohne Granne von der Mittelsäule ab, ein Abschleudern kommt nicht zustande: *G. divaricatum*.

Die Gattung umfaßt etwa 375 Arten, die über die ganze Erde verbreitet sind. In Europa sind es 39 Arten, davon in Baden-Württemberg 16.

Bestimmungsschlüssel für die *Geranium*-Arten von Deutschland nach Blattmerkmalen bei HAEUPLER (1969).

1　Pflanzen ausdauernd, mit Rhizom, Kronblätter über 1 cm lang 2
–　Pflanzen ein- bis zweijährig (*G. pyrenaicum, G. sibiricum* auch mehrjährig, ob auch *G. peregrinum*?), Kronblätter kürzer als 1 cm 7
2　Zipfel der Blattlappen lineal bis lineal-lanzettlich, Blattspreite der Grundblätter meist weniger als 5 cm breit; Teilblütenstände meist 1blütig . . . . 1. *G. sanguineum*
–　Zipfel der Blattlappen fiederspaltig oder tief ge-

zähnt; Blattspreite der Grundblätter meist breiter als 5 cm; Teilblütenstände mit mindestens 2 Blüten 3
3　Kelch zur Blütezeit kugelig geschlossen, Frucht im unteren, samentragenden Teil kahl, mit wenigen Querrunzeln; alle Blätter bis auf das Tragblatt des Blütenstandes in grundständiger Rosette . . . . . *[G. macrorrhizum]*
–　Kelch zur Blütezeit ausgebreitet; Frucht im unteren Teil ohne Querrunzeln, behaart; Stengel unterhalb des Blütenstandes meist mit einem oder wenigen Blättern 4
4　Kelchblätter mit kurzer Spitze (< 0,5 mm); Kronblätter wenig länger als der Kelch, braunviolett, zurückgeschlagen oder flach ausgebreitet . . . . 4. *G. phaeum*
–　Kelchblätter mit 1–4 mm langer Spitze; Kronblätter etwa doppelt so lang wie der Kelch, andersfarbig, schräg aufwärts gerichtet 5
5　Stengel, Blatt- und Blütenstiele ohne Drüsenhaare; Zipfel der Blattlappen stumpf . . . . . . 5. *G. palustre*
–　Stengel, Blattstiele (zumindest im oberen Teil der Pflanze) und Blütenstiele mit zahlreichen Drüsenhaaren; Zipfel der Blattlappen zugespitzt, mit Knorpelspitze 6
6　Kronblätter blauviolett; Staubfäden am Grunde dreieckig verbreitert, kahl oder mit wenigen Haaren; Blattspreite ⅘ bis 9/10 tief geteilt, Lappen und deren Zipfel 2- bis 3mal so lang wie breit . . . 2. *G. pratense*
–　Kronblätter meist rotviolett; Staubfäden nach unten allmählich auf ca. 1 mm verbreitert, am Rand gewimpert; Blattspreite ¾–5/7 tief geteilt, Lappen und deren Zipfel etwa 1- bis 2mal so lang wie breit . . . 3. *G. sylvaticum*
7　Blätter 3- bis 5teilig gefiedert; Fiedern gestielt, fiederteilig 8
–　Blätter tief eingeschnitten bis fiederteilig, Blattlappen aber nie gestielt 9
8　Kronblätter 9–12 mm lang; Staubbeutel orangerot bis braun . . . . 12. *G. robertianum*
–　Kronblätter 4–9 mm lang; Staubbeutel gelb . . . *[G. purpureum]*
9　Teilblütenstände meist 1blütig; Blütenstiele und Stengel ohne Drüsenhaare, mit kurzen, rückwärts anliegenden und längeren, rückwärts abstehenden Haaren . . . . *[G. sibiricum]*
–　Teilblütenstände mit 2 oder mehr Blüten; Blütenstiele und Stengel mit oder ohne Drüsenhaare; einfache Haare immer anders angeordnet 10
10　Blattspreite bis fast zum Grunde geteilt, Lappen tief fiederteilig; Blattstielbehaarung deutlich rückwärts gerichtet 11
–　Blattspreite bis ca. ⅘ oder weniger tief geteilt, Lappen etwas eingeschnitten oder tief gezähnt; Blattstielbehaarung ± waagerecht abstehend 12
11　Teilblütenstände kürzer als ihre Tragblätter, Blütenstiele 0,5–1,5 cm lang, drüsig; Kelchblätter nicht hautrandig; Stengel und Blattstiele rückwärts abstehend behaart . . . . 11. *G. dissectum*
–　Teilblütenstände länger als ihre Tragblätter, Blütenstiele 2–6 cm, drüsenlos; Kelchblätter hautran-

dig; Stengel und Blattstiele rückwärts anliegend
behaart . . . . 10. *G. columbinum*
12 Kelch deutlich begrannt, Blattspreite im Umriß 3-
bis 5eckig 13
– Kelchblätter nur zugespitzt, nicht begrannt;
Blattspreite im Umriß ± rundlich 14
13 Einjährig; Kronblätter vorne seicht gebuchtet;
Blattspreite leicht asymmetrisch; Frucht mit
Granne 8–9 mm lang . . . . . *[G. divaricatum]*
– Ausdauernd (?); Kronblätter vorne angerundet;
Blattspreite symmetrisch; Frucht mit Granne
20–22 mm lang . . . . *[G. peregrinum]*
14 Kronblätter vorne abgerundet; Drüsenhaare der
Stengel und Blattstiele mit roten Drüsenköpfen .
7. *G. rotundifolium*
– Kronblätter vorne deutlich ausgerandet oder eingeschnitten; Drüsenköpfe nicht rot 15
15 Zweijährig bis ausdauernd; Kronblätter 8–10 mm
lang, tief eingeschnitten; Blattspreiten 5 (8) cm
breit . . . . 6. *G. pyrenaicum*
– Einjährig; Kronblätter kürzer als 8 mm, ausgerandet; Blattspreite ca. 3 cm breit 16
16 Kronblätter 2–4 mm lang, hellviolett, Stengel und
Blattstiele mit sehr kurzen (< 0,5 mm), dichtste-
henden Haaren; untere Stengelblätter gegenständig . . . . 9. *G. pusillum*
– Kronblätter 4–7 mm lang, rotviolett; Stengel und
Blattstiele mit 1–2 mm langen Haaren, dazwischen kürzere Drüsenhaare; Stengelblätter meist
wechselständig . . . . 8. *G. molle*

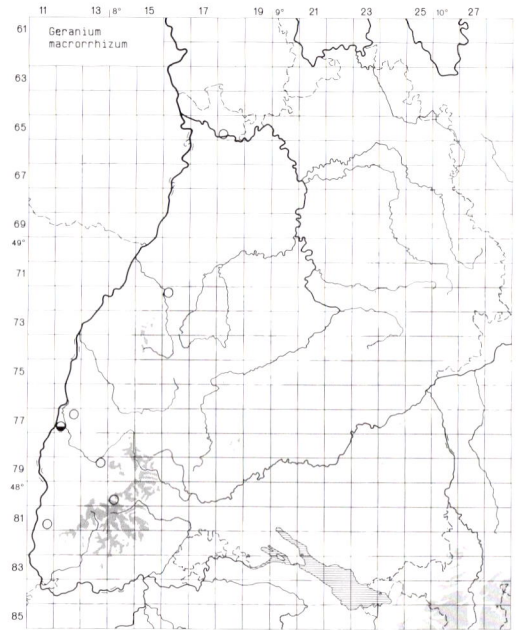

Felsen-Storchschnabel *(Geranium macrorrhizum)*
Jugoslawien, Triglav, 5. 8. 1974

Geranium macrorrhizum L. 1753
Felsen-Storchschnabel

Morphologie: Ausdauernd, Hemikryptophyt mit dickem,
verzweigtem, aufsteigendem bis aufrechtem Rhizom, dieses durch abgestorbene Nebenblattreste dicht beschuppt
und schwach verholzt. Stengel aufrecht, einfach oder
wenig verzweigt, bis 40 cm hoch. Ganze Pflanze dicht mit
kurzen Drüsenhaaren besetzt, zerstreut dazwischen lange,
mehrzellige Haare. Blattspreite im Umriß 5- bis 7eckig, bis
15 cm breit, bis zu ⁴/₅ tief in 5–7 Lappen geteilt, letztere
verkehrt-eiförmig, tief gesägt oder fiederspaltig. Obere
Stengelblätter kleiner, kürzer gestielt. Blütenstand mehrfach gabelig verzweigt. Kelchblätter mit 1–3 mm langer
Granne, rot überlaufen. Kronblätter bis 1,5 cm lang, genagelt, dunkelrot. Staubgefäße bis 2 cm lang, Kelch und
Krone weit überragend. Frucht mit Granne bis 2 cm lang,
mit einem bis 4 cm langen, dünnen Griffel.
Biologie: Blütezeit von Mai bis Juni. Die Blüten sind proterandrisch.
Ökologie: Auf frischen, nährstoff- und kalkreichen steinigen Lehmböden. Im Ursprungsareal auf Felsen, Stein-
schutt, in Wäldern, auch an Mauern, *G. macrorrhizum*
wächst sowohl an schattigen, nordexponierten, wie auch
an sonnigen Standorten, die Art gleicht hierin *G. robertianum*.
Allgemeine Verbreitung: Gebirge Süd- und Südosteuropas.
In Südosteuropa, von den Südalpen bis nach Süditalien
(Apennin), im Osten bis zu den Karpaten, im Süden bis
zum Balkan und Griechenland. Im Balkan-Gebirge (Bulgarien) bis ca. 2300 m.
Verbreitung in Baden-Württemberg: Unbeständiger Neophyt, der als Zierpflanze angebaut wird und nur im Oberrheingebiet und im Schwarzwald verwildert ist, unbeständig.

Oberrheingebiet: 6518/3: Auf alter Mauer unterhalb der Engelswiese bei Heidelberg, 1843, Döll (KR) und Döll (1858), 1880, Zimmermann (1906); 7812/2: Hecklingen, Neuberger (1912); 7812/3: Katharinen-Kapelle (Kaiserstuhl), 1907, Kneucker (KR); 7913/2: Mauern bei Waldkirch, 1890, Götz (KR) 8111/4: Müllheim, 1886, Reitzenstein (KR) und Neuberger (1912).

Schwarzwald: 7216/1: Am Hohen Loh bei Gernsbach, Sonntag, Döll (1862); 8014/3: Höllensteig im Hölental, 1820, Bauhin (Gmelin (1826: 527–518) und Döll (1862: 1183) – nach Döll (1858) ein Gartenflüchtling.

Erstnachweise: C. C. Gemlin (1826: 517–518): „Feldberg… infra der Steig… legit Bausch 1820".

Bestand und Bedrohung: Die Art war vor 1900 nur an wenigen Stellen verwildert und hat sich nicht sehr lange gehalten. Die wenigen Vorkommen dürften alle kurz nach 1900 wieder erloschen sein.

1. Geranium sanguineum L. 1753
Blut-Storchschnabel

Morphologie: Ausdauernd, mit bis zu 1 cm dickem, langem und verzweigtem Rhizom. Sproß aufrecht, einfach oder verzweigt, bis ca. 50 cm hoch; färbt sich im Herbst zusammen mit den Blättern rot. Ganze Pflanze ohne Drüsenhaare, selten mit vereinzelten, ungestielten Drüsen. Blattspreite bis 5 (6) cm breit, bis fast zum Grunde in 6–7 Lappen geteilt, diese in 2–3 ganzrandige, lineale bis schmallanzettliche Zipfel gespalten. Spreite beiderseits zerstreut behaart. Blattstiele und Sproß mit einfachen, ± waagerecht abstehenden Haaren unterschiedlicher Länge. Behaarung dicht bis fast kahl. Einblütige Teilblütenstände das Tragblatt überragend. Kronblätter 13–18 mm lang, am Rand schwach ausgerandet bis stark eingebuchtet, karminrot.

Biologie: Blütezeit von Mai bis September. Blüten schwach proterandrisch. Neben Insektenbestäubung kommt Selbstbestäubung vor.

Ökologie: Auf nährstoffarmen, basenreichen (oft kalkhaltigen) Lehm- und Sandböden, z. B. über Löß und festen Kalkgesteinen, auch auf kalkfreien, basenreichen Magmatiten (z. B. Granite, Syenit, Diorit, Basalt); wärmeliebend, Licht- und Halbschattenpflanze.

G. sanguineum kommt vor allem in Saum- und Gebüschgesellschaften in wärmebegünstigten, besonnten oder halbschattigen Lagen vor (Geranion sanguinei-Verbandskennart), aber auch in selten oder nicht mehr gemähten und/oder beweideten Magerrasen (Xerobromion- und Mesobromion-Gesellschaften), sowie in lichten Eichen- und Kiefernwäldern (Quercetalia pubescenti-petraeae- und Erico Pinetalia-Gesellschaften).

Vegetationsaufnahmen z. B. bei Kuhn (1937: Tab. 16, Xerobrometum; Tab. 29/30/31: Querceta-lia-Gesellschaften), v. Rochow (1951: Tab. 22, Querco-Lithospermetum), Müller, T. (1966: Tab. 18, Geranio sanguinei- und Trifolion medii-Verband), Lang (1973: Tab. 78, Diantho-Festucetum pallentis; Tab. 97, Geranio-Peucedanetum cervariae; Tab. 102, Cytiso-Pinetum), Müller, T. (1980: Tab. 1, Coronillo-Piunetum und Cytiso-Pinetum), Witschel (1980: Tab. 14, Geranion sanguinei; Tab. 26, Cotoneastro-Amelanchietum; Tab. 30, Lithospermo-Quercetum u. a.), Fischer (1982: Tab. 6, Mesobromion-Gesellschaft; Tab. 7, Geranio sanguinei-Anemonetum sylvestris).

Allgemeine Verbreitung: Europa, Vorderasien (Ostürkei/Schwarzmeerküste, Kaukasus). Im Norden bis Südskandinavien (etwa bis 60° n. Br.); im Süden bis Portugal, Sizilien, Griechenland – fehlt auf den griechischen Inseln und der westlichen Türkei; im Westen bis zu den Britischen Inseln; im Osten bis zum Ural und zum Kaspischen Meer (Kaukasus). Steigt in den Alpen (Wallis) und im Dinarischen Gebirge (Montenegro) bis ca. 1900 m.

Verbreitung in Baden-Württemberg: Sehr wahrscheinlich indigen, z. B. in lichten Eichen- und Kieferbeständen an den Felsen der Schwäbischen Alb, sowie in natürlichen Säumen an Felskanten. Nur in Gebieten mit basenreichen Böden und ausreichend Sommerwärme: Bergstraße, westlicher Kraichgau (zur Verbreitung im Kraichgau siehe Bartsch u. Bartsch 1930), Südliches Oberrheingebiet (Kaiserstuhl, Vorbergzone des Südschwarzwaldes), Klett-

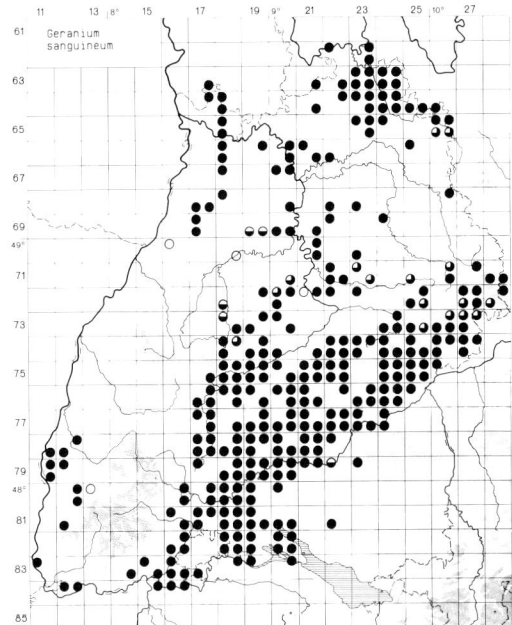

173

Blut-Storchschnabel *(Geranium sanguineum)*
Kaiserstuhl, 1986

gau und Hochrhein, Baar und Wutachgebiet, westliches Bodenseegebiet, Taubergebiet, Bauland, Neckarbecken mit Stuttgarter Bucht, Obere Gäue, Schönbuch und Rammert und Schwäbische Alb mit dem Albvorland. In den übrigen Naturräumen fehlend oder sehr selten.

Tiefstes Vorkommen: ca. 130 m, Bergstraße (6417/2). Höchstes Vorkommen: 1014 m, Lemburg (7818).

Erstnachweise: Ältester literarischer Nachweis bei BOCK (1539: 100a): „im Schwartzwaldt".

Bestand und Bedrohung: Rückgänge nur regional im Neckarland. Potentielle, lokale Gefährdungen durch Eutrophierung des Standortes (Düngung, Robinien), forstwirtschaftliche Maßnahmen (dich-te Nadelholzforste anstelle lichter Eichen- und Kiefernwälder), Zerstörung der Saumbereiche von Hecken und Wäldern durch intensive landwirtschaftliche Nutzung bis zum Rand der Gehölze, sowie direkte Zerstörung der Lebensräume, z.B. der Böschungen von Lößhohlwegen durch Zuschütten oder Zuwachsen. Landesweit besteht allerdings keine aktuelle Gefährdung.

2. Geranium pratense L. 1753
Wiesen-Storchschnabel

Morphologie: Ausdauernd, mit ± waagerechtem, kurzem Rhizom. Sproß bis 80 cm hoch. Sproßachsen und Blattstiele mit rückwärts abstehenden

174

Haaren; Stiele der grundständigen Blätter, sowie die unteren Sproßteile mit oder ohne Drüsenhaare, obere Sproßteile, sowie die Blütenstiele und die Kelche mit zahlreichen Drüsenhaaren. Blattspreiten der Rosettenblätter und unteren Stengelblätter bis 15 (20) cm breit, ⅘ bis ⁹⁄₁₀ tief in 7 Lappen geteilt. Blattlappen doppelt fiederspaltig, Zipfel tief gesägt mit zugespitzten Zähnen; Lappen und Zähne etwa 2- bis 3mal so lang wie breit. Die Blütenstiele biegen sich nach der Bestäubung abwärts und richten sich während der Fruchtreife wieder auf. Kronblätter bis 20 mm lang.

Biologie: Blütezeit von Mai bis August; kann nach der Mahd noch einmal blühen. Die Art ist proterandrisch, es erfolgt Insektenbestäubung. Da die ausgebreiteten Narbenäste die zu dieser Zeit bereits entleerten Antheren überragen, ist Selbstbestäubung fast ausgeschlossen. Als Blütenbesucher treten vorwiegend Bienen auf, seltener Schwebfliegen oder Schmetterlinge.

Ökologie: Auf frischen, nährstoff- und basenreichen, lehmigen bis tonigen Böden. Hauptsächlich in frischen Glatthaferwiesen (Kennart des Arrhenaterion), seltener in feuchteren Grünlandgesellschaften (Molinietalia); auch an Grabenrändern auf Dämmen und Straßenböschungen.

Vegetationsaufnahmen u.a. bei KUHN (1937: Tab. 26, Arrhenatheretum, GÖRS (1968: Tab. 29, Alchemillo-Arrhenaterhetum; 1974: Tab. 9, Dauco-Arrhenatheretum), PHILIPPI (1983: Tab. 24,

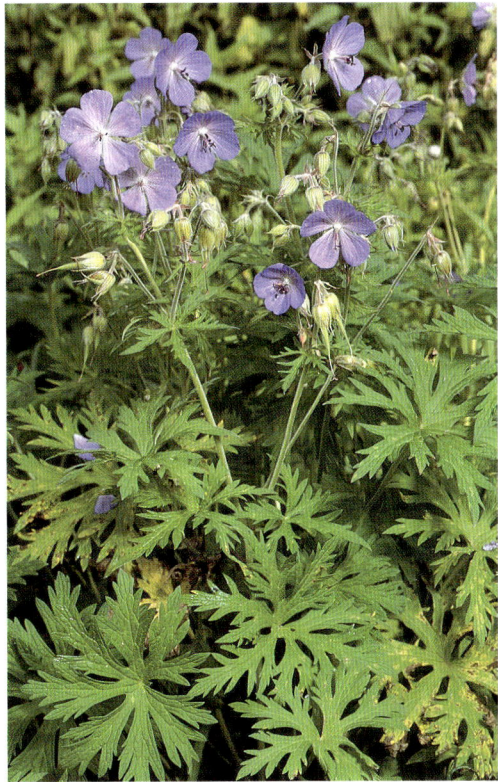

Wiesen-Storchschnabel *(Geranium pratense)*
Rötenbach, ca. 1988

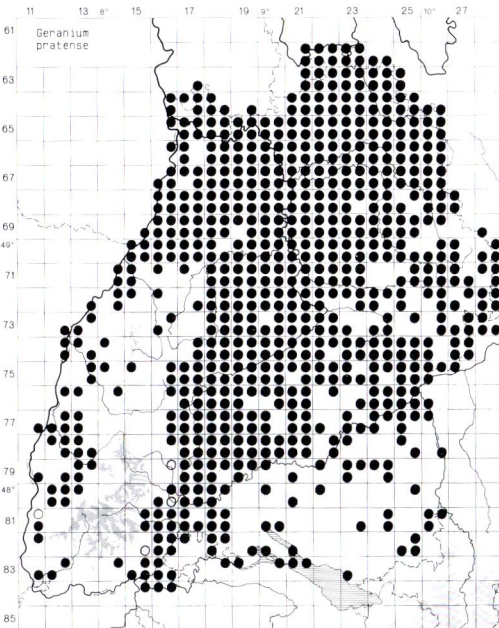

Alopecurus pratensis-Gesellschaft), THOMAS (1990: Tab. 1, 2, 3: versch. Arrhenatheretum-Subassoziationen).

Allgemeine Verbreitung: Mittel- und Osteuropa, in Westeuropa (Britische Inseln, Frankreich) seltener, in Nordamerika eingebürgert. Im Westen von Westnorwegen über die Britischen Inseln bis Nordwestspanien; im Osten bis zum Mittelsibirischen Bergland, vereinzelt bis etwa 135° ö. L.; im Norden bis Mittelschweden, Finnland, vereinzelt über den Polarkreis hinaus bis fast 70° n. Br.; im Süden bis zu den Pyrenäen, Südostalpen, Karpaten und in Mittelasien bis zum Tienschan-Gebirge. Steigt in den Alpen (Steiermark) bis ca. 1900 m hinauf.

Nach Norddeutschland zu wird *G. pratense* immer seltener. Die Art kommt dort vor allem in Parkrasen, an Straßenrändern etc. vor; inzwischen in Hamburg und Schleswig-Holstein stark gefährdet.

Verbreitung in Baden-Württemberg: Archäophyt. In den meisten Naturräumen verbreitet und häufig. Seltener und regional ganz fehlend nur im Schwarzwald und im Alpenvorland.

Tiefstes Vorkommen: ca. 95 m bei Mannheim (6416). Höchstes Vorkommen: 900 m, Oberhohenberg (7818/2) (BERTSCH 1919).

Erstnachweise: Ältester literarischer Nachweis bei THEODOR (1588: 151): „im Neckerthal zwischen Neckergemünd und Heidelberg".

Bestand und Bedrohung: Die Art ist im Gebiet häufig und nicht gefährdet.

3. Geranium sylvaticum L. 1753
Wald-Storchschnabel

Morphologie: Ausdauernd, mit dickem, aufsteigendem bis aufrechtem Rhizom. Stengel verzweigt, 30–70 cm hoch, unterhalb des Blütenstandes, sowie an den Blattstielen der Grundblätter und des meist einzigen gestielten Stengelblattes ohne Drüsenhaare, nur mit rückwärts abstehenden, einfachen Haaren; im Bereich des Blütenstandes dicht drüsenhaarig. Blattspreite der Grundblätter 6–15 cm breit, etwa ¾–⅘ tief in 5–7 Lappen geteilt. Lappen breit- bis schmal-rhombisch (breiter als bei *G. pratense*), im unteren Teil tief eingeschnitten, im oberen grob gezähnt. Teilblütenstand meist 2blütig, das Tragblatt überragend. Blütenstiele nach dem Blühen und zur Fruchtzeit meist aufrecht (im Gegensatz zu *G. pratense*). Kronblätter 1,2–2 cm lang.

Biologie: Blütezeit von Ende Mai (Tieflagen) bis August; kann nach der Mahd noch ein zweites Mal blühen. Die Blüten sind proterandrisch, die Narben bleiben in der Regel bis zur völligen Entleerung der Antheren unentwickelt; Selbstbestäubung ist daher fast ausgeschlossen. Die Bestäubung erfolgt hauptsächlich durch Hymenopteren, Dipteren und Lepidopteren.

Ökologie: Auf frischen bis feuchten, nährstoff- und basenreichen, lehmigen Böden; Licht- und Halbschattenpflanze. Vor allem in Gebirgslagen, seltener im Tiefland. In montanen bis subalpinen Hochstaudengesellschaften, Goldhaferwiesen, nitrophilen Saumgesellschaften, seltener in Bach-Auwäldern, in Tieflagen (z.B. Oberrheinebene) auch in frischen Glatthaferwiesen.

Vegetationsaufnahmen bei KUHN (1937: 172, „Geranium sylvaticum-Mesobrometum"), OBERDORFER (1982: Tab. 6, Geranio-Trisetetum des Feldberggebietes), SEBALD (1983: Tab. 13), SCHWABE (1987: u.a. in Tab. 17, *Filipendula ulmaria*-Gesellschaft; Tab. 18, Chaerophyllo-Ranunculetum aconitifolii; Tab. 40, Stellario-Alnetum und Alnetum incanae), PHILIPPI (1989: Tab. 7, 8, 17, 19, 21 – in Bergwiesen und Hochstaudengesellschaften des Belchengebietes).

Allgemeine Verbreitung: Europa, Asien, Südwest-Grönland. Im Westen bis Island (Europa), selten in Südwest-Grönland; im Osten bis zum Mittelsibirischen Bergland (ca. 100° ö.L.); im Norden bis Nordskandinavien und bis zum Südrand des Nordsibirischen Tieflandes (ca. 70° n.Br.) – fehlt im Westsibirischen Tiefland; im Süden nur in höheren Lagen: vereinzelt in den spanischen Gebirgen, in Italien bis zum südlichen Apennin, in Nordgriechenland und im Kaukasus.

Verbreitung in Baden-Württemberg: Verbreitet im Schwarzwald, in der Baar und im Wutachgebiet, im Klettgau und Hochrhein, in den Oberen Gäuen, im Schönbuch, Glemswald und Rammert, auf der Schwäbischen Alb mit nördlichem Albvorland, sowie auf der Adelegg. Zerstreut oder selten im Oberrheingebiet als Schwarzwald-Schwemmling (fehlt in der Südlichen Oberrheinebene), im Taubergebiet, auf der Hohenloher Ebene, im Neckarbecken, im Berglen, Schurwald und im Alpenvorland. In den übrigen Naturräumen fehlt *G. sylvaticum*.

Tiefes Vorkommen: ca. 100 m, Rußheim (6816/2). Höchstes Vorkommen: ca. 1400, Feldberggebiet (8114).

Erloschene Vorkommen und solche außerhalb des Hauptverbreitungsgebietes:
Oberrheingebiet: 6816/2: Rußheim, 1990, PHILIPPI (KR-K); 6916/4: bei Durlach, BAUMGARTNER (1884); 7015/2: NW Forchheim, 1991, DEMUTH (KR-K); 7016/3: Ettlin-

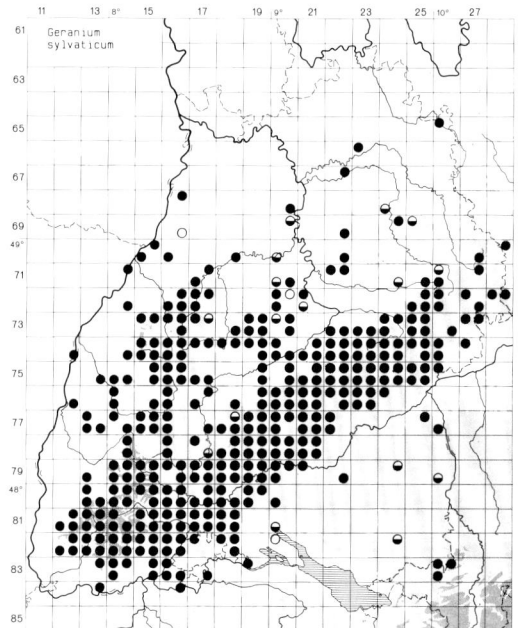

176

Wald-Storchschnabel *(Geranium sylvaticum)*
Mönchberg, 31. 5. 1991

genweier, 1991, BREUNIG (KR-K); 7115/3: zw. Rastatt und Iffezheim, PHILIPPI (1971); 7214/4: o.O. (STU-K); 7412/2: S Sundheim, 1990, DEMUTH/PHILIPPI (KR-K); 7612/4: bei Wittenweier, 1991, PHILIPPI (KR-K).
Neckarland: 6526/1: Archshofen, 1991, PHILIPPI (KR-K); 6623/1: o.O., nach 1970, DIETERICH (STU-K); 6722/2: Fischbachtal, 1977, SEYBOLD (STU-K); 6824/3: Schwäbisch Hall, KIRCHNER u. EICHLER (1913); 6920/2: Lauffen a.N., KIRCHNER u. EICHLER (1913); 6924/2: Herlebach, 1980, SEYBOLD (STU-K); 6925/1: Untersontheim, KIRCHNER u. EICHLER (1913); 7020/3: Markgröningen, KIRCHNER u. EICHLER (1913); 7120/3: Leonberg/Solitude, KIRCHNER u. EICHLER (1913); 7124/4: Schwäbisch-Gmünd, KIRCHNER u. EICHLER (1913); 7126/1: Abtsgmünd, KIRCHNER u. EICHLER (1913); 7221/3: Zw. Möhringen und Scharnhausen, KIRCHNER u. EICHLER (1913); 7317/2: Agenbach, KIRCHNER u.EICHLER (1913); 7320/1: Böblingen, KIRCHNER u. EICHLER (1913).

Albvorland: 7718/2: Geislingen, KIRCHNER u. EICHLER (1913); 7817/4: Hausen o.R., KIRCHNER u. EICHLER (1913).
Voralpengebiet/Bodenseeraum: 7725/2: o.O., 1986, RAUNEKER u. BANZHAF (STU-K); 7922/4: Jägerweiher S Herbertingen, 1987, WÖRZ (STU-K); 7924/2: Biberach a.d.R., KIRCHNER u. EICHLER (1913); 7926/3: Rot, KIRCHNER u. EICHLER (1913); 8120/3: Ludwigshafen – Friedhof (vielleicht angesalbt, d.A.), GROSS (1906); 8218/1: Binningen, JACK (1892); 8220/1: Zw. Ruine Bodmann und Bodmann, GROSS (1906); 8224/2: Rötenbach-Vogt, KIRCHNER u. EICHLER (1913).

Erstnachweise: Ältester literarischer Nachweis bei BAUHIN (1598: 206, 1602: 231): „zwischen Gruebingen und Wisensteig" (7423/2). Im Gebiet indigen; besitzt natürliche Vorkommen in Bachauewäldern und Staudengesellschaften der höheren Lagen.

177

Bestand und Bedrohung: Im Hauptverbreitungsgebiet ist *G. sylvaticum* häufig und nicht gefährdet. In den tiefer gelegenen Randbereichen ist die Art seltener und es gibt hier einige erloschene Vorkommen. Wenn auch *G. sylvaticum* hier schon immer seltener war und die Populationen wohl nie sehr groß waren, zeigt sich in den Randbereichen dennoch ein Rückgang; die Ursachen sind im einzelnen nicht bekannt.

Die Bestände in der Oberrheinebene, im Neckarland und im Alpenvorland sind daher schonungsbedürftig (Gef. Grad 5).

4. Geranium phaeum L. 1753
Brauner Storchschnabel

Morphologie: Ausdauernd, mit ca. 1 cm dickem, waagerechtem bis aufsteigendem Rhizom. Stengel meist unverzweigt, 30–70 cm hoch, ebenso wie die Blattstiele und Blütenstandsachsen mit waagerecht abstehenden, dichten kurzen und zerstreuten längeren Haaren besetzt. Stengel im oberen Teil und die Blütenstiele mit ungestielten Drüsen und Drüsenhaaren, im unteren Teil verkahlend. Stengelblätter wechselständig; Spreiten der Rosettenblätter und unteren Stengelblätter 5–10 cm, $\frac{1}{3}$–$\frac{3}{5}$ tief in 7 Lappen geteilt, Lappen unregelmäßig eingeschnitten und gezähnt. Teilblütenstände 2blütig, ihre Tragblätter weit überragend. Stiele der Blüten und Teilblütenstände vor dem Blühen herabgeschlagen;

Brauner Storchschnabel *(Geranium phaeum)*
Calw, Juni 1962

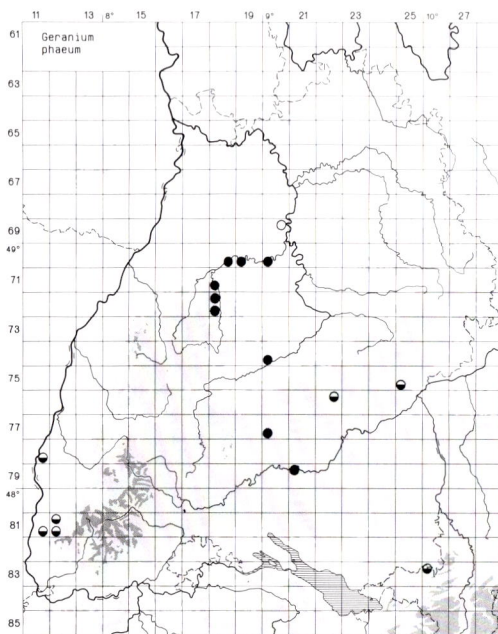

richten sich zur Blüte auf. Blühen beide Blüten gleichzeitig, ist der eine Blütenstiel schräg, der andere fast senkrecht nach oben gerichtet. Kronblätter 10–15 mm lang. Staubfäden am Grund plötzlich verbreitert. Im verdickten Teil am Rand mit langen Haaren.

Variabilität: Im Gebiet bisher nur die var. *phaeum* nachgewiesen. Die var. *lividum* (L'Hérit) DC., mit hellvioletten/rosanen Blüten, wurde in Deutschland bisher nur einmal in den Lechauen (Bayern) gefunden (DÖRR 1969).

Biologie: Die Blütezeit ist von Mai bis August, in höheren Lagen noch bis Oktober. Die Blüten sind proterandrisch. Fruchtfach und Granne werden zusammen abgeschleudert, der Samen verbleibt im Fruchtfach.

Ökologie: Auf frischen, nährstoff- und basenreichen, tonigen oder lehmigen Böden. Im ursprünglichen Verbreitungsgebiet in nährstoffreichen Bergwiesen, in Saumgesellschaften und in lichten Auwäldern.

Im Gebiet in Parkrasen, in frischen Glatthaferwiesen (an Störstellen), im Weidengebüsch und in Saumgesellschaften. Früher wohl häufiger als Zierstaude angepflanzt.

Allgemeine Verbreitung: Ursprüngliche Verbreitung wahrscheinlich nur in Gebirgen Zentral- und Südeuropas: Pyrenäen, Zentralmassiv, Alpen, nördlicher Apennin, Gebirge Südosteuropas (fehlt in Griechenland), östlich bis zu den Karpaten (Polen, Rumänien, Ukraine, Moldawien). Im übrigen Europa stellenweise eingebürgert.

Verbreitung in Baden-Württemberg: Auffallend ist das fast ausschließliche Vorkommen in den Fluß- und Bachauen von Rhein, Nagold, Enz, Neckar, Ammer, Schmiecha, Donau, Lauter und Blau. Dasselbe Verhalten beschreibt KOPECKY (1975) für Nordostböhmen im Vorland des Adlergebirges (Tschechoslowakei); er hält die Art hier für indigen. In Bayern besitzt die Art ebenfalls den Schwerpunkt in Fluß- und Bachauen. Diese auffällige Verbreitung und das Vorkommen in naturnahen, bachbegleitenden Erlenwäldern, Weidengebüschen und ihren Säumen läßt ein Indigenat vermuten. Das etwas späte und erst allmähliche Auftauchen in den süddeutschen Floren und Herbarien und die stellenweise unbeständigen Vorkommen legen jedoch den Schluß nahe, daß es sich um eine, um 1800 herum, verwilderte Zierpflanze handelt. In der Enzaue (7018/4, 7019/3, 7020/3) und im Park von Inzighofen (7921/1) ist die Art inzwischen eingebürgert. Bei den anderen Vorkommen ist dies unsicher.

Tiefstes Vorkommen: (rezent) ca. 200 m, Oberriexingen (7020/3). Höchstes Vorkommen: ca. 750 m, Ebingen (7720/3).

Oberrheingebiet: 7811/4: Kiechlinsbergen, Leiselheim, Sasbach-Gechtingen, GÖTZ (1912); 8111/4: Müllheim, NEUBERGER (1912); 8112/1: Grunern, NEUBERGER (1912); 8112/3: Badenweiler, GMELIN (1808), NEUBERGER (1912), Laufen, NEUBERGER (1912).
Neckarland/Nordschwarzwald: 6920/2: Lauffen a.N., 1883, ANONYMUS (KR);7018/4: Enzaue E Niefern, 1991, DEMUTH (KR-K); 7019/3: Enzaue E Dürrmenz, 1991, DEMUTH (KR-K); 7020/3: Oberriexingen, 1976, GLOCKER (STU-K); 7118/3: Unterreichenbach, 1990, SEYBOLD (STU-K); 7218/1: Ernstmühl-Bad Liebenzell, 1971, SEYBOLD (STU-K); 7218/3: Calw, KIRCHNER u. EICHLER (1913), 1991, H. BAUMANN (STU-K); 7420/3: Tübingen, an der Ammer, 1988, FREY (KR-K).
Schwäbische Alb: 7525/3: Arnegg, KIRCHNER u. EICHLER (1913); 7622/2: Wasserstetten, KIRCHNER u. EICHLER (1913); 7720/3: Ebingen, 1983, MAYER (STU-K); 7921/1: Inzigkofen (Laubwald und Schloßpark), 1966, BECK (STU-K), 1986, NEBEL (STU).
Adelegg: 8326/1: Isny, SCHÜBLER und MARTENS (1834), KIRCHNER u. EICHLER (1913).

Erstnachweise: Ältester literarischer Nachweis für Baden bei GMELIN (1808, Badenweiler) – wird zusammen mit einer älteren Angabe von HALLER (1742) für Grenzach (8412/3, ob badisches Gebiet?) angegeben, von DÖLL (1858) angezweifelt. DÖLL erwähnt die Art in seiner badischen Flora

(1857–62) nicht; für Württemberg bei SCHÜBLER und MARTENS (1834, Calw und Adelegg).
Bestand und Bedrohung: Von ehemals 9 Populationen (z.T. mehrere Fundorte zusammengefaßt) konnten nach 1970 noch 5 nachgewiesen werden. Die Ursachen für den Rückgang sind unklar; vielleicht hängt es damit zusammen, daß *G. phaeum* nur noch selten gepflanzt wird und damit seltener verwildern kann.

Die größte Population mit einigen 100 Pflanzen ist die im Enztal zwischen Pforzheim und Bietigheim. Hier ist die Art potentiell gefährdet durch mögliche Ansiedlungen von Gewerbe oder Freizeitanlagen in der Aue oder durch Umbruch der Wiesen. Die Teilpopulationen liegen hier nur z.T. in einem NSG (Enztal zwischen Niefern und Mühlakker). Es sollte gewährleistet sein, daß die mäßig intensive Wiesennutzung erhalten bleibt und die Enz keinen Ausbau erfährt. Aufgrund des starken Rückganges wird der Gefährdungsgrad 3, gefährdet, vorgeschlagen.

5. Geranium palustre L. 1756
Sumpf-Storchschnabel

Morphologie: Ausdauernd, mit dickem, beschupptem Rhizom. Sproß bis 90 (100) cm hoch. Stengel, Blatt- und Blütenstiele mit nach rückwärts gerichteten Haaren, drüsenlos. Blätter mit 5–7 Lappen mit stumpfen Zipfeln. Teilblütenstände zweiblütig.

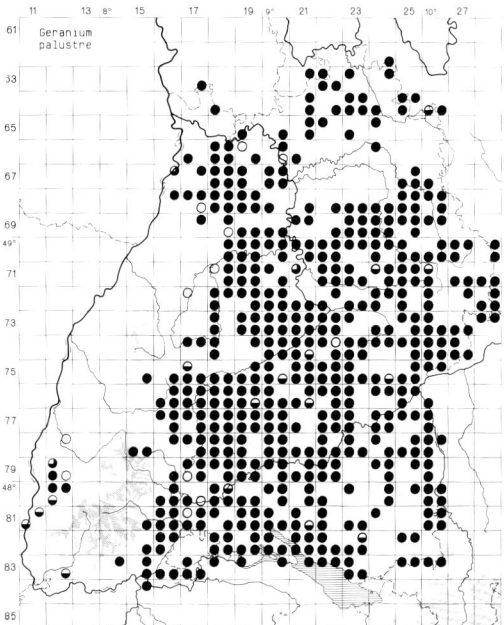

Geranium palustre

Sumpf-Storchschnabel *(Geranium palustre)*
Zirbitzkogel, 1990

Kronblätter rotviolett, am Grunde an den Rändern gewimpert. Frucht mit Griffelrest bis ca. 3,2 cm lang, mit kurzen Haaren und mit ganz kurzen Drüsenhaaren an den Fruchtklappen und der Basis der Grannen.

Biologie: Blütezeit von Juni bis September.

Ökologie: Auf nährstoff- und basenreichen, meist kalkhaltigen, humosen, tonigen Böden. In nassen Gräben, an Bachufern, in feuchten Glatthaferwiesen, auch in brachgefallenen Feuchtwiesen (z.B. Kohldistel-Glatthaferwiesen), solange die Hochstauden (*Filipendula ulmaria, Angelica sylvestris* u.a.) nicht zu dicht schließen. Gelegentliche Mahd fördert *G. palustre*. Vegetationsaufnahmen bei Kuhn (1937: Tab. 15, Geranietum palustris), v. Rochow (1951: Tab. 16, Filipendulo-Geranietum palustris), Görs (1959/60: Tab. 9, Filipendula-Geranietum palustris), Lang (1973: Tab. 86, Valeriano-Filipenduletum) und Philippi (1977: 43, 1981, Filipendulo-Geranietum palustris).

Allgemeine Verbreitung: Mittel- und Osteuropa. Nach Norden bis Südskandinavien, in Südostfinnland bis etwa 62° n.Br.; nach Süden bis zur Poebene, Bosnien und Bulgarien; nach Westen bis zu

den östlichen Pyrenäen, Ostfrankreich, Südbelgien; im Osten bis etwa zum Ural (ca. 50° ö.L.). Die Vorkommen westlich von Deutschland liegen außerhalb des geschlossenen Verbreitungsgebietes.

Verbreitung in Baden-Württemberg: Verbreitet in den östlichen Teilen des Landes: Gäulandschaften mit Ausnahme der Kocher-Jagst-Ebene, Keuper-Lias-Neckarland, Baar und Wutachgebiet, Klettgau und Hochrhein, Schwäbische Alb und Alpenvorland; nach Westen seltener werdend, fehlt im mittleren und westlichen Teil des Schwarzwaldes und im Buntsandstein-Odenwald, selten im Vorderen Odenwald und im Oberrheingebiet, hier nur kleine Populationen. Die Vorkommen in der Oberrheinebene und im Odenwald liegen bereits außerhalb der geschlossenen Verbreitung.

Tiefstes Vorkommen: ca. 100 m, SW Ketsch (6617/3) und W Laudenbach (6317/4). Höchstes Vorkommen: 920 m, Plettenberg (7718/4, Bertsch 1933).

Odenwald: 6418/3: Heiligkreuz, 1987, Demuth (KR-K). Nördl. Oberrheingebiet: 6317/4: W Laudenbach, 1991, Röhner (KR-K); 6617/3: SW Ketsch, 1972, Philippi (1972); 6716/2: zw. Altlußheim und Rheinhausen, 1970, Hölzer (KR-K); 6816/2: zw. Neudorf und Huttenheim, 1971, Philippi (1971).

Erstnachweise: Ältester literarischer Nachweis: J.F. Gmelin (1772: 209): bei Tübingen (7420). Schon von Harder 1574–76 im Gebiet gesammelt (Schorler 1908: 90).

Bestand und Bedrohung: Im östlichen Teil des Landes verbreitet und häufig, nicht gefährdet. Im Oberrheingebiet besitzt *G. palustre* nur kleine Populationen, hier schonungsbedürftig (Gef. Grad 5).

Geranium divaricatum Ehrh. 1792
Spreizender Storchschnabel

Morphologie: Einjährig. Sproß verzweigt, bis 60 cm hoch, niederliegend oder aufsteigend, oder aufrecht als Spreizklimmer sich auf andere Pflanzen stützend, zerstreut abstehend behaart, mit sehr kurzen Drüsenhaaren. Stengel mit Grundblattrosette, die frühzeitig verwelkt. Stengelblätter gegenständig, die gegenüberliegenden oft ungleich lang gestielt. Blattspreite im Umriß 3- bis 5eckig, leicht asymmetrisch, zu 2/3 bis 4/5 tief in 3–5 Lappen geteilt, diese tief gekerbt oder gelappt. Teilblütenstände meist länger als die Tragblätter. Kelchblätter mit aufgesetzter, ca. 1 mm langer Granne, Kronblätter 5–7 mm lang, nicht oder wenig länger als die Kelchblätter, rosarot. Frucht zerstreut mit einfachen Haaren besetzt, Drüsenhaare wenige oder fehlend.

Biologie: Blütezeit von Mai bis Juli. Fremd- und Selbstbestäubung. Die Fruchtklappen fallen mit den Samen, ohne Granne, ab; ein Abschleudern kommt nicht zustande.

Ökologie: Auf nährstoff- und basenreichen Lehmböden. In manchen Unkrautgesellschaften, in Heckensäumen.

Allgemeine Verbreitung: In Süd- und Südosteuropa und in Vorderasien. In Mitteleuropa eingeschleppt und unbeständig.

Verbreitung in Baden-Württemberg: Unbeständige Adventivart. Bisher nur zwei Angaben vom Oberrheingebiet: Mannheim, 1898, GAMS (1924); 6916/4: Schuttplatz in Karlsruhe-Grünwinkel, beim Feuerwehrhaus, 1912, KNEUCKER (KR).

Erstnachweise: siehe oben.

Bestand und Bedrohung: verschollen; wahrscheinlich nur kurzzeitig verwildert, vielleicht auch angesalbt.

Geranium sibiricum L. 1753
Sibirischer Storchschnabel

Merkmale: Ausdauernd. Stengel und Blattstiele mit längeren, rückwärts abstehenden und kürzeren, anliegenden Haaren, ohne Drüsenhaare. Blätter 3–6 cm breit, bis fast zum Grunde in 5–7 breit-lanzettliche Lappen geteilt, diese tief eingeschnitten. Blütenstand in der unteren Hälfte mit je einer Blüte an der Verzweigung, in der oberen mit 1–2 Blüten. Kelch- und Kronblätter 5–7 mm lang.

Zierpflanze aus Osteuropa und Asien. Früher im Oberrheingebiet gelegentlich verwildert aber nirgends eingebürgert: 6817/4: Hinter der alten Kaserne in Bruchsal, 1841, SCHMIDT (KR) – bei diesem Vorkommen geht DÖLL (1858) von einer Verwilderung durch Gartenauswurf aus; von ZAHN (1895) nicht mehr beobachtet; 7811/4: Limburg bei Sasbach, 1935, O. SCHWARZ (MÜLLER 1937); 7813/4: Siegelau bei Waldkirch – „Unkraut im Schulgarten", 1888, GÖTZ (KR).

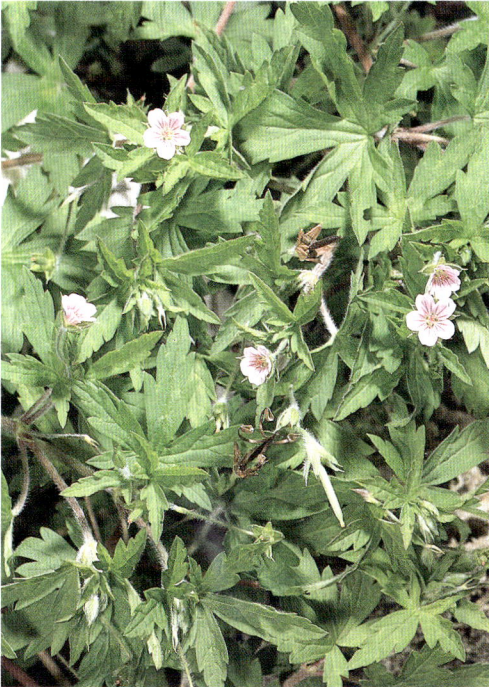

Sibirischer Storchschnabel *(Geranium sibiricum)* Oberrimsingen, 1988

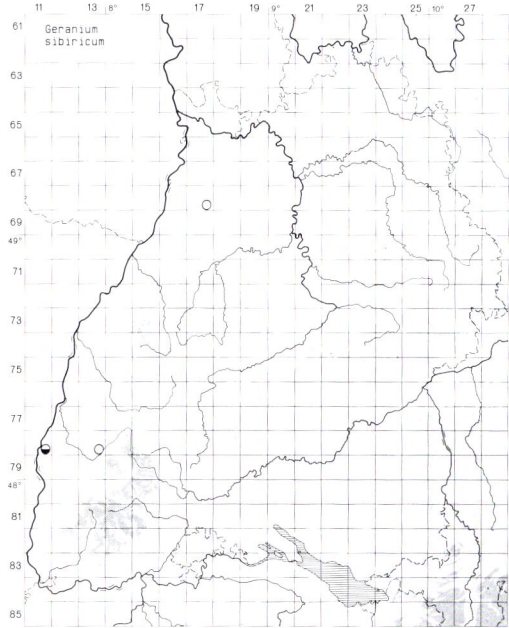

6. Geranium pyrenaicum Burm. fil. 1759
Pyrenäen-Storchschnabel

Morphologie: Zweijährig oder mehrjährig, mit kurzem, aufrechtem Rhizom und langer Pfahlwurzel. Sproßachse und Blattstiele zerstreut bis dicht mit längeren einfachen Haaren und kurzen Drüsenhaaren besetzt, ältere Sproßteile verkahlend. Sproß aufrecht oder aufsteigend, verzweigt, bis 60 (80) cm hoch, mit Grundblattrosette. Blattspreite im Umriß rundlich, ⅓ bis zur Hälfte tief in 7–9 Lappen geteilt, Lappen wenig länger als breit, 5- bis 9mal seicht eingeschnitten, Spreiten der Rosettenblätter bis 5 (8) cm breit. Teilblütenstände ihre Tragblätter weit überragend, Blütenstiele und Kelch mit kurzen Drüsenhaaren und längeren einfachen Haaren. Kronblätter violett. Fruchtklappen mit Griffelrest bis 2 cm lang.

Biologie: Blütezeit von Mai bis Oktober. Die Blüten sind proterandrisch. Neben Fremdbestäubung durch Insekten (Dipteren, Hymenopteren) findet Selbstbestäubung statt.

Ökologie: Auf nährstoffreichen (stickstoffreichen), mäßig trockenen bis frischen, humosen Lehm- oder Rohböden; lichtliebend. Die Art kommt vor allem in ausdauernden Ruderalgesellschaften (Artemisietea), seltener in einjährigen (Chenopodietea) vor, sowie in ruderal geprägten Glatthaferwiesen. Vegetationsaufnahmen bei GÖRS und MÜLLER (1969, Chelidonio-Alliarietum, Urtico-Convolvuletum),

181

MÜLLER und SEYBOLD (1972: Tab. 5, Chenopodie-
tum boni-henrici; Tab. 6, Arctio-Artemisietum vulgaris und Lamio-Conietum maculatae) und LANG
(1973: Tab. 8, Onopordetum acanthii; Tab. 37, Geranio-Allietum; Tab. 38, Thlaspio-Veronicetum politae).

Allgemeine Verbreitung: *G. pyrenaicum* war
ursprünglich wohl nur in den Gebirgen des Mittelmeerraumes, in den Pyrenäen, den Südalpen und
dem Kaukasus verbreitet. Seit dem 19. Jahrhundert in weiten Teilen Europas, sowie Asiens und
Nordamerikas eingebürgert.

Verbreitung in Baden-Württemberg: Neophyt. In
fast allen Naturräumen verbreitet, seltener oder regional fehlend in den höheren Lagen des Schwarzwaldes, im Schwäbisch-Fränkischen Wald und im
Alpenvorland.

In den Floren vor 1800 (POLLICH 1777–1776,
GATTENHOF 1782, ROTH VON SCHRECKENSTEIN
1797, 1798, 1799) fehlt *G. pyrenaicum*. Zum ersten
Mal wird die Art von GMELIN (1808) von Meers-
burg am Bodensee angegeben, fehlt jedoch etwa zu
dieser Zeit (d.h. sie wird in den Floren nicht er-
wähnt) in den Gebieten um Freiburg (SPENNER
1825), Heidelberg (DIERBACH 1819/20), der Baar
(ENGESSER 1857, dem Ries und der Frankenalp
(SCHNIZLEIN und FRICKHINGER 1848). Von
SCHÜBLER u. MARTENS (1834) wird die Art von
Waldburg (8224/1) genannt.

In den folgenden Jahrzehnten taucht *G. pyrenai-*

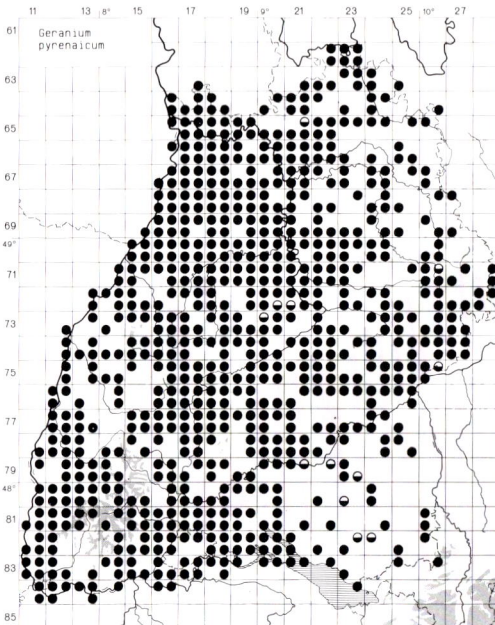

Pyrenäen-Storchschnabel *(Geranium pyrenaicum)*
Istein, 19. 5. 1991

cum an vielen Orten auf, und bis Ende des 19. Jahrhunderts war sie bereits in weiten Teilen Baden-
Württembergs eingebürgert. Die Art ist wahrscheinlich als Zierpflanze kultiviert worden und hat
sich dann u.a. entlang von Straßen und den nach
1850 gebauten Eisenbahnlinien ausgebreitet.

Tiefstes Vorkommen: ca. 95 m bei Mannheim
(6416). Höchstes Vorkommen: ca. 800 m, Baaralb
(z.B. Lupfen 7918/3); ca. 800 m, Westallgäuer Hügelland (z.B. Dürrenbach 8326/2).

Erstnachweise: Ältester literarischer Nachweis
GMELIN (1808).

Bestand und Bedrohung: Im Gebiet sehr zahlreich
und nicht gefährdet.

7. Geranium rotundifolium L. 1753
Rundblättriger Storchschnabel

Morphologie: Einjährig-überwinternd; Herbstkei-
mer, vereinzelt bereits im August. Sproßachse verzweigt, Stengel, Blattstiele, Blütenstiel und Früchte
mit rotköpfigen Drüsenhaaren und zahlreichen,
etwas kürzeren einfachen Haaren, dazwischen zerstreut längere einfache Haare. Mit Grundblattrosette, Stengelblätter gegenständig; Blattspreite
im Umriß rund, etwa bis zur Mitte in 7–9 Lappen geteilt; Blattlappen 3zipfelig. Kelchblätter
4,5–6 mm lang, Kronblätter 5–6,5 mm lang, etwas

Rundblättriger Storchschnabel *(Geranium rotundifolium)*
Hohentwiel, 5. 7. 1991

länger als der Kelch. Frucht mit Granne und Griffelrest bis 1,8 cm lang.

Biologie: Blütezeit von Mai bis Oktober. Nach WILMANNS (1989) übersteht *G. rotundifolium* Herbizidspritzungen in Weinbergen gut. Wird die Pflanze stark aber nicht letal geschädigt, kann sie aus den Stengelknospen erneut Seitentriebe bilden. Ermöglicht wird dies durch Reservestoffe in den Stengelknoten. Eine Pflanze kann bis zu 2000 Samen hervorbringen; bei maximal 5 Samen pro Frucht sind das über 400 Blüten pro Pflanze in einer Vegetationsperiode.

Ökologie: Auf trockenen bis mäßig frischen, nährstoffarmen bis nährstoffreichen, basenreichen, steinigen oder sandigen Lehmböden. In wärmebeeinflußten Unkrautgesellschaften in Weinbergen, an Wegen, auf Böschungen, an oder auf Mauern und auf Schuttablagerungen.

Kennart des Geranio-Allietum vinealis. Vegetationsaufnahmen bei v. ROCHOW (1951: Tab. 4,

Geranio-Allietum vinealis), BRUN-HOOL (1963: Tab. 30, Geranio-Allietum mit Verbreitungskarte für die Nordwestschweiz, S. 100), FISCHER (1982: Tab. 1, Diplotaxi tenuifoliae-Agropyretum repentis), WILMANNS (1975 und 1989: Tab. 1, Geranio-Allietum).

Allgemeine Verbreitung: Mittel- und Südeuropa, Nordwestafrika, Westasien. In Nord- und Südamerika eingebürgert. Im Norden bis Südengland, Belgien, Deutschland (etwa bis zum Ruhrgebiet), vereinzelt (unbeständig?) im Baltikum und bis Nordwest-Rußland (z.B. Leningrad bei 60° n.Br.); im Süden bis Nordwestafrika, zum Persischen Golf, bis zum Westrand des Himalaja (Indien, Pakistan); im Westen bis Südirland, Portugal; im Osten bis zum Tienschan (Kirgisien und Nordwest-China). *G. rotundifolium* steigt in den Alpen bis ca. 1600 m (Wallis).

Verbreitung in Baden-Württemberg: Archäophyt. Nur in den wärmeren Gebieten des Landes; auffallend häufig in Weinbaugebieten: im Taubergebiet, im Nördlichen Oberrheingebiet, vor allem an der Bergstraße und am Kraichgaurand, im Südlichen Oberrheingebiet im Kaiserstuhl, in der Freiburger Bucht und im Markgräfler Land, fehlt weitgehend im Mittleren Oberrheingebiet. Am Hochrhein und im Kraichgau selten, hier nur am Rand des Gebietes (Weinbau!), häufig im Neckarbecken, im westlichen Bodenseegebiet zerstreut; auf der Schwäbischen Alb selten, hier im Siedlungsbereich und auf Güterbahnhöfen, ehemals eingeschleppt und unbeständig, heute verschollen; im Schwarzwald bisher nur einmal auf dem Bahnhof Forbach beobachtet (7316/1, 1982, SEYBOLD (STU-K).

Tiefstes Vorkommen: ca. 100 m, bei Mannheim (6417/3). Höchstes Vorkommen: ca. 480 m, Hohentwiel/Hegau (8218/2).

Nur erloschene Vorkommen:
Oberrheingebiet/Hochrhein: 6817/4: östlich Bruchsal, OBERDORFER (1936: 252); 7613/3: Lahr, MOHR (1898: 36); 8315/3: Waldshut – Stadt, BECHERER u. KOCH (1923: 263).
Neckarland: 6322/4: Hardheim, 1953, SACHS (1961); 6525/1: Elpersheim, KIRCHNER u. EICHLER (1913); 6625/1: Walkersmühle bei Bartenstein, 1969, SEYBOLD (STU); 7021/3: Ludwigsburg – Straße nach Neckarweihingen, um 1920, SEYBOLD (1968: 228); 7121/1: Ludwigsburg, KIRCHNER u. EICHLER (1913); 7121/3: Bad Cannstatt, KIRCHNER u. EICHLER (1913), Zuffenhausen, 1929, PLANKENHORN (STU).
Schwäbische Alb/Nördlinger Ries: 7128/2: Pflaumloch – am Goldberg, KIRCHNER u. EICHLER (1913); 7420/3: Tü-

bingen, MARTENS u. KEMMLER (1882); 7524/4: Blaubeuren, KIRCHNER u. EICHLER (1913); 7525/4: Ulm – Güterbhf., 1936, MÜLLER-DORNSTADT (STU); 7724/1: Ehingen, KIRCHNER u. EICHLER (1913); 7817/2: Rottweil, KIRCHNER u. EICHLER (1913); 7822/2: Riedlingen, KIRCHNER u. EICHLER (1913); 7919/3: Ludwigstal, KIRCHNER u. EICHLER (1913).

Erstnachweise: Ältester literarischer Nachweis: GMELIN (1808: 128): „Circa Carlsruhe". Ältere Angaben bei LEOPOLD (1728) oder ROTH VON SCHRECKENSTEIN (1799) sind unsicher.

Bestand und Bedrohung: Trotz lokaler Rückgänge, z.B. im Neckarbecken um Stuttgart oder völligem Erlöschen wie auf der Schwäbischen Alb, ist die Art insgesamt nicht gefährdet. Im Oberrheingebiet scheint die Art sich lokal auszubreiten.

8. Geranium molle L. 1753
Weicher Storchschnabel

Morphologie: Nach BLUM (1925) sommer-einjährig (ob in ganz Mitteleuropa?); im mediterranen Raum (nur hier?) auch zweijährig oder sogar ausdauernd (WANGERIN 1926: 102). Sproß verzweigt, ausgebreitet, aufsteigend bis aufrecht, bis 30 (40) cm hoch. Blattspreite der Grundblätter bis zu ¾ tief in 5–7 Blattlappen geteilt, diese ein- bis zweimal bis ca. ⅓ eingeschnitten. Blütenkronblätter 4–7 mm lang, rotviolett. Fruchtklappen kahl oder am Rand gewimpert, querrunzelig.

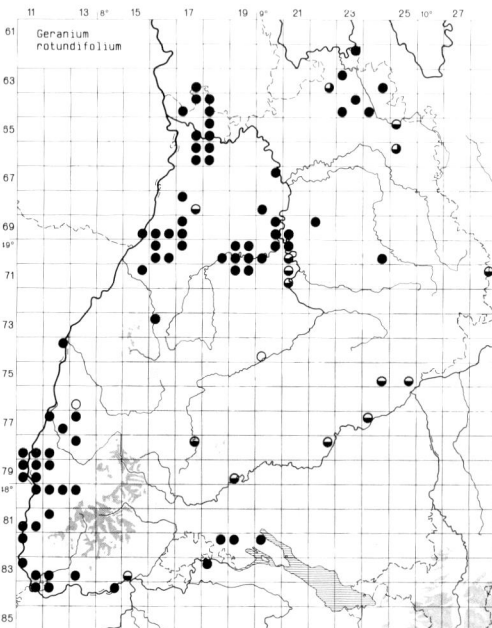

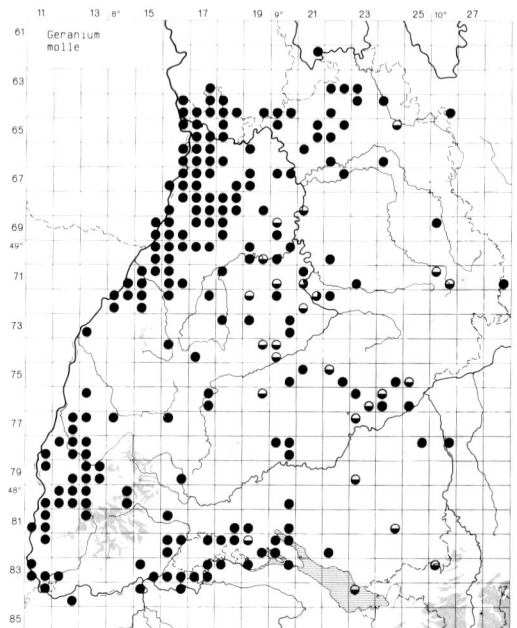

Weicher Storchschnabel *(Geranium molle)*
Sandhausen, 1. 6. 1991

Biologie: Blütezeit von April bis etwa September. Die Blüten sind schwach proterandrisch; neben Insektenbestäubung kommt Selbstbestäubung vor. Die Samen bleiben bis zu 8 Jahren keimfähig (WANGERIN 1926: 102).

Ökologie: Auf mäßig frischen, nährstoffarmen bis mäßig nährstoffreichen, kalkarmen, meist schwach sauren, sandigen bis lehmigen Böden; etwas wärmeliebend. In lückigen Unkrautgesellschaften, ruderal beeinflußten Sandtrockenrasen, lückigen Parkrasen; in Acker-Unkrautgesellschaften weitgehend fehlend. Vegetationsaufnahmen aus Baden-Württemberg gibt es sehr wenige, z.B. bei PHILIPPI (1973: Tab. 5, Vulpietum myuri).

Allgemeine Verbreitung: Europa, Westasien; eingebürgert in Australien, Neuseeland, Tasmanien, Nord- und Südamerika. Im Norden bis Südskandinavien, vereinzelt bis zum Polarkreis; im Süden bis Nordafrika; im Westen bis Irland (selten in Island, Portugal, Nordwestafrika; im Osten bis zum Kaspischen Meer (Kaukasus und Elbursk-Gebirge (Nordiran); ob in Nordindien? Das Areal von *G. molle* erstreckt sich weiter nach Westen und Süden, dagegen weniger weit nach Norden und Osten als das von *G. pusillum.*

Verbreitung in Baden-Württemberg: Schwerpunkt der Verbreitung sind die Gebiete mit Weinbauklima: Oberrheingebiet, Kraichgau, entlang des

Neckars und westliches Bodenseegebiet. Im Odenwald, Bauland, Taubergebiet, Schwarzwald und am Hochrhein, auf der Schwäbischen Alb und dem Vorland ist *G. molle* zerstreut bis selten. Er fehlt fast ganz in Hohenlohe, dem Schwäbisch-Fränkischen Wald, dem Schurwald und Welzheimer Wald und im Alpenvorland. Insgesamt ist *G. molle* seltener als *G. pusillum*.

Tiefstes Vorkommen: ca. 95 m, Mannheim (6416). Höchstes Vorkommen: ca. 780 m, Holzschlag im Schwarzwald (8014/2).

Erstnachweise: Ältester literarischer Nachweis bei J. F. GMELIN (1772: 209) bei Tübingen (7420). Ältester fossiler Nachweis von Sontheim/Brenz aus dem Mittleren Subatlantikum (RÖSCH, unveröff.). Im Gebiet wahrscheinlich ein Archäophyt.

Bestand und Bedrohung: In den Gebieten, in denen die Art schon immer selten war, sind regionale Rückgänge zu verzeichnen, so in den Gäulandschaften und auf der Schwäbischen Alb. Die Ursachen dafür sind nicht bekannt. Hier ist die Art schonungsbedürftig, was jedoch für eine annuelle Ruderalart mit dem klassischen Naturschutz nicht zu erreichen ist. Geeignete Ruderalflächen im Siedlungsbereich müßten ausreichend vorhanden sein und erhalten bleiben. Im Oberrheingebiet, Kraichgau und im westlichen Bodenseegebiet ist die Art häufig und nicht gefährdet. Insgesamt sollte *G. molle* als schonungsbedürftig (Gef. Grad 5) eingestuft werden.

9. Geranium pusillum Burm. fil. 1759
Kleiner Storchschnabel

Morphologie: Einjährig oder einjährig überwinternd. Sproß mehrfach verzweigt, Stengel liegend, aufsteigend bis aufrecht, bis 50 (70) cm hoch. Ganze Pflanze mit kurzen, waagerecht abstehenden Haaren, kürzer als 0,5 mm; zwischen den Haaren zahlreiche, sehr kleine Drüsen, im unteren Teil der Pflanze spärlicher oder fehlend. Grundblätter lang gestielt, mit rundlicher Spreite, diese bis ¾ tief in 5–7 Lappen geteilt. Blattlappen ein- bis zweimal bis zu ⅓ eingeschnitten oder leicht eingebuchtet.

Biologie: Blütezeit von April bis Oktober, meist mit 2 Generationen im Jahr, bei langer Vegetationsperiode auch 3. Die Pflanzen überwintern mit einer Blattrosette. Blüten schwach proterogyn; neben Insektenbestäubung kommt häufig Selbstbestäubung vor.

Ökologie: Auf mäßig trockenen bis mäßig frischen, nährstoffreichen, meist kalkarmen, sandigen bis lehmigen Böden; Stickstoffzeiger. In Unkrautgesellschaften an Wegen, auf Schuttplätzen, in Wein-

bergen, in Hackfruchtäckern und lückigen Parkrasen; Kennart der Klasse Chenopodietea (Aufnahmen aus Süddeutschland in OBERDORFER 1983: Tab. 149).

Vegetationsaufnahmen aus Baden-Württemberg bei PHILIPPI (1971: Tab. 9, *Cynoglossum officinale*-Ges.; 1972: Tab. 13, Thlaspi-Veronicetum politae, Tab. 14: Panico-Galinsogetum; 1973: Tab. 14, Convolvulo-Agropyretum repentis; 1983: Tab. 28 und 30, Thlaspi-Veronicetum politae), SEYBOLD und MÜLLER (1972: Tab. 6, 8, 10, in Artemisietea-Gesellschaften), LANG (1973: Tab. 38, Thlaspi-Veronicetum politae, Tab. 39, Chenopodio-Oxalidetum europaeae, Tab. 40, Urtico-Malvetum neglectae) und WILMANNS (1989: Tab. 1, Geranio-Allietum).

Allgemeine Verbreitung: Europa, Asien, in Nordamerika und in Chile eingebürgert. In Europa im Norden bis Skandinavien über den Polarkreis hinaus; im Süden bis ins südliche Mittelmeergebiet, fehlt in Portugal, in Nordafrika selten; im Westen bis Irland, auf Island selten; im Osten bis zum Ural; in den Alpen (Wallis) bis 2000 m aufsteigend. In Asien von Kleinasien über das Hochland von Iran bis zum Karakorum-Gebirge (westlicher Himalaja).

Verbreitung in Baden-Württemberg: In ganz Baden-Württemberg verbreitet und meist häufig, nur in Gebieten mit nährstoffarmen Böden seltener und regional ganz fehlend: Im Schwäbisch-Fränkischen

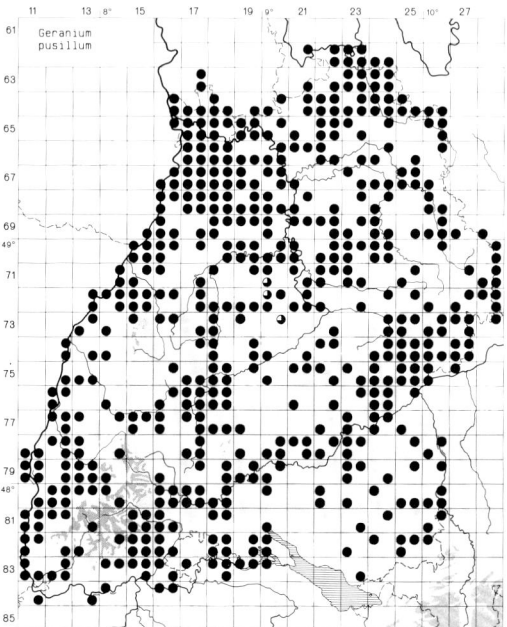

186

Kleiner Storchschnabel *(Geranium pusillum)*
Fridingen, 1989

Wald, im Schwarzwald, auf der westlichen Schwäbischen Alb und im Alpenvorland.

Tiefstes Vorkommen: ca. 95 m, Mannheim (6416). Höchstes Vorkommen: ca. 890 m, Hinterzarten (8014/4).

Erstnachweise: Ältester literarischer Nachweis bei C. C. GMELIN (1808: 126–127): „... copiose circa Carlsruhe... im Fasanengarten". Ältere Angaben (BAUHIN 1598) sind unsicher. Im Gebiet wahrscheinlich ein Archäophyt.

Bestand und Bedrohung: Die Art ist zahlreich und nicht gefährdet.

10. Geranium columbinum L. 1753
Tauben-Storchschnabel

Morphologie: Sommer-einjährig oder einjährig-überwinternd. Sproß an der Basis verzweigt, mit mehreren Stengeln, bis 40 (60) cm hoch. Stengel und Blattstiel am oberen Sproßteil mit rückwärts anliegenden, bis ca. 0,4 mm langen Haaren (Haare am Stengel im unteren Teil auch nach vorne gerichtet, aber anliegend), ganze Pflanze ohne Drüsenhaare; mit Grundblattrosette. Blattspreite der Grundblätter fast bis zum Stielansatz 5- bis 7teilig, die Blattlappen mit 2–3 tiefen Einschnitten oder einfach fiederspaltig; die Blattlappen der Stengelblätter einfach bis doppelt fiederteilig; Stengelblätter gegenständig. Kelchblätter mit 1–3 mm langer Spitze und weißem Hautrand, vergrößern sich während der Fruchtreife. Kronblätter 8–10 mm lang, vorne ausgerandet, purpurn. Frucht mit Granne bis 2,5 cm lang, zerstreut behaart.

Biologie: Blütezeit von Mai bis August, selten bis in den Herbst. Die Blüten sind schwach proterogyn, mit Fremd- und Selbstbestäubung. Der Samen wird beim Aufrollen der Granne aus dem Fruchtfach ca. 1,5 m weit geschleudert.

Ökologie: Auf nährstoffarmen und nährstoffreichen, basenreichen, mäßig trockenen bis mäßig frischen, sandigen bis lehmigen Böden. In annuellen und ausdauernden Ruderalgesellschaften (Chenopodietea und Artemisietea vulgaris), selten in Ackerunkrautgesellschaften. An Wegen, auf Schuttstellen, auch in lückigen, ruderal geprägten Grünlandgesellschaften. Vegetationsaufnahmen bei

Tauben-Storchschnabel *(Geranium columbinum)*
Sulzburg, 1991

RODI (1959/60: Tab. I, Ackerunkraut-Gesellschaften), SEYBOLD und MÜLLER (1972: Tab. 13, Dauco-Picridetum) und bei PHILIPPI (1972: Tab. 12, Onopordion acanthii-Gesellschaften).
Allgemeine Verbreitung: Europa, Vorderasien, in

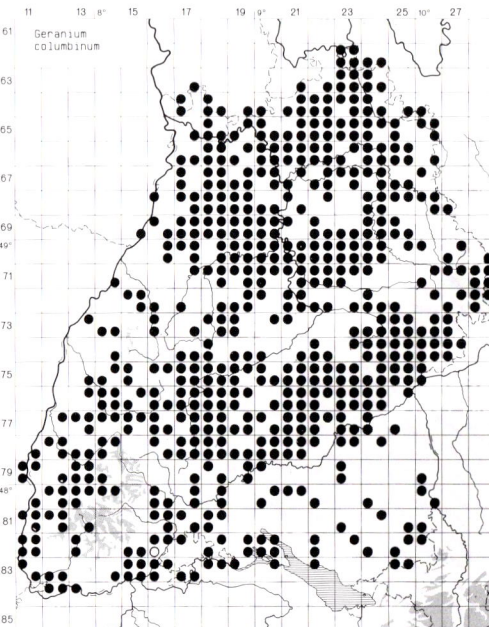

Nordamerika eingebürgert. Im Westen bis Irland, Portugal; im Osten bis ins Baltikum und die Ukraine, zum Kaspischen Meer (Kaukasus und El-bursgebirge) und bis an die Mittelmeerküste des Libanons und Israels; im Norden bis Südnorwegen und Südschweden (ca. 60° n. Br.), vereinzelt bis nach Nordschweden (ca. 65° n. Br.); im Süden bis in den südlichen Mittelmeerraum, vereinzelt in Nordafrika.

Verbreitung in Baden-Württemberg: Archäophyt. Im ganzen Gebiet verbreitet und meist häufig. Seltener in Gebieten mit basen- und nährstoffreichen Böden oder mit wenig geeigneten Ruderalstellen, so in der Mittleren Oberrheinebene, im Schwarzwald, im Schwäbisch-Fränkischen Wald und im Alpenvorland.

Tiefste Vorkommen: ca. 95 m, Hockenheim (6617/3), Mannheim (6417/3). Höchstes Vorkommen: ca. 1000 m, Gosheimer Kapelle (7818/4).

Erstnachweise: Ältester literarischer Nachweis bei ROTH VON SCHRECKENSTEIN (1798: 111) bei Müllheim, Immendingen (8111, 8018). Schon 1576–94 von H. HARDER vermutlich im Gebiet gesammelt (SCHINNERL 1912: 237).

Bestand und Bedrohung: Die Art ist im Gebiet häufig und nicht gefährdet.

11. Geranium dissectum L. 1755
Schlitzblättriger Storchschnabel

Morphologie: Sommer-einjährig (ob einjährig-überwinternd?). Sproß verzweigt, bis 50 (70) cm hoch, Stengel aufsteigend bis aufrecht, mit Grundblattrosette, diese zur Blütezeit meist vertrocknet; Stengel und Blattstiele mit abstehenden, rückwärtsgerichteten, 0,5–1 mm langen Haaren, vereinzelt mit Drüsenhaaren. Stengelblätter gegenständig; Blattspreite bis fast zum Stielansatz 5- bis 7teilig, Blattlappen mehrmals tief geteilt. Blütenstiele und Kelchblätter dicht mit langen Drüsenhaaren besetzt. Kelchblätter ohne Hautrand. Kronblätter bis 6 (8) mm lang, purpurn. Frucht mit Granne bis 1,5 cm lang, abstehend drüsenhaarig.

Biologie: Blütezeit von Mai bis Oktober. Die Blüten sind schwach proterogyn, mit Fremd- und Selbstbestäubung.

Ökologie: Auf mäßig nährstoffreichen bis nährstoff- und basenreichen, frischen Lehmböden. In Unkrautgesellschaften an Wegen, auf Schuttplätzen, in Gärten und in Äckern. *G. dissectum* kommt vorwiegend in Hackfruchtgesellschaften vor, Kennart der Ordnung Polygono-Chenopodietalia. In Getreideäckern ist die Art seltener. Vegetationsaufnahmen bei v. ROCHOW (1951: Tab. 4, Geranio-

Allietum), Görs (1966: Tab. 1, 4, Fumario-Eu-phorbion-Gesellschaften, Tab. 3, Caucalido-Ado-nidetum), Seybold u. Müller (1972: Tab. 3, 8, 12, in Artemisietalia- und Onopordetalia-Gesell-schaften), Lang (1973: Tab. 38, 39, 42, 43, Acker-unkraut-Gesellschaften), Philippi (1983: Tab. 28, Thlaspi-Veronicetum politae).

Allgemeine Verbreitung: Europa, Nordafrika, West-asien. Im Norden bis Südskandinavien, vereinzelte Vorposten in Norwegen auch nördlich des Polar-kreises; im Süden bis Nordafrika (mit Kanarischen Inseln), Israel, Jordanien und bis zum Persischen Golf. Im Westen bis Irland, Portugal (auch auf den Azoren); im Osten bis Polen, vereinzelt im Balti-kum, bis zum Kaspischen Meer (Kaukasus) und bis in den östlichen Iran. In Europa steigt die Art in den Alpen bis auf ca. 1400 m (Wallis).

Verbreitung in Baden-Württemberg: Archäophyt. Fast im ganzen Land verbreitet. Seltener und regio-nal ganz fehlend in Gebieten mit nährstoffarmen, sauren Böden und/oder fehlendem Ackerbau, so im Schwarzwald und im Alpenvorland. Tiefstes Vorkommen: ca. 95 m, bei Mannheim (6416). Höch-ste Vorkommen: ca. 990 m, Plettenberg (7718/4, Bertsch 1933), 890 m, Bhf. Hinterzarten (8014/4).

Erstnachweise: Ältester literarischer Nachweis: Bauhin (1598: 206), Umgebung von Bad Boll (7323).

Bestand und Bedrohung: Die Art ist im Gebiet häu-fig und nicht gefährdet.

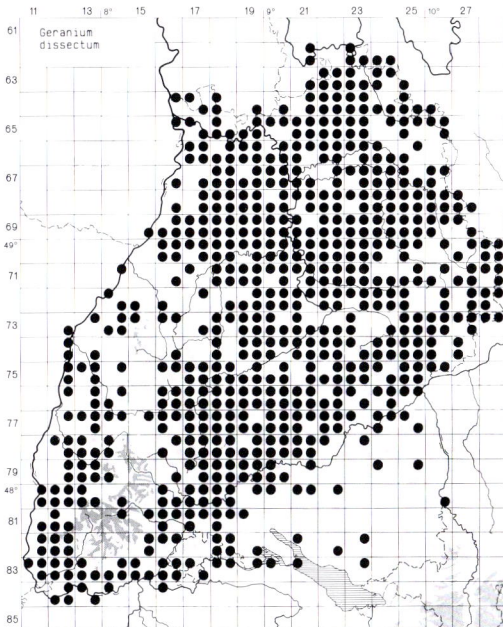

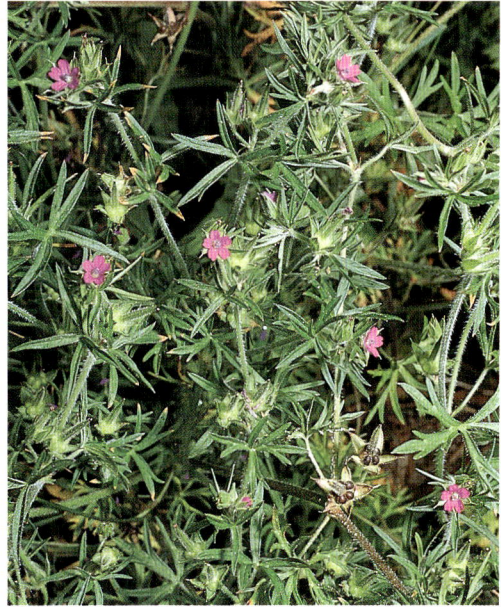

Schlitzblättriger Storchschnabel *(Geranium dissectum)* Sulzburg, 1991

12. Geranium robertianum L. 1753
Stinkender Storchschnabel, Ruprechtskraut

Morphologie: Sommer-einjährig oder einjährig-überwinternd. Sproßachse aufsteigend bis aufrecht, verzweigt, rot überlaufen, mit einfachen, mehrzelli-gen Haaren und mit zahlreichen rotköpfigen, mehrzelligen Drüsenhaaren. Ganze Pflanze unan-genehm riechend. Am Grunde der Sproßachse eine Blattrosette mit gestielten Blättern, diese überwin-tern und sind zur Blütezeit im folgenden Jahr meist schon vertrocknet. Stengelblätter zahlreich, gestielt, mit einfachen Haaren, Drüsenhaare meist nur am Blattstiel; Spreite 3–8 cm breit, einfach 3-, seltener 5teilig gefiedert; Fiedern ein- bis zweifach fie-derspaltig; Zipfel in eine Spitze auslaufend. Kelch-blätter 6–8 mm lang mit 1–2,5 mm langer Spitze; Kronblätter mit ca. 5 mm langem, fast weißem Nagel und ca. 6 mm langer, hell- bis dunkelrosa-ner, oft mit 3 hellen Streifen versehener Platte. Staubbeutel orangerot oder rotbraun. Teilfrucht im samentragenden Teil mit netzartig verbundenen Leisten. Diese weniger dick und weniger zahlreich, als bei *G. purpureum*. Chromosomenzahl: $2 n = 64$.

Variabilität: In Baden-Württemberg nur die subsp. *robertianum*.

Biologie: Blütezeit von Mai bis Oktober. Die Blüten sind sowohl proterandrisch oder proterogyn als auch homogam. Der Blühablauf ist wahrscheinlich

witterungsabhängig (WANGERIN 1926: 90–93).
Neben Fremdbestäubung durch Insekten (Dipteren, Hymenopteren, Lepidopteren, seltener Coleopteren) kommt regelmäßig Selbstbestäubung vor. Die Blattstiele der unteren Blätter, z.T. bereits die Kotyledonen, dienen nach dem Absterben der Spreite als Stützorgane, wenn die Pflanze an Felsen oder Mauern wächst. Die noch lebenden Blattstiele biegen sich nach unten und legen sich fest dem Substrat an, dadurch wird der Sproß etwas nach oben gedrückt und abgestützt.

Ökologie: Auf nährstoffreichen (stickstoffhaltigen), frischen, humosen Lehm-, Sand- und Rohböden; Schatten- und Halbschattenpflanze, kann noch bei etwa 1/1800 des Tageslichtes keimen und wächst noch bei etwa 1/40; die Art gehört zu den Pflanzen, die am weitesten in Höhlen vordringen, sie kann aber auch an stark besonnten Standorten wachsen. In krautreichen Waldgesellschaften, vor allem in Bachauen-Wäldern (Alno-Ulmion), in Hecken, in stickstoffreichen, beschatteten Ruderalgesellschaften (Glechometalia), oft auch im Gleisschotter; Kennart des Alliarion-Verbandes, an feuchten, beschatteten Mauern- und Felsen und auf Steinschutthalden.

Vegetationsaufnahmen (Auswahl) von Bachauenwäldern bei LANG (1973: Tab. 5), PHILIPPI (1982: Tab. 1), MURMANN-KRISTEN (1987: Tab. V); von Hecken bei FISCHER (1982: Tab. 16, Pruno-Ligustretum); von Ruderalgesellschaften des Allia-

Stinkender Storchschnabel *(Geranium robertianum)*
Mägdeberg/Hegau, 23. 6. 1991

rion-Verbandes geben GÖRS u. MÜLLER (1969) eine Übersicht, Aufnahmen des Epilobio-Geranietum robertiani bei MURMANN-KRISTEN (1987: Tab. 35), SCHWABE (1987: Tab. 13) und PHILIPPI (1989: Tab. 23); Aufnahmen weiterer Ruderalgesellschaften bei SEYBOLD u. MÜLLER (1972: Tab. 5), LANG (1973: Tab. 15), RATTAY-PRADE (1988: Tab. 20); von Mauer- und Felsgesellschaften des Cystopteridion-Verbandes bei OBERDORFER (1977: Tab. 4), SEBALD (1983: Tab. 10); von Steinschutt-Gesellschaften bei KUHN (1937: Tab. 9, Gymnocarpietum robertiani und Tab. 10 u. S. 61, Rumicetum scutati), SEBALD (1983: Tab. 10, Gymnocarpietum robertiani).

Allgemeine Verbreitung: Europa, Nordafrika, West- und Mittelasien, Nordamerika (ob synanthrop?); in Südamerika, Mittel- und Südafrika stellenweise eingebürgert. Die Verbreitung reicht im Norden bis Nordnorwegen (ca. 70° n.Br., in Asien bis zum Südrand des Westsibirischen Tieflandes (ca. 55° n.Br.).

Verbreitung in Baden-Württemberg: Indigen. Im ganzen Gebiet verbreitet.

Tiefstes Vorkommen: ca. 95 m, Mannheim (6416). Höchstes Vorkommen: ca. 1400 m, Feldberggebiet (8114).

Erstnachweise: Ältester literarischer Nachweis bei BAUHIN (1598: 207, 1602: 231): Umgebung von Bad Boll (7323). Ältester fossiler Nachweis von

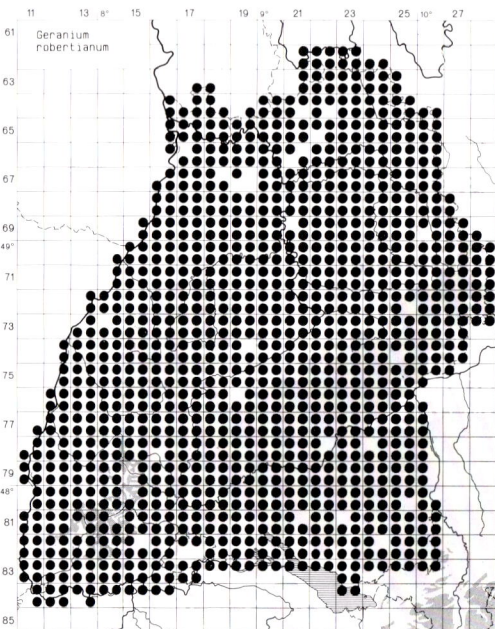

Hornstaad aus dem Frühen Subboreal (RÖSCH, unveröff.).

Bestand und Bedrohung: Die Art ist überall zahlreich und nicht gefährdet.

Geranium purpureum Villars 1786
G. robertianum subsp. *purpureum* (Vill.) Nyman 1878
Purpur-Storchschnabel

Unterschiede zu *G. robertianum*: Blütenkronblätter kleiner, 6–9 mm lang, dunkelrot, Antheren gelb. Blütenstiel und Kelchblätter meist drüsiger. Teilfrucht im samentragenden Teil mit dickeren und zahlreicheren Leisten (siehe Abbildung). Chromosomenzahl: 2 n = 32.

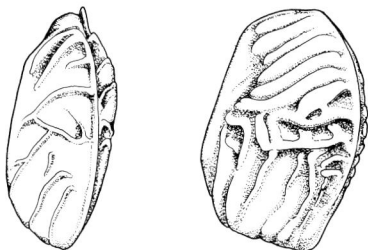

Teilfrüchte (ohne Granne) von *Geranium robertianum* (links) und *G. purpureum* (rechts). Zeichnung: F. WEICK

Hauptverbreitung ist der Mittelmeerraum (mit Nordafrika). Nördlich bis Südengland, Südfrankreich, Süddeutschland, Balkanländer; nach Osten bis zum Kaspischen Meer (Verbreitungskarte bei BAKER 1957: 173).

In Südwestdeutschland eine alte Angabe aus der Pfalz (VOLLMANN 1914: 490). In jüngerer Zeit von HÜGIN (1992, mündl.) auf mehreren Bahnhöfen zwischen Emmendingen und Basel beobachtet. Weitere neuere Beobachtungen aus der Nordschweiz von HUBER (1992); hier scheint die Art bereits fest eingebürgert zu sein.

Auf weitere Vorkommen in Süddeutschland, vor allem in den Wärmegebieten ist zu achten. Eine Einbürgerung ist nicht ausgeschlossen.

Geranium peregrinum Thell. 1911
Fremder Storchschnabel

Merkmale (nach Belegen in KR – weichen in den Behaarungsangaben etwas von der Beschreibung von THELLUNG (1911) ab): Ausdauernd? Sproß einfach oder wenig verzweigt, bis ca. 50 cm hoch. Blätter im Umriß 3- bis 5eckig, 3–8 cm breit, zur Hälfte bis ⅘ in 3–5 Lappen geteilt, diese eiförmig bis breit-lanzettlich, am Rande tief gesägt bis tief eingeschnitten, mit stumpfen Zipfeln. Stengel und Blattstiele mit fast waagerecht abstehenden, längeren borstlichen und kürzeren feineren Haaren; Stengel im oberen Teil, sowie Blütenstiele und Kelchblätter mit langen Drüsenhaaren. Kelchblätter ca. 7 mm lang, begrannt, am Rande gewimpert; Kronblätter etwa gleichlang, an der Spitze abgerundet. Frucht mit Griffelrest 20–22 mm lang. Fruchtfach löst sich mit Granne von der Mittelsäule ab. Über den Samenschleudermechanismus ist nichts bekannt.

Die Herkunft vermutet KNUTH (in: THELLUNG 1911: 20) in Nordamerika. Er stellt die Art in die Verwandtschaft des amerikanischen *G. richardsonii*. *G. peregrinum* wurde 1907 von KNEUCKER (1927) südlich des Stadtgartens von Karlsruhe (6916/3) entdeckt; 1912 von MÄNNIG in Karlsruhe-Grünwinkel (6916/1); letzte Aufsammlung 1943 von KNEUCKER (KR) beim Nymphengarten in Karlsruhe (6916/3). Wahrscheinlich handelte es sich um eine unbeständig verwilderte Zierpflanze.

Oxalidaceae
Sauerkleegewächse
Bearbeiter: S. DEMUTH

Ein- bis mehrjährige Kräuter, seltener Sträucher und Bäume (nur außerhalb Europas). Blätter wechselständig, oft gefiedert oder gefingert, selten einfach, Nebenblätter vorhanden oder fehlend. Bei vielen *Oxalis*-Arten klappen die Blattfiedern bei Dunkelheit oder Kälte nach unten; bei einigen *Biophytum*-Arten klappen die Fiedern nach Berührung nach unten. Blütenstand sympodial gebaut oder Blüten einzeln. Blüten radiärsymmetrisch; Kelchblätter 5, frei; Kronblätter 5, frei oder an der Basis verwachsen; 2 Kreise mit je 5 Staubgefäßen, die am Grunde verbunden sind; Fruchtknoten oberständig, aus 5 freien *(Biophytum)* oder im unteren, samentragenden Teil verwachsenen Fruchtblättern bestehend; Griffel 5, frei. Fruchtknoten fünffächrig mit zentralwinkelständiger Plazentation. Früchte sind Kapseln, seltener Beeren.

Die Mehrzahl der Oxalidaceae besiedelt die tropische und subtropische Zone der Erde (fehlen in Neuguinea, Australien, Neuseeland), wenige Arten die meridionale und temperate Zone; sie fehlen in der borealen und polaren Zone.

Die Oxalidaceae umfassen (inkl. Averrhoaceae, Hypseocharitaceae, Lepidobotryaceae) 8 Gattungen mit ca. 950 Arten. In Europa 1 Gattung *(Oxalis)* mit 12 Arten, in Baden-Württemberg 4 Arten.

1. **Oxalis** L. 1753
Sauerklee

Einjährige und ausdauernde Kräuter, Sträucher. Blattspreite oft dreiteilig gefiedert, einige tropisch-subtropische Arten mit mehrteilig gefiederten oder gefingerten Spreiten oder nur mit einem Fiederblättchen. An der Basis der Fiedern befinden sich Gelenke, die Klappbewegungen der Fiedern ermöglichen. Narbe meist kopfig. Frucht eine fünffächrige, loculizide Kapsel.

Die Samen schleudern sich selbst aus der Kapsel heraus: Aus dem inneren Integument des Samens wird eine harte innere Samenschale, die Endotesta, aus dem äußeren die weichere Exotesta, beide sind voneinander getrennt. Die Exotesta besitzt eine innere Zellschicht, die stärkereich ist und Schleuderschicht genannt wird. Sind die Samen reif und die Kapseln aufgesprungen, wird die Stärke in den Zellen der Schleuderschicht verzuckert. So erhöht sich der osmotische Wert in den Zellen und der Turgor steigt durch Wasseraufnahme, dadurch steigt auch die Gewebespannung der Schleuderschicht. Das Wasser stammt wahrscheinlich aus dem benachbarten äußeren Zellgewebe. An der zur Kapselspalte gewandten Seite der Samen reißt nun die Exotesta längs auf und rollt sich aufgrund der hohen Gewebespannung mit großer Heftigkeit von den beiden Kanten der Rißlinie her auf. Dadurch wird der Samen nach außen durch den Spalt geschleudert. Die Wirkung wird dadurch verstärkt, daß die Kraft der zurückschnellenden Exotesta nicht nur in radialer Richtung „von hinten" am Samen ansetzt; durch die Längsfaltung von Endo- und Exotesta wirken an den Faltenrippen Tangentialkräfte. Im Prinzip ähnlich einer Zahnstange, die von zwei Zahnrädern, die links und rechts ansetzten, durch deren Drehung nach vorne geschoben wird.

Anmerkungen zu *O. fontana, O. corniculata* und *O. dillenii* (Sektion Corniculatae):

Alle drei sind u.a. Zwischenwirte (Aecidienwirte) einiger Mais-Rostarten, z.B. von *Puccinia sorghi* (= *P. maydis*); Hauptwirt ist der Mais (*Zea mays*).

Neben der Bestäubung durch Insekten (Dipteren, Lepidopteren) kommt es zur Selbstbestäubung und zur Pseudogamie. Nach EITEN (1963: 283) können innerhalb eines Fruchtknotens an verschiedenen Samenanlagen alle 3 Möglichkeiten gleichzeitig geschehen.

1 Blüten weiß, Blatt- und Blütenstandsstiele grundständig – Stengel stark gestaucht, unterirdische Ausläufer mit Schuppen („Schuppenrhizom") . .
                                    1. *O. acetosella*
– Blüten gelb, Blatt- und Blütenstandsstiele an einem aufrechten oder niederliegenden Stengel, Ausläufer, wenn vorhanden, ohne Schuppen . . 2
2 Nebenblätter fehlen, Blattstiele (z.T. auch Blütenstandsstiele und Stengel) mit mehrzelligen Gliederhaaren, Kapsel mit abstehenden Gliederhaaren oder kahl, nie mit einzelligen, granulierten, anliegenden Haaren . . . . 2. *O. fontana*
– Nebenblätter vorhanden, mit dem Blattstiel verwachsen (bei *O. dillenii* sehr schmal), Blattstiele, meist auch Blütenstandsstiele und Stengel, ohne Gliederhaare, Kapsel neben abstehenden Gliederhaaren mit rückwärts anliegenden oder abstehenden einzelligen, granulierten Haaren 3

3 Oberirdische Ausläufer vorhanden, an den Knoten wurzelnd, einzellige Haare an Blatt-, Blütenstandsstielen und Stengel auf- oder abwärts gerichtet oder abstehend (meist alle 3 Formen vorhanden), Samen ohne weiße Linien auf den Querrippen . . . . 3. *O. corniculata*
– Oberirdische Ausläufer fehlen, wenn Ausläufer, dann unterirdisch und nicht an den Knoten wurzelnd, einzellige Haare aufwärts anliegend, nur an der Basis von Blatt- und Blütenstandsstiel abstehend, Samen auf den Querrippen mit weißen Linien . . . . 4. *O. dillenii*

1. Oxalis acetosella L. 1753
Wald-Sauerklee

Morphologie: Ausdauernd, 5–15 cm hoch, mit unterirdischen, verzweigten, abschnittsweise mit dicken Schuppen (Blattbasen) besetzten Ausläufern; die Schuppen dienen als Speicherorgane. Stengel gestaucht, daher alle Blätter grundständig, Nebenblätter klein, eiförmig, an ihrer Basis mit dem Blattstiel verbunden. Blüten (genauer der einblütige Teilblütenstand) lang gestielt; Stiel des Teilblütenstandes mit 2 Vorblättern. Neben sich normal entwickelnden, chasmogamen Blüten im Frühjahr, bilden sich im Sommer und Herbst kurzgestielte, kleistogame Blüten.

Biologie: Die chasmogamen Blüten werden selten von Insekten (Dipteren, Hymenopteren, Coleopteren) bestäubt, der Fruchtansatz ist daher gering.

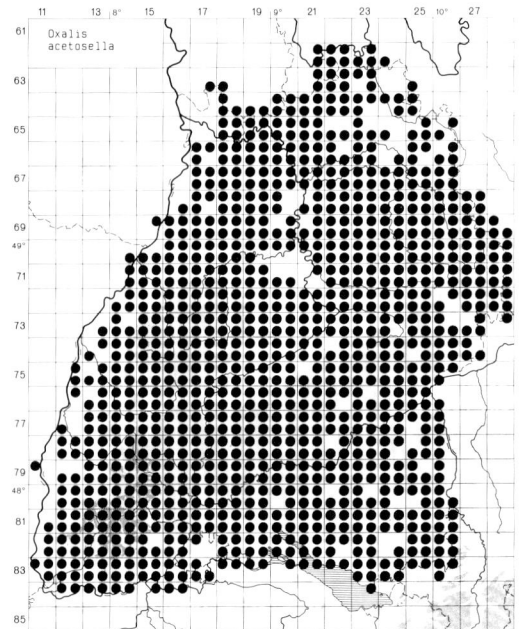

Wald-Sauerklee *(Oxalis acetosella)*
Bombach, 1989

Weitaus höher ist die Frucht- und Samenproduktion durch die Selbstbestäubung der kleistogamen Blüten.

Ökologie: Auf frischen bis mäßig feuchten, basenarmen bis mäßig basenreichen, meist kalkfreien, nährstoffreichen Lehmböden, gern auf Moderhumus, Schattenpflanze. Verbreitet in Fagion-Gesellschaften (selten im Carici-Fagetum und Lathyro-Fagetum) vor allem der collinen bis montanen/subalpinen Stufe. Auch in Carpinion- und einigen Vaccinio-Piceetea-Gesellschaften, in Nadelholzforsten der tieferen Lagen, sowie in montanen Hochstauden-Gesellschaften (Vegetationsaufnahmen u.a. bei PHILIPPI 1989: Tab. 7, 8, Belchen-Gebiet). Vegetationsaufnahmen von verschiedenen Waldgesellschaften u.a. bei KUHN (1937 – westliches Albvorland), BERTSCH (1940 – Schwarzwald), RODI (1959/60 – Welzheimer Wald, Albvorland), PHILIPPI (1982 – Kraichgau, 1989 – Belchen), OBERDORFER (1982 – Feldberg), NEBEL (1986 – Hohenlohe), MURMANN-KRISTEN (1987 – Nordschwarzwald).

Allgemeine Verbreitung: Europa, Mittelasien – in Ostasien nur vereinzelt. Im Westen bis zu den Britischen Inseln, auf Island sehr selten; im Osten bis zum Ochotskischen Meer und bis Nordjapan; im Norden bis Nordnorwegen (70° n. Br.), in Mittelasien bis etwa 60° n. Br.; im Süden bis Nordspanien (Pyrenäen), Korsika, Süditalien, Nordgriechenland – fehlt weitgehend in der Türkei, ein isoliertes Teilareal im Kaukasus.

Verbreitung in Baden-Württemberg: Allgemein verbreitet, selten und regional fehlend in der eigentlichen Rheinaue (Böden zu naß und basenreich – es fehlen die entsprechenden Waldgesellschaften) und im Siedlungs- und Industriebereich großer Städte wie Stuttgart oder Mannheim. Bei den Lücken außerhalb dieser Bereiche handelt es sich weitestgehend um Kartierlücken.

Tiefstes Vorkommen: ca. 100 m, Ketsch (6617/1). Höchstes Vorkommen: ca. 1400 m, Feldberg (8114/1).

Erstnachweise: Die Art ist im Gebiet indigen. Ältester literarischer Nachweis bei FUCHS (1542: 564, 1543: CCXIII) von Tübingen (7420). Ältester fossiler Nachweis aus dem Frühen Subboreal bei Reute (K. BERTSCH 1956).

Bestand und Bedrohung: Häufig und nicht gefährdet.

2. Oxalis fontana Bunge 1833

O. europaea Jordan 1854; *O. stricta* L. 1753 sensu
Eiten 1955
Aufrechter Sauerklee

Morphologie: Einjährig oder ausdauernd, Hauptwurzel nicht oder kaum dicker als der Stengel.
Sproß mit einem aufrechten, verzweigten Stengel
und meist mit unterirdischen Ausläufern, dann
mehrstengelig (Ausläufer bilden an den Knoten
Stengel aus), Stengel meist aufrecht, selten liegend –
aufsteigend. Stengel, Blatt- und Blütenstiele mit
wenigen oder zahlreichen mehrzelligen, glattwandi-
gen, fast durchsichtigen Gliederhaaren (meist im
oberen Sproßteil) und mit einzelligen, abstehenden
granulierten Haaren. Internodien gestreckt, Blätter
wechselständig; im oberen Sproßteil können die
Internodien gelegentlich sehr kurz sein, so daß die
Blätter fast gegenständig sind. Nebenblätter fehlend, aber Blattstielgrund dreieckig verbreitert.
Stiele der Teilinfloreszenzen am Grunde, in den
Achseln ihrer Tragblätter, mit verdicktem Gelenk.
Kapseln mit wenigen oder zahlreichen Gliederhaaren, einzellige Haare fehlen. Samen mit schwach
ausgeprägten weißen bis grauen Linien auf den
Querrippen (bei *O. dillenii* sind die Linien viel deut-
licher).

Biologie: Blütezeit von Mai bis Oktober. Weiteres
siehe Gattungsbeschreibung.

Ökologie: Auf nährstoffreichen, kalkarmen bis
kalkfreien, schwach sauren, frischen Lehmböden.
Halbschatten-, Halblichtpflanze. In Hackfrucht-
und annuellen Ruderalgesellschaften; auf Äckern
(Mais-, Rübenäcker, seltener im Getreide), in Gärten und auf Friedhöfen, an Wegrändern. Vor allem
in Polygono-Chenopodion- und Fumario-Euphor-
bion-Gesellschaften. Nach TÜXEN (1950) und
OBERDORFER (1983) Assoziationskennart des Chenopodio-Oxalidetum fontanae.

Vegetationsaufnahmen u.a. bei PHILIPPI (1972:
Tab. 13 und 1983: Tab. 28, jeweils im Thlaspio-Veronicetum politae), Lang (1973: Tab. 39, Chenopodio-Oxalidetum europaeae; Tab. 42, Aphano-Matricarietum) und HÜGIN (1986: Tab. 2, Stoppelfel-
der).

Allgemeine Verbreitung: Ursprünglich heimisch in
Nordamerika und Ostasien, in Europa eingebürgert. Hier wurde *O. fontana* von MORRISON als
Zierpflanze 1658 nach Oxford (England) eingeführt
und verbreitete sich danach in Europa. Die europäische Sippe (mit geringer Behaarung) stammt
nach EITEN (1953: 305) von einer nordamerikani-
schen ab. Mit den asiatischen Formen soll die Art
weniger Ähnlichkeit haben.

Aufrechter Sauerklee *(Oxalis fontana)*
Weissach, 31. 7. 1991

In Europa ist die Art fast überall verbreitet. Die
Verbreitung reicht im Norden bis Südskandinavien,
vereinzelt bis Mittelschweden; im Osten bis zum
Ural und zum Kaukasus; fehlt in Island, in Nordafrika und in der Türkei.

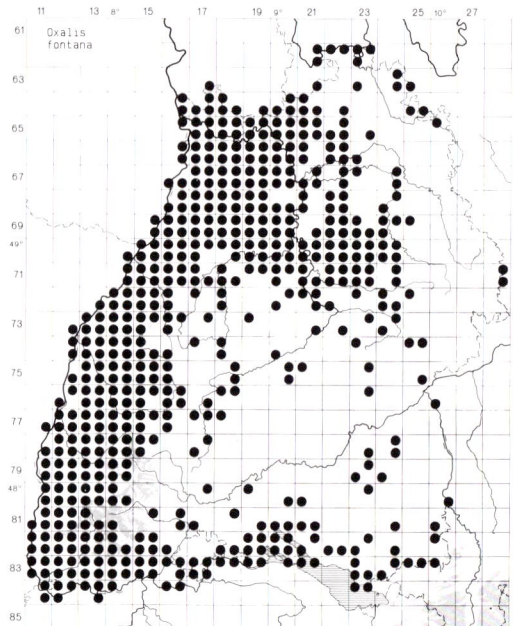

Verbreitung in Baden-Württemberg: *O. fontana* kommt hauptsächlich in den wärmebegünstigten, atlantisch geprägten Naturräumen vor. Schwerpunkt ist das Oberrheingebiet, der Westschwarzwald, das Hochrhein- und Bodenseegebiet, sowie das Neckarland. In den übrigen Naturräumen ist die Art zerstreut oder regional fehlend.

Tiefstes Vorkommen: ca. 95 m, Mannheim (6416). Höchste Vorkommen: ca. 700 m, Oberbaldingen (8017/2), Bahnhof Blumberg (8117/3), Albtal (8214/4).

Erstnachweise: *O. fontana* ist ein Neophyt, der sich wahrscheinlich im 18. Jahrhundert eingebürgert hat. Ältester literarischer Nachweis bei WIBEL (1799), Wertheim (6223).

Bestand und Bedrohung: Die Art ist häufig und nicht gefährdet.

3. Oxalis corniculata L.
Hornfrüchtiger Sauerklee

Morphologie: Ein- bis mehrjährig, mit Pfahlwurzel (diese meist dicker als der Stengel). Hauptsproß kurz, mit wenigen Blättern und Blüten, an der Basis verzweigt. Seitensprosse alle liegend, kriechend (Ausläufer), bei geeignetem Substrat an den Knoten wurzelnd. An jedem Knoten aufrechte Kurztriebe mit Blättern und Blüten. Ausläufer oberirdisch oder etwas von Erde überdeckt. Blätter mit Nebenblättern, diese auf ihrer ganzen Länge mit

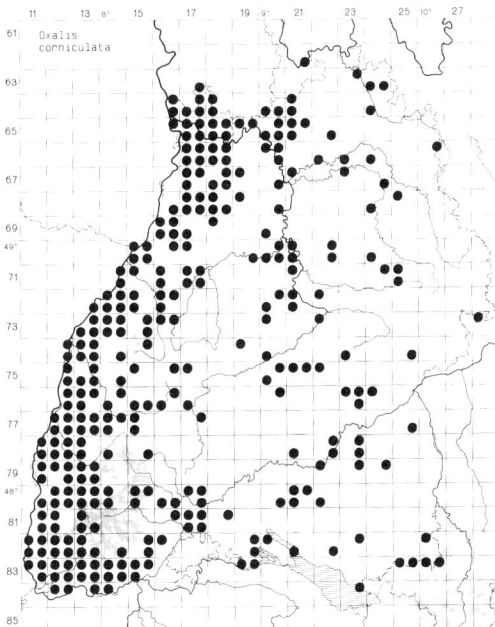

dem Blattstiel verwachsen. Blatt-, Blütenstiele und Stengel mit einzelligen, granulierten Haaren, selten mit mehrzelligen Gliederhaaren. Haare nach verschiedenen Richtungen abstehend, zusammen mit dicht anliegenden. Blätter und Stengel meist dunkelrot überlaufen. Samen ohne, selten mit undeutlichen grauen oder weißen Linien an den Querrippen.

Biologie: Blütezeit von Mai bis Oktober.

Ökologie: Auf mäßig trockenen bis frischen, nährstoffreichen, humosen Böden; Halblicht-, Halbschattenpflanze. In Unkrautgesellschaften in Gärten, Pflanzkübeln, Blumentöpfen, auf Baumscheiben, Kieswegen und in Pflasterfugen (nicht im betretenen Bereich – *O. corniculata* ist keine eigentliche Trittrasenart), an Mauerfüßen und am Rand von Steinfassungen. Nur im eigentlichen Siedlungsbereich, besonders auf Friedhöfen und in Haus- und Vorgärten. Die enge Bindung an Siedlungsbereiche gibt es wahrscheinlich überall in Europa, so z.B. auf den Britischen Inseln (CLAPHAM et al. 1962), in Frankreich (GUINOCHET und VILMORIN 1975) oder den Niederlanden (OOSTSTROOM 1962); in Nordamerika zeigt die Art dasselbe Verhalten (EITEN 1963). In veröffentlichten Vegetationsaufnahmen aus Baden-Württemberg fehlt die Art bisher. Selbst in Arbeiten über Stadtvegetation aus Deutschland ist sie selten in Aufnahmen vertreten, z.B. bei MÜLLER, N. (1988: Tab. 5, 1 × im Trifolio-Veronicetum filiformis) oder FROST (1985: Tab. 9, *Poa annua*-Gesellschaft, beschattet – Friedhof, Regensburg); AEY (1990: Tab. 7 – Artenliste) hat sie ebenfalls nur auf Friedhöfen (Lübeck) gefunden.

Allgemeine Verbreitung: Ursprünglich wohl in der subtropischen und tropischen Zone Asiens, Australiens und Afrikas. Nach EITEN (1963: 265) gibt es einige Hinweise, die auf ein Indigenat in (Süd-?) Amerika schließen lassen. Heute fast weltweit verbreitet.

In der temperaten Zone der Nordhalbkugel (Nordamerika, Europa, Asien) eingebürgert; fehlt im kontinental geprägten Teil Asiens, sowie in der borealen und polaren Zone vollständig. In Europa reicht die Art nördlich bis Mittelschweden (ca. 60° n.Br.). Hier, sowie im nördlichen Teil Mitteleuropas seltener und z.T. unbeständig; im südlichen Teil verbreitet und fest eingebürgert.

Verbreitung in Baden-Württemberg: Die Karte gibt die tatsächliche Verbreitung sehr unvollständig wieder. Die Häufung im badischen Landesteil ist auf die größere Beachtung durch die hier tätigen Kartierer zurückzuführen. *O. corniculata* dürfte praktisch in jedem Dorf und jeder Stadt zu finden

Hornfrüchtiger Sauerklee *(Oxalis corniculata)*

sein, vor allem auf den Friedhöfen, so daß sich ein mehr oder weniger geschlossenes Verbreitungsbild ergeben dürfte.

Tiefstes Vorkommen: ca. 95 m, Mannheim (6416). Höchstes Vorkommen: ca. 1000 m, Höhenschwand, Urberg (8214/4).

Erstnachweise: Ältester literarischer Nachweis als Zitat von J. Bauhin (um 1600) in Heidelberg und Basel in Gärten (Graebner 1914: 150); später in C. C. Gmelin (1806: 284f.): „... passim copiose", ohne Ortsangabe. Wahrscheinlich Archäophyt.

Bestand und Bedrohung: Die Art ist häufig und nicht gefährdet.

4. Oxalis dillenii Jacq. 1794
Dillens Sauerklee

Morphologie: Einjährig bis ausdauernd, mit Pfahlwurzel, diese etwas dicker als der Stengel. Sproß aufrecht, meist unten reich verzweigt, seltener einfach. Internodien zumindest im oberen Teil des Sprosses abschnittsweise stark verkürzt, so daß die Blätter fast gegenständig bis quirlständig stehen, ebenso im Infloreszenzbereich, der Blütenstand ist daher meist doldig. Unterirdische Ausläufer fehlend oder vorhanden, an den Knoten entstehen aufrechte, beblätterte und blütentragende Stengel – an baden-württembergischen Pflanzen konnte bisher keine Wurzelbildung an den Knoten beobachtet werden. Stengel, Blatt- und Blütenstiele mit einzelligen, nach oben anliegenden, granulierten, dadurch milchig-grauen Haaren, ohne mehrzellige Gliederhaare. Die vielen granulierten Haare geben der Pflanze ein graugrünes Aussehen, im Gegensatz zu *O. fontana*, die viel weniger dieser Haare besitzt und kräftig grün aussieht. Die Blätter mancher Pflanzen können am Rand oder auf der ganzen Fläche rot überlaufen sein, jedoch nie so intensiv wie bei *O. corniculata*. Nebenblätter sehr schmal, mit dem Blattstiel verwachsen. Früchte mit zahlreichen, nach unten anliegenden, einzelligen Haaren und wenigen bis zahlreichen, abstehenden, mehrzelligen Gliederhaaren.

Biologie: Blütezeit von Juli bis Oktober.

Ökologie: Auf nährstoffreichen, mäßig trockenen bis frischen Böden. Im Ursprungsgebiet in Prärien, lichten Eichenwäldern und in Unkrautgesellschaften (EITEN 1963). In Europa in Unkrautgesellschaften an Wegrändern, in Hackfruchtgesellschaften, auf Friedhöfen, in Gärten, lückigen Parkrasen, selten auf Äckern.

Allgemeine Verbreitung: Ursprünglich in den östlichen USA und im angrenzenden Kanada. In Europa eingeschleppt; das genaue Jahr ist nicht bekannt, aber sehr wahrscheinlich im 19. Jahrhundert im Mittelmeerraum. Heute kommt die Art in Albanien, Österreich, Großbritannien, der Tschechoslowakei, Dänemark, Frankreich, Italien (mit Sardinien), Jugoslawien und Deutschland vor. Erstes Auftauchen in Österreich um 1830 (MURR 1931), in England um 1950 (YOUNG 1958), in Deutschland zuerst 1961 in Berlin (SCHOLZ 1966) und 1962 in Darmstadt (MARQUARDT 1967). Da *O. dillenii* auch übersehen, bzw. mit *O. corniculata* oder *fontana* verwechselt worden sein kann, kann die Einwanderung in Deutschland auch vor 1960 erfolgt sein. In Deutschland ist die Art neben Berlin und von einigen Fundorten in Hessen auch in Rheinland-Pfalz und im Saarland nachgewiesen, wenn auch zunächst nur von wenigen Fundstellen (WOLFF, LANG, 1991 briefl.).

Verbreitung in Baden-Württemberg: *O. dillenii* ist ein Neophyt. Die erste Beobachtung stammt von 1973 bei Lengenrieden (6423/4). Seither wurde

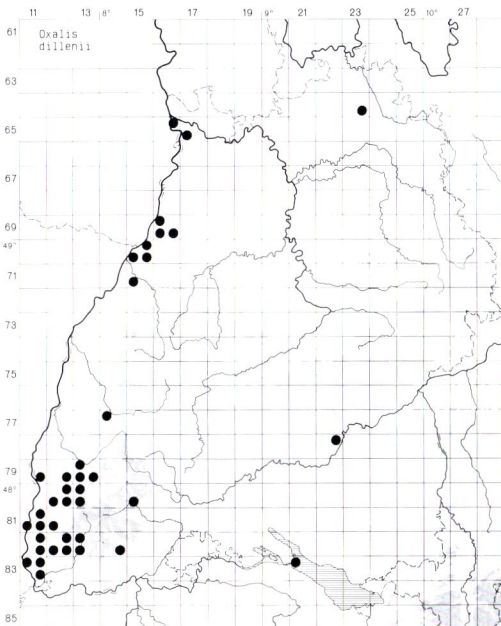

Dillens Sauerklee *(Oxalis dillenii)*
Freiburg, Hauptfriedhof, 5. 8. 1991

O. dillenii an mehreren Orten, vor allem im badischen Landesteil, beobachtet.

Die Karte ist unvollständig; es sind noch weitere Vorkommen auf Friedhöfen, in Gärten und Parks zu erwarten.

Tiefstes Vorkommen: ca. 95 m, Mannheim (6516/2). Höchstes Vorkommen: 975 m, Urberg (8214/4).

Nördliches Oberrheingebiet: 6516/2: Mannheim-Schloß, 1991, DEMUTH (KR), Hauptfriedhof Mannheim, 1991, DEMUTH (KR-K); 6517/3: Brühl-Rohrdorf/Friedhof, Pfingstberg/Friedhof, 1991, DEMUTH (KR-K); 6916/1: Neureut-Friedhof, 1991, NEUBEHLER (KR-K); 6916/3: Friedhöfe von Daxlanden, Grünwinkel, 1991, KLEINSTEUBER (KR); 6916/4: Karlsruhe, Friedhof, 1991, DEMUTH (KR).

Alle weiteren Angaben, wenn nichts anderes erwähnt, von HÜGIN und KOCH (1992) aus den Jahren 1985–91:
7015/2: Forchheim; 7015/3: Würmersheim; 7015/4: Durmersheim; 7115/3: Sandweier; 7911/4: Breisach; 7912/4: Freiburg-Lehen; 7913/1: Vörstetten; 7913/3: Freiburg-Hauptfriedhof; 7913/4: Eschbach; 8012/3: Bad Krozingen; 8013/1: Freiburg; 8013/3: St. Ulrich; 8111/3: Neuenburg; 8111/4: Müllheim; 8112/3: Badenweiler, Laufen; 8211/2: Auggen, Niedereggenen; 8211/4: Kandern; 8311/1: Kleinkems.
Schwarzwald: 7714/1: Welschensteinach; 8015/3: Neustadt; 8211/4: Kandern; 8212/2: Neuenweg; 8212/3: Vogelbach; 8212/4: Holl; 8213/1: Häg; 8214/4: Urberg; 8311/2: Wollbach; 8311/4: Haltingen, Lörrach.
Schwäbische Alb: 7822/2: Pflummern.
Taubergebiet: 6423/4: SE Lengenried, 1973, SCHNEDLER (KR).
Bodenseegebiet: Konstanz-Friedhof, 1991, DEMUTH (KR).

Erstnachweise: Siehe Verbreitung in Baden-Württemberg.

Bestand und Bedrohung: *O. dillenii* scheint in Baden-Württemberg in Ausbreitung begriffen. Zukünftig sollte mehr auf diese Art geachtet werden.

Oxalis latifolia Kunth in H.B.K. 1822
Breitblättriger Sauerklee

Ausdauernde Art mit rosaroten Blüten und Sproßknollen an den unterirdischen Ausläufern. Zierpflanze; Heimat ist das tropische Südamerika. Zu dieser Art gehört nach OBERDORFER (1983: 620) wahrscheinlich auch die von KOTTE 1955 im Wolfachtal bei Bad Rippoldsau im Schwarzwald (7514/4) als verwilderte Zierpflanze in einer Baumschule entdeckte und von OBERDORFER (1956) als *Oxalis jaliscana* Rose bestimmte *Oxalis*-Art. Nach MARQUARDT (1967: 56) wurde die Baumschule aufgegeben, um eine weitere Verbreitung der Art zu verhindern.

Balsaminaceae

Springkrautgewächse
Bearbeiter: S. DEMUTH

Einjährige oder ausdauernde Kräuter mit ± durchsichtigem Sproß. Blätter gegen-, wechsel- oder quirlständig, einfach, gezähnt; Nebenblätter fehlend. Blattgrund oft mit Nektarien. Blüten zwittrig, zygomorph. Kelchblätter 5, selten 3, das untere oft blumenblattartig und gespornt. Kronblätter 5, davon können 4 paarweise verwachsen sein; 5 unterschiedlich große Staubgefäße, Staubfäden im oberen Teil und Staubbeutel miteinander verwachsen, den Stempel mützenförmig umschließend. Fruchtknoten 5fächrig, Griffel fehlend oder sehr kurz mit 5 Narben. Frucht eine meist aufspringende Kapsel mit zahlreichen Samen, bei der indomalayischen Gattung *Hydrocera* eine Beere. Samen ohne Nährgewebe.

Weltweit 4 Gattungen mit 500–600 Arten in Nord- und Mittelamerika, Eurasien und Afrika; fehlt in Südamerika und Australien. Von den 4 Gattungen bestehen 3 jeweils nur aus 1 Art. Die übrigen gehören alle zur Gattung *Impatiens*. In Europa 1 Gattung mit einer indigenen Art, *I. nolitangere*, sowie weiteren, z.T. eingebürgerten Arten.

1. **Impatiens** L. 1753

Springkraut

Morphologie siehe Familien- und Artbeschreibung. Der größte Teil der 500–600 Arten besiedeln die Tropen Afrikas und Asiens. Allein die Hälfte

kommt nur in Indien vor. In der temperaten Zone Eurasiens nur 8 Arten ursprünglich. Einige Arten werden als Zierpflanzen kultiviert, darunter die als „Fleißige Lieschen" bekannten *I. walleriana*, *I. holstii* und *I. sultanii* aus dem tropischen Afrika, sowie deren Hybriden.

Die Früchte der *Impatiens*-Arten gehören zu den Saftdruckstreuern (siehe ULBRICHT 1928 und MÜLLER-SCHNEIDER 1977): An der Mittelsäule (Placenta) der 5fächrigen Kapsel entwickeln sich im oberen Teil pro Fach 2 oder mehr Samen, im unteren Teil sterben die Samenanlagen ab. Die Frucht verdickt sich im oberen, samentragenden Teil und wird meist keulenförmig. Hier bleiben die Fruchtwände dünn, im unteren, samenlosen sind sie verdickt. Bei der Samenreife steigt im unteren Teil der Turgor in den Zellen der äußeren Zellschicht der Fruchtwand stark an (Schwellgewebe). In der inneren Zellschicht bleibt der Turgor gleich; das Gewebe ist verstärkt durch Kollenchym. Diese innere Schicht setzt der sich ausdehnenden äußeren einen Widerstand entgegen. Hat die äußere Gewebespannung eine bestimmte Größe erreicht, reißt das Trenngewebe zwischen den Fruchtblättern von allein oder bei Berührung ein, die Zellen der äußeren Schicht dehnen sich nun schlagartig aus, da der Widerstand weg ist, und die einzelnen Fruchtblätter rollen sich plötzlich von unten her nach innen ein und schlagen gegen die Samen. Die Wucht ist so groß, daß diese bis 7 m weit herausgeschleudert werden können.

1 Blüten rot-violett, Blätter gegenständig oder quirlständig . . . . 3. *I. glandulifera*
– Blüten gelb, Blätter wechselständig 2
2 Unteres Kelchblatt mit Sporn 0,8–1 cm lang, Sporn gerade; Teilblütenstände aufrecht; Blattzähne spitz . . . . 2. *I. parviflora*
– Unteres Kelchblatt mit Sporn 2,5–3 cm lang, Sporn hakig gekrümmt; Teilblütenstände/Einzelblüten hängend; Blattzähne stumpf . . . .
1. *I. noli-tangere*

1. **Impatiens noli-tangere** L. 1753

Rühr-mich-nicht-an

Morphologie: Einjährig, bis 1 m hoch. Sproß aufrecht, oben reich verzweigt. Blätter wechselständig, lang gestielt, breit-lanzettlich, zugespitzt, 3–12 cm lang, etwa doppelt so lang wie breit; Blattgrund mit Stieldrüsen. Blüten blattachselständig, einzeln oder in wenigblütigen Trauben. Kelchblätter 5, davon 2 stark reduziert, das untere 2–3 cm lang, blumenblattartig, gespornt; Kronblätter 5, kräftig gelb, am Grund mit roten Punkten, das untere bis 2,5 cm lang, ausgebreitet (Insektenlandeplatz), die übrigen

4 kleiner, paarweise verwachsen. Die 5 Narbenzipfel sitzend. Frucht bis 3 cm lang, spindelförmig.

Biologie: Blütezeit von Juni bis August (September). Die Blüten sind proterandrisch. Insektenbestäubung, meist durch Hummeln, seltener durch andere Wildbienenarten oder durch Honigbienen; Selbstbestäubung selten. Neben den chasmogamen („normalen") seltener auch kleistogame (geschlossen bleibende) Blüten, vor allem an sehr schattigen Stellen. Fruchtbiologie siehe Gattungsbeschreibung.

Ökologie: Auf frischen, mäßig (sicker)feuchten bis mäßig (sicker)nassen, wasserzügigen, nährstoffreichen, mäßig sauren bis schwach basischen, humosen Lehm- oder Tonböden. Fehlt auf staunassen oder zu trockenen Böden. In verschiedenen Auwaldgesellschaften: in Bachauen (Alnenion glutinoso-incanae) – Vegetationsaufnahmen bei SCHWABE (1987, Schwarzwald), PHILIPPI (1982, Kraichgau), MURMANN-KRISTEN (1987, Nordschwarzwald) und MÜLLER und GÖRS (1958, württembergisches Alpenvorland); in Eichen-Ulmen-Hartholzauen (Ulmenion minoris) – Aufnahmen bei PHILIPPI (1978, Rußheimer Altrhein) und MÜLLER (1974, Taubergießen). Auch in Schluchtwäldern (Tilio-Acerion) – Aufnahmen bei KUHN (1937, Schwäbische Alb), MURMANN-KRISTEN (1987, Nordschwarzwald); selten in Buchenwaldgesellschaften, z.B. reichlich im Aceri-Fagetum des Feldberggebietes (OBERDORFER 1982: Tab. 1).

Rühr-mich-nicht-an *(Impatiens noli-tangere)*
Burkheim, 1967

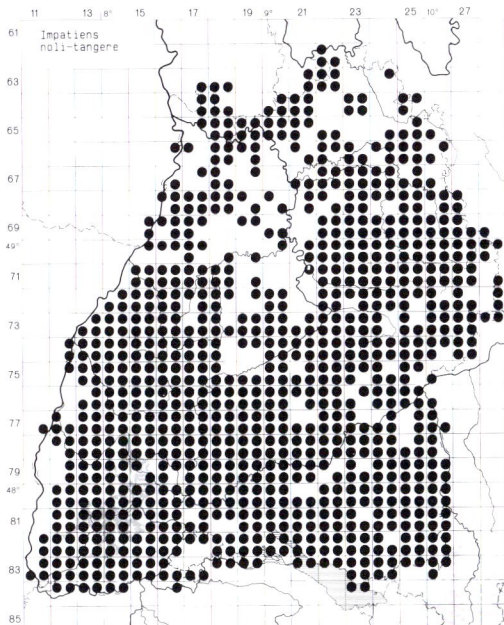

I. noli-tangere ist sehr häufig in bestimmten nitrophilen Saum- und Verlichtungsgesellschaften, z.B. auf ungestörten Böden an Bachufern (SCHWABE 1987: Tab. 13, Stachyo-Impatientetum noli-tangere) oder auf gestörten Böden in natürlich oder künstlich entstandenen Waldlücken, an Waldrändern oder an Waldwegen auf nährstoffreichen, feuchten, lockeren Böden.

Nach TÜXEN und BRUN-HOOL (1975: Tab. 4 mit Aufnahmen von Wesergebirge, Harz, Schwarzwald und der Schweiz) ist *I. noli-tangere* eine Kennart der für diese Standorte typischen Pionier-Gesellschaften des Stachyo-Impatiention noli-tangere. Die volle Entwicklung erreichen diese auffälligen Gesellschaften im August.

Zusammen mit *I. noli-tangere* kommen mit hoher Stetigkeit vor: *Geranium robertianum, Circaea lutetiana, Rumex sanguineus, Moehringia trinervia, Stachys sylvatica, Senecio fuchsii, Glechoma hederacea* u.a. Glechometalia-Arten.

Allgemeine Verbreitung: Europa, Asien und Nordamerika. Hauptverbreitungsgebiete mit geschlossenen Vorkommen in Eurasien sind Mittel- und Osteuropa, das Westsibirische Tiefland, der Kaukasus und Japan, dazwischen ist die Verbreitung sehr lückenhaft. Nach Westen bis England, Schottland, Frankreich, nach Osten bis Japan und zum Kamtschatka. Im Norden bis Nordskandinavien (nur entlang der Küsten), in Asien bis etwa zum nördlichen Polarkreis. Im Süden bis Nordspanien (Pyrenäen), Italien (Apennin), Gebirge Jugoslawiens, Bulgariens und Rumäniens (z. B. Karpaten), im asiatischen Arealteil bis zum Rand der Steppen- und Wüstengebiete Innerasiens (Kasachensteppe und Mongolisches Becken). In Nordamerika in den Rocky Mountains Alaskas und Kanadas.

Verbreitung in Baden-Württemberg: In allen Naturräumen verbreitet. Nur in den klimatisch etwas trockeneren Gebieten mit geringerem Waldanteil etwas seltener und z.T. lokal fehlend, so im östlichen Kraichgau, im Taubergebiet, im Neckarbecken um Stuttgart, im Nördlichen Oberrheingebiet in den Sanddünen-Gebieten, sowie im Südlichen Oberrheingebiet im Bereich der Trockenwälder der Rheinaue.

Tiefstes Vorkommen: ca. 100 m, Kollerinsel (6616/2) und bei Ketsch (6617/1). Höchstes Vorkommen: ca. 1300 m, Feldberggebiet (z. B. Brandhalden – 8114/3).

Erstnachweise: Ältester literarischer Nachweis von BAUHIN (1598: 171) aus der Umgebung von Bad Boll (7323). Die Art ist im Gebiet indigen.

Bestand und Bedrohung: Die Art ist fast überall zahlreich und nicht gefährdet.

2. Impatiens parviflora de Candolle 1824
Kleinblütiges Springkraut

Bemerkung: Biologie, Ökologie, Ausbreitungsgeschichte in Mitteleuropa sind ausführlich bei TREPL (1984) dargestellt.

Morphologie: Einjährig. Sproß im oberen Teil, seltener ab der Basis, 1- bis 3fach verzweigt, (10) 20–60 (150) cm hoch, kahl, oben mit zahlreichen Stieldrüsen. Blätter wechselständig, (3) 5–12 (6) cm lang, Blattgrund mit Stieldrüsen. Blütenstand wie bei *I. noli-tangere*. 1–5 Samen pro Kapsel.

Biologie: Blütezeit von (April) Mai bis September (Oktober). Insektenbestäubung, hauptsächlich durch Schwebfliegen. Blüten proterandrisch; Blühdauer einer Blüte etwa 1–2 Tage, davon dauert das weibliche Stadium nur 2–4 Stunden. Im Durchschnitt produziert eine Pflanze 1000–2000 Samen, im Extremfall bis 10000. In dichten *I. parviflora*-Beständen werden etwa 700000–4 Millionen Samen/ha/Jahr produziert. In Bachauenwäldern

wurden bis 30 Millionen Samen/ha/Jahr errechnet. Die Verbreitung der Samen erfolgt im Nahbereich durch den Schleudermechanismus der Kapseln (siehe Gattungsbeschreibung), im Fernbereich z.B. durch Aussaat von Wildfutter, Verunreinigung von Sämereien, durch Holztransporte, durch Fahrzeuge (Reifen), durch Verschwemmung mit Hochwasser oder durch Säugetiere, etwa im Fell, oder an Schuhen.

Erst etwa 100 Jahre nach Einführung von *I. parviflora* in Mitteleuropa (um 1830) folgte aus Asien ein bedeutender Schädling, der Rostpilz *Puccinia komarowii*, bei dem alle Stadien auf der Pflanze parasitieren. Daneben treten gelegentlich die Uredo- und Teleutostadien von *Puccinia argentata* an *I. parviflora* auf, einem Rostpilz, der hauptsächlich auf *I. noli-tangere* schmarotzt (Aecidienwirt ist *Adoxa moschatellina*). Als tierische Schädlinge treten Blattläuse, Minierfliegen (z. B. *Liriomyza impatientis*), Gallmücken, Spannerraupen (*Xanthorhoe biriviata*) oder Wanzen auf.

Ökologie: Auf feuchten bis frischen, nährstoffreichen, oft basenarmen, mäßig sauren, humosen, sandigen oder lehmigen Böden. Der Gesellschaftsanschluß von *I. parviflora* ist sehr breit. Nach einer Zusammenstellung von Vegetationsaufnahmen aus Mitteleuropa von TREPL (1984: 267ff.) kommt *I. parviflora* in 7 Gesellschaftsklassen mit 20 Verbänden vor. Die Stetigkeit ist in allen Verbänden zumindest in einigen Assoziationen hoch. In stark

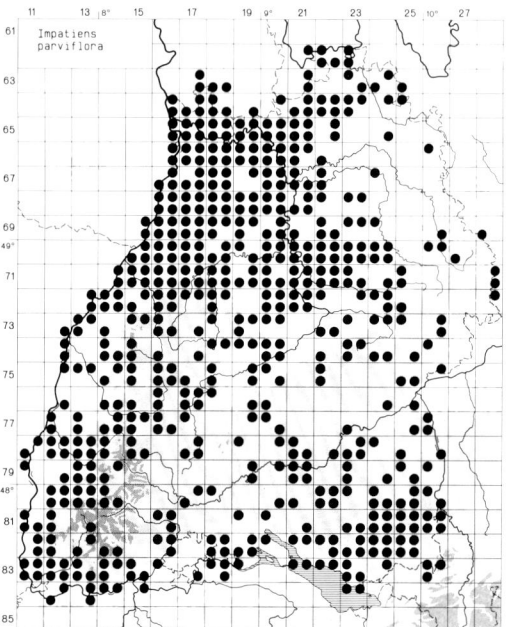

Kleines Springkraut *(Impatiens parviflora)*
Häcklerweiher, 17. 8. 1991

gestörten, einjährigen und ausdauernden Ruderal-gesellschaften (Cheopodietea und Artemisietea), in nitrophilen Saum- und Verlichtungs-(Schlag-)gesellschaften (Galio-Alliarietalia), in Silberweiden-wäldern und -gebüschen an Fluß- und Bachufern, in Bruch- und Auwäldern (Alnetea glutinosae, Alnion glutinoso-incanae und Ulmion minoris), in vielen mesophilen Laubwaldgesellschaften (Quercetea robori-petraeae und Querco-Fagetea), in verschiedenen Nadelholz-Gesellschaften, vor allem in Forsten und in Gebüschgesellschaften (Prunetalia). In ihrer Heimat kommt die Art in verschiedenen Laub- und Nadelwäldern vor, z. B. in Walnuß-, Wildobst- oder Espenwäldern, in Auwaldgesellschaften mit Populus-Arten, in Fichtenwäldern oder auf Geröllhalden, an Bachufern, sowie in Ruderalgesellschaften.

In Mitteleuropa begann die Einbürgerung von den Botanischen Gärten aus zunächst in Ruderalgesellschaften in der näheren Umgebung, und zwar unmittelbar auf die Anpflanzung folgend. Erst nach vielen Jahrzehnten (bis 100 Jahren) konnte *I. parviflora* in Waldgesellschaften eindringen. Dieser verzögerte Übertritt kann mit einer veränderten Bewirtschaftung der Wälder nach 1945 z.T. erklärt werden: zunehmender Waldwegebau und Einsatz großer Maschinen mit erheblich stärkeren Störungen des Waldbodens. Auch eine Zunahme von Erholungssuchenden und damit eine Verkehrszunahme in den Wäldern kann zur Verbreitung von *I. parviflora*-Samen beigetragen haben.

I. parviflora ist der einzige Neophyt in Mitteleuropa, der in naturnahen Waldgesellschaften großflächig verbreitet ist.

Allgemeine Verbreitung: Ursprünglich in Mittelasien, nördlich bis Südsibirien (Altai), südlich bis in den Himalaja. Im Himalaja reicht *I. parviflora* bis auf 3000 m. Verbreitungskarte bei TREPL (1984: 76). Heute fast überall in Mitteleuropa, selten in Osteuropa eingebürgert, ebenso an wenigen Stellen in Nordamerika. Die Ausbreitung ist sehr wahrscheinlich noch nicht abgeschlossen. In Mitteleuropa wurde *I. parviflora* zuerst um 1830 im Botanischen Garten von Genf angepflanzt und 1831 verwildert beobachtet. Durch weitere Anpflanzungen in Botanischen Gärten wurde die Art in vielen Städten Mitteleuropas eingeschleppt. In Deutschland zuerst in Dresden um 1838 verwildert, nachdem sie 1837 ausgesät wurde. Die ausführliche Geschichte der Einwanderung und Ausbreitung in Mitteleuropa bei TREPL (1984: 79 ff.).

Verbreitung in Baden-Württemberg: Vor etwa 100 Jahren begann *I. parviflora* sich in Baden-Württemberg auszubreiten. Heute ist die Art in den meisten Naturräumen zahlreich. Größere Lücken finden sich noch auf der Schwäbischen Alb und im Hohenlohischen. Mit einer weiteren Ausbreitung ist hier zu rechnen. Die ersten Erwähnungen mit Ortsangaben bei SCHMIDT (1857) für die Umgebung des (alten) Botanischen Gartens Heidelberg (6518/3), bei DÖLL (1862: 1180, „ . . . hat zur Zeit noch keinen Anspruch auf einen Platz in unserer Flora") für Karlsruhe-Ettlingen (7016), KNEUCKER (1886) gibt *I. parviflora* bereits für die Hardtwaldränder um Karlsruhe an, SCHUPP (in: DITTUS 1907) für Wolfegg (8124/4) seit etwa 1856 durch Aussaat, MAYER (1930) für Tübingen seit 1860, MARTENS und KEMMLER (1882) für Stuttgart, Hohenheim, Gmünd (ausschließlich in Gärten).

Tiefstes Vorkommen: ca. 95 m, Mannheim (6416). Höchste Vorkommen: 800–900 m, im Südschwarzwald an mehreren Orten.

Erstnachweise: Ältester literarischer Nachweis bei SCHMIDT (1857) für Heidelberg. (In Mitteleuropa ein Neophyt).

Bestand und Bedrohung: Die Art ist fast überall zahlreich und wahrscheinlich noch in Ausbreitung begriffen. Nicht gefährdet.

3. Impatiens glandulifera Royle 1834
Impatiens roylei Walpers 1842
Indisches Springkraut, Drüsiges Springkraut

Morphologie: Einjährig. Sproß im Blütenstandsbereich verzweigt, kahl, bis 2,5 m hoch. Blätter gegenständig, im oberen Sproßteil zu dreien quirlständig, lanzettlich, 10–25 cm lang, etwa 4- bis 5mal so lang wie breit, lang gestielt. Blattstiel und Blattgrund mit Stieldrüsen. Teilblütenstände 5- bis 20blütige blattachselständige Trauben. Blüten mit Sporn 2,5–4 cm lang, stark nach Obst duftend; neben rotvioletten auch blaßrot/weißliche Blüten. Frucht 3–5 cm lang, keulenförmig.

Biologie: Blütezeit von Juli bis Oktober (November). Die Pflanzen sind selbstfertil. Dadurch, daß die Blüten ausgeprägt proterandrisch, die Staubbeutel von der Narbe räumlich getrennt sind und die Keimfähigkeit der Pollen am Ende des männlichen Blühstadiums stark herabgesetzt ist, kommt es allerdings selten zur Selbstbestäubung in Form von Autogamie. Insektenbestäubung hauptsächlich durch die Honigbiene, seltener durch Hummeln. Gelegentlich wird auch der Sporn, in dem sich der Nektar befindet, durchbissen. Der Nektar ist stark zuckerhaltig und wird reichlich produziert, deshalb ist die Pflanze bei Imkern sehr beliebt und wird häufig ausgesät. Pro Pflanze entwickeln sich etwa 1600–4300 Samen. In Reinbeständen können es bis zu 32000 Samen/m² sein. Die Keimfähigkeit der Samen liegt bei etwa 80%, die Lebensdauer bei mehreren Jahren (nähere Angaben bei KOENIS und GLAVAC 1979). Die Samen werden bis 7 m weit aus der Kapsel geschleudert (Mechanismus siehe Gattungsbeschreibung). Die Nahverbreitung, z. B. flußaufwärts und nach außerhalb der Über-

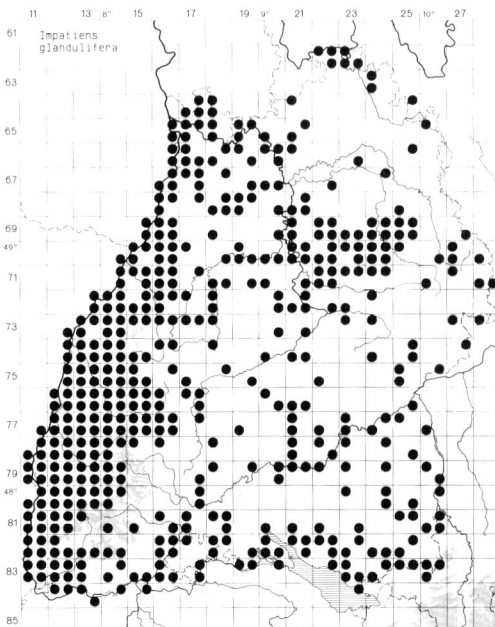

schwemmungsauen oder der Aufbau großer, dichter Rheinbestände, funktioniert über das Ausstreuen der Samen.

Die Fernverbreitung erfolgt hauptsächlich durch Hochwasser. Nach LHOTSKÁ und KOPECKY (1966) schwimmen frische Samen nicht auf dem Wasser. Erst einige Tage alte, getrocknete Samen können bis zu 3 Tage schwimmen. Sie werden allerdings wie Geschiebe oder Schwebstoffe im Wasser und nicht auf der Oberfläche transportiert. Bei geringer Fließgeschwindigkeit sinken sie aber schnell auf den Grund. Starkes Hochwasser ist zur Verbreitung notwendig.

Der Samen kann auch durch Ausbaggern und Transport von Sediment verbreitet werden. HEINE (1952) berichtet, daß Samen mit Rheinkies verschleppt wurde. Bei starker Wasserströmung können abgerissene Sproßteile verdriftet werden und nach Anlanden im Boden wurzeln und zu ganzen Pflanzen heranwachsen. Knicken Pflanzen um, können sie an den Knoten bei Bodenberührung Adventivwurzeln bilden und durch Seitentriebe wieder aufrecht weiterwachsen.

Ökologie: Auf feuchten bis nassen, nährstoffreichen, schwach sauren bis basischen Sand-, Lehm- oder Tonböden, vor allem auf jungen Alluvionen; Schatten- und Halbschattenpflanze, bevorzugt entweder hohen Grundwasserstand oder, bei niedrigem Grundwasser, luftfeuchte Gebiete. Vor allem im Überschwemmungsbereich von Flüssen und Bächen. In Auwäldern, Weidengebüschen, nitrophilen Staudengesellschaften, seltener in mesophilen Gesellschaften. Der Schwerpunkt liegt in Convolvuletalia-Gesellschaften und im Salicion albae. Vegetationsaufnahmen bei GÖRS (1974: z. B. Tab. 1, Gesellschaften des Alliarion-Verbandes; Tab. 6, 7 Impatientietum glanduliferae), T. MÜLLER (1974: Tab. 1, Salicetum triandrae, *Humulus lupulus-Sambucus nigra*-Ges.), LOHMEYER und TRAUTMANN (1974: Tab. 1, Salicetum albae; Tab. 2, Querco-Ulmetum in Bereichen, die stärker überschwemmt werden), PHILIPPI (1972: Tab. 6, Salicion alba-Ges.; Tab. 5, Querco-Ulmetum; 1978: 245, *Impatiens glandulifera*-Bestand; 1982: 429, *Impatiens glandulifera*-Bestand), SCHWABE (1987: vor allem in der submontanen Stufe, z. B. Tab. 9, Convolvuletalia-Gesellschaften; Tab. 35, Salicetum triandrae; Tab. 40, Stellario-Alnetum glutinosae) und THOMAS (1990: Tab. 19, *Urtica-dioica*-Brache, Phragmitetum).

Gefördert wurde die massenhafte Ausbreitung während der vergangenen 30–50 Jahre u.a. durch Umwandlung von Silberweidenwälder in Pappelforste. In diesen lichten Forsten auf gestörtem Bo-

Indisches Springkraut *(Impatiens glandulifera)*
Bahlingen am Kaiserstuhl, 1967

den im Überschwemmungsbereich findet *I. glandulifera* optimale Wuchsbedingungen. Fast ebenso häufig ist sie in Mittelgebirgen entlang der Bachläufe in Weidengebüschen, Erlen-Galeriewäldern, Ufer-Stauden-Gesellschaften. Vielfach auch in artenarmen Dominanzbeständen mit Deckung zwischen 75% und 100%. Am geeigneten Standort äußerst konkurrenzfähig (KOENIS und GLAVAC 1979): Im dichten *Urtica dioica*-Bestand, der bereits im Juni entwickelt ist, wird das Längenwachstum von *I. glandulifera* durch die Beschattung stark gefördert. Etwa im Juli überwächst *I. glandulifera* die Brennessel. Jetzt am Licht, werden die Seitensproßbildung, das Blattwachstum und die Blütenbildung gefördert, die Brennessel wird unterdrückt. Für *Impatiens noli-tangere* stellt *I. glandulifera* auch in anderer Weise eine Konkurrenz dar. Nach DAUMANN (1967) ist der Insektenanflug bei *I. glandulifera* bedeutend höher als bei der anderen Art, wenn beide zusammen stehen, so daß bei *I. noli-tangere* der Insektenbesuch und die Bestäubung fast ausbleibt.

Allgemeine Verbreitung: Nach BLATTER (in: LUDWIG 1956) ist die Heimat von *I. glandulifera* der westliche Himalaja von Kaschmir bis Nepal, zwischen 1800 und 3000 m Höhe. Nach LUDWIG (1956) kam die Art 1839 nach England, von wo aus sie in vielen europäischen Gärten kultiviert wurde. Eingebürgert ist *I. glandulifera* heute in Europa in der temperaten Zone. Im Westen bis zu den Britischen Inseln, im Osten bis Rußland. Im Norden bis Skandinavien, im Süden bis Frankreich, Norditalien, Jugoslawien. Fehlt im eigentlichen Mittelmeergebiet.

Verbreitung in Baden-Württemberg: In der benachbarten Schweiz wird *I. glandulifera* zum erstenmal für 1904 an der Birs bei Aesch südlich Basel erwähnt (BINZ 1911, HEGI 1925: 314). Aus den folgenden Jahren gibt es eine Reihe weiterer Angaben für die Nordschweiz und Österreich (HEGI 1925). Von dem Vorkommen bei Basel scheint sich die Art rheinabwärts ausgebreitet zu haben. Nach KNEUCKER (1935) wird die Art 1927 im Kenzinger Rheinwald (7817/1) und bei Breisach (7911) beobachtet. In den 1920er Jahren war *I. glandulifera* in den Rheinwäldern bei Jechtingen (7811/4) schon häufig. KAPPUS-MULSOW (1934) gibt sie für Altenheim (7512/2) an. Um 1930 wird sie an der Murgmündung (7015/3) beobachtet (KNEUCKER 1935). Die Pflanzen bei Ilvesheim am Neckar (6517/1) von 1912 (HEGI 1925: 314) sind unabhängig von diesen verwildert. BERTSCH (1933) gibt Geislingen (7718/2), Unterdrackenstein (7424/1) und Gammelshausen (7323/4) als Fundorte an, KNEUCKER (1935) erwähnt noch Bad Buchau (7923/2), Schussenried

(7923/4) und Geislingen an der Steige (7325/3). In dieser Zeit scheint sich *I. glandulifera* auch im Elsaß und in der Pfalz auszubreiten. Die Art hat sich also etwa um 1900 vom südlichen Oberrheingebiet aus rheinabwärts ausgebreitet. Etwas später verwildert sie auch außerhalb des Rheintales, besonders nach Aussaat durch Imker, an mehreren Stellen in Baden-Württemberg. Innerhalb von 30–50 Jahren hat sich *I. glandulifera* fast über das ganze Land verbreitet. Im Gegensatz zu *Impatiens parviflora* aber erst viele Jahrzehnte nach der Kultivierung.

Schwerpunkt der Verbreitung ist das Oberrheingebiet und der westliche Schwarzwald, wo die größten Bestände vorkommen. Weitere Verbreitungsgebiete sind das Main-Taubergebiet, das Neckartal, vor allem zwischen Stuttgart und Mannheim, der Schwäbisch-Fränkische Wald, Schurwald, Welzheimerwald, das Bodenseegebiet, das Westallgäuer Hügelland, sowie das Donautal mit Seitentälern.

Tiefstes Vorkommen: ca. 95 m, Mannheim (6516). Höchstes Vorkommen: ca. 920 m, Hof (S Herzogenhorn, 8114/3).

Erstnachweise: Neophyt. Ältester literarischer Nachweis von LAUTERBORN (1927: 82) von den Rheinauen (im Taubergießen?).

Bestand und Bedrohung: In den Hauptverbreitungsgebieten sehr zahlreich, noch in Ausbreitung begriffen; nicht gefährdet.

Literatur: Über Ökologie und Verbreitung in Baden-Württemberg siehe SCHULDES und KÜBLER (1990, 1991).

Impatiens balsamina L. 1753
Balsamine

Zierpflanze aus Ostindien. Ähnlich *I. glandulifera*, aber Blüten meist einzeln, schwach zygomorph, Frucht behaart, Pflanze bis etwa 50 cm hoch. Kultiviert, selten verwildert, unbeständig.

Polygalaceae
Kreuzblumengewächse
Bearbeiter: S. DEMUTH

Kräuter, Sträucher, selten kleine Bäume. Blätter wechselständig, selten gegenständig, einfach, Nebenblätter fehlend. Blüten zygomorph, Kelchblätter 5, die zwei seitlichen oft groß und kronblattähnlich, die anderen kleiner, Kronblätter 3–5, die zwei äußeren untereinander frei, z.T. mit dem unteren verwachsen, die zwei oberen frei, manchmal zu Schuppen reduziert oder ganz fehlend. Staubgefäße 8, selten 5 oder 4, Staubfäden zu einer oben offenen

Röhre vereinigt, selten frei, oft mit der Krone verwachsen. Fruchtknoten zweifächrig, selten 1- oder 3- bis 5fächrig, 1 Griffel; in jedem Fruchtfach 1 Samenanlage, Frucht eine Kapsel oder Steinfrucht. Samen oft behaart, mit einem auffallenden Elaiosom.

Weltweit mit ca. 17 Gattungen und 1000 Arten verbreitet. Fehlt in der polaren und nördlichen borealen Zone, sowie auf Neuseeland und vielen südpazifischen Inseln. In Europa 1 Gattung *(Polygala)* mit ca. 33 Arten, davon in Baden-Württemberg 7.

1. **Polygala** L. 1753
Kreuzblume

Blütenstand in Trauben oder Doppeltrauben. Blüten kurz gestielt, mit Tragblatt und an der Basis des Blütenstiels mit zwei Vorblättern. Kelchblätter 5, frei, die seitlichen groß und kronblattartig (Kelchflügel); Kronblätter 3, das mediane (untere) kahnförmig, vorne oft mit gefranstem Anhängsel (Krista), die beiden oberen frei und bei manchen Arten (z. B. den einheimischen) jeweils mit dem unteren bis etwa zur Ansatzstelle des Anhängsels verwachsen. Staubgefäße 8, Staubfäden eine oben offene Röhre bildend und mit der Kronröhre auf ganzer Länge verwachsen. Fruchtknoten zweifächrig, Frucht eine loculizide Kapsel. Staubbeutel bei den mitteleuropäischen Arten mit 3 *(P. chamaebuxus)* oder mit 2 Theken (übrige Arten). Samen mit dreilappigem Elaiosom.

Mit über 500 Arten die größte Gattung der Familie, weltweit verbreitet.

Die meisten einheimischen *Polygala*-Arten sind vorwiegend autogam, selten kommt auch Fremdbestäubung durch Insekten, meist Lepidopteren und Hymenopteren (Apiden) vor. Außer bei *P. chamaebuxus* (siehe dort) erfolgt die Bestäubung bei den einheimischen *Polygala*-Arten wie folgt: Direkt hinter dem Anhängsel des unteren Kronblattes befinden sich seitlich zwei Taschen, in denen je 4 der 8 Staubbeutel liegen. Unter diesen liegt der vordere, am Ende löffelartig verbreiterte Teil des Griffels. Hinter diesem Löffel befindet sich die höckrige, klebrige Narbe. Die Staubbeutel entleeren ihren Pollen in den Löffel. Die Insekten landen auf dem gefransten Anhängsel und schieben ihren Rüssel in die Kronröhre, um an dessen Ende an den Nektar zu gelangen. Dabei streift der Rüssel über die klebrige Narbe. Beim Zurückziehen bleibt an ihm Pollen hängen. Beim Besuch der nächsten Blüte wird der Pollen an deren Narbe abgeladen.

Befindet sich sehr viel Pollen im Griffellöffel, kann ihn der Rüssel beim Vordringen auf die Narbe schieben, so daß es zur Selbstbestäubung kommt; ebenso kommt es dazu, wenn ein Blütenbesuch ausbleibt, dann krümmt sich der Narbenhöcker nach vorne gegen den Löffel und wird dann durch den eigenen Pollen bestäubt. Alle Arten sind weitgehend selbstfertil; selbstbestäubte Blüten haben einen nur geringfügig verminderten Samenansatz und eine ganz normale Keimung.

Die Systematik der Gattung richtet sich vorwiegend nach HEUBL (1984, mit ausführlicher Beschreibung, zahlreichen Abbildungen und Verbreitungskarten für *P. amara, amarella, comosa, alpestris, alpina, comosa, vulgaris*).

1   Blüten gelb oder rötlich/purpurn, 13–15 mm lang, zu 1–2 blattachselständig, Krista 4lappig; Blätter ledrig, wintergrün . . . . . . 1. *P. chamaebuxus*
–   Blüten blau, rötlich-violett, seltener weiß, kleiner, in mehrblütigen Trauben, Krista mit Fransen; Blätter krautig, nicht überwinternd 2

2   Sproß ohne oder nur mit angedeuteter Grundblattrosette, Grundblätter elliptisch-lanzettlich, kleiner als die folgenden Stengelblätter 3
–   Sproß mit deutlicher Grundblattrosette, selten Rosette aufgelöst, Rosettenblätter verkehrt-eiförmig bis spatelig, etwa doppelt so lang wie die lanzettlichen Stengelblätter 5

3   Untere Blätter gegenständig, Haupttriebe von den Seitentrieben übergipfelt; Blütentrauben 3- bis 10blütig . . . . . . 4. *P. serpyllifolia*
–   Untere Blätter wechselständig, Haupttriebe unverzweigt oder Seitentriebe kürzer; Blütentraube meist mehr als 10blütig 4

4   Blütentragblätter lineal-lanzettlich, 2,3–5 mm lang, 2- bis 3mal so lang wie der Blütenstiel, am Rand gewimpert; Infloreszenz schopfig; Blüten meist rötlich-blau, Kronblätter etwa so lang wie die Kelchflügel, Flügelnervatur mit 0–6 undeutlichen Netzmaschen . . . . 2. *P. comosa*
–   Blütentragblätter länglich-eiförmig, 0,7–2,6 mm lang, etwa so lang wie der Blütenstiel oder kürzer, nicht gewimpert; Infloreszenz nicht schopfig; Blüten meist blau, seltener rötlich-violett oder weiß, Kronblätter die Flügel deutlich überragend, Flügelnervatur deutlich, mit (4) 6–20 Netzmaschen .
    3. *P. vulgaris*

5   Stengel ausläuferartig niederliegend, im unteren und mittleren Teil blattlos, mit Blattrosette abschließend, diese mit mehreren blattachselständigen Infloreszenzen; Blütentragblatt länger als der Blütenstiel oder gleichlang, Flügelnervatur mit 2–8 Netzmaschen . . . . 5. *P. calcarea*
–   Stengel aufsteigend bis aufrecht, meist ganz beblättert, am oberen Ende meist mit Blütenstand, ohne Blattrosette; Blütentragblatt kürzer als der Blütenstiel oder gleichlang, Flügelnervatur mit 1–4 Netzmaschen 6

6   Kelchflügel breit-elliptisch, 6–8,5 mm lang, 3,5–5,5 mm breit, fast doppelt so lang wie die

Kapsel, etwa gleich breit; Samen mit kurzen und längeren Borsten, 2,1–2,8 mm lang; Einschnürung des unteren Kronblattes deutlich, Krista mit 12–35 Fransen, Kelchblätter meist länger als 3 mm; Stengelblätter etwa in der Mitte am breitesten . . . . 6. *P. amara*

– Kelchflügel länglich-eiförmig, 3–5,1 mm lang, 1,2–2,2 mm breit, so lang oder kürzer und schmäler als die Kapsel; Samen nur mit kurzen Borsten, 1,5–2,1 mm lang; Einschnürung des unteren Kronblattes undeutlich, Krista mit 6–14 Fransen, obere Kelchblätter meist kürzer als 3 mm; Stengelblätter oberhalb der Mitte am breitesten . . . . .
7. P. amarella

1. Polygala chamaebuxus L. 1753
Zwergbuchs, Buchsblättrige Kreuzblume

Morphologie: Ausdauernd, bis 30 cm hoch. Sproß im unteren Teil verholzt, verzweigt. Stengel niederliegend bis bogig aufsteigend. Teilblütenstand 1- bis 3blütig. Oberes Kelchblatt am Grunde ausgesackt, die Kelchflügel zuerst gelblich-weiß, später braunrot bis purpurn. Unteres Kronblatt gelb bis orange, später braunrot bis purpurn; dieses ist kielförmig und am Ende zu einer Kelle erweitert. Zwischen Kelle und hinterem, röhrenförmigem Teil ist eine gelenkartige Einschnürung. Die Staubfäden sind vereinigt und wie der Griffel im vorderen Teil in der Kelle aufwärts gebogen. Die Narbe am Ende des Griffels ist schalenförmig vertieft. Fruchtstiele aufrecht, Kapsel rundlich, dicht drüsig punktiert, mit Hautrand.

Biologie: Blütezeit von März bis Juni. Die Bestäubung erfolgt ähnlich den anderen Arten, der Pollen wird ebenfalls noch im Knospenzustand in die schalenförmige Vertiefung der Narbe entleert. Das anfliegende Insekt drückt die Kelle des unteren Kronblattes nach unten, dadurch tritt der relativ steife Griffel heraus und drückt den Pollen an seinem Ende gegen die Bauchseite des Tieres. Auf diese Weise wird auch Fremdpollen vom Insekt auf der Narbe abgestreift. Die Kelle klappt anschließend in die alte Lage zurück, so daß der Vorgang wiederholt werden kann. Nicht ganz geklärt ist die Verhinderung der Selbstbefruchtung, da Selbstbestäubung dabei fast zwangsläufig erfolgt. Entweder wird die Narbe erst nach Abgabe des eigenen Pollens empfangsbereit für Fremdpollen oder die Selbstinkompatibilität ist sehr groß oder beides trifft zu.

Ökologie: Auf mäßig trockenen, basenreichen (meist kalkhaltigen), nährstoffarmen, lehmigen oder steinigen Böden. Halblicht-, Halbschattenpflanze. In submontaner bis alpiner Höhenlage. Natürliche Standorte sind lichte Kiefernwälder und trockene Eichenwälder, sowie Blaugras-Gesellschaften auf Mergelhalden und alpine Kalkmagerrasen. Sekundär in Waldsäumen an alten Waldwegrändern und in Halbtrockenrasen. Ordnungs-Kennart der Erico-Pinetalia-Gesellschaften. Vegetationsaufnahmen von der Schwäbischen Alb bei WITSCHEL (1980: Tab. 8, *Sesleria*-Halden; Tab. 10, 11, montane Mesobrometen; Tab. 13 Laserpitio-Calamagrostietum variae und *Festuca amethystina-Carex-sempervirens*-Gesellschaft; Tab. 16, Geranio-Peucedanetum; Tab. 20, Coronillo-Laserpietietum; Tab. 31, Cytiso-Pinetum) und bei T. MÜLLER (1980: Tab. 1, Coronillo-Pinetum und Cytiso-Pinetum).

Allgemeine Verbreitung: Zentraleuropäische Gebirge. In den Alpen im Westen bis zu den Französischen Alpen, im Osten bis Niederösterreich, Steiermark und Kärnten und isoliert in den westlichen Karpaten (ob hier synanthrop?). In den Mittelgebirgen nördlich der Alpen von der Schwäbischen Alb im Westen über die Fränkische Alb, den Bayerischen Wald, den Böhmerwald, das Erzgebirge bis ins südliche Thüringen bei Lobenstein und ins südliche Sachsen bei Plauen, außerdem noch Vorkommen im nordböhmischen Mittelgebirge (Tschechoslowakei), hier die Nordgrenze des Areals. Im Süden erstreckt sich das Areal von den Seealpen und Ligurischen Alpen im Westen über den nördlichen Apennin und die Südalpen bis zum Velebit (Jugoslawien) im Osten.

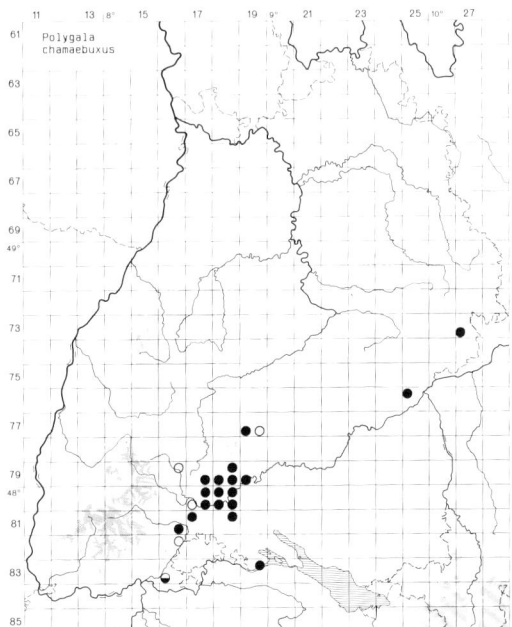

Zwergbuchs *(Polygala chamaebuxus)*
Geisingen, 18. 5. 1991

In den Ostpyrenäen kommt eine nahe verwandte Art, *P. vayredae*, vor. *P. chamaebuxus* reicht in den Alpen bis ca. 2500 m (Wallis).

Verbreitung in Baden-Württemberg: Mehr oder weniger geschlossene Verbreitung auf der südwestlichen Schwäbischen Alb: Baaralb, Hegaualb, Südwestliche Donaualb sowie dem Wutachgebiet. Etwas isoliert davon sind die Vorkommen auf der Zollernalb, der Baar (erloschen) und im Klettgau. Das Vorkommen im westlichen Bodenseegebiet auf Schweizer Seite schließt an eine mehr oder weniger geschlossene Verbreitung im angrenzenden Thurgau an. Weitere Populationen befinden sich auf der

Mittleren Donaualb bei Ulm (sehr isoliert, vielleicht synanthrop) und auf der Lone-Egau-Alb bei Giengen, die zu den weiter östlich gelegenen Populationen der Fränkischen Alb anschließen.

Tiefstes Vorkommen: ca. 500 m, Herbrechtingen (7327/3). Höchstes Vorkommen: aktuell ca. 900 m, „Grat" (7719/3); erloschen ca. 940 m, Gräbelesberg, BERTSCH (1948) (7719/4). BERTSCH gibt 980 m an (muß auch auf den Höhen am Rand des Eyachtales sein).

Erloschene Vorkommen und solche außerhalb der geschlossenen Verbreitung auf der südwestlichen Alb:
Lone-Egau-Alb: 7326/4: Bolheim, BERTSCH (1948); 7327/

207

3: Bauernhau E Bolheim, Bᴇʀᴛsᴄʜ (1948), 1953, Kᴏᴄʜ (STU-K), Herbrechtingen – Hohe Wart (Gemeindewald Distrikt II), 1942, Kᴏᴄʜ (STU-K); 1987, Sᴇʏʙᴏʟᴅ (STU-K), 1991, Mᴀᴛᴛᴇʀɴ (STU-K).

Mittlere Donaualb: 7625/1: Ermingen NW Gentersloh (möglicherweise synanthrop), 1974, Rᴀᴜɴᴇᴋᴇʀ, 1978, Sᴇʏʙᴏʟᴅ (beide STU-K).

Zollernalb: 7719/3: „Grat" SW Laufen, 1984, Mᴀʏᴇʀ (STU-K); 7719/4: Böllat, Gräbelesberg, Bᴇʀᴛsᴄʜ (1948).

Baar: 7916/2: Villingen, Zᴀʜɴ (1889); 8017/3: Neudingen, Zᴀʜɴ (1889); 8117/1: Zisiberg bei Hondingen, 1978, Hᴇɴɴ (STU-K).

Wutachgebiet: 8116/4: Flühblick, 1989, Sᴇʙᴀʟᴅ (STU-K); 8216/2: Grimmelshofen, Eɪᴄʜʟᴇʀ et al. (1905–1926).

Klettgau: 8316/3: Birnberg bei Grießen, um 1920, W. Kᴏᴄʜ (Bᴇᴄʜᴇʀᴇʀ 1921) – möglicher Wuchsort wäre hier der Westhang des Birnberges, der von einem lichten, ausgedehnten Lithospermo-Quercetum bewachsen ist. 1991 konnten keine Pflanzen mehr gefunden werden.

Bodenseegebiet (Schweiz): 8319/2: Tobel S Glarisegg, 1980, SᴄʜäFᴇʀ-Vᴇʀᴡɪᴍᴘ (STU).

Erstnachweise: Ältester literarischer Nachweis bei Rᴏᴛʜ ᴠᴏɴ Sᴄʜʀᴇᴄᴋᴇɴsᴛᴇɪɴ (1798: 111): „häufig in der Baar, auf dem Heuberge". Die Art ist indigen, sie dürfte bereits im Präboreal in lichten Kiefern-wäldern vorgekommen sein und dort bis heute überdauert haben. Mit der Entstehung von Mager-rasen durch Beweidung konnte *P. chamaebuxus* in diese neuen Lebensräume eindringen.

Bestand und Bedrohung: Außerhalb der Vorkom-men auf der südwestlichen Alb sind eine ganze Reihe von Vorkommen erloschen, die verbliebenen Populationen sind klein, oft nur wenige Pflanzen umfassend.

Aber auch im Kerngebiet der Verbreitung zeigen sich Rückgänge bzw. werden die Populationen seit einigen Jahrzehnten kleiner, auch wenn dies durch die Karte nicht zum Ausdruck kommt. Ursachen sind das Zuwachsen von Magerrasen nach Aufgabe der Nutzung oder Aufforsten von Magerrasen oder ehemaliger lichter Kiefernwälder in Form von Dik-kungen und das Zerstören alter Waldränder durch Aufforsten. Die Folge ist jeweils eine zu starke Be-schattung der Pflanzen.

Der bisherige Gef. Grad 3 (gefährdet) sollte bei-behalten werden.

2. Polygala comosa Schkuhr 1796
Schopfige Kreuzblume

Morphologie: Ausdauernd. Sproß an der Basis ver-zweigt, Stengel zahlreich. Untere Stengelblätter klein, verkehrt eiförmig bis elliptisch, meist früh abfallend, mittlere und obere lineal-lanzettlich, 10–25 (30) mm lang, 2–4 mm breit, nach oben kaum an Größe zunehmend. Blütenstand dicht 15-

Schopfige Kreuzblume *(Polygala comosa)*
Spitzberg bei Tübingen, 28. 4. 1991

bis 50blütig, schopfig. Blütentragblätter lineal, am Rande gewimpert, 2,3–5 mm lang, 2- bis 3mal so lang wie der Blütenstiel, die Blütenknospen überra-gend. Blüten oft rötlich, seltener blau oder weißlich. Kelchflügel (3,5) 4–7,5 mm lang, (2) 2,2–4,5 mm breit, Flügelnervatur undeutlich, mit 0–6 (8) Netz-maschen. Krone (4) 4,5–7,5 mm lang, die Flügel wenig überragend oder gleichlang. Krista deutlich abgesetzt mit 14–30 (35) Fransen.

Variabilität: *P. comosa* ist in vielen Merkmalen va-riabel. So ergeben sich je nach Standortfaktoren (Wassergehalt des Bodens, Exposition, Höhe und Deckung der Vegetation etc.). Unterschiede (Stand-ortmodifikationen) in der Wuchshöhe, Dichte der Beblätterung, Tragblatt- und Flügellänge, Flügel-form. Hᴇᴜʙʟ (1984) gibt für Mitteleuropa Varietä-ten an, die durch zahlreiche Übergangsformen ver-bunden sind und sich geographisch nicht trennen lassen:

a) var. **pyramidalis** Chodat 1889
Bis 35 cm hoch. Aufrechte, kräftige, vielstengelige Pflanzen, untere Stengelblätter rosettenartig genä-hert. Blütenorgane im oberen Bereich des Grö-ßenspektrums, Flügel etwa so breit wie die Kapsel und wenig länger. Flügelnervatur mit 2–6 (8) Netz-maschen.

b) var. **stricta** Chodat 1889
Bis 20 cm hoch. Aufrechte, kräftige, vielstengelige Pflanzen, untere Stengelblätter selten stark genä-hert, früh abfallend. Blütenorgane im mittleren Be-

reich des Größenspektrums, Flügel wenig schmäler als die Kapsel und etwa gleichlang. Flügelnervatur mit 1–4 Netzmaschen.

c) var. **lejeunei** (Boreau) Chodat 1889
Bis ca. 15 cm hoch. Aufsteigend bis aufrecht, wenigstengelig, untere Blätter klein, sehr locker stehend. Blütenstand schwach schopfig, Blütenorgane im unteren Bereich des Größenspektrums, Flügel schmäler als die Kapsel, wenig kürzer bis gleichlang. Flügelnervatur mit 0–3 Netzmaschen.

Biologie: Blütezeit von Mai bis Juli. Bestäubungsvorgang siehe Gattungsbeschreibung.

Ökologie: Auf trockenen, wechseltrockenen bis frischen, nährstoffarmen, meist kalkhaltigen, humosen Lehm- oder Sandböden. Festuco-Brometea-Klassenkennart mit Schwerpunkt in Mesobromion-Gesellschaften, aber auch in Xerobrometen, sowie in Molinieten und Arrhenathereten (trockene Subassoziationen mit *Bromus erectus* oder *Salvia pratensis* u.a.). Vegetationsaufnahmen u.a. bei MÜLLER (1966: Tab. 20, Mesobrometum und Gentiano-Koelerietum), GÖRS (1974: Tab. 2, Xerobrometum; Tab. 3, Mesobrometum alluviale; Tab. 5, Cirsio tuberosi-Molinietum), LANG (1973: Tab. 79, Onobrycho-Brometum; Tab. 80, Gentiano-Koelerietum; Tab. 82, Dauco-Arrhenatheretum), PHILIPPI (1983: Tab. 3, *Carex humilis-Aster linosyris*-Ges.; Tab. 4, 5, Gentiano-Koelerietum), SEBALD (1983: Tab. 12, Mesobromion-Ges.).

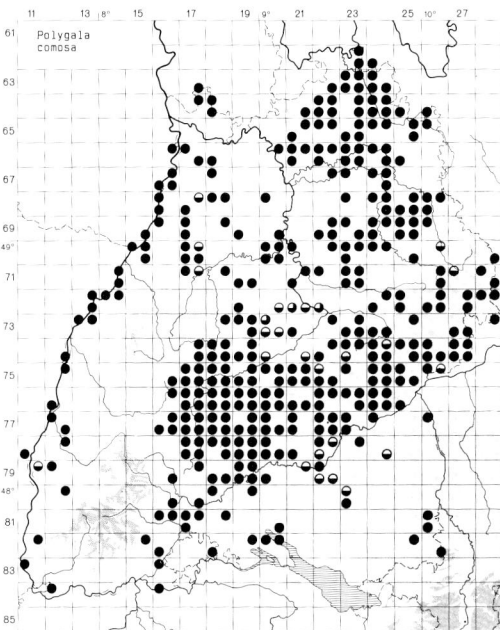

Allgemeine Verbreitung: Europa, Vorderasien (Osttürkei sehr vereinzelt und südwestlicher Kaukasus), mit Schwerpunkt im submeridionalen, temperaten, subkontinentalen Bereich. Im Westen bis Südwestfrankreich, Belgien, Niederlande, im Osten bis zum Ural, im Norden bis Südschweden, Mittelrußland (etwa bis zum 60° n. Br.), im Süden von den Pyrenäen über Norditalien, Jugoslawien, Nordgriechenland.

Ein etwas isoliertes Teilareal reicht von der Krim entlang der Nordküste des Schwarzen Meeres bis zum südwestlichen Kaukasus und zur Ostseite des Kaspischen Meeres.

Verbreitung in Baden-Württemberg: In den Gebieten mit basen-(kalk-)reichen Böden und nicht zu kaltem Klima: Oberrheingebiet, hier vor allem in den Magerwiesen der Aue (heute vielerorts fast nur noch an den Dämmen), der Randgebirge und Vorbergzone (Bergstraße, westlicher Kraichgau, Ortenau, Schönberg), Neckarland, Schwäbische Alb und nördliches Albvorland, Baar-Wutachgebiet, Klettgau, westliches Bodenseegebiet, seltener im Alpenvorland (fehlt im Würmmoränen-Hügelland). Die Art fehlt vollständig im Odenwald (außer Bergstraße) und Schwarzwald.

Tiefstes Vorkommen: ca. 96 m, Kollerinsel (6616/2). Höchstes Vorkommen: ca. 950 m, Böttingen (7818/4).

Erstnachweise: Ältester literarischer Nachweis von SPENNER (1829) aus der Umgebung von Freiburg. Schon von HARDER 1576–94 vermutlich im Gebiet gesammelt (SCHINNERL 1912: 214). Die Art ist im Gebiet wahrscheinlich ein Archäophyt.

Bestand und Bedrohung: Im Neckarbecken nördlich Stuttgart und im Alpenvorland ist *P. comosa* stellenweise zurückgegangen, sonst ist kein gravierender Rückgang festzustellen. Allerdings ergeht es dieser Art wie den anderen der Magerwiesen und -weiden. Mit Intensivierung der Nutzung (Meliorationen, Düngung) oder Aufgabe der Mahd oder Beweidung verliert *P. comosa* immer mehr an geeigneten Wuchsorten, was in der Karte nicht zum Ausdruck kommt.

Insgesamt gibt es aber noch zahlreiche große Populationen, so daß die Art als derzeit nicht gefährdet eingestuft werden kann.

3. Polygala vulgaris L. 1753
Gewöhnliche Kreuzblume

Morphologie: Ausdauernd. Sproß verzweigt mit mehreren Stengeln, am Grunde verholzt, bis 30 cm hoch. Untere Blätter verkehrt-eiförmig bis elliptisch, nach oben größer werdend. Obere Blätter li-

Gewöhnliche Kreuzblume *(Polygala vulgaris)*
Schönaich, 2. 8. 1991

neal-lanzettlich, 15–35 mm lang, 2–5 mm breit. Blütenstand meist vielblütig. Blütentragblätter breit-eiförmig, kahl, 0,8–1,8 (2,6) mm lang, etwa so lang wie der Blütenstiel. Nervatur der Kelchflügel (bei der Fruchtreife) mit 6–15 (20) Netzmaschen; Kronblätter die Fügel deutlich überragend. Krista mit (8) 14–30 (32) Fransen; Griffel etwa so lang wie der Fruchtknoten.

Biologie: Blütezeit von Mai bis August (September). Bestäubungsvorgang siehe Gattungsbeschreibung.

Ökologie: Auf nährstoffarmen, meist basenarmen, sauren, mäßig trockenen bis mäßig feuchten Lehm- und Sandböden. In bodensauren Magerwiesen und -weiden; Violion caninae-Verbandskennart, auch in basenarmen Mesobrometen (vor allem in submontanen und montanen Lagen) und in mageren Arrhenathereten, sowie an Wegrändern und -bö-

schungen. Vegetationsaufnahmen bei Kuhn (1937: Tab. 17, 19 gemähte submontane Mesobrometen; Tab. 22, 23 beweidete Gentiano-Koelerieten; Tab. 24, Violion-Gesellschaft), Schwabe-Braun (1980: Tab. I, Festuco-Genistetum; Tab. III, Sarothamno-Nardetum), Sebald (1983: Tab. 12, Violion-Gesellschaft), Philippi (1989: Tab. 14, Festuco-Genistetum; Tab. 17, mageres Alchemillo-Arrhenatheretum).

Allgemeine Verbreitung: Europa, Kleinasien, Azoren; subozeanische Verbreitung. Im Westen bis zu den Britischen Inseln (alle), der Iberischen Halbinsel und den Azoren; nach Osten bis zum westlichen Rußland (etwa 40° ö. Länge), Vorposten im westlichen Uralvorland; im Norden reicht die geschlossene Verbreitung bis Südskandinavien und zur Ostsee, an der Westküste Norwegens erstreckt sich das Areal bis über den Polarkreis hinaus; im Süden bis

Spanien, Italien und Nordgriechenland, vereinzelt auch auf dem Peloponnes; selten und isoliert an der türkischen Schwarzmeerküste und in Südost-Anatolien.

Verbreitung in Baden-Württemberg: In fast allen Naturräumen vorkommend. Verbreitet und häufig im Schwarzwald, Odenwald, Schwäbisch-Fränkischen Wald, auf der westlichen und südöstlichen Schwäbischen Alb. Selten oder regional ganz fehlend im Oberrheingebiet (bis auf die Sandgebiete nördlich Karlsruhe), im Kraichgau, Taubergebiet, auf der östlichen Schwäbischen Alb und dem nördlichen Albvorland, sowie teilweise im Alpenvorland.

Tiefstes Vorkommen: ca. 100 m, Mannheim/ Schwetzingen (6517, 6617). Höchstes Vorkommen: ca. 1400 m, Feldberg (8114/1).

Erstnachweise: Die Art ist wahrscheinlich ein Archäophyt. Ältester literarischer Nachweis (wahrscheinlich inkl. *comosa, serpyllifolia, calcarea*) bei BAUHIN (1598: 194) von Bad Boll (7323).

Bestand und Bedrohung: siehe bei den Unterarten.

Variabilität: *P. vulgaris* gliedert sich in Mitteleuropa in 4 Unterarten, von denen alle bis auf die subsp. *callliptera* in Baden-Württemberg vorkommen bzw. vorkamen.

Insbesondere die subsp. *vulgaris* zeigt ein breite Variabilität, vor allem in den vegetativen Merkmalen wie Wuchsform, Blattform, -größe etc. Zwischenformen unter den einzelnen Unterarten,

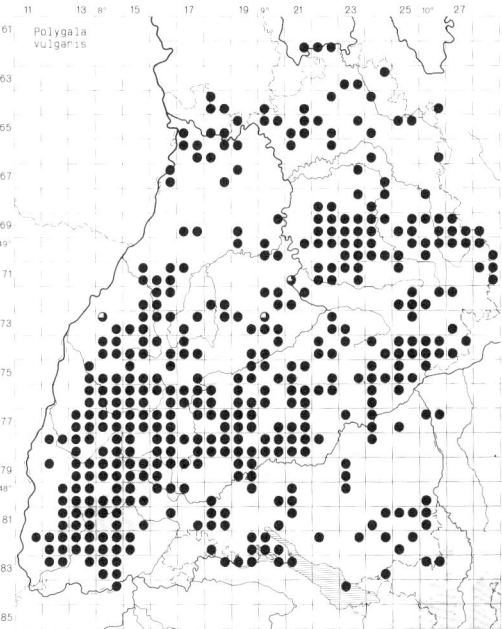

die nicht eindeutig zuzuordnen sind, finden sich nicht selten. Gerade der südwestdeutsche Raum scheint ein Formenzentrum der *Polygala vulgaris*-Gruppe zu sein (FREIBERG 1911, HEUBL 1984: 356). Ob diese Zwischenformen hybridogenen Ursprungs sind, läßt sich nach HEUBL (1984: 356) nicht zweifelsfrei klären.

Gerade bei den häufigsten Unterarten, subsp. *vulgaris* und subsp. *oxyptera*, konnten in Baden-Württemberg Zwischenformen gefunden werden: weißblühend, wobei einzelne Blüten hell- bis dunkelblaue Blütenteile haben (Spitzen der Kelchflügel, Fransen der Krista), vielstenglig, vielblütig, Stengel aufsteigend bis aufrecht, Kelchflügel deutlich schmäler als die Kapsel. Auch zwischen subsp. *oxyptera* und subsp. *collina* gibt es Übergänge.

Schlüssel zu den Unterarten (nach HEUBL 1984):

1 Blüten blau oder violett, Stengel meist aufrecht, kräftig, mehrstengelig, obere Stengelblätter vergrößert, 25–40 mm lang, Grundblätter elliptisch, oft genähert, Flügel etwa so breit oder breiter als die Kapsel, mit 6–20 Netzmaschen, Krista mit 14–32 Fransen, Griffel so lang wie der Fruchtknoten 2

– Blüten weiß, Stengel meist aufsteigend, zierlich, wenigstengelig, obere Stengelblätter wenig vergrößert, 10–30 mm lang, Flügel schmäler als die Kapsel, mit 4–8 Netzmaschen, Krista mit 8–16 (22) Netzmaschen, Griffel länger als der Fruchtknoten 3

2 Flügel verkehrt-eiförmig, 6,0–8,5 mm lang, 3,5–5,0 mm breit, die Kapsel wenig überragend, Tragblatt 0,8–1,8 mm lang, so lang wie der Blütenstiel oder kürzer, kahl, Krone länger als die Flügel, Kelchblätter 2,8–4,0 mm lang, halb so lang wie der geschlossene Teil der Krone, Blüte meist blau, Pflanze 5–25 cm hoch . . . .

a) subsp. *vulgaris*

– Flügel breit-elliptisch, 8,0–10,5 mm lang, 4,5–5,5 mm breit, fast doppelt so lang wie die Kapsel, Tragblatt 1,6–2,6 mm lang, wenig länger als der Blütenstiel, meist etwas ciliat, Krone etwa so lang wie die Flügel, Kelchblätter 3,5–5,0 mm lang, bis zur Krista reichend, Blüten meist rötlich-violett, Pflanze 20–40 cm hoch . . . .

b) subsp. *callliptera*

3 Pflanze 15–25 cm hoch, mit mehreren aufrechten bis aufsteigenden Stengeln, Tragblatt etwa so lang wie der Blütenstiel, Blütenstand vielblütig, verlängert, dadurch locker, Flügel lanzettlich 6,0–7,5 mm lang, 2,0–3,5 mm breit, deutlich schmäler als die längliche Kapsel und etwa ⅓ länger, Kapsel 5–6 mm lang, 4–5 mm breit, mit breitem Hautrand . . . . c) subsp. *oxyptera*

– Pflanze 5–15 cm hoch, mit wenigen niederliegenden bis aufsteigenden Stengeln, Tragblatt kürzer als der Blütenstiel, Blütenstand wenigblütig, kurz und dicht, alle Blütenorgane meist ciliat, Flügel elliptisch bis verkehrt-eiförmig, 4–6 mm lang, 2–3,5 mm breit, wenig schmäler als die rundliche

Kapsel, gleichlang oder wenig länger, Kapsel 4–5 mm lang, 3–4 mm breit, mit schmalem Hautrand . . . . d) subsp. *collina*

a) subsp. **vulgaris**

Verbreitetste und häufigste Sippe der *P. vulgaris*-Gruppe. Ihre Verbreitung im Gesamtareal entspricht der Verbreitung von *P. vulgaris* s.l.

Angaben zur Morphologie, Ökologie, Verbreitung siehe Artbeschreibung.

Erstnachweise: Ältester literarischer Nachweis für *P. vulgaris* s.str. bei GMELIN (1826: 531), damit ist sehr wahrscheinlich die subsp. *vulgaris* gemeint, o.O.

Bestand und Bedrohung: Diese Unterart ist verbreitet, häufig und nicht gefährdet.

Bastarde: Nach HEUBL (1984) mit *P. serpyllifolia* (in Kultur erzeugt), mit *P. calcarea* (nur einmal beobachtet) und mit *P. vulgaris* subsp. *oxyptera* – nach Kulturversuchen mit normalem Meioseverhalten und bis 90 % Pollenfertilität. Dieser Bastard kommt sehr wahrscheinlich auch in der Natur vor, dort, wo beide Elternarten zusammen wachsen.

b) subsp. **calliptera** (Le Grand) Rouy et Fouc. 1896

Diese Unterart kommt im Südwesten Frankreichs vor. Sie reicht im Osten bis in die Vogesen („Fischbödle nach dem Hoheneck", 1906, FREIBERG (Botanische Staatssammlung München, nach HEUBL 1984: 369); sie fehlt in Baden-Württemberg.

c) subsp. **oxyptera** (Reichenb.) Dethard. 1828

Polygala oxyptera Reichenb. 1823; *Polygala vulgaris* L. var. *oxyptera* (Reichenb.) Koch 1837

Morphologie: siehe Schlüssel.

Ökologie: In Silikat-Magerrasen, lichten Kiefernwäldern, meist auf flachgründigen, sandigen Böden.

Allgemeine Verbreitung: Mittel- bis Südosteuropa.

Verbreitung in Baden-Württemberg: nach Herbarmaterial und eigenen Funden scheint diese Unterart selten zu sein und sich weitgehend auf die nördlichen und östlichen Landesteile zu beschränken. Es kann aber nicht ausgeschlossen werden, daß sie häufiger ist und lediglich übersehen oder mit der subsp. *vulgaris* verwechselt wurde. Die Karte ist als reine Fundortkarte zu interpretieren.

Nördliches Oberrheingebiet: 6417/2: zw. Hemsbach und Hüttenfeld, 1972, BUTTLER und STIEGLITZ (1976) – dieses Vorkommen ist seit etwa 1980 erloschen; 6518/3: Stift Neuburg, Handschuhsheimertal und Küblerwiese bei Heidelberg, 1828, DIERBACH (alle KR); 6617/4: Sandhausen, Sanddüne, 1967, BUTTLER (HEUBL 1984: 377); 6618/3: Leimen bei Heidelberg, um 1830, DIERBACH (KR).
Odenwald: 6520/2: S Ober-Scheidental, 1991, DEMUTH (KR).

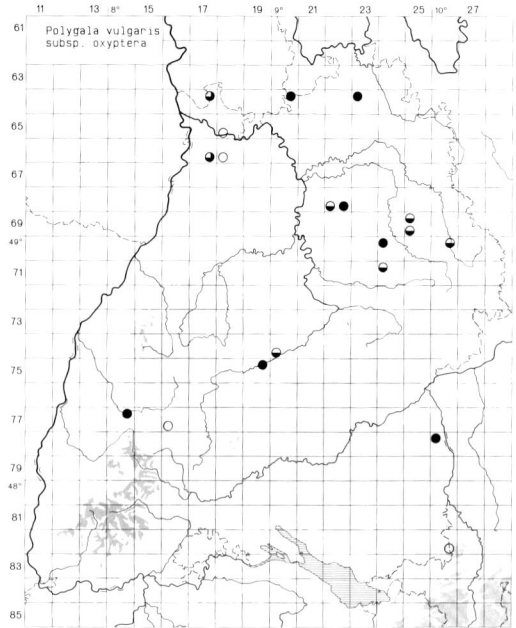

Schwarzwald: 7714/2: S Hausach-Dorf, 1991, KLEINSTEUBER (KR); 7716/3: Schramberg, 1904, BERTSCH (STU).
Taubergebiet: 6423/1: Ahorn, 1972, PHILIPPI (KR).
Schwäbisch-Fränkischer Wald: 6822/3: Eschenau, KIRCHNER u. EICHLER (1913); 6822/4: Zw. Friedrichshof und Waldhof, 1978, SEBALD (STU); 6925/1: Obersontheim, KIRCHNER u. EICHLER (1913); 6925/3: Bühlertann, KIRCHNER u. EICHLER (1913); 7024/1: Kirchenkirnberg, SE Tiefenmahd, 1977, SCHWEGLER (STU); 7026/2: Ellwangen, KIRCHNER u. EICHLER (1913); 7124/1: Vordersteinenberg, KIRCHNER u. EICHLER (1913).
Schönbuch, Rammert: 7420/3: Spitzberg, KIRCHNER u. EICHLER (1913); 7519/2: Rottenburg, Martinsberg, 1983, GOTTSCHLICH (STU-K).
Alpenvorland: 7826/1: Stockäcker W Oberbalzheim, 1989, VOGGESBERGER (KR).

Erstnachweise: Ältester literarischer Nachweis bei GMELIN (1826: 531) als *P. oxyptera* Reichenbach, o.O.; bei SPENNER (1829: 866) als *P. polymorphoa oxyptera* Reichenb. für „Burgheim, Achkarrn, Altbreisach etc. In palatinatu p. Maxdorf" (bei Mannheim); SCHULTZ (1863) gibt für *P. vulgaris* und *oxyptera* „überall verbreitet" an.

Bestand und Bedrohung: Über die Bestandesgröße und die Gefährdung kann zur Zeit nichts konkretes ausgesagt werden, dazu wäre weitere gezielte Geländearbeit nötig. Auch ein Rückgang der Populationen, wie es nach der Karte den Anschein hat, kann vorerst nicht postuliert werden. Die subsp. *oxyptera* ist aber sicherlich seltener als die subsp. *vulgaris*.

212

Bastarde: Mit *P. vulgaris* subsp. *vulgaris* (siehe dort).

d) subsp. **collina** (Reichenb.) Borbas (in Koch) 1892
P. oxyptera Reichenb. var. *collina* Reichenb. 1823
Morphologie: Siehe Schlüssel. Durch die niederliegenden Stengel und fast gegenständigen, kleinen Grundblätter ähnelt die subsp. *collina Polygala serphyllifolia*. Die Bewimperung der Blütenorgane tritt vor allem bei Küstenpopulationen auf.
Ökologie: Neben Silikat-Magerrasen besiedelt diese Unterart Küstendünen; salzertragend.
Allgemeine Verbreitung: Ozeanisch-subozeanische Verbreitung. Westeuropa, von England, Westfrankreich und Nordwestspanien im Westen, bis Dänemark, Ostdeutschland (Sachsen) und Oberrheingebiet und Bodenseegebiet im Osten. Im Süden reicht das Areal bis zu den Alpen, nach Norden bis Schottland und Dänemark.
Verbreitung in Baden-Württemberg: Bisher nur 2 gesicherte Fundorte:

Oberrheingebiet: Wahrscheinlich 6416/6417: Pulverturm (Mannheim?), 1850, GMELIN (KR).
Bodenseegebiet: 8219/1: „Schwarzes Ried" bei Singen, um 1850, eventuell SCHILDKNECHT (KR, Herbar LANG).

Erstnachweise: Ältester literarischer Nachweis bei GMELIN (1826: 531) als *P. oxyptera* Reichenb. var. *collina*, o.O.
Bestand und Bedrohung: Aktuelle Nachweise für die subsp. *collina* fehlen. Bei dem derzeitigen Forschungsstand wäre es jedoch nicht gerechtfertigt, die Unterart als verschollen zu betrachten, Verwechslungen mit der subsp. *oxyptera* sind durchaus möglich. Sie ist jedoch mit Sicherheit die seltenste der 3 in Baden-Württemberg vorkommenden Unterarten.

4. Polygala serpyllifolia Hose 1797
P. serpyllacea Weihe 1826
Quendel-Kreuzblume

Morphologie: Ausdauernd, bis ca. 15 (25) cm hoch. Sproß verzweigt, Stengel niederliegend oder aufsteigend. Seitenstengel meist den Hauptsproß überragend. Untere Stengelblätter klein, verkehrt-eiförmig bis elliptisch, gegenständig, die folgenden Blätter wechselständig, lineal-lanzettlich oder länglichrautenförmig, nach oben hin größer werdend. Blütenstand 3–8 (10)blütig. Blütentragblätter ca. 0,7–1,2 mm lang, meist kürzer als die Blütenstiel oder gleichlang. Kelchflügel lineal-lanzettlich, 5–6 mm lang, schmäler und länger als die Kapsel. Flügelnervatur deutlich, verzweigt, mit 2–10 Netzmaschen.

Quendel-Kreuzblume *(Polygala serpyllifolia)*
Gnannenweiler, 30. 5. 1976

Biologie: Blütezeit von Mai bis Juli. Bestäubungsvorgang siehe Gattungsbeschreibung.
Ökologie: Auf mäßig frischen bis feuchten/nassen, nährstoffarmen, meist sauren, oft rohhumusreichen Sand-, Lehm- und Anmoorböden; Lichtpflanze.

P. serpyllifolia kommt hauptsächlich in Borstgras-Gesellschaften von den Tieflagen bis in die subalpine Stufe vor. Mit geringerer Stetigkeit auch in lückigen Goldhaferwiesen und Berg-Glatthaferwiesen der höheren Lagen, ebenso in den basenreicheren Flachmoorwiesen der Gebirge und in den subozeanischen Zwergstrauchheiden. Die Art ist konkurrenzschwach und benötigt daher lückige, niederwüchsige Pflanzenformationen.

Vegetationsaufnahmen vom Parnassio-Caricetum fuscae bei BARTSCH (1940: Tab. 10), DIERSSEN und DIERSSEN (1984: Tab. 13), PHILIPPI (1989: Tab. 13) vom Festuco-Genistetum bei OBERDORFER (1957: 316), SCHWABE-BRAUN (1980: Tab. 1), PHILIPPI (1989: Tab. 14), vom Leontodonto helvetici-Nardetum bei BARTSCH (1940: Tab. 11), OBERDORFER (1957: 312), SCHWABE-BRAUN (1980: Tab. 20), PHILIPPI (1989: Tab. 15), vom Sarothamno-Nardetum bei Bartsch (1940: Tab. 13 als *Calluna-Sarothamnus*-Ass.), Schwabe-Braun (1980: Tab. 3b, c, Tab. 6) vom Juncetum squarrosi bei Oberdorfer (1957: 325f.), Schwabe-Braun (1980: 128), vom Genisto pilosae-Callunetum bei Oberdorfer (1957: 331) und vom Meo-Festucetum bei Bartsch (1940: Tab. 12).

Allgemeine Verbreitung: Westeuropa, Südost-Grönland; ozeanisch, submeridional-temperat-subboreale Verbreitung. In Europa im Westen auf den Britischen Inseln und den Färöer-Inseln (fehlt auf Island), im Osten bis Dänemark, Mitteldeutschland und Westalpen, weiter östlich nur sehr vereinzelt an der Oder, in Österreich und Jugoslawien. Im Norden bis zu den Färöer und Südwestnorwegen (fehlt in Schweden), im Süden von Nordspanien/Nord- und Mittelportugal über die südfranzösischen Mittelgebirge bis Norditalien (Alpen), sehr selten in den Abruzzen und auf Korsika.

Verbreitung in Baden-Württemberg: In den regenreichen, ozeanisch geprägten Landesteilen mit sauren Böden zerstreut bis verbreitet: Odenwald (hauptsächlich im Buntsandstein-Odenwald, seltener im Vorderen Odenwald), Schwarzwald, Nördliche Ostalb, Schwäbisch-Fränkischer Wald und Voralpengebiet ohne Bodenseegebiet und Würmmoränen-Hügelland. In den übrigen Naturräumen mit warm-trockenem Klima und/oder basenreichen (kalkreichen) Böden sehr selten oder ganz fehlend. Tiefste Vorkommen: Odenwald: ca. 300 m, Hei-

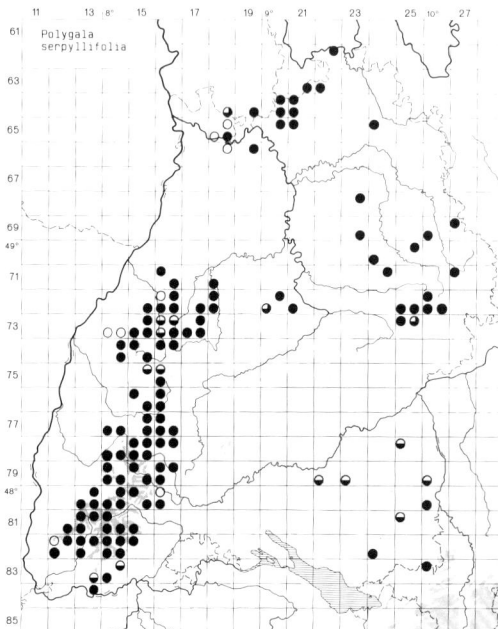

ligkreuzsteinach (6518/2), Gaiberg (6618/2) beide erloschen, aktuell: 330 m, Schlossau (6420/2). Höchstes Vorkommen: ca. 1490 m, Bereich Feldberggipfel (8114/1).

Erloschene Vorkommen:
Odenwald: 6418/4: o.O., ca. 1965, Düll (KR-K); 6518/2: Heiligkreuzsteinach, Eichler et al. (1905–26); 6518/3: Mühlental bei Handschuhsheim, Schmidt (1857), Königsstuhl bei Heidelberg, Döll (1862); 6618/2: Gaiberg, Eichler et al. (1905–26).
Schwarzwald: 7216/1: Gernsbach, Döll (1862); 7314/3: Achern, Eichler et al. (1905–26); 7314/4: Auf dem Kroppenhof, um 1880, Winter (Anonymus 1883 (Mitt. Bad. Bot. Ver.)); 7316/2: Enzklösterle, Kirchner u. Eichler (1913); 7316/3: Schönmünzach, Kirchner u. Eichler (1913); 7416/3: Sankenbachtal bei Baiersbronn, 1873, Hegelmaier (STU); 7515/2: am Elbachsee, Kirchner u. Eichler (1913); 7516/1: Freudenstadt, Kirchner u. Eichler (1913); 8016/1: Hubersthofen, Zahn (1889); 8212/1: Gipfel des Blauen, um 1880, Wetterhan (Anonymus 1883 (Mitt. Bad. Bot. Ver.)); 8313/4: Bergalingen, Jungholz, um 1900, Linder (1905); 8314/2: Brunnadern, um 1900, Linder (1905).
Glemswald: 7220/3: Straße Vaihingen–Böblingen, 1953, Butterfass (Kreh 1955).
Schwäb.-Fränk. Wald: 6823/4: Kasperlesee, 1966, Sebald (STU); 6924/2: Rotenberg W Oberfischbach, 1967, Sebald (STU).
Nördliche Ostalb: 7127/3: NW Ebnat, 1961, Koch (STU); 7227/1: SW Ebnat, 1966, Koch (STU); 7325/2: Böhmenkirch, Bertsch (1948).
Alpenvorland: 7824/3: Moosweiher, 1913, Bertsch (STU); 7825/1: Äpfingen, Kirchner u. Eichler (1913); 7922/3: Siessen (Saulgau), Kirchner u. Eichler (1913); 7923/3: Reinhardsweiler (Saulgau), Kirchner u. Eichler (1913); 7926/3: Rot (Leutkirch), Kirchner u. Eichler (1913); 8024/3: Brunnenholzried, o.Z., Bertsch (STU); 8124/1: Saßried S Geisbeuren, 1918, Bertsch (STU); 8125/1: Arnagg (Isny), Kirchner u. Eichler (1913); 8326/2: Schwarzer Grat, 1907, Bertsch (STU); 8326/3: Kugel bei Isny, 1907, Bertsch (STU).

Erstnachweise: Ältester literarischer Nachweis bei Spenner (1829) aus der Umgebung von Freiburg. Die Art ist sehr wahrscheinlich indigen. Ursprüngliche Standorte könnten Moorränder oder trockene Bulte von Hochmooren gewesen sein.

Bestand und Bedrohung: Rückgänge sind vor allem im Vorderen Odenwald und im Alpenvorland zu verzeichnen. Gefährdungen dieser konkurrenzschwachen Art gibt es aber im gesamten Gebiet. Ursachen sind Intensivierung der Weidenutzung und damit einhergehend die Veränderung bzw. Zerstörung der Borstgras-Gesellschaften, der Pflanzengesellschaften also, in denen *P. serpyllifolia* hauptsächlich vorkommt. Weiterhin durch Aufgabe der Nutzung und folgender Verbuschung oder Aufforstung der Flächen. Gefährdung der Vorkommen in Flachmoorwiesen sowie Berg-Glatthafer- und Goldhaferwiesen durch Intensivierung der Nutzung mittels Trockenlegung, Meliorationen und Düngung.

Aufgrund des seit Jahrzehnten andauernden Rückgangs, der im Kartenbild nicht zum Ausdruck kommt, ist die Art in der Roten Liste als gefährdet (Gef. Grad 3) eingestuft.

Bastarde: Nach HEUBL (1984) mit *P. vulgaris* (in Kultur erzeugt).

5. Polygala calcarea F.W. Schultz 1837
Kalk-Kreuzblume

Morphologie: Ausdauernd, bis 20 cm hoch. Sproß an der Basis verzweigt, mit niederliegenden Stengeln, Stengelenden aufsteigend, mit rosettenartig angeordneten, verkehrt-breiteiförmigen, bis 1,5 cm langen und bis 0,7 cm breiten Blättern abschließend; aus den Blattachseln entspringen die blütentragenden, aufrechten Stengel, meist auch einige sterile Stengel vorhanden. Blätter am niederliegenden Teil der Stengel und an den aufrechten Stengeln schmal-lanzettlich, ca. 0,3–1,2 cm lang und bis ca. 0,3 cm breit. Blütenstand 6- bis 20blütig, Tragblätter der Blüten 1,2–1,7 mm lang, kürzer als die Blütenknospen. Blüten kräftig blau, Blütenstiel ca. 2 mm lang, Kelchflügel 5–7 mm lang und 2,5–5 mm breit mit verzweigten Seitennerven, diese bei der Fruchtreife mit 6–8 geschlossenen Maschen. Krista mit 10–30 Fransen.

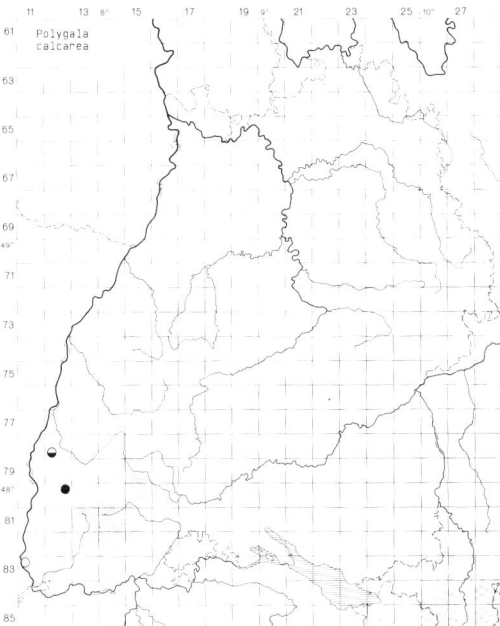

Biologie: Blütezeit von Mai bis Juni. Bestäubung siehe Gattungsbeschreibung.

Ökologie: Auf nährstoffarmen, kalkreichen, mäßig trockenen bis mäßig frischen Lehmböden. In Magerrasen, -weiden und Saumgesellschaften. Kennart des Mesobromion-Verbandes, auch in Xerobromion-Gesellschaften, vor allem in beweideten Rasen – auch das Vorkommen am Kienberg bei Freiburg ist in einer mageren Schafweide. Vegetationsaufnahmen aus Baden-Württemberg liegen nicht vor. Aus Rheinland-Pfalz gibt es Aufnahmen von KORNECK (1974: Tab. 99, Mesobrometum aus der Südwest-Pfalz; Tab. 105, Gentiano-Koelerietum aus der Südlichen Kalkeifel). Aus Frankreich gibt es eine Reihe von Aufnahmen, z.B. aus dem Nordwesten von GÉHU et al. (1982: Tab. 1) und aus dem Südwesten von BOULLET (1982: Tab. 1, 2); *P. calcarea* kommt dort vor allem in beweideten, kalkreichen Mesobromion- aber auch in Xerobromion-Gesellschaften vor; aus dem Elsaß von ISSLER (1932: Tab. 2, Mesobrometum rhenanum – Mähwiesen).

Allgemeine Verbreitung: Westeuropa, subatlantisch-westmediterrane Verbreitung. *P. calcarea* hat ein kleines Areal. Es reicht im Westen von Süd- und Ostengland (Nordgrenze des Areals) über Frankreich (fehlt in der Bretagne, der Provence und auf Korsika), Südbelgien, Luxemburg nach Osten bis Südwestdeutschland (Saarland, Rheinland-Pfalz – das östlichste Vorkommen des Areals liegt in Baden-Württemberg am Kienberg bei Freiburg). Im Süden reicht es von Nordostspanien (Aragon) bis nach Südostfrankreich (Dauphiné). Ein weiteres Vorkommen ist in der Nordwestschweiz am Westrand des Jura.

Verbreitung in Baden-Württemberg: Nur in der Südlichen Oberrheinebene am Kaiserstuhl (erloschen), Isteiner Klotz (erloschen) und am Kienberg bei Freiburg (rezent). Im benachbarten Elsaß häufiger; nur in der Rheinaue, fehlt der Vorbergzone (ISSLER 1932, 1965), z.B. Geiswasser (8011/1) oder Jebsheim/Elsenheim (NE Colmar).

Südliches Oberrheingebiet: 7812/3: Kaiserstuhl/Schelinger Wiesen, SPENNER (1829: 865f.), NEUBERGER (1912), 1928, PLANKENHORN (STU); 8012/2: Kienberg/am Schönberg bei Freiburg, SPENNER (1829: 865f.), 1989, DEMUTH (KR); 8311/1: Isteiner Klotz, NEUBERGER (1898, 1912).

Erstnachweise: Ältester literarischer Nachweis bei SPENNER (1829): Schönberg bei Freiburg, Schelinger Wiesen (Kaiserstuhl). Die Art ist wahrscheinlich ein Archäophyt.

Bestand und Bedrohung: Von den drei Fundorten sind inzwischen 2 erloschen. Das Vorkommen bei

Kalk-Kreuzblume *(Polygala calcarea)*
Schönberg bei Ebringen, 1970

Schelingen im Kaiserstuhl (7812/3) wurde nach 1928 nicht mehr bestätigt, das am Isteiner Klotz, das erst um 1890 entdeckt wurde, ist nach E. und M. LITZELMANN (1966: 200–203) wahrscheinlich durch die Zerstörung der ausgedehnten Mesobrometen und Xerobrometen im Gewann Torackern nördlich Istein durch Militäranlagen 1935 vernichtet worden. Es existiert nur noch das Vorkommen in einem beweideten Mesobrometum am Kienberg auf wenigen Quadratmetern Fläche, die absolute Ostgrenze des Areals! Zur Erhaltung dieser pflanzengeographisch bedeutenden Population ist die Beibehaltung der extensiven Schafweide oder eine jährliche Mahd zur Offenhaltung der Fläche unbedingt erforderlich. Bis 1994 steht das Gebiet als militärisches Übungsgelände noch unter französischer Verwaltung. Danach sollte unbedingt eine Unterschutzstellung und eine kontrollierte Pflege erfolgen. Der bisherige Gef. Grad 4 (potentiell gefährdet) kann für die heutige Situation nicht mehr gelten. Die Art ist in Baden-Württemberg vom Aussterben bedroht (Gef. Grad 1)!

6. Polygala amara L. 1759
Bittere Kreuzblume

Morphologie: Ausdauernd. Sproß an der Basis verzweigt, Stengel meist zahlreich, aufsteigend bis aufrecht, teilweise verzweigt, 10–25 (30) cm hoch mit grundständiger Blattrosette. Rosettenblätter verkehrt-eiförmig bis spatelig, 10–45 mm lang, 4–15 mm breit, Stengelblätter elliptisch bis lanzettlich, 10–30 mm lang, 2–8 mm breit, etwa in der Mitte am breitesten. Rosettenblätter 2- bis 3mal so lang wie die Stengelblätter. Tragblätter der Blüten 1,5–2,5 mm lang, etwa so lang oder wenig kürzer als der Blütenstiel. Kelchflügel elliptisch bis verkehrt-eiförmig, (4,5) 5–8 (8,5) mm lang, (1,8) 2,2–3,5 (4) mm breit. Flügelnervatur offen, selten mit 1–4 Netzmaschen. Krone 4,5–7,5 (8) mm lang, Kapsel 4–6 mm lang, 3,5–4,5 mm breit.

Variabilität: Nach McNeill (1968) und Heubl (1984) gliedert sich die Art in 2 Unterarten.

Schlüssel für die Unterarten (nach Heubl 1984):

1 Flügel breit-elliptisch, 6–8,5 mm lang, 3,5–5,5 mm breit, fast doppelt so lang wie die Kapsel und etwa gleichbreit, häufig mit 1–4 Netzmaschen. Krone etwa so lang wie die Flügel, der vordere freie Teil deutlich länger als der hintere geschlossene. Kelchblätter 3,8–5,6 mm lang, die Einschnürung weit überragend und fast ⅔ der Kapsellänge erreichend . . . . a) subsp. *amara*

– Flügel länglich-eiförmig, 4,8–6,5 mm lang, 2–4,4 mm breit, höchstens ⅓ länger als die Kapsel und schmäler, ohne oder selten mit 1–2 Netzmaschen. Krone kürzer als die Flügel, der freie Teil etwa so lang wie der geschlossene. Kelchblätter 3–4,3 mm lang, die Einschnürung wenig überragend, etwa ½ der Kapsellänge erreichend . . . . . b) subsp. *brachyptera*

a) subsp. **amara**

Diese Unterart kommt nur in den niederösterreichischen Kalkalpen und den Karpaten vor. Sie fehlt in Deutschland.

Alle folgenden Angaben beziehen sich auf:

b) subsp. **brachyptera** (Chodat) Hayek 1906

P. amblyptera Reichenb. 1823; *P. amara* L. var. *amblyptera* (Reichenb.) Koch 1835; *P. amarella* Cr. subsp. *amblyptera* (Koch) Jávorka 1924

Morphologie: Siehe Artbeschreibung und Schlüssel.

Variabilität: Es handelt sich um eine sehr variable Sippe, deren Extreme durch fließende Übergänge miteinander verbunden sind. Diese zeigen sowohl Übergänge zu *P. alpestris*, als auch zu *P. amarella*. 4 solcher „Ecktypen" werden von Heubl (1984: 282) als Varietäten beschrieben:

Var. 1: var. *brachyptera* Chodat
Typische Form der nördlichen Kalkalpen und der Karpaten.

Var. 2: var. „*amblyptera*" Koch non *P. amblyptera* Reichenb.
Nordalpen und deutsche Mittelgebirge.

Var. 3: var. *carpatica* (Woloszczak) Pawl.
Karpaten.

Var. 4: var. *balatonica* Borbas
Karpaten.

Die zahlreichen Übergänge der Unterart zu den nahe verwandten *P. alpestris* und *P. amarella* sind auf Bastardierungsvorgänge zurückzuführen. So kommt es in den Mittelgebirgen Mittel- und Süddeutschlands, wo *P. amarella* und *P. amara* subsp. *brachyptera* vorkommen, zu Bastarden mit intermediärer Merkmalsausprägung. Die vorherrschende Autogamie sorgt für die Erhaltung dieser Zwischenformen. Diese wurden von Jávorka (1924) als *P. amarella* Cr. subsp. *amblyptera* (Koch) Jávorka beschrieben (bei Rothmaler 1982 und Oberdorfer 1990 als subsp. *amblyptera* (Koch) Janchen – siehe bei *P. amarella*).

Im Bodenseegebiet und auf der Baar-Alb wurden solche Übergangsformen, die nicht eindeutig zuzuordnen waren, gefunden. Vor allem die Kelchflügelgröße und die Verhältnisse Flügel/Frucht-Länge/Breite liegen hier im Überlappungsbereich der beiden Arten.

Biologie: Blütezeit von April bis Juni. Bestäubung siehe Gattungsbeschreibung.

Ökologie: Auf kalkreichen, mäßig trockenen bis feuchten Lehm- oder Torfböden. Die subsp. *brachyptera* kommt in den Alpen in subalpinen Steinrasen und Felsband-Gesellschaften vor, seltener in lichten Kiefernwäldern oder in Quellsümpfen und Flachmoorwiesen. Über die Vergesellschaftung der ehemaligen Vorkommen in Baden-Württemberg ist nichts bekannt; wahrscheinlich waren es lückige Kalk-Magerrasen. Vegetationsaufnahmen mit *P.*

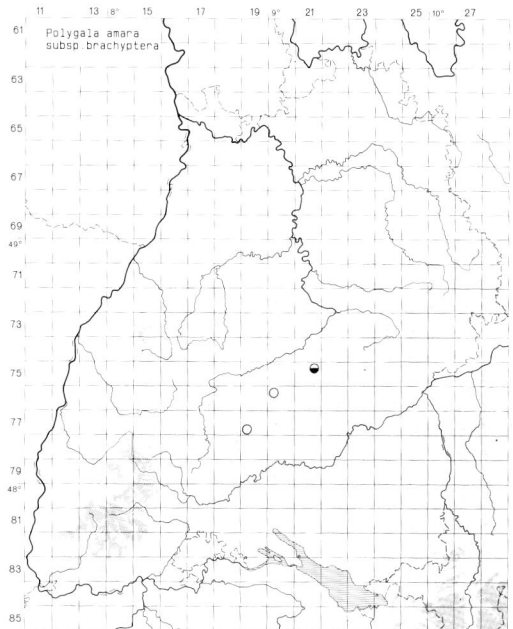

Polygala amara subsp. brachyptera

amara subsp. *brachyptera* gibt es zwar von MÜLLER (1980: Tab. 1) vom Coronillo-Pinetum der Schwäbischen Alb, jedoch könnte es sich hier um Übergangsformen zu (großblütigen) *P. amarella*-Sippen handeln.

Allgemeine Verbreitung: Alpen, Karpaten, Mittelgebirge Mittel- und Südosteuropas. Das eine Hauptareal erstreckt sich von Niederösterreich über die Steiermark und die nördlichen Kalkalpen westwärts bis zum Ammergebirge, das andere erfaßt den Karpatenbogen. Die nördlichsten Vorkommen liegen in Thüringen (Südharz, Werragebiet) und Hessen. Höhenverbreitung montan bis alpin, seltener kollin (ca. 300 bis 2200 m).

Verbreitung in Baden-Württemberg: Literaturangaben ohne Belege, die sich auf *P. amarella* subsp. *amblyptera*, auf *P. amara* oder auf *P. amblyptera* beziehen, wurden nicht berücksichtigt, da hier nicht klar ist, auf welche Sippe sie sich nach dem Konzept von MCNEILL und HEUBL beziehen. Die von HEUBL (1984) abgesicherten Herbarbelege stammen alle von der westlichen Schwäbischen Alb (trotz Nachsuche wurde an den beschriebenen Orten keine *P. amara*, nur teilweise *P. amarella* gefunden):

7521/2: Drackenberg E Eningen, 1930, FAHRBACH (Herbar Tübingen), Ursulaberg, 1898, HEGELMAIER (STU); 7620/1: Farrenberg, 1878, LECHLER (Herbar Tübingen); 7719/3: Lochen bei Balingen, 1870, HEGELMAIER (STU).
  Übergangsformen zu *P. amarella* (entsprechen in etwa der *P. amarella* subsp. *amblyptera* nach JÁVORKA):
Schwäbische Alb: 8112/2: Kriegertal E Talmühle, 1991, DEMUTH (KR).
Bodenseegebiet: 8221/2: N Spitznagelhof, 1991, KÖNIG (KR).

Erstnachweise: Als *P. amara* subsp. *brachyptera* wird diese Sippe erstmals in der Exkursionsflora für Süddeutschland von OBERDORFER (1970) aufgeführt.

Bestand und Bedrohung: Die Art ist in Baden-Württemberg seit 1930 nicht mehr durch Herbarbelege nachgewiesen. Ob sie ausgestorben ist oder doch noch vorkommt, könnten erst gezielte Nachforschungen ergeben. Vorerst hat sie als verschollen zu gelten.

Bastarde: Mit *P. amarella* (siehe dort) und *P. alpestris* – Meioseverhalten normal, Pollenfertilität bis 80% (HEUBL 1984: 240).

7. Polygala amarella Crantz 1769

P. austriaca Crantz 1769; *P. uliginosa* Reichenb. 1823; *P. amara* L. subsp. *amarella* (Crantz) Chodat 1889; *P. amarella* subsp. *austriaca* (Crantz) Jávorka 1924
Sumpf-Kreuzblume

Morphologie: Ausdauernd. Sproß an der Basis oder weiter oben verzweigt, Stengel wenige bis zahlreich, am Grunde meist mit dichter Blattrosette. Rosettenblätter verkehrt-eiförmig bis spatelig, 15–30 mm lang, 5–12 mm breit. Stengelblätter länglich-eiförmig, nach oben hin lineal-lanzettlich, 10–20 (30) mm lang, 2–7 mm breit, über der Mitte am breitesten. Blüten violett-blau, blau, seltener purpurn oder weiß; Blütentragblatt 1–1,5 (1,8) mm lang, etwa so lang oder kürzer als der Blütenstiel. Kelchblätter die Krista um etwa ⅓ ihrer Länge überlappend. Kelchflügel elliptisch bis länglich-eiförmig, größte Breite über der Mitte, Flügelnervatur offen, selten mit einzelnen Netzmaschen. Der röhrige Teil der Krone etwa so lang wie der freie, Krista mit 8–14 (16) Fransen, Griffel kürzer als der Fruchtknoten, Flügel deutlich schmäler als die Kapsel.

Variabilität: *P. amarella* ist im vegetativen Bereich äußerst variabel. So variieren je nach Standortbedingungen Wuchshöhe, Internodienlänge, Verzweigung, Dichte der Beblätterung und Größe der Stengelblätter. An sonnigen, trockenen Standorten mit

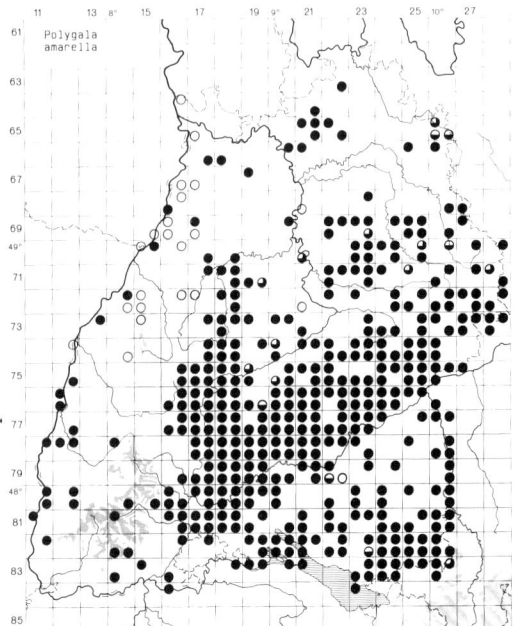

Sumpf-Kreuzblume *(Polygala amarella)*
Geisingen, 18. 5. 1991

lückiger Vegetation, z.B. in Mesobromion-Gesellschaften, sind die Pflanzen meist etwas gedrungen, an der Basis reich verzweigt und vielstengelig mit dichter Beblätterung, die Infloreszenzen sind vielblütig und dicht. Pflanzen von feuchten Standorten mit dichter, hoher Vegetation, z.B. Molinion-Gesellschaften, sind unten wenig verzweigt, haben rutenförmige, im oberen Teil verzweigte Stengel und werden bis 30 cm hoch. Die Beblätterung ist locker, die Grundblattrosetten können vollständig aufgelöst sein, die Infloreszenzen sind wenigblütig und locker.

Solchen Standortmodifikationen (von HEUBL (1984) in Kulturversuchen nachgeprüft) wurden mehrfach taxonomische Ränge zugesprochen. So

hat CRANTZ (1769) letztere Form als *P. austriaca* beschrieben; JÁVORKA (1924) als *P. amarella* subsp. *austriaca.*

Die diesbezügliche Nomenklatur in den Floren von ROTHMALER (1982) oder OBERDORFER (1990) mit JANCHEN als Autor dieser Umkombination ist nicht korrekt. JANCHEN (1956–60) selbst gibt JÁVORKA als Autor an.

Zusammen mit der von REICHENBACH 1823 beschriebenen *P. uliginosa* werden diese Formen in Anlehnung an HEUBL (1984: 306f.) als Synonyme zu *P. amarella* gestellt. Zu *P. amarella* subsp. *amblyptera* siehe bei *P. amara.*

Biologie: Blütezeit von April bis September. Bestäubungsvorgang siehe Gattungsbeschreibung.

Ökologie: Auf mäßig trockenen, wechseltrockenen bis feuchten, basenreichen (meist kalkreichen) Lehm- oder Torfböden. *P. amarella* besitzt bezüglich der Bodenfeuchte eine große Amplitude, von mäßig trockenen Mesobromion-Gesellschaften über Molinion- und Calthion-Wiesen (z. B. im Cirsietum rivularis) bis zu feuchten Flach- und Übergangsmooren (Caricion davallianae-Gesellschaften), die Art kommt aber auch an Wegrändern, -böschungen, in lückiger, ruderal geprägter Vegetation vor. Vegetationsaufnahmen bei K. Kuhn (1937: Tab. 17, 19, Mesobromion-Gesellschaften), L. Kuhn (1961: Tab. 5, Caricion davallianae-Gesellschaften; Tab. 6, Caricetum limosae; Tab. 8, Molinietum caeruleae), Witschel (1980: Tab. 9, 10, 11, Ausbildungen des Mesobrometums; Tab. 12, Magerweiden), Grüttner (1990: Tab. 3, Caricetum lasiocarpae; Tab. 6, Primulo-Schoenetum; Tab. 35, Molinietum caeruleae; Tab. 48, Molinion-Mesobromion-Übergangsgesellschaften).

Allgemeine Verbreitung: Europa, selten in Kleinasien. Im Norden reicht das Areal mit vereinzelten Vorkommen bis über den Polarkreis hinaus nach Nordskandinavien, Nordrußland (Halbinsel Kola); im Süden bis Südfrankreich, Mittelitalien (Apennin), Jugoslawien, Ungarn, Mittelrußland; im Westen reicht es von Dänemark, Belgien, nach Mittelfrankreich (Normandie, Pariser Becken), sehr vereinzelte Vorkommen in England; nach Osten bis zum Ural. Ein kleines isoliertes Vorkommen befindet sich an der türkischen Schwarzmeerküste. In Deutschland ist die Art im Süden verbreitet, nördlich des Mains und des Thüringer Waldes wird die Art seltener; sie fehlt in der norddeutschen Tiefebene.

Verbreitung in Baden-Württemberg: In den Kalkgebieten z. T. verbreitet, besonders auf der Schwäbischen Alb, den Randplatten des Schwarzwaldes, im Oberrheingebiet, Bauland, Bodenseegebiet und dem Westallgäuer Hügelland. In den übrigen Naturräumen ist die Art seltener oder fehlt streckenweise ganz.

Tiefstes Vorkommen: ca. 95 m, Sandtorf bei Mannheim (6416/2) – erloschen. Höchstes Vorkommen: ca. 1100 m, Feldseemoor (8114/1).

Erstnachweise: Wahrscheinlich ist *P. amarella* indigen. Natürliche Standorte wären Randbereiche von Hochmooren (Übergangsmoore) oder Kalkflachmoore. Ältester literarischer Nachweis bei J. F. Gmelin (1772: 213) vom Spitzberg bei Tübingen (7420). Schon von Harder 1576–94 vermutlich im Gebiet gesammelt (Schinnerl 1912: 214).

Bestand und Bedrohung: Im Mittleren und Nördlichen Oberrheingebiet sind die Vorkommen bis auf kleine Restpopulationen erloschen, in den übrigen Naturräumen gibt es noch zahlreiche ungefährdete Populationen. Dennoch sind, wie bei anderen konkurrenzschwachen Arten der Magerrasen und Flachmoore, viele Bestände gefährdet durch Intensivierung der Nutzung oder deren Aufgabe und damit den Brachfallen der Wiesen und durch Aufforstung. Insgesamt ist die Art noch nicht gefährdet aber schonungsbedürftig.

Bastarde: Experimentell nachgewiesen mit *P. amara* subsp. *brachyptera* – Meioseverhalten normal, bis 95% Pollenfertilität und *P. alpestris* – Pollenfertilität bis 90% (Heubl 1984).

Araliaceae
Efeugewächse
Bearbeiter: G. Philippi

Bäume oder Sträucher, oft kletternd, selten Kräuter. Pflanzen häufig mit Stern- oder Schuppenhaaren. Blätter wechselständig. Blüten radiärsymmetrisch, oft zu doldigen Blütenständen vereinigt. Krone 4- bis 5zählig, Kelch unscheinbar, 1 Staubblattkreis. Fruchtknoten unterständig, gebildet aus 5 Fruchtblättern, eine Samenanlage pro Fach.

Familie mit ca. 55 Gattungen und 700 Arten, auf der ganzen Erde, Schwerpunkt in tropischen und subtropischen Gebieten, v. a. Südostasien, Südamerika und Australien. In Europa 1 Gattung.

1. Hedera L. 1753
Efeu

Gattung mit 6 Arten in Europa, Nordamerika, Asien bis Japan. In Europa eine Art, eine weitere gelegentlich verwildert *(H. colchica)*.

1. Hedera helix L. 1753
Gewöhnlicher Efeu

Morphologie: Kletterstrauch, bis 20 m hoch, Stamm dicht mit Haftwurzeln besetzt. Blätter oberseits dunkelgrün, glänzend, unterseits hellgrün. Nicht blühende Triebe mit herzförmig-dreieckigen bis dreilappigen Blättern, blühende mit rhombischen Blättern. Blüten 5zählig, in halbkugligen Dolden, Kronblätter gelbgrün, Staubblätter 5. Frucht eine schwarzblaue Beere. – Blütezeit August–September (–Oktober), Fruchtreife im Frühjahr. Insektenbestäubung (auch durch Fliegen), Vogelverbreitung.

Gewöhnlicher Efeu *(Hedera helix)*
Badenweiler, 1984

Ökologie: In Wäldern mit ± nährstoff- und basenreichen, kalkreichen wie kalkarmen, basischen bis (schwach) sauren Böden mit guter Wasserversorgung. Blühende Pflanzen v.a. an alten Eichen in ehemaligen Mittelwäldern, an Felsen oder Mauern, vorzugsweise in wintermilder, luftfeuchter Lage. In extremen Wintern (wie 1955/56) sind hochwüchsige, blütentragende Pflanzen vielfach zurückgefroren. – In zahlreichen Vegetationsaufnahmen aus Wäldern reicherer Standorte enthalten.

Allgemeine Verbreitung: Europa, Nordafrika, selten Kleinasien und Kaukasus bis Nordpersien. In Europa im Süden und Westen verbreitet, nordwärts in West-Norwegen bis ca. 61° n.Br., Ostgrenze etwa vom Baltikum über Ostpreußen und Karpaten zum Schwarzen Meer verlaufend. – Subatlantisch.

Verbreitung in Baden-Württemberg: Verbreitet und meist häufig. Große Verbreitungslücken bestehen in den Buntsandsteingebieten des Nordschwarzwaldes, in den Hochlagen des Südschwarzwaldes sowie in der Baar, hier als Folge häufiger Spätfröste.

Ein sehr aufgelockertes Verbreitungsbild zeigt *Hedera helix* in den östlichen Landesteilen, in den Muschelkalk- und Keupergebieten entlang der Tauber, im östlichen Schwäbisch-Fränkischen Wald sowie in der Ostalb. Auch im Alpenvorland sind besonders im Altmoränenbereich immer wieder Vorkommenslücken zu beobachten. Ursache des Zurücktretens in diesen Gebieten ist das kontinentalere Klima.

Tiefste Fundstellen ca. 95 m, höchste in der Schwäbischen Alb ca. 960 m, nach Vegetationsaufnahme von KUHN (1937: 276), wohl in der kriechenden Form. Im Südschwarzwald reicht die baumförmige Form nach OBERDORFER bis 820 m. Weitere hoch gelegene Vorkommen der fo. *arborea*: 8112/4: Münsterhalden, 700 m, 8013/4: Zastler, Scheibenfelsen, ca. 700 m, im Nordschwarzwald: 7515/4: Glaswald, 630 m. – In der Wärmezeit war die Pflanze vermutlich weiter verbreitet (vgl. Pollenfunde im Horbacher Moor bei St. Blasien, 950 m; Diskussion bei LANG (1971)). – In den Vogesen bis 1000 m genannt (ISSLER et al. 1965).

Erstnachweise: Nach der letzten Eiszeit kontinuierlich in zahlreichen Pollenprofilen ab dem Boreal; Funde aus dem Cromer-Interglazial von Steinbach bei Baden-Baden, SCHEDLER (1981). – Erster schriftlicher Hinweis bei J. BAUHIN (1598: 151, 1602: 163): „Eichelberg" (7323).

Bestand und Bedrohung: Nicht bedroht. Doch dürfte mit der modernen Forstwirtschaft und dem Verschwinden alter Mittelwaldstrukturen die baumförmige Form zurückgehen.

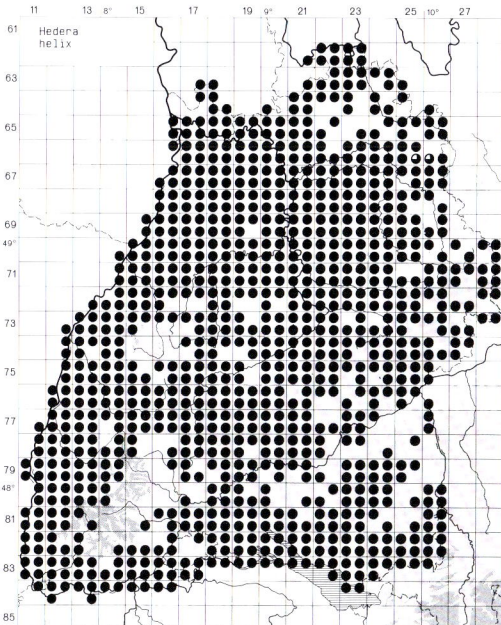

Apiaceae (Umbelliferae)

Doldengewächse
Bearbeiter: G. PHILIPPI,
unter Mitarbeit von A. WÖRZ *(Anthriscus, Chaerophyllum)*

Ein-, zwei- oder mehrjährige Kräuter, selten Sträucher oder Bäume. Blätter wechselständig, ohne Nebenblätter, oft gefiedert oder fiedrig eingeschnitten, basaler Teil des Blattstieles oft als Blattscheide ausgebildet. Blüten in einfachen oder zusammengesetzten Dolden, Blüten einheitlich gebaut: Kelch reduziert, 5 Kronblätter, 5 Staubblätter, Fruchtknoten unterständig, mit 2 Fruchtblättern, in zwei einsamige Teilfrüchte (Nüßchen) zerfallend. Fruchtblätter sitzen auf einem gemeinsamen gegabelten Fruchtträger (Karpophor), am oberen Ende sind sie durch das Griffelpolster verbunden. Griffelpolster meist auffallend gefärbt, bei einheimischen Arten vielfach gelb oder gelbgrün, Nektar abscheidend.

Dolden sind hoch entwickelte Gebilde, die oft den Eindruck einer Gesamtblüte hervorrufen. Diesen optischen Eindruck unterstreichen vielfach Hochblätter der Dolde oder des Döldchens, so z. B. bei *Astrantia, Eryngium* oder *Bupleurum*. Dazu kommen strahlig vergrößerte (zygomorphe) Randblüten (besonders auffällig bei *Orlaya*). Oft sind Döldchen und Dolden nicht halbkugelig, sondern flach, d. h. die Döldchenstiele sind unterschiedlich lang. Die Früchte sind im Grundbau sehr ähnlich. Sie weisen längs verlaufende Rippen auf: 5 Hauptrippen, dazwischen 4 Nebenrippen. In den Furchen, z. T. in den Rippen verlaufen Harzgänge bzw. Ölstriemen. Die Samen enthalten ölreiches Endosperm; der Embryo ist klein.

Die Blüten sind zwittrig, vielfach vormännlich, seltener vorweiblich, so z. B. *Sanicula*. Bei einigen Arten können auch getrenntgeschlechtige Blüten, z. T. auch getrenntgeschlechtige Dolden ausgebildet werden. Oft sind die sich zuletzt entwickelnden Blüten einer Dolde männlich. (Blütenverhältnisse der einheimischen Arten werden ausführlich in der Flora von Stuttgart von O. Kirchner (1888) dargestellt.)

Hinsichtlich der Bestäuber lassen die Arten der Familie keine Spezialisierung erkennen. Fliegen und Käfer sind die wichtigsten Bestäuber, Bienen spielen eine weniger wichtige Rolle. Selbstbestäubung führt zu Samenbildung. – Bastarde sind bei den Apiaceae kaum bekannt.

Zu den Doldenblütlern gehören insgesamt etwa 300 Gattungen und mit 2500–3000 Arten; die Familie ist weltweit verbreitet. Schwerpunkt liegt in den Gebirgen der gemäßigten Zone.

Einige Apiaceen werden wegen der Inhaltsstoffe als Würzpflanzen verwendet, einige wenige auch als Gemüsepflanzen. Zahlreiche Arten der Familie sind giftig bis stark giftig.

Aufgrund des einheitlichen Blütenbaus läßt sich die Familie recht gut gegenüber anderen Familien abgrenzen. Schwierigkeiten bereitet die Untergliederung der Familie; sie erfolgt im wesentlichen

nach Fruchtmerkmalen. Wichtig sind Zahl und Verteilung der Sekretgefäße (Ölstriemen).

Die Unterfamilie Hydrocotyloideae ist durch holzige innere Wandschicht der Frucht ausgezeichnet. Ölstriemen fehlen oder sind in die Hauptrippen abgesenkt. Diese Unterfamilie, die im Gebiet nur durch *Hydrocotyle* vertreten ist, wird auch als eigene Familie geführt.

Die beiden folgenden Unterfamilien haben eine weich parenchymatische innere Wandschicht der Frucht. Die Unterfamilie Saniculoideae weist Ölstriemen in den Hauptrippen auf; der lange Griffel hat kopfförmige Narben; er wird vom Griffelpolster umwallt. Diese Unterfamilie ist im Gebiet durch wenige Gattungen vertreten: *Sanicula, Astrantia* und *Eryngium*.

Bei Arten der Unterfamilie der Apioideae sitzt der Griffel auf dem Griffelpolster, die Ölstriemen werden zumindest in jungen Früchten unter den Tälchen zwischen den Rippen angelegt. Gelegentlich kann die Fruchtwand durch holzige Schichten unter der Oberhaut verhärten. Diese Unterfamilie ist die weitaus artenreichste.

Hauptschlüssel

1   Blätter kreisförmig, rund, schildförmig; Blattstiel an der Unterseite angewachsen . 1. *Hydrocotyle*
–   Blätter anders 2
2   Blätter einfach, ungeteilt, ganzrandig, blaugrün, Blüten gelb . . . . 16. *Bupleurum* vgl. auch *Smyrnium perfoliatum*: untere Blätter gelappt!
–   Blätter gefiedert oder gelappt 3
3   Pflanze distelartig, blaugrün, Blüten in zusammengezogenen Dolden (köpfchenartig), von dornig gezähnten Hochblättern umgeben . . . . .
                               4. *Eryngium*
–   Pflanze nicht distelartig 4
4   Blätter handförmig geteilt bis gelappt, im Umriß rundlich 5
–   Blätter gefiedert, im Umriß länglich bis breit-dreieckig 6
5   Hochblätter groß, so groß oder größer als die Dolde, Frucht ohne Stacheln . . . . 3. *Astrantia*
–   Hochblätter klein, undeutlich, Frucht hakig bestachelt, Pflanze dunkelgrün . . . . . . 2. *Sanicula* vgl. auch *Peucedanum ostruthium*: Pflanze lichtgrün, intensiv riechend, Früchte kahl
6   Frucht 2–8 cm lang, mit langem Schnabel, dieser 2–6 × so lang wie der samentragende Teil (schon in jungem Zustand gut erkennbar), weißblühendes Ackerunkraut . . . . 7. *Scandix*
–   Frucht kleiner 7
7   Blüten gelb, gelblich oder grüngelb . . . .
                              Teilschlüssel 1
–   Blüten weiß oder rötlich 8
8   Frucht behaart bis borstlich (schon im jungen Zustand deutlich erkennbar) . . . . Teilschlüssel 2
–   Frucht kahl, unbehaart . . . . Teilschlüssel 3

Teilschlüssel 1: Pflanzen mit gelben bis grüngelben Blüten

1 Blätter einfach, ungeteilt, ganzrandig, blaugrün .
                     16. *Bupleurum*
– Blätter anders 2
2 Dolde ohne Hochblätter oder mit 1–2 (z. T. hinfälligen) Hochblättern 3
– Dolde mit zahlreichen Hochblättern 11
3 Döldchen ohne Hochblätter oder nur mit 1–2 (z. T. hinfälligen) Hochblättern 4
– Döldchen mit zahlreichen Hochblättern 7
4 Blätter in haarfeine Zipfel gespalten, Kulturpflanzen 5
– Fiederblättchen eiförmig bis lineal lanzettlich . . 6
5 Pflanze lauchgrün, etwas bereift, Frucht ungeflügelt, im Querschnitt fast kreisrund, Blattscheiden 3–6 cm lang . . . . [*Foeniculum*], S. 302
– Pflanze dunkelgrün, kaum bereift, Teilfrucht linsenförmig abgeflacht, geflügelt . . . .
                     [*Anethum*], S. 302
6 Blüten gelb, Pflanze behaart . . . . 38. *Pastinaca*
– Blüten grünlichweiß, Pflanze kahl . . . .
                     18. *Apium graveolens*
7 Obere Blätter stengelumfassend sitzend, ± rundlich, untere fiedrig eingeschnitten, Stengel schmal geflügelt . . . . 13. *Smyrnium*
– Obere Blätter nicht stengelumfassend sitzend, Stengel nicht geflügelt 8
8 Fiederabschnitte breit eiförmig, Pflanze intensiv riechend . . . . 36. *Angelica archangelica*
– Fiederabschnitte schmal eiförmig bis lineal . . . 9
9 Teilfrucht geflügelt . . . . . . 37. *Peucedanum*
– Teilfrucht nicht geflügelt 10
10 Blattzipfel lanzettlich, feinstachelig gesägt, Wiesenpflanze . . . . 31. *Silaum*
– Blattzipfel eiförmig, am Grund keilförmig, grob gezähnt, Blüten grünlichgelb, Pflanze beim Zerreiben intensiv riechend, Kulturpflanze . . . . . .
                     [*Petroselinum*], S. 272
11 Blattabschnitte groß, 1–4 cm breit, Frucht 5–7 mm groß, Teilfrucht mit 4 Flügeln, Kulturpflanze . . . . [*Levisticum*], S. 312
– Blattabschnitte schmäler, eiförmig bis lanzettlich, Frucht 3–4 mm lang, Teilfrucht nur mit 2 Flügeln
                     37. *Peucedanum*

Teilschlüssel 2: Pflanzen mit behaarten bis mit Borsten besetzten Früchten, Blüten weiß bis rötlich

Vgl. auch *Sanicula* mit borstig behaarten Früchten, *Astrantia* mit blasig aufgetriebener Oberfläche der Früchte und *Eryngium*: Früchte mit Schuppen bedeckt, siehe Hauptschlüssel!

1 Frucht mit langem Schnabel, 7–8 mm lang, Schnabel ⅓ bis ½ so lang wie der samentragende Teil . . . . 6. *Anthriscus cerefolium*
Vgl. auch *Scandix*: Frucht 2–8 cm lang, Schnabel 2–6 × so lang wie der samentragende Teil
– Frucht ohne Schnabel 2
2 Frucht 20–25 mm lang, kahl, nur auf den Kanten borstig bewimpert, Pflanze stark nach Anis riechend . . . . [*Myrrhis*], S. 247
– Frucht höchstens 12 mm lang 3
3 Frucht mit widerhakigen Stacheln, klettenartig . . 4
– Frucht ohne widerhakige Stacheln, weichhaarig oder borstig 9

4 Hüllblätter der Dolde dreiteilig bis fiederteilig, Dolde im fruchtenden Zustand nestartig zusammengezogen . . . . 41. *Daucus*
– Hüllblätter ungeteilt oder fehlend 5
5 Blätter einfach gefiedert, mit kerbig oder fiedrig eingeschnittenen Fiederblättchen, Blätter mit 4–5 Fiederpaaren 6
– Blätter mehrfach gefiedert 7
6 Dolde 2- bis 4 (5)strahlig, Hüllblätter der Dolde und der Döldchen breit hautrandig, Frucht walzlich . . . . 9. *Turgenia*
– Dolde mehrstrahlig, Hochblätter ohne häutigen Rand, Frucht linsenartig, abgeflacht . . . . . .
                     [*Tordylium*], S. 327
7 Stengel fein gerillt, mit rückwärts anliegenden Borsten . . . . 8. *Torilis*
– Stengel gefurcht, kahl oder zerstreut abstehend borstig behaart 8
8 Stengel und Blattscheiden kahl, Dolde 4- bis 12strahlig, mit auffallend vergrößerten Randblüten, Hüllblätter der Dolde weiß hautrandig . . . .
                     11. *Orlaya*
– Stengel borstig behaart, Blattscheiden am Rand gewimpert, Dolde 2- bis 4 (5)strahlig, Hüllblätter der Dolde kaum hautrandig, Randblüten nur wenig vergrößert . . . . 10. *Caucalis*
9 Blätter einfach gefiedert bis gelappt, Fiederabschnitte breit 10
– Blätter mehrfach gefiedert, Fiederabschnitte eiförmig-lanzettlich bis lineal 11
10 Kräftige Wiesenpflanze mit geflügelten Früchten .
                     39. *Heracleum*
– Kleine Pflanze, meist auf Schutthaufen, Früchte walzlich, ungeflügelt . . . 23. *Pimpinella anisum*
11 Blätter mit eiförmig-lanzettlichen, am Grund keilförmigen Fiederabschnitten, Frucht geflügelt, Pflanze von Moorwiesen . . . .
                     40. *Laserpitium prutenicum*
– Blätter mit linealen Fiederabschnitten, Frucht walzlich, ungeflügelt, Pflanzen an Trockenstandorten 12
12 Grau behaarte Felspflanze mit 6–7 mm langen Früchten . . . . 30. *Athamantha*
– Kahle Pflanze aus Trockenrasen und Halbtrockenrasen, Früchte bis 4 mm lang, jung flaumig behaart, später verkahlend . . . . . . 31. *Seseli*

Teilschlüssel 3: Pflanzen mit kahlen Früchten, Blüten weiß bis rötlich

Vgl. auch *Astrantia major* mit runden, handförmig geteilten Blättern, Früchte mit blasig aufgetriebener Oberfläche, *Hydrocotyle vulgaris* mit runden Blättern, siehe Hauptschlüssel!

1 Frucht 20–25 mm lang, an den Kanten kurzborstig, Pflanze stark nach Anis duftend . . . .
                     [*Myrrhis*], S. 247
– Frucht höchstens 12 mm lang 2
2 Blätter 1- bis 3fach dreizählig, im Umriß rundlich bis breit dreieckig 3
– Blätter 1- bis mehrfach gefiedert oder fiederteilig, im Umriß dreieckig bis länglich 7
3 Dolde entweder ohne oder mit 1–2 hinfälligen Hochblättern 4

– Dolde mit zahlreichen, nicht hinfälligen Hochblättern 6

4 Teilfrüchte mit dünnen Randflügeln, diese bei der Fruchtreife aneinanderliegend, Blätter doppelt scharf gesägt, hellgrün, Pflanze zerrieben von angenehmem Geruch . 37. *Peucedanum ostruthium* vgl. auch 36. *Angelica sylvestris:* Flügel der Randrippen der Früchte voneinander abstehend, Pflanze mit eiförmigen Fiederabschnitten

– Teilfrüchte ohne dünnen Randflügel 5

5 Döldchen ohne Hochblätter . . 24. *Aegopodium*

– Döldchen mit Hochblättern, diese am Rand meist gewimpert . . . . vgl. unter Nr. 18: *Chaerophyllum* und *Anthriscus*

6 Blattzipfel breit linealisch, lang bandartig ausgezogen, am Rand scharf gesägt, Frucht nicht geflügelt, Pflanze blaugrün . . . . 20. *Falcaria*

– Letzte Fiederabschnitte eiförmig (bis eiförmig-lanzettlich), am Rand kerbig gesägt oder ganzrandig, Frucht geflügelt . . . . 40. *Laserpitium*

7 Blätter einfach gefiedert, Fiederabschnitte breit eiförmig 8

– Blätter mehrfach gefiedert, Fiederabschnitte eiförmig lanzettlich bis lineal (bei zahlreichen Arten dieser Gruppe sind obere Blätter oft einfach gefiedert und nur die Grundblätter doppelt gefiedert; die Fiederabschnitte bei den oberen Blättern sind oft lineal) 14

8 Teilfrucht mit breiten Randflügeln, kahl oder weichhaarig, große Wiesenpflanze . . . . 39. *Heracleum*

– Teilfrucht ungeflügelt 9

9 Dolde ohne oder mit 1–2 Hochblättern 10

– Dolde mit zahlreichen Hochblättern, Wasser- und Sumpfpflanzen 12

10 Frucht kugelig, hart, nicht in zwei Teilfrüchte zerfallend, Pflanze nach Wanzen riechend . . . . *[Coriandrum]*, S. 255

– Frucht anders, in Teilfrüchte zerfallend, Pflanze nicht nach Wanzen riechend 11

11 Pflanze behaart oder kahl, Frucht reif über 2 mm lang, Pflanze ohne Selleriegeruch 23. *Pimpinella*

– Pflanze kahl, Frucht bis 2 mm lang, Pflanze mit Selleriegeruch 12

12 Kelch undeutlich . . . . 18. *Apium*

– Kelch deutlich, mit 5 pfriemlichen Zähnen 13

13 Stengel rund, gestreift, Pflanze niederliegend-aufsteigend, Blütendolde kurzgestielt, den Blättern gegenüberstehend . . . . 25. *Berula*

– Stengel kantig gefurcht, hochwüchsige, aufrechte Pflanze mit langgestielter Blütendolde 26. *Sium*

14 Pflanze zweihäusig (nur wenige Blüten zwittrig), blaugrün, kahl, Stengel am Grund mit auffallendem Faserschopf; Pflanze an Trockenstandorten . . . . 17. *Trinia*

– Blüten zwittrig 15

15 Scheiden der Stengelblätter am Grund mit vielzipfligen Fiederabschnitten, unteres Paar jeder Fieder mit dem der gegenüberstehenden Fieder ein Kreuz bildend, Früchte mit Kümmelgeruch . . . . 21. *Carum*

– Blattscheiden am Grund ohne Fiederabschnitte, Früchte ohne Kümmelgeruch 16

16 Pflanze mit großer Hypokotylknolle, diese 1–4 cm im Durchmesser, Pflanze kahl, Blattzipfel lineal, Dolde mit 4–12 Hochblättern, Frucht 3 mm lang . . . . 22. *Bunium* (wenn Pflanze unterwärts behaart, vgl. *Chaerophyllum bulbosum*, ebenfalls mit Wurzelknolle)

– Pflanze ohne große Hypokotylknolle 17

17 Frucht lineal, über 4 mm lang, ohne scharfe Rippen 18

– Frucht eiförmig oder kugelig, wenn walzlich, dann kürzer als 4 mm, z. T. mit scharfen Rippen oder Flügeln 19

18 Frucht mit schnabelartiger Verjüngung, diese ½ bis ¹⁄₁₀ des samentragenden Teiles, gerippt, glänzend . . . . 6. *Anthriscus*

– Frucht ohne schnabelartige Verjüngung, Stengel unten abstehend steifhaarig . . 5. *Chaerophyllum* Vgl. auch *Ligusticum mutellina* mit 4–6 mm langen Früchten!

19 Döldchen ohne oder nur mit wenigen hinfälligen Hochblättern . . . . 23. *Pimpinella* Vgl. auch *Carum carvi*

– Döldchen mit zahlreichen bleibenden Hochblättern 20

20 Döldchen nur auf der Außenseite mit Hochblättern (halbiertes Hüllchen) 21

– Hochblätter der Döldchen allseitig 24

21 Pflanze nach Wanzen riechend, Dolden ohne Hochblätter, 3- bis 8strahlig 22

– Pflanze ohne Wanzengeruch, Dolden meist über 10strahlig 23

22 Frucht kugelig, hart, nicht in zwei Teilfrüchte zerfallend, Fiederabschnitte der Blätter eiförmig, Kelch fünfzähnig, die beiden äußeren Zähne deutlich länger . . . . [*Coriandrum*], S. 255

– Frucht reif in zwei kugelige Teilfrüchte zerfallend, Blattzipfel lineal, Kelch undeutlich . . . . 12. *Bifora*

23 Dolde mit 3–5 Hochblättern, Frucht eirund, mit wellig-kerbigen, stumpfen Rippen, Pflanze nach Mäusen riechend . . . . 14. *Conium*

– Dolde mit 0–2 Hochblättern, Frucht eirund, nach oben sich deutlich verjüngend, mit scharfen, nicht wellig-kerbigen Rippen, Pflanze ohne Mäusegeruch . . . . 29. *Aethusa*

24 Hochblätter der Dolde handförmig geteilt oder fiederteilig 25

– Hochblätter der Dolde ganzrandig oder fehlend . 26

25 Stengel kantig gefurcht, Pflanze bis 1,5 m, in Staudenfluren montaner Lagen . 15. *Pleurospermum*

– Stengel feingerillt, Pflanze an Schuttstellen, bis 1 m hoch . . . . [*Ammi*], S. 274

26 Blattzipfel haarfein, ca. 0,2 mm breit, Pflanze am Grund mit Faserschopf, sehr stark würzig riechend . . . . 32. *Meum*

– Blattzipfel breiter, lineal bis eiförmig 27

27 Dolde mit 1–3 z. T. hinfälligen Hochblättern oder ohne Hochblätter 28

– Dolde mit zahlreichen Hochblättern 34

28 Frucht kugelig, bis 1,5 mm lang und 2 mm breit, stumpfrippig, mit deutlich hervortretenden schwärzlichen Ölstriemen, Blätter am Rand scharf gesägt . . . . 19. *Cicuta*

– Frucht anders, länger als breit 29

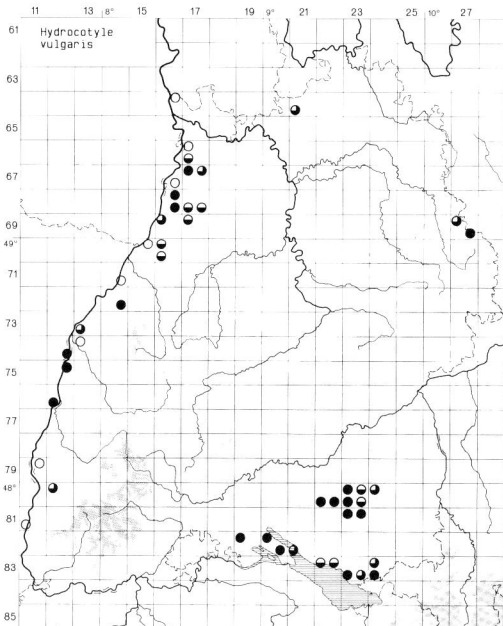

1. **Hydrocotyle** L. 1753
Wassernabel

Pflanzen mit kriechendem, an den Knoten wurzelndem oder aufrechtem Stengel. Wenige Blüten in einfacher Dolde. Frucht abgeflacht (mit schmaler Berührungsfläche); Mittelrippe der Außenfläche oft geflügelt.

Gattung mit 78 Arten, v.a. auf der Südhalbkugel; in Europa von Natur aus zwei Arten, drei weitere im Mittelmeergebiet bzw. in Irland eingebürgert.

Hydrocotyle steht innerhalb der Apiaceae isoliert (Frucht mit holziger innerer Wandschicht, Ölstriemen fehlend oder in die Hauptrippen abgesenkt). Zusammen mit anderen wie *Centella* L. wird die Gattung in eine eigene Unterfamilie (Hydrocotyloideae) gestellt, teilweise sogar als eigene Familie geführt.

1. **Hydrocotyle vulgaris** L. 1753
Gewöhnlicher Wassernabel

Morphologie: Hemikryptophyt. Pflanze ausdauernd, mit kriechendem Stengel, Laubblätter wechselständig, mit rundlicher, am Rand gekerbter Spreite, bis 4 cm im Durchmesser, oberseits kahl, unterseits zerstreut langhaarig. Doldenstiel etwa halb so lang wie Blattstiel, Dolden armblütig (z.T. aus auseinander gerückten Quirlen bestehend); Blütenstiel kurz. Kronblätter weiß oder rötlich, 0,7 mm lang, Griffel an der Spitze des Griffelpolsters entspringend. Frucht 1,7–2,5 mm lang. – Blütezeit Ende Juni bis August. Meist Selbstbestäubung. Pflanze oft steril bleibend (vegetative Vermehrung).

Ökologie: An lichtreichen, meist kalkarmen, sauren, doch basenreichen, seltener auch kalkreichen, basischen, feuchten bis nassen, zumindest zeitweise überschwemmten Stellen, auf mineralischen wie auf humosen Böden, meist an Stellen mit offener (z.T. auch moosreicher) Vegetation. In Lücken von Seggenriedern (z.B. im Caricetum elatae), in Flachmoorwiesen (z.B. im Caricetum lasiocarpae), auch in Pfeifengraswiesen feuchter Stellen, in Pionierbeständen an Grabenrändern. – Vegetationsaufnahmen vgl. OBERDORFER (1936: Juncetum subnodulosi, Caricetum elatae), LANG (1973: Caricetum diandrae), MÜLLER u. GÖRS (1974: 215), GRÜTTNER (1990: Caricetum lasiocarpae), THOMAS (1990: Juncetum subnodulosi). Aufnahmen von Pionierbeständen an Grabenrändern fehlen.

Allgemeine Verbreitung: Nordafrika, Europa, Westeuropa von Portugal bis Island, Westnorwegen (60°

Gewöhnlicher Wassernabel *(Hydrocotyle vulgaris)*
Ichenheim, 1980

n. Br.) und Südschweden, ostwärts bis Griechenland, Kaspisches Meer, mittleres Rußland und Ostpolen. In Deutschland v. a. in Nord- und Nordwestdeutschland, in Süddeutschland nur selten.
Verbreitung in Baden-Württemberg: Oberrheinebene, Odenwald, Alpenvorland, Schwäbisch-Fränkischer Wald.

Niedrigste Fundstellen am Oberrhein, ca. 95 m, höchst gelegene im Odenwald bei ca. 450 m, im Alpenvorland bei 625 m (8022/4: Königsegg). – Die Pflanze könnte urwüchsig sein und bereits vor Eingriff des Menschen vorhanden gewesen sein. Doch sind zahlreiche Vorkommen sicher erst nach Eingriff durch den Menschen entstanden.

Oberrheinebene: Hier v. a. in den humosen Randgebieten der Rheinniederung, seltener auch im Bereich der Schwarzwaldalluvionen, bis nach 1950–60 an vielen Stellen, dann stark zurückgegangen und vielerorts verschwunden.

6416/2: Sandtorf, SCHMIDT (1857); 6617/1: Brühl, SCHMIDT (1857); 6617/3: W Hockenheim, 1938, OBERDORFER (KR-K); 6716/4: Philippsburg, GMELIN (1805); 6717/1: Waghäusel, „in Menge", SCHMIDT (1857), zuletzt 1971, spärlich, S. MAHLER (KR-K); 6717/2: Zwischen Walldorf und Rot, SCHMIDT (1857), hier zuletzt nördlich St. Leon um 1970 an Grabenrändern, PHILIPPI (1971); 6816/2: Neudorf, DÖLL (1862), OBERDORFER (1936), 1988, THOMAS (KR-K); 6816/4: Südwestlich Graben, OBERDORFER (1936), zuletzt spärlich bei Hochstetten, THOMAS (1990), Rußheim, DÖLL (1862); 6817/3: Südlich Karlsdorf, OBERDORFER (1936); 6817/4: Südwestlich Bruchsal, OBERDORFER (1936); 6916/1: Eggenstein, Neureut, DÖLL (1862), hier südwestlich Eggenstein bis nach 1952, KR-K; 6917/1: Südwestlich Staffort, OBERDORFER (1936); 7015/2: Daxlanden bei der Ziegelhütte, vor 1900, KNEUCKER (KR); 7016/1: Zwischen Beiertheim und Rüppurr, GMELIN (1805), Scheibenhardt, KNEUCKER (1884, KR), zwischen Mühlburg und Daxlanden an der Alb, zuletzt 1903, JAUCH (KR); 7016/3: Südwestlich Bruchhausen, 1936, KNEUCKER (KR), ältere Angaben von Ettlin-

226

gen, Döll (1862); 7114/4: Iffezheim, Döll (1862). Im mittelbadischen Gebiet nur an wenigen Stellen: 7214/4: Oberbruch, am Ostrand des Abtsmoores, bis ca. 1970 reicher Bestand, inzwischen durch Pappelaufforstung verschwunden; 7313/3: Honau, Philippi (1961); 7412/4: Marlen, im gestörten Caricetum elatae, 1972, Krause (KR-K); 7413/1: Kork (KR, vor 1900).

Aus dem südbadischen Gebiet lagen nur wenige Beobachtungen vor: 7512/2: Ichenheim, Schrempp (KR-K); 7612/3: Rheinvorland von Kappel, 1958, Hügin, 1971, Görs u. Müller (1974), zuletzt 1990, P. Thomas (auf größerer Fläche im Oenantho-Molinietum); 7911/2: Faule Waag, v. Ittner, „später nicht mehr beobachtet", vgl. Döll (1862). In Sumpfwiesen der Freiburger Bucht: 8012/1: Opfingen, Neuberger (1912), lokal bis 1956 reichlich. – 8111/3: Neuenburg, vgl. Neuberger (1912, vor 1900 beobachtet).
Odenwald: 6421/3: Langenelz, 1952 auf einer Fläche von 2 m² beobachtet, seit 1957 verschwunden, Sachs (1961: 12). Benachbart auf hessischem Gebiet: 6419/3: Finkenbachtal N Oberhainbrunn in brachgefallenen Flachmoorwiesen an zwei Stellen in kleinen Beständen, Hagemann, zuletzt 1983 (KR-K).
Schwäbisch-Fränkischer Wald: Im Weihergebiet zwischen Crailsheim und Dinkelsbühl: 6927/1: Bernhardsweiler, auf feuchtem Sand eines trockenen Weihers, ca. 430 m, Hanemann (1924: 36); neuere Beobachtungen: 6927/1: Am Brettenweiher bei Bernhardsweiler, um 1960, Mattern (STU-K); 6927/4: Birkenweiher E Wört, 1977, Engelhardt (STU-K).
Alpenvorland: Vorkommen in Würmmoräne-Hügelland an zahlreichen Stellen; Daten von Bertsch (STU-K), zu neueren Beobachtungen vgl. Dörr (1976: 22). 8022/3: Pfrunger Ried; 8022/4: Königsegg; 8023/1: Hochberg, Booser Ried, Bertsch (STU-K); 8023/3: Ebenweiler See, Müller in Dörr (1976), W Blönried, Bertsch (STU-K); unbestätigte Vorkommen: 8023/2: Ottenswang, Aulendorf, Bertsch (STU-K); 8023/4: Dolpenried, Bertsch (STU-K); 8024/1: Schwaigfurtweiher; 8123/1 + 2: Zahlreiche Angaben, so Häcklerweiher, Schreckensee, Vorsee, Naßsee. – Bodenseegebiet: 8219/1: Friedingen, Großer Egelsee, Grüttner (1990); 8220/1: Mindelsee, Henn; 8220/4: Moor am Rupertsberg W Litzelstetten, Lang (1973); 8221/3: Untere Güll nahe der Mainau, 1960, Lang in Philippi u. Wirth (1970). Weitere ältere Angaben um Konstanz-Wollmatingen, vgl. Jack (1900). Bodenseegebiet um Friedrichshafen: 8322/1 (?): Fischbach, Bertsch (STU-K); 8322/2: Friedrichshafen, Bodenseeufer, Bertsch (STU-K); 8323/3: Eriskircher Ried; 8323/4: Hirnsee bei Götzenweiler, Brielmaier in Dörr (1976); 8323/4: Degersee, Brielmaier in Dörr (1976); 8324/1: Jägerweiher N Neukirch, Brielmaier, Dörr (1976); 8324/3: Muttelsee, Brielmaier in Dörr (1976). – Benachbart auf bayerischem Gebiet: 8423/2: Birkenried E Wasserburg, Bühlweiher bei Bodolz-Enzisweiler, Dörr (1976); 8324/4: Stockenweiler, Dörr (1976); 8325/3: Wigratz, wohl erloschen, Brielmaier, Dörr (1976).

Erstnachweise: Feuenried bei Singen, Mittleres Subatlantikum (Pollen), Rösch (1985); Erstnachweis durch Samen: Welzheim, 3. Jahrh. n.Chr., Körber-Grohne u. Piening (1983). Erste schriftliche Erwähnung: C.C. Gmelin (1805: 603–604):

„Carlsruhe inter Beuertheim et Rüppur ... prope Graben et Philippsburg, et alibi Rhenum inversus non infrequens".

Bestand und Bedrohung: Im Alpenvorland in reichen Beständen vorhanden und wenig bedroht, in der Rheinebene in kleinen Restbeständen und hier vor dem Aussterben stehend (G1). Gesamtgefährdung in Baden-Württemberg G2. In der Roten Liste für Deutschland fehlend. – Ursachen des Rückganges sind Eutrophierung, Entwässerungen und Aufgabe der Nutzung (die Pflanze benötigt Flächen mit niederer, ± offener Vegetation).

2. **Sanicula** L. 1753
Sanikel

Blätter handförmig 3- bis 5lappig, an die von Ranunculaceae erinnernd, Frucht kugelig-eiförmig, stachelig, so daß die Rippen nicht zu erkennen sind; Blütenstand doppelt bis dreifach doldig, neben kurzgestielten Zwitterblüten auch langgestielte männliche Blüten enthaltend. – Gattung mit 37 Arten auf der Nordhalbkugel, in Europa nur eine Art.

1. **Sanicula europaea** L. 1753
Wald-Sanikel

Morphologie: Hemikryptophyt, 0,2–0,6 m hoch; Blätter grundständig, dunkelgrün, am Rand gesägt, Zähne mit grannenartiger Spitze, Stengel nur mit wenigen Blättern oder blattlos; Dolde wie Döld-

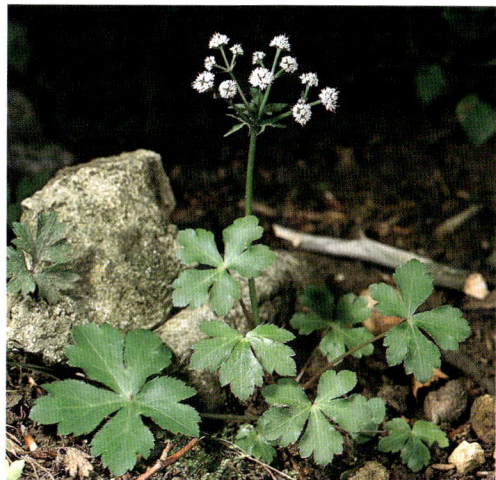

Wald-Sanikel *(Sanicula europaea)*
Günterstal bei Freiburg, 1987

chen mit Hochblättern, Döldchen ± halbkugelig, Blüten weiß (selten rosa), Früchte 4–5 mm lang, braunschwarz, dicht mit hakig gekrümmten Stacheln besetzt. – Blütezeit Mai, Juni, Insekten- und Selbstbestäubung. Verbreitung epizoisch (Klettfrüchte).

Ökologie: Einzelne Pflanzen an beschatteten, frischen bis mäßig trockenen, meist kalkreichen, basischen Stellen, seltener auch an kalkarmen, sauren, doch basenreichen Stellen (v.a. über Gneis, hier gern an etwas frischeren Stellen), meist auf Lehmböden, seltener auf Schluffböden.

In Buchen- und Hainbuchenwäldern des Gebietes weit verbreitet, seltener auch in (trockenen) Auenwäldern.

In zahlreichen Vegetationsaufnahmen von Laubmischwäldern enthalten, wenn auch meist in geringer Menge und Stetigkeit, vgl. z.B. KUHN (1937), LANG (1973), LOHMEYER u. TRAUTMANN (1974); Vegetationsaufnahmen von kalkarmen Böden des Schwarzwaldes PHILIPPI (1989).

Allgemeine Verbreitung: Europa vom Mittelmeergebiet bis Skandinavien (Westküste Norwegens bis 64° n.Br.), Nordafrika, Kleinasien, Kaukasus, Iran, Sibirien. In Deutschland weit verbreitet, nur in Nordwestdeutschland und kalkarmen Mittelgebirgen seltener oder fehlend. – Submediterran-temperat, schwach subatlantisch.

Verbreitung in Baden-Württemberg: Weit verbreitet, v.a. in Kalkgebieten. Seltener in den Gneisgebieten

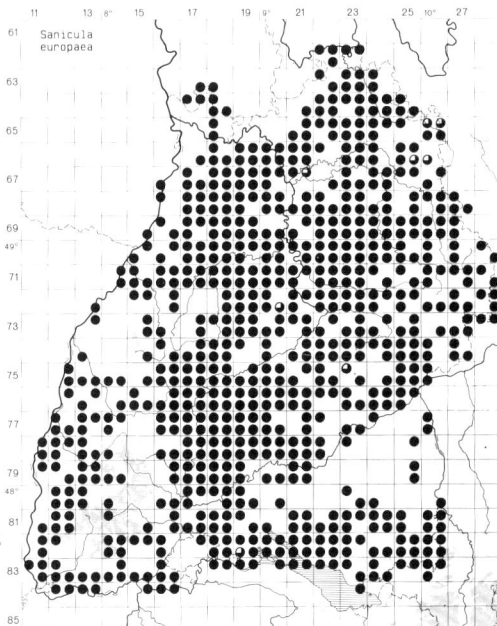

des Schwarzwaldes, hier in Buntsandstein- und Granitgebieten auch stellenweise fehlend. Weiter zeigt die Karte Verbreitungslücken auf den Hochflächen der Schwäbischen Alb, im Odenwald und im Altmoränengebiet des Alpenvorlandes. Stellenweise wie in Buntsandsteingebieten des Odenwaldes und des Nordschwarzwaldes durch Verwendung kalkhaltigen Schotters beim Bau von Forststraßen in Ausbreitung.

Tiefste Fundstellen in der Rheinebene ca. 100 m, höchste am Feldberg im Südschwarzwald, ca. 1200 m (OBERDORFER 1983), 8114/1: zw. Fürsatz und Rinken, 1150 m, KNOCH (KR-K).

Erstnachweis: Erste schriftliche Erwähnung bei J. BAUHIN (1598: 201), Umgebung von Bad Boll.

Bestand und Bedrohung: Nicht bedroht, gebietsweise in Ausbreitung.

3. **Astrantia** L. 1753
Sterndolde

Blätter ähnlich wie bei *Sanicula*, Hochblätter der Dolde (Trugdolde) laubartig, fiederteilig, Hochblätter der Döldchen zahlreich, auffallend gefärbt. Früchte mit wulstigen, warzig-rauhen Rippen. – Gattung mit 9 Arten (Europa, Kleinasien bis Kaukasus), in Baden-Württemberg eine Art.

1. **Astrantia major** L. 1753
Große Sterndolde

Morphologie: Pflanze ausdauernd, 0,5–1 m hoch, mit dickem Rhizom. Grundständige Blätter bis nahe zum Grund 3- bis 7teilig, endständiges Döldchen die seitenständigen überragend, Hochblätter der Döldchen rötlich bis weißlich, um 12 mm lang, stachelspitzig, länger als die Bütenstiele, Kelchblätter lineal-lanzettlich, spitz, Frucht 5–7 mm lang. – Blüten mit strengem Geruch. – Blütezeit Mai bis August.

Ökologie: Einzelpflanzen oder lockere Herden an leicht beschatteten, mäßig frischen, kalkhaltigen basischen Böden in kühler Klimalage, ausnahmsweise auch auf kalkarmen, sauren, doch basenreichen Böden.

Vor allem in Staudengesellschaften an meist nordexponierten Waldrändern, z.B. im Knautietum dipsacifoliae oder in frischen Ausbildungen des Trifolio-Agrimonietum (in der montanen Form), auch in aufgelichteten Beständen von Schluchtwäldern (Aceri-Fraxinetum).

Diese im Gebiet relativ weit verbreitete Pflanze ist nur in wenigen Vegetationsaufnahmen enthalten: SEBALD (1983, Tab. 7), SAUER (1989: 475), in synthetischer Tabelle des Trifolio-Agrimonietum TH. MÜLLER (1962).

Allgemeine Verbreitung: Pyrenäen, Alpen, Apennin, Gebirge des Balkans, ostwärts bis zu den Karpaten, nordwärts bis zu den deutschen Mittelgebirgen und Polen, im Gebiet etwa an der Nordwestgrenze der Verbreitung.

Verbreitung in Baden-Württemberg: Schwerpunkt des Vorkommens auf der Schwäbischen Alb und ihrem Vorland, bis Oberer Neckar, Baar und Wutach. Keuper-Lias-Neckarland zerstreut im Schönbuch und Glemswald, seltener Schwäbisch-Fränkischer Wald und Schurwald. Alpenvorland im westlichen Bodenseegebiet (Bodanrück), im Westallgäuer Hügelland, entlang der Argen bis zum Bodensee. Der Iller entlang bis Ulm. Isolierte Fundstellen im Südschwarzwald und im nördlichen Teil des Schwäbisch-Fränkischen Waldes.

Tiefste Fundstellen im Schwäbisch-Fränkischen Wald, ca. 390 cm, im Schönbuch bei Tübingen, ca. 400 m, am Bodensee (Mindelsee) ca. 420 m, höchste in der Schwäbischen Alb, ca. 1010 m (Lemberg, BERTSCH in STU-K).

Die Pflanze ist einheimisch. Die isolierten Vorkommen dürften synanthrop sein (z.T. wohl aus Anpflanzungen hervorgegangen).

Einzelvorkommen: Hier seien nur einige der isolierten Vorkommen aufgeführt: Schwäbisch-Fränkischer Wald: 6922/3: SW Spiegelberg, beim Warthof,

Große Sterndolde *(Astrantia major)*
Riedholzer Eistobel, 15. 7. 1991

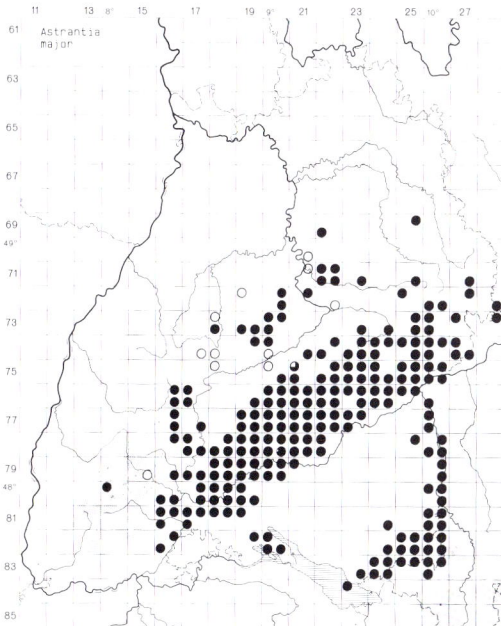

1984–89, SCHWEGLER (KR-K); 6925/2: Lanzenbachtal E Vellberg, 390 m, SCHWEGLER (STU-K). – Schwarzwald: 7318/3: Schwarzenbachtal S Wildberg, MAYER (1929); Vorkommen schließt an Vorkommen im Schönbuch und Oberen Gäu an; 8014/1: Spirzendobel, kleiner Bestand, ca. 600 m, NEUBERGER (1912); Bestand sicher synanthrop. (Entsprechende Vorkommen in den Vogesen in Umgebung der Meiereien werden auf Anpflanzungen zurückgeführt!) – Verbreitungskarte für das Gebiet des Schönbuchs und Gäus: BAUMANN u. BAUMANN (1990: 110).

Erstnachweis: THEODOR (1588: 300) „Schwartzwald".

Bestand und Bedrohung: Insgesamt reiche Bestände, die nicht bedroht sind. Lediglich die isolierten Vorkommen sollten genauer beobachtet und ev. geschützt werden.

4. **Eryngium** L. 1753
Mannstreu

Blätter fiederschnittig, steif, mit dornigen Spitzen, Pflanze dadurch distelartig, Frucht dicht von Schuppen bedeckt, Teilfrüchte ohne deutliche Rippen, Fruchtträger fehlt.

Artenreiche Gattung: ca. 220 Arten in den gemäßigten und warmen Zonen der Nord- und der Südhalbkugel, in Europa 26 Arten (v.a. Mittelmeergebiet), in Deutschland 2 Arten.

1. Eryngium campestre L. 1753
Feld-Mannstreu

Morphologie: Pflanze ausdauernd, bis 1 m hoch,
kahl, bläulichgrün, sparrig verzweigt, Blätter mit
stechenden Spitzen, obere und mittlere Stengelblätter stengelumfassend, mit am Grund auffallend gezähnten Lappen, Dolden zahlreich, dicht, halbkugelig bis walzlich, mit zahlreichen linealen Hochblättern, Blüten dicht stehend, Blütenstand mit
zahlreichen Hochblättern, diese aus den Dolden
herausragend. – Blütezeit Juli–August.
Ökologie: Einzelne Pflanzen an sonnigen, trockenen, kalkreichen, basischen Stellen, gern auf Lok-
kerböden wie Löß oder kiesigen Sanden, an zeitweise beweideten Stellen. – In Trockenrasen
(Xerobrometum) oder Halbtrockenrasen (Mesobrometum), gern an etwas gestörten Stellen, an Böschungen oder Wegrainen. – Vegetationsaufnahmen vgl. SLEUMER (1934), v. ROCHOW (1951),
PHILIPPI (1984: 560).
Allgemeine Verbreitung: Mittelmeergebiet bis
Kleinasien und Vorderasien, in Europa nordwärts
bis Südengland, Norddeutschland (untere Elbe)
und mittleres Rußland. – Verschleppt durch Gras-

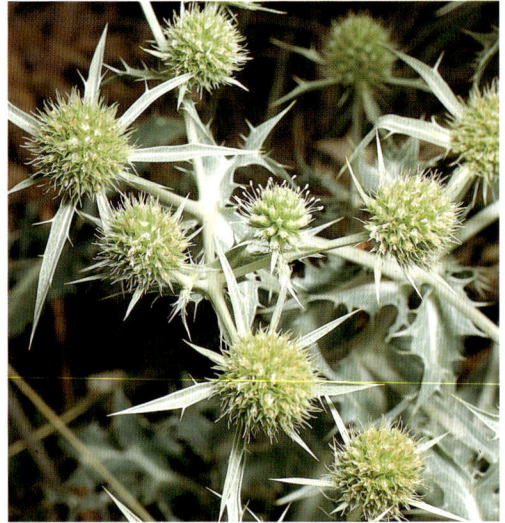

Feld-Mannstreu *(Eryngium campestre)*
Sasbach (Kaiserstuhl), 25. 8. 1991

saaten in Nordamerika. – In Deutschland v.a. in
trocken-warmen Tieflagen, in Süddeutschland v.a.
im nördlichen Oberrheingebiet (v.a. Rheinhessen –
Pfalz) und im mittleren Maingebiet. Im übrigen
Deutschland am Rhein und an der Elbe bis zur
Mündung, weiter an der Mosel.
Verbreitung in Baden-Württemberg: Oberrheinge-
biet, Kraichgau, Neckarbecken nördlich Stuttgart,
Taubergebiet und angrenzendes Bauland. – Selten
Schwäbische Alb (Vorkommen offensichtlich schon
vor 1900 erloschen).

Tiefste Fundstellen im Oberrheingebiet ca. 95 m,
höchste im Taubergebiet ca. 350 m, in der Schwäbischen Alb 450 bzw. ca. 600 m.

Die Wuchsorte der Pflanze wären von Natur aus
wohl weitgehend bewaldet. So ist anzunehmen, daß
die Pflanze erst mit dem Menschen in das Gebiet
eingewandert ist (Archäophyt).

Oberrheingebiet: Im nördlichen Oberrheingebiet um
Mannheim-Schwetzingen vielfach, doch immer nur in
kleinen (bis sehr kleinen) Populationen, bis Bergstraße
und Kraichgau. Im mittleren Oberrheingebiet fehlend. Im
südlichen Oberrheingebiet v.a. Kaiserstuhl, hier noch größere Bestände, weiter am Isteiner Klotz. Die übrigen Vorkommen meist am Abbruch des Hochgestades, oft nur
noch sehr kleine Bestände.
Neckarbecken nördlich Stuttgart: Einzelangaben vgl. SEY-
BOLD (1968: 238); Schwerpunkt um Friedrichshall-Mos-
bach.
Taubergebiet: Zerstreut, gern an gestörten Stellen der
Halbtrockenrasen (z.B. nahe Holzlagerplätzen), besonders reichlich im oberen Taubergebiet um Frauental.
Schwäbische Alb: 7182/4: zw. Utzmemmingen und
Pflaumloch, ca. 450 m, FRICKHINGER in v. MARTENS u.

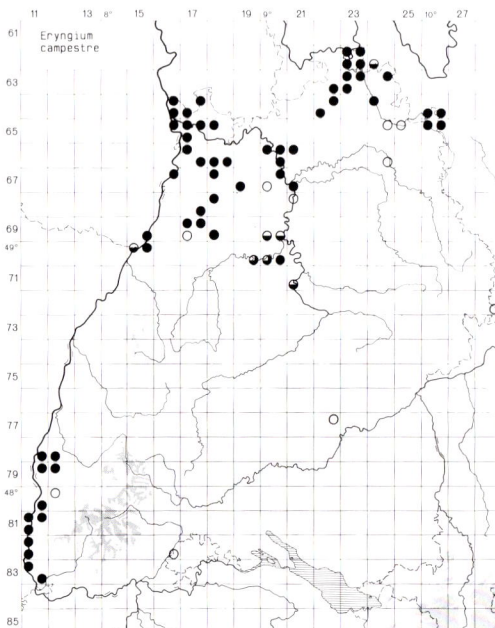

Feld-Mannstreu *(Eryngium campestre)*
Neu-Breisach (Elsaß)

K<small>EMMLER</small> 1882), seitdem unbestätigt. 7722/2: Indelhausen im Lautertal, ca. 600 m (?), F<small>INCKH</small> in v. M<small>ARTENS</small> u. K<small>EMMLER</small> (1882), seither unbestätigt. Nur vorübergehende Vorkommen?

Vorkommen in Nachbargebieten: 6927/2, 6928/1 + 2: Vorkommen auf bayerischer Seite um Dinkelsbühl, erloschen. Diese Vorkommen bei Dinkelsbühl vermitteln zwischen denen des Taubertales und dem der Ostalb.

Erstnachweis: J. F. G<small>MELIN</small> (1772: 79) „prope arcem Vaihingensem et in reg. Zabergov., H<small>ILLER</small> (7019). In STU findet sich ein Belegstück von A. W. M<small>ARTINI</small> (1702–1781), gesammelt „circa Cannstatt" (7121), S<small>EBALD</small> (1983: 21).

Bestand und Bedrohung: Die mittelgroßen Bestände des Kaiserstuhles und des Taubertales sind kaum bedroht. Stärker gefährdet sind die des Neckargebietes (G3), die der Rheinebene stellenweise stark gefährdet (G2, örtlich G1).

So läßt sich die Art in Baden-Württemberg insgesamt als „gefährdet" (G3) einstufen. (In der Roten Liste der Bundesrepublik wird die Art nicht aufgeführt.)

5. **Chaerophyllum** L. 1753

Kälberkropf
Bearbeiter: A. W<small>ÖRZ</small>

Einjährige oder ausdauernde, stets krautige Pflanzen mit unter den Knoten ± angeschwollenen Stengeln und fiedrigen bis fiederspaltigen Blättern. Hülle fehlend oder 1- bis 2blättrig, Hüllchen vielblättrig, Kronblätter weiß oder rosa, verkehrt-herzförmig, an der Spitze ausgerandet, Frucht kahl, glatt, länglich, nach der Spitze hin verschmälert, ungeschnäbelt, Teilfrüchte rundlich bis halbrundlich, Rippen nur reif deutlich sichtbar. Griffelpolster kegelförmig bis flach-niedergedrückt, Griffel lang, aufrecht oder zurückgeschlagen.

Die Bestäubung erfolgt durch Insekten, vor allem Käfer und Hymenopteren. In einem Döldchen kommen oft zwittrige und männliche Blüten zusammen vor, häufig sind die Blütenstände proterandrisch.

Die Verbreitung erfolgt zoochor mittels der als Kletten fungierenden gebogenen Griffeläste, durch

Haften an Fell und Hufen oder einfach durch Verschwemmung. Diese Einrichtungen sind wahrscheinlich nur wenig effizient, so daß die meisten Samen wohl in unmittelbarer Nähe der Mutterpflanze keimen.

Von den weltweit 35 Arten kommen in Europa 12, in Baden-Württemberg 4 vor:

1 Kronblätter bewimpert, Stengel abstehend behaart, nicht rot gefleckt; Blätter dreizählig, die basale Seitenfieder 1. Ordnung fast so groß wie der Rest der Spreite. Feuchtwiesen, Feuchtwälder, Ufer. Regional häufig . . . . . . *4. Ch. hirsutum*
– Kronblätter kahl, Blätter nicht dreizählig, sondern gefiedert 2
2 Griffel lang, mehrmals länger als Griffelpolster; Frucht reif gelblich. Wiesen, Säume. Zerstreut . .
                              3. Ch. aureum
– Griffel kurz, maximal so lang wie Griffelpolster . 3
3 Wurzel im Bereich des Stengelansatzes mit kirschbis pflaumengroßen knolligen Verdickungen (Hypocotylknolle); Blattabschnitte maximal 4 mm breit, meist schmäler; Hüllchenblätter kahl; Stengel bläulich bereift. Flußufer, Feuchtflächen. Zerstreut . . . . *2. Ch. bulbosum*
– Pflanze ohne Hypocotylknolle; Blattabschnitte breiter, Blätter flächig; Hüllchenblätter bewimpert. Säume, Hecken. Zerstreut . 1. Ch. temulum

1. Chaerophyllum temulum L. 1753

Ch. temulentum L. 1755; *Scandix nutans* Moench 1794

Hecken-Kälberkropf, Taumel-Kerbel, Eselskerbel

Morphologie: Ein- bis zweijährige Pflanze mit spindelförmiger Wurzel und 30–100 cm hohem, stiel-

Hecken-Kälberkropf *(Chaerophyllum temulum)*
Mägdeberg (Hegau), 23. 6. 1991

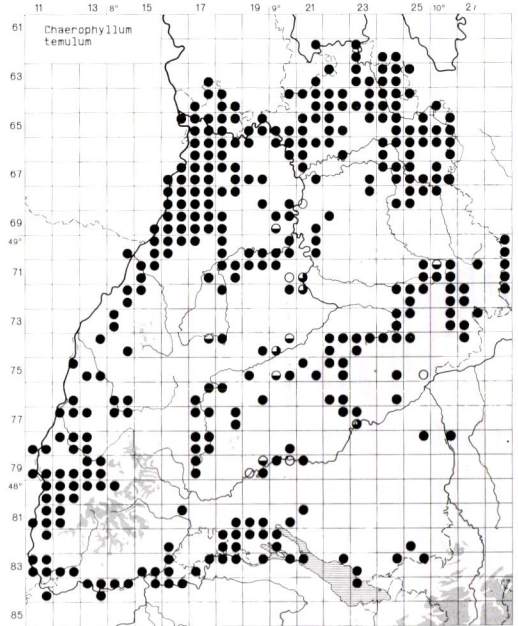

rundem Stengel, unter den Knoten verdickt, meist violett gefärbt oder rot überlaufen, am Grund durch zurückgeschlagene Haare zottig, oben angedrückt-borstig, oft noch mit einzelnen abstehenden Haaren. Laubblätter grün, bisweilen braunschwarz gefleckt, weich, kurz-borstig-zottig, 2- bis 3fach fiederschnittig, die unteren gestielt, die oberen auf länglichen Blattscheiden sitzend. Blattabschnitte im Umriß eiförmig bis eilänglich, stumpf, unten eingeschnitten-gelappt, oben fiederschnittig bis gekerbt. Zipfel letzter Ordnung breit-eiförmig, stumpf, mit kleiner, aufgesetzter Stachelspitze, gekerbt. Dolden vor dem Aufblühen überhängend, flach, 6- bis 12strahlig, Doldenstrahlen rauh-borstig, Hülle fehlend oder 1- bis 2blättrig, Hüllchenblätter 5–8, breit-lanzettlich, zugespitzt, schmal-hautrandig, gewimpert, behaart, am Grund verwachsen. Blüten weiß, Kronblätter 2lappig, zu ca. $\frac{1}{3}$ eingeschnitten, am Rand strahlend, Frucht länglich-kegelförmig, 5–7 mm lang, bisweilen violett überlaufen, reif gelblich. Griffel umgebogen, etwa rechtwinkelig zueinander stehend, so lang wie Griffelpolster. Gilt als giftig!

Biologie: Die Blütezeit von *Ch. temulum* fällt in die Monate Mai bis Juli. Am Rand und in der Mitte der Dolde befinden sich proterandrische Zwitterblüten, der Rest der Blüten ist männlich. Sie werden von Hymenopteren (Bienen der Gattung *Andrena*, WESTRICH 1989), Käfern und Fliegen besucht.

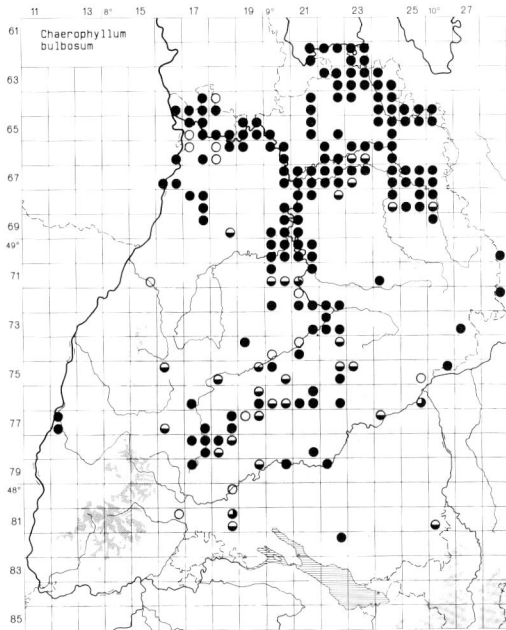

Chaerophyllum
bulbosum

Keuper-Lias-Land: Zerstreut, fehlend in den höheren Lagen des Schönbuchs und des Schwäbisch-Fränkischen Waldes.

Schwäbische Alb: Verbreitet, am Albtrauf etwas zurücktretend.

Alpenvorland: Im Bodensee- und Hegaubecken zerstreut, sonst selten.

Erstnachweise: Die Art ist im Gebiet urwüchsig. Der erste subfossile Nachweis stammt von Hagnau aus dem Mittleren bis Späten Subboreal (RÖSCH 1992b). Die erste schriftliche Erwähnung findet sich bei WEINMANN (1764: 29): „Umgebung von Reutlingen".

Bestand und Bedrohung: Die von Natur aus nicht sehr häufige Art unterliegt aufgrund der zunehmenden Zerstörung geeigneter Heckenstandorte einem nicht allzu starken, aber doch deutlichen Rückgang in ihrem Bestand. Überdüngung, Flurbereinigung und Wegebau sind dafür verantwortlich.

Nur der Erhalt bzw. die Neuschaffung solcher meist anthropogener Standorte kann eine weitere Abnahme des Hecken-Kälberkropfes verhindern.

Ökologie: *Ch. temulum* besiedelt einerseits halbnatürliche Wald- und Heckensäume, andererseits aber auch anthropogene Unkrautfluren auf frischem, nährstoffreichem, häufig eutrophiertem Untergrund. Die als Stickstoffzeiger geltende Art bevorzugt lockere, humöse Mullböden vorwiegend in tieferen und wärmeren Lagen. Wichtige Begleitarten sind *Chelidonium majus, Geum urbanum, Alliaria petiolata, Urtica dioica, Geranium robertianum* u.a. *Ch. temulentum* gilt als Assoziationscharakterart der zum Allarion gehörigen Knoblauchsrauken-Kälberkropf-Unkrautflur (Alliario-Chaerophylletum temuli). Soziologische Aufnahmen finden sich bei GÖRS & MÜLLER (1969), FISCHER (1982), SEBALD (1983, Tab. 4).

Allgemeine Verbreitung: Europa, nördlich bis Dänemark; Nordafrika. *Ch. temulum* ist ein subatlantisch-submediterranes Florenelement. Verbreitungskarte s. MEUSEL et al. (1978: 306).

Verbreitung in Baden-Württemberg: Der Hecken-Kälberkropf kommt in allen Landesteilen selten bis zerstreut vor, fehlt jedoch in den Hochlagen des Schwarzwaldes und in Oberschwaben.

Das niedrigste Vorkommen liegt bei Mannheim (ca. 100 m ü.M.), das höchste am Burgstein bei Holzelfingen (7521/4) in 744 m ü.M.

Oberrheingebiet: Zerstreut bis verbreitet.

Schwarzwald: Selten in den Tallagen, in den Hochlagen ganz fehlend.

Neckar- und Tauber-Gäuplatten: Zerstreut bis verbreitet.

2. Chaerophyllum bulbosum L. 1753

Myrrhis bulbosa Spreng. 1813
Rüben-Kälberkropf, Knollenkerbel, Erdkastanie

Morphologie: Zweijährige Pflanze mit knollig verdickter, fast kugeliger Hypocotylknolle und 1–2 m hohem, hohlem und stielrundem, glattem Stengel, am Grund borstig bis zottig und rotgefleckt, oberwärts kahl, meist bläulich bereift, rötlich überlaufen, unter den Knoten verdickt. Laubblätter 2- bis 4fach fiederschnittig, unten gestielt, und am Rand und auf den Nerven behaart, die oberen sitzend und mit erheblich schmäleren Blattabschnitten als die unteren. Blattabschnitte 1. Ordnung dreieckig-eiförmig und zugespitzt, Zipfel letzter Ordnung schmal-lanzettlich bis linealisch, ganzrandig und mit feinem, weißem Spitzchen. Dolden mit 15–20 kahlen, ungleich langen Strahlen. Hülle fehlend oder wenigblättrig, Hüllchenblätter 5–6, lineal-lanzettlich, weißhautrandig, zum Teil ungleich lang. Kronblätter weiß, rundlich verkehrt-eiförmig bis quer-elliptisch, etwa bis zur Hälfte eingeschnitten, am Grund zusammengezogen. Frucht lineal-länglich bis schmal-kegelförmig, 4–6 mm lang, reif gelblich-dunkelbraun, gestreift, Griffel deutlich umgebogen bis fast zurückgeschlagen.

Biologie: *Ch. bulbosum* blüht von Juni bis August. Die Blüten sind andromonoezisch oder, wenn zwittrig, proterandrisch. Die Samen keimen im nächsten Jahr, erst im darauffolgenden kommt es

233

Rüben-Kälberkropf *(Chaerophyllum bulbosum)*
Wertheim, 28. 6. 1992

zur Blüte und Fruchtreife, nach der die Pflanze abstirbt. Für die Ausbreitung ist neben Zoochorie sicherlich die Verschwemmung in den Flüssen von
Bedeutung.
Ökologie: Die meist aus der Kultur verwilderte
Pflanze wächst primär überwiegend an Flußufern
und in Staudenfluren des Auenbereichs (häufig in
Spülsäumen), im Gebiet ist sie häufig aus Gärten
verwildert und findet sich auch an feuchten, nitrophilen Säumen und Ruderalstandorten, wo sie offensichtlich in Ausbreitung begriffen ist. Der
Untergrund ist wasserzügig, häufig rieselnaß und
nährstoff- bzw. basenreich. Häufige Begleitarten
sind *Calystegia sepium, Aegopodium podagraria,
Galium aparine, Lamium maculatum, Heracleum
sphondylium, Urtica dioica, Agropyron repens* u.a.
Der Rüben-Kälberkropf gilt als Charakterart einer
eigenen Assoziation, des Chaerophylletum bulbosi

(Aegopodion). Soziologische Aufnahmen finden
sich bei GÖRS & MÜLLER (1969).
Allgemeine Verbreitung: Mittel- und Osteuropa,
Balkan, Rußland, Westsibirien, vereinzelt in Skandinavien. *Ch. bulbosum* ist ein eurasisch-kontinen-
tales Florenelement. Verbreitungskarte s. MEUSEL
et al. (1978: 306).
Verbreitung in Baden-Württemberg: Zerstreut entlang der größeren Flüsse, vor allem im Bereich der
Neckar- und Tauber-Gäulandschaften, selten jedoch im Oberrheingebiet, zerstreut auch in den Tallagen der mittleren und westlichen Schwäbischen
Alb und ihrem Vorland, selten in den übrigen Teilen der Alb, im Schwarzwald, im südlichen Odenwald und im nördlichen Kraichgau.
   Der niedrigste Fundort liegt bei Mannheim bei
ca. 100 m, der höchste bei Trochtelfingen bei
703 m.

Erstnachweise: Die Art ist im Gebiet nicht urwüchsig, kann aber als fest eingebürgert gelten. Der erste literarische Nachweis stammt von LEOPOLD (1728: 111) aus der Umgebung von Ulm. Die Art wurde im Mittelalter durch Mönche eingeführt und seither angebaut. Die Knollen wurden als stärke- und eiweißhaltiges, aber relativ fettarmes Nahrungsmittel verwendet.

Bestand und Bedrohung: Die im allgemeinen hochvitalen Bestände von *Ch. bulbosum* lassen in der Karte einen geringfügigen Rückgang erkennen, der auf die zunehmende Verbauung und Nutzung von Uferbereichen zurückzuführen sein mag. Auf der anderen Seite wird die Art aber auch sicherlich durch die zunehmende Nährstofffracht der Gewässer begünstigt. Überdies ist eine Ausbreitung in abseits der Talaue gelegene feuchte und meist überdüngte Ruderalstandorte zu beobachten, so daß die Art wohl derzeit nicht als gefährdet eingestuft werden muß.

3. Chaerophyllum aureum L. 1762
Scandix aurea Roth 1788
Gold-Kälberkropf, Goldfrüchtiger Kälberkropf

Morphologie: Hemikryptophyt, im Habitus ähnlich *Anthriscus sylvestris*, von diesem aber eindeutig an dem rot gefleckten bis rot überlaufenen Stengel sowie im Fruchtbau zu unterscheiden. Stengel

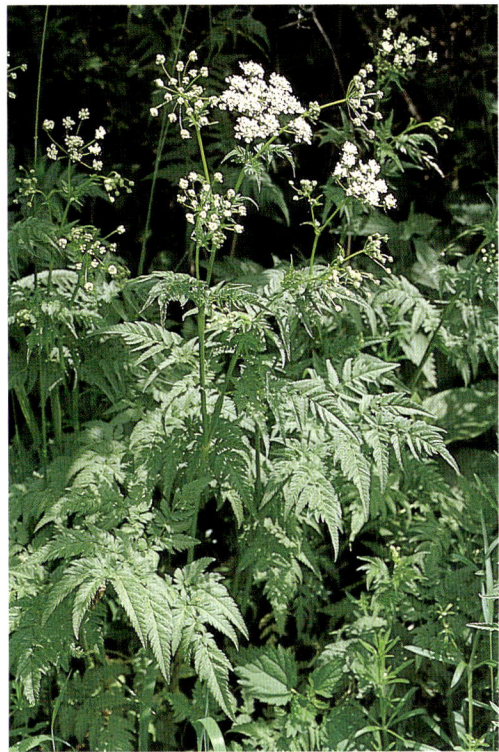

Gold-Kälberkropf *(Chaerophyllum aureum)* Fridingen, 1988

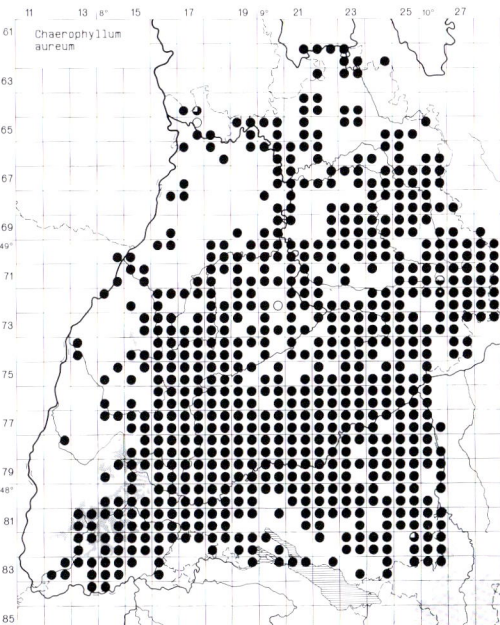

60–130 cm hoch, aufrecht, unten kantig gefurcht, oben etwas gerillt, kurz feinflaumig bis zottig, aber nie abstehend behaart, bisweilen kahl. Laubblätter weich, 3- bis 4fach fiederschnittig, die unteren gestielt, die oberen auf Scheide sitzend. Unterste Blattabschnitte im Umriß dreieckig-eiförmig, zugespitzt, obere Abschnitte lanzettlich bis sichelförmig, mit aufwärts gekrümmten, weißspitzigen Sägezähnen, am Rand und auf den Blattnerven bewimpert. Dolden groß, 10- bis 15strahlig, Hülle fehlend oder 1- bis 2blättrig, Hüllchenblätter 5–10, lanzettlich, etwa so lang wie Döldchenstrahlen, sehr schmal hautrandig, bewimpert bis behaart. Kronblätter weiß, kahl, breit-verkehrt-eiförmig, bis 2 mm lang. Früchte länger als Stiel, länglich und etwas bauchig, gelbbraun, gewürzartig bis fruchtig riechend. Fruchthalter kurz zweispaltig, Griffel 2 × so lang wie Griffelpolster, waagerecht bis zurückgeschlagen.

Biologie: *Ch. aureum* blüht von Juni bis August. Die Blüten sind entweder andromonoezisch oder zwittrig-proterandrisch.

Ökologie: Die Art kommt in frischen bis mäßig feuchten Unkrautfluren, Säumen sowie an Rude-

235

ralstellen vor, vereinzelt auch in eutrophen Wiesen und Wiesenbrachen. *Ch. aureum* ist Stickstoffzeiger und bevorzugt montane Lagen, in ausgesprochenen Silikatgebieten fehlt er jedoch weitgehend. Häufige Begleitpflanzen sind *Aegopodium podagraria*, *Urtica dioica*, *Galium mollugo* agg., *Calystegia sepium*, *Cirsium oleraceum*, *Glechoma hederacea*, *Galium aparine*, *Lamium maculatum*, *Silene dioica* u.a. Der Gold-Kälberkropf gilt als Assoziationscharakterart des Chaerophylletum aurei (Aegopodion). Soziologische Aufnahmen finden sich bei GÖRS & MÜLLER (1969), SEBALD (1983, Tab. 7) und WITSCHEL (1980).

Allgemeine Verbreitung: Südliches und mittleres Europa von Spanien bis Südrußland, Kaukasus, Persien. *Ch. aureum* ist ein präalpin-(submediterranes) Florenelement.

Verbreitung in Baden-Württemberg: In allen Landesteilen zerstreut bis häufig mit Ausnahme der Silikat- und Buntsandsteingebiete des Schwarzwaldes, im Oberrheingraben selten.

Der tiefstgelegene Fundort liegt bei Mannheim in ca. 100 m ü.M., der höchste am Feldberg in 1280 m ü.M.

Erstnachweise: Die Art ist im Gebiet urwüchsig. Sie wurde vermutlich bereits von HARDER im 16. Jahrhundert im Gebiet gesammelt. Die erste schriftliche Erwähnung erfolgte bei GATTENHOF (1782: 261) für die Umgebung von Heidelberg.

Bestand und Bedrohung: *Ch. aureum* bildet im allgemeinen hochvitale Bestände; aufgrund seiner Fähigkeit zur Apophytisierung scheint keine Gefährdung der Art vorzuliegen.

Variabilität: THELLUNG in HEGI (1926) gibt eine Reihe von Unterarten des Gold-Kälberkropfes an, die sich zum Teil nur in der Behaarung unterscheiden.

So wird die var. *denudatum* (SCHÜBLER & MARTENS) Thellung nur an Hand der Flaumhaarigkeit des Stengels von der Typusvarietät abgetrennt, ähnliches gilt für var. *glabriusculum* Koch. Der Status dieser Sippen als „echte", d.h. genetisch fixierte Unterarten erscheint aber doch recht zweifelhaft, wahrscheinlich handelt es sich dabei nur um Standortmodifikationen.

4. Chaerophyllum hirsutum L. 1753

Ch. cicutaria (Vill.) Rouy & Camus 1901;
Ch. hirsutum subsp. *cicutaria* (Vill.) Briq. 1902
Behaarter Kälberkropf

Morphologie: Hemikryptophyt mit walzlicher, gegliederter oder etwas kriechender Grundachse, Stengel 20–120 cm lang, rund, glatt oder etwas ge-

rillt, abstehend behaart (wichtigster Unterschied zu *Anthriscus nitida*, vgl. ebendort), oben ästig. Laubblätter im Umriß breit-dreieckig, dreizählig (unterster Blattabschnitt 1. Ordnung so groß wie Rest der Spreite), im Vergleich zu *Ch. aureum* flächig, dunkelgrün, borstig-flaumig behaart, bisweilen auch ganz kahl. Untere Blätter und Grundblätter lang gestielt, obere Stengelblätter oft auf Scheide sitzend. Dolden vor dem Aufblühen überhängend, 10- bis 20strahlig, Hülle fehlend oder aus 1–2 hinfälligen Blättchen bestehend. Hüllchenblätter lanzettlich zugespitzt, breit weißhautrandig, bewimpert, ungleich. Kronblätter verkehrt-herzförmig, etwas ausgerandet, am Rand deutlich bewimpert (Lupe!), weiß oder rosa. Frucht linealisch, nach oben verjüngt, 6–13 mm, so lang wie Stiel oder etwas länger, reif gelb- bis dunkelbraun. Griffelpolster allmählich in die aufrechten, oft zweifach gebogenen Griffel verschmälert. Fruchthalter nur an der Spitze (bis max. 2 mm) gespalten.

Biologie: *Ch. hirsutum* blüht von Mai bis Juli. Die proterandrischen Blüten werden von Käfern (v.a. Bockkäfern) und Fliegen aufgesucht. Neben der Klettverbreitung spielt hier die Verschwemmung der Samen sicherlich eine Rolle bei der Ausbreitung. Die vegetative Vermehrung erfolgt durch Rhizome, die zu einer ausgeprägten Polykormbildung führen können.

Ökologie: Der Behaarte Kälberkropf besiedelt Wiesen- und Bachsäume, Ufer sowie Grünlandbra-

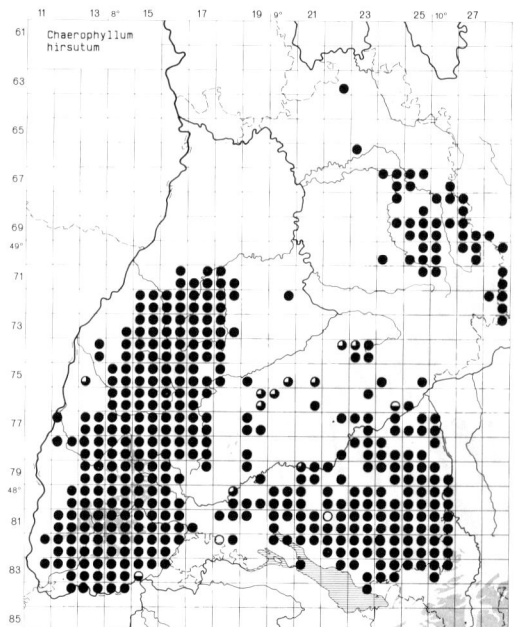

Behaarter Kälberkropf *(Chaerophyllum hirsutum)*
Notschrei, 1987

chen, in der subalpinen Stufe auch Hochstaudenfluren und verwandte Gesellschaften in Sickerrin-
nen oder sickernassen Flächen. Der Untergrund ist
gut mit Wasser und Nährstoffen versorgt und nicht
zu basenarm. Luftfeuchte, lichte oder nur mäßig
beschattete Standorte werden bevorzugt, sekundär
findet sich die Art auch an halbruderalen Flächen.
Die häufigsten Begleitarten sind *Filipendula ulmaria, Cirsium oleraceum, Anthriscus sylvestris, Po-
lygonum bistorta, Ranunculus aconitifolius* s. str. Der
Behaarte Kälberkropf findet sich in Mädesüß-
Hochstaudenfluren (Filipendulion), Giersch-Un-
krautfluren (Aegopodion), Sumpfdotterblumen-
wiesen (Calthion) und deren Brachen sowie in
bachbegleitenden Hahnenfuß-Kälberkropf-Fluren
(Chaerophyllo-Ranunculetum aconitifolii). Sozio-

logische Aufnahmen finden sich zum Beispiel bei
BARTSCH (1940), MÜLLER & GÖRS (1958), GÖRS &
MÜLLER (1969), SCHÜCHEN (1972), SEBALD (1983,
Tab. 4), SCHWABE (1987).

Allgemeine Verbreitung: Gebirge von Europa:
Alpen, zentraleuropäische Mittelgebirge, Pyrenäen,
Apenninen, Balkan, Karpaten. *Ch. hirsutum* ist ein
präalpines Florenelement; Verbreitungskarte s.
MEUSEL et al. (1978: 306).

Verbreitung in Baden-Württemberg: Im Schwarzwald und im südlichen Oberschwaben verbreitet bis
häufig, auf der Schwäbischen Alb und im östlichen
Schwäbischen Wald zerstreut.

Der niedrigste Fundort liegt bei Weilersbach
(6724/4) in 228 m ü. M., der höchste am Seebuck
im Feldberggebiet (8114/1) in 1420 m ü. M.

237

Schwarzwald: Verbreitet bis häufig.

Kocher-Jagst-Ebene: Zerstreut.

Neckarbecken: 7220/2: Büsnau, 1990, Seybold (STU-K).

Schwäbisch-Fränkische Waldberge: Zerstreut.

Schwäbische Alb und Vorland: Zerstreut, im Rückgang.

Oberschwaben: Zerstreut bis häufig, auf den Schotterflächen seltener.

Erstnachweise: Die Art ist im Gebiet indigen. Die früheste literarische Erwähnung erfolgte durch ROTH VON SCHRECKENSTEIN (1799: 18) aus der Umgebung von Donaueschingen.

Bestand und Bedrohung: Die Art bildet kräftige, zumeist hochvitale Bestände mit reichlichem Fruchtansatz.

In gewissem Umfang kann sie vom Menschen beeinflußte Sekundärstandorte besiedeln, so daß eine Gefährdung hier nicht erkennbar ist.

6. **Anthriscus** Pers. 1805

Chaerefolium Haller 1768, *Cerefolium* Besser 1809
Kerbel, Kerbelkraut
Bearbeiter: A. WÖRZ

Einjährige bis ausdauernde, krautige Pflanzen mit 2- bis 4fach gefiederten Laubblättern, Hülle fehlend oder wenigblättrig, Kronblätter weiß oder gelblich, zuweilen die äußeren strahlend, verkehrt-eiförmig, an der Spitze gestutzt oder ausgerandet. Frucht länglich-kegelförmig bis linealisch, seitlich zusammengedrückt, kurz geschnäbelt. Teilfrüchte rund, glatt oder borstig-höckerig, rippenlos, höchstens am Schnabel mit 5 kleinen Rippen. Griffel kurz, aufrecht oder etwas spreizend, Fruchthalter höchstens bis zur Mitte gespalten.

Die Blüten werden durch Insekten bestäubt, in der Gattung sind Proterandrie und Proterogynie weit verbreitet. Wie bei *Chaerophyllum* erfolgt auch hier die Verbreitung durch die wie Kletten wirkenden Griffeläste, durch Haften z.B. zwischen Hufen oder durch Verschwemmung.

Von den weltweit 13 Arten kommen in Europa 7, in Baden-Württemberg 4 vor:

1 Doldenstrahlen 2–6, Dolden relativ kurz gestielt oder sitzend; Pflanze einjährig 2
– Doldenstrahlen 6–15 (20), Dolden lang gestielt, mehrjährige Hochstauden 3
2 Früchte klein, bis 5 mm lang, im Umriß eiförmig, hakig-borstig, Doldenstrahlen kahl, Pflanze nicht aromatisch riechend. Sanddünen, sandige Ruderalstellen. Selten . . . . 1. *A. caucalis*
– Früchte größer, über 5 mm lang, im Umriß lineal, glatt oder borstig, Doldenstrahlen flaumig behaart (aber: bisweilen auch kahl), Pflanze aromatisch riechend. Ruderalstandorte. Selten und unbeständig . . . . 2. *A. cerefolium*

3 Blätter flächig, unterseits auffallend glänzend, dreizählig, d.h. unterste Seitenfieder fast so groß wie Rest der Spreite, Randblüten strahlend. Luftfeuchte Wälder, kalkliebend. Zerstreut . . . . . .
4. *A. nitida*
– Blätter tief eingeschnitten, fein gerillt, unterseits wenig glänzend, deutlich gefiedert. Randblüten nicht strahlend. Wiesen, nitrophile Säume, Ruderalflächen. Gemein . . . . 3. *A. sylvestris*

1. **Anthriscus caucalis** Bieb. 1808

A. scandicina Mansf.; *A. vulgaris* Pers. 1805 non Bernh. 1800; *Chaerefolium anthriscus* (L.) Schinz & Thellung 1923; *Scandix anthriscus* L. 1753
Hunds-Kerbel, Gemeiner Kerbel

Morphologie: Zierlicher, geruchloser Therophyt mit dünner Wurzel und 15–80 cm hohem, aufsteigendem bis aufrechtem Stengel. Laubblätter dunkelgrün, oberseits kahl, randlich sowie auf den Blattnerven und der Blattrhachis langhaarig, 3- bis 4fach fiederschnittig. Blattzipfel kurz, linealisch-länglich, an der Spitze abgerundet mit kurzer, aufgesetzter Spitze. Blattscheiden hautrandig, zottig behaart, Dolden scheinbar gegenständig, 3- bis 5strahlig, mit kahlen oder spärlich behaarten Doldenstielen und -strahlen. Hülle fehlend, Hüllchenblätter 2–5, einseitswendig, eiförmig-lanzettlich, spitz, am Rand gewimpert, Blüten klein, grünlichweiß, Kronblätter ca. 0,5 mm lang, seicht ausgerandet, mit sehr kurzem, oft undeutlichem Spitz-

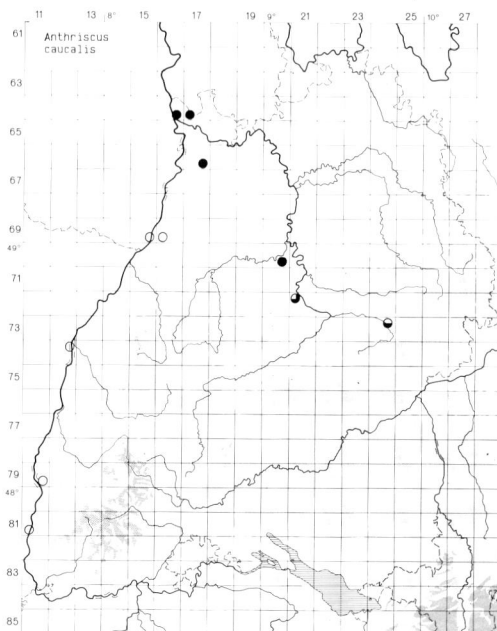

chen. Döldchenstrahlen verdickt, an der Spitze mit weißem Borstenkranz. Frucht reif dunkelbraun bis schwarz, ei-kegelförmig, nach oben in Schnabel verjüngt, dieser ca. ¼ der Frucht einnehmend. Frucht mit hakigen Borsten besetzt, fein punktiert. Griffelpolster kegelförmig, mit sehr kurzen, aufgesetzten Griffeln.

Biologie: *A. caucalis* blüht in den Monaten April bis Juni. Die Art vermehrt sich durch Selbstbestäubung, wobei sich die Staubblätter nach innen biegen. Hakenborstige Früchte ermöglichen eine zoochore Verbreitung durch Anhaften an Tieren. Die Fruchtreife fällt in den Juli, danach stirbt die Pflanze ab.

Ökologie: *A. caucalis* ist eine seltene Ruderalpflanze, die in Baden-Württemberg vorwiegend an sandigen Stellen vorkommt, z.B. im Bereich befestigter, von Robinien bewachsener Dünen oder an Schuttplätzen in Ortschaften oder Städten. Die Art ist ausgesprochen thermophil und gilt als Verbandscharakterart der Wegrauken-Gesellschaft (Sisymbrion) (OBERDORFER 1983), findet sich darüber hinaus aber auch in Unkrautfluren (Allarion). Häufigste Begleitarten sind *Chaerophyllum temulum, Chelidonium majus, Alliaria petiolata, Geum urbanum, Robinia pseudacacia* u.a. Soziologische Aufnahmen vgl. GÖRS & MÜLLER (1969).

Allgemeine Verbreitung: Mittelmeergebiet, nach Norden bis Mitteleuropa und England verschleppt. *A. caucalis* ist ein submediterranes Geoelement. Verbreitungskarte s. MEUSEL et al. (1978: 307).

Verbreitung in Baden-Württemberg: Selten in tieferen und wärmeren Lagen des nördlichen Landesteiles.

Das niedrigste Vorkommen liegt bei Mannheim in ca. 100 m ü.M., das höchste bei Salach (7324/2) in 362 m ü.M.

Oberrheintal: 6416/4: Mannheim, Hafengelände, 1986, NEBEL (STU-K); 6417/3: Mannheim R 63900 H 85080, BUTTLER & STIEGLITZ (1976); 6617/4: Sandhausen, 1985, NEBEL (STU-K); 6915/4: Daxlanden, KNEUCKER (1886); 6916/3: Knielingen, KNEUCKER (1886); 7412/2: Kehl, ca. 1870, SAUTERMEISTER (STU); 7911/4: Breisach, SCHILDKNECHT (1863); 8111/3: Neuenburg, SCHILDKNECHT (1863).
Neckarbecken: 7020/4: Hohenasperg, nach 1970, GLOKKER, 1992, WÖRZ (STU-K); 7221/1: Stuttgart-Berg, 1953, KREH (STU).
Mittleres Albvorland: 7324/2: Salach, wolladventiv, 1936, MÜLLER (STU).

Erstnachweise: Die Art ist im Gebiet nicht heimisch, sie wurde vielmehr aus dem Mittelmeergebiet eingeschleppt, kann aber im Oberrheingebiet als eingebürgert betrachtet werden. Sie gilt als Archäophyt. Der erste literarische Nachweis erfolgte

Hundskerbel *(Anthriscus caucalis)*

durch POLLICH (1776: 295): „circa Mannheim, Heidelberg".

Bestand und Bedrohung: Die von NEBEL gefundenen Vorkommen bei Sandhausen im Oberrheintal scheinen relativ beständig zu sein, dasselbe trifft auch auf den seit langem bekannten Fundort am Hohenasperg zu. Aufgrund dieser nur wenigen stabilen Vorkommen muß die Art aber zumindest als potentiell gefährdet eingestuft werden, und eine Unterschutzstellung dieser noch vorhandenen Bestände ist für eine langfristige Sicherung der Art im Gebiet unerläßlich.

Andere, vor allem ältere Nachweise beziehen sich auf offensichtlich nur vorübergehende und unbeständige Ansamungen an Ruderalstandorten. Diese lassen seit dem vorigen Jahrhundert eine gewisse Abnahme erkennen, die wohl auf die Vernichtung entsprechender „unschöner" Standorte zurückzuführen ist.

2. Anthriscus cerefolium (L.) Hoff. 1814
Chaerefolium cerefolium (L.) Schinz & Thellung 1923; *Chaerophyllum cerefolium* Crantz 1767; *Cerefolium sativum* Besser 1809; *Chaerophyllum sativum* Lam. 1778; *Scandix cerefolium* L. 1753
Gartenkerbel

Morphologie: Therophyt mit dünner, spindelförmiger Wurzel und deutlichem Anisgeruch; Stengel 60–70 cm lang, stielrund, über den Knoten mit

Gartenkerbel *(Anthriscus cerefolium)*
Wallis, 1987

kurzen, weißen Haaren, sonst kahl, ästig. Laubblätter weich, hellgrün, kahl, nur auf den Nerven und Blattstielen borstig behaart; untere Blätter gestielt, obere sitzend mit weißhautrandigen Scheiden, im Umriß dreieckig, 2- bis 4fach fiederschnittig. Dolden scheinbar gegenständig, sitzend oder kurz gestielt, 2- bis 5strahlig; Stiele und Doldenstrahlen meist dicht weichflaumig, bisweilen auch ganz kahl. Hüllblätter fehlend, Hüllchenblätter 1–4, lineal-lanzettlich, kurz bewimpert. Blüten klein, weiß, Blütenblätter länglich-verkehrt-eiförmig, bis ca. 1 mm lang, Döldchenstrahlen zur Fruchtzeit verdickt, kürzer als Frucht, diese länglich-lineal, 7–11 mm, dunkelbraun bis schwarz glänzend, lang geschnäbelt, Schnabel ⅓ bis ½mal so lang wie Frucht, diese glänzend, bei der subsp. *trichospermum* (Schultes) Schinz & Thellung borstenhaarig.

Biologie: *A. cerefolium* blüht in mehreren Generationen von Mai bis August und wird von Fliegen, Hautflüglern (v.a. Schlupfwespen, flügelige Ameisen und deren Verwandte) und Käfern bestäubt.

Ökologie: Die Art findet sich als Gartenflüchtling an schattigen Ruderalstandorten, vor allem in wärmeren Gebieten auf nährstoffreichen, sandigen Lehmböden. Besiedelt werden vorwiegend Hecken- und Wegränder, Weinberge, Schuttflächen, aber auch Mauern und Felsen. Der Gartenkerbel ist nach OBERDORFER (1983) eine Alliarion-Verbandscharakterart und wurde im Gebiet in der Knoblauchsrauken-Kälberkropf-Gesellschaft (Alliario-Chaerophylletum temulenti) gefunden (soziologische Aufnahmen s. GÖRS & MÜLLER 1969). Häufigste Begleitarten sind *Chaerophyllum temulum, Alliaria petiolata, Chelidonium majus, Geum urbanum, Urtica dioica* u.a.

240

Allgemeine Verbreitung: Ursprünglich kam der Gartenkerbel nur in Südosteuropa, Rußland, Kleinasien, Persien, im Ural und in Sibirien vor; er wurde aber in ganz Europa in den Gärten kultiviert, von wo aus er bisweilen verwildert. Die neophytische Art ist ursprünglich ein ostmediterranes Florenelement.

Verbreitung in Baden-Württemberg: Selten und unbeständig im Neckargebiet, früher auch in Oberschwaben.

Das niedrigste Vorkommen liegt bei Stuttgart in 245 m ü.M., das höchste bei Ertingen (7822/4) in 569 m ü.M.

Schwarzwald: 7915/4: Vöhrenbach, BRUNNER & REHMANN (1851).
Neckarbecken: 7020/4: Hohenasperg, 1953, GOTTSCHLICH, 1992, WÖRZ (STU); 7120/1: Nippenburger Wäldchen, SEYBOLD (1968); 7220/1: Glemseck, SEYBOLD (1968); 7220/2: Stuttgart-Botnang, 1954, SEYBOLD (1968); 7221/1: Stuttgart-Berg, 1860 (STU); 7121/2: Neustadt, SEYBOLD (1968); 7222/4: Plochingen, 1951, LEIDOLF (STU); 7418/1: Nagold, 1965, WREDE (STU-K); 7420/3: Tübingen, 1923, BOLTER (STU).
Albvorland: 7618/2: Haigerloch, 1981, ADE (STU).
Oberschwaben: 7822/4: Ertingen, BERTSCH (1907); 8124/4: Alttann bei Wolfegg, BERTSCH (STU); 8223/2: Ravensburg, BERTSCH (STU); 8324/2: 1989, SEYBOLD (STU-K).
Hochrhein: 8316/3: Bechtersbohl, BECHERER & KOCH (1923).

Erstnachweise: Die Art wurde erstmals im Gebiet von SCHMIDT (1857: 134) mit dem Vermerk „Hie und da verwildert" aus der Umgebung von Heidel-berg erwähnt. Sie ist im Gebiet adventiv und kann aufgrund ihrer Unbeständigkeit nicht als eingebürgert gelten.

Bestand und Bedrohung: Der seltene und recht unbeständige *A. cerefolium* scheint im Gebiet im Rückgang begriffen. Ursache dafür mag der Einsatz von Herbiziden und die Vernichtung geeigneter Standorte sein, aber auch die Tatsache, daß solche alten Gewürz- und Heilpflanzen nicht mehr angebaut werden und so keine Verwilderung aus Gärten mehr stattfindet.

Verwendung:
A. cerefolium wurde bereits zur Römerzeit angebaut und ist im Gebiet seit dem Mittelalter bekannt. Die Art wurde als Gewürz in Suppen und Salaten verwendet und war Bestandteil der Kerbel- bzw. „Gründonnerstagssuppe". Das Kraut enthält ätherische Öle, denen harntreibende und anregende Wirkung zugeschrieben wird, sowie Glycoside (Apiin) und Bitterstoffe. Es diente als Beimischung zu Kräutertees sowie zusammen mit anderen Arten als Bestandteil von Kräutersäften, die gegen Lungenschwindsucht und Wassersucht eingesetzt wurde.

Variabilität: Von der Art wurden zwei Unterarten beschrieben:

a) subsp. **trichosperma** (Schulter) Schinz & Thellung mit borstiger Frucht, Wildform

b) subsp. **cerefolium** = subsp. *sativum* (Lam.) Thellung mit glatter Frucht, Kulturform.
Alle im Herbarium STU vorliegenden Belege gehören der letzteren Sippe an, und es scheint, daß die im Gebiet vorkommenden Populationen im wesentlichen aus Gartenflüchtlingen bestehen. Verschleppung scheint nur eine untergeordnete Rolle zu spielen.

3. Anthriscus sylvestris (L.) Hoffm. 1814
Chaerefolium sylvestre (L.) Schinz & Thellung 1923; *Chaerophyllum sylvestre* L. 1753; *Cerefolium sylvestre* Besser 1809
Wiesenkerbel

Morphologie: Zweijähriger bis ausdauernder Hemikryptophyt mit spindelförmiger, rübenartig verdickter Wurzel. Stengel bis 150 cm hoch, aufrecht, scharfkantig-gefurcht, hohl, kahl oder borstig bis feinflaumig. Obere Äste gegen- oder zu 3 quirlständig, Laubblätter 2- bis 3fach fiederschnittig, im Blattschnitt variabel, kahl oder behaart, randlich angedrückt-bewimpert, schmal-weißhautrandig; Blütenstiele an der Spitze bisweilen mit einem Kranz sehr kurzer Borstenhaare. Kronblätter weiß, verkehrt-eiförmig, am Grunde kurz zusammengezogen, an der Spitze gestutzt, seicht ausgerandet, außen bisweilen strahlend. Griffel so lang bis 2 × so

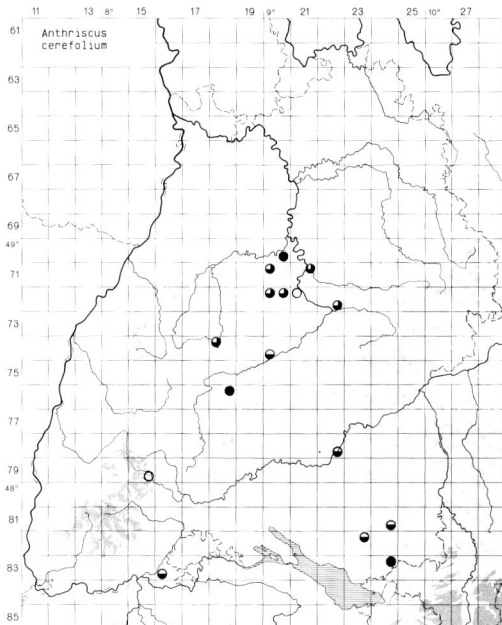

lang wie das kegelförmige Griffelpolster, Frucht länglich-lanzettlich bis linealisch, nach oben verjüngt, 6–10 mm lang, ungefähr so lang wie Stiel. Fruchtschnabel kurz, maximal ⅕ so lang wie die glänzende, fein punktierte Frucht.

Von *A. sylvestris* sind im Gebiet zwei Unterarten bekannt:

– Blattabschnitte über 2 mm breit, Endabschnitte mit spitzen oder abgerundeten Buchten zwischen den Fiedern. Wiesen, Säume, Ruderalstandorte. Verbreitete Sippe (Zeichnung) . . . .
a) subsp. *sylvestris*
– Blattabschnitte sehr fein geteilt, bis max. 2 mm breit, meist schmäler, Endabschnitte entfernt fiederteilig mit länglichen Buchten, Fiederchen an Rhachis herablaufend. Kalkgeröllfluren. Selten (Zeichnung) . . . . b) subsp. *stenophylla*

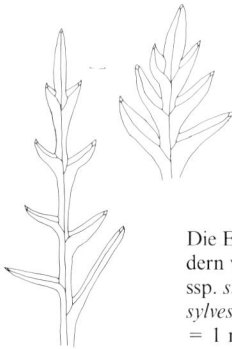

Die Endabschnitte der Blattfiedern von *Anthriscus sylvestris* ssp. *stenophylla* (links) und ssp. *sylvestris* (rechts); Maßeinheit = 1 mm. Zeichnung A. WÖRZ

a) subsp. **sylvestris**

Biologie: *A. sylvestris* blüht bereits ab April und gehört damit zu den ausgesprochenen Frühblühern unter den heimischen Apiaceen. Da sich die Dolden allmählich nacheinander öffnen, reicht die Blütezeit bis in den August. Die Blüten werden von verschiedenen Insektengruppen, vor allem Fliegen und Käfern, aber auch Wildbienen der Gattungen *Andrena*, *Lasioglossum* und *Osmia* (WESTRICH 1989) besucht. Sie weisen überdies eine ausgeprägte Proterandrie auf; innerhalb des Döldchens sind die inneren Blüten männlich, die äußeren zwittrig. Eine Pflanze kann bis zu 800 Samen produzieren, die an offenen Stellen (z.B. Maulwurfshügel) keimen. Die vegetative Vermehrung erfolgt durch Seitenknospen an der Wurzel.

Ökologie: *A. sylvestris* subsp. *sylvestris* ist eine der häufigsten Pflanzen im Gebiet. Vor allem bei starker Düngung wird die Art zu einem dominierenden Wiesenunkraut, kann aber auch an Ruderalstellen (Wegränder, Säume etc.) sehr häufig vorkommen. Die Böden sind stets nährstoffreich, frisch, tonig oder lehmig und ziemlich tiefgründig. *A. sylvestris*

subsp. *sylvestris* ist ein Stickstoffanzeiger und gilt als Ordnungscharakterart der Fettwiesengesellschaften (Arrhenatheretalia), greift aber auch auf nitrophile Giersch-Saumgesellschaften (Aegopodion) sowie in Waldunkrautfluren (Alliarion) über. Die häufigsten Begleitarten sind *Arrhenatherum elatius*, *Trisetum flavescens*, *Heracleum sphondylium*, *Galium mollugo*, *Achillea millefolium*, *Phleum pratense* u.a. Soziologische Aufnahmen finden sich bei KUHN (1937, Tab. 26), VON ROCHOW (1951, Tab. 20), GÖRS & MÜLLER (1969), LANG (1973, Tab. 46, 82, 85), SEBALD (1983, Tab. 13), NEBEL (1986).

Allgemeine Verbreitung: Ganz Europa, Nord- und Ostafrika. *A. sylvestris* ist ein nordisch-eurasisch-subozeanisches Geoelement. Verbreitungskarte s. MEUSEL et al. (1978: 306).

Verbreitung in Baden-Württemberg: Überall häufig und gemein, nur in den höchsten Lagen des Schwarzwaldes etwas zurücktretend.

Der höchstgelegene Fundort liegt am Hochfirst (8015/3) in 1190 m ü.M.

Erstnachweise: Die Art ist im Gebiet indigen. Der subfossile Erstnachweis stammt vom römischen Brunnen in Welzheim aus dem 3. Jahrhundert nach Christus (KÖRBER-GROHNE & PIENING 1983). Die erste literarische Erwähnung findet sich bei BAUHIN (1598: 197) aus der Umgebung von Bad Boll.

Bestand und Bedrohung: Die Art ist allgemein verbreitet und häufig.

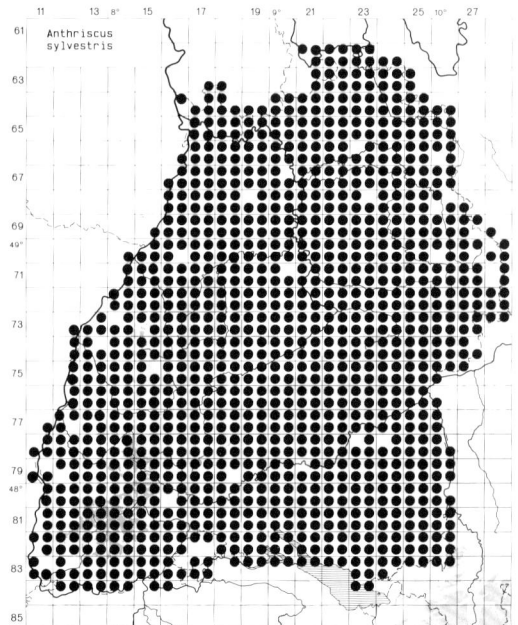

242

Wiesenkerbel *(Anthriscus sylvestris* subsp. *sylvestris)*
Mägdeberg (Hegau), 23. 6. 1991

Variabilität: THELLUNG in HEGI (1926) beschreibt
außer den beiden im obigen Schlüssel genannten
Unterarten eine subsp. *alpina* (Vill.) O. Schwarz.
Auch sie wird durch schmälere Blattabschnitte gekennzeichnet, die jedoch nicht so zierlich sind wie
bei subsp. *stenophylla* und auch nicht den charakteristischen Blattschnitt (s. S. 242) aufweisen. Wahrscheinlich handelt es sich hierbei um eine Hochla-
genmodifikation von subsp. *sylvestris*, der stark be-
schädigte Typus im Herbarium in Grenoble (GRM)
läßt jedoch keine eindeutige Aussage zu. Schmalblättrige Formen mit einem gleitenden Übergang
zu typischen Exemplaren kommen im Gebiet
immer wieder vor und wurden auch aus dem Fränkischen Jura gemeldet (PRAGER et al. 1986). Ihr
Status als echte, genetisch fixierte Unterart erscheint zweifelhaft.

b) subsp. **stenophylla** (Rouy & Camus) Briquet
1905
Morphologie: Wie subsp. *sylvestris*, jedoch mit erheblich schmäleren, nur um 2 mm breiten Blattabschnitten, Endfiedern fiederteilig mit weit an der
Rhachis herablaufenden Fiedern, Buchten zwischen
den Fiedern rechteckig-trapezförmig.
Biologie: Subsp. *stenophylla* blüht in den Monaten
Juli bis August und damit deutlich später als der
Typus. Die Fruchtreife erfolgt im Gebiet Ende Au-
gust/Anfang September.
Ökologie: Subsp. *stenophylla* kommt auf konsolidierten, in unterschiedlichem Maß mit Feinerde an-
gereicherten Geröllhalden sowie an geröllreichen

Talböden, insbesondere am Rand periodischer Mit-
telgebirgsbäche vor. Ihre Standorte sind teilweise
beschattet, nährstoffreich, feucht bis naß und liegen
stets im Bereich des Weißen Jura (Malm). Der
Schwerpunkt der Sippe liegt im Gymnocarpietum
robertiani Kuhn 1937 sowie im Rumicietum scutati
Kuhn 1937, sie kann auch auf verwandte, stärker
verholzte Gesellschaften übergreifen.

Wichtige Begleitarten sind *Geranium robertianum, Gymnocarpium robertianum, Cystopteris fragi-
lis*, aber auch *Saxifraga paniculata*. Soziologische
Aufnahmen s. KUHN (1937), SEBALD (1980) und
WÖRZ (1992).
Allgemeine Verbreitung: Die Sippe ist auf der
Schwäbischen Alb und im Schweizer Jura (Bressau-
court/Ajoie) endemisch. Verbreitungskarte s.
WÖRZ (1992).
Verbreitung in Baden-Württemberg: *A. sylvestris*
subsp. *stenophylla* kommt nur auf der westlichen
und mittleren Alb vor und ist hier mit Sicherheit
indigen; es handelt sich um ein Eiszeitrelikt.

Der niedrigste Fundort liegt in der „Hölle" bei
Urach in 630 m ü. M., der höchste am Petersfelsen
bei Beuron in 730 m ü. M.

Der erste Nachweis im Gebiet datiert von 1870
(Herbarbeleg KEMMLER in STU).

Schwäbische Alb: 7522/1: Rutschenfelsen („Hölle") bei
Bad Urach, 1971, SEYBOLD (STU), bestätigt WÖRZ 16. 9.
1990; 7524/3: Unteres Eistal und Tiefental bei Blaubeuren,
1938, MÜLLER (STU), bestätigt WÖRZ 1988; 7919/2:

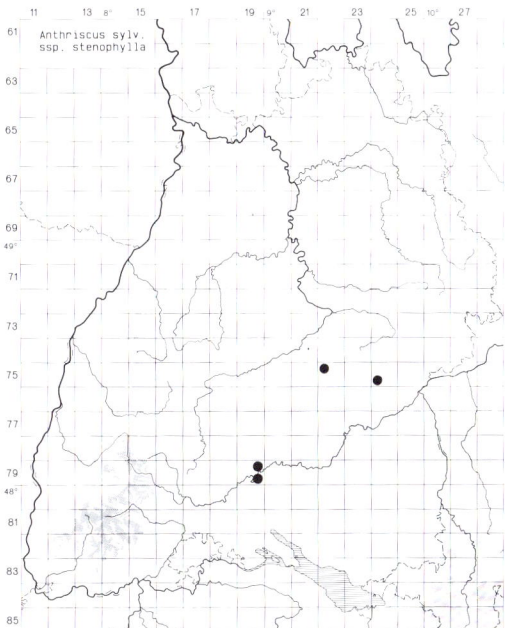

243

Wiesenkerbel *(Anthriscus sylvestris* subsp. *stenophylla)*
Finstertal, 28. 7. 1991

Finstertal W Werenwag, 1977, SEBALD (STU), bestätigt BAUMANN 1991 (STU-K); 7919/4: Petersfelsen E Beuron, 1978, SEBALD (STU), bestätigt WÖRZ 1988.

Bestand und Bedrohung: Das Erlöschen der Fundorte im Schweizer Jura zeigt die nicht unerhebliche Gefährdung der Sippe, insbesondere durch Sammeltätigkeit. Noch ist in den Beständen in Baden-Württemberg eine größere Zahl reichlich fruchtender Individuen vorhanden, aufgrund der wenigen Vorkommen muß die Sippe aber zumindest als „potentiell gefährdet" eingestuft werden; eine unmittelbare Gefahr besteht jedoch wegen der Abgelegenheit der Fundorte derzeit nicht. Für eine langfristige Erhaltung sollten jedoch die Flächen unter Naturschutz gestellt und überwacht werden. Da es

sich um naturnahe Standorte handelt, sind Pflegemaßnahmen nicht notwendig. Im Tiefental bei Blaubeuren muß darauf geachtet werden, daß Wegebaumaßnahmen nicht unbeabsichtigt einen erheblichen Schaden anrichten.

4. Anthriscus nitida (Wahlenberg) Garcke 1865
Chaerophyllum nitidum Wahlenberg 1814;
Anthriscus sylvestris subsp. *alpestris* (Wimmer et Grabowski) Thellung 1926; *A. sylvestris* subsp. *nitida* (Wahlenberg) Briq. 1905
Glanz-Kerbel

Morphologie: Hemikryptophyt mit rübenförmiger Wurzel und 30–150 cm langem, aufrechtem, hohlem, kahlem oder borstig bis feinflaumig behaar-

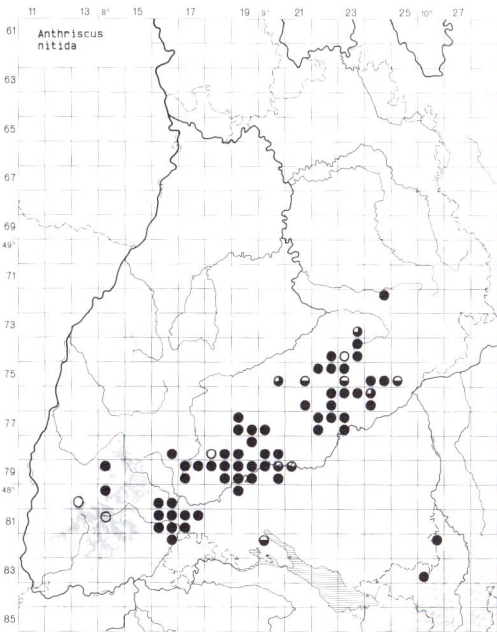

und frisch bis sickerfeucht. Die Art ist eine ausgesprochene Schattpflanze, die bisweilen auch halbruderale Säume und Wegränder besiedeln kann. Sie gilt nach Oberdorfer (1983) als Assoziationscharakterart des Giersch-Glanzkerbel-Saumes (Aegopodio-Anthriscetum nitidae) (Aegopodion), findet sich aber auch in Ahorn-Buchen- (Aceri-Fagetum) und Ulmen-Ahorn-Wäldern (Ulmo-Aceretum) (Strobl & Wittmann 1988). Die häufigsten Begleitarten sind *Chaerophyllum hirsutum, Knautia dipsacifolia, Geranium sylvaticum, Aegopodium podagraria, Urtica dioica, Mercurialis perennis, Lamiastrum galeobdolon* u.a. Soziologische Aufnahmen s. Görs & Müller (1969), Sebald (1983, Tab. 4), Strobl & Wittmann (1989).

Allgemeine Verbreitung: Gebirge Europas: Vogesen, Alpen, zentraleuropäische Mittelgebirge, Karpaten. *A. nitida* ist eine präalpine Art.

Verbreitung in Baden-Württemberg: Zerstreut auf der Schwäbischen Alb, sonst selten.

Der niedrigste Fundort liegt bei Rechberg (7224/2) bei 570 m ü.M., der höchste am Kandel in ca. 900 m ü.M. (7914/1).

tem Stengel. Laubblätter 3zählig, fiederschnittig, jeder der unteren Seitenabschnitte 1. Ordnung so groß wie der Rest der Spreite, Abschnitte letzter Ordnung und ihre Zipfel eiförmig-länglich, stumpf oder spitzlich, buchtig gesägt bis fiederschnittig; Blattunterseite stark glänzend. Dolden endständig, langgestielt, 8- bis 16strahlig, Doldenstrahlen kahl, Hülle fehlend oder wenigblättrig, Hüllchenblätter 5–8, länglich-eiförmig, zugespitzt, randlich bewimpert bis zottig, bisweilen schmalhautrandig, zurückgeschlagen. Blüten weiß, Randblüten meist etwas vergrößert, Früchte zu 3–6 pro Döldchen, kürzer als Stiel, am Grund ohne Wimperkranz.

Anmerkung: Strobl & Wittmann (1988) weisen auf die große Ähnlichkeit der Art im vegetativen Bereich, vor allem im Blattschnitt, mit *Chaerophyllum hirsutum* hin. Die Autoren erarbeiteten zusätzliche Merkmale in der Anordnung der Leitbündel und in der Behaarung des Blattrandes, die eine zuverlässige Unterscheidung ermöglichen. Leider bleiben aber dabei die Unterschiede in der Behaarung des unteren Stengelabschnittes unberücksichtigt, die bei *Ch. hirsutum* abstehend-langhaarig, bei *A. nitida* kurzborstig, flaumig oder kahl ist.

Biologie: *A. nitida* blüht von Juni bis August.

Ökologie: Die Art kommt im Bereich montaner Laubwälder, im Gebiet vorwiegend in schattigen Schluchtwäldern mit hoher Luftfeuchte vor. Der Untergrund ist im allgemeinen kalkreich, lehmig

Glanz-Kerbel *(Anthriscus nitida)*
Seeburg bei Urach, 17. 5. 1990

Schwarzwald: 7914/1: Kandel, 1990, Philippi (KA-K); 8014/1: Griestobel, 1987, Wörz (STU-K); 8013/3: Bohrer, Schlatterer (1884); 8114/1: Zastlertal, Schlatterer (1884), beide nach Philippi (1961) fraglich.

Albvorland: 7224/2: Rechberg, 1979, Schnedler (STU-K).

Schwäbische Alb: Westliche und mittlere Alb zerstreut, in der Ostalb fehlend.

Klettgau, Randen: Selten.

Bodenseebecken: 8220/1: Gütletal bei Bodman, Gross (1906).

Alpenvorland: Adelegg: 8226/2: SW Emerlanden, 1987, Sebald (STU-K); 8326/3: Iberger Kugel, 1973, Dörr (STU-K).

Erstnachweis: Der erste literarische Nachweis findet sich bei Finckh (1872: 239) und bezieht sich auf die Vorkommen um Urach. Die Art ist im Gebiet urwüchsig.

Bestand und Bedrohung: Die Art ist zwar nicht häufig, doch läßt sich an den überwiegend naturnahen, entlegenen Standorten auch kein Rückgang und keine Bedrohung erkennen. Die meisten Bestände sind recht vital.

7. **Scandix** L. 1753
Nadelkerbel

Pflanze einjährig, mit doppelt fiedrig eingeschnittenen Blättern, Früchte (mit Schnabel) lang ausgezogen, ca. 30× so lang wie breit, Rippen wenig hervortretend.

Gattung mit 15 sich nahestehenden Arten, diese v.a. im Mittelmeergebiet. In Europa 3 Arten (meist mit zahlreichen Unterarten), diese als Getreidewildkräuter, in Deutschland eine Art.

1. **Scandix pecten-veneris** L. 1753
Venuskamm

Morphologie: Therophyt, 10–40 cm hoch, ausladend beastet, sehr zerstreut borstig behaart; Dolden scheinbar den Blättern gegenüberstehend (Folge der Übergipfelung), endständig, 2 (–3)strahlig, Hochblätter der Döldchen gezähnt oder eingeschnitten, Döldchen mit bis zu 10 Blüten, diese weiß; Frucht (mit Schnabel) 3–6 cm lang, Fruchtschnabel 2–6× so lang wie der samentragende Teil. – Blütezeit (Mai–)Juni–Juli.

Ökologie: Einzelne Pflanze oder lockere Bestände an lichtreichen, mäßig trockenen (bis mäßig frischen), kalkreichen, basischen Stellen. Auf skelettreichen, scherbigen Muschelkalkverwitterungsböden, nicht selten auch auf lehmig(-tonigen) Böden des Gipskeupers. In lückigen, niederwüchsigen

Halmfruchtgesellschaften, heute v.a. an Ackerrändern. – Kennart des Caucalido-Adonidetum. – Vegetationsaufnahmen vgl. Oberdorfer (1983, synthet. Tab.), Sebald (1966, Tab. 12), Zimmermann u. Rohde (1989).

Allgemeine Verbreitung: Mittelmeergebiet, Süd- und Mitteleuropa, Asien, ostwärts bis zum westlichen Himalaja, verschleppt in Amerika, Asien und Neuseeland. In Europa nordwärts bis Südschweden, im Ostseegebiet vereinzelt bis 65° n. Br. – Mediterran-submediterran(-temperat).

Verbreitung in Baden-Württemberg: Muschelkalkgebiete, so Tauberland, Bauland, selten Hohenlohe, Oberes Heckengäu. Schwäbische Alb, hier vorzugsweise auf Plattenkalken und Zementmergeln (vgl. K. Müller), bis Klettgau. – Keuper-Lias-Gebiete: Über Gipskeuper vereinzelt, so im Grenzgebiet Hohenlohe – Schwäbisch-Fränkischer Wald oder im Vorland der Alb und des Schönbuchs um Tübingen. – Oberrheingebiet selten, früher nur um Heidelberg etwas häufiger, hier z.T. auf sandig-kiesigen Böden wachsend. – Alpenvorland nur im westlichen Bodenseegebiet. – In kalkarmen Gebieten wie Schwarzwald, Odenwald oder Schwäbisch-Fränkischem Wald fehlend.

Tiefste Fundorte am nördlichen Oberrhein, ca. 100 m, höchste in der Schwäbischen Alb und im Oberen Gäu, ca. 650 m, in der Baar bis 750 m.

Die Pflanze ist erst mit dem Menschen durch den Getreideanbau in das Gebiet eingewandert (Ar-

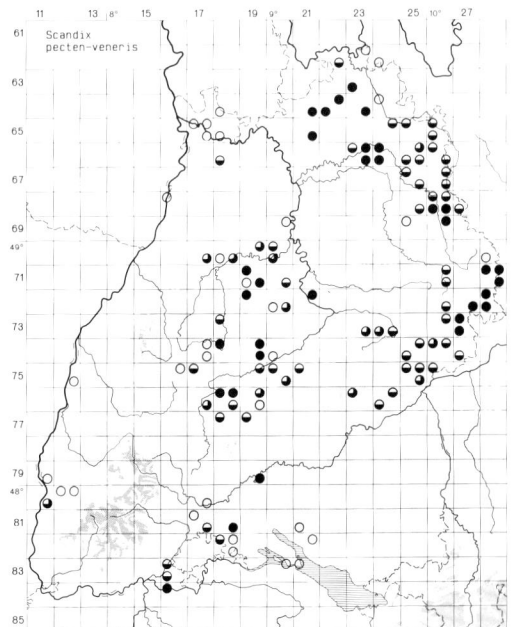

Scandix pecten-veneris

Venuskamm *(Scandix pecten-veneris)*
Flacht, 12. 6. 1991

chäophyt). Ursprüngliche Wuchsorte sind in Therophytengesellschaften des Mittelmeergebietes zu vermuten.

Daneben wurde *Scandix pecten-veneris* immer wieder mit Südfrüchten in Güterbahnhöfen und Häfen eingeschleppt. Über derartige Vorkommen berichten ZIMMERMANN (1907) aus den Häfen von Mannheim und Ludwigshafen, K. MÜLLER (1957) aus dem Ulmer Güterbahnhof („fast jährlich 1931–45") und JAUCH (1938) von Güterbahnhöfen in Freiburg und Karlsruhe. Jüngere Beobachtungen fehlen. Diese Vorkommen wurden nicht in die Karte mit aufgenommen.

Die Verbreitungskarte für Baden-Württemberg dürfte sehr unvollständig sein. Gerade in der Schwäbischen Alb, wo die Pflanze vor 1950 nicht selten war, wurden die Vorkommen mehr oder weniger zufällig erfaßt.

Auf das früher in manchen Gebieten häufige Vorkommen deuten die Angaben von BRENZINGER (1904) für das Bauland um Buchen oder die von MAYER (1929) und MÜLLER (1957) für das Gebiet der Schwäbischen Alb.

Erstnachweise: Fossilfunde von Tübingen, 13. Jahrh. n. Chr., RÖSCH (1991b). – Erste schriftliche Erwähnung bei J. BAUHIN (1598: 196), Umgebung von Bad Boll (7323).

Bestand und Bedrohung: Die Pflanze ist durch die Intensivierung des Ackerbaues (Düngung, Anwendung von Herbiziden) stark zurückgegangen. In vielen Gebieten mit höherer Fundortsdichte wie etwa dem Taubergebiet handelt es sich um isolierte, kleine bis sehr kleine Populationen (oft nur noch mit wenigen Pflanzen), die kurz vor dem Erlöschen stehen oder gar schon erloschen sind. Lediglich über Gipskeuper gibt es örtlich noch reiche Populationen, die relativ wenig gefährdet erscheinen, so z. B. im Ammertal W Tübingen. – Der Rückgang der Pflanze setzte bereits vor 1950 ein (vgl. dazu z. B. MÜLLER (1957), RAUNEKER (1984)). In anderen Landschaften wie dem Oberrheingebiet oder der Baar war die Pflanze schon vor 1900 selten. – Gefährdung: Stark gefährdet (G2), gebietsweise wie im Taubergebiet vom Aussterben bedroht (G1), im nordbadischen Oberrheingebiet ausgestorben.

Myrrhis Miller 1754
Süßdolde

Gattung mit einer Art:

1. Myrrhis odorata (L.) Scop 1772
Wohlriechende Süßdolde

Pflanze ausdauernd, bis 1,2 m hoch, weich behaart. Blätter im Umriß breit dreieckig, v. a. jung ± graugrün, 2- bis 4fach fiedrig eingeschnitten. Dolde ohne Hochblätter, Blüten weiß, Frucht länglich, bis 2–2,5 cm lang, wenig abgeflacht, mit 5 scharfen Kanten, diese borstig-rauh behaart, im reifen Zustand braunschwarz-glänzend. – Pflanze zerrieben stark nach Anis riechend.

Ursprünglich in den Pyrenäen, in den Westalpen (bis Berner Oberland und Judikarien) und im Apennin beheimatet, durch Anbau vielfach verschleppt, so z. B. in deutschen Mittelgebirgen, Vorkommen in brachgefallenen Bergwiesen, auch in Staudenfluren. Aus Baden-Württemberg liegen nur wenige Beobachtungen vor, so z. B. Dornstetten bei Freudenstadt und Tübingen, offensichtlich nur vorübergehende Verwilderungen, vgl. MAYER (1929). – Benachbart in den Vogesen in den Tälern in Umgebung alter Meiereien vielfach eingebürgert, so im Gebweiler Tal oder im Münstertal, in den mittleren Vogesen bei Hohwald.

8. **Torilis** Adanson
Klettenkerbel

Ein- bis zweijährige Arten mit fiederschnittigen Blättern. Frucht abgeflacht, mit schmaler Fugenfläche, mit Stacheln oder Borsten besetzt, die durch 20–50 μm hohe Papillen rauh sind.

Gattung mit ca. 20 Arten, in Europa (v. a. Südeuropa), Asien, Afrika (v. a. tropische Gebirge). In Europa 6 Arten.

1   Blüten in reduzierten Dolden an den Knoten, den
    Blättern gegenüberstehend . . . . . . *[T. nodosa]*
–   Dolde zusammengesetzt, lang gestielt   2
2   Dolde mit 4–12 sehr schmalen, allmählich zu-
    gespitzten Hochblättern . . . . . 1. *T. japonica*
–   Dolde ohne oder nur mit einem Hochblatt . . . .
                                            2. *T. arvensis*

1. Torilis japonica (Hout.) DC. 1830

T. anthriscus (L.) C.C. Gmelin 1805; *Tordylium
anthriscus* L. 1753
Gewöhnlicher Klettenkerbel

Morphologie: Hemikryptophyt (Therophyt), ein-
bis zweijährig, bis 1,3 m hoch, locker verzweigt.
Stengel und Blattunterseite locker mit anliegenden
Borstenhaaren besetzt. Blätter doppelt fiederschnittig, mit am Grund keilförmigen Fiederabschnitten, Endfieder charakteristisch verlängert
(„geschwänzt"). Blüten weiß (bis rosa), Frucht im
Umriß eiförmig, 2–3 mm lang, dicht mit vorwärts
gerichteten Borstenhaaren besetzt, diese gebogen
und oft violettrot überlaufen. – Blütezeit Juli–
August. Klettverbreitung.

Ökologie: In lockeren Herden an halbschattigen,
mäßig trockenen bis mäßig frischen, meist nur
mäßig nährstoffreichen, meist basenreichen, kalkhaltigen bis kalkarmen, schwach sauren Stellen,
ähnlich stehend wie *Chaerophyllum temulum*, doch
trockener und weniger nährstoffreich, an Waldrändern, am Fuß von Hecken, in Schlägen, kenn-

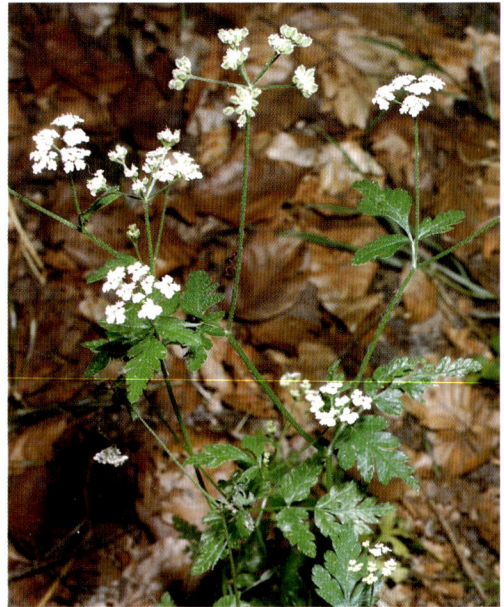

Gewöhnlicher Klettenkerbel *(Torilis japonica)*
Breitenstein, 15. 8. 1991

zeichnend für eine eigene Gesellschaft (Torilidetum
japonicae LOHMEYER 1967). Vegetationsaufnahmen vgl. GÖRS u. MÜLLER (1969, synth. Tabelle).

Allgemeine Verbreitung: Europa, Asien (bis Ostasien), Nordafrika, eingeschleppt in Nordamerika.
In Europa v.a. in Süd- und Mitteleuropa, in Nordeuropa geschlossenes Areal bis 60° n.Br., Einzelvorkommen bis 64° n.Br. – In Deutschland verbreitet und meist häufig, nur in den Gebirgen seltener
oder fehlend.

Verbreitung in Baden-Württemberg: Verbreitet und
meist häufig. Im Schwarzwald in mittleren und höheren Lagen selten oder fehlend. Lückige Verbreitung in Teilen der Schwäbischen Alb und im östlichen Alpenvorland; Ursache hierfür zu kalkreiche
Böden oder Fehlen entsprechend eutrophierter
Stellen?

Die Pflanze ist wohl erst mit dem Menschen eingewandert (Archäophyt); Vorkommen in naturnahen Pflanzengesellschaften sind im Gebiet nicht bekannt.

Tiefste Fundstellen ca. 95 m, höchste in der
Schwäbischen Alb bei 950 m (BERTSCH 1948), im
Schwarzwald: 8015/2: Hammereisenbach, ca.
780 m, 8114/2: Altglashütten, ca. 950 m.

Erstnachweise: Hornstaad, Spätes Atlantikum,
RÖSCH (1985). Erste schriftliche Erwähnung bei
J. BAUHIN (1598: 197), Umgebung von Bad Boll
(7323).

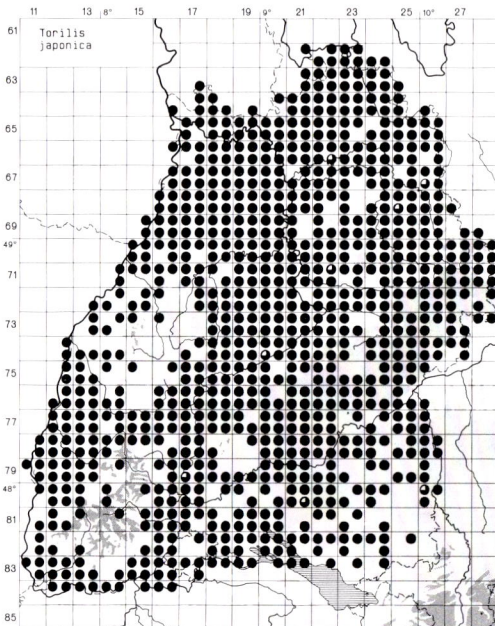

Acker-Klettenkerbel *(Torilis arvensis)*
Freudental, 22. 7. 1992

Bestand und Bedrohung: Nicht bedroht. Eher ist eine Ausbreitung als Folge des Waldwegebaus und der Eutrophierung anzunehmen.

2. Torilis arvensis (Huds.) Link 1821
T. infesta (L.) Clair. 1811; *T. helvetica*
C.C. Gmelin 1805; *Caucalis arvensis* Huds. 1762
Acker-Klettenkerbel

Morphologie: Therophyt. Pflanze bis 1 m hoch, ähnlich *T. japonica*, doch durch stärkere Behaarung oft matt-graugrün. Dolde oft nur mit 2–12 Strahlen (bei *T. japonica* 4–12 Strahlen). Blüte weiß bis rosa. Frucht 3–5 mm lang, Stacheln mit rückwärts gerichteten borstlichen Papillen (bei *T. japonica* diese zum großen Teil vorwärts gerichtet. – Blütezeit (Juni) Juli–August. Klettverbreitung.

Ökologie: Einzeln oder in lockeren Herden an sonnigen, kalkreichen, basischen, mäßig trockenen

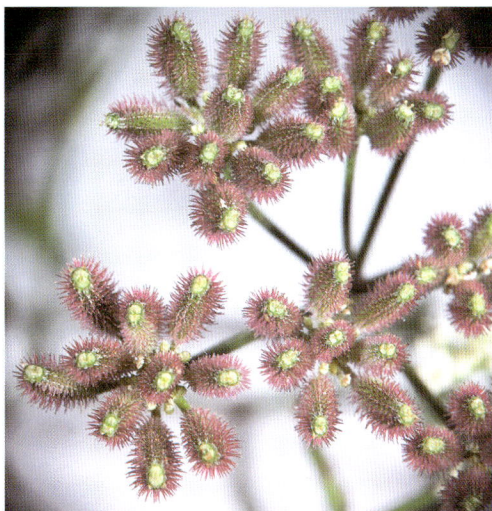

Acker-Klettenkerbel *(Torilis arvensis)*
Ihringen, 1990

249

Stellen, v.a. in Weinbergen, auf Ackerbrachen, auch am Fuß von Weinbergsmauern oder an Wegrändern, weiter in Ruderalgesellschaften auf schuttreichen Böden der Bahnhöfe.

Vegetationsaufnahmen mit *Torilis arvensis* liegen so gut wie nicht vor: GÖRS (1966: 501, *Daucus car.-Picris hierac.*-Ges.), WILMANNS (1989: 108, Elsaß).

Allgemeine Verbreitung: Mittelmeergebiet, ostwärts bis Persien und Turkestan, Mitteleuropa. Teilweise verschleppt in Südafrika, Ostasien, Australien und Nordamerika. In Deutschland vor allem in Süddeutschland (Weinbaugebiete), vereinzelt auch in Mitteldeutschland, hier nordwärts bis ca. 52 ° n. Br.,

Verbreitung in Baden-Württemberg: In Weinbaugebieten (mit kalkhaltigen Böden) vielfach: Oberrheingebiet, in der Rheinebene selten, hier meist an Bahnhöfen, Bergstraße und Kraichgaurand. Im südlichen Oberrheingebiet Kaiserstuhl, Vorhügelzone von Kenzingen bis Istein, vereinzelt am Hochrhein. In den Gäulandschaften im Kraichgau, Neckarbecken N Stuttgart und vereinzelt im Bauland; Taubergebiet. Vereinzelt in der Schwäbischen Alb. Alpenvorland im westlichen Bodenseegebiet (Hegau).

Tiefste Fundstellen ca. 100 m, höchste bei Ulm, ca. 600 m.

Die Pflanze ist als Kulturfolger mit dem Menschen in das Gebiet eingewandert (Archäophyt).

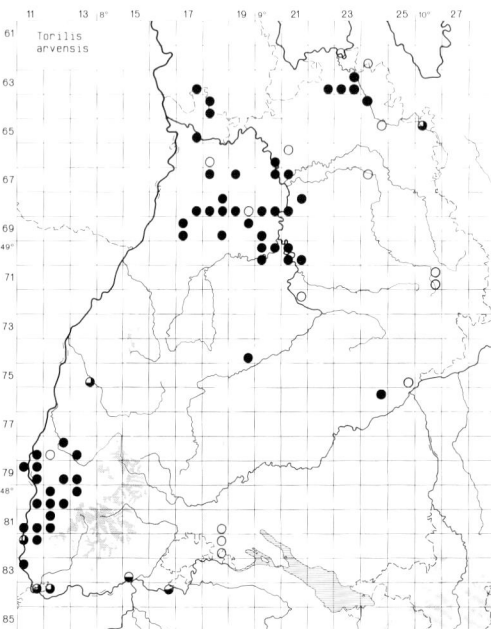

Bemerkenswerte Vorkommen: Schwarzwald: 7513/4: Ortenburg bei Offenburg, HÜGIN (KR-K). Neckargebiet: 7419/4: Spitzberg bei Tübingen, MAYER (1929), GÖRS (1966). Schwäbische Alb: Neben unbestätigten Vorkommen bei Aalen-Wasseralfingen und Ulm jüngere Bestätigung: 7624/2: Gerhausen, Steinbruch, ca. 600 m, PODLECH in RAUNEKER (1984).

Die Verbreitung von *Torilis arvensis* ist im Gebiet sicher noch unvollständig erfaßt: Die Pflanze wird leicht übersehen. So ist anzunehmen, daß sie sich im Kraichgau oder Bauland an zahlreichen weiteren Stellen nachweisen läßt. Auch die zahlreichen unbestätigten Vorkommen am südlichen Oberrhein oder Hochrhein dürften noch existieren.

Erstnachweise: C. C. GMELIN (1805: 617–618): Weil a. Rh.

Bestand und Bedrohung: Reiche Bestände in Weinbergen, die offensichtlich kaum bedroht sind. Dazu kommen die recht beständigen Vorkommen in Bahnhöfen. Eine gewisse Gefährdung besteht lediglich bei Vorkommen in den Randbereichen wie Taubergebiet oder Schwäbische Alb. Insgesamt ungefährdet (bis schwach gefährdet); für Deutschland mit G3 angegeben.

Torilis nodosa (L.) Gaertn. 1788
Knotiger Klettenkerbel

Morphologie: Pflanze einjährig (Therophyt), bis 40 cm hoch, zerstreut borstig behaart. Blätter ähnlich *T. japonica*. Blütenstände knäuelig (Dolde mit 2–3 Döldchen zusammengezogen); innere Früchte z.T. sitzend. Blüten weiß; Frucht 2–3 mm lang; nur die nach außen gerichtete Teilfrucht mit Borsten, die nach innen gerichtet mit länglichen Höckern. – Blütezeit Mai–Juni.

Ökologie: Kalkreiche, offene und trockene Stellen, in Klee- oder Luzerneäckern, am Fuß von Mauern.

Allgemeine Verbreitung: Mediterrangebiet, ostwärts bis Afghanistan, nordwärts bis in die Südalpen (z. B. N Bergamo, Nordende des Gardasees, Südtirol). Küstengebiete am Atlantik, an der Nordsee nordwärts bis Dänemark.

Verbreitung in Baden-Württemberg: Kaiserstuhl nach GMELIN (1826: 201–202): „In Brisgovia am Kaiserstuhl in arvis et ad margines agrorum, nec non in vineis prope Altbreisach, Bükensohl et Achkarn ubi eam vidi 1812 seq." (8011/2 + 4). DÖLL (1858) bezweifelt ein Vorkommen von *Torilis nodosa* im Kaiserstuhl, da Belege im Herb. GMELIN fehlen. Auch SPENNER (1829: 1082) konnte die Pflanze nicht wiederfinden. So wurde sie in späteren Floren auch nicht mehr aufgeführt. Ein damals wohl beständiges Vorkommen von *Torilis nodosa* (die ja sehr leicht zu erkennen ist) läßt sich nicht ausschließen. GMELIN bezeichnet die Pflanze als „rariorem Florae civem". Daneben gibt es in Hafenanlagen und Bahnhöfen vorübergehende Vorkommen: 6516/1: Mannheim, Hafen, 1901, ZIMMERMANN (1907); 7221/1: Stuttgart, Güterbahnhof, 1941, K. MÜLLER (SEYBOLD 1968: 239); 7525/5: Ulm, Güterbahnhof als Südfruchtbegleiter mehrmals 1932–41, ferner im Örlinger Tal bei Ulm 1932 als Vogelfutterpflanze, K. MÜLLER (1957: 144).

Breitblättrige Klettendolde *(Turgenia latifolia)*
Hegau, kultiviert in Oberrimsingen

9. **Turgenia** Hoffm. 1814
Klettendolde

Nahe verwandt mit *Caucalis*, doch Stacheln der Frucht an der Spitze nicht umgebogen, mit rauher Oberfläche.

    Gattung mit wenigen Arten im Mittelmeergebiet und angrenzenden Asien, z.T. mit der Gattung *Caucalis* vereinigt.

1. **Turgenia latifolia** (L.) Hoffm. 1814
Caucalis latifolia L. 1753
Breitblättrige Klettendolde

Morphologie: Therophyt, bis 50 cm hoch. Pflanze dicht kurzhaarig und zerstreut steifborstig, graugrün. Blätter gefiedert, mit 4 Fiederpaaren, Fiederabschnitte im Umriß verlängert, tief kerbig eingeschnitten. Dolden mit bis 5 Döldchen, Hochblätter mit weißem Hautrand, kraus behaart, Blüten weiß bis rötlich, Frucht 6–10 mm lang. – Blütezeit Juni– Juli, Klettverbreitung.
Ökologie: In Getreideäckern auf kalkreichen, basischen, meist lehmigen (nur selten skelettreichen), mäßig frischen bis mäßig trockenen Böden, gern über Gipskeuper, zusammen mit *Adonis aestivalis* und *Scandix pecten-veneris* kennzeichnend für die Gipskeuper-Ausbildung des Caucalido-Adonidetum. Vegetationsaufnahmen vgl. Sebald (1966, Tab. 12).

Allgemeine Verbreitung: Mittelmeergebiet, Europa, Südwestasien (bis Altai und Kaschmir). In Europa nordwärts bis Mittelengland (55° n.Br.), in Deutschland bis zur Mittelgebirgsschwelle, dem norddeutschen Tiefland fehlend, überall stark zurückgegangen.
Verbreitung in Baden-Württemberg: Oberrheingebiet, Neckarbecken N Stuttgart, Oberes Gäu, Taubergebiet und Bauland, Grenzbereiche Taubergebiet – Hohenloher Ebene – Schwäbisch-Fränkischer Wald (über unteren Keuperschichten), Vorland der Schwäbischen Alb. Schwäbische Alb nur sehr vereinzelt. Alpenvorland im westlichen Bodenseegebiet und Hegau. Den Gebieten mit scherbigen Böden über Muschelkalk und Weißem Jura weitgehend fehlend. Hierauf weist schon Karrer (in v. Martens u. Kemmler 1882: II: 340) hin, der die Pflanze als kennzeichnend für „schwere tonige Kalk- oder Gips-Mergel" bezeichnet.

    Tiefste Fundstellen im Oberrheingebiet bei ca. 120 m, höchste im oberen Neckargebiet bei ca. 650–700 m.

    Die Pflanze ist als Kulturbegleiter mit dem Menschen in das Gebiet eingewandert (Archäophyt); sie hatte hier über lange Zeit beständige Vorkommen.

Oberrheingebiet: Wenige Fundstellen im nördlichen Oberrheingebiet, Vorkommen hier offensichtlich spärlich und nach 1850 nicht mehr bestätigt. Ausnahme macht hier das Vorkommen am Rand des Kraichgaus: 6718/1: Wiesloch gegen Dielheim und Rauenberg, „stellenweise in großer

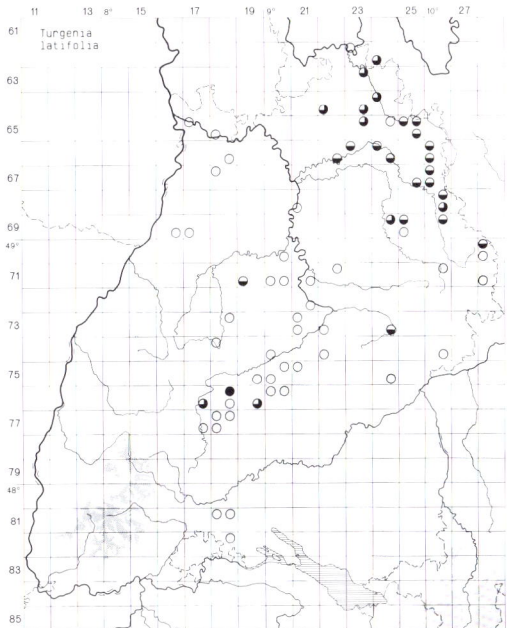

Breitblättrige Klettendolde *(Turgenia latifolia)*
Früchte, Oberrimsingen

Menge", SCHMIDT (1857) (Vorkommen über schweren Braunjura- und Liasböden).

Neckarbecken N Stuttgart: Einzelangaben vgl. KIRCHNER (1888), Vorkommen meist über Keuper, Pflanze wird als „zerstreut" bezeichnet.

Bauland: Von BRENZINGER (1904) als verbreitet bezeichnet, ohne Fundortsangaben.

Keuper-Lias-Gebiete: Zahlreiche Angaben aus dem Gebiet Tauber-Hohenlohe – Schwäbisch-Fränkischer Wald: HANEMANN (1927), Vorkommen seit langem unbestätigt. Zu den Vorkommen im Vorland der Alb vgl. MAYER (1929). – Letzte Beobachtung: 7618/2: SE Stetten, 1 Pfl., 1976, HARMS (STU).

Schwäbische Alb: Vorkommen um Ulm (vor 1900) konnten von MÜLLER nicht mehr bestätigt werden.

Bodenseegebiet: Wenige Fundstellen um Engen – Singen; letzte Beobachtungen zwischen Engen und Singen um 1955 (wo?, SCHREMPP (KR-K)).

Vorkommen in Häfen und Bahnhöfen: Im Gebiet nur gelegentlich beobachtet, so z. B. in Mannheim (ZIMMERMANN 1907), einmal in Freiburg (JAUCH 1938) und Stuttgart (SEYBOLD 1968); daneben gelegentlich auf Auffüllplätzen (MÜLLER 1957). Diese Vorkommen wurden auf der Karte nicht berücksichtigt.

Erstnachweis: J. BAUHIN (1651: 80–81): „Observata haec aliquando erat a me in agris inter Stutgardiam et Pfortzen" (zw. Stuttgart und Pforzheim).

Bestand und Bedrohung: In Baden-Württemberg ausgestorben (zuletzt 1976 beobachtet). Auch in anderen Gebieten Deutschlands zurückgegangen; Rote Liste für die Bundesrepublik Deutschland: vom Aussterben bedroht (G1).

10. **Caucalis** L. 1753
Haftdolde

Einjährige Pflanzen mit armblütigen Döldchen, Stacheln an den Früchten lang ausgezogen, an der Spitze hakig gekrümmt, auf den Nebenrippen sitzend, Hauptrippen schwächer als Nebenrippen entwickelt, nur kurze Börstchen tragend.

Gattung mit 5 Arten (Europa, v.a. im Mediterrangebiet, Vorderasien, eine Art im westlichen Nordamerika). In Europa wie in Südwestdeutschland nur eine Art.

1. **Caucalis platycarpos** L. 1753
Caucalis daucoides L. 1767; *C. lappula* (Weber) Grande 1918
Möhren-Haftdolde

Morphologie: Therophyt, bis 40 cm hoch, sparrig verzweigt, ± graugrün, zerstreut behaart (oft verkahlend) bis kahl, oft nur Blattspindel locker borstig behaart, Blätter 2- bis 3fach fiedrig eingeschnitten, mit schmalen Fiederabschnitten, Dolden 3- bis 5strahlig, ohne oder nur mit wenigen Hüllblättern, Döldchen mit zahlreichen Hüllblättern, mit 3 kurzgestielten Zwitterblüten und 3 langgestielten männlichen Blüten, Blüten weiß, Früchte länglich 6–13 mm lang. – Blütezeit Juni (Juli), Klettverbreitung.

Ökologie: In lockeren Beständen oder in Einzelpflanzen an lichtreichen, mäßig trockenen (bis mäßig frischen), kalkreichen, oft skelettreichen, basischen Stellen. In Halmfruchtgesellschaften, heute v.a. an Ackerrändern und in den Ackerecken, meist an niederwüchsigen bis offenen Stellen, gelegentlich vorübergehend auf Schutthäufen. – Kennart des

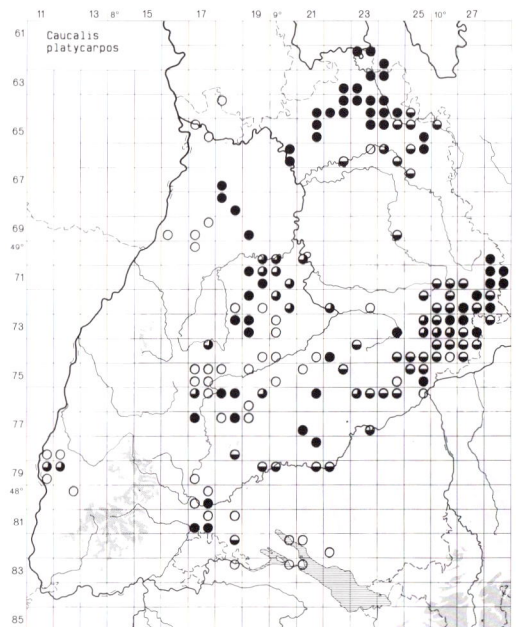

Möhren-Haftdolde *(Caucalis platycarpos)*
Apfelberg, 19. 6. 1991

Caucalido-Adonidetum; Vegetationsaufnahmen: KUHN (1937, Schwäbische Alb), ZIMMERMANN u. ROHDE (1989, Heckengäu), synthet. Tabellen: OBERDORFER (1983).

Allgemeine Verbreitung: Vom Mittelmeergebiet bis Mitteleuropa, Vorderasien bis Persien. In der Bundesrepublik Deutschland v.a. in den Kalkgebieten bis zur Mittelgebirgsschwelle, früher vereinzelt auch in Nordwestdeutschland. Heimat wohl östliches Mittelmeergebiet.

Verbreitung in Baden-Württemberg: V.a. in den Kalkgebieten (Muschelkalk, Malmkalk), hier früher weit verbreitet. Tauberland und angrenzendes Bauland, Hohenloher Ebene, Heckengäu, Oberes Gäu bis Oberer Neckar (und Baar), Schwäbische Alb. In kalkarmen Gebieten wie Odenwald, Schwarzwald und Schwäbisch-Fränkischem Wald fehlend, im Alpenvorland nur im westlichen Bodenseegebiet. Oberrheinebene selten; in den Lößlandschaften nur sehr zerstreut. In den letzten Jahren wurde die Pflanze nur noch im Taubergebiet

und angrenzenden Bauland regelmäßiger gefunden, daneben an wenigen Stellen in den Gäulandschaften und der Schwäbischen Alb.

Tiefste Fundstellen in der Oberrheinebene, ca. 95 m, höchste in der Schwäbischen Alb: 7818/4: Gosheim bis 880 m, (BERTSCH, STU-K), 8117/3: Eichberg, ca. 770 m (1987, K R-K).

Die Pflanze ist erst mit dem Menschen in das Gebiet eingewandert (Archäophyt). Die Verbreitungskarte ist recht lückig und zeigt gleichzeitig die unterschiedliche Erforschung des Gebietes. Die früher gerade in der Schwäbischen Alb häufige Pflanze wurde nur selten erfaßt. Nur in Gebieten mit guten Lokalfloren wie dem Gebiet um Stuttgart oder Ulm (hier auch nach Daten von E. KOCH, STU-K) ist die frühere Fundortsdichte etwa erkennbar.

Im Gebiet der Westalb oder des Baulandes, wo die Pflanze früher wohl verbreitet war, fehlen entsprechende Daten.

Erstnachweise: Fossilfund bei Ditzingen (7120),

12. Jahrh. n.Chr., SILLMANN (1989). – Erste schriftliche Erwähnung: LEOPOLD (1728: 35): „Ob der Steingruben in denen Äckern" bei Ulm. Schon von H. HARDER 1594 vermutlich im Gebiet gesammelt (HAUG 1915: 74).

Bestand und Bedrohung: Heute überall nur noch in kleinen (bis sehr kleinen) Populationen, meist am Ackerrand. Ursache des Rückganges ist die intensive Düngung der Äcker (und damit verbunden das Fehlen offener Stellen), weiter wohl auch der Einsatz von Herbiziden. In vielen Gebieten wie etwa der Schwäbischen Alb dürfte die Pflanze kurz vor dem Aussterben stehen (G1). Im Taubergebiet erscheint sie heute gefährdet (bis stark gefährdet): G2–G3. Gesamtgefährdung in Baden-Württemberg: G2 (stark gefährdet). Gefährdung in Deutschland: G3 (wohl auch hier mit Tendenz zu G2).

11. **Orlaya** Hoffmann 1814
Breitsame

Ähnlich *Daucus*, mit doppelt gefiederten Blättern, Dolden mit bis zu 8 Döldchen, jedes Döldchen mit 2–4 Früchten; Blüten am Rand des Blütenstandes (auf der Außenseite der Döldchen) mit 5–15 mm langen, tief geteilten Kronblättern.

Gattung mit drei Arten (Mittelmeergebiet, nordwärts bis Mitteleuropa, Südwest-Asien). Im Gebiet wie in der Bundesrepublik Deutschland eine Art.

1. **Orlaya grandiflora** (L.) Hoffmann 1814
Caucalis grandiflora L. 1753; *Platyspermum grandiflorum* (L.) Mert. et Koch 1826
Großblütiger Breitsame

Morphologie: Therophyt, bis 20 (30) cm hoch, stark verzweigt, kahl (bis zerstreut kurzborstig, v.a. im oberen Teil), Blätter mit entfernt stehenden linealen Zipfeln, Dolden mit lineal-lanzettlichen, breit weiß berandeten Hochblättern, diese etwa halb so lang wie die Döldchenstiele, Hochblätter der Döldchen eiförmig-lanzettlich, länger als die Döldchenstrahlen. Frucht 6–8 mm lang, abgeflacht, länglich, dicht mit langen Stacheln besetzt, diese an der Spitze hakig gekrümmt. – Blütezeit 2. Junihälfte–Juli, Klettverbreitung.

Ökologie: Mäßig trockene (bis mäßig frische), kalkreiche oft skelettreiche, basische Stellen. In Halmfruchtgesellschaften, zusammen mit *Caucalis platycarpos*, Kennart des Caucalido-Adonidetum, auch an Schuttstellen. – Vegetationsaufnahmen aus dem Gebiet fehlen.

Allgemeine Verbreitung: Südeuropa von Spanien bis Griechenland, Mitteleuropa (nordwärts bis Belgien und in das südliche Weser-Leine-Gebiet), ostwärts bis zum Schwarzen Meer (Krim). In der Bundesrepublik Deutschland nur noch an wenigen Stellen nachgewiesen (neben der Schwäbischen und Fränkischen Alb vereinzelt am Mittelrhein und in der Eifel und mehrfach im Werra-Gebiet).

Verbreitung in Baden-Württemberg: Vereinzelt in den Muschelkalkgebieten: Taubergebiet, Bauland bis Neckarbecken N Stuttgart und Kraichgau, Oberer Neckar, Baar, Schwäbische Alb. Alpenvorland: Westliches Bodenseegebiet und Hegau. Den Keupergebieten fehlend. Oberrheingebiet nur wenige Fundstellen (Vorkommen bereits vor 1850 erloschen). Vorkommen z.T. offensichtlich unbeständig, durch warme Sommer begünstigt (vgl. WURSTER 1930).

Tiefste Fundorte ca. 150 m, höchste in der Schwäbischen Alb: 7719/3: Lochenhörnle, 945 m, BERTSCH (STU-K), in der Baar bis ca. 720 m (8016/1: Unadingen).

Die Pflanze ist erst mit dem Menschen in das Gebiet eingewandert (Archäophyt); Heimat ist das Mittelmeergebiet, wo *Orlaya gr.* z.B. in Therophytenfluren der Trockenrasen zu finden ist.

Erstnachweise: Fossilfunde aus dem 3. Jahrh. n.Chr. von Welzheim, KRÖBER-GROHNE u. PIENING (1983). Erste schriftliche Erwähnung: LEOPOLD (1728: 34), Umgebung von Ulm. Die Pflanze

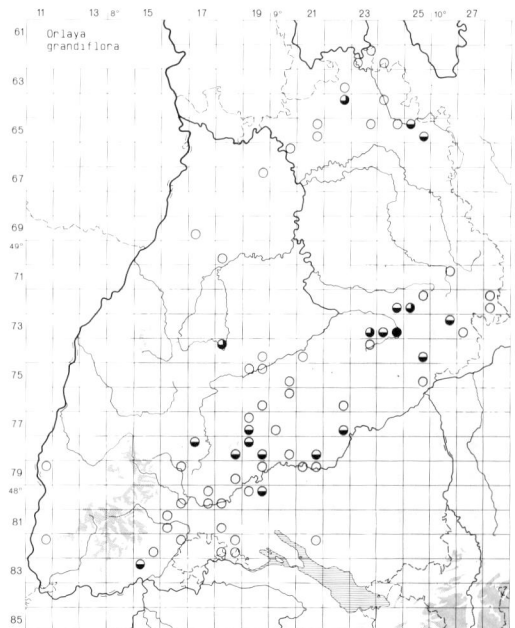

Großblütiger Breitsame *(Orlaya grandiflora)*
Südfrankreich, Ardèche, 18. 5. 1991

wurde vermutlich schon von H. HARDER 1594 im Gebiet gesammelt, vgl. SCHINNERL (1912: 229).
Bestand und Bedrohung: Die Pflanze ist im Gebiet ausgestorben. Noch um 1946–55 existierten mehrere, reichliche Vorkommen, so: 7323/4: Bossler (1946 in „überraschender Menge", SCHMOHL in STU-K, zuletzt 1957, KNAUSS in STU-K); 7418/1: N Emmingen, reichlich, 1955, WREDE (STU-K). Auf den Rückgang der Pflanze wies schon MÜLLER (1957) hin: „jetzt im Verschwinden begriffen".

Die letzten Beobachtungen vom Michelsberg bei Überkingen (7324/4) stammen von M. WALDERICH aus den Jahren 1971 und 1972 (STU-K). Im Bauland konnte die Pflanze zuletzt bis 1956 beobachtet werden (6422/2: Bretzingen, SACHS, SCHÖLCH, KR-K). Für das Gebiet Deutschlands wird *Orlaya grandiflora* als vom Aussterben bedroht eingestuft (G1).

Coriandrum L. 1753
Koriander

Gattung mit 2 Arten (v.a. östliches Mittelmeergebiet). Im Gebiet eine Art als Kulturpflanze angebaut.

Coriandrum sativum L. 1753
Garten-Koriander

Pflanzen 1- bis 2jährig, kahl, Blätter doppelt fiedrig eingeschnitten, die oberen mit lanzettlichen Fiederabschnitten,

die unteren gelappt (mit breit eiförmigen Lappen). Frucht kugelig (nicht in Teilfrüchte zerfallend), hart, 2–5 mm im Durchmesser. – Pflanzen frisch nach Wanzen riechend („Wanzendill").

Heimat wohl östliches Mittelmeergebiet und Westasien, eingebürgert in Ostasien, Nord- und Südamerika. In Mitteleuropa seit dem 8. Jahrhundert angebaut, im Gebiet gelegentlich auf Schuttplätzen verwildert. Dauerhafte Vorkommen sind nicht bekannt.

12. **Bifora** Hoffm. 1816
Hohlsame

Einjährige Kräuter mit bis 2- bis 3fach fiedrig eingeschnittenen Blättern. mindestens die oberen mit schmal linealen Endabschnitten, Frucht doppelt so breit wie hoch, mit schmaler Fugenfläche und kaum sichtbaren Rippen.

Gattung mit 4 Arten, davon 3 in den Subtropen und wärmeren Zonen der Alten Welt, eine in Nordamerika.

1. **Bifora radians** Bieb. 1819
Strahliger Hohlsame

Morphologie: Therophyt, bis 40 cm hoch, kahl, untere Blätter mit eiförmigen Fiederabschnitten, obere mit linealen (fadenförmigen). Dolden mit 3–8 Döldchen, Döldchen 7- bis 9blütig, mit strahlenden Randblüten, diese zwittrig, mit 2–4 mm

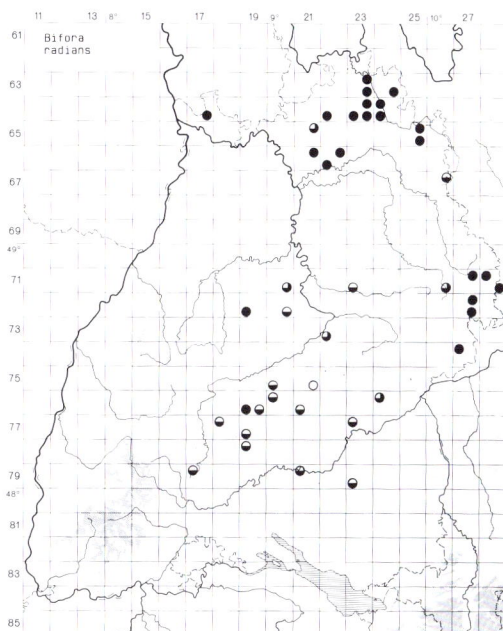

Strahliger Hohlsame *(Bifora radians)*
Apfelberg, 6. 7. 1991

langen Kronblättern, weiß. Teilfrucht kugelig, 3–3,5 mm im Durchmesser, mit feinwarziger Oberfläche (ohne netzartig verbundene Leisten). Blütezeit 2. Junihälfte, Juli.

Ökologie: Auf kalkhaltigen, basischen, oft skelettreichen (scherbigen), mäßig trockenen (bis mäßig frischen) Böden. In Getreideäckern, Kennart des Caucalido-Adonidetum, vorübergehend auch auf Schutthäufen.

Allgemeine Verbreitung: Mittel- und Südeuropa, Nordafrika, Kleinasien bis Persien, verschleppt, offensichtlich in Mitteleuropa erst in historischer Zeit eingewandert (erste Angaben in Frankreich 1848, erste Beobachtungen in Deutschland aus der Zeit um 1880).

Verbreitung in Baden-Württemberg: Taubergebiet und Bauland, vereinzelt im Neckargebiet um Stuttgart und selten im Oberen Gäu. Schwäbische Alb zerstreut. Alpenvorland einmal (nur vorübergehend?). Oberrheingebiet.

Tiefste Vorkommen ca. 100 m, höchste in der Schwäbischen Alb, ca. 850–900 m.

Die Pflanze ist erst in jüngerer Zeit eingewandert (Neophyt). Die Vorkommen sind außerordentlich beständig (das Vorkommen am Apfelberg bei Tauberbischofsheim (6323/2) existiert jetzt über 70 Jahre. Die Pflanze zeigt keine besondere Tendenz zur weiteren Ausbreitung.

Einzelangaben bei isolierten Fundstellen: Nördliches Oberrheingebiet: 6417/4: zw. Weinheim und Viernheim,

256

an 2 Stellen, Buttler u. Stieglitz (1976). – Oberes Gäu: 7219/3: Weil der Stadt, an mehreren Stellen, Wahrenburg (STU-K). – Vorland der Schwäbischen Alb: 7619/3: Bisingen, 1986, Karl (STU-K).

Daneben wurde die Pflanze auch mehrfach ruderal in Häfen und Bahnhöfen beobachtet (vgl. Zimmermann 1907, Seybold 1968); die Vorkommen wurden auf der Karte nicht erfaßt.

Erstnachweise: Kirchner u. Eichler (1900: 287), Kohlstetten, 24. 7. 1896, R. Göhner (STU) (7521/4). Zimmermann (1907: 147) nennt die Pflanze vom Mannheimer Hafen „1880–1906" (wie bei allen Angaben von F. Zimmermann sind Zweifel angebracht!). Vorkommen im Mühlau-Hafen von Mannheim (6516/2) sind in KR belegt (1889, 1890, leg. K. Bähr). Die Vorkommen im Taubergebiet sind seit 1922 bekannt (Kneucker 1931: 117).

Bestand und Bedrohung: Die Pflanze ist im Gebiet offensichtlich spät eingewandert, hat sich dann aber rasch ausbreiten können. Inzwischen geht sie wieder zurück. Im Taubergebiet und Bauland, wo die Karte zahlreiche Fundpunkte aufweist, handelt es sich oft um kleine bis sehr kleine Populationen (z.T. mit nur 5–10 Pflanzen), die durch Anwendung von Herbiziden mehr oder weniger stark bedroht sind. Lediglich im Härdtsfeld sind heute noch Populationen von über 100 (bis 500–1000) Pflanzen bekannt (Trittler in Kübler-Thomas 1989). Gefährdungsstufe G3, mit Tendenz zu G2.

Bifora testiculata (L.) Roth 1827, von *B. radians* unterschieden durch breitere Zipfel der oberen Blätter (bis 1 mm breit), Oberfläche der Frucht mit scharfkantigen, netzartigen Leisten. – Heimat Mittelmeergebiet, gelegentlich als Südfruchtbegleiter beobachtet: Ulm, K. Müller (1957).

13. **Smyrnium** L. 1753
Gelbdolde

Gattung mit 7 Arten, v.a. im Mittelmeergebiet und Vorderasien, in Europa 5 Arten, im Gebiet eine Art eingebürgert.

1. **Smyrnium perfoliatum** L. 1753
Durchwachsenblättrige Gelbdolde

Morphologie: Zweijährig (auch einjährig?), bis 1,2 m hoch, ausladend beastet. Stengel schmal geflügelt, auf den Kanten sternhaarig. Grundständige Blätter 1- bis 2fach fiedrig eingeschnitten, mit eiförmigen Endabschnitten, stengelständige Blätter breit eiförmig, sitzend-stengelumfassend, Blattlappen sich überdeckend, am Rand gekerbt. Dolden und Döldchen ohne Hüllblätter, Blüten gelb.

Durchwachsenblättrige Gelbdolde *(Smyrnium perfoliatum)*, Niederösterreich

Frucht im reifen Zustand schwarzbraun, bis 3 mm lang, abgeflacht, mit undeutlichen Rippen. – Blütezeit Mai (–Juni).

Ökologie: Lockere Herden an halbschattigen bis schattigen, frischen, (mäßig) nährstoffreichen Stellen, in Alliarion- bzw. Aegopodion-Gesellschaften.

Allgemeine Verbreitung: Südeuropa (v.a. Südosteuropa), nordwärts bis Österreich und Tschechoslowakei; Kleinasien, mehrfach verschleppt.

Vorkommen in Baden-Württemberg: 6617/1: Schwetzingen, Schloßgarten, eine kleine Population auf ca. 1 a Größe, vermutlich auf eine Aussaat von K.F. Schimper (um 1850) zurückgehend (vgl. Zimmermann (1907: 147), nach anderen Angaben (Hegi 1926: 1078) auf eine Einschleppung im 18. Jahrhundert. Der kleine Bestand läßt keine Tendenz zur weiteren Ausbreitung erkennen; er hält sich ohne Pflege (doch regelmäßiger Mahd nach der Blüte) seit fast 150 Jahren. Die Pflanze kann als eingebürgert angesehen werden.

14. **Conium** L. 1753
Schierling

Pflanzen zweijährig (selten einjährig), kahl, mit geflecktem Stengel. Kelchrand als schmaler Saum, Frucht eiförmig (bis fast kugelig), seitlich etwas ab-

Gefleckter Schierling *(Conium maculatum)*
Schweinberg, 6. 7. 1991

geflacht, mit deutlich hervortretenden, wellig-kerbigen Rippen (besonders an jungen Früchten zu sehen). Ölstriemen zur Reifezeit fehlend.

Gattung mit zwei Arten, eine davon in Südafrika beheimatet.

1. Conium maculatum L. 1753
Gefleckter Schierling

Morphologie: Hemikryptophyt (selten Therophyt). Pflanze zweijährig, selten einjährig (winterannuell), bis 2,0 (−2,5) m hoch, kahl. Stengel wie Blattstiele röhrig, hohl, bläulich bereift, violettbraun gefleckt. Blätter im Umriß breit dreieckig, dunkelgrün, 2- bis 4fach gefiedert bzw. fiedrig eingeschnitten, Fiederabschnitte eiförmig, am Grund keilförmig, mit knorpeliger Stachelspitze, grob gesägt. Dolde mit 5–6 Hochblättern, diese schmal dreieckig, mit weißem Hautrand. Dolden- und Döldchenstrahlen auf der Innenseite rauhflaumig. Blüten weiß, Früchte 2,5–3,5 mm lang, so hoch wie dick. – Pflanzen mit intensivem Mäusegeruch. – Blütezeit Juli–August.

Verwechslungsmöglichkeit: *Chaerophyllum bulbosum* ist auf den Blättern unterseits (Nerven und Blattstiel) borstig-zottig behaart, ebenso der untere Teil des Stengels. *Aethusa cynapium* hat feiner geschnittene Blätter, Fiederabschnitte ohne Stachelspitze, keinen röhrigen Blattstiel und Dolden mit 0–2 schmal-lanzettlichen Hochblättern. Außerdem fehlt bei den Arten der für *Conium maculatum* kennzeichnende intensive Mäusegeruch.

Biologie: Die Pflanze ist durch den Gehalt an Coniin sehr giftig (Alkaloid, das Lähmungserscheinungen verursacht und bis zum Tod durch Atemlähmung führen kann). Der Coniin-Gehalt ist in unreifen Früchten besonders hoch (bis 3,5%), in

258

Blättern und in der Wurzel deutlich niedriger. Die Giftwirkung getrockneter Pflanzen läßt infolge Zersetzung der Alkaloide nach. Als weiteres Alkaloid ist γ-Conicein enthalten.

Ökologie: Hochwüchsige, dicht schließende Bestände an mäßig frischen bis mäßig trockenen, kalkhaltigen, basischen, nährstoffreichen Stellen, auf Lockerböden frischer Schüttungen wie auf konsolidierten Lehmböden, bei ungestörter Entwicklung von *Urtica dioica*-Beständen abgelöst, v.a. in trocken-warmer Klimalage. Vegetationsaufnahmen vgl. OBERDORFER (1957), MÜLLER (in SEYBOLD u. MÜLLER 1972), GÖRS (1966: 522), PHILIPPI (1983: 436).

Allgemeine Verbreitung: Europa, Nordafrika, Asien (bis Zentralasien). In Europa vom Mittelmeergebiet nordwärts bis England und Schottland, Skandinavien (v.a. südlich 60° n.Br.), Baltikum und Finnland (selten). In Deutschland in Tieflagen und in Kalkgebieten zerstreut, bis Norddeutschland (hier in Rapsäckern in Ausbreitung). In Süddeutschland v.a. in tief gelegenen, warm-trockenen Gebieten.

Verbreitung in Baden-Württemberg: In sommerwarmen Gebieten mit kalkhaltigen Böden, so im nördlichen Oberrheingebiet, südlichen Oberrheingebiet, v.a. Umgebung des Kaiserstuhls und Tunibergs, vereinzelt in den Gäulandschaften: Neckarbecken N Stuttgart und Kraichgau, Oberer Neckar bis Baar. Schwäbische Alb zerstreut. – Alpenvorland:

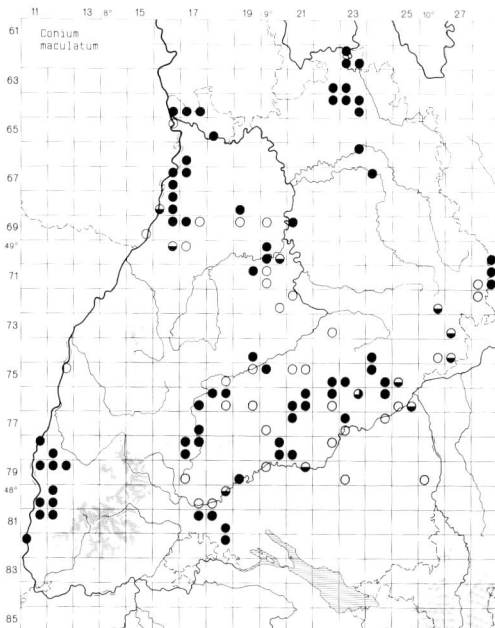

Im westlichen Bodenseegebiet (Hegau), sonst unbestätigte Vorkommen bei Saulgau und Rot a.d. Rot.

Tiefste Fundstellen bei ca. 95 m, höchste auf der Schwäbischen Alb bei Münsingen bei ca. 750–800 m.

Die Pflanze ist sicher erst mit dem Menschen eingewandert oder eingebracht worden und somit als Archäophyt anzusehen. Wahrscheinlich ist die Pflanze (die lange Zeit auch als Heilpflanze genutzt wurde) vielfach auch aus Kulturen verwildert. Dafür spricht, daß die Pflanze nur gebietsweise vorkommt, und z.T. in Nachbargebieten, wo sie aus klimatischen Gründen zu erwarten wäre, fehlt (so sind aus dem eigentlichen Taubertal keine Vorkommen bekannt!). Die Vorkommen scheinen außerordentlich beständig zu sein; eine größere Ausbreitung findet offensichtlich nicht statt.

Erstnachweise: Bodman (Bodensee), Mittleres Subboreal (Frühe Bronzezeit), FRANK (1989). Erster schriftlicher Hinweis: DUVERNOY (1722: 49), Umgebung von Tübingen.

Bestand und Bedrohung: Die Bestände von *Conium maculatum* sind meist sehr kleinflächig ausgebildet. Durch das Verschwinden dorfnaher Ruderalstellen geht die Pflanze deutlich zurück; neu geschaffene potentielle Wuchsorte werden kaum besiedelt. Gefährdung: G3 (mit Tendenz zu G2?!).

15. **Pleurospermum** Hoffm. 1814
Rippensame

Kräftige Pflanzen mit zwei- bis dreifach gefiederten Blättern, Blüten weiß, auf der Innenseite warzig papillös, Hauptrippen der Frucht nicht geflügelt, dicht papillös.

Gattung mit 25 Arten, diese v.a. in Asien (Schwerpunkt in den Grenzgebirgen Ostindiens und von Bangladesch), in Europa 2 Arten.

1. **Pleurospermum austriacum** (L.) Hoffm. 1814
Ligusticum austriacum L. 1753
Österreichischer Rippensame

Morphologie: Hemikryptophyt, Pflanze zweijährig (bis ausdauernd), nach der Blüte absterbend, bis 1,5 m hoch, oberwärts ästig mit kurzen Seitenästen, kahl bzw. im oberen Teil papillös-kurzhaarig, Blätter doppelt (bis dreifach) fiedrig eingeschnitten, Fiederabschnitte lang ausgezogen, am Rand mit wenigen Zähnen, am Rand dicht papillös, Fiederabschnitte am Grund sich flügelartig am Blattstiel herabziehend, Dolden groß, Dolden und Döldchen mit zahlreichen Hochblättern, Hochblät-

Österreichischer Rippensame *(Pleurospermum austriacum)*, Hundsrücken bei Balingen, 9. 7. 1972

ter wenigstens der Enddolden fiederschnittig, den Blättern ähnlich, Blüten weiß, Kronblätter 3 mm lang, nicht ausgerandet, Frucht eiförmig, bis 10 mm lang und bis 6 mm im Durchmesser. – Blütezeit Juni bis August.

Ökologie: Einzelpflanzen, auch in lockeren Beständen an lichtreichen (doch nicht sonnigen) bis halbschattigen, gern etwas sickerfrischen, kalkreichen basischen Stellen, auf rohen Mergelböden wie auf mäßig humosen Lehmböden. Schwerpunkt in Staudengesellschaften zusammen mit *Geranium sanguineum, Thesium bavarum* oder *Laserpitium latifolium,* weiter in Rasengesellschaften mit *Festuca amethystina* und *Carex sempervirens,* auch in aufgelichteten Beständen (trockener Ausbildungen) von Grauerlenwäldern, in der Baar-Alb auch in jungen Fichtenforsten (WITSCHEL 1980: 122). – Vegetationsaufnahmen vgl. KUHN (1937: 185), WITSCHEL (1980: Tab. 13: *Festuca amethyst. – Carex-sempervir.*-Gesellschaft, Tab. 18: Bupleuro-Laserpitietum).

Allgemeine Verbreitung: Alpen, Balkan, Karpaten, mitteleuropäische Gebirge; isolierte Vorkommen in Schweden. In Deutschland außerhalb der Alpen und des Alpenvorlandes in der Schwäbischen Alb, Mittelfranken, Thüringen und in der Rhön.

Verbreitung in Baden-Württemberg: Südwestalb, Alpenvorland, auch Schwarzwald.

Tiefste Fundstellen bei Ulm, ca. 470 m, höchste am Hochberg (7818/2) bei 1000 m.

Die Pflanze ist einheimisch.

Südwestalb: An zahlreichen Fundstellen zwischen Hechingen, Sigmaringen und Spaichingen, isolierte Vorkommen im Donaugebiet zwischen Donaueschingen und Immendingen. – Z. B. 7619/4: Zellerhorn; 7719/2: Hundsrücken; 7720/3: Zw. Ebingen u. Truchtelfingen; 7818/2: Lemberg-Hochberg, 7818/4: zw. Gosheim und Denkingen; 7819/2: Hossingen; mehrfach in den Seitentälern des Donautales; 7919/2: Finstertal oder 7820/4: Schmeiatal. – Isolierte Vorkommen: 8016/2: Buchberg N Donaueschingen; 8017/4: S Gutmadingen; 8018/1: Ippingen, Eßlingen; 8018/3: S Hintschingen. Früher auch 8017/2: Oberhalb Unterbaldingen. Zu Einzelangaben vgl. ZAHN (1889), MAYER (1929), ferner die Fundortskarte bei WITSCHEL (1980: 123).
Südschwarzwald: 8215/3: Schwarzatal unterhalb Häusern, im Muckenloch, NEUBERGER (1912), unbestätigt.
Alpenvorland: Entlang der Iller ziemlich verbreitet, bis Ulm reichend, von hier donauabwärts, in lichten Auenwäldern und Gebüschen.

Erstnachweise: Pollenfunde am Schleinsee, Bölling/Alleröd, H. MÜLLER (1962). Die erste schriftliche Erwähnung findet sich bei MARTENS (1822: 404): „wilde Iller gegen Wiblingen".

Die Pflanze wurde vermutlich schon von H. HARDER 1576–94 im Gebiet gesammelt, vgl. SCHINNERL (1912: 232).

Bestand und Bedrohung: Die Pflanze kommt noch in reichen Beständen vor und ist kaum zurückge-

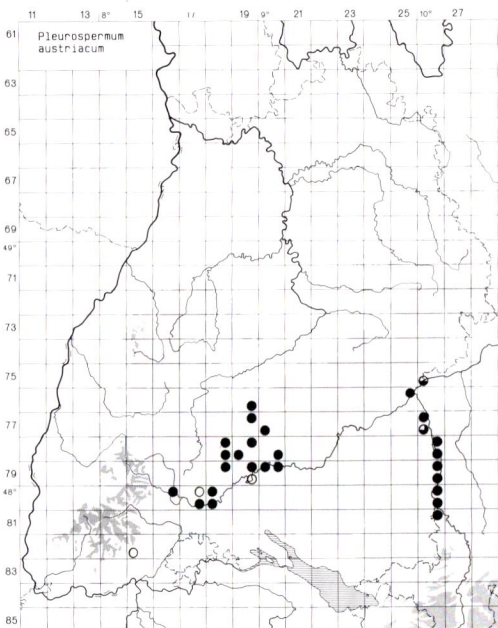

gangen. Doch sollten gerade die Vorkommen um Donaueschingen – Immendingen sorgsam verfolgt werden. Da die Pflanze nach der Blüte abstirbt, muß eine ständige Verjüngung durch Sämlinge erfolgen; bleibt diese aus, so kann die Population in kurzer Zeit erlöschen. Nach WITSCHEL (1980) ist die Pflanze in diesem Gebiet jedoch relativ ausbreitungsfreudig!

16. **Bupleurum** L. 1753
Hasenohr

Blätter ungeteilt, ganzrandig, mit parallelen oder radiären Nerven, kahl, meist blaugrün überlaufen, Dolden zusammengesetzt, Hochblätter des Döldchens immer vorhanden und oft auffällig ausgebildet, Blüten klein, gelb bis gelbgrün, Frucht kahl, Fruchtstiel so lang oder kürzer als die Frucht.

Gattung mit ca. 150 Arten (Europa, Asien, Nordafrika), in Europa 39 Arten (v.a. Südeuropa und Alpen), in Baden-Württemberg 3 Arten.

1 Mittlere und obere Blätter vom Stengel durchwachsen, diese rundlich-eiförmig, einjähriges Akkerwildkraut . . . . 1. *B. rotundifolium*
– Mittlere und obere Blätter nicht durchwachsen . . 2
2 Obere Blätter des Stengels mit herzförmigem Grund stengelumfassend, die unteren gestielt . . . *2. B. longifolium*
– Obere Blätter nicht stengelumfassend, meist gestielt 3
3 Blütendolde 4- bis 8strahlig, Frucht glatt, Blätter oval oder spatelig, abgerundet . . *3. B. falcatum*
– Blütendolde 1- bis 3strahlig oder undeutlich ausgebildet, Frucht körnig-rauh, Blätter schmal lanzettlich, spitz . . . . *(B. tenuissimum)*

1. Bupleurum rotundifolium L. 1753
Rundblättriges Hasenohr

Morphologie: Einjährige Pflanze, bis 0,5 (0,7) m hoch, Stengel kräftig, am Grund bis 3 mm stark, im oberen Teil ausladend, fast sparrig verzweigt, Blätter breit eiförmig, die unteren den Stengel herzförmig umfassend, die mittleren und oberen vom Stengel durchwachsen, Dolde ohne Hochblätter, Döldchen mit breit eiförmigen Hochblättern, diese deutlich länger als Fruchtstiel, Frucht schwarz, 3–4 mm lang, elliptisch, mit wenig hervortretenden Rippen. – Blütezeit Juni–Juli.
Ökologie: In niederwüchsigen, lückigen Halmfruchtbeständen auf trockenen bis mäßig trockenen, kalkreichen, meist skelettreich-scherbigen Böden in sommerwarmer Lage, Kennart des Caucalido-Adonidetum. – Vegetationsaufnahmen vgl.

KUHN (1937: 38), „Assoziation von *Bupleurum rotundifolium*", ZIMMERMANN u. ROHDE (1989).
Allgemeine Verbreitung: Europa, Vorder- und Zentralasien, eingeschleppt in Nordamerika, Australien und Neuseeland. – In Europa v.a. in den mediterranen und submediterranen Gebieten, nordwärts bis Belgien, Mitteldeutschland und Rußland. In Europa wohl erst mit dem Menschen eingewandert (Archäophyt); ursprüngliche Heimat vielleicht Vorderasien.
Verbreitung in Baden-Württemberg: Kalkgebiete mit scherbigen Böden: Schwerpunkt des Vorkommens in der Schwäbischen Alb, von hier bis Baar, Klettgau und westliches Bodenseegebiet reichend. Oberes Gäu, Neckarbecken nördlich Stuttgart, Taubergebiet und Bauland, selten Oberrheingebiet. Die Pflanze war in vielen Gebieten früher nicht selten, so daß Fundorte oft nicht aufgeführt wurden. Das gilt v.a. für das Gebiet der Schwäbischen Alb und wohl auch für das Taubertal. In anderen Gebieten war die Pflanze immer selten, so z.B. im Oberrheingebiet, wo lediglich aus der Rheinebene (und angrenzenden Gebieten) um Mannheim und Heidelberg zahlreiche Fundstellen bekannt waren. Daneben findet sich *Bupleurum rotundifolium* gelegentlich an Schuttstellen, seltener in Häfen oder auf Bahnhöfen. Derartige Vorkommen wurden auf der Karte nicht berücksichtigt.

Tiefste Fundstellen in der Rheinebene, ca. 100 m, höchste in der Schwäbischen Alb nach

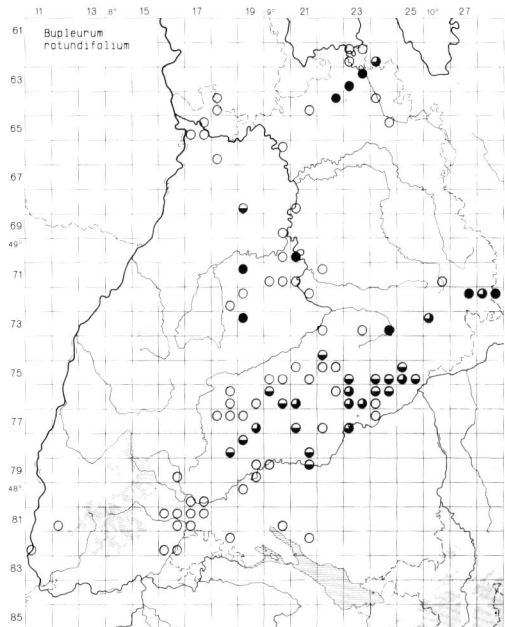

Bupleurum rotundifolium

Rundblättriges Hasenohr *(Bupleurum rotundifolium)*
Flacht, 7. 7. 1991

BERTSCH ca. 800 m, in der Baar (bei Löffingen, 8816/1) bis ca. 820–840 m.

Erstnachweise: Ditzingen bei Stuttgart, 12. Jahrh. n. Chr., SILLMANN (1989). – Die erste schriftliche Erwähnung findet sich bei LEOPOLD (1728: 25): „In Äckern ob der Steingruben" bei Ulm. Vermutlich wurde die Pflanze schon 1574–76 von H. HARDER im Gebiet gesammelt (SCHORLER 1908: 84).

Bestand und Bedrohung: *B. rotundifolium* findet sich heute in Baden-Württemberg nur noch an wenigen Stellen, meist in sehr kleinen Populationen, die oft nur auf ein oder zwei Äcker beschränkt sind. Der Rückgang ist auf die Anwendung von Herbiziden zurückzuführen, weniger auf die verstärkte Düngung. Er dürfte bereits um 1900 begonnen, v.a. dann in den Jahren um 1950 eingesetzt haben. Die Pflanze hat im Gebiet nur in Feldflora-Reservaten eine Überlebenschance.

Gefährdung in Baden-Württemberg: G1 (vom Aussterben bedroht), in Deutschland G2 (stark gefährdet).

2. Bupleurum longifolium L. 1753
Langblättriges Hasenohr, Wald-Hasenohr

Morphologie: Pflanze ausdauernd, oft nach der ersten Blüte absterbend, ein- bis mehrstengelig, bis 1 m hoch, nur im oberen Teil etwas verzweigt; grundständige Blätter mit eiförmiger Spreite und langem Stiel, obere Blätter länglich-eiförmig, am Grund herzförmig, stengelumfassend. Dolde mit locker stehenden, lang gestielten Döldchen, Dolde wie Döldchen mit 3–4, breit eiförmigen Hochblättern; Hochblätter der Döldchen kürzer als Fruchtstiele + Früchte. Frucht fast schwarz, 3–4 mm lang, mit wenig hervortretenden Rippen. – Blütezeit Juni bis August.

Ökologie: In einzelnen Pflanzen an lichtreichen bis (schwach) beschatteten, kalkhaltigen, basischen Stellen. In Kalkbuchenwäldern (Asperulo-Fagetum), gern in etwas aufgelichteten Beständen, an Wegböschungen, in Staudenfluren zusammen mit *Laserpitium latifolium* und *Thesium bavarum*. – Vegetationsaufnahmen vgl. KUHN (1937: 269, *Bupleurum*-Fagetum), TH. MÜLLER (in OBERDORFER 1978), WITSCHEL (1980): Bupleuro longifolii-Laserpitietum latifolii.

Allgemeine Verbreitung: Europa: Auvergne, Westalpen, Jurazug, Vogesen, mitteldeutsche Gebirge, nordwärts bis Harz und Harzvorland (etwa 52° n. Br.), Ostalpen sehr zerstreut, bayerisches Alpenvorland, weiter Böhmen, Mähren, Karpaten, Gebirge der Balkanhalbinsel (nahe verwandte Sippen in Asien).

Verbreitung in Baden-Württemberg: Hauptvorkommen in der Schwäbischen Alb, hier vom Buchberg und Eichberg im Westen bis in die Ostalb und das

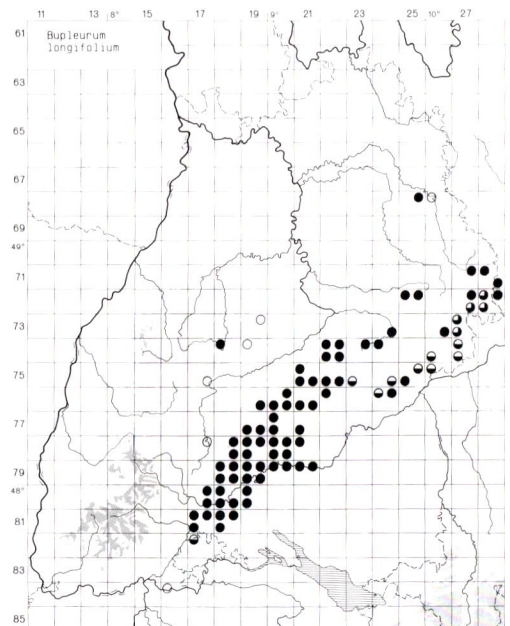

Nördlinger Ries an zahlreichen Stellen (doch nicht sehr häufig).

Benachbart im Schweizer Randengebiet vielfach (KUMMER 1944). Wenige isolierte Fundstellen in den Muschelkalkgebieten: Hohenloher Ebene, Oberes Gäu, Oberer Neckar und Hochrhein (Klettgau); Hegau.

Tiefste Vorkommen bei ca. 400 m, höchste ca. 980 m (nach BERTSCH).

Die Pflanze ist einheimisch.

Einzelangaben: 6826/1: Bölgental bei Crailsheim, BLEZINGER in v. MARTENS u. KEMMLER (1882), unbestätigt; 6825/2: Kappelberg W Mistlau, 1977, SEYBOLD (STU-K); 7319/2: Ehningen, ROSER in v. MARTENS u. KEMMLER (1882), unbestätigt; 7418/1: Nagold, KIRCHNER u. EICHLER (1913), noch vorhanden; 7319/2: Ehningen, ROSER in v. MARTENS u. KEMMLER (1882); 7419/1: Herrenberg, FLEISCHER in v. MARTENS u. KEMMLER (1882); 7517/4: Rexingen, A. MAYER (1929); 7817/1: Rottweil, Felsen hinter der Fuchsmühle, LANG in v. MARTENS u. KEMMLER (1882). Die Vorkommen sind zumeist seit langer Zeit unbestätigt. – 8416/1: Küßnach, WELZ (1885), von KUMMER (1944: 113) angezweifelt. – Hegau: 8118/3: Ruine Hohenhewen, OCHS in BARTSCH (1924).

Erstnachweise: ROTH VON SCHRECKENSTEIN (1797, 1799: 16), Umgebung von Immendingen (8018). Schon von H. HARDER 1576–94 vermutlich im Gebiet gesammelt, vgl. SCHINNERL (1912: 220).

Bestand und Bedrohung: In der Schwäbischen Alb verbreitet, doch nicht häufig. Ein gewisser Rückgang bisher nur um Ulm und in der Ostalb nachweisbar. Außerhalb der Schwäbischen Alb sind die Vorkommen von *B. longifolium* sehr begrenzt; sie dürften ± gefährdet sein.

Langblättriges Hasenohr *(Bupleurum longifolium)* Kriegertal, 1970

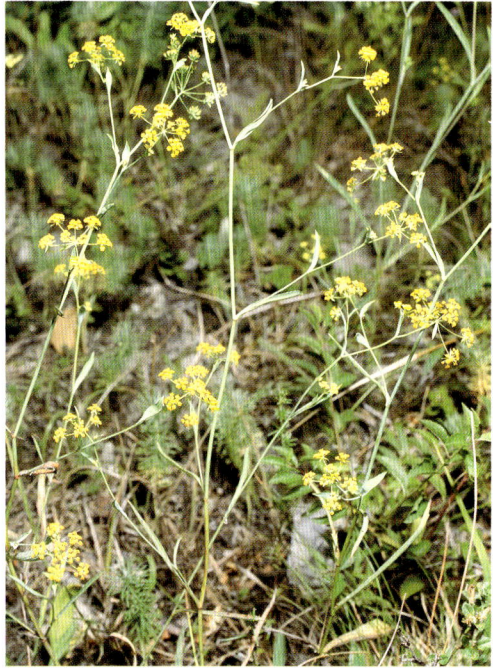

Sichelblättriges Hasenohr *(Bupleurum falcatum)* Mönsheim, 10. 8. 1991

3. **Bupleurum falcatum** L. 1753
Sichelblättriges Hasenohr

Morphologie: Hemikryptophyt. Pflanze bis 1 m hoch, schlank, mehrfach sparrig (doch nicht ausladend) verzweigt. Grundständige Blätter spatelförmig, lang gestielt, abgerundet oder stumpf gespitzt, obere Blätter mit geflügeltem Blattstiel stengelumfassend. Döldchen mit 5 Hochblättern, diese eiförmig, nicht oder nur wenig länger als die Fruchtstiele; Blüten goldgelb. Frucht im jungen Zustand glatt, im reifen Zustand mit flügelartig hervortretenden Rippen, eiförmig, 3,5–4 (5) mm lang. – Blütezeit Juli–September.

Ökologie: Lockere Herden an sonnigen (bis mäßig beschatteten), (mäßig) trockenen bis mäßig frischen, kalkhaltigen, basischen, nährstoffarmen Stellen, auf Lockerböden wie auf Kalksteinverwitterungsböden. In offenen, meist mittel- bis niederwüchsigen Staudengesellschaften an Waldrändern und Böschungen, zusammen mit *Geranium sanguineum*, auch an kalkärmeren Stellen mit *Trifolium medium*, kennzeichnend für Gesellschaften des Geranion sanguinei (Steppenheide-Gesellschaften), auch in Trockenrasen oder Halbtrockenrasen (hier nach früher Mahd noch zur Blüte gelangend) sowie in lichten Kiefernwäldern.

Vegetationsaufnahmen vgl. z. B. KUHN (1937: 96, im Xerobrometum), TH. MÜLLER (1966), WITSCHEL (1980).

Allgemeine Verbreitung: Europa, Asien (bis Japan), z. T. in besonderen Unterarten vertreten. In Europa, Südeuropa und Mitteleuropa, nordwärts bis Südengland (wenige Vorkommen), nördliches Harzvorland und Karpaten. Im Gebiet nur die subsp. *falcatum.*

Verbreitung in Baden-Württemberg: Kalkgebiete verbreitet. Oberrheingebiet vereinzelt am Kraichgaurand, häufiger im Kaiserstuhl und in der Vorhügelzone des Schwarzwaldes (bis Dinkelberg), der Rheinebene fehlend. In den Gäulandschaften Taubergebiet, Bauland, Neckarbecken nördlich Stuttgart, Heckengäu und Oberes Gäu bis Oberer Neckar und Baar. Im Keuper-Lias-Neckarland im Stromberg, Glemswald, Schönbuch und Rammert vielfach, z. T. sogar häufiger als in angrenzenden Muschelkalkgebieten (wie z. B. im Kraichgau). Im Schwäbisch-Fränkischen Wald fehlend. Schwäbische Alb im westlichen Teil, am Nordrand und in den Tälern der Südseite, der Hochfläche weitgehend fehlend, südwärts bis zu den Ausläufern der Alb am Hochrhein. Im Alpenvorland fehlend (auch im bayerischen Alpenvorland die Donau nach Süden nicht überschreitend).

Eine erste Fundortskarte von *B. falcatum* im Gebiet brachten EICHLER, GRADMANN u. MEIGEN (1926: Karte 21).

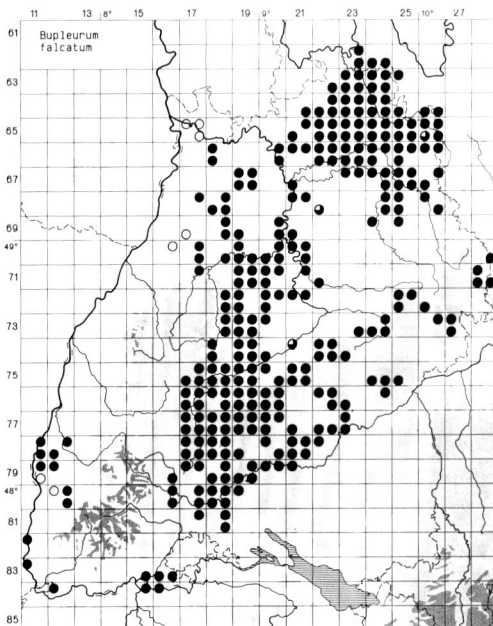

Tiefste Fundstellen im Oberrheingebiet ca. 100 m, höchste in der Schwäbischen Alb nach BERTSCH 1010 m.

Die Pflanze ist einheimisch. Da sie auch an von Natur aus waldfreien Stellen vorkommt (z. B. in *Sesleria*-Halden), könnte sie bereits vor dem Menschen im Gebiet vorhanden gewesen sein. In großen Teilen der Gäulandschaften ist *B. falcatum* wohl erst eingewandert, nachdem der Mensch die Wälder zerstört hat. Hier wäre die Pflanze als Archäophyt anzusehen.

Erstnachweis: J. BAUHIN (1598: 199, 1602: 213): „Berg Teck" (7422).

Bestand und Bedrohung: In reichen Beständen vorkommend. Wie alle Arten von Magerstandorten zurückgehend, doch nicht bedroht.

Bupleurum tenuissimum L. 1753
Zartes Hasenohr

Pflanze einjährig, bis 60 cm hoch (oft nur wenige cm hoch werdend), Blätter lineal-lanzettlich, Dolden undeutlich (nur Döldchen), Frucht bis 2,5 mm lang. – Im Gebiet nicht nachgewiesen, doch liegen aus Nachbargebieten einige (fragliche) Angaben vor: Angeblich von BAUHIN (vor 1640) zwischen Augst und der Birs bei Basel gefunden, weiter von ZIMMERMANN (1907) bei Lambsheim (Pfalz) angegeben (1881–87, „im Getreide"), von VOLLMANN (1914) von Oggersheim bei Ludwigshafen genannt (Fund auf ZIMMERMANN zurückgehend?). – Natürliche Vorkommen an den Küsten (Mittelmeergebiet bis Südskandinavien), weiter an den Salzstellen des Binnenlandes (Mitteldeutschland); nächste sichere Fundstellen in Lothringen.

Weitere Bupleurum-Arten

Als Südfruchtbegleiter wurde von K. MÜLLER (1957) im Güterbahnhof Ulm in den Jahren 1931–38 einige Male *Bupleurum fontanesii* Guss. ex Caruel (*B. odontites* auct.) beobachtet; weitere Funde werden aus den Güterbahnhöfen von Basel gemeldet (THELLUNG 1926). Heimat der Pflanze ist das östliche Mittelmeergebiet.

ZIMMERMANN (1907) führt aus dem Hafen von Mannheim zahlreiche Arten der Gattung auf, so *Bupleurum gerardi* Jacq., *B. affine* Sadler, *B. junceum* L., *B. aristatum* Bartl., *B. glaucum* Robill, *B. canalense* Wulf., *B. croceum* Fenzl., die jeweils nur einmal oder wenige Male gefunden wurden. Selbst wenn Belege vorhanden wären, sind größte Zweifel angebracht. – Auf einer Rheininsel bei Speyer will ZIMMERMANN (1907) sogar das sonst nur aus den Alpen bekannte *B. stellatum* L. als Alpenschwemmling 1901 gefunden haben! HEINE (1952) konnte keine adventiven *Bupleurum*-Arten um Mannheim finden.

17. **Trinia** Hoffm. 1814
Faserschirm

Pflanzen zweihäusig, Früchte eiförmig, mit dicken, wenig hervortretenden Rippen.

Blaugrüner Faserschirm *(Trinia glauca)*

Gattung mit 11 Arten (Europa, Asien bis zum Altai), in Europa 8 Arten, diese v.a. im Mittelmeergebiet.

1. Trinia glauca (L.) Dum. 1827
Pimpinella glauca L. 1753
Blaugrüner Faserschirm

Morphologie: Hemikryptophyt, zwei- bis mehrjährig (z.T. nach der Blüte absterbend), bis 50 cm hoch, männliche Pflanze auffallend niedriger als weibliche, bläulichgrün, kahl, vom Grund an ausladend beastet, so daß die Pflanze oft einen halbkugeligen Busch bildet. Blätter doppelt fiedrig eingeschnitten, mit entfernt stehenden, linealen Fiederabschnitten, diese ca. 1 mm breit. Dolden ohne Hochblätter, mit 4 Döldchen, diese mit zahlreichen Hochblättern, 4- bis 8blütig; Kronblätter weißlich, ca. 0,3 mm lang. Frucht bei der Reife schwarzbraun, 3 mm lang, mit stumpfen, stark hervorspringenden Rippen. – Blütezeit Mai bis Juni.
Ökologie: Trockene, meist flachgründige Kalkböden in sonnig-warmer Lage, auch über Dolomit, an

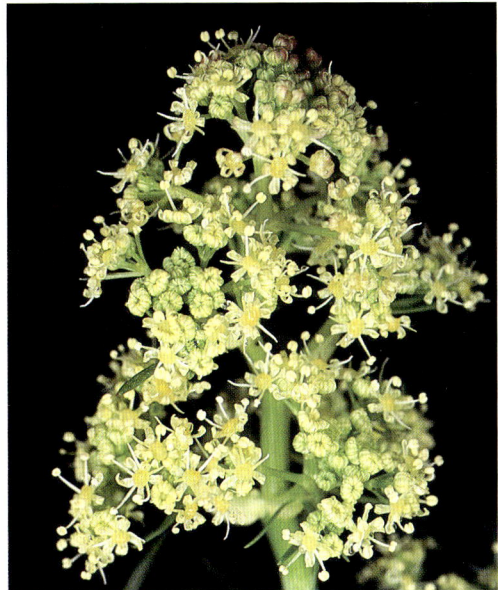

Blaugrüner Faserschirm *(Trinia glauca)*
Männliche Blüten

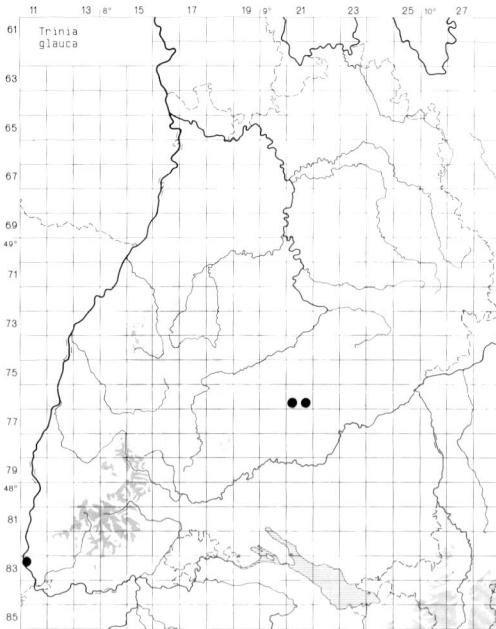

Felsen, außerhalb des Gebietes auch auf Flugsand. – In lückigen Trockenrasen zusammen mit *Bromus erectus*, *Alyssum montanum* und *Allium sphaerocephalum*, lokal kennzeichnend für das Xerobrometum.

Vegetationsaufnahmen vgl. v.a. die zusammenfassende Darstellung von WITSCHEL (1991); ältere Aufnahmen von BRAUN-BLANQUET (1931), KORNECK (in OBERDORFER 1978).

Allgemeine Verbreitung: Südeuropa, von Nordspanien bis zur Balkanhalbinsel, nordwärts bis Mitteleuropa, Südwestengland und Irland. In Deutschland nach Norden etwa bis zur Mainlinie reichend: Maintal unterhalb Würzburg, Mainzer Sand.

Vorkommen in Baden-Württemberg: Isolierte Fundstellen im Oberrheingebiet (Isteiner Klotz) und auf der Schwäbischen Alb (Trochtelfingen). Nächste Fundstellen im Oberelsaß (Rufacher Hügel), in der Pfalz (Arzheim bei Landau, Grünstadt). – Die Pflanze ist einheimisch.

8311/1: Isteiner Klotz, ca. 290 m, hier von VULPIUS entdeckt (GMELIN 1805). Reiches Vorkommen, das allerdings durch Felssprengungen in den letzten Jahrzehnten in Mitleidenschaft gezogen wurde. Nähere Angaben vgl. LITZELMANN (1966), WITSCHEL (1991). 7621/3 + 4: N Trochtelfingen, Hasental, 710–760 m, hier 1908 von GRADMANN entdeckt (vgl. GRADMANN 1912), nach WITSCHEL (1991) in 8 getrennten Populationen in einem Gebiet von ca. 2 km Durchmesser, insgesamt mehrere Hundert Pflanzen.

Erstnachweis: ROTH VON SCHRECKENSTEIN (1798: 95) „*Pimpinella dioica* bey Idstein, die einzige zweihäusige Schirmpflanze", VULPIUS; GMELIN (1805: 728, als *Pimpinella dioica*, „prope Kembs et Istein"). (Bei den übrigen Angaben von GMELIN dürfte es sich um Verwechslungen handeln, vgl. dazu WITSCHEL 1991.)

Bestand und Bedrohung: Trotz der reichen Bestände ist sie wegen der geringen Zahl der beschränkten Wuchsorte potentiell bedroht (G4), vgl. WITSCHEL (1991).

18. **Apium** L. 1753
Sellerie

Ausdauernde (selten einjährige) Kräuter mit weißen (oder grünlich-weißen) Blüten, Kronblätter nicht eingeschnitten und ohne einwärts gebogene Zipfel, Frucht im Umriß rundlich, Teilfrüchte mit schmaler Fugenfläche, zwischen den Rippen einzelne große Ölstriemen. – Gattung mit ca. 20 Arten auf der Nordhalbkugel und in den Tropen, in Europa 5 Arten, in Baden-Württemberg 3.

1 Hochblätter der Dolde und des Döldchens fehlend; Blätter oberseits dunkelgrün, glänzend . . .
                                           1. *A. graveolens*
– Dolde wie Döldchen mit Hochblättern; Blätter frischgrün, oberseits nicht glänzend 2
2 Pflanze kriechend, an allen Knoten wurzelnd; Stiel der Dolde etwa dreimal so lang wie die des Döldchens; Hülle 3- bis 7blättrig . . . . . 3. *A. repens*
– Pflanze niederliegend (aufsteigend), selten kriechend, nicht an allen Knoten wurzelnd; Dolde kurz gestielt (bis fast sitzend), Stiel deutlich kürzer als Döldchenstiele; Hülle 0- bis 2blättrig . . . . .
                                           2. *A. nodiflorum*

1. **Apium graveolens** L.1753
Echte Sellerie

Morphologie: Hemikryptophyt. Pflanze zweijährig, bis 1 m hoch, kahl, mit charakteristischem Geruch. Blätter einfach (bis doppelt) gefiedert, dunkelgrün, etwas glänzend, Fiederabschnitte im Umriß ± rhombisch, am Grund keilförmig. Untere Dolden fast sitzend, scheinbar blattgegenständig, obere langgestielt. Hülle und Hüllchen fehlend, Blüten weiß (bis ganz leicht gelblich). Früchte 1,2–1,6 mm lang, wenig breiter als lang, mit großen Ölstriemen. Blütezeit Juni bis September. – Im Gebiet die subsp. *graveolens*.

Ökologie: An feuchten (bis nassen), salzhaltigen, kalkhaltigen, basischen, (mäßig) nährstoffreichen Stellen. In Küstenwiesen, im Gebiet in Gräben an Salzquellen und Salinen.

Allgemeine Verbreitung: Europa, Asien (bis Ostindien), Nordafrika, Südafrika, Südamerika, z.T. verschleppt. In Europa v.a. an den Küsten (bis Nord- und Ostsee, nordwärts geschlossenes Areal bis 56° n.Br.).

Verbreitung in Baden-Württemberg: An wenigen Salzstellen im Oberrhein- und Neckargebiet. Die Pflanze ist wohl erst mit dem Menschen in das Gebiet eingewandert (Archäophyt). Die Salzstellen des Gebietes sind derart eng begrenzt, so daß Vorkommen in der Naturlandschaft nicht vorstellbar sind. Höhenlage der Fundstellen in Baden-Württemberg 115–225 m.

Oberrheingebiet: 6817/2: Ubstadt, Graben an der Salzquelle, hier von FRANK (um 1830) entdeckt (DÖLL 1862), noch in wenigen Pflanzen vorhanden (vgl. PHILIPPI 1971). (Linksrheinisch 6515/1: Bad Dürkheim, bereits von POLLICH beobachtet; Vorkommen seit längerer Zeit erloschen.)
Neckargebiet: 7121/3: Bad Cannstatt, am Abfluß des Sauerwasserbrunnens, mit *Spergularia marina* und *Puccinellia distans*, bis etwa 1880 beobachtet, hier bereits L. FUCHS bekannt, vgl. v. MARTENS u. KEMMLER (1882), SEYBOLD (1968); erloschen.

Erstnachweise: L. FUCHS (1542: 744, 1543: CCLXXXIIII): „er wechßt auch von jm selbs bey den Pfülen, Lachen und Gräben, doch nit allenthalben, sonnder an gewissen stetten, als im Wirtemberger land umb Cannstatt, do er mit hauffen wechßt", J. BAUHIN et al. (1651: 101): „satis copio-

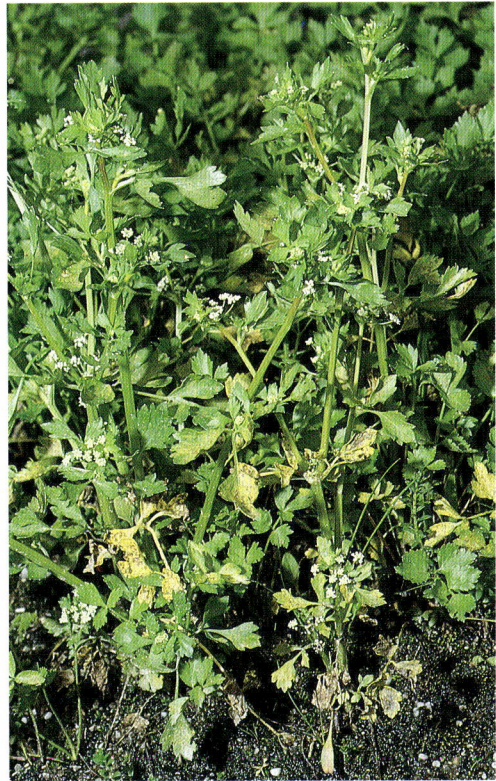

Echte Sellerie, Wildform *(Apium graveolens)*
Schleswig-Holstein, um 1970

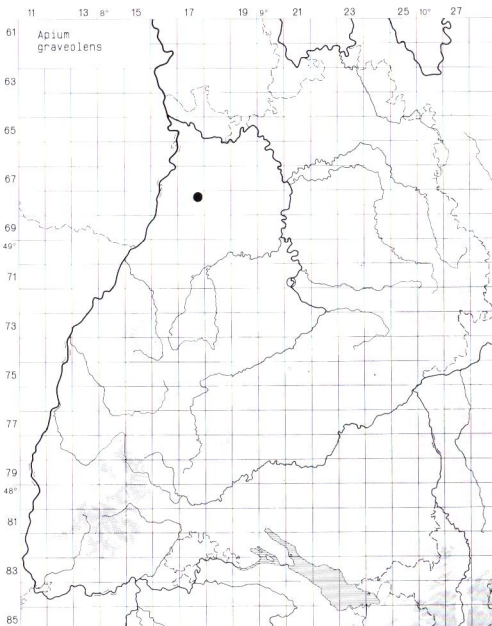

sam observavi juxta thermas in Canstat urbe, quae non longe a Stutgardia est in Ducatu Wirtembergensi".

Bestand und Bedrohung: Vom Aussterben bedroht (wenige Pflanzen an sehr eng begrenzter Stelle).

Bemerkung: Die Kultursippe wird als subsp. *dulce* (Mill.) Lemke et Rothm. geführt, wobei mehrere Varietäten unterschieden werden. Die frühesten Funde stammen aus endneolithischen Ufersiedlungen des 3. Jahrtausends v.Chr. (Sipplingen, JACOMET 1990), spätere aus römerzeitlichen Kastellen (Köngen und Welzheim, KÖRBER-GROHNE 1987). In neolithischen Ufersiedlungen der Schweiz reichen die Funde bis ca. 4000 v.Chr. zurück (JACOMET 1988).

Im Mittelalter wurde die Pflanze als Heilpflanze in Klostergärten angebaut (vgl. die Gedichte von Walafrid Strabo, STOFFLER 1978). Der Anbau als Gemüsepflanze erfolgte dann vor allem nach dem 16. Jahrhundert („Wassereppich"). Aus diesen Kulturen können Pflanzen verwildern; dauerhafte Vorkommen sind aber aus dem Gebiet nicht bekannt.

2. Apium nodiflorum (L.) Lag. 1821

Sium nodiflorum L. 1753; *Helosciadium nodiflorum* (L.) Koch 1824
Knotenblütige Sellerie

Morphologie: Hemikryptophyt. Pflanze ausdauernd, niederliegend bis bogig aufsteigend, meist spreizklimmerartig wachsend, bis 1 m lang. Blätter einfach gefiedert, mit meist (3–) 5–7 eiförmigen, am Rand kerbig eingeschnittenen Fiederblättchen, diese bis 5 cm lang. Blütenstände den Blättern gegenüber angelegt („knotenbürtig"), kurz gestielt, mit 0–2 Hüllblättern. Blüten weiß, Frucht rundlich-eiförmig, 1,5–2 mm lang, mit deutlich hervortretenden wulstigen Rippen. – Pflanze beim Zerreiben aromatisch riechend. – Blütezeit Juni–September.

Apium nodiflorum ist recht vielgestaltig. Die Unterscheidung steriler Pflanzen gegenüber *Berula erecta* kann große Schwierigkeiten bereiten (zumal *Apium nodiflorum* in großen, kaum blühenden Herden auftreten kann). Die Zahl der Fiederblattpaare (bei *Apium nodiflorum* max. 6, bei *Berula erecta* bis 12 und mehr) reicht zur Ansprache nicht aus. Bei *Apium nodiflorum* ist das unterste Fiederblattpaar kaum reduziert, bei *Berula erecta* deutlich kleiner z. T. nur als Rudiment am Blattknoten zu finden (vgl. dazu GERSTBERGER (1980)).

Ökologie: Z. T. in dichten Herden in Gräben an nassen bis feuchten Stellen, meist über kalkreichem, basischem Grund. (Benachbart in der Pfalz auch häufig über eher kalkarmem, doch basenreichen,

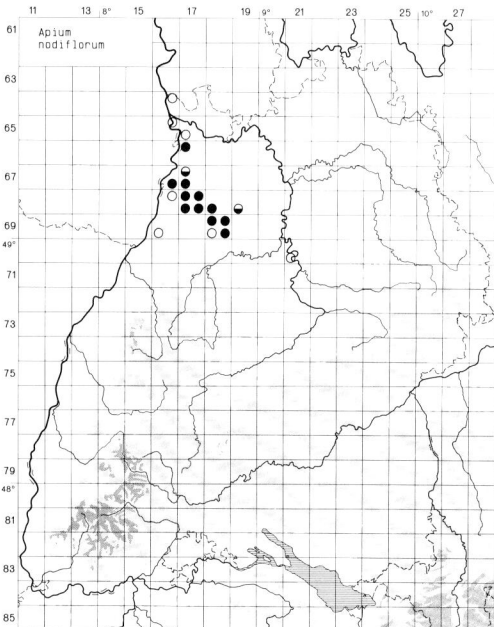

schwach saurem Grund.) Meist an Stellen mit schwach fließendem, sauberem wie auch verschmutztem, nährstoffreichem Wasser, zusammen mit *Berula erecta* (*B. erecta* bevorzugt deutlich nassere Stellen und ist empfindlicher gegen Verschmutzung).

Die Pflanze wird durch gelegentliches Ausräumen des Grabens gefördert, ist gegenüber Beschattung empfindlich. Kennart des Apio-Sietum (bzw. bei engerer Fassung des Apetum nodiflori). – Vegetationsaufnahmen vgl. OBERDORFER (1957), PHILIPPI (1973, 1982).

Allgemeine Verbreitung: Europa bis Südwestasien und Persien, Nordafrika, eingeschleppt in Nordamerika und Chile. In Europa v. a. in den südlichen und westlichen Teilen, nordwärts bis England und Irland (v. a. südlich 56° n. Br.), Hebriden. In Deutschland v. a. westlich des Rheins; Schwerpunkt in der Pfalz (auch in Buntsandsteingebieten des Pfälzer Waldes), in Rheinhessen, an Saar und Mosel; wenige Fundstellen im Rheinland. Rechtsrheinisch neben isolierten Vorkommen in Hessen und am unteren Main im Kraichgau und der angrenzenden Rheinebene, hier die Ostgrenze der Verbreitung erreichend. Submediterran-subatlantische Art. – Verbreitungskarte für das Oberrheingebiet PHILIPPI (1973: 83).

Verbreitung in Baden-Württemberg: Nördliche Oberrheinebene zwischen Karlsruhe und Mannheim, angrenzende Gebiete des Kraichgaus.

Tiefste Fundstellen im Oberrheingebiet ca. 95 m, höchste ca. 200 m.

Die Pflanze dürfte erst mit dem Menschen in das Gebiet eingewandert sein (Archäophyt). Vorkommen an natürlichen oder naturnahen Standorten sind nicht bekannt. Nach den Vorkommen an stark gestörten Stellen, z. T. in Siedlungen ist die Pflanze als (mäßig) hemerophil einzustufen.

Oberrheinebene: 6416/2: Sandtorf, SCHMIDT (1857), als häufig bezeichnet; 6516/2: Neckarau, „hie und da", SCHMIDT (1857); 6517/3: Rohrhof, SCHMIDT (1857); 6617/1: Brühl, SCHMIDT (1857); 6617/1: S Ketsch, PHILIPPI (1971), Vorkommen seit ca. 1975 infolge Zuwachsen des Grabens erloschen; 6716/4: S Philippsburg, PHILIPPI (1971), ob noch? 6717/1: Waghäusel, SCHMIDT (1857), als häufig bezeichnet; 6717/3: zw. Wiesental und Hambrükken, PHILIPPI (1971), inzwischen erloschen; 6816/2: zw. Graben und Huttenheim, KNEUCKER (1886), zuletzt 1890, KNEUCKER (KR); 6817/1: NE Neudorf, sehr reichlich in einem Graben auf mehrere hundert m Länge, 1989, PHILIPPI (KR); 6916/3 (?): Karlsruhe, Graben beim Zollamt, BONNET (1887). Daneben wurden mehrere unbeständige Vorkommen in der Rheinniederung beobachtet, die jeweils nur ein bis zwei Jahre bestanden: 6716/3: Westende des Rußheimer Altrheins, 1975, vgl. PHILIPPI (1978: 120); 6816/3: Pfinzkanal bei Leopoldshafen, 1976, PHILIPPI

Knotenblütige Sellerie *(Apium nodiflorum)*
Knittlingen, 19. 8. 1990

(KR-K). Diese Vorkommen wurden auf der Karte nicht berücksichtigt.

In der benachbarten pfälzischen Rheinebene sehr viel häufiger als auf badischer Seite, wenn auch in der Rheinniederung selten. Im Elsaß nur randlich im Nordelsaß (Altenstadt bei Weissenburg).

Kraichgau und angrenzende Rheinebene: Erstmals von DÖLL (1843) von Bretten genannt. 6818/3: Oberacker, PHILIPPI (1973); 6819/3 (?): Eppingen, Sulzfeld, Mühlbach, SCHLENKER (1928). 6817/2: Stettfeld, um 1985, SCHLESINGER (KR-K), Ubstadt, mehrfach; 6817/3: Bruchsal, in Umgebung des Eisweihers, PHILIPPI (1981); 6817/4: Mittelbruch bei Heidelsheim, reichlich, 1972, HÖLZER (KR-K); 6918: Um Bretten-Knittlingen vielfach, vgl. dazu die Verbreitungskarte von SCHLENKER (1928). 6918/1: Ritterbruch zw. Oberacker und Büchig, PHILIPPI (KR-K); Bauerbach, um 1980, SCHLOSS (KR-K), N Gölshausen, 1980, FREY u. SCHLOSS (KR-K); 6918/2: Flehingen am Kohlbach, Breidingerbruch bei Zaisenhausen, PHILIPPI (KR-K), zw. Zaisenhausen und Flehingen, vgl. SEBALD u. SEYBOLD (1973); 6918/3: Zw. Bretten und Rinklingen, vor 1900, MÜHLHÄUSER (KR), zw. Bretten und Knittlingen, SCHLENKER (1928). 6918/4: Knittlingen, am Klotzbrunnen, SCHLENKER (1928), PHILIPPI (1973), noch vorhanden.

Die oft wiederholte Angabe aus dem Neckargebiet: 7021/3: Neckarweihingen, in Gräben, 1839, GRÄTER in v. MARTENS u. KEMMLER (1882), vgl. auch SEYBOLD (1968: 240), ist eine Fehlangabe (STU-K: Martens).

Erstnachweise: Die erste Erwähnung von *Apium nodiflorum* findet sich bei GMELIN (1805: 670–71), allerdings ohne genaue Fundortsangabe („hinc inde in Rheni vicinia"). FRANK (1830: 7) nennt die Pflanze von Daxlanden („einmal nur"). Die Angabe ist etwas zweifelhaft: dort wurde früher wie später nur *A. repens* gefunden. DÖLL (1843: 708) schreibt zur Verbreitung „besonders auf der Rheinfläche; auch bei Bretten". Bei DIERBACH (1819) wird die Art nur von der linken Rheinseite (bei Oggersheim) aufgeführt.

Bestand und Bedrohung: In der Rheinebene ist die Pflanze auf der badischen Seite (nicht auf der Pfälzer Seite!) stark zurückgegangen; der Rückgang begann offensichtlich schon vor 1900. Auch im Kraichgau sind zahlreiche der früheren Vorkommen erloschen, wie die Karte von SCHLENKER (1928) erkennen läßt. Ursachen des Rückganges sind Fassung der Quellen und Entwässerungen. An anderen Stellen hat das Zuwachsen der Gräben einen Rückgang bewirkt; die Vorkommen sind hier auf periodisches Ausräumen der Gräben angewiesen, zumindest aber auf größere Störungen. Größere, wenig gefährdete Populationen finden sich heute nur noch im Kraichgau. – In der Rheinebene ist die Pflanze als stark gefährdet einzustufen. Gesamtgefährdung: G3.

3. Apium repens (Jacq.) Lag. 1821

Sium repens Jacq. 1775; *Helosciadium repens* (Jacq.) Koch 1824
Kriechende Sellerie

Morphologie: Hemikryptophyt. Pflanze ausdauernd, niedrig, bis 15 cm hoch, an den Knoten wurzelnd. Blätter einfach gefiedert, mit meist über

Kriechende Sellerie *(Apium repens)*
Bayern

10 eiförmigen Fiederblättchen, diese unter 1 cm lang und oft eingeschnitten. Doldenstiele 5–10 cm lang, etwa 3mal so lang wie Döldchenstiele. Hochblätter der Döldchen ohne weißen Hautrand. Früchte ca. 1 mm lang, breiter als hoch. – Blütezeit Juli–August.

Ökologie: Lockere Bestände oder in Einzelpflanzen an feuchten (bis nassen), zeitweise überschwemmten, sandig-kiesigen bis schluffigen, kalkreichen, basischen, höchstens mäßig nährstoffreichen Stellen. Auf Rohböden in lückigen Pioniergesellschaften mit *Agrostis stolonifera* oder *Juncus articulatus*, nur mäßig Tritt ertragend. An Flußufern, in Lehmgruben, selten am Rand von Kiesgruben, in periodisch ausgeräumten Gräben. – Vegetationsaufnahmen aus Baden-Württemberg vgl. TH. MÜLLER (1961, Rorippo-Catabrosetum, Bodenseeufer). Auch aus anderen Gebieten Deutschlands liegen kaum Aufnahmen vor.

Allgemeine Verbreitung: Europa, nordwärts bis England (ca. 56° n. Br.), Norddeutschland, ostwärts bis Polen und Tschechoslowakei, südwärts bis Spanien, Portugal und Oberitalien. Schwerpunkt im temperaten Bereich, überall selten und vielfach zurückgegangen. In Deutschland v. a. an der unteren Donau (und angrenzendem Alpenvorland), am nördlichen Oberrhein (bis unteren Main) und in Nordwestdeutschland, vielfach erloschen.

Vorkommen in Baden-Württemberg: Mittleres und nördliches Oberrheingebiet, Alpenvorland (Bodensee-Gebiet), Donau. Main.

Tiefste Fundstellen ca. 95 m, höchste am Bodensee, ca. 420 m.

Die Pflanze ist wohl urwüchsig; sie dürfte bereits vor den Eingriffen des Menschen im Gebiet vorhanden gewesen sein. Natürliche Wuchsorte wären am Bodensee-Ufer anzunehmen, vielleicht auch auf Sand- und Kiesbänken der Flüsse. Die meisten Vorkommen im Gebiet verdanken sicher ihre Existenz dem Menschen.

Oberrheingebiet: Hier entlang des Rheins, v. a. in den Randbereichen der Niederung vielfach angegeben. 6416/2: Sandtorf, SCHIMPER, DIERBACH (1819); 6517/3: Rohrhof, SCHIMPER, DIERBACH (1819); 6816/2: Neudorf, DÖLL (1862), KNEUCKER (1886, 1888), hier zuletzt in einem Graben in der Kiesgrube, Graben und Neudorf (1887, BONNET in KNEUCKER 1888); 6915/4: Knielingen, GMELIN (1805); 6916/1: Eggenstein, BAUSCH in DÖLL (1862); 6916/2: Stutensee, DÖLL (1862); 6916/4: zw. Durlach und Rintheim, GMELIN (1805): in pascuis udis sylvaticis... abunde. Im Gebiet um Daxlanden mehrfach, bereits von GMELIN angegeben. Vor 1900 reiche Vorkommen in den Federbachsümpfen (7015/2), vgl. KNEUCKER (1935), hier zuletzt von KNEUCKER 1928 zw. Daxlanden und Rheinhafen (6915/4) gesammelt, weiter 1940 von JAUCH bei Daxlanden (7015/2?, KR). 7015/1: Au a. Rh., GMELIN (1805);

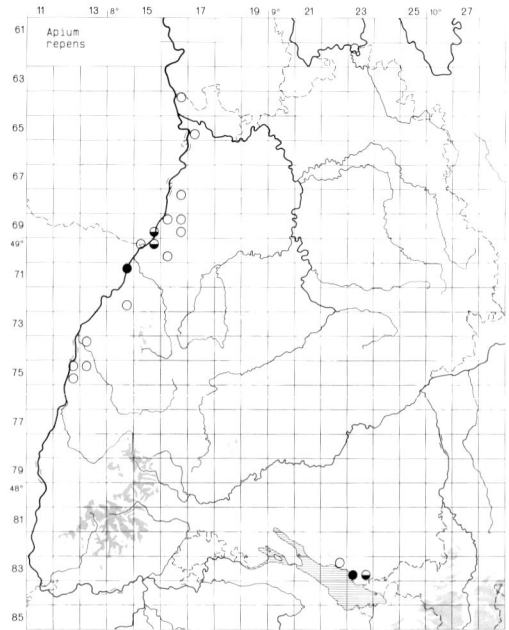

7016/3: Bruchhausen bei Ettlingen, v. STENGEL in DÖLL (1862); 7114/2: Kiesgrube NW Wintersdorf, PHILIPPI (1971), zuletzt nur noch in wenigen Pflanzen beobachtet (um 1975–80, ob noch?); 7214/4: Abtsmoor bei Oberbruch, WINTER (1884); 7413/1: Kork bei Kehl (KR); vgl. auch die Angabe Kehl (DÖLL 1862); 7512/2: Altenheim, WINTER (1884); 7512/4: Sauweiden bei Ichenheim und Dundenheim häufig, BAUR (1886), hier zuletzt 1895, KNEUCKER (KR): Kiesgrube bei Dundenheim; 7513/1: Müllen, WINTER (1884).

Linksrheinisch waren ebenfalls zahlreiche Vorkommen bekannt; z. T. wurde die Pflanze für die linksrheinische Seite sogar als häufiger genannt (vgl. dazu DIERBACH, SCHMIDT). Beobachtungen aus unmittelbarer Rheinnähe in der Pfalz: 6416/3: Frankenthal, Oppau, Studernheim, SCHULTZ (1846); 6516/1: Oggersheimer Sümpfe, SCHULTZ (1846), DIERBACH (1819); 6516/4: Altrhein bei Neuhofen, LAUTERBORN (1941: 300, Beobachtung wohl um 1930); 6616/4: Speyer, SCHULTZ (1846); 6915/4: zw. Pforz und Maxau, KNEUCKER (1888).

Im Unterelsaß wurden bis ca. 1975–80 zwei kleine Vorkommen beobachtet: 7114/3: Auenheim, Moderufer, GEISSERT; 7214/1: Stattmatten, Moderufer, GEISSERT. Neuerdings sind beide Fundstellen zerstört (vgl. GEISSERT, SIMON u. WOLFF 1985).

Bodensee-Gebiet: 8322/2: (?): Friedrichshafen, auf dem Grund des Sammelweihers bei der Klostermühle, HÖFLE, KAUFFMANN in v. MARTENS u. KEMMLER (1882); 8323/4:

Kriechende Sellerie (*Apium repens*); aus GMELIN, C., Flora badensis alsatica, Band 1, Tafel 4 (1805).

Sium repens pag. 671.

Gmelin del.
Waldenwang sc.

Laimnau, KIRCHNER u. EICHLER (1913), nach BERTSCH (1948) hier bis ca. 1920, Gießenbrück, um 1930, BERTSCH (1948); 8323/3: Eriskircher Ried, noch spärlich vorhanden.

Auf bayerischer Uferseite sind keine Vorkommen von *Apium repens* bekannt, auf Schweizer Seite: 8321/3: Wiesengräben unterhalb Kreuzlingen, GREMLI, vgl. JACK (1900).

Maingebiet: 6223/1 (?): Wertheim, am Fuß des Rembergs, 1879, STOLL (KR). Später nicht mehr nachgewiesen. Fundstelle auf bayerischer Mainseite?

Donaugebiet: 1872 von HEGELMAIER im Ulmer Ried an einem Wassergraben beobachtet, vgl. v. MARTENS u. KEMMLER (1882), K. MÜLLER (1957: 145), benachbart auf bayerischer Seite: 7626/2: Holzheim, Kiesgrube, K. MÜLLER (1957).

Erstnachweis: GMELIN (1805: 671), Rheinebene um Karlsruhe „in pascius inundatis Rheno vicinis hinc inde non infrequens", als *Sium repens* aufgeführt (mit einer Farblithographie!).

Bestand und Bedrohung: *Apium repens* ist im Gebiet extrem zurückgegangen. Bis ca. 1850 war die Pflanze vielfach und auch in reichen Beständen zu finden. Bereits nach 1900 wurde sie nur noch an wenigen Stellen angetroffen, nach 1970 konnten in Baden-Württemberg nur noch zwei Vorkommen bestätigt werden. Ursache des Rückgangs ist einmal die intensive Nutzung der Gewässer und ihrer Ufer, zum anderen das Zuwachsen der Uferbereiche, nachdem Störungen (wie gelegentliches Betreten oder Schaffen offener Bodenstellen beim Lehmabbau) ausgeblieben sind. Die Pflanze ist im Gebiet vom Aussterben bedroht (G1), sie ist nach der Bundesartenschutzverordnung vom 19. 12. 1986 besonders geschützt.

Petroselinum Hill 1768
Petersilie

Gattung mit 4 Arten, die im Mittelmeergebiet beheimatet sind.

Petroselinum crispum (Mill.) A. W. Hill 1925
P. hortense auct.
Garten-Petersilie

Pflanze zweijährig, bis 1 m hoch werdend, kahl. Blätter bis 3fach gefiedert, oft kraus. Kronblätter gelbgrün. Frucht eiförmig, kaum abgeflacht, 2,5–3 mm lang, Rippen wenig hervorstehend.

Ursprünglich nur im östlichen Mittelmeergebiet (Balkan) und in Nordafrika, infolge Anbaus im ganzen Mittelmeergebiet zu finden, hier vielfach eingebürgert. Im Gebiet nur gelegentlich verwildert. Dauerhafte Vorkommen sind nicht bekannt.

19. **Cicuta** L. 1753
Wasserschierling

Kelchblätter groß, Frucht kugelig, leicht zusammengedrückt, mit kaum hervortretenden Rippen. Teilfrucht mit 4 schwarzen Ölstriemen.

Eine Gattung mit 7 Arten, vor allem Wasser- und Sumpfpflanzen auf der Nordhalbkugel mit Schwerpunkt in Nordamerika. In Europa nur eine Art.

1. **Cicuta virosa** L. 1753
Gewöhnlicher Wasserschierling

Morphologie: Hemikryptophyt. Pflanze bis 1,5 m hoch, ± buschig, an den Knoten wurzelnd. Rhizom gestaucht, knollenartig verdickt, im Innern hohl, meist gekammert. Blätter 2- bis 3fach gefiedert, mit langen, lineal-lanzettlichen, am Rande entfernt und scharf gesägten Fiederabschnitten. Kronblätter weiß, Fruchtstiele mehrfach länger als reife Frucht, Frucht bis 2 mm breit und 1,5 mm hoch, Teilfrüchte sich schwer trennend.

Biologie: Blütezeit Juni–August. Insektenbestäubung. Wasserverbreitung (Samen sind schwimmfähig). – Pflanze sehr giftig, v.a. wegen des Gehaltes an Cicutoxin, einem Alkin, das zunächst Krämpfe verusacht, dann durch Lähmung wichtiger Zentren zum Tode führt. Gehalt an Cicutoxin in frischen Pflanzen 0,2 %, in trockenen bis 3,5 %. Weiter ent-

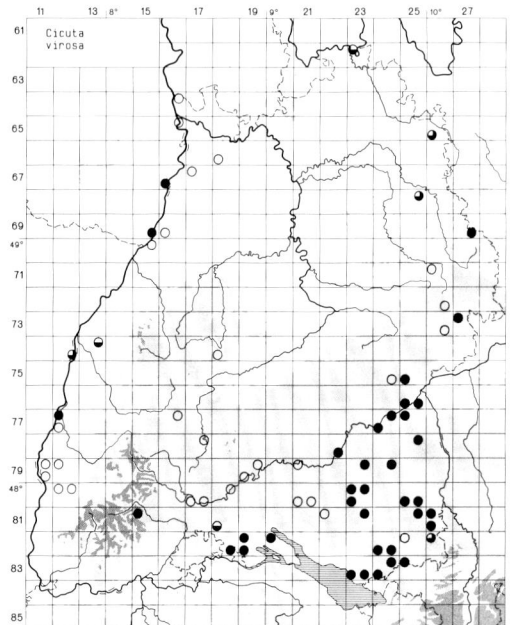

Gewöhnlicher Wasserschierling *(Cicuta virosa)*
Federsee, 1974

hält die Pflanze Cicutol, das in noch größerer Menge vorliegt, doch weniger toxisch wirkt (ebenfalls ein Alkin).

Ökologie: Einzelne Pflanzen an feuchten bis nassen, flach überschwemmten, kalkarmen, doch basenreichen, schwach sauren, seltener kalkreichen, basischen, mäßig nährstoffreichen, humosen Stellen. In Schwingrasen oder in offenen Röhrichten an der Wasserlinie meist mesotropher Gewässer, gern zusammen mit *Carex pseudocyperus*, z. T. als Schwingrasen auf toten Halmen von *Schoenoplectus lacustris* oder *Phragmites australis*. – Vegetationsaufnahmen aus Baden-Württemberg: Kuhn (1961, Federsee), Lang (1973, westl. Bodensee-Gebiet),

Görs (1969, Allgäu), Philippi (1973, Oberrhein), Görs u. Müller (1974: 259, Oberrhein).

Allgemeine Verbreitung: Europa, Asien, ostwärts bis Kamtschatka und Japan. In Europa v. a. in Mittel- und Nordeuropa, nordwärts geschlossenes Areal im Ostseegebiet bis 65° n. Br., Einzelvorkommen bis 68° n. Br., in Norwegen bis 64° n. Br. England und Irland sehr zerstreut. Mittelmeergebiet selten oder fehlend. – In Deutschland im ganzen Gebiet vorhanden; Schwerpunkte des Vorkommens in der norddeutschen Tiefebene, in der Oberpfalz und im Alpenvorland.

Verbreitung in Baden-Württemberg: Schwerpunkt des Vorkommens im Alpenvorland, vereinzelt ent-

273

lang der Donau und Brenz sowie am Oberrhein. Wenige isolierte Fundstellen im Schwäbisch-Fränkischen Wald, Oberen Neckargebiet, am Main und im Schwarzwald.

Tiefste Fundstellen am Oberrhein, ca. 95 m, höchste im Südschwarzwald, 835 m (8115/1, Ursee bei Lenzkirch).

Die Pflanze ist im Gebiet einheimisch und war im Gebiet wohl schon vor den großen Eingriffen des Menschen vorhanden.

Oberrheingebiet: Früher v.a. in den anmoorigen Randsümpfen der Rheinniederung nachgewiesen, z.T. häufig (vgl. z.B. SCHMIDT 1857: in großer Menge bei Sandtorf (6416/2)), weiter in der Freiburger Bucht. Nach 1950 nur noch wenige Bestätigungen, z.T. nur unbeständige Vorkommen, z.B. 6716/3: Altrhein zwischen Huttenheim und dem Rhein, 6915/4: Altrhein S Rheinbrücke, inzwischen erloschen, spärlich noch an den Saumseen bei Karlsruhe-Daxlanden; 7412/4: Goldscheuer, 1958, KORNECK, wohl erloschen; 7712/1: Rust, 1968, BOGENRIEDER u. WIRTH, GÖRS u. MÜLLER (1974). Zu Einzelangaben vgl. PHILIPPI u. WIRTH (1970), PHILIPPI (1971).
Schwarzwald: 8115/1: Ursee bei Lenzkirch, NEUBERGER (1912).
Maingebiet: 6223/1: Eichel, am Main, 1904, STOLL (KR-K). Benachbart im oberen Taubergebiet (über Keuper): 6526/3: Streichental, um 1962, BAUR (STU-K), vgl. auch BAUR 1965.
Hohenloher Ebene: 6825/2: Schwarze Lache (Reußenberg), um 1960, MATTERN (STU-K).
Schwäbisch-Fränkischer Wald: 6927/4: Auweiher bei Wört, 1987, NEBEL (STU-K).
Donau: Entlang der Donau früher vielfach, z.T. häufig, so im Gebiet um Donaueschingen-Geisingen. Fundstellen wurden wohl sehr unvollständig aufgeführt. Jüngere Beobachtungen v.a. aus dem Gebiet zwischen Ehingen und Ulm vgl. dazu K. MÜLLER (1957), RAUNEKER (1984). Benachbart an der Brenz zahlreiche alte Angaben.
Schwäbische Alb: 7327/1: Nattheimer Bohnerzgruben, um 1976, BUJOTZEK (STU-K).
Alpenvorland: Westliches Bodensee-Gebiet, z.B. 8218/4: Gottmadingen, Hardtsee, 8220/1: Mindelsee. In den östlichen Teilen des baden-württembergischen Alpenvorlandes zahlreiche Fundstellen (BERTSCH (1948): 26 Vorkommen), v.a. in der Südöstlichen Rißmoräne und im Westallgäuer Hügelland. Neuere Zusammenstellung der Fundorte: DÖRR (1976).

Erstnachweise: Frühester Fossilfund: Reichermoos bei Ravensburg, 8224/1, Allerödzeit, BERTSCH (1924), weiter bei Murrhardt nachgewiesen (3. Jahrh. n.Chr., RÖSCH 1989a). – Erste schriftliche Erwähnung von WEPFER (1679: 1, 15) „Almanshofen" (8017), „Lacus Büningani", H. SCRETA (8118). Vermutlich wurde die Pflanze schon von H. HARDER 1576–94 im Gebiet gesammelt, vgl. SCHINNERL (1912: 232, 240).

Bestand und Bedrohung: Wenig gefährdet im Alpenvorland, in den übrigen Gebieten deutlich stärker gefährdet. Ursachen für den Rückgang sind Zerstörung der Ufer (z.B. durch Übernutzung) oder Zuschütten der Gewässer. Dem Verlust alter Wuchsorte gegenüber stehen neue Vorkommen, die jedoch oft nur kurzlebig sind. Oft handelt es sich dabei um Einzelpflanzen an untypischen Wuchsorten (wie sandig-schluffigen Ufern).

Der Rückgang von *Cicuta virosa* dürfte im Gebiet bereits um oder vor 1900 begonnen haben, an der Donau vielleicht etwas später. Ausgestorben ist die Pflanze offensichtlich an der Donau zwischen Donaueschingen und Sigmaringen sowie in den Muschelkalkgebieten am oberen Neckar und im Gäu. Am Oberrhein ist die Pflanze stark gefährdet oder steht kurz vor dem Aussterben. Gesamtgefährdung in Baden-Württemberg: G2 (stark gefährdet).

Variabilität: Im Alpenvorland wurde vereinzelt eine var. *tenuifolia* Schrank beobachtet, die sich durch schmalere, kaum gesägte Fiederabschnitte auszeichnet. Diese Varietät wird bereits bei v. MARTENS u. KEMMLER (1882) aufgeführt und „als magere Form austrocknender Torfgründe" bezeichnet. Auf diese Sippe, die offensichtlich mehr als nur eine Magerform darstellt, sollte geachtet werden. – Fundstellen der var. *tenuifolia*: 7924/2: Federseeried bei Buchau, zuletzt 1991, GRÜTTNER u. DEMUTH (KR); 8225/1: Kißlegg; 8323/3: Eriskircher Ried.

Ammi L. 1753
Knorpelmöhre

Von den 5 im Mittelmeergebiet beheimateten Arten im Gebiet eine Art beobachtet.

Ammi majus L. 1753
Große Knorpelmöhre

Pflanze einjährig, bis 1 m hoch, kahl. Blätter sehr verschieden: Grundständige dreiteilig, mit verlängerten, eiförmigen Abschnitten, obere 2- bis 3fach gefiedert, mit lanzettlichen bis linealen Abschnitten. Dolde mit fiederteiligen Hüllblättern. Dolde bei Fruchtreife nicht zusammenziehend. Blüten weiß, Frucht 2–2,5 mm lang, Teilfrüchte bei Reife sichelig gebogen, mit 5 fädlichen Rippen.

Heimat Mittelmeergebiet (bis Nordafrika und Vorderasien), im Gebiet gelegentlich eingeschleppt (z.B. mit Luzernesamen), keine beständigen Vorkommen bekannt (Samen werden im Gebiet nur in heißen Sommern reif). Einzelangaben vgl. v. MARTENS u. KEMMLER (1882), SEYBOLD (1968). – Früchte wurden zum Würzen verwendet, als Ersatz des Echten Ammi (*Trachyspermum copticum* (L.) Link).

Gewöhnliche Sicheldolde *(Falcaria vulgaris)*
Mönchberg, 27. 7. 1991

20. **Falcaria** Bernh. 1800
Sicheldolde, Sichelmöhre

Pflanzen kahl, mit lang bandartig ausgezogenen Blattzipfeln, Frucht mit wulstigen, stumpfen Rippen.

Gattung mit 3 Arten (Süd- und Mitteleuropa, Westasien), in Baden-Württemberg wie in der Bundesrepublik eine Art.

1. **Falcaria vulgaris** Bernh. 1800
Falcaria rivini Host 1827
Gewöhnliche Sicheldolde, Gew. Sichelmöhre

Morphologie: Pflanze einjährig bis ausdauernd, bis 70 cm hoch, ausladend beastet, im Umriß fast halbkugelig, bläulichgrün, kahl; Blätter mehrfach fiedrig eingeschnitten, Blattzipfel bis 15 (20) cm lang und bis 1,5 cm breit, am Rand scharf gesägt. Dolden wie Döldchen mit Hochblättern; Blüten weiß, klein, Kronblätter ca. 0,6 mm lang; Frucht 3–4 mm lang, länglich. – Blütezeit Juni bis August. Vegetative Vermehrung durch Adventivknospen an den Wurzeln (Wurzelschosse).

Ökologie: Einzelne Pflanzen oder lockere Herden an sonnigen, mäßig trockenen bis mäßig frischen, kalkreichen und basischen Stellen, gern auf Lockerböden (z.B. Löß), v.a. zusammen mit *Agropyron repens* auf Brachflächen, an Böschungen und an Ackerrändern (Convolvulo-Agropyrion-Verband), in Unkrautgesellschaften der Bahnhöfe, auch in Halmfruchtgesellschaften. – Vegetationsaufnahmen aus halbruderalen Trockenrasen z.B. GÖRS (1966: 504), PHILIPPI (1984: 582), aus Halmfruchtgesellschaften GÖRS (1966, Caucalido-Adonidetum).

Allgemeine Verbreitung: Europa und Asien (Vorderasien bis Sibirien). In Europa vor allem im submediterranen und temperaten Bereich, vereinzelt bis Südschweden und Baltikum, in Deutschland in der nordwestdeutschen Tiefebene fehlend. – Eingebürgert in Südamerika; gelegentlich verschleppt.

Verbreitung in Baden-Württemberg: Schwerpunkt des Vorkommens in den Gäulandschaften: Taubergebiet, Neckarbecken und Kraichgau, Bauland bis Hohenloher Ebene, Heckengäu und Oberes Gäu, Oberer Neckar, hier vereinzelt bis zur Baar. – Oberrheingebiet: v.a. im nördlichen Oberrheingebiet (Sandgebiete), im südlichen Oberrheingebiet v.a. im Kaiserstuhl und in den Lößvorbergen des Schwarzwaldes. Bergstraße. Schwäbische Alb: Zahlreiche Vorkommen, von denen jedoch in jüngster Zeit nur noch wenige bestätigt werden konnten. Hochrheingebiet: Zahlreiche Vorkommen im Kanton Schaffhausen (vgl. KUMMER 1944), hier auf deutscher Seite nicht beobachtet. Westliches Bodenseegebiet: Im Hegau mehrfach, doch fehlen meist jüngere Bestätigungen (vgl. KUMMER 1944). Oft handelte es sich in diesen Gebieten um individuenarme Populationen. – Einzelvorkommen im Schwäbisch-Fränkischen Wald und im östlichen Alpenvorland, hier z.T. ruderale und unbeständige Vorkommen in Bahnhöfen. Fundortskarte für das Neckargebiet um Stuttgart: SEYBOLD (1968: 168), für Schönbuch und Gäu BAUMANN u. BAUMANN (1990: 128).

Tiefste Vorkommen ca. 95 m, höchste: 7916/2: N Villingen, Schwalbenhang, ca. 750 m, nach BERTSCH in der Schwäbischen Alb bis 850 m.

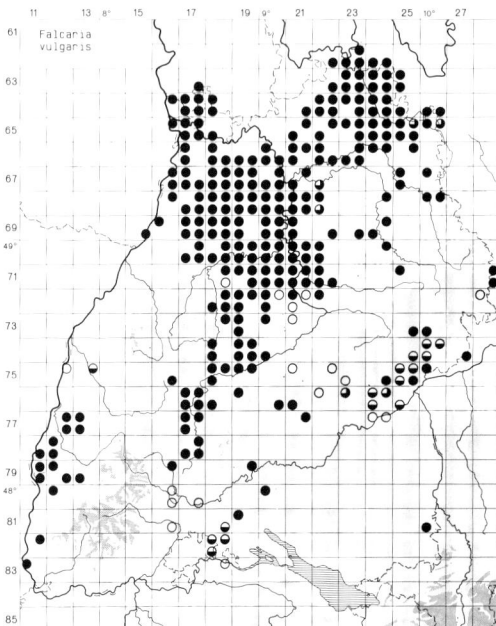

Die Pflanze ist wohl erst mit dem Menschen in das Gebiet eingewandert und somit als Archäophyt einzustufen.

Erstnachweise: LEOPOLD (1728: 11): „Vorm Frauenthor in den Äckern hinder deß Garten-Hüters-Hauß" (bei Ulm). Schon von HARDER 1574–76 vermutlich im Gebiet gesammelt, SCHORLER (1908: 88).

Bestand und Bedrohung: In Muschelkalkgebieten des Neckar- und des Tauberlandes vielfach noch in reichen Beständen, auch in intensiv genutzten Ackerlandschaften (hier gern auf dem Streifen zwischen Wirtschaftsweg und Acker). Ein Rückgang der Pflanze ist zu vermuten, läßt sich aber schwer beweisen.

Für das Gebiet des Schönbuchs und des Oberen Gäus um Böblingen stehen den 11 rezenten Vorkommen 24 erloschene gegenüber, die rezenten Vorkommen im Muschelkalkbereich, die erloschenen über Keuper (BAUMANN u. BAUMANN 1990).

Im Oberrheingebiet dürfte die Pflanze stark zurückgegangen und örtlich auch schon gefährdet sein (G3); der Rückgang ist aus der Karte nicht abzulesen, da früher die Vorkommen kaum erfaßt wurden. Auf der Schwäbischen Alb, wo BERTSCH (1948) die Pflanze noch als zerstreut bezeichnet („im Südwesten selten, 14 Standorte"), ist die Pflanze selten geworden und gebietsweise seit Jahren nicht mehr beobachtet worden, so im Ulmer Gebiet (vgl. RAUNEKER 1984). Hier dürfte die

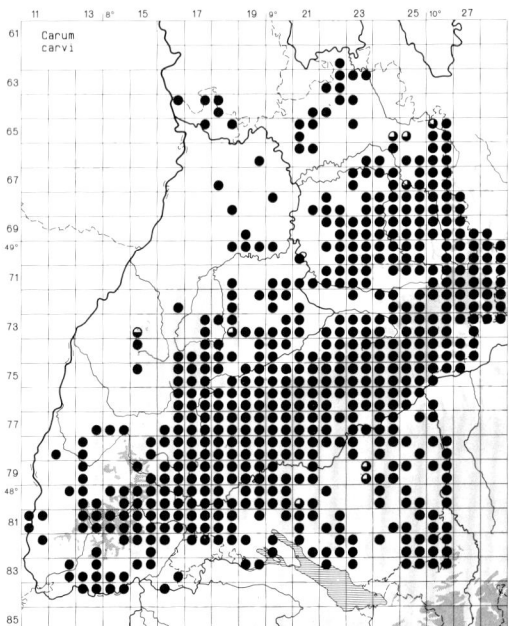

Pflanze als „stark gefährdet" (G2), örtlich vielleicht sogar „als vom Aussterben bedroht" (G1) einzustufen sein.

Insgesamt in Baden-Württemberg noch nicht gefährdet, doch allgemein Tendenz zu G3. – Ursachen des Rückganges: Intensivierung der Nutzung, Verschwinden der Böschungen z.B. im Rahmen der Flurbereinigung, Zuwachsen oder Aufforstungen von Brachflächen.

21. **Carum** L. 1753
Kümmel

Pflanzen zweijährig bis ausdauernd, kahl, Blätter fiedrig, mit linealen Endabschnitten. Frucht doppelt so lang wie breit, wenig abgeflacht, Teilfrüchte an den Schmalseiten verbunden, mit deutlich hervortretenden, stumpfen Rippen.

Gattung mit ca. 25 Arten, v.a. in den gemäßigten Breiten der Nordhalbkugel, in Europa 5 Arten, im Gebiet eine.

1. **Carum carvi** L. 1753
Wiesen-Kümmel

Morphologie: Hemikryptophyt, Pflanze zweijährig. Wurzel dick-spindelförmig mit fasrigen Seitenwurzeln, Pflanze bis 0,6 m hoch, stark verzweigt, kahl. Blätter mit deutlich abgerücktem unterem Fiederpaar, Fiederabschnitte lineal, unter 1 mm breit. Hülle fehlend, Döldchenstiele unterschiedlich lang, Blüten weiß bis rötlich, Frucht 2,8–3,5 mm lang, Teilfrüchte gebogen, an den beiden Enden zusammengefügt. – Blütezeit Mai–Juni, eine zweite Blüte nach der Mahd im August–September.

Ökologie: Gesellig an meist kalkreichen, basischen, frischen bis mäßig trockenen, mäßig nährstoffreichen Stellen, meist in kühl-humider Klimalage. – In mittelwüchsigen (bis niederwüchsigen) Wirtschaftswiesen (Arrhenatherion, Trisetion-Verband), (mäßig) trittfest, so auch in extensiv genutzten Weiderasen (Alchemillo-Cynosuretum), in intensiv genutzten Weiden meist fehlend, gern auch an Wegrändern, neuerdings mehrfach in Rasenansaaten. – Vegetationsaufnahmen mit *Carum carvi* liegen v.a. aus der Schwäbischen Alb und aus dem Schwäbisch-Fränkischen Wald vor, z.B. KUHN (1937: 216, Arrhenatheretum), HAUFF (1977, Tab. 3: Arrhenatheretum), SEBALD (1974; 1983: Tab. 13, Kümmel-Ausbildung des Arrhenatheretum). Aufnahmen von Weiderasen: Bodensee-Gebiet: LANG (1973), Schwarzwald: PHILIPPI (1989: 874).

Wiesen-Kümmel *(Carum carvi)*
Fridingen, 1988

Allgemeine Verbreitung: Europa, Asien (bis Zentralasien und Kamtschatka). In Europa bis Nordeuropa (vereinzelt bis 70° n.Br.), südwärts bis zu den Pyrenäen und Nordostspanien, Norditalien und zum Balkan, z.T. nur synanthrop (aus Kulturen verwildert). Eingeschleppt in Nordamerika und auf Neuseeland. In Deutschland mit Ausnahme von Teilen des Niedersächsischen Tieflandes und der Bucht von Münster verbreitet.

Verbreitung in Baden-Württemberg: Schwerpunkt des Vorkommens in der Schwäbischen Alb, im Oberen Neckarland, in der Baar und im Schwäbisch-Fränkischen Wald bis zur Hohenloher Ebene. Odenwald v.a. im Grenzbereich zum Muschelkalk sowie an der Bergstraße (über Granit), Buntsandsteingebiet weitgehend fehlend. Schwarzwald nur im Südschwarzwald etwas häufiger, doch oft nur sehr beschränkte Vorkommen, die offensichtlich durch die Düngung mit Kalk gefördert wurden; im Nordschwarzwald nur sehr vereinzelt. In der Rheinebene weitgehend fehlend. Alpenvorland sehr zerstreut (hier wohl wegen der zu intensiven Beweidung selten).

Tiefste Fundorte: 6718/3: Mingolsheim, 125 m; Verbreitungsschwerpunkt oberhalb 300–400 m.

Höchste Fundstelle: 8114/1: Gipfel des Seebuck, 1445 m (synanthrop).

Die Pflanze ist sicher erst mit dem Menschen im Gebiet eingewandert (Archäophyt). Vorkommen an von Natur aus baumfreien Standorten sind im Gebiet nicht bekannt. – Anbau zur Gewinnung der Früchte ist im Gebiet nicht bekannt (vgl. v. MARTENS u. KEMMLER 1882).

Erstnachweise: Fossilfunde von Sontheim/Brenz aus dem Mittleren Subatlantikum (Römische Kaiserzeit), RÖSCH (1991a). Erste Erwähnung bei THEODOR (1588: 172): „Schwartzwald, Neckerthal".

Bestand und Bedrohung: Reiche Vorkommen, die nicht bedroht sind. Doch ist ein Rückgang infolge der Intensivierung der Grünlandnutzung anzunehmen. Diesem Rückgang in den Kalkgebieten steht eine beschränkte Zunahme in kalkarmen Gebieten als Folge der Düngung mit Kalk gegenüber.

Carum verticillatum (L.) Koch 1824
Quirl-Kümmel

Blätter schlanker (um Umriß fast walzenförmig), Fiederabschnitte feiner, unteres Fiederpaar kaum abgerückt. Teilblättchen sitzend, mehrfach gabelig verzweigt, Hülle mehrblättrig.

In niederwüchsigen Wiesen mit *Molinia caerulea* und *Juncus acutiflorus*, an feuchten, kalkarmen, sauren Stellen, gern an Stellen mit Bodenverletzungen (Fahrspuren). Vegetationsaufnahmen vgl. OBERDORFER (1957), KORNECK (1963). – Atlantische Art, die in Baden-Württemberg nicht beobachtet wurde. Nächste Fundstellen in der Südpfalz (6914/3: Lauterniederung südlich Kapsweyer, zuletzt wenige Pflanzen um 1938, OBERDORFER) und im Nordelsaß (6913/4: Altenstadt bei Weissenburg, hier noch vorhanden).

22. **Bunium** L. 1753
Knollenkümmel, Erdkastanie

Ausdauernde Pflanze mit knollig verdickter Grundachse, Frucht wenig abgeflacht, mit schmaler Fugenfläche (ähnlich *Carum*).

Gattung mit ca. 30 Arten: Süd- und Mitteleuropa, Asien; in Europa 4 Arten, im Gebiet eine.

1. **Bunium bulbocastanum** L. 1753
Carum bulbocastanum (L.) Koch 1824
Gewöhnlicher Knollenkümmel, Gew. Erdkastanie

Morphologie: Hemikryptophyt, Knolle im Durchmesser 3–4 cm, Pflanze bis 30–60 cm hoch, kahl, Blätter mit scheidigem Grund, doppelt fiedrig eingeschnitten, die oberen mit entfernt stehenden, linealen, bis 1,5 mm breiten Zipfeln. Dolde mit weni-

gen, Döldchen mit zahlreichen lanzettlichen Hochblättern, Kronblätter weiß, breiter als lang, bis ca. 1,5 mm lang, Frucht länglich-eiförmig, bis 3,5–4,5 mm lang, kahl, mit stumpf hervortretenden Rippen. – Blütezeit Juni–Juli.

Ökologie: An lichten, kalkreichen, basischen, mäßig trockenen Stellen in warmer Klimalage. Die Pflanze wird für Getreidefelder angegeben (hier v.a. in Caucalidion-Gesellschaften), heute v.a. an Wegrändern in leicht ruderalisierten Halbtrockenrasen.

Vegetationsaufnahmen mit *Bunium bulbocastanum* fehlen aus Baden-Württemberg.

Allgemeine Verbreitung: Europa, von Sizilien und den Balearen nordwärts bis Belgien, Südengland, in Westfrankreich und Spanien fehlend, ostwärts bis nördliches Jugoslawien.

Verbreitung in Baden-Württemberg: Selten im Oberrheingebiet, wenige Fundstellen auch im Neckargebiet. – Die Pflanze ist im Gebiet nicht urwüchsig. Da sie früher angebaut wurde (die Knollen sind eßbar), könnten die Vorkommen auch auf Verwilderungen zurückgehen. Ursprüngliche Heimat von *Bunium bulbocastanum* ist das Mittelmeergebiet. – Als schwach subatlantische Art erreicht die Pflanze in Baden-Württemberg ihre östliche Verbreitungsgrenze. Sie war im Gebiet nie so häufig wie etwa im Saar- oder Moselgebiet (auf das seltene Vorkommen auf der rechten Rheinseite weist schon SCHMIDT (1857) hin).

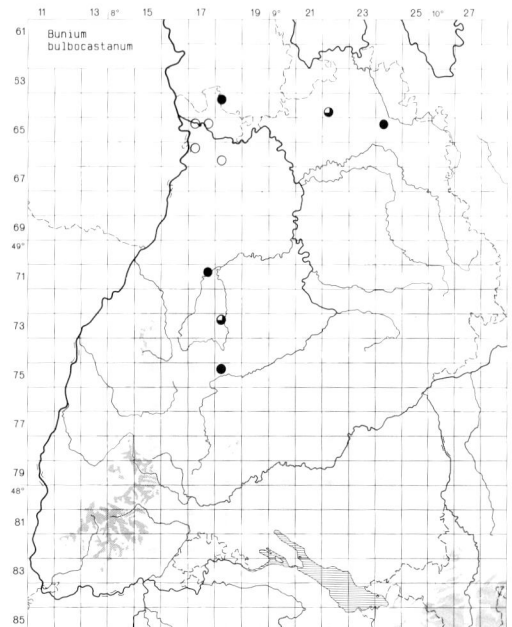

Gewöhnlicher Knollenkümmel *(Bunium bulbocastanum)*
Ostelsheim, 7. 7. 1991

Oberrheingebiet: In der nördlichen Oberrheinebene um Mannheim–Weinheim–Heidelberg früher an zahlreichen Stellen in Getreideäckern beobachtet, z.T. sogar in Menge (vgl. DIERBACH 1819, SCHMIDT 1857), bis zur Bergstraße reichend. Jüngere Beobachtungen: 6418/1: Nächstenbach bei Weinheim, in ruderalisierten Halbtrockenrasen und an Wegböschungen, DEMUTH (KR), noch zahlreich; Beobachtungen aus der benachbarten hessischen Rheinebene (auf Flugsand): 6417/1 + 3: N u. NW Viernheim, BUTTLER u. STIEGLITZ (1976). – Benachbart im Kraichgau: 7117/2: Dietlingen, Essigberg, ca. 20 Ex., 1992, BREUNIG (KR-K). Neckargebiet: 7318/1: Liebelsberg bei B. Teinach, ca. 600 m, 1954 massenhaft, WREDE (STU-K), 1970 erloschen; 7518/1: N Horb, wenige Pflanzen an einer Böschung, 1979, HARMS in SEBALD u. SEYBOLD (1980). Taubergebiet: 6524/1: W Althausen, Wacholderheide, zahlreich, 1989, WÖRZ (STU-K). Vorübergehendes Vorkommen: 7425/4: Hinterdenkental, vermutlich mit Luzernesaat eingeschleppt, 1940, K. MÜLLER (1957).

Erstnachweise: DIERBACH (1819: 81) „Inter segetes prope Weinheim", GMELIN (1826: 204): „prope Weinheim in agris non infrequens … cum HEINSE 1813".

Bestand und Bedrohung: *Bunium bulbocastanum* hatte im Gebiet immer ein kleines Areal. Die Pflanze ist stark zurückgegangen. Gefährdung G2. In der Roten Liste Deutschlands wird sie – wohl wegen der reichen Vorkommen im Saarland und Moselgebiet – nicht aufgeführt.

23. **Pimpinella** L. 1753
Bibernelle

Grundständige Blätter einfach gefiedert, Kronblätter klein, weiß bis rosa (bei anderen Arten der Gattung auch gelb), nicht ausgebuchtet, Früchte eiförmig, seitlich zusammengedrückt. Dolden und Döldchen ohne Hochblätter.

Gattung mit ca. 160 Arten, auf der ganzen Erde mit Ausnahme Australiens und Neuseelands zu finden. In Europa 16 Arten, im Gebiet 2.

1 Stengel scharfkantig gefurcht, obere Blätter von den unteren nur wenig verschieden, oberseits ±

279

glänzend, reife Frucht 2,5–3,5 mm lang, mit deutlich hervortretenden wulstigen Rippen . . . . . .
. . . . 1. *P. major*
– Stengel stielrund, nur schwach gerillt, obere Blätter von den unteren deutlich verschieden, oberseits matt, ± graugrün, reife Frucht 2–2,5 mm lang, Rippen undeutlich . . . . 2. *P. saxifraga*

Pimpinella anisum L. 1753, Anis: Pflanze einjährig, kurz flaumhaarig, untere Blätter dreiteilig (selten fünfteilig), nach Anis riechend. – Kulturpflanze (Heimat wohl Vorderasien), im Gebiet gelegentlich auf Müllschütten, meist unbeständig; Angaben z.B. aus dem Gebiet um Ulm (K. Müller 1957).

1. Pimpinella major (L.) Huds. 1762
Pimpinella magna L. 1771, *P. saxifraga* γ *maior* L. 1753
Große Bibernelle

Morphologie: Hemikryptophyt, Pflanze bis 0,7 (1) m hoch, kahl, Blätter im Umriß länglich, Fiederabschnitte meist 1,5–2 × so lang wie breit, deutlich zugespitzt, am Rand grob gesägt, Kronblätter weiß bis rosa, 1,5 mm lang, Griffel (nach Abfallen der Kronblätter) 1,5–2 mm lang, zu dieser Zeit länger als Frucht und Griffelpolster zusammen. – Blütezeit Juni bis September.

Ökologie: Einzelne Pflanzen an mäßig frischen bis frischen, selten auch feuchten, (mäßig) nährstoffreichen, kalkreichen wie kalkarmen, schwach sauren, humosen wie humusarmen Stellen. V.a. in Wirt-

Große Bibernelle *(Pimpinella major)*
Murrhardt, 31. 7. 1991

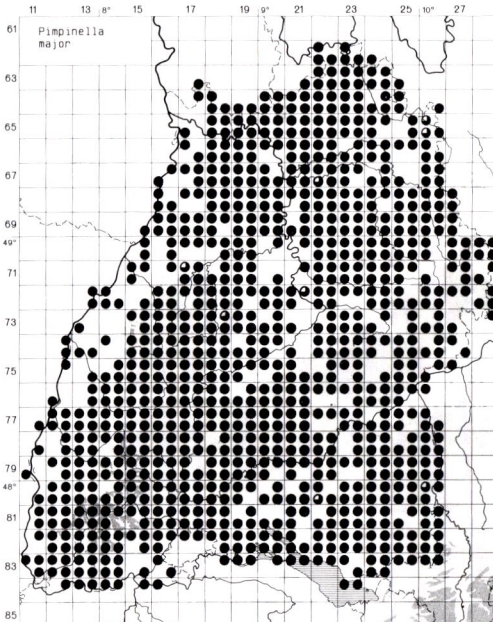

schaftswiesen (Arrhenatherion, Polygono-Trisetion), hier kennzeichnend für frischere Ausbildungen (mit *Alopecurus pratensis*, auch mit *Cirsium oleraceum* u.a.), in Wiesen nach der frühsommerlichen Mahd charakteristischen Blühaspekt bildend. Seltener in nitrophytischen Staudengesellschaften oder in aufgelichteten Auenwäldern.

In zahlreichen Vegetationsaufnahmen von Grünlandgesellschaften enthalten, z.B. Lang (1973), Görs (1974) usw.

Allgemeine Verbreitung: Europa, hier v.a. im temperaten Bereich von Nordspanien, Italien und Jugoslawien, nordwärts bis Südschweden und Baltikum (ca. 60° n.Br.), in England v.a. im südlichen Teil, nordwärts bis 54° n.Br., ostwärts bis zur Ukraine und zum Kaukasus, in trocken-warmen Gebieten oft zurücktretend oder fehlend. – Eingeschleppt in Nordamerika.

Verbreitung in Baden-Württemberg: Verbreitet und keinem Naturraum fehlend. Nur in Gebieten ohne ausreichend frische Wiesen seltener oder örtlich fehlend, so z.B. auf den Hochflächen der Schwäbischen Alb.

Tiefste Fundstellen ca. 95 m, höchste im Südschwarzwald über 1000 m (wohl noch höher reichend).

Die Pflanze ist einheimisch. Vielleicht hatte sie natürliche Vorkommen in Auenwäldern oder an frischen Steilhängen der Schwäbischen Alb. Sie könnte aber genau so gut erst mit dem Menschen in das Gebiet eingewandert sein (Archäophyt).

Erstnachweise: Spätes Subatlantikum (Hohes/Spätes Mittelalter), Sindelfingen, Körber-Grohne (1978), Kirchheim/Teck, Rösch (unpubl.). – Die erste schriftliche Erwähnung findet sich bei J. Bauhin (1598: 196), Umgebung von Bad Boll.

Bestand und Bedrohung: Die Pflanze ist nicht bedroht, doch sicher mit der Zerstörung der Wiesen zurückgegangen.

Variabilität: Formenreiche Sippe. Von den ausgeschiedenen Unterarten verdient die var. *rubra* (Hoppe) Fiori et Beguinot in Fiori et Paol. 1900 besondere Beachtung: Blüten rosa, Pflanze kurzstengelig. Bergwiesen und montan-subalpine Hochstaudenfluren, angegeben für Schwarzwald, Alpenvorland und Schwäbische Alb.

2. Pimpinella saxifraga L. 1753
Kleine Bibernelle

Morphologie: Hemikryptophyt, Pflanze bis 0,6 m hoch. Blätter im Umriß länglich, kahl oder unterseits zerstreut behaart, grundständige Blätter mit rundlich-eiförmigen stumpfen Fiederabschnitten, diese am Rand grob gesägt, obere mit linealen, ganzrandigen Fiederabschnitten, Zipfel 1–2 mm

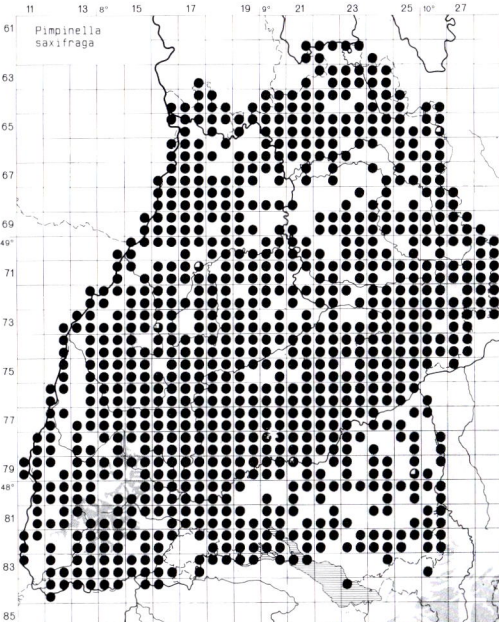

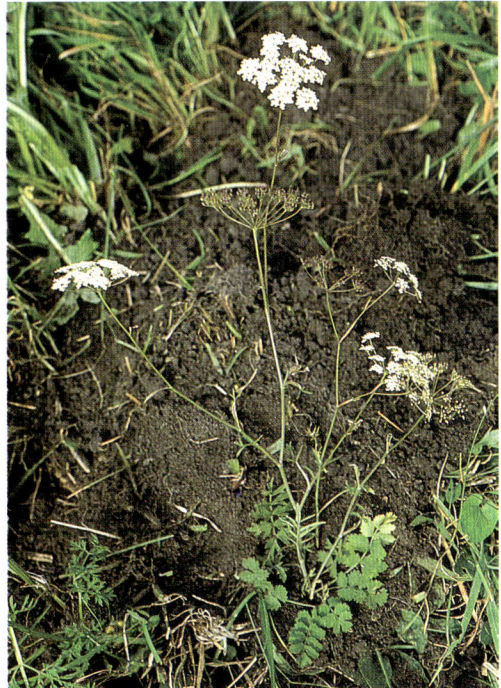

Kleine Bibernelle *(Pimpinella saxifraga)*
Bad Bellingen bei Lörrach

breit, Blätter z.T. zweifach fiedrig eingeschnitten. Blüten weiß, Kronblätter ca. 1 mm lang, Griffel nach Abfallen der Kronblätter bis 1 mm lang, kürzer als Frucht und Griffelpolster zusammen; Frucht am Grund schwach herzförmig. – Blütezeit Juni bis Oktober.

Ökologie: In einzelnen Pflanzen an lichtreichen bis sonnigen, mäßig trockenen, ± nährstoffarmen, kalkreichen-basischen wie kalkarmen-sauren (doch basenreichen) Stellen, gern auf Rohböden, Magerzeiger. In Trockenrasen, mageren Wirtschaftswiesen, hier gern an Böschungen, in Zwergstrauchheiden (mit *Genistella sagittalis*), an Felsen, Mauern usw.

In zahlreichen Vegetationsaufnahmen von Grünlandgesellschaften enthalten, so z.B. Kuhn (1937), Görs (1974) usw.

Allgemeine Verbreitung: Europa, Zentralasien, Kleinasien, Kaukasus, in Europa von Südeuropa bis Nordeuropa, vereinzelt bis 70° n.Br.

Verbreitung in Baden-Württemberg: Verbreitet und meist nicht selten, in allen Naturräumen vertreten. Lücken in der Verbreitungskarte dort, wo entsprechende Magerstandorte fehlen (z.B. intensiv landwirtschaftlich genutzte Gebiete, auch Waldgebiete). Gehäuft zeigt die Karte derartige Lücken im Ober-

rheingebiet, im Gebiet Kraichgau, unteres Neckargebiet bis Hohenloher Ebene und im Alpenvorland. Tiefste Fundstellen 95 m, höchste ca. 1300 m
(Feldberg: Grafenmatte).

Die Pflanze ist wohl erst mit dem Menschen eingewandert (Archäophyt). Vorkommen an von
Natur aus waldfreien Stellen sind im Gebiet kaum
vorstellbar.

Erstnachweise: Hagnau (Bodensee), Mittleres bis
Spätes Subboreal (Späte Bronzezeit), RÖSCH
(1992b). – Erste schriftliche Erwähnung bei
J. BAUHIN (1598: 197), Umgebung von Bad Boll.

Bestand und Bedrohung: Reichlich vorkommend,
durch Intensivierung der Nutzung sicher zurückgegangen, doch nicht bedroht.

24. **Aegopodium** L. 1753
Geißfuß, Giersch

Früchte glatt, Teilfrüchte länger als breit, mit dünnen Längsrippen im reifen Zustand ohne Ölstriemen. Großes Griffelpolster mit spreizenden bis zurückgebogenen Narben.

Gattung mit wenigen Arten in Europa und
Asien, in Europa nur eine Art.

1. **Aegopodium podagraria** L. 1753
Gewöhnlicher Geißfuß, Zipperleinskraut

Morphologie: Hemikryptophyt, Pflanze mit tief im
Boden verlaufenden Ausläufern. Blätter dreilappig,
die Lappen z.T. fiedrig eingeschnitten, zugespitzt,
am Rand gesägt, frischgrün bis gelbgrün. Hülle
und Hüllchen fehlend, Blüten weiß. Frucht
3–4 mm lang, eiförmig. – Blütezeit Mai–Juni, in
höheren Lagen des Schwarzwaldes bis Juli. Ausläuferverbreitung.

Ökologie: In Herden an halbschattigen, frischen,
nährstoff- und basenreichen, kalkreichen wie kalkarmen (schwach sauren) Stellen mit lockeren
Böden. In Gärten und Parkanlagen, am Fuß von
Hausmauern, kennzeichnend für das Urtico-Aego-
podietum, auch in anderen Gesellschaften des Ae-
gopodion-Verbandes, weiter in Wäldern, z.B. in
Auenwäldern oder in Schluchtwäldern (hier v.a.
am Hangfuß, im Klebwald). – Vegetationsaufnahmen von Ruderalvorkommen vgl. GÖRS u. MÜL-
LER (1969, synthet. Tab.), von Vorkommen in Wäldern z.B. KUHN (1937: 304, *Corydalis*-Wald),
OBERDORFER (1949), LOHMEYER u. TRAUTMANN
(1974).

Allgemeine Verbreitung: Europa, Asien (bis Sibirien), eingeschleppt in Nordamerika. In Europa

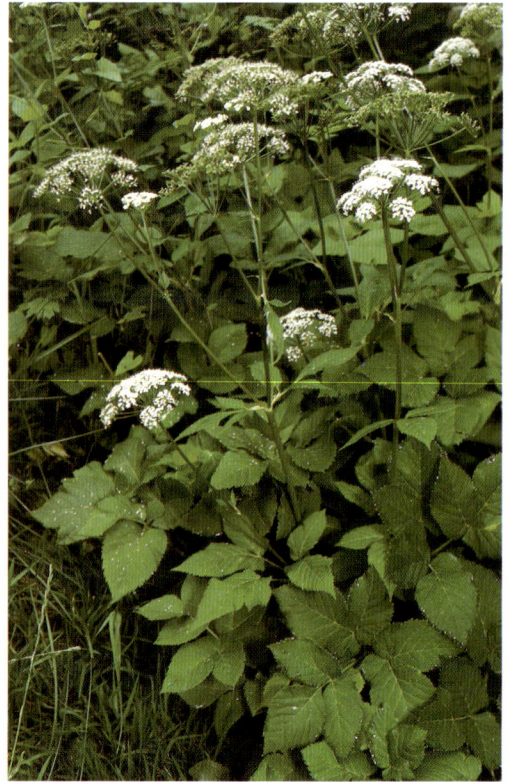

Gewöhnlicher Geißfuß *(Aegopodium podagraria)*
Badenweiler, 1988

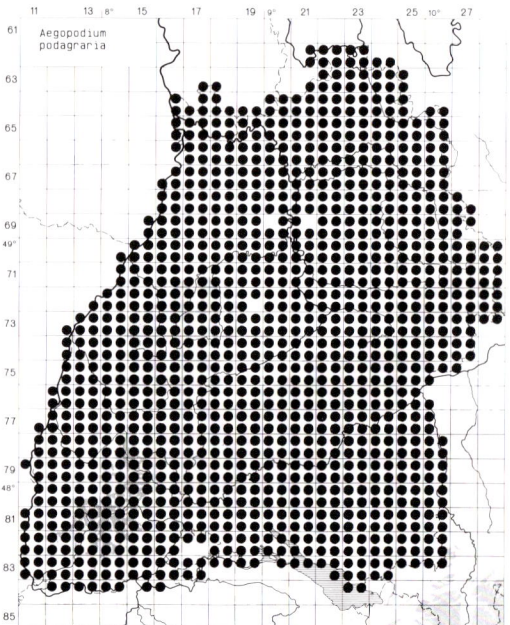

v.a. in den gemäßigten Breiten, im Mittelmeergebiet selten oder fehlend, Nordeuropa geschlossene Verbreitung bis ca. 62° n.Br., Einzelvorkommen bis über den Polarkreis hinaus. In Deutschland verbreitet und meist häufig.

Verbreitung in Baden-Württemberg: Verbreitet und meist häufig. Lediglich in den Hochlagen des Südschwarzwaldes selten oder fehlend; Verbreitungslücken erscheinen jedoch auf der Karte nicht.

Tiefste Vorkommen ca. 95 m, höchste am Seebuck (8114/1), 1445 m, Hügin (KR-K).

Die Pflanze ist einheimisch. Da sie auch in naturnahen Pflanzengesellschaften vorkommt, könnte sie bereits vor den Eingriffen des Menschen im Gebiet vorhanden gewesen sein.

Erstnachweise: Subfossile Funde: Hagnau-Burg, Mittleres/Spätes Subboreal (Ufersiedlung der Urnenfelderkultur, um 1000 v.Chr., Rösch 1992). Erste Erwähnung: J. Bauhin (1598: 199, 1602, 2139): „auffm Eichelberge" (7323).

Bestand und Bedrohung: Nicht bedroht.

25. **Berula** Koch
Berle, Wassersellerie

Ähnlich *Sium*, doch Früchte mit dicker Wand und wenig hervortretenden Rippen. Ölstriemen tief liegend und von außen nicht zu sehen.

Gattung mit wenigen Arten, in Europa eine Art.

1. **Berula erecta** (Huds.) Coville 1839
Sium erectum Huds. 1762, *S. angustifolium* L. 1763
Aufrechte Bachberle

Morphologie: Hemikryptophyt, Hydrophyt; Pflanze ausdauernd, niederliegend bis aufrecht aufsteigend-aufrecht, bis 1 m hoch, mit unterirdischen Ausläufern. Blätter einfach gefiedert, bis 30 cm lang, Fiederabschnitte gekerbt bis scharf gesägt, am Grund oft tief eingeschnitten, beim Zerreiben aromatisch riechend. Dolden übergipfelt und so scheinbar seitenständig. Dolde und Döldchen mit zahlreichen, z.T. eingeschnittenen Hochblättern. Blüten weiß, Griffelpolster kegelig. Früchte eiförmig, 1,5–2 mm lang. Blütezeit Juni bis August. Ausläuferverbreitung (oft in sterilen Herden). Verbreitung durch Schwimmsamen (vgl. dicke Wand der Samen). (Schwach) giftig. – Pflanze leicht mit *Apium nodiflorum* zu verwechseln, zu den Unterschieden siehe dort.

Ökologie: Lockere bis mäßig dichte Bestände an lichtreichen bis beschatteten, nassen (selten auch feuchten), flach überschwemmten Stellen. In Gräben mit schwach fließendem, meist kühlem, höchstens mäßig nährstoffreichem, klarem und sauberem Wasser, meist über sandig-kiesigem (bis schlufigem), kalkreichem (bis kalkarmem, doch basenreichem) Untergrund. Submerse Formen (steril bleibend) in ± rasch fließenden Karstgewässern, bis meist um 0,5 m Tiefe (bis 1,5 m Tiefe genannt). Kennzeichnend für eine eigene Gesellschaft (Apio-Sietum erecti bzw. Sietum erecti), die Submersform kennzeichnend für das Ranunculo-Sietum erecti submersi (Ranunculion-Verb.). – Vegetationsaufnahmen aus Bachröhrichten Philippi (1973, 1982), aus Fluthahnenfuß-Gesellschaften Th. Müller (1962, synthet. Tab.).

Allgemeine Verbreitung: Europa, West- und Zentralasien, Nordamerika. In Europa vom Mittelmeergebiet bis Südschweden und Baltikum (ca. 59° n.Br.), in England v.a. südlich 55° n.Br.; ostwärts bis zum Ural reichend. In Deutschland verbreitet, nur in kalkarmen Gebirgen fehlend.

Verbreitung in Baden-Württemberg: In Kalkgebieten verbreitet, so v.a. in den Gäulandschaften über Muschelkalk, in der Schwäbischen Alb (v.a. in Karstgewässern am Südrand), in Teilen des Alpenvorlandes sowie in der Oberrheinebene (Rheinniederung). In kalkarmen Gebieten vereinzelt im Schwäbisch-Fränkischen Wald, am Rand des Odenwaldes und in der Oberrheinebene (Alluvionen der Schwarzwaldbäche).

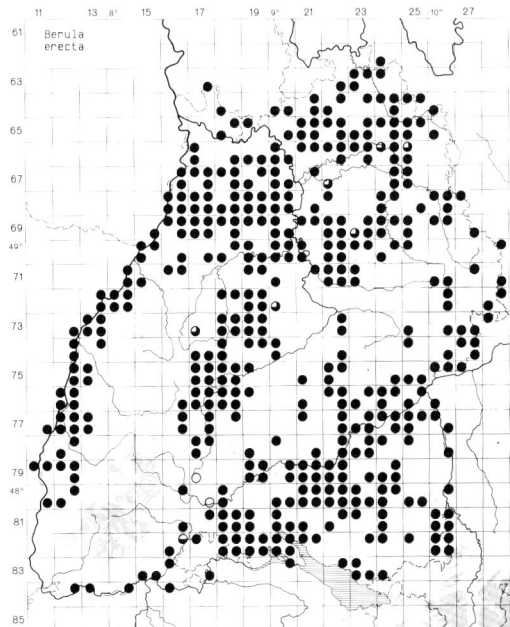

Aufrechte Bachberle *(Berula erecta)*
Maulbronn, 19. 8. 1990

Im Schwarzwald fehlend, im Alpenvorland in Teilgebieten der Südöstlichen Rißmoräne und im Westallgäuer Hügelland seltener und offensichtlich lokal fehlend.

Tiefste Fundstellen ca. 95 m (Oberrheinebene), höchste in der Schwäbischen Alb bei 750 m (BERTSCH 1948), in der Baar bis 700 m (8016/2: Aufen, 680 m, 7917/3: Bad Dürrheim, ZAHN, ca. 700 m).

Die Pflanze ist einheimisch und war wohl bereits vor den großen Eingriffen des Menschen im Gebiet vorhanden. Natürliche Wuchsorte sind z. B. in den Karstgewässern der Schwäbischen Alb oder in Quellabflüssen in Erlenwäldern anzunehmen.

Erstnachweise: Wasserburg Eschelbronn bei Sinsheim (Kraichgau), 12./13. Jahrh. n.Chr., KÖRBER-GROHNE (1979). – Erste schriftliche Erwähnung: DUVERNOY (1722: 136) „Ad Ameram" bei Tübingen (7420).

Bestand und Bedrohung: Insgesamt noch in reichen Beständen vorkommend und nur wenig gefährdet. Doch dürfte die Pflanze örtlich durch Trockenlegen der Gewässer oder Eutrophierung zurückgegangen oder verschwunden sein. Ein Rückgang läßt sich kaum belegen, da früher in den Floren kaum Fundorte aufgelistet wurden. Eine Ausnahme ist z. B. das Gebiet von Donaueschingen, wo vor 100 Jahren die Pflanze als häufig bezeichnet wurde, heute aber kaum zu finden ist (vgl. dazu die Angaben von ZAHN 1889).

An frisch geschaffenen Wuchsorten kann sich *Berula erecta* z.T. relativ rasch einstellen (z. B. an quelligen Stellen von Fischteichen, an Bachrän-

dern, auch auf Kiesufern am Rhein) und so in gewisser Weise einen Verlust von Wuchsorten ausgleichen. Die Bestände von *Berula erecta* sollten sorgsam weiterverfolgt werden!

26. **Sium** L. 1753
Merk

Pflanzen mit einfach gefiederten Blättern. Früchte kahl, eiförmig, Teilfrüchte im Querschnitt 5eckig, mit dicken, wulstförmig hervortretenden Rippen; Ölstriemen zu 2–3, gut sichtbar.

Gattung umfaßt (zusammen mit *Berula*) ca. 10 Arten, diese in Europa, Asien und Nordamerika, *Sium* s.str. in Europa durch 2 Arten vertreten.

1. **Sium latifolium** L. 1753
Breitblättriger Merk

Morphologie: Hemikryptophyt, Pflanze ausdauernd, kahl, aufrecht, 1–1,5 m hoch, ohne Ausläufer. Blätter einfach gefiedert, nur submerse Blätter oder Blätter von Jungpflanzen mit feinen, schmal lanzettlichen Fiederabschnitten, z.T. 2- bis 3fach fiedrig eingeschnitten. Fiederabschnitte länglich, am Rand fein gekerbt bis gesägt. Dolden endständig, Hochblätter der Dolden und Döldchen ganzrandig, mit weißem Hautrand. Blüten weiß, Früchte eiförmig-elliptisch, 3–4 mm lang und

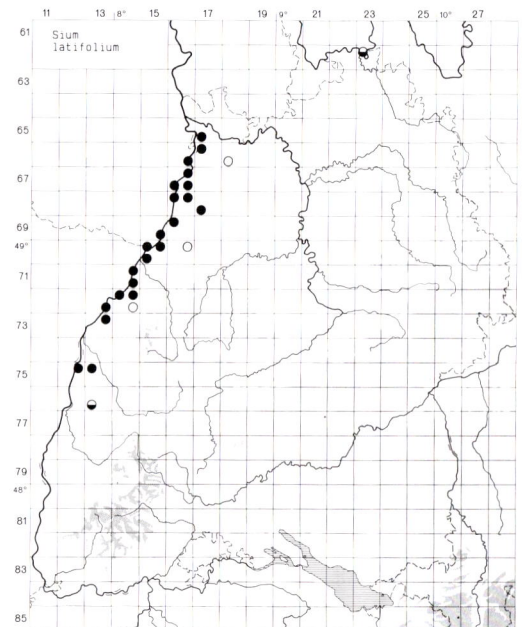

Breitblättriger Merk *(Sium latifolium)*
Illingen (Rhein), 30. 8. 1991

ebenso breit, Griffelpolster flach. – Blütezeit Juli–August.

Ökologie: Einzelpflanzen oder lockere Trupps an lichtreichen, meist offenen, vegetationsarmen, nassen, periodisch überfluteten, nährstoffreichen, meist kalkreichen, basischen Stellen. An Ufern meist stehender, eutropher, z.T. auch verschmutzter Gewässer, in Gräben, gern in gestörten Röhrichtbeständen, z.B. in Lücken des Caricetum gracilis, hier nach der Schaffung offener Stellen z.T. rasch in Sämlingen aufkommend, oder in durch Hochwasser geschädigten *Phalaris arundinacea*-Beständen, optimal in einer eigenen Gesellschaft. – Vegetationsaufnahmen vgl. PHILIPPI (1973: 69).

Allgemeine Verbreitung: Europa, Asien (bis Zentralasien). In Europa v.a. im temperaten Bereich, nordwärts bis Südschweden und Baltikum, selten auch südliches Finnland, in England v.a. im Südosten, südwärts bis Nordspanien, Norditalien und Balkanhalbinsel. In Deutschland v.a. in der Norddeutschen Tiefebene, in Süddeutschland am Oberrhein und Main, an der Donau unterhalb Donauwörth sowie an den Donauzuflüssen.

Verbreitung in Baden-Württemberg: Oberrhein, früher auch Main.

Vorkommen in Höhen zwischen 95 und 190 m.

Die Pflanze ist einheimisch. Vorkommen in einer vom Menschen unberührten Natur sind gut vor-

stellbar. So dürfte sie bereits vor den Eingriffen des Menschen im Gebiet vorhanden gewesen sein.

Oberrheingebiet: Entlang des Rheins zwischen Freistett bei Kehl und Brühl S Mannheim vielfach, doch nicht häufig, meist nur in Einzelpflanzen, z.T. auch unbeständig auftretend. Südlichster Fundpunkt in der Rheinniederung: 7212/1: W Ichenheim, BAUR (1886), zuletzt um 1975, PHILIPPI (KR-K), erloschen. Selten auch außerhalb der Rheinniederung in der Kinzig-Murg-Rinne: 6618/3: St. Ilgen, DIERBACH (1819), erloschen; 6817/3: SW Bruchsal, Lücke im Erlenbruch, um 1985, HAISCH (KR-K); 7016/2: zw. Karlsruhe und Wolfartsweier, 1888, KNEUKER (KR); 7214/2: NE Schiftung, PHILIPPI (1971), Wittstung, WINTER (1884), ZIMMERMANN (1926); 7214/4: Abtsmoor, WINTER (1884); 7513/1: Dundenheim gegen Höfen, zahlreich in Gräben, um 1975, PHILIPPI (KR-K); 7613/3: Mietersheim, NEUBERGER (1912). – Vorhügelzone des Schwarzwaldes: 7613/3: Scherbach S Lahr, MOHR (1898).

Main: 6223/1: Um Wertheim mehrfach, doch immer nur in Einzelpflanzen. Oberhalb Urphar, 1899, STOLL (KR), Kreuzwertheim (Bayerische Seite), 1908, 1909, STOLL (KR). (Nächste aktuelle Vorkommen am Main um Lohr und Würzburg sowie am Untermain in der Gegend von Hanau.)

Zweifelhafte Angabe: Alpenvorland: Pfullendorf, Weiher der Stadt, V. STENGEL in JACK (1900) (8021/3 oder 4). Schon wegen der Höhenlage unwahrscheinliche Angabe.

Erstnachweise: Wallhausen (Bodensee), Frühes Subboreal, RÖSCH (1990). Erste schriftliche Erwähnung: C.C. GMELIN (1805: 668): „in tota Rheni vicinia frequens", erste Angabe von Fundstellen bei DIERBACH (1819: 80): „in rivulis prope St. Ilgen, Brühl et alibi frequens".

Bestand und Bedrohung: Da im Gebiet meist in kleinen Beständen vorkommend, die auf schwache Störungen (gelegentliches Betreten der Fläche oder größere Überflutungen) angewiesen sind, ergibt sich eine gewisse Bedrohung der Vorkommen, einmal durch Übernutzung der Ufer, zum anderen durch Veränderungen des Wasserregimes. Hierbei spielt sicher eine Rolle, daß die Pflanze im Gebiet an ihrer Verbreitungsgrenze steht (in der Schweiz nur an wenigen Stellen beobachtet, Vorkommen zumeist erloschen). Gefährdung: G3 (gefährdet) (in Deutschland insgesamt nicht gefährdet).

Sium sisarum L. 1753
Zuckerwurz

Pflanze ähnlich *S. latifolium*, bis 80 cm hoch, ausdauernd. Grundachse mit büschelig angeordneten, knollig verdickten Wurzeln, Kelchzähne sehr kurz (bei *S. latifolium* deutlich, blattartig-pfriemlich). Frucht 2–3,5 mm lang, mit dünnen, fadenartigen Rippen.

Pflanze aus Südosteuropa (Rußland bis Ungarn), in Mitteleuropa im 16. Jahrhundert eingeführt und bis ca. 1800 wegen der Zucker-haltigen Wurzeln angebaut. Mit Gartenabfällen gelegentlich verwildert, vgl. C.C. GMELIN

285

(1805: 673). Neuere Beobachtungen fehlen. – Letzte Angabe eines Anbaus: ZIMMERMANN (1907: 143): 6714: Weinberg bei Burrweiler (Pfalz).

27. **Seseli** L. 1753
Sesel, Bergfenchel

Pflanzen am Grund mit Faserschopf, Blätter meist mehrfach gefiedert mit schmalen Fiederabschnitten. Frucht kaum abgeflacht, Teilfrucht mit 5 wulstigen, meist stumpfen Rippen.

Gattung mit ca. 80 Arten in Europa, Asien und westliches Nordafrika, in Europa 34 Arten, diese z.T. noch ungenügend bekannt oder bearbeitet; Schwerpunkt in den Gebirgen des Mittelmeerraumes. Oft handelt es sich um Arten mit sehr beschränkter Verbreitung. Insgesamt kalkreiche, trockene Standorte bevorzugend.

1 Hochblätter der Döldchen becherartig verwachsen, Pflanze bläulichgrün . . . .
        2. *S. hippomarathrum*
– Hochblätter der Döldchen nicht becherartig verwachsen, Pflanze nicht auffallend bläulichgrün . . 2
2 Reife Früchte kahl, Dolden ohne Hochblätter, Stengel stielrund . . . . 1. *S. annuum*
– Reife Früchte behaart, Dolden mit zahlreichen Hochblättern, Stengel gefurcht . . 3. *S. libanotis*

1. **Seseli annuum** L. 1753
S. coloratum Ehrh. 1790
Steppenfenchel, Einjähriger Sesel

Morphologie: Hemikryptophyt, Pflanze (ein- oder) zweijährig, nach Blüte und Frucht absterbend, bis 60 cm hoch, meist violett überlaufen, ziemlich gleichmäßig beblättert, kahl, nur im oberen Teil unterhalb der Dolden (wie auch Doldenstiele) kurz flaumig behaart. Blätter doppelt bis dreifach gefiedert, Blattzipfel lineal, um 1 cm lang und unter 1 mm breit. Dolde bis 8 cm breit, mit 12–40 Doldenstrahlen. Blüten weiß (bis hellviolett); Frucht 1–2,5 mm lang, länglich eiförmig, mit scharf hervortretenden Kanten. – Blütezeit 2. Augusthälfte bis Oktober (November).
Ökologie: In Einzelpflanzen, doch meist gesellig an sonnigen, warm-trockenen, kalkreichen und basischen Stellen, gern auf Lockerböden (Löß, auch auf Kalksand), seltener auf skelettreichen Böden. Kennzeichnend für Halbtrockenrasen, hier v.a. in ungemähten oder wenig gepflegten Beständen, auch in Staudengesellschaften der Waldränder, z.B. mit *Peucedanum oreoselinum*. Die Pflanze kann frühe Mahd vertragen und noch zur Blüte kommen. – *S. annuum* ist in Vegetationsaufnahmen aus

Baden-Württemberg nur selten enthalten, offensichtlich nur zufällig: SLEUMER (1933: 53), V. ROCHOW (1951: 70), WITSCHEL (1980: 130). Zur Vergesellschaftung in Rheinhessen vgl. KORNECK (1974).
Allgemeine Verbreitung: V.a. in der Submediterranen und gemäßigten Zone Europas (bis Sibirien?), südwärts bis Südfrankreich (Spanien selten), Oberitalien, Jugoslawien und Bulgarien, nordwärts bis Nordfrankreich, Eifel und Harzvorland (52° n.Br.), in Rußland bis ca. 56° n.Br. In Deutschland zerstreut, v.a. im südlichen Teil; Schwerpunkt des Vorkommens in Rheinhessen und in der Fränkischen Alb.
Verbreitung in Baden-Württemberg: Oberrheingebiet, Taubergebiet, Schwäbische Alb, Baar, Alpenvorland (westliches Bodenseegebiet und Hegau), früher auch Schwäbisch-Fränkischer Wald.

Tiefste Fundstellen ca. 100 m Höhe, höchst gelegene in der Baar und am Westrand der Schwäbischen Alb, ca. 850 m. Die meisten Fundstellen liegen in Höhen unter 450 m.

Die Pflanze dürfte im Gebiet erst mit dem Menschen eingewandert und somit als Archäophyt anzusehen sein. Vorkommen an von Natur aus waldfreien Stellen sind im Gebiet nicht bekannt und auch nicht anzunehmen.

Oberrheingebiet: Zahlreiche Angaben aus der nordbadischen Rheinebene, vgl. GMELIN (1805), SCHMIDT (1857). Letzte Beobachtungen um 1920: 7015/1: NW Au a.Rh., KNEUCKER (1921: 194, 1924: 292). Benachbart im Elsaß:

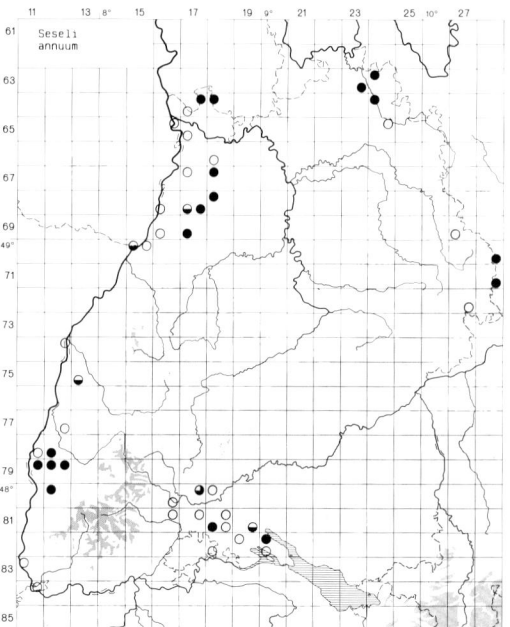

Steppenfenchel *(Seseli annuum)*
Westhalten bei Rufach (Oberelsaß)

7114/3: E Auenheim, bis ca. 1965 beobachtet, GEISSERT. – Bergstraße: 6417/2, 6418/1: Sulzbach, BUTTLER u. STIEGLITZ (1976), DEMUTH (KR), HELD u. SEYBOLD (1987). – Kraichgaurand: Zahlreiche ältere Angaben v.a. aus dem Gebiet um Wiesloch (vgl. SCHMIDT 1857, BARTSCH 1931, OBERDORFER 1936); jüngere Beobachtungen: 6718/1: W Mühlhausen, 1989, BREUNIG (KR-K); 6818/1: E Zeutern, um 1975, SCHÖLCH (KR-K), N Oberöwisheim, um 1985, HASSLER (KR-K); 6817/3: W Unteröwisheim, 1987, HAISCH (KR-K); 6917/3: S Weingarten, PHILIPPI (1971). An den meisten Fundstellen am Kraichgaurand handelt es sich um kleine Populationen, z.T. mit weniger als 20 Pflanzen. Lediglich das Vorkommen bei Zeutern ist etwas reicher.
Mittleres Oberrheingebiet: 7513/3: Oberschopfheim, um 1935, HENN (KR-K).
Südliches Oberrheingebiet: Kaiserstuhl noch mehrfach in größeren Populationen, so 7812/3: Schelingen, Ohrberg; 7912/1: Badberg, um 1955 auch Haselschacher Buck. Kleinere Bestände: 7911/2: Bitzenberg, bis ca. 1960 auch Schneckenberg. – Außerhalb des Kaiserstuhls: 7912/2: Bottingen, Ackerrain, wenige Pflanzen, 1977, SCHLESINGER (KR-K); 8012/1: Tuniberg bei Oberrimsingen, wenige Pflanzen, um 1980, WITSCHEL (KR-K).
Taubergebiet: 6324/1: Werbach, Lindenberg, 1975, PHILIPPI u. WIRTH (KR-K); 6313/4: Eiersheim, Stammberg bei Tauberbischofsheim, PHILIPPI (KR-K); 6424/4: S Marbach, um 1975, KRAUS, TACK (KR-K).
Schwäbisch-Fränkischer Wald: Einmal im Grenzgebiet

gegen die Teichlandschaft um Dinkelsbühl beobachtet: 6927/3: Aumühle, FRICKHINGER.
Schwäbische Alb/Nördlinger Ries: Ältere Angaben von 7227/4: Fleinsheim bei Heidenheim, FRICKHINGER. Jüngere Beobachtungen: 7028/4: SE Zipplingen, 1971, SEYBOLD (STU); 7128/4: o.O. Zu Vorkommen im benachbarten Riesgebiet vgl. FISCHER (1982).
Schwäbische Alb/Baar: Im Bereich der Westalb und der angrenzenden Baar zahlreiche Angaben, hier erstmals von ROTH V. SCHRECKENSTEIN erwähnt. Zu den Fundorten vgl. ZAHN (1889). Nach 1900 fehlen zumeist Bestätigungen, jüngere Beobachtung: 8017/2: Öfingen, Himmelberg, 1968, KNAUSS (STU).
Westliches Bodenseegebiet: Zahlreiche ältere Angaben, vgl. JACK (1900). Jüngere Beobachtungen: 8119/3: N Wahlwies, BARTSCH (1924); 8118/2: Wannenberg bei Tengen, 1968, KNAUSS (STU), noch vorhanden; 8220/1: Liggeringen, 1981, BEYERLE (STU).

Erstnachweise: Mühlheim/Donau-Stetten, Frühmittelalter, RÖSCH (unpubl.). Die ersten schriftlichen Erwähnungen finden sich bei ROTH VON SCHRECKENSTEIN (1799: 18): am Konzenberg, CLAIRVILLE (8018/1), Constanz, CARDEUR, weiter etwas später bei GMELIN (1805: 713): „in pascuis sabulosis asperis siccis Rheno vicinis prope Dachsland, Schröck, Knielingen, Kehl et alibi". Eine ältere Angabe von C. BAUHIN (1622: 49): „in summis montis Crenzach" (8412/1) bleibt unsicher.

Bestand und Bedrohung: Die Pflanze kommt im Gebiet nur noch im Kaiserstuhl in größeren Populationen vor. An den übrigen Fundorten handelt es sich meist um kleine bis sehr kleine Populationen, die (mit Ausnahme der Vorkommen im Taubertal) extrem gefährdet sind. Vermutlich benötigt sie als einjährige Art immer gewisse Störungen, wie sie in

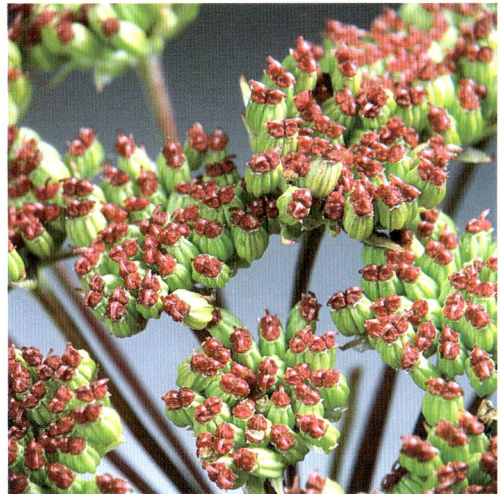

Steppenfenchel *(Seseli annuum)*
Früchte

287

Pferde-Sesel *(Seseli hippomarathrum)*
Kaiserstuhl, Sasbach, 25. 8. 1991

einer extensiv genutzten Landschaft immer wieder erfolgten. Gefährdung im Kaiserstuhl: G3, im Kraichgau G2 bis G1, im Taubergebiet G3 bzw. G4. Gesamtgefährdung in Baden-Württemberg: G2. In der Roten Liste Deutschlands wird sie mit G3 eingestuft.

2. Seseli hippomarathrum Jacq. 1762
Pferde-Sesel

Morphologie: Hemikryptophyt, Pflanze ausdauernd, bis 60 cm hoch, schlank, auffallend blaugrün. Stengel mit entfernt stehenden kleinen Blättern, kahl. Grundständige Blätter 2- bis 3fach gefiedert, Fiederabschnitte lineal, unter 1 cm lang, bis 0,7 mm breit. Dolden klein, oft nur 2–3 cm im Durchmesser, mit 5–12 Döldchen; Döldchenstiele auf der Innenseite flaumig behaart. Blüten weiß, unangenehm riechend; Frucht eiförmig, 3–6 mm lang, mit scharf hervortretenden Kanten. – Blütezeit Ende Juli bis August (September).

Ökologie: Einzelne Pflanzen an sonnigen, warmen und trockenen kalkhaltigen, basischen Stellen, im Gebiet meist auf ± grusigen Böden über Tephrit oder Alkali-Basalt (Olivin-Nephelinit). Kennzeichnend für lückige Trockenrasen, zusammen mit *Potentilla arenaria* oder *Allium sphaerocephalum*, im Xerobrometum bzw. im Allio-Stipetum capillatae. – Vegetationsaufnahmen vgl. SLEUMER (1933: 55), synthet. Tabellen v. ROCHOW (1951), KORNECK (1974, Tab. 75).

Allgemeine Verbreitung: Mittel- und Osteuropa, Verbreitungsschwerpunkt in der Tschechoslowakei, Niederösterreich und Ungarn, von hier bis Jugoslawien, Rumänien und zur Ukraine ausstrahlend, in Deutschland v.a. im Saale-Gebiet und nördlichen Harzvorland. Isolierte Vorkommen in Rheinhessen-Nahe und am Kaiserstuhl, hier die Westgrenze der Verbreitung erreichend. Im Elsaß fehlend. – Eine verwandte Sippe (subsp. *hebecarpum* (DC.) Drude) im westlichen Sibirien.

Verbreitung in Baden-Württemberg: Kaiserstuhl, ca.

200–350 m. Die Pflanze könnte bereits vor dem Eingriff des Menschen im Gebiet vorhanden gewesen sein. Naturnahe Wuchsorte sind an Felsen des Westkaiserstuhls (in sehr beschränktem Ausmaß) denkbar. *S. hippomarathrum* stellt eines der bemerkenswertesten pontischen Elemente in der Flora des südlichen Oberrheins dar. Die mögliche Einwanderung der Pflanze in das Gebiet hat gerade A. SCHULZ (1906: 206) mehrfach diskutiert.

Die Vorkommen am Westrand des Kaiserstuhles wurden bereits von SPENNER (1829) und SCHILDKNECHT (1863) zusammengestellt. 7811/4: Lützelberg bei Sasbach, reichlich; Vorkommen am benachbarten Limberg nach 1960 infolge Zuwachsens erloschen. 7911/2: Schloßberg bei Achkarren, spärlich, WITSCHEL, Büchsenberg bei Achkarren, spärlich am Rand des Steinbruchs, Bitzenberg bei Achkarren, sehr spärlich, zuletzt 1991, einziges Vorkommen im Kaiserstuhl auf Löß. Das um 1955 sehr reiche Vorkommen am Schneckenberg bei Achkarren infolge Zuwachsens erloschen. 7911/4: Winklerberg, spärlich, zuletzt 1960, inzwischen erloschen (Beobachtungen – soweit nicht anders angegeben – PHILIPPI (KR u. KR-K)). Bereits seit längerer Zeit erloschen sind die Vorkommen an der Sponeck (7814/4), am Kirchberg bei Niederrotweil (7911/2) und am Eichelberg (bei Oberrotweil? 7911/2). – Für ein Vorkommen im zentralen Kaiserstuhl (vgl. den Punkt auf 7912 im Mitteleuropa-Atlas) gibt es keine Hinweise.

Erstnachweise: C. C. GMELIN (1826: 210): Kaiserstuhl... prope Rothweil frequens, ubi vidi 1807. SPENNER (1829: 637): In collibus rupestribus... basalticis lateris occidentalis m. Kaiserstuhl copiose.

Bestand und Bedrohung: *S. hippomarathrum* ist im Kaiserstuhl stark zurückgegangen. Im letzten Jahrhundert war die Pflanze dort offensichtlich reichlich vorhanden. Ursachen des Rückgangs dürften Anlage von Steinbrüchen (wie an der Sponeck und am Limberg), Erweiterung von Rebflächen oder Zuwachsen der früher offenen Flächen (v.a. nach 1960) gewesen sein.

Heute ist nur noch das Vorkommen am Lützelberg reichlich und auch nur wenig gefährdet; alle anderen sind stark gefährdet oder stehen kurz vor dem Erlöschen. Gesamtgefährdung: G2 (stark gefährdet).

3. Seseli libanotis (L.) Koch 1824

Libanotis montana Crantz 1767, *Athamanta libanotis* L. 1753
Heilwurz

Morphologie: Hemikryptophyt, Pflanze zwei- bis mehrjährig (bis 8 Jahre alt), nach der Blüte absterbend, bis 1,2 m hoch, reich verzweigt, wie Blätter kahl (Stengel nur unterhalb der Dolden etwas behaart). Blätter einfach bis doppelt gefiedert, Fiederabschnitte eiförmig-lanzettlich, am Grund keilförmig verschmälert, stachelspitzig. Dolden mit 20–40 Döldchen, Stiele der Döldchen wie Blütenstiele ± dicht abstehend bewimpert. Blüten weiß, Kelchblätter bis 1 mm lang, am Rand bewimpert. Frucht bis 4 mm lang, etwa doppelt so lang wie

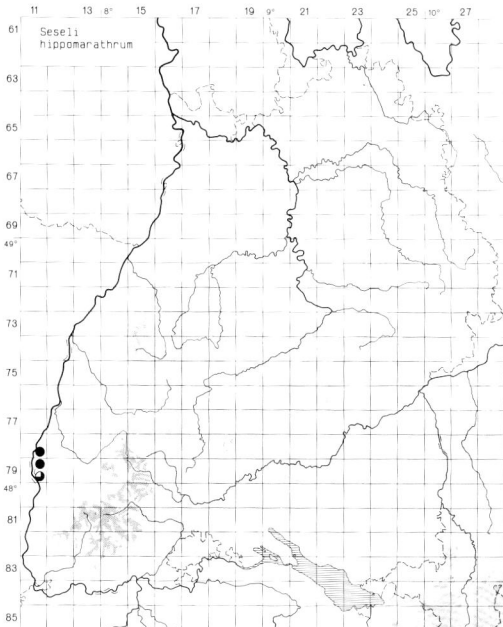

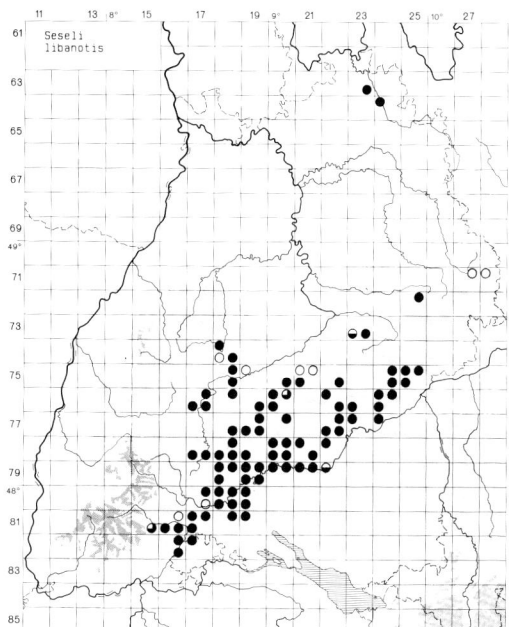

Heilwurz *(Seseli libanotis)*
Donautal beim Laibfelsen, 28. 7. 1991

breit, dicht mit abstehenden Haaren besetzt. – Blütezeit Juni bis August.

Ökologie: Einzelne Pflanzen an sonnigen bis schwach beschatteten, mäßig trockenen, z. T. etwas wechselfrischen, kalkhaltigen, basischen Stellen, gern auf rohen, schuttreichen oder mergeligen Böden. In thermophilen Staudengesellschaften, z. B. zusammen mit *Peucedanum cervaria* im Geranio-Peucedanetum, an kühleren Stellen zusammen mit *Laserpitium latifolium* im Bupleuro-Laserpitietum, auch im Halbschatten von Kiefernwäldern. – Vegetationsaufnahmen vgl. KUHN (1937: 260, 248), WITSCHEL (1980), synthet. Tabellen TH. MÜLLER (1962, 1978).

Allgemeine Verbreitung: Europa, Nordafrika (Marokko), Asien. In Europa von Südeuropa (Iberische Halbinsel, Apennin, Balkan) nordwärts bis Südost-England, südliches Norwegen, Ostseegebiet bis 61° n. Br. – In Deutschland in Kalkgebirgen Süd- und Mitteldeutschlands: v. a. Alpen, Alpenvorland und Schwäbische und Fränkische Alb, nordwärts bis zum Rheinland und Wesergebirge; Norddeutschland im Ostsee-Gebiet (westwärts bis Fehmarn).

Verbreitung in Baden-Württemberg: Schwäbische Alb, bis Wutach, Oberer Neckar und Oberes Gäu, isolierte Vorkommen im Taubergebiet.

Tiefste Fundstellen im Taubergebiet, ca. 220 m, höchste in der Schwäbischen Alb ca. 1000 m (Dreifaltigkeitsberg, Klingelhalde, BERTSCH (STU-K)).

Die Pflanze ist einheimisch und dürfte zumindest in der Schwäbischen Alb urwüchsig sein. In anderen Gebieten (wie etwa im Taubergebiet oder im

Oberen Gäu) ist sie wohl erst mit dem Menschen eingewandert.

Taubergebiet: Zwei isolierte Vorkommen: 6323/4: Stammberg; 6424/1: W Unterbalbach. Nächste Fundstellen im Maintal, z. B. 6223/2: Kallmut.

Oberes Gäu – Oberer Neckar: Zahlreiche Fundstellen, zu den Einzelangaben vgl. MAYER (1929).

Schwäbische Alb: V. a. im westlichen und südwestlichen Teil, am Südrand bis Ulm. Am Nordrand geschlossenes Areal bis etwa Reutlingen–Urach. Isolierte Vorkommen: 7323/4: Boßler, 7225/2: Rosenstein, ferner die unbestätigten Vorkommen: 7127/2: Aufhausen; 7128/1 (?): Bopfingen. Wahrscheinlich läßt sich die Art dort noch nachweisen.

Erstnachweise: Fossilfund bei Hornstaad (Bodensee), Frühes Subboreal (Pfyner Kulturschicht vom „Hörnle I"), 36. Jahrh. v. Chr., RÖSCH (unpubl.). Der älteste schriftliche Nachweis findet sich bei LEOPOLD (1728: 121): „In der Steingruben" bei Ulm. Ältere Angaben bei GESNER (1561: 2481), THEODOR (1588: 388), J. BAUHIN et al. (1651: 105), C. BAUHIN (1622: 45) oder WEPFER (1679: 14) sind unsicher.

Bestand und Bedrohung: *S. libanotis* kommt im Gebiet noch in reichen Beständen vor; die Verbreitungskarte läßt kaum einen Rückgang erkennen. Doch scheint die Pflanze ganz außerordentlich unter Tritt zu leiden (vielleicht mit dem einmaligen Blühen und damit verbunden der notwendigen Verjüngung durch Sämlinge zusammenhängend?). An häufiger von Touristen oder Kletterern begangenen Felsflächen fehlt sie. So sollten die Bestände sorgsam beobachtet werden. Noch ist die Pflanze keine Art der Roten Liste!

Heilwurz *(Seseli libanotis)*
Geisingen, 28. 7. 1991

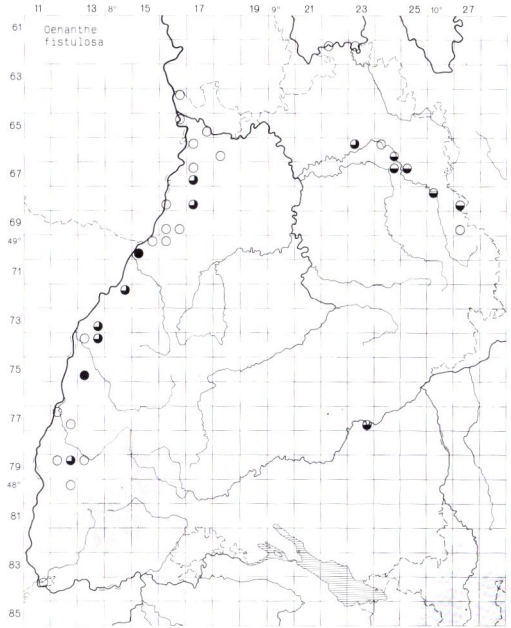

28. **Oenanthe** L. 1753
Wasserfenchel

Kahle Sumpf- und Wasserpflanzen mit ein- bis dreifach gefiederten Blättern, Dolde ohne Hochblätter oder nur gelegentlich vorhandenen Hochblättern, Döldchen stets mit Hochblättern, Kelchblätter vorhanden, verlängert. Krone weiß (bei anderen Arten auch rosa), Frucht eilänglich, kaum zusammengedrückt, mit Luftgewebe, daher leicht schwimmend, Fruchthalter (scheinbar fehlend) mit Frucht verwachsen, Teilfrüchte lösen sich daher erst später voneinander, Früchte mit breiten, fast zusammenfließenden Rippen.

Gattung mit 35 Arten, v. a. in Europa und Asien (bis Südostasien), wenige Arten in Ostafrika, eine Art im pazifischen Nordamerika. In Europa 13 Arten, in der Bundesrepublik 7 Arten, in Baden-Württemberg 5.

1   Dolden endständig, lang gestielt, Hochblätter der Döldchen länger als die Blütenstiele (Subgenus *Oenanthe*) 2
–   Dolden Blättern gegenüberstehend, scheinbar seitenständig, Doldenstiele höchstens 3 cm lang, Hochblätter der Döldchen kürzer als die Blütenstiele (Subgenus *Phellandrium*) 4
2   Blattstiel der oberen Stengelblätter deutlich länger als die Spreite, oft etwas aufgeblasen, wie der Stengel hohl, untere Dolden oft nur mit 2–4 Döldchen . . . . 1. *Oe. fistulosa*
–   Blattstiel der oberen Stengelblätter deutlich kürzer

als die Spreite, nicht aufgeblasen, nicht hohl, Dolden mit 6–15 Döldchen 3

3 Frucht im obersten Drittel am dicksten, äußere Kronblätter der Randblüten bis 1,5 mm groß, Griffel bis 1 mm, nur wenig länger als die halbe Fruchtlänge, Hochblätter der Döldchen ± so lang wie die äußeren Blütenstiele, verdickte Wurzelteile gegen die Ansatzstelle hin allmählich dünner werdend . . . . 2. *Oe. lachenalii*

– Frucht etwa in der Mitte am dicksten, äußere Kronblätter der Randblüten oft 2–3 mm groß, Griffel oft über 1 (2) mm lang, fast so lang wie die Frucht, Hochblätter der Döldchen deutlicher kürzer als äußere Blütenstiele, verdickte Wurzelteile gegen die Ansatzstelle hin plötzlich dünner werdend . . . . 3. *Oe. peucedanifolia*

4 Früchte 3,5–4,5 (5) mm lang, Zipfel der untergetauchten Blätter haarförmig, parallelrandig, Fiederabschnitte der Überwasserblätter eiförmig-lanzettlich, Pflanze auf Schlamm oder im stehenden Wasser . . . . 4. *Oe. aquatica*

– Früchte über 5 mm lang, Zipfel der untergetauchten Blätter mit keilförmigem Grund, Überwasserblätter mit rautenförmigen Fiederabschnitten, Pflanze im langsam fließenden Wasser, weitgehend submers . . . . 5. *Oe. fluviatilis*

1. Oenanthe fistulosa L. 1753
Röhriger Wasserfenchel

Morphologie: Hemikryptophyt, ausdauernd, bis 0,7 m hoch, aufsteigend wachsend, z.T. mit Ausläufern, locker beblättert, unterste Blätter doppelt gefiedert, mit entfernt stehenden Fiedern, zur Blütezeit oft abgestorben, Stengelblätter mit langem Blattstiel, dieser länger als die Spreite, oft etwas aufgeblasen, meist mit 5–6 Fiederpaaren, Fiederabschnitte lineal, bis 2 cm lang und 2 mm breit, Dolden meist mit 2–4 Döldchen (nur die obersten mit 6–10), Früchte eines Döldchens igelartig zusammenschließend, Früchte 3–4 mm lang, Griffel so lang wie die Frucht. – Blütezeit 2. Junihälfte bis August.

Ökologie: Einzelne Pflanzen an feuchten bis nassen, zeitweise überschwemmten Stellen mit kalkarmen, doch basenreichen, schwach sauren, höchstens mäßig nährstoffreichen, teilweise auch etwas humosen Böden, seltener an (schwach) kalkhaltigen, basischen Stellen. In Gräben mit lückigem Bewuchs, seltener an Gewässerrändern, in lückigen Großseggen-Beständen, zusammen mit *Glyceria fluitans* oder *Equisetum fluviatile*. – Vegetationsaufnahmen mit *Oe. fistulosa* aus dem Gebiet fehlen; die Pflanze ist nur einmal – mehr zufällig – in einer Vegetationsaufnahme enthalten: PHILIPPI (1968: 122). Auch in anderen Gebieten Deutschlands sind die soziologischen Verhältnisse der *Oe. fistulosa*-Vorkommen bisher nicht untersucht.

Allgemeine Verbreitung: Europa, Nordafrika, selten Vorderasien bis Kaspisches Gebiet. In Europa vom Mittelmeergebiet nordwärts bis England, Irland und Dänemark (selten auch Südschweden), ostwärts etwa bis zur Weichsel und zur Westküste des Schwarzen Meeres.

In der Bundesrepublik Deutschland vor allem in der norddeutschen Tiefebene, in Süddeutschland in den großen Flußtälern. – Mediterran-temperat, subatlantisch.

Verbreitung in Baden-Württemberg: Oberrheingebiet, Maingebiet, Jagstgebiet (Grenzgebiet Bauland – Hohenloher Ebene – Schwäbisch-Fränkischer Wald), einmal auch an der Donau.

Tiefste Fundstellen am Oberrhein, ca. 95 m, höchste im Jagstgebiet 400-450 m, an der Donau ca. 500 m.

Die Pflanze dürfte erst nach Eingreifen des Menschen in das Gebiet eingewandert sein (Archäophyt); Vorkommen an naturbelassenen Flußufern sind im Gebiet schwer vorstellbar.

Oberrheingebiet: An zahlreichen Stellen um Heidelberg-Mannheim und Karlsruhe beobachtet, meist an den kalkarmen Stellen am Rand der Rheinniederung oder an den Zuflüssen des Rheines. Einzelangaben vgl. SCHMIDT (1857), GMELIN (1805). In der südbadischen Rheinebene v.a. in der Freiburger Bucht, Einzelangaben vgl. SPENNER ((1826), SCHILDKNECHT (1863). Isoliertes Vorkommen bei Basel: 8411/2: Friedlingen, BINZ (1912). Im vergangenen Jahrhundert war die Pflanze vielfach häufig, so daß Einzelangaben oft fehlen (vgl. z.B. BAUR (1886: 275) für das Offenburger Gebiet: „In Wiesengräben gemein"). In den Jahren nach 1950 wurden nur noch wenige Vorkommen bestätigt (zu Einzelangaben aus der nordbadischen Rheinebene vgl. PHILIPPI (1971: 39)): 6713/3: Wiesental, vor 1970; 6817/3: Bruchsal, vor 1970; 7015/3: Illingen, BRETTAR, vor 1970, Steinmauern, W der Murg, ca. 3 Ex. in einem Graben, 1978, SCHLESINGER (KR-K); 7214/2: Sinzheim-Hügelheim, vor 1970; 7313/4: Wagshurst-Holzhausen, vor 1970; 7413/2: N Urloffen, vor 1970; 7513/3: zw. Altenheim und Höfen, Gräben, 1972, PHILIPPI (KR-K). – Freiburger Bucht: 7912/2: Holzhausen, um 1957, PHILIPPI (KR-K), hier früher als häufig bezeichnet.

Maingebiet: 6223/1(?): Wertheim, am Main, 1821, MERTIN in DÖLL (1826); 6222/1: Stadtprozelter Wiesen, vor 1900, STOLL (KR), Fundort wohl auf bayerischer Seite.

Jagstgebiet: 6623/1: Winzenhofen, Nixenweiher, spärlich, 1959, SACHS (1961); 6624/1: Dörzbach, BAUER in v. MARTENS u. KEMMLER (1882); 6624/4, 6724/2: Eberbach, Buchenbach, MÜRDEL in HANEMANN (1927: 48); 6725/1: Jagstufer bei Unter- und Oberregenbach, HANEMANN (1927), letzte Belege 1940, MÜRDEL (STU) mit der Bemerkung: „ziemlich häufig"; 6826/1: Crailsheim, Kalkmühle, BLEZINGER in v. MARTENS u. KEMMLER (1882), letzte Belege 1929, PLANKENHORN (STU). – Benachbart im Wörnitz-Gebiet: 6827/3: Marktlustenau, ca. 450 m, HANEMANN (1924: 33); Gaisbühler See gegen Weidelbach, um 1920, STETTNER (STU), Fundstelle bereits auf bayerischem Gebiet (?), vgl. auch KIRCHNER u. EICHLER (1913):

Röhriger Wasserfenchel *(Oenanthe fistulosa)*
Ochsenfeld bei Cernay (Oberelsaß)

Gaisbühl. 6927/3: Aumühle bei Wört, FRICKHINGER in v. MARTENS u. KEMMLER (1882) (STU). Zum Vorkommen in den angrenzenden bayerischen Gebieten vgl. FISCHER (1982); jüngere Bestätigung im Grenzgebiet: 6928/4: Neumühle bei Weiltingen, 1973, SEYBOLD (STU).
Donau-Gebiet: 7723/4: Munderkingen, ca. 550 m, 1919, JOHN (STU).

Erstnachweise: ROTH VON SCHRECKENSTEIN (1798: 95) „um Immenhdingen am Blaicherrain, am Weilheimerweyher bey Hechingen, VON ITTNER". Die Angaben erscheinen schon wegen der Höhenlage (über 650 m) unwahrscheinlich; sie wurden in späteren Floren auch nicht wiederholt. GMELIN (1805: 676): „Circa Carlsruhe auf der Schießwiese,

et alibi in fossis frequens". GMELIN unterschied dabei eine weitere Sippe *Oe. tabernaemontani.*

Bestand und Bedrohung: *Oenanthe fistulosa* war im vergangenen Jahrhundert gerade im Oberrheingebiet vielfach häufig. Nach 1970 wurden nur noch ganz wenige Vorkommen bestätigt (zuletzt um 1978).

Die Pflanze steht wohl kurz vor dem Aussterben oder ist vielleicht schon ausgestorben (G1–G0). Auch in Nachbargebieten wie der Pfalz oder Bayern dürfte die Bestandessituation ähnlich wie in Baden-Württemberg sein. Für das Gebiet der alten Bundesrepublik Deutschland wurde sie mit „gefährdet" eingestuft (in Norddeutschland scheint die

293

Pflanze noch wesentlich häufiger und weniger gefährdet zu sein). – Ursachen des Rückganges sind Eutrophierung der Gewässer und wahrscheinlich auch die Aufgabe der Wiesenbewässerung, weiter Entwässerungen und Zuwachsen der Ufer wegen fehlender Störungen.

Variabilität: Die von Gmelin unterschiedene *Oe. tabernaemontani* wird als *Oe. fistulosa* var. *tabernaemontani* (Gmelin) Koch ex DC. 1830 gefaßt. Nach den Untersuchungen von Glück (1911) ist sie durch reich geteilte, umfangreiche Primärblätter geschieden, die der *Oe. aquatica* zum Verwechseln ähnlich sind. Hauptverbreitung im Mittelmeergebiet (dort häufiger als die typische Sippe). Ökologische Unterschiede sind nicht bekannt. – Die var. *tabernaemontani* wurde von Gmelin (1805: 677) aus der Rheinniederung um Karlsruhe (Daxlanden, Linkenheim, Hochstetten) angegeben; Glück (1911) kannte sie von einem Wassergraben zwischen Neuhofen und Mutterstadt (Pfalz, 6516/3).

2. Oenanthe lachenalii C.C. Gmelin 1805
Oe. rhenana DC., *Oe. pollichii* C.C. Gmelin 1805
Lachenals Wasserfenchel

Morphologie: Hemikryptophyt, ausdauernd, Pflanze schlank, wenig verzweigt, bis 0,7 m hoch, untere Blätter doppelt fiedrig eingeschnitten (zur Blütezeit meist verschwunden), obere Stengelblätter einfach gefiedert, mit entfernt stehenden linea-

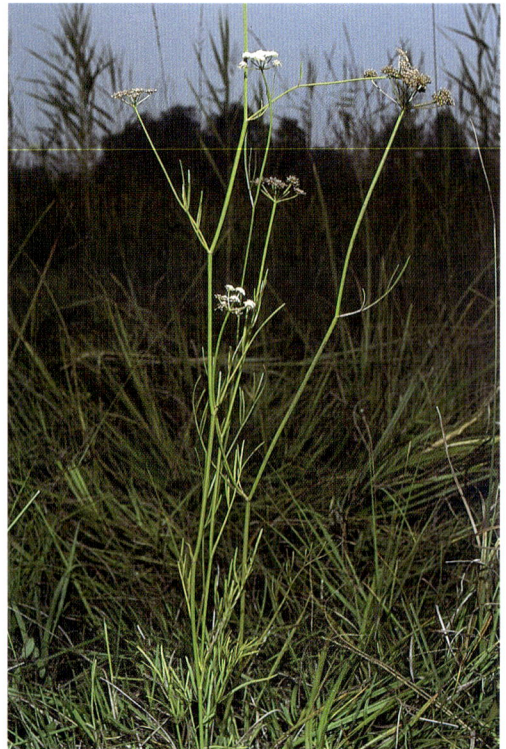

Lachenals Wasserfenchel *(Oenanthe lachenalii)*
Ichenheim

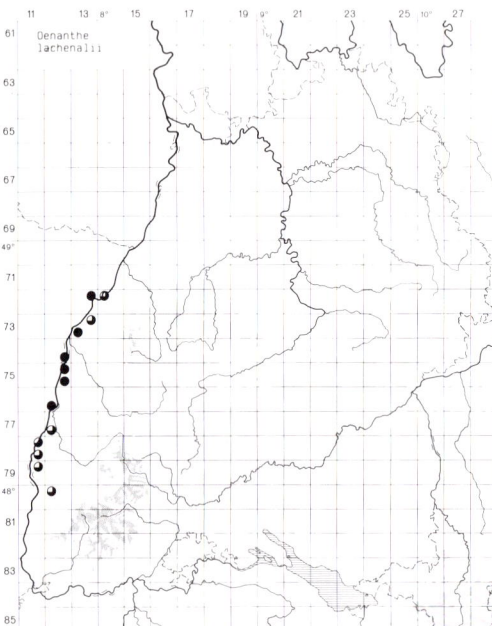

len Fiederabschnitten, diese ca. 4 cm lang und 1–2 mm lang, Blattspreite deutlich länger als Blattstiel, Dolde mit 8–15 Döldchen, Früchte des Döldchens ± dicht, kugelig oder halbkugelig zusammenschließend, Frucht 2–3 mm lang, mit 1 mm langem Griffel. – Blütezeit 2. Junihälfte bis August.

Ökologie: Einzelpflanzen an feuchten bis nassen, meist längere Zeit überschwemmten, kalkreichen, basischen, ± nährstoffarmen Schluffrohböden, seltener auf etwas humosen Böden, gern an Stellen mit gewissem Wasserzug. In lückigen, niederwüchsigen Pfeifengraswiesen, diese z.T. mit höheren Anteilen von *Calamagrostis epigeios*, zusammen mit *Allium angulosum*, kennzeichnend für das Oenantho-Molinietum. Offenhalten der Fächen bis hin zu Bodenverletzungen begünstigt *Oe. lachenalii*, die an derartigen Stellen sehr gut aus Samen nachkommt. – Vegetationsaufnahmen vgl. Görs (1974: 385), für das linksrheinische Gebiet Carbiener (1978), synthet. Tabellen: Philippi (1960), Korneck (1962).

Allgemeine Verbreitung: Europa, Nordafrika. In Europa v.a. in Westeuropa (küstennahe Gebiete), nordwärts bis Dänemark, ostwärts bis Mazedonien. In Deutschland nur im Oberrheingebiet sowie im Küstenbereich der Nord- und Ostsee, im Gebiet isoliertes Vorkommen und hier die Ostgrenze der Verbreitung erreichend (benachbart in der Schweiz: Limmat- und Aare-Gebiet, Rhone).

Verbreitung in Baden-Württemberg: Oberrheingebiet, hier v. a. in der Rheinniederung zwischen Breisach und Söllingen-Fort Louis, links- wie rechtsrheinisch. In der anschließenden nordbadischen Rheinebene wie in der Pfalz fehlend; nächste Vorkommen rheinabwärts in Hessen und Rheinhessen zwischen Worms und Mainz. Linksrheinisch weiter im Oberelsaß bei Neudorf und Rosenau unweit Basel (8311/1 u. 3); rechtsrheinisch fehlen entsprechende Vorkommen.

Höhenlage der Fundstellen zwischen 120 und 205 m.

Die Pflanze dürfte wohl erst mit dem Menschen in das Gebiet eingewandert sein (Archäophyt). CARBIENER (1978) hingegen deutet die Vorkommen von *Oe. lachenalii* als Bestandteil primärer Flutwiesen.

Oberrheingebiet: Früher in der Rheinniederung zwischen Breisach und Kehl verbreitet und meist nicht selten; Einzelangaben sind ungenügend. Zwischen Kehl und Söllingen bei Rastatt, wo die Pflanze erst um 1956/57 von GEISSERT entdeckt wurde, war sie sehr zerstreut (Einzelangaben vgl. PHILIPPI 1961, 1971). In diesem Gebiet ist sie linksrheinisch nur bei Fort Louis (7114/3, um 1985, P. WOLFF) bekannt. Nach 1960–70 ist *Oenanthe lachenalii* stark zurückgegangen. Gründe des Rückganges waren Aufforstungen, Wiesenumbruch und Entwässerungen; der Bau der Kanalschlingen mit der veränderten Wasserführung im Hinterland dürfte ganz wesentlich zum Rückgang beigetragen haben. So sollen hier nur die nach 1970 noch bestätigten Vorkommen aufgeführt werden: 7213/2:

Lachenals Wasserfenchel *(Oenanthe lachenalii)* Früchte

Rheinvorland bei Greffern, zuletzt um 1978, ob noch?, PHILIPPI (KR-K); 7313/7: Diersheim, Leutesheim, um 1990, SCHNEIDER (KR-K); 7412/4: Marlen, 1972, KRAUSE (KR-K), ob noch? 7512/1: Altenheim, hier schon im letzten Jahrhundert von WINTER u. a. genannt, wenige Restbestände, 1990, SEMMELMANN (KR-K); 7515/4: Rheinvorland von Ichenheim und Meißenheim, um 1987, E. RENNWALD, PHILIPPI (KR-K); 7612/3: Rheinvorland bei Kappel, GÖRS (1974), noch auf kleiner Fläche vorhanden (KR-K). – Außerhalb der Rheinniederung: 8012/1: Opfingen, NEUBERGER (1912), zuletzt spärlich am Rand von Wiesengräben gegen den Tuniberg um 1956, PHILIPPI (KR-K).

Erstnachweise: Erste Beschreibung der Pflanze von GMELIN (1805: 678) nach Vorkommen im Oberelsaß bei Michelfelden. Die erste Fundnennung bei GMELIN (1826: 210) findet sich unter *Oe. pollichii*: „in der Faulenwag frequens, ubi vidi 1818". SPENNER (1829) führt die Pflanze unter *Oe. lachenalii* auf: „in pratis udis rhenanis auf der Faulen Waag abunde".

Bestand und Bedrohung: Die früher am Rhein recht häufige Pflanze ist nach 1970 stark zurückgegangen. Im Gebiet dürften heute vielleicht noch 5 (allenfalls 10)% des Bestandes von 1960 existieren. Die letzten Vorkommen verdanken ihr Überleben mehr dem Zufall als einem planenden Naturschutz. Wichtig ist an den Wuchsorten der *Oe. lachenalii* eine ± regelmäßige, doch späte Mahd. – Gefährdung: G2 (mit Tendenz zu G1?).

3. Oenanthe peucedanifolia Pollich 1776
Haarstrang-Wasserfenchel

Morphologie: Hemikryptophyt, Pflanze ausdauernd, bis 0,7 m hoch, insgesamt ähnlich *Oe. lachenalii*, unterschieden durch größere Randblüten und Merkmale im Wurzelbereich, weiter mittlere Blätter (im Gegensatz zu *Oe. lachenalii*) meist doppelt gefiedert, mit kürzeren Fiederabschnitten (diese ca. 2,5 cm lang), nur oberste Stengelblätter einfach gefiedert. Frucht 2,5–3,5 mm lang. – Blütezeit 2. Junihälfte–Juli.

Ökologie: An lichtreichen, feuchten (selten nassen), meist kalkarmen, sauren, doch basenreichen, nährstoffarmen, humosen Stellen. In Streuwiesen zusammen mit *Juncus acutiflorus, Molinia caerulea* und *Selinum carvifolia* in armen Ausbildungen des Molinietum caeruleae. Vegetationsaufnahmen aus benachbarten Gebieten vgl. PHILIPPI (1960: 152, Pfalz), KORNECK (1962: 185, Lautergebiet).

Allgemeine Verbreitung: Westeuropa, nordwärts bis Holland, im Süden bis Italien, Balkanhalbinsel; Nordafrika (Algerien). In Deutschland v. a. westlich des Rheins (Saar- und Moselgebiet, Pfalz); im

Haarstrang-Wasserfenchel *(Oenanthe peucedanifolia)*
Pfalz, Geinsheim, Juni 1991

Elsaß (Lautergebiet bei Weissenburg, Oberelsaß in der Umgebung von Mülhausen-Thann); isolierte Fundstelle im Neckargebiet.

Verbreitung in Baden-Württemberg: 7120/4: Stuttgart-Weilimdorf, „im Gschneid" „ohnweit des Dachensees, 13. Juli 1817", auf einer feuchten Waldwiese, HILL, MARTENS, nach SEYBOLD (1968: 241) zuletzt 1849 beobachtet. Höhenlage ca. 300 m, geolog. Untergrund Keuper. Die Belege im Herb. MARTENS sind leider in Berlin verbrannt. SEYBOLD (1968) schließt eine Verwechslung mit *Oe. fistulosa* nicht aus.

Ein Vorkommen von *Oe. peucedanifolia* bei Stuttgart ist nicht ganz auszuschließen, paßt aber nicht ganz in das Arealbild der Pflanze, die als atlantische Art den Rhein sonst nicht überschreitet. Synanthropes Vorkommen? – Erste Erwähnung: ZENNECK (1822: 52).

Oenanthe silaifolia Bieb. 1819
Silgenblättriger Wasserfenchel

Pflanze aus der Verwandtschaft von *Oe. lachenalii* und *Oe. peucedanifolia*, unterschieden durch halbkugelige bis schwach gewölbte Döldchen und breitere Blattabschnitte (bis 4 mm breit), Blätter dreifach gefiedert. – Pflanze in

Wiesen der Pfalz bei Schifferstadt (1893) und in Hessen bei Hanau (1908) beobachtet, weiter in der Nordschweiz. Vorkommen wohl auf Einschleppung zurückzuführen; natürliche Vorkommen in Südost- und Südeuropa.

4. Oenanthe aquatica (L.) Poiret 1795
Phellandrium aquaticum L. 1753
Großer Wasserfenchel, Roßfenchel

Morphologie: Hemikryptophyt bzw. Wasserpflanze, zweijährig (bis ausdauernd), Landformen bis 1,2 m, Wasserformen bis 2 m (und größer), Rhizom dick, schwammig, Pflanze ausladend verzweigt mit kräftigem, innen hohlem Stengel, dieser bis 8 cm im Durchmesser, Blätter 2- bis 3fach fiedrig eingeschnitten, mit eiförmig-lanzettlichen kurz gespitzten Fiederabschnitten, Wasserblätter (soweit vorhanden) haarfein zerteilt, Dolden den Blättern gegenüberstehend, mit wenigen Hochblättern, Döldchen mit zahlreichen Hochblättern, reife Früchte auf 1–3 mm langen Stielen, Griffel 1 mm lang. – Blütezeit Juni–August. Verbreitung durch Wasservögel; Ausläuferverbreitung.

Ökologie: Am Rand oder in nährstoffreichen (bis mäßig nährstoffreichen, mesotrophen), meist kalkreichen, basischen Gewässern über schlammigem Grund, z.T. unbeständig auftretend (Keimung auf trockengefallenem Schlamm, doch auch auf Treibgut usw.), gern im Halbschatten von *Salix*-Beständen. Zusammen mit *Rorippa amphibia* in nieder-

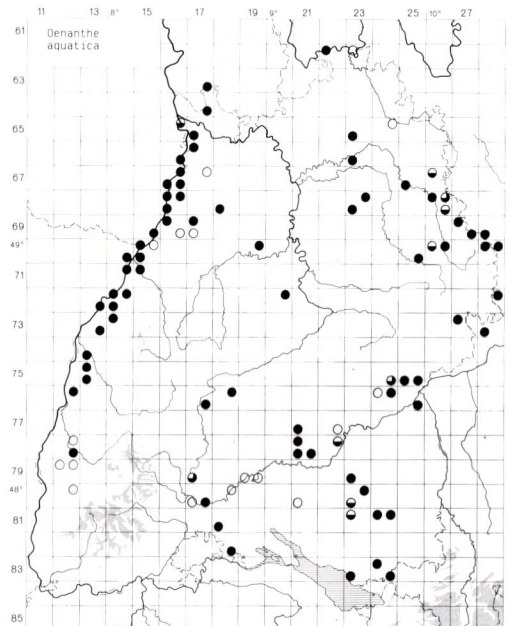

Großer Wasserfenchel *(Oenanthe aquatica)*
Ellwangen/Jagst, 15. 7. 1990

wüchsigen, kurzlebigen Röhrichtgesellschaften, hier als Kennart des Oenantho-Rorippetum amphibiae, im Wasser bis in Tiefen von über 1 m in Seerosen-Beständen, hier vorzugsweise an schattigen Stellen. Entlang der Donau vorzugsweise in langsam fließenden Gewässern. – Vegetationsaufnahmen vgl. PHILIPPI (1973, 1978, 1979).

Allgemeine Verbreitung: Europa, Asien (bis Zentralasien). In Europa im Mittelmeergebiet selten oder fehlend (z.B. iberische Halbinsel), nordwärts im Ostseegebiet bis ca. 62° n.Br. In der Bundesrepublik v.a. in der Norddeutschen Tiefebene und in den Stromtälern, Alpen fehlend.

Verbreitung in Baden-Württemberg: Oberrheingebiet, hier Schwerpunkt in der nördlichen Oberrheinebene, nicht selten, wenn auch vielfach nur unbeständig auftretend. In der südbadischen Rheinebene selten (hier früher ebenfalls häufig). Main selten an Altarmen, früher offensichtlich häufiger. Muschelkalkgebiete (Gäulandschaften) selten. Schwäbisch-Fränkischer Wald: Zerstreut, v.a. im Teichgebiet um Ellwangen–Dinkelsbühl. Glemswald, Vorland der Südwestalb: Wenige Fundstellen. Baar selten. Donau: In Altwassern zwischen Donaueschingen und Fridingen mehrfach genannt, offensichtlich erloschen. In den Donauzuflüssen: Lauchert, Blau, früher auch Zwiefalter Aach. Alpenvorland sehr zerstreut, am Bodensee-Ufer bisher nur im benachbarten bayerischen Gebiet bei Wasserburg und Lindau beobachtet, sich mit der Eutrophierung des Bodensees ausbreitend (DÖRR 1976).

Tiefste Fundstellen in der Rheinniederung, ca. 90 m, höchste 7917/3: Schwenninger Moos, 705 m.

Die Pflanze ist einheimisch. Nach zahlreichen Vorkommen an naturnahen Stellen in Flußlandschaften ist anzunehmen, daß sie schon vor Eingriff des Menschen vorhanden war.

Einzelangaben: Gäulandschaften: 6523/3: Hüngheim, 1979, MESZMER (STU-K); 6818/3: Münzesheim, trocken-gefallene Fischteiche, um 1975, PHILIPPI (KR-K); 7019/2: o.O., E. ZIEGLER (STU-K).
Glemswald: Bernhardsbachtal, seit etwa 1953 beobachtet, SEYBOLD (1968).

Erstnachweise: LEOPOLD (1728: 131): „In denen Weyhern neben dem Spitalgarten" bei Ulm. Die Pflanze wurde vermutlich schon von H. HARDER 1576–94 im Gebiet gesammelt, SCHINNERL (1912: 240).

Bestand und Gefährdung: Am Oberrhein ist die Pflanze noch in reichen Beständen vorhanden, sie ist hier wenig gefährdet (solange das bisherige Wasserregime in der Aue erhalten bleibt). Auch die Vorkommen in den Donauzuflüssen, in den Weihern des Schwäbisch-Fränkischen Waldes oder des Alpenvorlandes scheinen wenig gefährdet zu sein. Bei den übrigen Vorkommen, die alle sehr isoliert sind, läßt sich zumindest eine potentielle Gefährdung vermuten.

5. Oenanthe fluviatilis (Babingt.) Coleman 1844
Oe. phellandrium β *fluviatilis* Babingt. 1843
Fluß-Wasserfenchel

Morphologie: Wasserpflanze, bis über 2 m lang, flutend, untergetauchte Blätter fein zerteilt, mit (eiförmig-)linealen, am Grund keilförmigen Blattabschnitten, 1–2 mm breit, dünn, Luftblätter (breit) eiförmig, mit keilförmigem Grund, Blütendolde über der Wasseroberfläche, Früchte 5–6 mm lang. Die Pflanze variiert je nach Wassertiefe und Fließgeschwindigkeit, vgl. dazu die Untersuchungen von GLÜCK (1911).

Ökologie: In langsam fließenden (bis fast stehenden), eutrophen (z.T. auch leicht verschmutzten) Gewässern, meist über kalkhaltigem, sandig-kiesigem Grund, in Wassertiefen von 0,5 bis 2 m. Zusammen mit *Sagittaria sagittifolia, Sparganium emersum, Potamogeton nodosus* u.a. im Sagittario-Sparganietum emersi (an weniger durchströmten Stellen) bzw. im Ranunculetum fluitantis (an rascher stärker durchströmten Stellen). – Vegetationsaufnahmen aus dem Gebiet fehlen, aus dem benachbarten Elsaß Artenliste bei GLÜCK (1911: 430), synthetische Liste bei KAPP u. SELL (1960); vgl. auch WOLFF (1989).

Fluß-Wasserfenchel *(Oenanthe fluviatilis)*
Mittelelsaß bei Benfeld

Allgemeine Verbreitung: Westeuropa: England, Frankreich, ostwärts bis Oberrheingebiet, Dänemark. Im Gebiet Ostgrenze der Verbreitung erreichend. – Atlantisch.

Vorkommen in Baden-Württemberg: Oberrhein, hier auf badischer Seite erstmals von LAUTERBORN (1908) als *Oe. aquatica* var. *conioides* Nolte erwähnt (GLÜCK 1911: 430), später von GLÜCK (1911) als *Oe. fluviatilis*. Die elsässischen Vorkom-

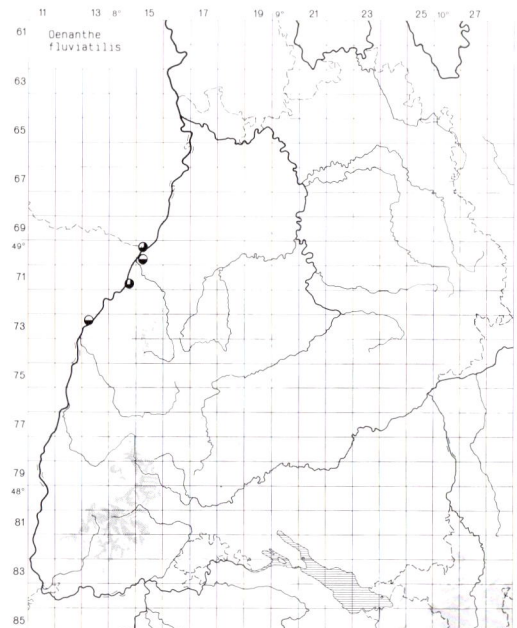

Fluß-Wasserfenchel *(Oenanthe fluviatilis)*
flutende Blätter

men waren I SSLER bereits um 1900 bekannt; er be-
zeichnete die Pflanze jedoch als Varietät der *Oe.
aquatica* (I SSLER 1901: 487). Erst später wurde sie
als *Oe. fluviatilis* erkannt (I SSLER 1926). – Höhenlage der Fundorte in Baden-Württemberg
105–130 m, im Elsaß bis ca. 190 m. Die Pflanze
war einheimisch.

Oberrheingebiet: 7015/1: Altwasser bei Au a. Rh., 1958,
K ORNECK in P HILIPPI (1961), später nicht mehr beobachtet; 7015/3: Altrhein bei Illingen, zusammen mit *Sagittaria
sagittifolia* var. *valisneriifolia*, „in großen Mengen", 1906,
L AUTERBORN, vgl. G LÜCK (1911: 430), L AUTERBORN
(1927: 79), K NEUCKER (1925: 294); letzte Beobachtung
1919 (KR, vgl. K NEUCKER 1925); 7114/3: Altarm bei Iffezheim, eine Pflanze, 1964, P HILIPPI (1971), später nicht
mehr beobachtet. Nur vorübergehende „Einschwem-
mung" aus dem Elsaß? 7313/3: Diersheim, Groschenwas-
ser, in einem fast stagnierenden Seitenarm des Rheins,
1909, L AUTERBORN, vgl. G LÜCK (1911: 430), L AUTERBORN
(1927: 79); spätere Beobachtungen sind nicht mehr bekannt.

Die Vorkommen auf badischer Seite sind erloschen; sie
waren nie so reich wie die auf elsässischer Seite. Hier gerade aus der Ill und ihren Seitenarmen zwischen Colmar
und Straßburg vielfach, auch heute noch reichlich. Nördlich Straßburg z. B. 7213/3: zwischen Gambsheim und
Herrlisheim, 7213/2: Drusenheim, Unterlauf der Moder,
um 1960–70 reichlich, G EISSERT. Die Pflanze ist im Unterelsaß in den letzten Jahren infolge Gewässerverschmutzung praktisch verschwunden (G EISSERT, S IMON und
W OLFF 1985).

Bestand und Bedrohung: Auf der badischen Rheinseite ausgestorben; in Deutschland keine weiteren
Vorkommen bekannt. Ursache des Verschwindens
wohl Gewässerausbau und Auskiesung der Alt-
arme.

29. **Aethusa** L. 1753
Hundspetersilie

Gattung mit nur einer Art.

1. **Aethusa cynapium** L. 1753
Gewöhnliche Hundspetersilie, Gleisse

Morphologie: Therophyt. Pflanze einjährig (bis
zweijährig), bis 1 (1,2) m hoch, kahl, nur Döldchenstiele und Blütenstiele kurzborstig. Blätter im
Umriß breit dreieckig, 2- bis 3fach gefiedert, mit
schmalen, parallelrandigen Endzipfeln, stumpf
oder kurz gespitzt, unterseits glänzend (vgl. lat.
Name). Hochblätter der Döldchen meist 3, länger
als Blüten und Fruchtstiele, nach außen bzw. abwärts gerichtet, bei den inneren Döldchen oft fehlend. Blüten weiß, Griffel- und Griffelpolster bei
Fruchtreife oft violett. Frucht breit eiförmig, wenig
länger als breit, nach oben verschmälert, 2–4 mm
lang, mit breitwulstigen Rippen. – Pflanze nach
Zerreiben widerlich riechend (nach Mäuseharn). –
Blütezeit Juni–September. – Pflanze stark giftig
(durch den Gehalt an Aethusin, einem Coniin-ähn-
lichem Alkaloid).

Ökologie: An nährstoffreichen, meist kalkreichen,
basischen, lockeren Lehmböden, mäßig frisch bis
mäßig trocken stehend. Auf Sandböden fehlend. In
Hackfruchtkulturen, in Halmfruchtäckern, auch
Stoppelfeldern, in Weinbergen, Gärten usw., auch

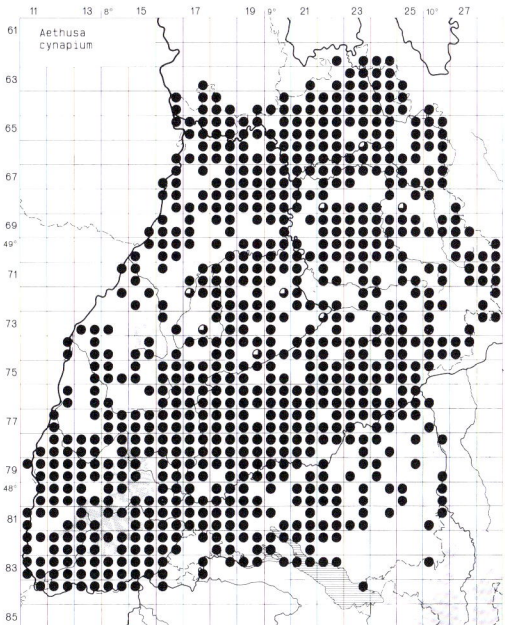

Gewöhnliche Hundspetersilie *(Aethusa cynapium)*
Weil im Schönbuch, 18. 8. 1991

an Schuttstellen. In zahlreichen Vegetationsaufnahmen von Halm- und Hackfruchtgesellschaften enthalten, wenn auch meist nur in geringer Menge und Stetigkeit, vgl. z. B. KUHN (1937: 40), GÖRS (1966), LANG (1973).

Allgemeine Verbreitung: Europa, Kleinasien bis Kaukasus und westliches Sibirien, Nordafrika (selten); eingeschleppt in Nordamerika. In Europa v. a. im mittleren Teil, Südeuropa selten. Nordwärts in Skandinavien geschlossenes Areal bis a. 60° n. Br., in England v. a. südlich 55° n. Br. – Temperat-submediterran, schwach subozeanisch.

Verbreitung in Baden-Württemberg: Im Gebiet verbreitet und meist häufig, Schwerpunkt des Vorkommens in Kalkgebieten, doch auch in kalkarmen Gebieten wie Schwarzwald und Odenwald: hier meist in Gärten. Verbreitungslücken im mittleren und nördlichen Schwarzwald und im Schwäbisch-Fränkischen Wald: Waldgebiete ohne ausreichende Kulturflächen, weiter in Teilen der Ostalb. (Manche der Vorkommenslücken könnten sich bei entsprechender Nachsuche noch schließen lassen!) Auffallend ist das Fehlen in Teilen des Alpenvorlandes, vor allem im Westallgäuer Hügelland und im Bereich der Würmmoräne von Wilhelmsdorf-Bad Waldsee. Auch im bayerischen Alpenvorland im alpennahen Bereich relativ selten oder fehlend. Eine ökologische Begründung des Fehlens steht noch aus.

Tiefste Fundstellen ca. 95 m, höchste in Gärten des Südschwarzwaldes 1145 m (8114/1): Feldberg, Urbershütte, HÜGIN (KR-K).

Die Pflanze ist wohl erst mit dem Menschen in das Gebiet eingewandert (Archäophyt).

Erstnachweise: Subfossile Erstnachweise vereinzelt seit dem Spätneolithikum, häufiger ab Bronzezeit. Funde z. B. bei Ehrenstein. Übergang Atlantikum/ Subboreal, HOPF (1968), Sipplingen (Bodensee), Subboreal, K. BERTSCH (1932). – Erste schriftliche Hinweise J. BAUHIN (1598: 197, 1602: 211) „im Schloß Teck wie auch am Eichelberge".

Bestand und Bedrohung: Nicht bedroht, keine Gefährdung erkennbar.

Variabilität: *Aethusa cynapium* ist formenreich.

Unterschieden werden:

a) subsp. **agrestis** (Wallr.) Dost.: Pflanze bis 30 cm hoch, mit kantigem Stengel, Hochblätter des Döldchens so lang oder kürzer als das Döldchen, vorzugsweise in Halmfruchtäckern über Kalk.

b) subsp. **cynapium**: höher wüchsig, Hochblätter des Döldchens meist länger als das Döldchen; verbreitete Form auf Schutthäufen, Gärten usw.

c) subsp. **cynapioides** (Bieb.) Nym.: Pflanze bis 90 cm hoch und höher, Stengel rund, fein gerieft, Hochblätter des Döldchens so lang oder kürzer als das Döldchen; in nitrophytischen Staudengesellschaften an Waldrändern, am Rand von Waldwegen.

Die subsp. *cynapium* dürfte die verbreitete Unterart des Gebietes sein. In Kalkgebieten ist die subsp. *agrestis* nicht selten. Die subsp. *cynapioides* ist bisher wenig bekannt geworden; eine erste Zusammenstellung hat GERSTBERGER (1988) gegeben: 7619/?: Hechingen, 1987 W. SCHUMACHER, 7712/1: Taubergießengebiet bei Rust, 1971, TH. MÜLLER (in GÖRS u. MÜLLER 1974: 260); 7712/4: Tutschfelden-Broggingen, 1986, G. HÜGIN; 8011/4: SE Bremgarten, 1987, G. HÜGIN; 8012/2: Rieselgut bei Freiburg, 1987, G. HÜGIN; 8116/2: zw. Seppenhofen und Bachheim, 775 m, 1987, G. HÜGIN; 7719/?: Balingen, 1987, W. SCHUMACHER.

30. **Athamanta** L. 1753
Augenwurz

Ausdauernde, graugrüne, ± dicht behaarte Pflanzen, Früchte länglich, dicht behaart, mit kahlem, schnabelartigem Fortsatz.

Gattung mit 9 Arten (Europa, Kleinasien bis Persien), in Europa 7 Arten, diese v. a. in den Gebirgen des Mittelmeergebietes bis zu den Alpen), in Baden-Württemberg eine Art.

Gewöhnliche Augenwurz *(Athamanta cretensis)*
Lochen bei Balingen, 15. 6. 1989

1. Athamanta cretensis L. 1753
Gewöhnliche Augenwurz

Morphologie: Hemikryptophyt, mit kräftigem Wurzelstock, 10–40 cm hoch, durchweg behaart (bis Blattzipfel und Außenseite der Blüten), Blätter mehrfach gefiedert, mit linealen, 2–10 mm langen und 0,2–1 mm breiten Fiederabschnitten, Dolden mit wenigen Hochblättern, diese mit grünem Mittelstreifen, Döldchen mit vielen Hochblättern, Blüten weiß, Frucht ca. 8 mm lang, länglich, Teilfrucht mit 5 breiten Rippen. – Blütezeit: Juli, August.

Ökologie: In einzelnen Pflanzen in Spalten von Kalkfelsen, meist in absonniger Lage, zusammen mit *Hieracium humile* und *Draba aizoides* kennzeichnend für das Drabo-Hieracietum humilis (Potentillion caulescentis-Verband). Vegetationsaufnahmen vgl. KUHN (1937: 46, 103), OBERDORFER (1977, synthet. Tab.).

Allgemeine Verbreitung: Kalkgebirge von Spanien, Norditalien und Jugoslawien bis Alpen und Jura, im Gebiet wenige, isolierte Vorkommen, diese an der Nordgrenze der Verbreitung.

Verbreitung in Baden-Württemberg: Schwäbische Alb, isolierte Fundstellen am Nordrand der Südwestalb. Nächste Vorkommen in den Bayerischen Alpen und im Basler Jura.

Höhenlage ca. 700–960 m.

Die Pflanze ist einheimisch; das Vorkommen in der Schwäbischen Alb kann – ähnlich wie bei *Draba aizoides* – als Glazialrelikt gewertet werden.

7522/1: Dettinger Roßberg, 1991 von H. STADELMAIER entdeckt; isoliertes Vorkommen in relativ niederer Höhenlage (ca. 700 m); Gebiet S Balingen an zahlreichen Stellen: 7719/3: Schafberg, Lochenstein und Lochenhorn; 7719/4: Gräbelesberg, Grat bei Laufen, Vorkommen in Höhen um 900–960 m, zu den Einzelangaben vgl. v. MARTENS u. KEMMLER (1882), MAYER (1929), BERTSCH (1948); 7819/2: Wolfshaldefels und Schuhmacherfels bei Hossingen, GRADMANN (1936).

Erstnachweis: LECHLER (1844: 25–26): „Auf dem Lochen bei Balingen, ZELLER".

Bestand und Bedrohung: An allen Fundstellen handelt es sich um kleine Bestände, die potentiell durch Felsabbrüche, teilweise auch durch Touristen oder Kletterer bedroht sind (G4).

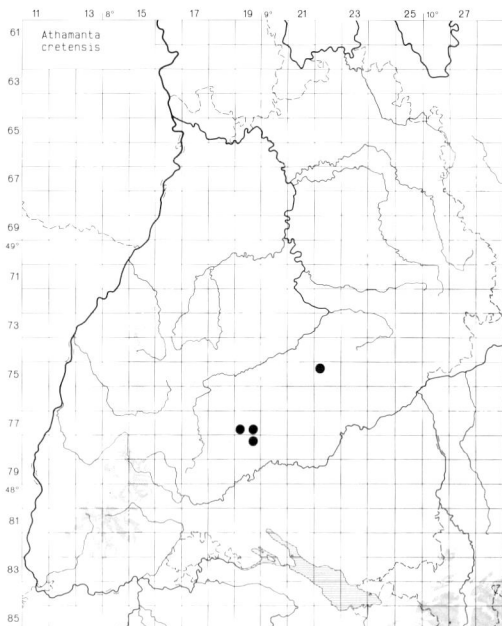

Variabilität: Formenreiche Art. Die Pflanzen des Gebietes werden der var. *decipiens* Duby 1828 zugerechnet, hier weiter einer Form, die durch spärlich behaarte Blätter ausgezeichnet ist. Kennzeichnend für die var. *decipiens* sind der kräftige (bis 60 cm hohe), auch im oberen Teil verzweigte Stengel und die kaum über 0,5 mm breiten Blattzipfel.

Foeniculum Miller 1754
Fenchel

Gattung mit 2–3 Arten im Mittelmeergebiet und Südwestasien.

Foeniculum vulgare Miller 1768
Gewöhnlicher Fenchel

Pflanze zweijährig bis ausdauernd, bis 2 (2,5) m hoch, blaugrün überlaufen, Blätter 3- bis 4fach gefiedert, mit langen linealen Abschnitten, diese bis 7 cm lang und 1 mm breit. Kronblätter gelb, Narben sitzend (Griffel sehr kurz), Frucht 4–10 mm lang und 2–3 mm stark, kaum abgeflacht.
 Heimat Mittelmeergebiet. In Baden-Württemberg z.T. verwildert. Dauerhafte Vorkommen sind nicht bekannt.

Anethum L. 1753
Dill

Gattung mit 2 Arten, Heimat Mittelmeergebiet.

Anethum graveolens L. 1753
Gewöhnlicher Dill

Pflanze einjährig, bis 1,2 m hoch, kahl, obere Teile schwach bläulich bereift. Blätter 3- bis 4fach fiederschnit-

tig, die letzten Abschnitte fädlich-lineal. Dolden groß, bis 15 cm im Durchmesser, ohne Hülle und Hüllchen. Blüten klein, gelb, Frucht 3–5 mm lang und 2–3,5 mm breit. – Pflanze mit strengem, würzigem (nicht süßlichem!) Geruch.
 Heimat Orient (Persien bis Ostindien), seit langer Zeit angebaut und gelegentlich verwildert, doch nicht eingebürgert. – Älteste Nachweise im Gebiet in römischer Zeit (Mittleres Subatlantikum), z.B. Welzheim, 3. Jahrh. n.Chr., KÖRBER-GROHNE u. PIENING (1983). In der Schweiz in neolithischen Seeufersiedlungen mehrfach nachgewiesen, bis ca. 3850 v.Chr. (JACOMET 1988).

31. **Silaum** Miller 1754
Wiesensilge

Pflanzen ausdauernd, kahl, Kronblätter gelbgrün, Frucht nicht abgeflacht, Teilfrucht mit 5 gleichstarken Rippen. – Gattung mit wenigen Arten in Europa und Asien, in Europa nur eine Art.

1. **Silaum silaus** (L.) Schinz et Thellung 1915
Peucedanum silaus L. 1753; *Silaus pratensis* Besser 1820
Gewöhnliche Wiesensilge, Gewöhnlicher Silau

Morphologie: Hemikryptophyt. Pflanze bis 1 m hoch, verzweigt, oft leicht violettbraun überlaufen, entfernt beblättert. Stengel kaum gerieft. Blätter im Umriß eiförmig, 3fach fiedrig eingeschnitten, mit locker stehenden Fiederabschnitten, diese 1 mm

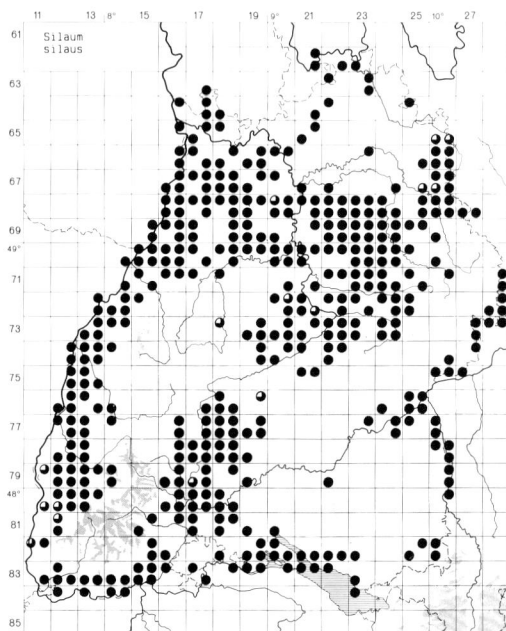

302

breit, spitz (doch nicht stachelspitzig). Dolde mit 0–3, Döldchen mit zahlreichen Hüllblättern. Stiele der Döldchen verschieden lang. Kronblätter gelblich, außen rot berandet, mit eingeschlagenen Zipfeln. Früchte bis 5 mm lang und 2,2–2,5 mm stark. – Blütezeit Juni bis September (Oktober).

Verwechslungsmöglichkeit: Pflanzen von *Silaum silaus* lassen sich im sterilen Zustand von *Selinum carvifolia* und *Peucedanum palustre* am Blattstiel der Grundblätter unterschieden: *S. silaus* hat einen kaum gefurchten Blattstiel mit diffus verteilten Leitbündeln, der von *Selinum carvifolia* ist deutlich gefurcht, mit am Rand stehenden Leitbündeln. Der Blattstiel von *Peucedanum palustre* ist hohl (im Gegensatz zu den anderen beiden Arten), hat reichlich Milchsaft und ist kaum gefurcht (FOERSTER 1972).

Ökologie: Einzelne Pflanzen an lichtreichen (bis schwach beschatteten), frischen (bis feuchten), selten überschwemmten, meist kalkreichen, basischen, seltener kalkarmen, (schwach) sauren, doch basenreichen, meist nur mäßig nährstoffreichen Stellen, auf humosen wie auf lehmigen Böden. – Schwerpunkt in Pfeifengraswiesen (v.a. in trockenen Ausbildungen), in Glatthaferwiesen (Arrhenatheretum elatioris) zusammen mit *Sanguisorba officinalis* frischere Standorte anzeigend (Auenwiesen), kann in Wiesen frühsommerliche Mahd gut ertragen, oft 2. Blühaspekt im Herbst. Seltener an Wegrändern in lichten Eichenwäldern. – Vegetationsaufnahmen aus Wiesen: vgl. v.a. GÖRS (1974, Oberrheingebiet), weiter KNAPP (1946), KORNECK (1962), PHILIPPI (1960), Pfeifengraswiesen der Oberrheinebene, LANG (1973, Pfeifengraswiesen des Bodensee-Gebietes), KUHN (1937: 120, wechselfrisches Mesobrometum, Schwäbische Alb).

Allgemeine Verbreitung: Europa, Asien bis Sibirien (Altai, Ural). In Europa südwärts bis Nordspanien, Oberitalien und nördliche Balkan-Halbinsel, nordwärts vereinzelt bis Schottland (56° n. Br.) und Südschweden. In Deutschland v.a. Süd- und Mitteldeutschland, Norddeutschland weitgehend fehlend. Ebenso in kalkarmen Mittelgebirgen und im (alpennahen) Alpenvorland selten oder fehlend. – Submediterran-temperat, schwach kontinental.

Vorkommen in Baden-Württemberg: Schwerpunkt des Vorkommens in der Oberrheinebene, in den Gäulandschaften: Kraichgau, Neckarbecken nördlich Stuttgart und Oberer Neckar, im Keuper-Lias-Neckarland; Stromberg, Schönbuch, Schwäbisch-Fränkischer Wald und Vorland der Alb. Baar. Schwäbische Alb nur am Rand, auf der Zollern-Heuberg-Alb und stellenweise auf der Ostalb. Donau-Gebiet, entlang der Iller; im übrigen Alpen-

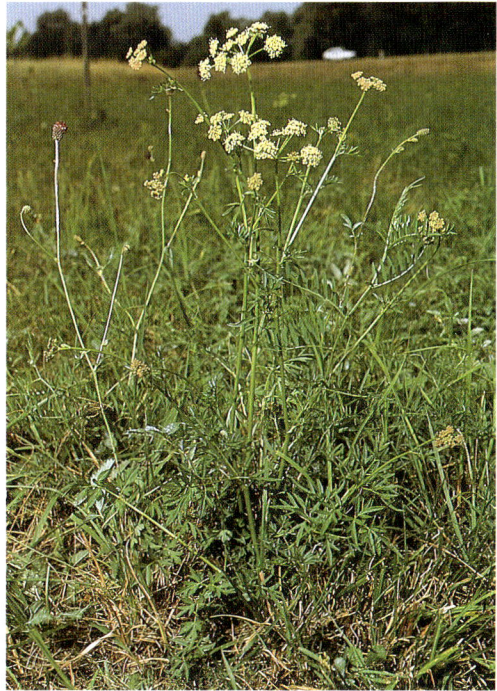

Gewöhnliche Wiesensilge *(Silaum silaus)*
Otterweier bei Bühl

vorland v.a. im westlichen Bodensee-Gebiet. *Silaum silaus* fehlt im innern Teil des Odenwaldes und im Schwarzwald (wegen zu armer Böden), in der Hohenloher Ebene und im Bauland und auf der Schwäbischen Alb (wegen zu trockener Böden). Das Fehlen in weiten Teilen des Alpenvorlandes (v.a. in Lagen oberhalb 500 m) könnte klimatisch bedingt sein.

Tiefste Fundstellen 95 m (Oberrhein), höchste in der Baar 8115/2: S Rötenbach, 830 m, 8115/3: Grünwald, ca. 900 m.

Die Pflanze ist nicht urwüchsig und wohl erst mit dem Menschen in das Gebiet eingewandert (Archäophyt).

Erstnachweis: Hornstaad (Bodensee), Spätes Atlantikum, RÖSCH (unpubl.). – Erste schriftliche Erwähnung: J. BAUHIN (1598: 196): „Silaum florens Augusto in pratis", Umgebung von Bad Boll (7323).

Bestand und Bedrohung: Insgesamt noch reichlich vorhanden und nicht bedroht. Doch vielfach mit Intensivierung der Wiesennutzung zurückgehend, weiter auch durch Umwandlung der Wiesen in Äcker. In manchen Gebieten der Rheinebene dürfte die Pflanze örtlich schon zu den bedrohten Arten gehören!

32. **Meum** Miller 1754
Bärwurz

Gattung mit einer Art:

1. **Meum athamanticum** Jacq. 1776
Gewöhnliche Bärwurz

Morphologie: Hemikryptophyt. Pflanze ausdauernd, bis 60 cm hoch, am Grund mit Faserschopf, kahl, dunkelgrün. Blattspreite im Umriß
länglich-dreieckig, 1,5–2 × so lang wie breit, 2- bis
3fach gefiedert, mit haarfeinen, 0,2 mm breiten und
6 mm langen stachelspitzigen Zipfeln. Dolde mit
wenigen, Döldchen mit zahlreichen linealen Hüllblättern. Blüten weiß, nur Randblüten der Döldchen Früchte ausbildend. Frucht länglich-eiförmig,
6–8 mm lang, mit deutlich hervortretenden Rippen. – Pflanzen (auch im getrockneten Zustand)
würzig riechend. – Blütezeit Juni–Juli, nach der
Mahd keine 2. Blüte; gegen Mulchen unempfindlich (vgl. SCHIEFER (1981)). Pflanze mit geringem
Futterwert; Früchte werden von Schafen gern gefressen.

Ökologie: An frischen bis mäßig trockenen, meist
nährstoffarmen, oft basenreichen, kalkarmen, sauren Stellen, auf rohen wie humosen (sandigen)
Lehmböden. In Magerrasen (v.a. des Violion caninae) zusammen mit *Nardus stricta* und *Festuca
rubra*, im „Meo-Festucetum", auch in extensiv ge-

Gewöhnliche Bärwurz *(Meum athamanticum)*

nutzten Wirtschaftswiesen (Alchemillo-Arrhenatheretum, Geranio-Trisetetum).

Vegetationsaufnahmen aus dem Südschwarz-
wald: BARTSCH (1940, Meo-Festucetum), K. MÜL-
LER (1948), SCHWABE-BRAUN (1980) u.a., aus dem
Nordschwarzwald KLEINSTEUBER (1992) und aus
der Schwäbischen Alb KUHN (1937: 188, *Arnica*-
Nardetum).

Allgemeine Verbreitung: Europa, hier in den kalkarmen Gebirgen Mittel- und Westeuropas, südwärts
bis Spanien, Italien und zur Balkanhalbinsel, ostwärts bis Ostalpen, Riesengebirge und Erzgebirge.
Britische Inseln v.a. Schottland, nordwärts bis 56°
n.Br. In Nordeuropa nur an wenigen Stellen in
Norwegen. In Deutschland neben den Vorkommen
im Schwarzwald v.a. in der Eifel und im Hochwald,
im Harz, Fichtelgebirge, Frankenwald und Erzgebirge. Daneben isolierte Fundstellen im Sauerland
und in der Rhön. – Temperat-subatlantisch.

Verbreitung in Baden-Württemberg: Schwarzwald
(hier dürften neben Vorkommen im Fichtelgebirge
und Frankenwald die Hauptvorkommen in
Deutschland sein), vereinzelte Vorkommen in der
Baar, in der Schwäbischen Alb und im Alpenvorland.

Tiefste Fundstellen: ca. 150 m 7115/4: zw. Ro-
tenfels und Kuppenheim, ca. 150 m, DÖLL (1862),
heute erloschen, 7215/4: Atzenbach, ca. 300 m,
1983, MURMANN-KRISTEN (KR-K); höchste in den
Gipfellagen des Feldbergs, ca. 1490 m.

Die Pflanze ist einheimisch und könnte im Gebiet urwüchsig sein. Zwar wären die meisten der

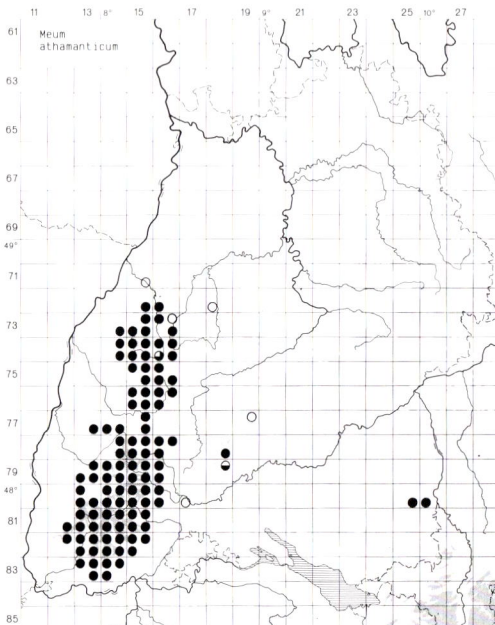

heutigen Wuchsorte von Natur aus bewaldet. Doch lassen sich in den waldfreien Karen und Felsabstürzen am Feldberg und Belchen natürliche Wuchsorte annehmen. Die Pflanze wäre dann im Gebiet als „progressives Glazialrelikt" anzusehen. Nicht auszuschließen ist aber auch eine Einschleppung durch den Menschen (die Pflanze wurde lange als Gewürz- und Heilpflanze verwendet); in diesem Fall wäre sie als Archäophyt anzusehen. Eine derartige Einschleppung oder Einwanderung trifft sicher für die Vorkommen im Nordschwarzwald oder im Alpenvorland zu.

Nordschwarzwald: In den Granit- und Gneisgebieten vielfach, oft nur in kleinen (bis sehr kleinen) Populationen, in der Regel in den besonders entfernt gelegenen Wiesen an den Talenden (nahe der Grenze gegen den Buntsandstein, im Buntsandsteingebiet nur an Sonderstandorten). Zusammenstellung der Vorkommen KLEINSTEUBER (1992).
Mittlerer Schwarzwald: In höheren Lagen verbreitet.
Südschwarzwald: In mittleren und oberen Lagen verbreitet und meist häufig, nach Osten bis in den Baar-Schwarzwald reichend.
Baar: 8017/3: Hüfinger Ried, 1867, STEHLE (vgl. ZAHN 1889), erloschen.
Schwäbische Alb: Wenige Fundstellen auf der Hochfläche in Höhen um 900 m: 7719/2: Onstmettingen, Zitterhof, 7818/4: Gosheim, Böttingen; 7918/2: Dreifaltigkeitsberg gegen Wehingen, vgl. v. MARTENS u. KEMMLER (1882). Von diesen Vorkommen konnte BERTSCH nach 1900 nur noch das am Dreifaltigkeitsberg bestätigen, KUHN (1937) ein Vorkommen nahe der Gosheimer Kapelle. Letzte Beobachtungen: 7818/4: SE Gosheim, 970 m, 1972, HAUFF u. SEBALD (STU-K).
Alpenvorland: Isoliertes Vorkommen um Wurzach-Seibranz, bereits im letzten Jahrhundert bekannt (v. MARTENS u. KEMMLER 1882), in Höhen oberhalb 700 m: 8025/4: an zahlreichen Stellen N Seibranz, Zusammenstellung der Vorkommen vgl. BRIELMAIER (1958), ferner DÖRR (1976), jeweils in kleinen, z.T. stark bedrohten Populationen. 8026/3: nahe Marienau, LENKER (STU-K).

Erstnachweis: BOCK (1539: 131b): „sunderlich im Schwartzwaldt etwan auff der selben wisen im hohen gebirg, do ich sie selbs erstmals funden".
Bestand und Bedrohung: Im Südschwarzwald in sehr reichen Beständen, infolge Düngung oder Aufforstung zurückgehend, doch nicht gefährdet. Im Mittleren Schwarzwald deutlich seltener, örtlich bereits gefährdet. Nordschwarzwald stark zurückgegangen und oft nur in sehr kleinen Populationen vorhanden: Gefährdet bis stark gefährdet. Schwäbische Alb, Alpenvorland: Stark gefährdet (bis vom Aussterben bedroht); Ursachen sind Intensivierung der Nutzung sowie (im Alpenvorland) Kiesabbau.
Gesamtgefährdung in Baden-Württemberg (die eigentlich der Gefährdung in keinem Gebiet gerecht wird): Gefährdet (G3).

33. **Cnidium** Cusson 1787
Brenndolde

Ähnlich *Selinum*, Blätter mit langen Scheiden, Teilfrüchte auf der ganzen Fugenfläche zusammenhängend, Frucht seitlich zusammengedrückt, seitliche Rippen der Teilfrucht kaum größer als die übrigen Rippen. – Gattung mit ca. 20 Arten (Europa, Asien bis Japan), in Europa 2 Arten, in Baden-Württemberg eine Art.

1. **Cnidium dubium** (Schkuhr) Thell. 1926
Seseli dubium Schkuhr 1791; *Cnidium venosum* Koch 1824
Gewöhnliche Brenndolde

Morphologie: Hemikryptophyt, Pflanze zweijährig (oder ausdauernd), schlank, bis 70 cm hoch, kahl, unverzweigt (bis wenig verzweigt), entfernt beblättert, Blätter 2- bis 3fach fiederschnittig, mit linealen, 1–2 mm breiten, am Rand schmal umgeschlagenen Blattzipfeln, mit weißen Stachelspitzen, Dolde ohne oder mit wenigen Hüllblättern, Blüten weiß, Frucht eiförmig bis fast kugelig, 2–2,5 mm lang, Teilfrucht mit 5 deutlich hervortretenden Rippen. – Blütezeit Mitte Juli bis August. Nach der Mahd erfolgt keine 2. Blüte, vegetative Vermehrung über Ausläufer bzw. Wurzelschosse (besonders im Herbst nach der Mahd zu beobachten).
Ökologie: An feuchten bis nassen, zeitweise über-

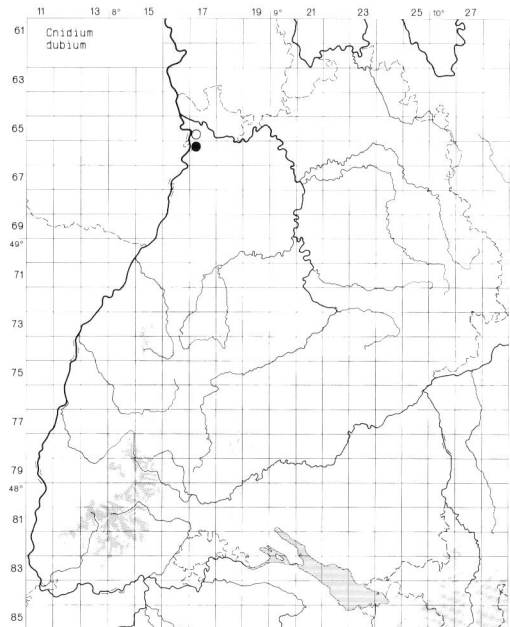

Gewöhnliche Brenndolde *(Cnidium dubium)*
Sessenheim (Unterelsaß)

fluteten, kalkarmen, sauren, doch basenreichen bis (schwach) kalkhaltigen, basischen Stellen. In nicht gedüngten nährstoffarmen Streuwiesen auf humosen wie schluffigen Böden, v.a. in niederwüchsigen Beständen, zusammen mit *Molinia caerulea, Viola pumila* usw. Kennart einer eigenen Gesellschaft (Cnidio-Violetum).

Vegetationsaufnahmen aus dem Gebiet vgl. PHILIPPI (1972: Tab. 11), in Nachbargebieten: Pfalz (OBERDORFER 1957, PHILIPPI 1960, KORNECK 1964), Elsaß (GEISSERT 1953, OBERDORFER 1957, PHILIPPI 1960).

Allgemeine Verbreitung: Osteuropa, Westasien (Westsibirien), Westgrenze Ostküste von Südschweden, unteres Elbegebiet, Oberrhein- und Maingebiet. – Kontinental.

Verbreitung in Baden-Württemberg: Nördliche Oberrheinebene, an wenigen Fundstellen, benachbart in der Pfalz und im Elsaß die Westgrenze der Verbreitung erreichend. Die Pflanze ist einheimisch, doch sicher erst mit dem Menschen in das Gebiet eingewandert (Archäophyt).

Nördliche Oberrheinebene: 6517/3: Feuchte Wiesen am Relaishaus zwischen Schwetzingen und Mannheim in we-

nigen Exemplaren, 1837, DÖLL (1843, 1862); später nicht mehr beobachtet. 6617/1: Lauswiesen W Brühl, auf kleiner Fläche, spärlich, PHILIPPI (1971), noch vorhanden, ca. 95 m.

Vorkommen in den Nachbargebieten: Pfalz, hier von zahlreichen Fundstellen bekannt, v.a. zwischen Speyer und Neustadt a.d.W., in der Rheinniederung nur sehr selten: 6716/1: Berghausen-Heiligenstein; vgl. die Verbreitungskarte für die Pfalz: LANG u. SCHMIDT (1984). – Elsaß: Erstmals von GEISSERT (1954) nachgewiesen: 7113/4: zw. Sessenheim und Soufflenheim, früher reichlich, durch Kiesabbau meiste Vorkommen heute zerstört, nur noch sehr spärlich vorhanden. Mittelelsaß: 7611/2: 7612/1: Rinne zw. Boofzheim und Herbsheim bis Obenheim, PHILIPPI (1960). – In angrenzenden bayerischen Gebieten im Bereich der Wörnitz: 7029/3: NW Heuberg; 7129/2: Sulzergraben zw. Wechingen und Pfäfflingen; vgl. dazu FISCHER (1982).

Erstnachweis: DÖLL (1843: 717).

Bestand und Bedrohung: Kleiner, extrem gefährdeter Bestand, der nur bei entsprechender Pflege (regelmäßige Mahd, möglichst erst in der 2. Augusthälfte) erhalten werden kann. G4–G1.

34. **Selinum** L. 1762
Silge

Pflanzen ausdauernd, kahl, mit mehrfach fiedrig eingeschnittenen Blättern. Frucht länglich-eiförmig, vom Rücken her zusammengedrückt, Teilfrüchte nur in der Mitte der Fugenfläche in einem schmalen Streifen zusammenhängend, mit 5 Rippen, die beiden Randrippen ± flügelartig verbreitert.

Gattung mit 6 Arten (Europa, Asien), in Europa 2 Arten, in der Bundesrepublik eine Art.

1. **Selinum carvifolia** L. 1762
Kümmelblättrige Silge

Morphologie: Hemikryptophyt, Pflanze bis 1 m hoch, schlank, wenig verzweigt, entfernt beblättert, Stengel deutlich gerieft,. Blätter bis dreifach fiedrig eingeschnitten, Fiederabschnitte ca. 1 mm breit, stachelspitzig. Dolde ohne oder nur mit 2 Hüllblättern; Döldchen mit zahlreichen Hüllblättern; Blüten weiß bis rosa; Frucht 2,5–3,5 mm hoch, elliptisch. – Blütezeit 2. Junihälfte–August (September), nach der Mahd z.T. eine 2. Blüte. – Zur Unterscheidung von verwandten Arten vgl. unter *Silaum silaus.*

Ökologie: Einzelne Pflanzen an frischen bis mäßig feuchten, nur selten überschwemmten, nährstoffarmen, kalkreichen wie kalkarmen, doch basenreichen, basischen bis schwach sauren Stellen, auf humosen Böden (Anmoor) wie auf mineralischen (z.B. junge Flußalluvionen). In Streuwiesen (Pfeifengraswiesen), hier v.a. im Cirsio-Molinietum, kann sich auch in extensiv genutzten Glatthaferwiesen (Arrhenatheretum) halten, weiter an Grabenrändern, an Wegsäumen in Staudengesellschaften. – Vegetationsaufnahmen vgl. z.B. KUHN (1937: 178, *Selinum*-Molinietum), LANG (1973), THOMAS (1990), GRÜTTNER (1990).

Allgemeine Verbreitung: Europa, Zentralasien. In Europa v.a. im temperaten Bereich, südwärts bis Nord-Spanien, Nord-Italien und Balkanhalbinsel, nordwärts in Skandinavien bis ca. 61° n.Br., in England nur an wenigen Fundstellen im Südosten, ostwärts bis zum Ural. – Schwach kontinental.

Verbreitung in Baden-Württemberg: Oberrheingebiet, in der Rheinniederung mit kalkreichen Böden wie im Bereich der Alluvionen der Schwarzwaldflüsse mit kalkarmen Böden. Odenwald v.a. östlicher Teil (Grenzbereich zum Muschelkalk). Keuper-Lias-Gebiete: Schwäbisch-Fränkischer Wald vielfach, selten auch Stromberg, Schönbuch, Glemswald und Rammert. Oberer Neckar-Baar. Alpenvorland: vor allem Bodenseegebiet und Westallgäuer Hügelland, sonst zerstreut. In den Muschelkalkgebieten selten oder fehlend, in der Schwäbischen Alb vereinzelt auf der Hochfläche sowie in der Ostalb. Schwarzwald abgesehen von einem kleinen Vorkommen im südlichen Hotzenwald fehlend.

Tiefste Fundstellen in der Rheinebene ca. 95 m, höchste in der Baar S Rötenbach 840 m (8115/2).

Kümmelblättrige Silge *(Selinum carvifolia)*
Weil im Schönbuch, 2. 8. 1991

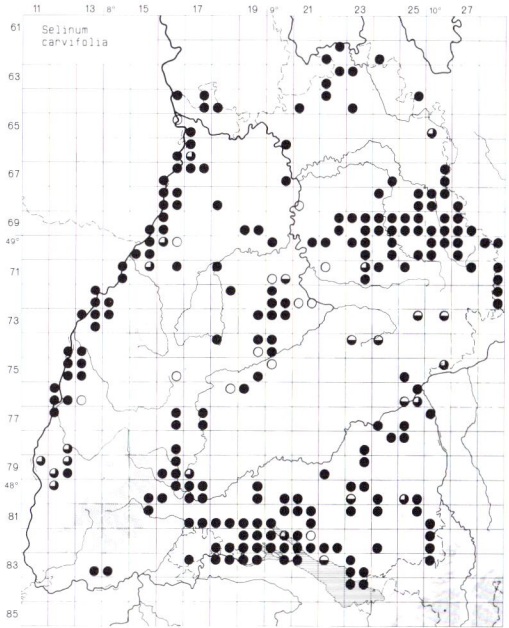

Die Pflanze ist einheimisch. Da die Wuchsorte von Natur aus alle bewaldet sind, auch die in Umgebung der Moore, dürfte die Pflanze erst mit dem Menschen eingewandert und so als Archäophyt zu betrachten sein.

Bemerkenswerte Vorkommen: Schwarzwald: 8313/4, 8314/3: Murgtal bei Hottingen, ca. 700 m. – Schwäbische Alb: 7325/2: Böhmenkirch; 7423/1: Schopflocher Moor.

Erstnachweis: Erste Erwähnung bei KERNER (1786: 93): „auf den sumpfichten Wiesen bey den Mühlbergen" bei Stuttgart.

Bestand und Bedrohung: Durch Intensivierung der Grünlandnutzung sowie durch Umbrechen der Wiesen stark zurückgegangen. Relativ wenig gefährdet im Alpenvorland, stark gefährdet in der Rheinebene. Gesamtgefährdung: G3.

35. **Ligusticum** L. 1753
Mutterwurz

Frucht länglich, nicht abgeflacht, mit flügelartig hervortretenden Rippen. Hochblätter der Dolde an der Spitze vielfach dreiteilig oder fiederteilig; Kronblätter eingeschnitten (beide Merkmale nicht auf die im Gebiet einheimische Art zutreffend).

Gattung mit ca. 25 Arten (Nordhalbkugel, Chile, Neuseeland) (bei weiterer Fassung nach Drude 40–50 Arten). In Europa 7 Arten, in Deutschland 2.

Alpen-Mutterwurz *(Ligusticum mutellina)*
Feldberg, 1982

1. **Ligusticum mutellina** (L.) Crantz 1767
Meum mutellina (L.) Gaertn. 1788; *Phellandrium mutellina* L. 1753
Alpen-Mutterwurz

Morphologie: Hemikryptophyt. Pflanze ausdauernd, Rhizom mit Faserschopf, Grundachse mehrere Pflanzen hervorbringend. Pflanzen bis 0,5 m hoch (im Gebiet meist unter 0,3 m), kahl. Blattspreite im Umriß länglich-dreieckig, doppelt bis 3fach gefiedert, mit linealen, ca. 0,4 mm breiten, stachelspitzigen Zipfeln. Pflanzen mit 1–3 Dolden, Hochblätter der Dolden ganzrandig, Blüten rosa, Kronblätter kaum ausgerandet. Frucht 5–6 mm lang und 3,5 mm breit. – Pflanze zerrieben gewürzartig riechend. – Blütezeit Juni, Juli. Gute Futterpflanze. *L. mutellina* nimmt innerhalb der Gattung eine Übergangsstellung zu *Meum* ein: vgl. die kaum ausgerandeten Kronblätter.
Ökologie: Einzelne Pflanzen an lichtreichen, frischen (bis feuchten), durchsickerten, kalkarmen, doch basenreichen, schwach sauren Stellen mit langer Schneebedeckung, auf humosen wie auf lehmigen Böden, auch in Felsspalten, immer an Stellen mit lückiger oder offener Vegetation. Zusammen mit *Trichophorum cespitosum* in montanen Ausbildungen des Caricetum fuscae (hier meist am Rand), in Sickerfluren mit *Carex frigida* oder auch an offenen Stellen in Borstgrasrasen. – Vegetationsaufnahmen vgl. K. MÜLLER (1948), OBERDORFER (1956), DIERSSEN (1984), vgl. ferner BOGENRIEDER u. WILMANNS (1968).
Allgemeine Verbreitung: Zentraleuropäische Gebirge: Alpen, Auvergne, Karpaten, balkanische Gebirge, in den deutschen Mittelgebirgen im Schwarzwald und im Bayerischen Wald. Bayerische Alpen verbreitet. In den Vogesen fehlend.
Verbreitung in Baden-Württemberg: Südschwarzwald (Feldberg-Gebiet), weiteres Vorkommen im mittleren Schwarzwald fraglich. Vorkommen in Höhen zwischen 900 und 1450 m.

Die Pflanze ist einheimisch; die Vorkommen können als Glazialrelikt gedeutet werden.

Südschwarzwald: 8114/1: In den Karen am Feldberg häufig, im Bärental bis 900 m herabsteigend; 8114/3: Grafenmatte am Herzogenhorn, SCHUHWERK. – Weitere Angaben aus dem Südschwarzwald sind fraglich: 8113/3: Belchen, GMELIN (1805: 683), hier bereits von SCHILDKNECHT später vergeblich gesucht. (GMELIN nennt die Pflanze auch vom Elsässer Belchen.)

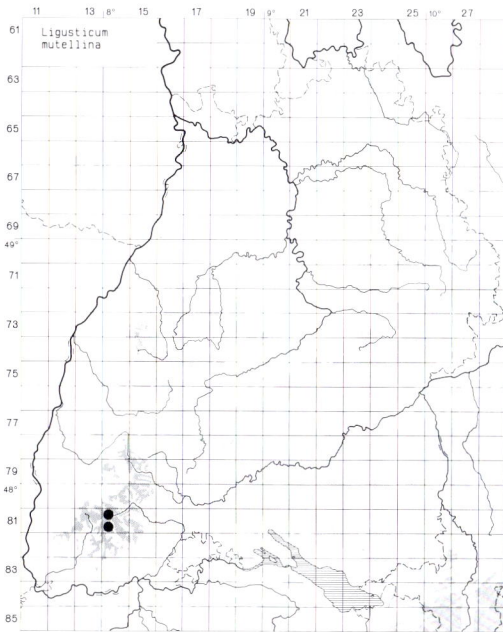

Mittlerer Schwarzwald: 7815/1 (?): „auf Wiesen auf dem Granitplateau bei Schonach unweit Triberg und an der Steige zwischen Schonach und Oberprechthal (SANDBERGER)", um 1863, SCHILDKNECHT (KR-K).

Diese Angabe (aus einer Höhe um 850–950 m) wird in den Floren vielfach wiederholt, z.T. auch mit ungenauen Ortsangaben wie Triberg, Belege wie spätere Beobachtungen fehlen.

Angesichts der niederen Höhenlage erscheinen diese Vorkommen unwahrscheinlich; sie wurden deshalb nicht in die Karte übernommen.

Erstnachweis: GMELIN (1826: 210, unter *Phellandrium mutellina*): Feldberg (ubi vidi 1805), SPENNER (1829: 636): „in pascuis subalpinis septentrionalibus orientalisbusque m. Feldberg copiose". Ältere Angaben bei ROTH V. SCHRECKENSTEIN (1798: 95) oder C.C. GMELIN (1805: 683) sind unsicher.

Bestand und Bedrohung: In reichen Beständen vorkommend; ein Rückgang ist nicht zu erkennen. Die Pflanze ist im Gebiet nicht bedroht.

36. **Angelica** L. 1753
Engelwurz

Blätter mehrfach gefiedert, mit ovalen Teilblättchen, diese gesägt, Zähne mit grannenartigen Spitzen, am Grund mit blasig aufgetriebenen Blattscheiden (wenigstens bei einheimischen Arten). Früchte stark abgeflacht, mit breiter Fugenfläche, stark gerippt.

Gattung mit ca. 50 Arten, diese v.a. auf der Nordhalbkugel (Südhalbkugel 4 Arten). In Europa 8 Arten, von denen in Deutschland 3 vorkommen. *Angelica palustris* (Besser) Hoffm. (mit scharfkantig gefurchtem Stengel) im östlichen Mittel- und Norddeutschland, Tschechoslowakei, Polen und Osteuropa, in Süddeutschland fehlend. Nächste Fundstellen in Thüringen und Sachsen-Anhalt.

1 Stiele der Grundblätter rinnig, Doldenstrahlen borstlich behaart, Blätter dunkelgrün, nicht auffallend riechend, Blüten weiß bis rötlich . . . . .
. . . . 1. *A. sylvestris*
– Stiele der Grundblätter rund, Doldenstrahlen kahl (oder höchstens im oberen Teil borstig behaart, Blätter hellgrün, stark riechend, Blüten gelblich bis grünlich . . . . 2. *A. archangelica*

1. **Angelica sylvestris** L. 1753
Gewöhnliche Engelwurz

Morphologie: Hemikryptophyt, zwei- oder mehrjährig, nach dem Blühen absterbend, bis 1,5 (2) m hoch, ausladend beastet. Pflanze kahl, nur Doldenstiele borstlich behaart. Blätter im Umriß dreieckig, 2- bis 3fach gefiedert, mit breit-eiförmigen Fiederabschnitten. Blüten weiß (bis rötlich), Griffel verlängert, meist länger als das nicht auffallend vergrößerte Griffelpolster. Früchte 4–6 mm lang und 3–4 mm breit, mit breiten (bis 0,8 mm) breiten,

Gewöhnliche Engelwurz *(Angelica sylvestris)*
Untergröningen, 1988

häutigen Randrippen. – Blütezeit Juni bis August. Früher als Heilpflanze genutzt.

Ökologie: An sonnigen bis halbschattigen, frischen bis feuchten, meist nährstoffreichen, kalkreichen wie kalkarmen (schwach sauren) Stellen, auf humosen wie auf rohen Lehmböden. Schwerpunkt in Feuchtwiesen (Calthion-Verband), in v.a. in extensiv genutzten Beständen, auch in frischen Glatthaferwiesen, hier Brachezeiger, in Staudensäumen, an Wegrändern, in lichten Auenwäldern usw.

In zahlreichen Vegetationsaufnahmen (v.a. von Grünlandgesellschaften) enthalten, meist nur in geringer Menge.

Allgemeine Verbreitung: Europa und Asien, hier von Kleinasien ostwärts bis zum Baikalsee, vereinzelt auch in Nordamerika (eingeschleppt). In Europa verbreitet, im Süden seltener oder fehlend, nordwärts bis nördliches Norwegen. In Deutschland verbreitet.

Verbreitung in Baden-Württemberg: Verbreitet und meist häufig, in keinem Naturraum fehlend.

Tiefste Vorkommen ca. 95 m, höchste am Feldberg (Grafenmatte, 8114/3, ca. 1350 m).

Die Pflanze ist einheimisch und dürfte im Gebiet bereits vor den großen Eingriffen des Menschen vorhanden gewesen sein. Vorkommen in naturnahen Gesellschaften sind z.B. in Flußauen oder in aufgelichteten Erlenwäldern denkbar, in Hochlagen auch in Hochstaudengesellschaften der Lawinenbahnen, in *Calamagrostis arundinacea*-Gesell-

schaften der Felshänge oder an Bergsturzhängen (in der Schwäbischen Alb).

Erstnachweise: Welzheim, römischer Brunnen, 3. Jahrh. n.Chr., subfossil, KÖRBER-GROHNE u. PIENING (1983). Erste schriftliche Erwähnung bei J. BAUHIN (1598: 198), Umgebung von Bad Boll. HARDER berichtet 1577 über den Nutzen der Pflanze als Heilpflanze.

Bestand und Bedrohung: Nicht bedroht.

Variabilität: Formenreiche Sippe. Neben der subsp. *sylvestris* (in Tieflagen) wird eine subsp. *montana* (Brot.) Arc. unterschieden, die durch längliche Fiederabschnitte, größere Dolden und 6–8 mm lange Früchte ausgezeichnet ist. Diese Sippe wird bereits von v. MARTENS u. KEMMLER (1882) aus der Schwäbischen Alb erwähnt (7818/2: Ratshausen), weiter aus dem Alpenvorland von der Iller bei Wiblingen (7625/2, HEGELMAIER). Auch die Vorkommen in den Hochlagen des Südschwarzwaldes dürften dieser Sippe zuzurechnen sein. – Tieflandssippe und Sippe der Hochlagen sind jedoch morphologisch nicht klar zu trennen (vgl. HESS, LANDOLT u. HIRZEL 1970).

2. Angelica archangelica L. 1753
Arznei-Engelwurz, Echte Engelwurz

Morphologie: Hemikryptophyt, zwei- bis mehrjährig, nach dem Blühen absterbend, bis über 2 m hoch, besonders ausladend beastet, kräftiger als *A.*

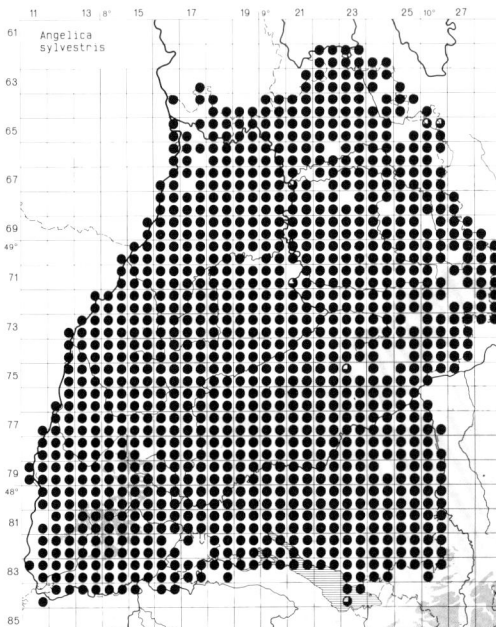

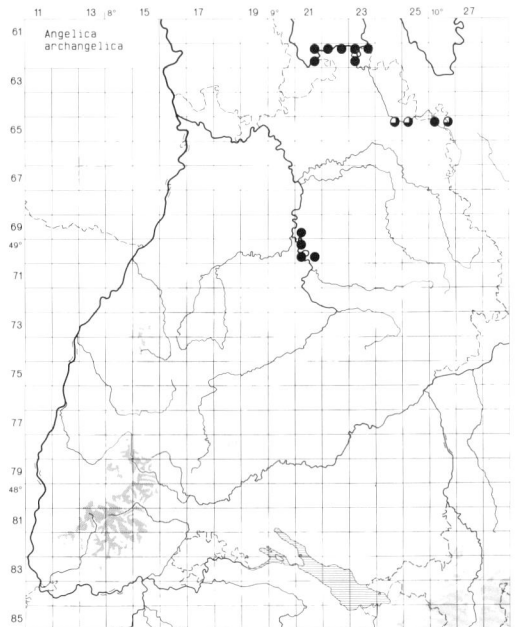

Arznei-Engelwurz *(Angelica archangelica)*
Kreuzwertheim, 19. 6. 1991

sylvestris. Stengel am Grund bis über 10 cm im Durchmesser, wie die ganze Pflanze kahl. Blätter im Umriß dreieckig, 2- bis 3fach gefiedert, Fiederabschnitte ähnlich wie bei *A. sylvestris,* doch breiter, gröber gezähnt und schärfer zugespitzt; die unteren Blätter oft bis 90 cm groß. Blüten gelblich bis grünlich, Griffel deutlich kürzer als das auffallend große Griffelpolster. Früchte 5–8 mm lang und 3,5–5 mm breit, Randrippen dicker als bei *A. sylvestris.* Blütezeit Ende Mai bis Mitte Juni. Wasserverbreitung (Samen sind schwimmfähig, vgl. die breiteren (korkigen) Randrippen).

Pflanze im sterilen Zustand v.a. am angenehmwürzigen, sehr intensiven Geruch von *A. sylvestris* zu unterscheiden. – Im Gebiet nur in der subsp. *archangelica* vertreten: Blüten grüngelb, Frucht 6,5–8 mm lang.

Die subsp. *litoralis* (Fries) Thell. an der Küste mit grünweißen Blüten, 5–6 mm lang Früchten, mit scharfem Geruch.

Ökologie: In einzelnen Pflanzen oder in lockeren Herden an sonnigen bis schwach beschatteten, frischen bis feuchten, gelegentlich überfluteten, nährstoff- und basenreichen, meist kalkhaltigen Stellen der Flußufer, meist auf sandig-schluffigen Rohböden, gern zwischen Blöcken der Uferbefestigungen (da hier Konkurrenten fehlen) oder im Halbschatten von *Salix* spec. Gegenüber häufiger Mahd empfindlich, unterbleibt eine Nutzung, nimmt oft *Phragmites australis* überhand. Kennzeichnend für das Cuscuto-Convolvuletum. – Vegetationsaufnahmen vgl. PHILIPPI (1983: 427).

Allgemeine Verbreitung: Europa, Asien, ostwärts bis zum Altai. In Europa v.a. in Nordeuropa, an

311

der Küste bis Nordnorwegen, in England selten. In Deutschland v.a. im nördlichen Teil (Stromtalpflanze), in Süddeutschland v.a. am Main, an der Naab und an der unteren Donau (unterhalb der Naab-Mündung).

Verbreitung in Baden-Württemberg: Main, Tauber, selten auch am Neckar.

Main: Entlang des Flusses häufig. Die Vorkommen sind offensichtlich jungen Datums. WIBEL (1799) führt die Pflanze nicht auf. Von STOLL, der um 1900 am Main sehr gründlich sammelte, liegen keine Belege vor. VOLLMANN (1914) erwähnt nur wenige Vorkommen am Main oberhalb von Würzburg. Der älteste Beleg geht auf KNEUCKER 1944 zurück (KR). Offensichtlich hat sich *Angelica archangelica* am Main erst nach 1920 ausgebreitet. Vielleicht hat der Ausbau des Maines zur Schiffahrtsstraße die Vorkommen gefördert. In den Stauhaltungen wirken sich die Hochwasser nicht so stark aus wie unterhalb der Staustufen. Vielleicht wurde die Ansiedlung der Pflanze auch durch die zahlreichen Blockmauern begünstigt.

Tauber: Hier erstmals von HANEMANN (1924: 46) aus dem Gebiet um Creglingen und Archshofen (6526) sowie von Rothenburg (6626) erwähnt und als „völlig eingebürgert" bezeichnet. Später nennt BAUR (1965: 33) die Pflanze von Creglingen. Neuere Beobachtungen: 6524/2: Tauber bei Igersheim, 1969, SEYBOLD (STU); 6525/1: E Elpersheim, 1969, WIRTH (STU-K); 6526/1: Creglingen, 1970, SEYBOLD (STU-K); 6526/2: o.O. – In jüngerer Zeit wurden an der Tauber keine Vorkommen mehr bestätigt. Ursache des offensichtlichen Rückganges könnte das Fehlen der Mahd im Uferbereich sein.

Neckar: Wenige Vorkommen, die jeweils nur wenige Pflanzen umfassen, offensichtlich unbeständig. 6921/3: Hessigheim, 12 Ex., 1991, SCHMATELKA (STU-K); 7021/1: Schreyerhof, 1980, SEBALD (STU-K); 7021/3: Beihingen, 1 Ex., 1978, 1981, SEYBOLD (STU-K); 7021/4: o.O., GOTTHARD (STU-K). Am Neckar sich einbürgernd?

Die Pflanze ist wohl erst in jüngerer Zeit im Gebiet eingewandert und kann so als Neophyt bezeichnet werden. Beständige Vorkommen sind nur vom Main bekannt.

Erstnachweis: HANEMANN (1924: 46), Tauber.

Bestand und Bedrohung: Die Vorkommen am Main sind beständig und nicht bedroht; die Pflanze zeigt hier keine Tendenz zur weiteren Ausbreitung. Vorkommen an der Tauber offensichtlich erloschen.

Levisticum Hill 1756
Liebstöckel

Gattung mit wenigen Arten (Mittelmeergebiet bis Persien und Kaukasus).

Levisticum officinale Koch 1824
Gewöhnliches Liebstöckel, Maggi-Pflanze

Pflanze ausdauernd, bis 2 m hoch, kahl. Blätter bis 70 cm lang, dunkelgrün, schwach glänzend, untere 2- bis 3fach gefiedert, Fiederabschnitte rhombisch, mit keilförmigem Grund. Dolde mit zahlreichen, weiß hautrandigen Hoch-

blättern. Kronblätter klein, kugelig zusammenschließend, blaßgelb. Frucht 5–7 mm lang. – Pflanze stark nach Sellerie duftend.

Heimat: Gebirge Südwestasiens, vielfach angepflanzt, v.a. in mittleren und höheren Lagen, kaum einmal verwildert.

Erste Erwähnung bei WALAHFRID STRABO (als Lybisticum) im 9. Jahrhundert.

37. **Peucedanum** L. 1753
Haarstrang

Meist hochwüchsige, ausdauernde Pflanzen mit kräftigem Wurzelstock, Pflanzen kahl (nur Doldenstrahlen z.T. behaart), Blätter ein- bis mehrfach gefiedert, z.T. letzte Fiederabschnitte dreiteilig, Blütenblätter weiß oder gelb, Frucht flach, linsenartig, mit breiter Fugenfläche, kahl, auf dem Rücken der Teilfrüchte 3 deutliche Rippen, die Randrippen besonders breit, zusammenschließend.

Gattung mit ca. 110 Arten in Europa, Afrika, West- und Mittelasien, in Europa 29 Arten, von denen die meisten im mediterranen und submediterranen Bereich vorkommen. In Baden-Württemberg 7 Arten.

1 Fiederabschnitte der unteren Blätter rundlich bis eiförmig, am Rand gesägt 2
– Fiederabschnitte der unteren Blätter länglich, bis lineal, oft dreiteilig 4
2 Blattabschnitte der unteren Blätter 4–7 cm breit, Dolden nur mit wenigen, nicht zurückgeschlagenen Hochblättern, Pflanze beim Zerreiben aromatisch riechend . . . . 7. *P. ostruthium*
– Blattabschnitte der unteren Blätter schmäler, Dolde mit zahlreichen, zurückgeschlagenen Hochblättern 3
3 Fiederäste und Fiedern rechtwinklig abgehend, Blatt nicht in einer Ebene, letzte Fiederabschnitte dreiteilig, Frucht mit breiten Randrippen . . . . .
4. *P. oreoselinum*
– Fiederäste und Fiedern ± spitzwinklig abgehend, Blatt in einer Ebene, Fiederabschnitte mit zahlreichen grannenartig bespitzten Zähnen, Frucht mit schmalen Randrippen . . . . 6. *P. cervaria*
4 Letzte Blattfiedern dreizipfelig, mit lang ausgezogenen linealen Zipfeln, Stengel rund, Blüten gelb
1. *P. officinale*
– Blätter anders, Stengel gefurcht (mindestens im oberen Teil), Blüten weiß oder gelb 5
5 Hochblätter der Dolden fehlend oder 1- bis 2blättrig, Blüten gelblich . . . . 2. *P. carvifolia*
– Dolde mit zahlreichen Hochblättern, aufrecht oder zurückgeschlagen 6
6 Hochblätter der Dolde abstehend, Blüten weißgelb, Dolden (v.a. zur Zeit der Fruchtreife) kurz gestielt (oft nur 3–5 cm lang), Stengel markig, oft rotviolett bis purpurn überlaufen . . . .
3. *P. alsaticum*

– Hochblätter der Dolde zurückgeschlagen, Blüten weiß (bis rötlich), Dolden lang gestielt, Stengel hohl, nicht rot überlaufen . . . . . 5. *P. palustre*

1. Peucedanum officinale L. 1753
Arznei-Haarstrang, Echter Haarstrang

Morphologie: Hemikryptophyt, ausdauernd, bis 2 m hoch, mit ausladendem Wuchs, Blätter mehrfach dreizählig, Fiederabschnitte jung spitzwinklig nach vorn gerichtet (besenartig), später ausgebreitet, bis über 10 cm lang und 1–3 mm breit, zugespitzt (z.T. stachelspitzig), Dolden groß, mit bis 4 Hochblättern (diese oft abfallend), Blüten gelb, Frucht oval, meist um 5 mm (bis 10 mm) lang und 3 (–5) mm breit, mit breiten Randrippen (an getrocknetem Material schwer zu sehen). – Blütezeit Juli bis September.

Ökologie: Einzelpflanzen oder lockere Bestände an lichtreichen (bis schwach beschatteten), kalkreichen, basischen, mäßig trockenen, doch zeitweise etwas wasserzügigen (wechselfrischen) Stellen. Natürliche Wuchsorte in Staudensäumen mit *Geranium sanguineum, Trifolium alpestre* oder *Peucedanum cervaria*, hier jeweils in Ausbildungen mit *Molinia caerulea, Betonica officinalis* oder *Inula salicina*, Geranion sanguinei-Art, weiter in aufgelichteten Beständen trockener Eichenwälder, im Oberrheingebiet in wenig genutzten, mageren Wiesen (Streuwiesen: trockene Pfeifengraswiesen, hier

Arznei-Haarstrang *(Peucedanum officinale)*
Mittelelsaß bei Benfeld

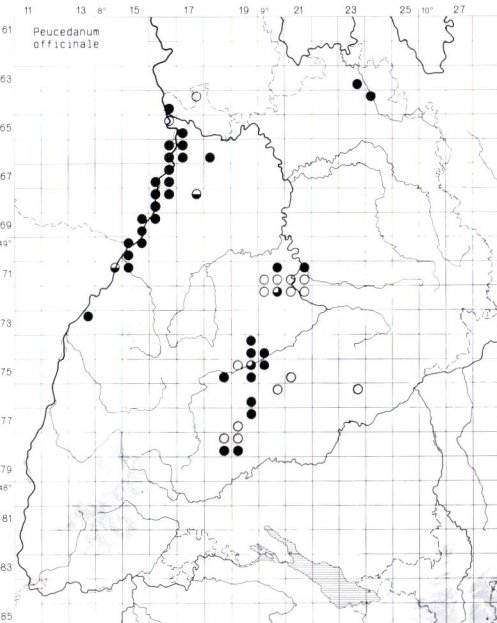

v.a. im Cirsio tuberosi-Molinietum, magere Glatthaferwiesen, auch in Halbtrockenrasen); Hauptvorkommen heute an den Hochwasserdämmen des Rheins. – Vegetationsaufnahmen aus Staudengesellschaften des Geranion sanguinei: Kuhn (1937: 248, 263), Th. Müller (1966: 438), Philippi (1984: 592), aus Wiesen Philippi (1972, Tab. 11), Thomas (1990), von Hochwasserdämmen Philippi (1977: 240).

Allgemeine Verbreitung: Europa, hier zerstreut von der Iberischen Halbinsel, über Frankreich, Mitteleuropa, bis Italien und der Balkan-Halbinsel, ostwärts bis zum Schwarzen Meer. In der Bundesrepublik Deutschland v.a. südlich des Mains, weiter im Grabfeld und im nördlichen Harzvorland. – Submediterran, schwach kontinental.

Verbreitung in Baden-Württemberg: Oberrheingebiet, Taubergebiet, Keuper-Lias-Neckarland, v.a. über Stubensandstein: Glemswald, Schurwald, Rand des Schönbuchs, Rammert; selten Oberer Neckar; Schwäbische Alb. – Die Pflanze hat in der Schwäbischen Alb primäre, vom Menschen unberührte Wuchsorte und dürfte hier als urwüchsig anzusehen sein, vielleicht auch an wenigen Stellen des

Schönbuchrandes und des Taubergebietes. Im Oberrheingebiet kommt sie nur an vom Menschen geschaffenen Stellen vor; hier ist *Peucedanum officinale* als Archäophyt anzusehen.

Tiefste Fundstellen im Oberrheingebiet ca. 95 m, höchste in der Schwäbischen Alb nach BERTSCH (1948) bis 970 m.

Oberrheingebiet: In der Rheinniederung zwischen Rastatt und Mannheim verbreitet. Die früher wichtigen Vorkommen in Streuwiesen und mageren Glatthaferwiesen vielfach erloschen, heute bevorzugt auf Hochwasserdämmen. Isoliertes Vorkommen: 7313/2: NE Freistett, hier schon von WINTER (1884) genannt, noch vorhanden, doch spärlich. – Außerhalb der Rheinniederung wenige Vorkommen, so 6417/2: Weinheim, SCHMIDT (1857), erloschen; 6618/3: Wiesloch-St. Ilgen, SCHMIDT (1857); 6817/2: Forst, OBERDORFER (1936), erloschen; 7115/1: S Ötigheim (KR-K).

Linksrheinisch in der Pfalz und im Elsaß ähnlich verbreitet wie auf der rechten Rheinseite. Isoliertes Vorkommen im Mittelelsaß: 7611/2: Boofzheim–Herbsheim. Selten auch am Vogesenrand: Steinbach bei Thann.

Taubergebiet: Wenige Fundstellen um Tauberbischofsheim (Staudensäume und Waldränder): 6323/4: Stammberg; 6424/1: Kirchberg bei Königshofen. Vorkommen schließen an die im Maingebiet bei Lengfurt an.

Keuper-Lias-Gebiete: Um Stuttgart früher vielfach, heute nur noch an wenigen Stellen. Verbreitungskarte: SEYBOLD (1968: 221). 7419/2: Rand des Schönbuchs bei Entringen; 7419/4, 7420/3: Spitzberg. Rammert.

Oberer Neckar: 7519/1: Obernau, vgl. MAYER (1929), unbestätigt.

Schwäbische Alb: Vorkommen an Steilhängen der Zollern- und Heubergalb: 7619/4: Zellerhorn; 7719/2: Hundsrück, Blasenberg, Hailenberg; 7818/4: Wehingen; 7819/3: Reichenbach. – Zahlreiche weitere Fundstellen (vgl. MAYER 1929), wo Vorkommen nicht mehr bestätigt wurden. Isoliertes Vorkommen: 7623/2: Talsteußlingen, KIRCHNER u. EICHLER (1913). – Nicht lokalisierbar ist die Fundstelle „südliches Härdtsfeld" bei Neresheim (vgl. KIRCHNER u. EICHLER 1913).

Erstnachweise: Fossilfunde von Bodman (Bodensee) aus dem Mittleren Subboreal (Frühe Bronzezeit), FRANK (1989). In diesem Gebiet sind keine rezenten Beobachtungen von *Peucedanum officinale* bekannt! – Der erste schriftliche Nachweis findet sich bei FUCHS (1542: 599, 1543: CCXXVIII): „Umb Tübingen findet man sein vil auff dem Spitzberg" (7420).

Bestand und Bedrohung: Insgesamt kommt die Pflanze in reichen Beständen vor; ein Rückgang ist jedoch unverkennbar. Er betraf in erster Linie die isolierten Vorkommen, weiter die früher zahlreichen Vorkommen um Stuttgart. Als Ursachen des Rückganges sind forstliche Maßnahmen (Aufforstungen, Wegebau, Anbau von Nadelholz) zu vermuten, weiter auch Intensivierung der landwirtschaftlichen Nutzung. Im Oberrheingebiet waren

die Intensivierung der Grünlandnutzung wie auch das Verschwinden der Wiesen Ursachen des Rückganges. Hier hält sich die Pflanze allerdings zäh auf den Hochwasserdämmen. Sie kann hier zwei- bis dreimalige Mahd ertragen (wobei sie noch zur Blüte kommt) und hat auch bauliche Maßnahmen (Verstärkung der Dämme) in den letzten Jahren gut überstanden. – Gesamtgefährdung: G3 (für das Gebiet Deutschlands ebenfalls mit G3 eingestuft).

2. Peucedanum carvifolia Vill. 1779

P. chabraei (Jacq.) Reichenb. 1827/29
Kümmel-Haarstrang

Morphologie: Hemikryptophyt, Pflanze bis 1 m hoch, Blätter 1- bis 2fach fiederteilig, mit lineal-lanzettlichen, 1–1,5 mm breiten Fiederabschnitten, beiderseits glänzend. Grundblätter an die von *Carum carvi* erinnernd, doch gröber geschnitten. Dolden mit wenigen oder ohne Hochblätter, Doldenstrahlen ungleich lang, Kronblätter gelblich oder grünlichweiß, Frucht 4–5 mm lang und ca. 3 mm breit, mit breiten, durchsichtigen Randrippen. – Blütezeit Juni–August.

Pflanzen erinnern etwas an *Silaum silaus*, zu unterscheiden durch die papillös rauhen Blattränder und Doldenstrahlen.

Ökologie: Auf mäßig frischen, kalkreichen Böden, v.a. in Glatthaferwiesen (Arrhenatheretum), auch in frischeren Halbtrockenrasen (Mesobrometum), in Staudengesellschaften an Böschungen.

Allgemeine Verbreitung: Süd- und Mitteleuropa, ostwärts bis Süd- und Mittelrußland sowie zum Kaukasus. In der Bundesrepublik Deutschland entlang von Blies, Saar, Mosel und Rhein bis zur holländischen Grenze (Stromtalpflanze), in Bayern v.a. im Donaugebiet (etwa von Neuburg bis zur Isarmündung), daneben isolierte Vorkommen an den Donauzuflüssen und in Mittelfranken. – Nachbargebiete Baden-Württembergs: Unterelsaß (z.B. um Molsheim), hier an Böschungen, Gebiet um Belfort, elsässischer Jura.

Verbreitung in Baden-Württemberg: Schwäbische Alb, isoliertes Vorkommen: 7127/2: Aufhausen, an der Egerquelle, ca. 520 m, FRICKHINGER (1911: 252). – Das Vorkommen konnte später nicht mehr bestätigt werden.

Kümmel-Haarstrang *(Peucedanum carvifolia)*; aus REICHENBACH, L., Icones florae germanicae et helveticae, Band 21, Tafel 1954, Fig. 1–11 (1865); bearbeitet von H. G. REICHENBACH.

1.1.11. Peucedanum carvifolium Vil. 113 salvadors Reb. 113

Ähnliche isolierte Vorkommen sind aus den benachbarten bayerischen Gebieten bekannt; der ± geschlossene Vorkommensbereich beginnt etwa 50 km weiter östlich der Fundstelle bei Aufhausen. Die Vermutung einer synanthropen Herkunft liegt nahe.

3. **Peucedanum alsaticum** L. 1762
Elsässer Haarstrang

Morphologie: Hemikryptophyt, Pflanze ausdauernd, bis 1,8 m hoch, leicht violett bis purpur überlaufen (v.a. Knoten und Striemen des Stengels), schlank, mit zahlreichen, spitzwinklig abgehenden (relativ) kurzen Ästen. Blätter 2- bis 3fach gefiedert mit 3- bis 5teiligen Endfiedern; Zipfel stumpflich oder mit kurzer Stachelspitze. Dolden relativ klein, mit zahlreichen Hochblättern (4–8), diese aufrecht-abstehend. Blüten weißgelb, Frucht elliptisch, 3,5–5 mm lang und 2–3,5 mm breit, Randrippen etwa halb so breit wie das Fruchtgehäuse. – Die Blütezeit ist von August bis September. – In den Beständen blühen sehr oft nur wenige Pflanzen.

Ökologie: In lockeren Herden oder einzelnen Pflanzen an lichtreichen, sonnigen trockenen Stellen in warmer Klimalage, auf kalkreichen, basischen, meist skelettreichen, rohen Böden. In Staudengesellschaften (Geranio-Peucedanetum cervariae), häufiger an leicht ruderalen Böschungen, in (älte-

Elsässer Haarstrang *(Peucedanum alsaticum)*
Oberelsaß

ren) Weinbergsbrachen usw. – Vegetationsaufnahmen PHILIPPI (1984: 591, Taubertal).

Allgemeine Verbreitung: Europa, hier von Frankreich und Oberitalien, Mitteleuropa bis Balkanhalbinsel bis Mittel- und Südrußland, östlich bis zum Altai. – In der Bundesrepublik Deutschland v.a. in der Rheinpfalz, in Rheinhessen, im Maingebiet und in der Fränkischen Alb. – Submediterran, schwach kontinental.

Verbreitung in Baden-Württemberg: Taubergebiet, Schwäbische Alb (Ries), früher auch in der nördlichen Oberrheinebene.

Fundstellen in Höhen zwischen 100 und ca. 300 m an Tauber und Rhein, in der Schwäbischen Alb bei ca. 500 m.

Nach dem weitgehenden Fehlen an naturnahen Standorten und nach dem gehäuften Vorkommen an Sekundärstellen dürfte die Pflanze erst mit dem Menschen in das Gebiet eingewandert sein (Archäophyt).

Oberrheingebiet: Wenige alte Angaben aus der nordbadischen Rheinebene und den Nachbargebieten, eine aus dem südbadischen Raum. 6416/4: Wiesen der Friesenheimer Insel bei Mannheim häufig, FÖRSTER in LUTZ (1889), zu-

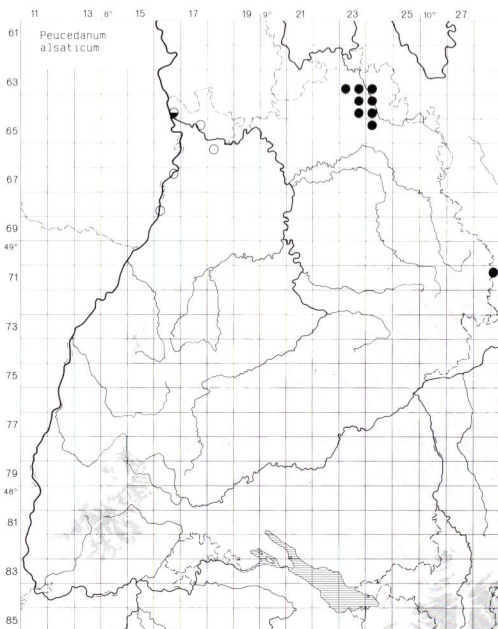

Elsässer Haarstrang *(Peucedanum alsaticum)*
Früchte

letzt 1906, Zimmermann (KR); 6517/2: Seckenheim-La-
denburg, Schmidt (1857), Döll (1862), zuletzt 1886,
Öhler (KR); 6618/1: zw. Heidelberg und Rohrbach, „einzeln", Döll (1843); Rheinhausen-Neulußheim, vereinzelt
an den Rheindämmen, Schmidt (1857); 6816/3: Leopoldshafen, Döll (1862). Diese Vorkommen waren schon
im letzten Jahrhundert nicht so reich wie die der linken
Rheinseite (z.B. 6416/1: Roxheim, 6416/3: Frankenthal,
vgl. Schmidt (1857), 6516/2 (?): Ludwigshafen, „Rheinge-
büsch", 1888, Kneucker (KR)); sie sind offensichtlich
schon vor 1900 weitgehend erloschen. – Südliches Oberrheingebiet: 8311/4: Weil („et alibi in vineis", Gmelin
1805); fragliche Angabe.
    Linksrheinisch reiche Vorkommen in Rheinhessen und
der Pfalz, z.B. heute noch 6716/2: Insel Flotzgrün. Im
südlichen Oberrheingebiet auf den Rufacher Hügeln (S
Colmar) reichlich, von hier bis in die Rheinebene ausstrahlend, so z.B. 8010/2: Mühle SW Weckolsheim bei
Neubreisach.
Taubergebiet: 6323/4 – 6324/3: Um Tauberbischofsheim
entlang der Bundesstraße zwischen Bahnh. Dittwar und
der Abzw. nach Grünsfeld an Böschungen und in Weinbergsbrachen in großer Menge, von hier auch an benachbarte Trockenhänge ausstrahlend, so 6423/2: N Dittwar,
6323/3: Kützberg bei Tauberbischofsheim, Brücklenwald
bei Dittigheim und Besselberg N Grünsfeld. Isolierte Vorkommen (mit wenigen Pflanzen) z.B. 6323/3: Königheimer Tal nahe der Kapelle. Größere Vorkommen weiter
auch bei Schweigern (6423/4 – 6524/1). In Ausbreitung?
Schwäbische Alb: 7126/2: Goldberg bei Kirchheim,
Frickhinger, noch reichlich vorhanden. Isoliertes Vorkommen, das an Vorkommen im Ries und in der Fränkischen Alb anschließt. Benachbart 7126/4: Utzmemmingen
gegen den Kapf, vgl. Fischer (1982); erloschene Vorkommen auf MTB 7028/2 u. 4.

Erstnachweise: Gmelin (1805: 653): „Retro Durlach et Grötzingen in vinearum collibus . . . rarius".
Angabe fraglich. Nächste Erwähnung Döll
(1843), nach Funden in der Rheinebene.
Bestand und Bedrohung: Im badischen Oberrheingebiet, wo die Pflanze schon vor 150 Jahren selten
war, vor 1900 ausgestorben, im Taubergebiet und

in der Schwäbischen Alb in reichen Beständen.
Ein Rückgang oder eine Gefährdung sind nicht
erkennbar; im Taubergebiet scheint sich die Pflanze
in jüngerer Zeit eher ausgebreitet zu haben. Sie
wurde sicher durch das Brachfallen von Weinbergen begünstigt.

4. Peucedanum oreoselinum (L.) Moench 1794
Athamanta oreoselinum L. 1753
Berg-Haarstrang

Morphologie: Hemikryptophyt, Pflanze ausdauernd, bis 1 m hoch, mindestens an den Knoten
etwas gerötet, verzweigt, Blätter 2- bis 3fach gefiedert, Fiedern wie Fiederblättchen rechtwinklig abgehend, Blattachse und Fiedern nicht in einer
Ebene liegend, Blattachse an den Knoten winklig
gebogen, Fiederabschnitte eiförmig-keilförmig,
locker stehend, Endfiedern 3- bis 5zipflig, Kronblätter weiß (selten rosa), Frucht rundlich-eiförmig,
meist 4,5–5,5 mm lang und ca. 4 mm breit, Randrippe etwa halb so breit wie das Fruchtgehäuse. –
Blütezeit Juli, August.
Ökologie: Lockere, mittelwüchsige Herden an lichtreichen, bis mäßig beschatteten, kalkreichen, basischen bis schwach sauren, doch basenreichen, trok-
kenen bis mäßig trockenen Stellen, im Gebiet fast
ausschließlich auf Lockerböden (Sand, Löß, v.a.
sandiger Löß), (im Gegensatz zu anderen Gebieten) kaum einmal auf festem Kalk oder skelettrei-

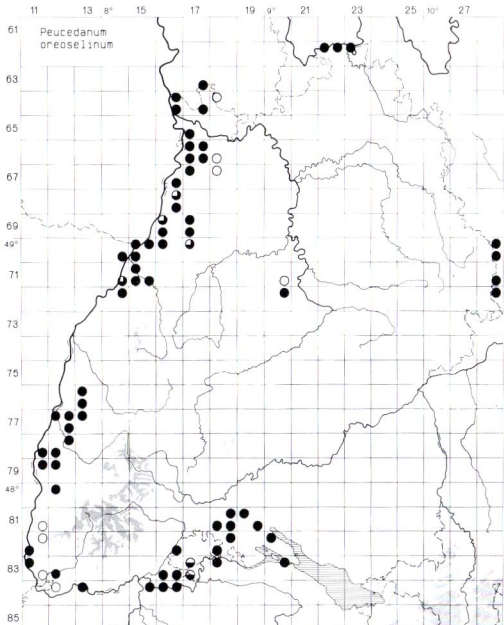

Berg-Haarstrang *(Peucedanum oreoselinum)*
Sandhausen, 3. 8. 1991

chem Kalkverwitterungsboden. – In niederwüchsigen (bis mittelwüchsigen) Staudenfluren an Waldrändern, an Böschungen, auch an Dämmen, im Halbschatten von Kiefernbeständen (Pyrolo-Pinetum). Für zahlreiche Staudensaum-Gesellschaften angegeben, so für das Geranio-Anemonetum sylvestris oder die *Teucrium scorodonia-Anthericum ramosum*-Gesellschaft. – Vegetationsaufnahmen vgl. PHILIPPI (1971: 120, 124, 1970: 67), WITSCHEL (1980), synthetische Tabellen vgl. TH. MÜLLER (1962), PHILIPPI (1970, Kiefernbestände), zur Vergesellschaftung in Nachbargebieten vgl. KORNECK (1974).

Allgemeine Verbreitung: Süd- und Mitteleuropa, in Spanien und Portugal selten, nordwärts bis Schleswig-Holstein, Südschweden und baltische Gebiete, ostwärts bis Rußland (bis zur Wolga). – Temperat-submediterran-kontinental.

Verbreitung in Baden-Württemberg: Oberrheingebiet, Sandgebiete zwischen Hügelsheim bei Rastatt und N Mannheim vielfach, vereinzelt auch an der Bergstraße und am Kraichgaurand, Vorhügelzone des Schwarzwaldes von Ettenheim bis Istein, v. a. Kaiserstuhl, der Rheinebene weitgehend fehlend (Ausnahme 7712/1: Taubergießen, Rheindamm). Hochrheingebiet vereinzelt, häufiger im Klettgau.

Alpenvorland nur im westlichen Bodenseegebiet und Hegau. Main: vereinzelt auf Sanden (über Buntsandstein). Keuper-Lias-Neckarland: Wenige Fundstellen um Stuttgart (vgl. KIRCHNER), letzte Fundstelle: 7220/2: Hasenberg bei Heslach, SEYBOLD (1968), Vorkommen inzwischen erloschen (SEYBOLD, STU-K). Grenzgebiet Schwäbische Alb–Ries: mehrere Fundstellen.

Tiefste Fundstellen ca. 100 m, höchste ca. 450 m (Klettgau).

Die Wuchsorte von *Peucedanum oreoselinum* im Gebiet wären von Natur aus alle bewaldet. So ist anzunehmen, daß die Pflanze erst mit dem Menschen in das Gebiet eingewandert und somit als Archäophyt zu betrachten ist. Zahlreiche Vorkommen an Dämmen zeigen, daß sie als (mäßig) hemerophil einzustufen ist.

In der Verbreitungskarte fehlen einige in der Literatur genannten Vorkommen, besonders im Alpenvorland. Offensichtlich wurde die Pflanze nicht immer richtig erkannt, wie Fehlbestimmungen in Herbarien zeigen. So wird z. B. auch das Vorkommen am Ebenweiler See als Fehlbestimmung eingeschätzt (vgl. DÖRR 1976).

Erstnachweis: C. C. GMELIN (1805: 547–48): „Circa Carlsruhe auf dem Damm des Landgrabens versus Mühlburg abunde".

Bestand und Bedrohung: In den Hauptverbreitungsgebieten nordbadische Sandgebiete oder Kaiserstuhl wenig bedroht; an anderen Stellen offensichtlich zurückgehend, oft nur in kleinen Populationen vorhanden. Ursachen des Rückganges sind Intensivierung der Nutzung, Zerstörung der Böschungen oder Zuwachsen der früher extensiv genutzten Flächen.

5. Peucedanum palustre (L.) Moench 1794

Selinum palustre L. 1753; *Thysselinum palustre* Hoffm. 1814
Sumpf-Haarstrang

Morphologie: Hemikryptophyt, Pflanze zweijährig, bis 160 cm hoch, oft lockerbuschig wachsend, Stengel am Grund ohne Faserschopf (nur bei dieser Art so), mindestens im oberen Teil kahl, gerieft, Blätter 3fach gefiedert, Endabschnitte lineal, 1–3 mm breit, unterseits mit deutlich hervortretendem Adernetz, mit kurzer weißlicher Spitze, Blüten weiß, Frucht oval, 4–5,5 mm lang, Randrippe etwa halb so breit wie das Fruchtgehäuse. – Blütezeit Juli, August.

Ökologie: An lichten bis schwach beschatteten, feuchten (bis nassen), meist kalkarmen, doch basenreichen, schwach sauren, seltener schwach kalkhaltigen, basischen, höchstens mäßig nährstoffrei-

Sumpf-Haarstrang *(Peucedanum palustre)*
Waldburg, 17. 8. 1991

chen (mesotrophen), schwach humosen bis anmoorigen Stellen. – In Seggenriedern, z.B. im Caricetum elatae oder Caricetum appropinquatae, selten
auch im Caricetum gracilis, in Schwingrasen der
Moore im Caricetum lasiocarpae, auch in aufge-
lockerten Schilfröhrichten, in lichten, seggenreichen
Erlenbeständen. – Vegetationsaufnahmen liegen
v.a. aus dem Alpenvorland vor: Lang (1973, hier
auch aus Erlenwäldern), Görs (1969), Grüttner
(1990, Tab. 3 u. 14).

Allgemeine Verbreitung: Europa (v.a. Nordeuropa,
Mitteleuropa), Sibirien. – In Europa von Südfrankreich, Oberitalien und Jugoslawien bis in das Ostseegebiet, hier etwa bis 65° n.Br. häufig, vereinzelt
bis 68° n.Br., in Norwegen nur im südlichen Teil. –
Nordisch-temperat, kontinental.

Verbreitung in Baden-Württemberg: V.a. in kalkarmen Gebieten. Oberrheinebene sehr zerstreut,
stark zurückgegangen. Schwarzwald-Baar: Im Südschwarzwald mehrere, auch noch aktuelle Fundstellen, im mittleren Schwarzwald selten, im Nordschwarzwald Vorkommen offensichtlich erloschen.
Baar mehrfach. Stromberg. – Schwäbisch-Fränkischer Wald v.a. im Gebiet um Ellwangen. Schwäbische Alb wenige Fundorte. Alpenvorland verbreitet, z.T. auch heute noch in reichen Beständen.

Tiefste Fundstellen in der Oberrheinebene, ca.
95 m, höchste im Südschwarzwald: 8114/2: Titisee,

319

845 m, 8114/4: Schluchsee, ca. 930 m (Vorkommen erloschen).

Die Pflanze ist einheimisch; Vorkommen an naturnahen Stellen einmal in Erlenbrüchern (auch der Tieflagen in der Oberrheinebene), zum anderen in Mooren des Alpenvorlandes bekannt.

Einzelne Fundstellen sollen hier nur für wenige Naturräume aufgeführt werden:

Nordschwarzwald: 7416/1: Huzenbacher See, KIRCHNER u. EICHLER (1913), unbestätigt. – Mittlerer Schwarzwald: 7716/2: Winzeln-Aichhalden, MAYER (1929), noch vorhanden, wenn auch spärlich, KLEINSTEUBER u. NEUBEHLER (KR-K). – Südschwarzwald: 8114/2: Titisee, 8114/4: Schluchsee, erloschen, 8115/1: Ursee. – Schwäbische Alb: 7226/4, 7326/2: Schnaitheim, Heidenheim, um 1940, KOCH (STU-K); 7423/1: Schopflocher Torfgrube, v. MARTENS u. KEMMLER, unbestätigt.

Erstnachweise: Fossilfunde von Hornstaad (Bodensee), Spätes Atlantikum, RÖSCH (unpubl.). – Erste schriftliche Erwähnung: GATTENHOF (1782: 256): „Bei dem Fürstenweiher" bei Heidelberg.

Bestand und Bedrohung: Vielfach nur in kleinen Beständen vorkommend. Ein Rückgang ist gerade in den Randgebieten nachweisbar, dagegen kaum in der Baar oder im Alpenvorland. Ursachen des Rückganges sind Entwässerungen (so gerade im Oberrheingebiet), Zerstörung der Moore oder Eutrophierung der Landschaft. Gesamtgefährdung G3 (nicht im Alpenvorland). – In Deutschland als nicht gefährdet eingestuft.

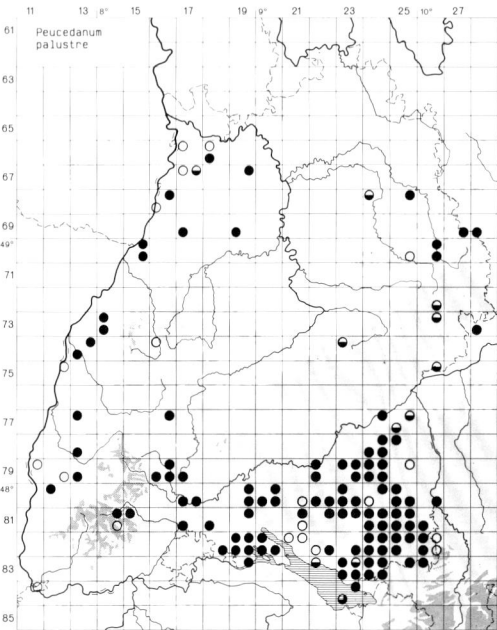

6. Peucedanum cervaria (L.) Lapeyr. 1813
Selinum cervaria L. 1753
Hirsch-Haarstrang, Hirschwurz

Morphologie: Hemikryptophyt, Pflanze ausdauernd, bis 1,5 m hoch, ± verzweigt, Blätter 2- bis 3fach gefiedert, leicht blaugrün überlaufen, Fiederäste wie Fiedern spitzwinklig abgehend, ± in einer Ebene liegend, Fiederabschnitte locker stehend, eiförmig, scharf gesägt, mit gelbbraunen Grannenspitzen, Dolde mit zahlreichen Hochblättern, diese zurückgeschlagen, Döldchenstiele kurz behaart, Blüten weiß, Frucht oval, 4–6 mm lang und 3–4 mm breit, Randrippen schmal. – Blütezeit Juli, August.

Ökologie: Einzeln oder in lockeren Gruppen (Pflanzen jeweils aus Sämlingen hervorgehend, keine Ausläufervermehrung), in Staudenfluren an lichtreichen (bis schwach beschatteten), kalkreichen, basischen, trockenen (bis mäßig frischen) Stellen, oft auf skelettreichen (scherbigen) rohen Böden, ganz ausnahmsweise einige Vorkommen auch auf reichen Graniten (z.T. mit Lößüberlagerung, Bergstraße).

Kennart des Geranio-Peucedanetum cervariae, reg. Geranion sanguinei-Art; gelegentlich in Halbtrockenrasen (Brachezeiger, gegen Mahd empfindlich), auch in lichten Eichen-Niederwäldern. – In zahlreichen Vegetationsaufnahmen von Staudenfluren („Steppenheide" nach GRADMANN) enthal-

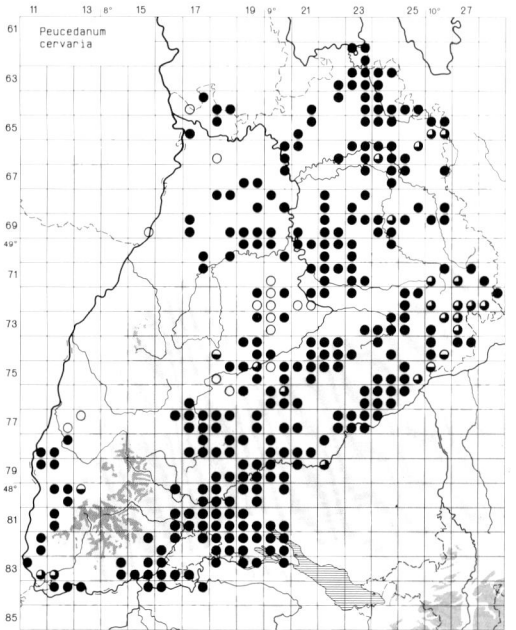

Hirsch-Haarstrang *(Peucedanum cervaria)*
Schönberg bei Freiburg

ten, so z. B. KUHN (1937: 248), TH. MÜLLER (1966: 438, 1962: Sammeltab.), WITSCHEL (1980), PHILIPPI (1984: 592).

Allgemeine Verbreitung: Europa, südwärts bis Nordspanien, Italien und Balkan-Halbinsel, ostwärts bis Mittelrußland, nordwärts bis etwa Oder und Weichsel, in der Bundesrepublik Deutschland vor allem im südlichen Teil verbreitet, nordwärts bis nördliches Harzvorland, entlang des Rheins bis Mosel und Ahr. – Submediterran, schwach kontinental.

Verbreitung in Baden-Württemberg: In den Kalkgebieten verbreitet bis zerstreut, v.a. in den Muschelkalk- und Weißjura-Gebieten. Taubergebiet und Bauland, Hohenloher Ebene, Neckarbecken N Stuttgart, Oberes Gäu und Oberer Neckar. Schwäbische Alb am Nordrand sowie an der Südseite, auf der Hochfläche selten. Zerstreut in den Keuper-Lias-Landschaften, v.a. Stromberg, seltener Glemswald, Schönbuch und Schwäbisch-Fränkischer Wald. Oberrheingebiet selten: Bergstraße,

Rand des Kraichgaus, Kaiserstuhl und Vorbergzone des Schwarzwaldes zwischen Ettenheim und Basel, in der Rheinebene wenige (inzwischen erloschene) Vorkommen. Hochrheingebiet und Klettgau bis Wutach. Alpenvorland im westlichen Bodenseegebiet und Hegau, sonst fehlend. Benachbart im bayerischen Illergebiet isoliertes Vorkommen:7926/2: N Heimertingen, DÖRR (1976). Fehlend im Buntsandstein-Odenwald (an der Bergstraße einige Vorkommen auf reichen Graniten) und im Schwarzwald.

Tiefste Vorkommen im Oberrheingebiet, ca. 95 m, höchste in der Schwäbischen Alb bei 920 m (7719/3: Lochenhorn, BERTSCH, STU-K).

Die Pflanze ist einheimisch. Nach Vorkommen an von Natur aus waldfreien Standorten war sie wohl schon vor dem Menschen im Gebiet vorhanden.

Eine erste Verbreitungskarte von *Peucedanum cervaria* für das Gebiet haben EICHLER, GRADMANN u. MEIGEN (1914) veröffentlicht. Rasterkarte für das Gebiet um Böblingen: BAUMANN u. BAUMANN (1990: 164).

Erstnachweis: J. BAUHIN et al. (1651: 167) „in monte prope Krenzach et juxta Leurach".

Bestand und Bedrohung: Gerade in Gebieten mit scherbigen Kalkböden in sehr reichen Beständen vorhanden. Örtlich sicher infolge Aufforstungen oder Intensivierung der Nutzung zurückgehend, doch insgesamt nicht gefährdet.

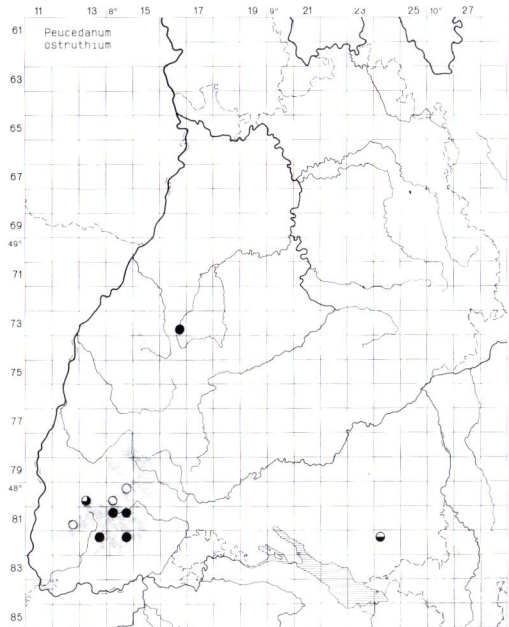

321

Meisterwurz *(Peucedanum ostruthium)*
Feldberg, Bärental, 1977

7. **Peucedanum ostruthium** (L.) Koch 1824

Imperatoria ostruthium L. 1753
Meisterwurz

Morphologie: Hemikryptophyt, ausdauernd, bis 1 m hoch, frischgrün (bis leicht gelbgrün), beim Zerreiben aromatisch riechend, Blätter dreiteilig, die grundständigen mit gestielten, dreiteiligen Fiedern, am Rand unregelmäßig gesägt, Zähne ± stumpf mit aufgesetzter Grannenspitze, Dolde mit zahlreichen Hochblättern, Blüten weiß oder rosa, Frucht rundlich-oval, 4–5 mm groß, Randrippe ungefähr so breit wie das Fruchtgehäuse. – Blütezeit Juli, August.

Ökologie: An lichtreichen, frischen bis feuchten, nährstoffreichen, meist kalkhaltigen Stellen, an natürlichen Vorkommen in Grünerlen-Gebüschen und Hochstaudenfluren der subalpinen Stufe, im Gebiet meist in Siedlungsnähe, zusammen mit *Aegopodium podagraria* u.a. (Aegopodion-Verband), alte Heil- und Gewürzpflanze. – Vegetationsaufnahmen aus dem Gebiet fehlen.

Verbreitung: Ursprünglich nur Alpen, Pyrenäen und Massiv Central; durch Anbau und Verwilderung vielfach ausgebreitet, so in den deutschen Mittelgebirgen (z.B. Rhön, Thüringer Wald, Harz), in den Vogesen, im Riesengebirge, nordwärts bis Süd- und Mittelschweden.

Verbreitung in Baden-Württemberg: Südschwarzwald, sicher nicht ursprünglich, doch ± eingebürgert, einmal auch Nordschwarzwald, Alpenvorland.

Nordschwarzwald: 7316/4: W Gompelscheuer, wenige Pflanzen (außerhalb einer Siedlung), 710 m, 1989, PHILIPPI (KR).

Südschwarzwald: 8013/3: Schauinsland, Holzschlägermatte, 990 m, zuletzt um 1955, OBERDORFER (KR-K); 8014/2: Turner, ca. 1000 m, NEUBERGER (1912), unbestätigt; 8014/3 (?): Höllental, SPENNER (1829), unbestätigt; 8112/4 (?) Sirnitz, SPENNER (1829), unbestätigt; 8114/1: Bärental am Feldberg, hier z.B. an der Waldhofmatte, 1070 m, K. MÜLLER (1948); 8114/2: unterh. Station Bärental, 950 m, OBERDORFER (KR-K), vgl. K. MÜLLER (1937: 352); Altglashütte, Neuglashütte, ca. 1050 m, OBERDORFER (KR-K); 8213/2: Weisenbacher Höhe, 1040 m, um 1980, PHILIPPI (KR-K); 8214/2: Blasiwald, ca. 1000 m, um 1985, HÜGIN (KR-K). Im Südschwarzwald handelt es sich um kleine bis mittelgroße Populationen, die immer im Bereich von z.T. aufgelassenen Siedlungen liegen.

Alpenvorland: 8224/1: Sieberatzreute, Heißen, ca. 650–670 m, BERTSCH (1948), in jüngerer Zeit nicht mehr bestätigt. Ob eingebürgert?

Erstnachweise: THEODOR (1588: 295): „Schwartzwald". Die Vorkommen im Schwarzwald werden

322

dann zunächst nur in der Flora von Spenner (1829: 230) erwähnt: „In hortis rusticorum... culta... ex iis emigrata, quasi spontanea".

Bestand und Bedrohung: Kleine Populationen, die alle potentiell gefährdet sind (G4).

38. **Pastinaca** L. 1753
Pastinak

Kräftige Pflanzen mit meist einfach gefiederten Blättern, Dolden und Döldchen oft ohne Hochblätter, Frucht linsenartig zusammengedrückt, mit schmalen Randflügeln, ähnlich wie bei *Heracleum* (gemeinsam ist beiden Gattungen eine stark entwickelte Steinzellschicht im Fruchtgewebe).

Gattung mit etwa 14 Arten (Europa, Südwestasien bis Sibirien), in Europa 4 Arten (vor allem im Mittelmeergebiet), in Baden-Württemberg nur eine Art.

1. **Pastinaca sativa** L. 1753
Gewöhnlicher Pastinak

Morphologie: Hemikryptophyt, zweijährig, bis 100 cm hoch, ± grau behaart, Blätter einfach gefiedert, mit 2–7 Paaren eiförmiger Fiederabschnitte, diese unregelmäßig scharf gesägt, basale Fiederabschnitte oft tief eingeschnitten, grundständige Blätter oft doppelt gefiedert, Dolde und Döld-

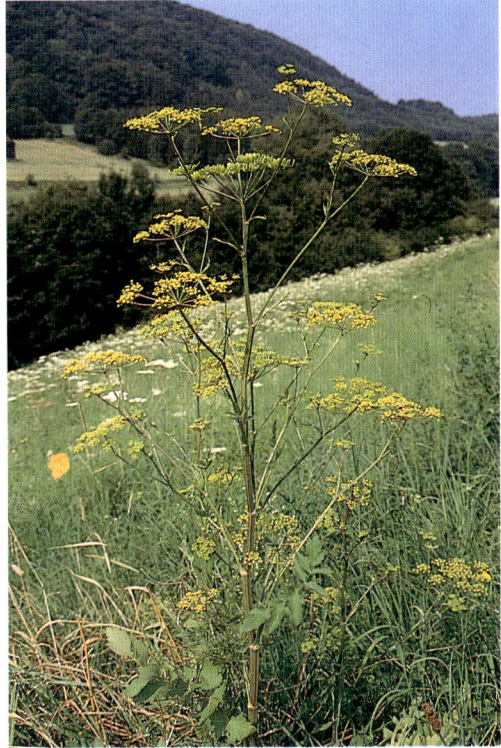

Gewöhnlicher Pastinak *(Pastinaca sativa)*
Christental bei Nenningen, 30. 7. 1989

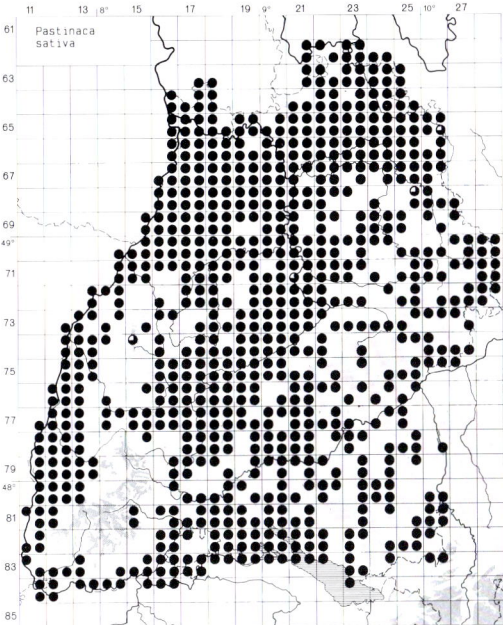

chen ohne oder nur mit 1–2 hinfälligen Hochblättern, Blüten gelb, Frucht auf dem Rücken mit wenig hervortretenden Rippen und breiteren Seitenrippen, meist zwischen den Rippen braune Ölstriemen, Früchte breit-eiförmig, 5–7 mm lang, 4–5,5 mm breit. – Blütezeit Juli, August.

Ökologie: Einzelne Pflanzen an mäßig frischen bis mäßig trockenen, oft sonnigen, meist kalkreichen, basischen Stellen, auf rohen Lehm- oder Schuttböden, gern an Stellen mit lückiger Vegetation. In lückigen Glatthaferwiesen, gern an Wegrändern, in Unkrautgesellschaften der Bahnhöfe und der Steinbrüche, v.a. in Gesellschaften des Dauco-Melilotion-Verbandes. – Vegetationsaufnahmen vgl. Görs (1966: *Daucus-Picris*-Gesellschaft), Görs (1974, Glatthaferwiesen), Görs u. Müller (1974: 260).

Verbreitung: Ursprüngliche Heimat wohl im westlichen Asien (Kaukasus, Sibirien bis zum Altai), infolge des Anbaus als Gemüse- und Futterpflanze in Süd- und Mitteleuropa weit verbreitet, nordwärts bis Südschweden und Baltikum; eingeschleppt in Nord- und Südamerika, Australien und Neuseeland.

In Deutschland verbreitet, nur im nordwestdeutschen Tiefland und in den kalkarmen Mittelgebirgen seltener oder fehlend.

Verbreitung in Baden-Württemberg: Fast im ganzen Gebiet und meist häufig. Lediglich im Schwarzwald wegen zu armer Böden vielfach fehlend, ebenso im Odenwald deutlich seltener. Weiter zeigt die Karte eine lückige Verbreitung im Schwäbisch-Fränkischen Wald und in den östlichen Teilen der Schwäbischen Alb und des Alpenvorlandes.

Tiefste Fundorte ca. 95 m, höchste in der Schwäbischen Alb nach BERTSCH bis 990 m, im östlichen Schwarzwald bis ca. 800–950 m (8115/1: Lenzkirch, 8115/3: Fischbach).

Die Pflanze ist vermutlich aus Kulturen verwildert, hat sich inzwischen eingebürgert (Archäophyt).

Erstnachweise: Fossilfund bei Hochdorf (nahe Ludwigsburg), Spätes Atlantikum, KÜSTER (1985). Erster schriftlicher Hinweis bei DUVERNOY (1722: 111): Umgebung von Tübingen. Die Pflanze wurde vermutlich schon von H. HARDER 1574–76 im Gebiet gesammelt, vgl. SCHORLER (1908: 88).

Verwendung: Wurzeln (v.a. der subsp. *sativa*), die bis 10 cm stark werden können, wurden als Wurzelgemüse genutzt. Der Beginn der Nutzung ist unsicher (in Italien schon römerzeitlich?). In Frankreich ist die Kultur seit ca. 1400 nachweisbar; H. BOCK bezeichnet um die Mitte des 16. Jahrhunderts die Wurzeln von *Pastinaca sativa* als eine Bauernkost. Im 18. Jahrhundert wurde (nach Einführung der Kartoffel) die Nutzung aufgegeben (KÖRBER-GROHNE 1984).

Variabilität: Neben der subsp. *sativa* wird auch die subsp. *urens* (Req. ex Godron) Čelak. angegeben: Pflanze dicht grauhaarig, Dolden mit 5–6 Strahlen. – Gelegentlich verwildert. Dauerhafte Vorkommen sind nicht bekannt. Nach KIRCHNER u. EICHLER (1913) von an wenigen Stellen im Neckargebiet (Tübingen, Stuttgart und Hessigheim), im Schwarzwald (Wildbad, Hirsau) und auf der Schwäbischen Alb (Neuffen) beobachtet. Um Stuttgart wurde sie um 1910 sogar als gemein bezeichnet (vgl. SEYBOLD 1968). Neuere Beobachtungen liegen nicht vor.

39. **Heracleum** L. 1753
Bärenklau

Meist kräftige Pflanzen mit rundlichen bis länglichen, tief geteilten, fiederschnittigen bis gefiederten Blättern. Dolde zusammengesetzt, mit wenigen Hüllblättern, Döldchen mit zahlreichen Hochblät-

tern. Frucht flach, scheibenförmig, die beiden Teilfrüchte auf breiter Fläche verwachsen. Nur die Randrippen der Teilfrüchte gut ausgebildet, die anderen als kaum hervortretende Nerven.

Gattung mit ca. 60 Arten auf der Nordhalbkugel, v.a. in Südwest-Asien. In Mitteleuropa nur zwei Arten, eine weitere synanthrop.

1 Stengel am Grund bis 3 cm stark, Pflanze bis 1,5 m hoch, Frucht kahl, bis 10 mm lang . . . . .
. . . . 1. *H. sphondylium*
– Stengel am Grund bis 10 cm stark, Pflanze bis 3 (3,5) m hoch, Frucht mit borstig behaarten Randrippen, 10–14 mm lang . 2. *H. mantegazzianum*

1. **Heracleum sphondylium** L. 1753
Wiesen-Bärenklau

Morphologie: Hemikryptophyt, Pflanze bis 1,5 m hoch. Stengel gefurcht und wie Blätter borstlich behaart. Blätter meist einfach fiedrig eingeschnitten bis einfach gefiedert, am Rand unregelmäßig gesägt. Frucht breit-eiförmig, 6–10 mm lang, mit bis 1 mm breiten Randrippen. – Blütezeit Juni bis September, in Wiesen nach der Mahd oft 2. Blühaspekt bildend.

Ökologie: An (mäßig) frischen, nährstoffreichen und basenreichen, kalkreichen wie kalkarmen (schwach sauren) Stellen, v.a. in Wirtschaftswiesen, hier Zeiger für gut gedüngte (nicht überdüngte) Flächen, auch in Ruderalgesellschaften, in Stau-

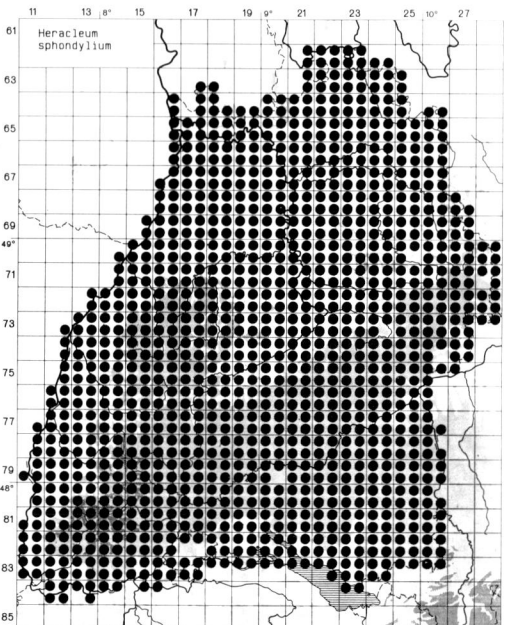

Wiesen-Bärenklau *(Heracleum sphondylium)*
Schönaich, 2. 8. 1991

densäumen an Waldrändern. – In zahlreichen Aufnahmen von Wiesengesellschaften aus Baden-
Württemberg enthalten.

Allgemeine Verbreitung: Europa, westliches Nordafrika, West- und Nord-Asien; in Europa nordwärts (in der subsp. *sphondylium*) bis 62° n. Br. bzw.
(in der subsp. *sibiricum*) bis 65° n. Br. und vereinzelt
bis zum Polarkreis. – Eingeschleppt in Nordamerika.

Verbreitung in Baden-Württemberg: Im ganzen Gebiet verbreitet und meist häufig.

Tiefste Fundstellen ca. 95 m, höchste am Feldberg, ca. 1300–1350 m.

Die Pflanze ist im Gebiet wohl urwüchsig. Natürliche Vorkommen sind in etwas aufgelichteten
Auelandschaften anzunehmen, vielleicht auch an
(frischen) Waldsäumen in Umgebung von Felsen.

Erstnachweise: Pollenfunde aus dem frühen Subboreal (Allensbach und Wallhausen am Bodensee,
Rösch 1990). Erste schriftliche Erwähnung: Theodor (1588: 348–349) „am Neckarstrom".

Variabilität: *H. sphondylium* ist außerordentlich
formenreich. Nach Flora europaea lassen sich
9 Unterarten unterscheiden. Im Gebiet neben der
subsp. *sphondylium* als der verbreiteten Sippe auch
die subsp. *montanum* (Schleich. ex Gaud.) Briq. in
Schinz et Keller 1905 (*H. montanum* Schleich.
1829), unterschieden durch weniger eingeschnit-
tene, 3- bis 5- (7-)teilige Blätter, Stengelblätter im
Umriß rundlich. Diese Sippe – offensichtlich durch

325

Riesen-Bärenklau *(Heracleum mantegazzianum)*
Schönaich, 25. 7. 1992

Übergänge mit subsp. *sphondylium* verbunden – wird für Hochstaudenfluren am Feldberg (Südschwarzwald) angegeben. Im benachbarten Schweizer Jura (bis Basel) findet sich subsp. *alpinum* (L.) Bonn. et Layens 1894 mit breit abgerundeten Grundblättern. Daneben gibt es Formen mit schmalen Fiederabschnitten, die bereits von v. MARTENS u. KEMMLER (1882) als β. *elegans* erwähnt wurden. Derartige schmalfiedrige Sippen kommen offensichtlich bei mehreren Unterarten vor; der taxonomische Wert ist so nicht besonders hoch einzuschätzen.

Bestand und Bedrohung: Im Gebiet häufige Pflanze, die nicht bedroht ist.

2. Heracleum mantegazzianum Sommier et Levier 1895
Riesen-Bärenklau

Morphologie: Pflanze zwei- bis dreijährig, nach dem Blühen absterbend, bis 3,5 m hoch, Stengel am Grund bis 10 cm stark. Blütenstand bis 50 cm breit. Frucht 10–14 mm lang mit borstig behaarten Randrippen. – Blütezeit Juni bis Juli (August). Vermehrung durch Samen (keine vegetative Vermehrung).

Saft wegen des Gehaltes an 6,7-Furanocumarinen giftig; er ruft v.a. bei intensiver Belichtung und hoher Luftfeuchtigkeit Hautrötungen und Schwel-

Heracleum
mantegazzianum

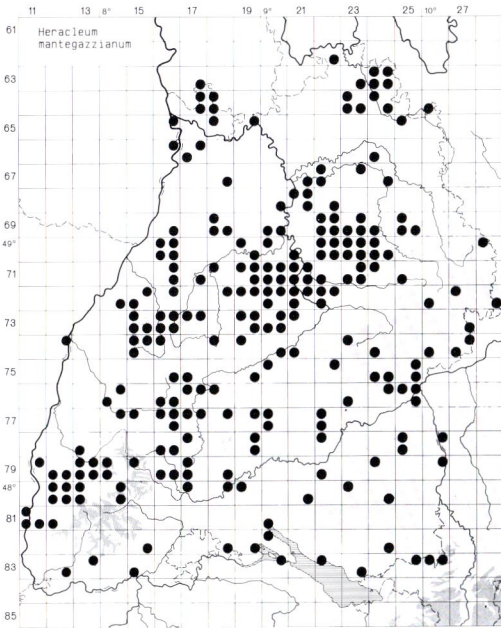

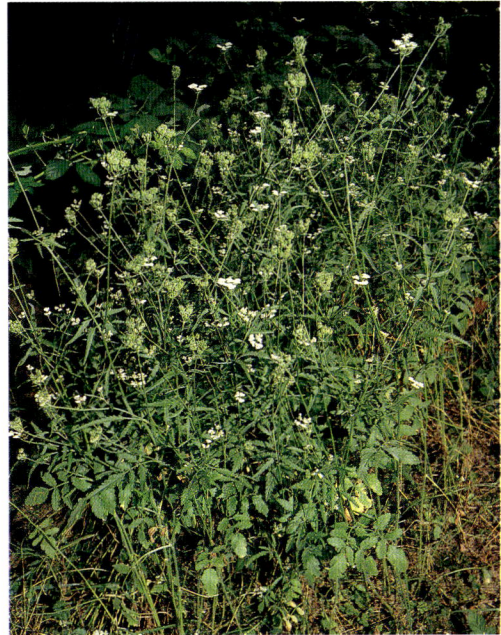

Großer Zirmet *(Tordylium maximum)*
Zwischen Ihringen und Breisach

lungen hervor. Deshalb Vorsicht bei mechanischer Bekämpfung!

Ökologie: An mäßig nitratreichen, frischen Stellen, v.a. in humider Klimalage z.T. hochwüchsige, dicht schließende Bestände bildend, vgl. KLAUCK (1988): Urtico-Heracleetum mantegazzianii, Aegopodion-Verband.

Allgemeine Verbreitung: Heimat Kaukasus, von hier aus als Gartenpflanze um und vor 1900 nach Mitteleuropa gebracht, inzwischen in zahlreichen Ländern Europas eingebürgert.

Verbreitung in Baden-Württemberg: Weit verbreitet, v.a. in niederschlagsreichen Gebieten, oft jedoch nur in Einzelpflanzen entlang der Straßen, an Gewässern, hier vereinzelt auch kleinere Bestände bildend (im Gegensatz zum bayerischen Alpenvorland, wo z.T. große Bestände zu beobachten sind). Vorkommen z.T. auf Aussaat durch Imker zu erklären. Höchste Fundstellen 900 m (8016). In Ausbreitung.

Schon wegen der Giftigkeit sollte die Pflanze bekämpft werden! Vgl. dazu SCHULDES u. KÜBLER (1990, 1991).

Erstnachweise: Eine Beobachtung von *Heracleum persicum* bei Freiburg-Günterstal (K. MÜLLER 1937) könnte sich auf *H. mantegazzianum* beziehen. KREH (1954: 79) erwähnt *H. mantegazzianum* von der Heslacher Wand bei Stuttgart (7220). LITZELMANN (1963) nennt die Pflanze von Brombach bei Lörrach („seit 1951").

Tordylium L. 1753
Zirmet, Drehkraut

Gattung mit ca. 16 Arten im Mittelmeergebiet und in Vorderasien. Im Gebiet gelegentlich eine Art verwildert, eine weitere mit Südfrüchten eingeschleppt.

1. Tordylium maximum L. 1753
Großer Zirmet, Großes Drehkraut

Pflanze ein- bis zweijährig, bis 1,2 m hoch, grauborstig behaart. Blätter einfach gefiedert, mit eiförmigen, eingeschnittenen Teilblättchen, bei den oberen Blättern v.a. das

Großer Zirmet *(Tordylium maximum)*
Früchte

327

Endblättchen lang ausgezogen. Dolden 5- bis 15strahlig, mit zahlreichen Hochblättern. Frucht elliptisch, 5–8 mm lang, borstig behaart, stark abgeflacht, mit stark vergrößerten Randrippen.

Pflanze des Mittelmeergebietes, in Mitteleuropa an Schuttstellen in warmer Lage, in Weinbergen, z.T. als Burggartenflüchtling. Angegeben von Heidelberg (THELLUNG 1926) und 7911/4: W. Ihringen, SCHREMPP (KR-K); ob noch? . – In Nachbargebieten: Mehrfach in Weinbergen in der Vorhügelzone der Vogesen.

2. Tordylium apulum L. 1753

Einjährig, kleiner als vorige, Früchte 5–8 mm lang, weichhaarig, Randrippen gekerbt-gebuckelt. Pflanze des Mittelmeergebietes, gelegentlich mit Südfrüchten eingeschleppt: Ulm, 1933–41, K. MÜLLER (1957), einmal auch in Stuttgart, 1934, K. MÜLLER in SEYBOLD (1968).

40. Laserpitium L. 1753
Laserkraut

Meist kräftige, ausdauernde (selten zweijährige) Pflanzen mit mehrfach gefiederten Blättern. Frucht mit großer Fugenfläche, Hauptrippen niedrig, Teilfrüchte mit 4 auffallend großen, häutigen Nebenrippen, die beiden seitlichen größer als die übrigen.

Gattung mit ca. 30 Arten. Verbreitungsgebiet Europa (bis Kapverden und Kanaren), Asien (Südwestasien, Sibirien bis Ob); Europa v.a. Süd- und Mitteleuropa (Nordeuropa nur *L. latifolium*). In Europa in 13 Arten vertreten.

1 Stengel gefurcht, mit hervortretenden Kanten, am Grund behaart; Frucht behaart . . . .
                                    3. *L. prutenicum*
– Stengel fein gerillt, ohne hervortretende Kanten, kahl; Frucht kahl 2
2 Fiederabschnitte eiförmig, am Rand kerbig gesägt
                                    2. *L. latifolium*
– Fiederabschnitte lanzettlich, ganzrandig . . . . .
                                    1. *L. siler*

1. Laserpitium siler L. 1753
Berg-Laserkraut, Roßkümmelartiges Laserkraut

Morphologie: Hemikryptophyt, ausdauernd, Grundachse mit Faserschopf, Pflanze bis 1,5 m hoch. Blatt mit Stiel bis 1 m lang, im Umriß breitdreieckig, etwas lauchgrün, 3- bis 4fach gefiedert, Endabschnitte lanzettlich, ganzrandig, mit weißem Knorpelrand, Dolden groß, bis über 25 cm im Durchmesser, mit bis zu 20–40 Döldchen. Blüten weiß, Frucht verlängert-eiförmig, 5–12 mm lang. – Blütezeit Juni–Juli (August).
Ökologie: Lockere Herden an lichtreichen bis sonnigen, flachgründigen, trockenen Stellen über Kalk.

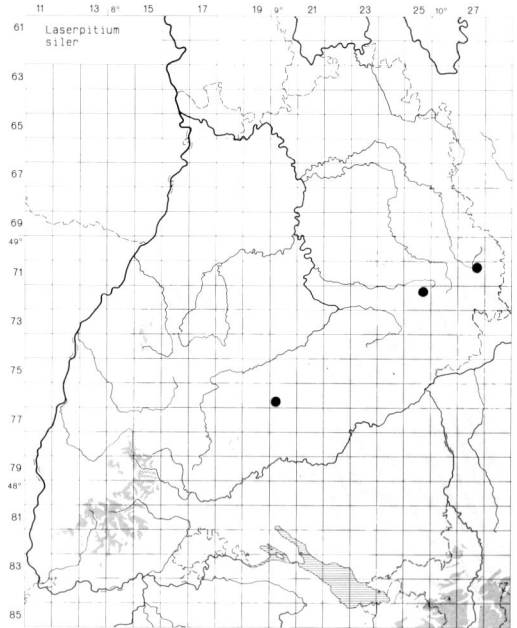

Zusammen mit *Thesium bavarum, Geranium sanguineum* u.a., in Süd-exponierten Lagen auch *Cynanchum vincetoxicum*, hochwüchsige Staudengesellschaften bildend. Kennzeichnend für montane Ausbildungen des Geranio-Peucedanetum, auch in Felsspalten (hier in *Sesleria varia*-Beständen). – Vegetationsaufnahmen aus Baden-Württemberg: TH. MÜLLER (1962, synthet. Tab.).
Allgemeine Verbreitung: Europa; Nordspanien, Cevennen, Alpen und Jura, bis nördlicher Apennin und Balkanhalbinsel; Nordalpen bis 1900 m.
Verbreitung in Baden-Württemberg: Schwäbische Alb, hier an wenigen Fundstellen. Nächste Vorkommen im Alpenvorland (am Lech) und im Schweizer Jura (Aargau). – Die Pflanze ist einheimisch.

Schwäbische Alb: 7127/2: Tierstein bei Aufhausen, ca. 570 m, kleinere Bestände an Nord-exponierten Felsabbrüchen, weiter nahe Schenkenstein bei Aufhausen, an Lichtungen im Buchenwald (offensichtlich sekundärer Wuchsort), NEBEL (STU-K). An beiden Stellen von FRICKHINGER (V. MARTENS u. KEMMLER) entdeckt. 7225/2: Rosenstein, RÖSLER (V. MARTENS u. KEMMLER), in sehr reichen Beständen in Nähe der Ruine, an Nord- wie an Süd-exponierten Stellen, auch im Ruinenbereich selbst, weiter auf der Ostseite des Rosensteins (Sedelfelsen), ca. 680–730 m. 7225/2 (?): Scheuelberg, SCHMOHL in STU-K, BERTSCH (1948), unbestätigt; 7620/3: Hangender Stein oberhalb Jungingen, ca. 920 m, HEGELMAIER in MAYER (1904); kleine Population, noch 1991. Nicht lokalisierbar ist die Angabe von BERTSCH (1948): Homberg (bei Schwäbisch Gmünd).

Berg-Laserkraut *(Laserpitium siler)*
Hangender Stein bei Hechingen, 6. 7. 1991

Erstnachweise: Die erste Erwähnung findet sich bei CORDUS (1561: 222v): „inter Ebingam et Sueiningam in montibus", sie könnte sich auf das Vorkommen am Hangenden Stein beziehen. Vgl. ROTH VON SCHRECKENSTEIN (1798: 94).

Bestand und Bedrohung: Da *Laserpitium siler* im Gebiet in relativ begrenzten Populationen vorkommt, ergibt sich eine (gewisse) potentielle Gefährdung, etwa durch Felsabbrüche oder Kletterer. Diese Gefährdung sollte aber nicht überschätzt werden, wie Beobachtungen am Rosenstein zeigen. Dort kommt die Pflanze auch an gestörten Stellen mit gewisser Trittbelastung oder an stark überformten in Ruinennähe vor. Jungpflanzen sind regelmäßig zu finden. Lediglich das kleine Vorkommen am Hangenden Stein scheint stärker gefährdet zu sein.

2. Laserpitium latifolium L. 1753
Breitblättriges Laserkraut

Morphologie: Hemikryptophyt, ausdauernd, Grundachse mit Faserschopf, Pflanze bis 1,5 (2) m hoch, Blätter (mit Stiel) bis 1 m lang, breit im Umriß breit-dreieckig, etwas lauchgrün, 1- bis 2fach gefiedert, mit breit-eiförmigen, grob gesägten Fiederabschnitten. Dolden groß, mit bis zu 40–50 Döldchen, Blüten weiß bis grüngelb, Frucht 5–10 mm lang. – Blütezeit Juli–August.

Ökologie: Lockere Staudenbestände bildend, meist an absonnigen, mäßig frischen, kalkhaltigen, basischen Stellen, in Einzelpflanzen an Mergelhängen oder Felsen. – In Staudengesellschaften v. a. montaner Lagen, hier kennzeichnend für das Bupleuro-Laserpietum (mit *Bupleurum longifolium*, an fri-

329

scheren Stellen) bzw. für das Coronillo-Laserpitie-
tum (mit *Coronilla coronata*, an trockeneren
Stellen), in wärmeren Lagen auch im Geranio-Peucedanetum cervariae. Einzelpflanzen in Rasengesellschaften mit *Sesleria varia* oder *Calamagrostis
varia*, vgl. dazu das Laserpitio-Seslerietum und das
Laserpitio-Calamagrostietum, am Feldberg in
Rasen mit *Calamagrostis arundinacea* auf Gneis
(mit kalkführenden Spalten). – Vegetationsaufnahmen aus Staudengesellschaften vgl. WITSCHEL
(1980, Tab. 18–20), PHILIPPI (1984, Tab. 11), synthet. Tabellen vgl. TH. MÜLLER (1962, 1978), zu
Vorkommen in Rasengesellschaften vgl. KUHN
(1937: 181), WITSCHEL (1980, Tab. 13), synthet. Tabellen TH. MÜLLER (1978).

Allgemeine Verbreitung: Europa; von Südeuropa
(Zentralspanien, Süditalien, Rila-Gebirge) bis nach
Südskandinavien (Ostsee-Gebiet bis 61° n.Br.), in
küstennahen Gebieten Westeuropas weitgehend
fehlend. Alpen bis ca. 2000 m. – In Deutschland in
den Kalkgebieten nordwärts bis Eifel und bis zum
nördlichen Harzvorland; Verbreitungsschwerpunkt
Alpen, Alpenvorland und Jurazug (bis Fränkische
Alb).

Verbreitung in Baden-Württemberg: Schwerpunkt
des Vorkommens in der Schwäbischen Alb, von
hier aus bis in die Baar und Wutach ausstrahlend.
Gäulandschaften: Oberer Neckar bis Oberes Gäu.
Isolierte Vorkommen im Taubertal und in Hohenlohe. Vereinzelt in den Keupergebieten: Schönbuch,

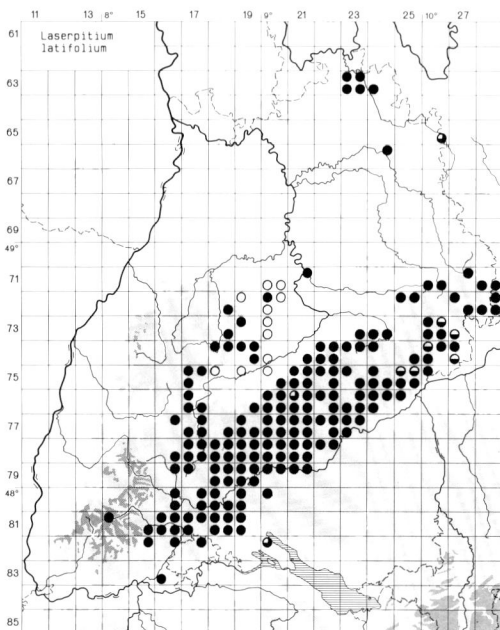

Rammert. Isolierte Vorkommen im Südschwarzwald (Feldberg) und Alpenvorland.

Tiefste Fundstellen: Taubertal, ca. 250 m,
höchste am Feldberg, ca. 1250 m.

Benachbart in den Vogesen weiter verbreitet als
im Schwarzwald (von Thann bis zum Hohneck,
Vorhügelzone bei Osenbach, isolierte Vorkommen
in den Buntsandsteinvogesen (z.B. Bitsch). *Laserpitium latifolium* dürfte im Gebiet zumindest in der
Schwäbischen Alb und im Schwarzwald urwüchsig
sein. In diesen Gebieten sind Vorkommen an von
Natur aus waldfreien Stellen bekannt (v.a. an Felsen).

Die Wuchsorte der Pflanze in den Muschelkalk-
und Keupergebieten wären von Natur aus wohl alle
bewaldet. Hier konnte die Pflanze erst einwandern,
nachdem der Mensch die Wälder geöffnet hat, und
ist somit als Archäophyt anzusehen.

Schwarzwald: 8114/1: Seewand oberhalb des Feldsees, ca.
1250 m, K. MÜLLER (1901).
Taubergebiet: Um Tauberbischofsheim mehrfach, so am
Stammberg und im Königsheimer Tal. Vorkommen schlie-
ßen an die im bayerischen Maintal an. Isolierte Fundstelle:
6526/4: E. Schonach, um 1960, BAUR (STU-K).
Hohenlohe: 6824/2: N Ailringen, Rißbachtal, wenige
Pflanzen, 1990, DEMUTH (KR-K).
Heckengäu–Schönbuch: Vgl. BAUMANN u. BAUMANN
(1990), Rasterkarte. Im Schönbuch und benachbarten Gebieten z.B. 7419/3: Spitzberg, 7419/2: Entringen, Breiten-
holz. Früher auch im Rammert S Tübingen.
Alpenvorland: 8220/1: Altbodman, 1923, KNEUCKER
(KR, var. *asperum*), LANG (1973: 411).
Vorkommen in den Buntsandsteingebieten des Nordschwarzwaldes (vgl. MAYER (1929) sind wohl irrig und
wurden nicht berücksichtigt.

Erstnachweis: THEODOR (1588: 387): „viel im
schwartz Waldt". Diese Angabe dürfte sich jedoch
auf Vorkommen in den Randgebieten wie Oberer
Neckar oder Oberes Gäu beziehen.

Bestand und Bedrohung: Insgesamt heute noch in
reichen Beständen vorhanden und nicht bedroht.
Lediglich in den Keupergebieten ist ein deutlicher
Rückgang zu verzeichnen (vgl. dazu MAYER 1929:
322, BAUMANN & BAUMANN 1990). Auch im Gebiet
um Ulm, wo zahlreiche von K. MÜLLER (1957)
genannte Vorkommen nicht bestätigt wurden,
scheint sich ein Rückgang anzubahnen. Die Vorkommen von *L. latifolium* sollten deshalb sorgsam
beobachtet werden.

Variabilität: *L. latifolium* ist sehr formenreich (vgl.
dazu HEGI 1926). Im Gebiet wies bereits GMELIN
(1826: 205) auf eine Form mit flaumig behaarten
Blättern hin, die MERTIN 1822 im Gebiet bei Wertheim sammelte. – Die Pflanzen des Taubertales gehören weitgehend zur var. *asperum* (Crantz) Rouy
et Camus 1901; vgl. dazu KNEUCKER (1921), die

Breitblättriges Laserkraut *(Laserpitium latifolium)*
Zellerhorn bei Hechingen, 11. 7. 1990

durch kurz rauhhaarige Blätter und Blattstiele gekennzeichnet ist. Ökologische Unterschiede gegenüber der Stammform sind nicht zu erkennen.

3. Laserpitium prutenicum L. 1753
Preußisches Laserkraut

Morphologie: Hemikryptophyt, zweijährig (im Gegensatz zu anderen einheimischen Arten), Grundachse ohne Faserschopf, Pflanze bis 1 m, borstigrauh behaart oder (selten) kahl. Blätter bis 40 cm lang, im Umriß verlängert dreieckig, 1- bis 2fach gefiedert, mit z.T. tief fiederteiligen Fiederblättchen, Endabschnitte bis 2 cm lang und unter 5 mm breit, am Rand bewimpert, zugespitzt. Dolden mit 10–20 Döldchen, Kronblätter weiß, außen mit feinen Borstenhaaren. Frucht 3,5–5 mm lang, feinborstig behaart. – Blütezeit Juli–August (September).

Ökologie: In einzelnen Pflanzen an lichtreichen (bis schwach beschatteten), (wechsel-)feuchten, humosen, basenreichen schwach sauren (bis kalkreichen, schwach basischen) Stellen. In Moorwiesen (Pfeifengraswiesen, Molinion-Verband), auch in Staudengesellschaften im Halbschatten von Eichen oder in lichten Eichenwäldern. – Vegetationsaufnahmen aus dem Gebiet liegen bisher nicht vor.

Allgemeine Verbreitung: Europa, v.a. Mittel- und Osteuropa, westwärts bis Frankreich, Nordspanien und Portugal, im atlantischen Bereich Westeuropas fehlend. Ostwärts bis Ural und zur Wolga, nordwärts bis Kurland. – In Deutschland v.a. im Alpenvorland, seltener im Maingebiet und in der Mark Brandenburg.

Verbreitung in Baden-Württemberg: Maingebiet (auf bayerischer Seite), Keuper-Lias-Neckarland, Schwäbische Alb, Wutach–Klettgau, Alpenvorland. – Benachbart in der Pfalz auch in der Oberrheinebene um Speyer–Schifferstadt, dem Elsaß sowie der rechtsseitigen Oberrheinebene fehlend.

Tiefste Fundstellen ca. 300 m (?), in der Pfalz ca. 100 m, höchste ca. 620 m (Guggenhauser See, 8122/3).

L. prutenicum ist einheimisch, doch wohl erst mit dem Menschen in das Gebiet eingewandert (Archäophyt). Vorkommen an von Natur aus waldfreien Stellen sind nicht im Gebiet bekannt.

Maingebiet: Hier auf bayerischer Seite: 6223/1: Bettinger Berg bie Kreuzwertheim, MERTIN in DÖLL (1862), später hier von STOLL vielfach gesammelt (KR): Amtmannshecke am alten Trennfelder Pfad (1890, „ziemlich häufig"), Achtherrenholz am Weg nach Unterwittbach. Letzte Beobachtungen: Wettenberg, 1945, A. KNEUCKER (KR, „sehr vereinzelt, früher sehr häufig").
Stromberg, Löwensteiner Berge: Stromberg, v. MARTENS u. KEMMLER (1882), nicht genau zu lokalisieren; 6920/3: Cleebronn, EICHLER, GRADMANN u. MEIGEN (1926); 6821/3 (?): Heilbronn, KIRCHNER u. EICHLER (1900).
Glemswald, Schönbuch, Schurwald: Zahlreiche Fundstellen um Stuttgart (ca. 7, vgl. v. MARTENS u. KEMMLER 1882, KIRCHNER 1888); KIRCHNER bezeichnet die Pflanze

Preußisches Laserkraut *(Laserpitium prutenicum)* Ostrachtal, 17. 8. 1991

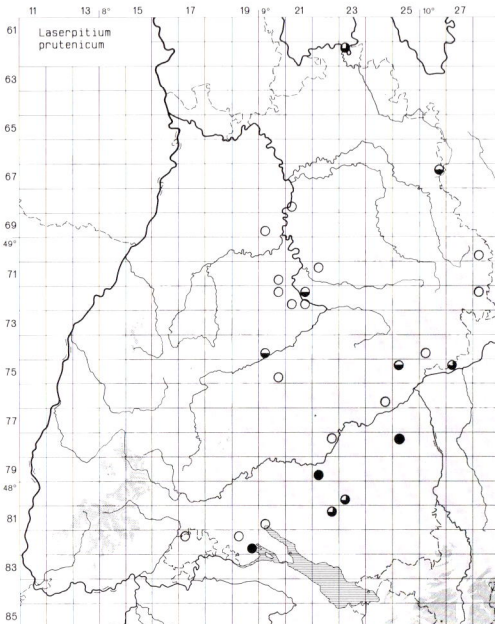

für das Gebiet um Esslingen als nicht selten. Nach 1900 liegen nur wenige Belege vor (STU): 7221/2: Wäldenbronn bei Esslingen, 1903, BERTSCH, 7420/3: Tübingen, Waldhörnle, am Schießplatz, 1908, MAYER. Das Vorkommen am Spitzberg (Buss, 7420/3) ist letztmals 1890 belegt(vgl. GÖRS 1966). Zum Rückgang der Pflanze im Gebiet vgl. MAYER (1929), KREH (1951: 83), SEYBOLD (1968).
Schwäbisch-Fränkischer Wald: 6726/2: Hirschberg bei Brettheim, 1911, HANEMANN (STU).
Vorland der Schwäbischen Alb: 7520/4: Öschingen, MAYER (1929); Fundstelle wird in der späteren Auflage nicht mehr genannt.
Schwäbische Alb: Wenige Fundstellen in der Ostalb und im anschließenden Vorland: 7028/3: Wössingen, KIRCHNER u. EICHLER, 7228/1 (?): Neresheim, v. MARTENS u. KEMMLER (1882); 7426/3: Langenau, v. MARTENS u. KEMMLER (1882); 7525/1: Tomerdingen, K. MÜLLER (1957); 7527/1: Riedheim, RAUNEKER (1984), Fundstelle wohl auf bayerischem Gebiet; 7624/4: Oberdischingen, SCHÜBLER u. MARTENS (1834); 7822/2: Riedlingen, v. MARTENS u. KEMMLER (1882). Im benachbarten Gebiet des Ries zahlreiche Fundstellen, von denen in jüngerer Zeit nur eine bestätigt werden konnte (FISCHER 1982).
Alpenvorland: 7825/1: Baltringer Ried, 1991, RAUNEKER u. ANKA (STU-K). 7922/3: Hohentengen, Taubenried, HENN (STU-K); 1990, ca. 50 Pfl., H. STADELMAIER (KR-K), „zahlreich", BAUMANN (STU-K); 8023/3: Ebenweiler See, K. MÜLLER, zuletzt BRIELMAIER, DÖRR (1976); 8122/2: Haggenmoos, K. MÜLLER, BRIELMAIER, ob noch? Vgl. DÖRR (1976); 8122/2: Guggenhauser See, K. MÜLLER, BRIELMAIER, DÖRR (1976). – Im westlichen Bodenseegebiet: 8120/3: Espasingen, Bogental „auf einem

Streuplatz", v. STENGEL in JACK (1900), etwas fragliche Angabe; 8219/1: Bruderhof bei Singen in Gräben gegen Hausen, BRUNNER, KARRER in JACK (1900); hierher gehört wohl auch die Angabe „Hohentwiel"; 8219/4: Böhringen, Streuwiese nahe der Ziegeleigrube, nach 1970, HENN; Vorkommen inzwischen wohl erloschen.

Benachbart am Ufer des Bodensees auf Schweizer Seite zahlreiche Fundstellen, die aber bereits um 1940 erloschen waren; vgl. KUMMER (1944).

Wutach–Klettgau: 8217/1 (?): Grimmelshofen, NEUBERGER, SEUBERT u. KLEIN; Vorkommen nicht belegt. Angabe scheint nicht ganz gesichert zu sein. Benachbart auf schweizerischem Gebiet: 8216/2 (?): Schleitheim, SCHALCH, vgl. JACK (1900). Vorkommen bei KUMMER (1944) nicht aufgeführt.

Erstnachweis: VULPIUS (1791: 71): Schlotwiese bei Stuttgart-Zuffenhausen (7120).

Bestand und Bedrohung: Von den früher zahlreichen Vorkommen scheint im Augenblick nur noch eines aktuell zu sein. Die Pflanze ist bereits vor 1900 offensichtlich stark zurückgegangen; heute steht sie im Gebiet wohl kurz vor dem Aussterben (G1). Die Gründe des Rückganges kennen wir nicht. In Deutschland wird die Pflanze als stark gefährdet eingestuft.

41. **Daucus** L. 1753
Möhre

Teilfrüchte verwachsen, mit 4 Reihen von Stacheln auf den Nebenrippen.

Gattung mit ca. 60 Arten, in Europa 10 Arten, v.a. in den wärmeren Gebieten.

1. **Daucus carota** L. 1753
Wilde Möhre

Morphologie: Hemikryptophyt bzw. Therophyt, ein- bis mehrjährig (meist zweijährig), nach der Blüte absterbend. Pflanzen bis 1 m, Stengel mehrfach verzweigt, graugrün, borstlich behaart, mit verdickter, charakteristisch riechender Wurzel. Blätter 2- bis 3fach gefiedert. Blüten weiß, Randblüten der Dolde einseitig vergrößert (zygomorph), im Innern der Dolde eine große rotbraune sterile Blüte (nur bei dieser Art unserer Flora!). Dolde zur Fruchtzeit in der Mitte eingesenkt („nestartig"). – Blütezeit Juni–September. Klettverbreitung.

Ökologie: Einzelne Pflanzen an lichtreichen bis sonnigen, mäßig trockenen, mageren, meist kalkreichen, basischen, nur mäßig nährstoffreichen Stellen. Optimal in Pioniergesellschaften auf mergeligen oder lehmigen Rohböden, zusammen mit *Melilotus*-Arten in Ruderalgesellschaften, in lückigen Wiesen warmer Tieflagen (Arrhenatherion, vgl.

das Dauco-Arrhenatheretum), auch im Mesobrometum), an Straßenrändern. – In zahlreichen Vegetationsaufnahmen von Ruderalgesellschaften enthalten (vgl. z.B. GÖRS 1966, PHILIPPI 1983), in Aufnahmen von Wiesengesellschaften vgl. GÖRS (1974).

Allgemeine Verbreitung: Über die ganze Erde verbreitet, vielfach synanthrop, lediglich in den tropischen und borealen Zonen fehlend. Europa, Nordafrika, Vorderasien (bis Pakistan). In Europa geschlossenes Areal nordwärts bis 60° n.Br. (Einzelvorkommen bis 65° n.Br.). In Deutschland verbreitet, nur im nordwestdeutschen Tiefland seltener.

Verbreitung in Baden-Württemberg: Verbreitet und meist häufig. Lediglich im Schwarzwald seltener und auch gebietsweise fehlend. Ursache sind einmal die zu armen Böden, zum anderen die montane Lage. Die Vorkommenslücken im Alpenvorland und östlichen Schwäbisch-Fränkischen Wald könnten sich bei genauer Nachsuche wohl schließen lassen. In kalkarmen Gebieten konnte sich die Pflanze infolge des Straßenbaus (wegen der Verwendung kalkreichen Materials) ausbreiten.

Tiefste Fundstellen ca. 95 m, höchste im Schwarzwald (Straßenränder!) ca. 950 m (8115/3: Fischbach bei Schluchsee).

Die Pflanze ist einheimisch. Wie weit sie schon vor den Eingriffen des Menschen vorhanden war oder ob sie erst mit dem Menschen in das Gebiet

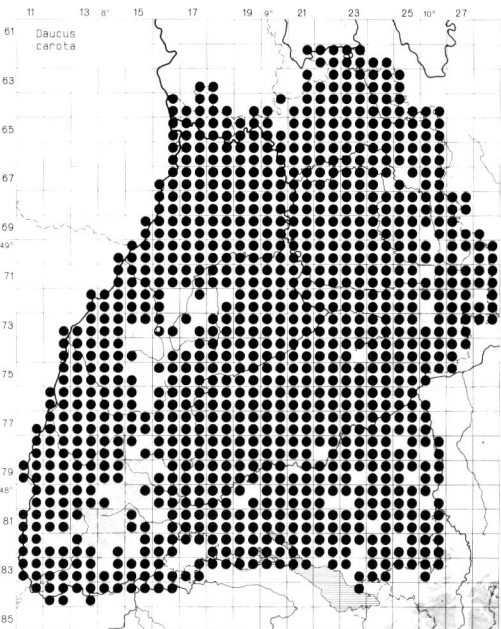

333

Wilde Möhre *(Daucus carota)*
Mönchberg, 27. 7. 1991

eingewandert ist, läßt sich schwer entscheiden. Natürliche Wuchsorte sind an Schutt- und Mergelhängen der Schwäbischen Alb zu vermuten.

Erstnachweise: Spätes Atlantikum, z. B. Hochdorf bei Ludwigsburg (7121), Früchte, KÜSTER (1985). Erste schriftliche Erwähnung: J. BAUHIN (1598: 197), Umgebung von Bad Boll. Bereits ALBERTUS MAGNUS (13. Jahrhundert) hat die Pflanze gekannt (vgl. KÖRBER-GROHNE 1987).

Bestand und Bedrohung: Nicht bedroht; durch Ruderalisierung der Landschaft und Straßenbau in (gewisser) Ausbreitung.

Variabilität: *D. carota* ist eine formenreiche Art. In Europa werden (nach Flora europaea) 12 Unterarten unterschieden; ihre Trennung ist wegen der Bildung von Bastarden recht schwierig. Im Gebiet gehört die Wildform zur subsp. *carota*, die angebaute Möhre (Gelberübe) zur subsp. *sativus* (Hoffm.) Arcang.

Beide Sippen unterscheiden sich durch die Stärke der Wurzel, bei subsp. *sativus* fehlt meist die rotbraune Zentralblüte.

Verwendung: *D. carota* subsp. *carota* hat eine eßbare und wohlschmeckende Wurzel, ihr Carotingehalt ist gegenüber den kultivierten Sippen der subsp. *sativa* unbedeutend (vgl. KÖRBER-GROHNE 1984).

Da die Wurzeln schwer zu gewinnen sind und der Ertrag wegen der geringen Stärke bescheiden ist, spielte die Wildsippe als Kulturpflanze eine untergeordnete Rolle. V. MARTENS u. KEMMLER (1882) berichten, die Pflanze sei „in Theuerungsjahren bedeutende Hilfe" gewesen, so auf dem Heuberg im April 1847. Die heute kultivierten Sippen der subsp. *sativa* mit orangefarbener Wurzel und hohem Carotingehalt lassen sich in Mitteleuropa seit Ende des 17. Jahrhunderts (in den Niederlanden) nachweisen.

Heimat der Pflanze ist Afghanistan und Vorderasien. Zuvor wurden im Gebiet schon rote und weiße Möhren angebaut: Die roten lassen sich ebenfalls von der subsp. *afghanicus* ableiten, die weißen zumeist von der subsp. *maximus*, die im Mittelmeergebiet heimisch ist (vgl. dazu KÖRBER-GROHNE 1987, MANSFELD 1986).

Bildquellenverzeichnis

BAUMANN, HELMUT: 14, 22, 23, 25, 28, 31, 35, 36, 46, 60, 63 (r.o.), 65, 69, 70, 71, 74, 79, 97, 99, 101, 103 (l.o.), 108, 111, 112, 116, 120, 123, 137 (l.o.), 143 (l.u.), 153, 157, 158, 161, 163, 168, 170, 177, 182, 183, 185, 190, 194, 201, 207, 208, 210, 219, 229, 230, 232, 234, 239, 243, 244, 247, 248, 249 (o.), 253, 255, 256, 258, 262, 263 (r.o.), 269 (l.o.), 275, 279, 280, 284, 285, 288, 290, 291, 297, 300, 301, 307, 311, 318, 319, 325, 326, 329, 331, 332, 334

DEMUTH, SIEGFRIED: 81, 128, 197, 296

GRIENER, VOLKER: 62

HABERER, MARTIN: 18, 135, 142, 196

PAYERL, HANS: 309

RASBACH, HELGA UND KURT: 13, 50, 51, 52, 54, 95, 149, 150, 174, 308, 322

REICHENBACH, BERTHOLD: 16, 38, 39, 40, 41, 55, 57

SCHREMPP, HEINZ: 15, 20, 26, 32, 34, 42, 45, 47, 48, 49, 56, 61, 63 (l.o.), 66 (u.), 67, 73, 76, 77, 80, 82, 83, 85, 90, 91, 103 (r.u.), 105, 106, 117, 119, 121, 124, 126, 132, 134, 137 (r.o.), 139, 143 (r.o.), 144, 146, 152, 155, 164, 166, 175, 178, 180, 181, 187, 188, 189, 193, 199, 203, 216, 221, 226, 227, 231, 235, 237, 240, 249 (u.), 251, 252, 257, 263 (l.u.), 265, 267, 269 (r.u.), 273, 277, 281, 282, 287, 293, 294, 295, 298, 299, 303, 304, 306, 313, 316, 317, 321, 327

SEBALD, OSKAR: 245

WALDERICH, LUDWIG: 10, 66 (o.), 93, 110, 115, 140, 159, 172, 213, 260, 323

Literaturverzeichnis

ACKERMANN, H. (1954): Die Vegetationsverhältnisse im Flugsandgebiet der nördlichen Bergstraße. – Schriftenr. Naturschutzstelle Darmstadt 2, 134 S.; Darmstadt.

ADE, U., BAUMANN, B., BAUMANN, H., WAHRENBURG, W. (1990): Naturnahe Lebensräume und Flora in Schönbuch u. Gäu. 248 S.; Remshalden (Natur Rems-Murr).

ADOLPHI, K. u. B. DICKORÉ (1980): Zur Kartierung von *Parthenocissus*-Arten. – Gött. Flor. Rundbr. 13 (3): 75–77, Göttingen.

AEY, W. (1990): Historisch-ökologische Untersuchungen an Stadtökotopen Lübecks. – Mitt. Arbeitsgem. Floristik Schlesw.-Holst. und Hamburg 41; Kiel.

ALBRECHT, H. (1989): Untersuchungen zur Veränderung der Segetalflora an sieben bayerischen Ackerstandorten zwischen den Erhebungszeiträumen 1951/68 und 1986/88. – Diss. Botanicae 141, 201 S.; Berlin–Stuttgart.

ALEFELD, F.G.C. (1867): Über *Adenolinum* Rchb. – Bot. Ztg. 25: 249–255; Leipzig.

ALLEWELDT, G. (1965): Über das Vorkommen von Wildreben in der Türkei. – Zeitschr. Pflanzenzüchtung 53: 380–388; Berlin.

Anonymus (1883): Neue Standorte. – Mitt. Bot. Ver. Baden 1 (8 & 9): 85–92; Freiburg.

Anonymus (1896): Neue Standorte in der badischen Flora. – Mitt. Bad. Bot. Ver. 3 (141): 366–368; Freiburg.

Anonymus (1912): Neue Standorte. – Mitt. Bad. Landesver. Naturk. Natursch. 6 (269–271): 163–164; Freiburg.

BAAS, J. (1974): Kultur- und Wildpflanzenfunde aus einem römischen Brunnen von Rottweil-Altstadt – Fundber. Bad.-Württ. 1: 373–412; Stuttgart.

BAKER, H.G. (1957): Genecological studies in *Geranium* (section *Robertiana*). General considerations and the races of *G. purpureum* Vill.. – New Phytologist, 56: 176–192.

BARTSCH, J. (1924): Zur Flora des badischen Jura und Bodenseegebietes. – Mitt. Bad. Landesver. Naturk. Natursch., N.F. 1 (12/13): 301–309; Freiburg.

BARTSCH, J. (1925): Die Pflanzenwelt im Hegau und nordwestlichen Bodensee-Gebiete. – Schr. Ver. Gesch. Bodensees (Überlingen) 1. Beih., 194 S.

BARTSCH, J. u. M. BARTSCH (1930): Die pflanzengeographische Bedeutung des Kraichgaus. – Zeitschr. Bot. 23: 361–401; Jena.

BARTSCH, J. u. M. BARTSCH (1940): Vegetationskunde des Schwarzwaldes. – Pflanzensoziologie 4, 229 S.; Jena (G. Fischer).

BARTSCH, J. u. M. BARTSCH (1931): Neue Pflanzenfundorte in Nordbaden. – Beitr. naturwiss. Erforsch. Badens 8: 121–125; Freiburg.

BARTSCH, J., J. HRUBY, H. WOLF, W. DRESCHER, H. HEINE u. E. OBERDORFER (1951): Botanische Neufunde aus dem badischen Oberrheingebiet nach Aufzeichnungen. – Mitt. Bad. Landesver. Naturk. Naturschutz N.F. 5: 186–191; Freiburg i.Br.

BASSERMAN-JORDAN, F.v. (1907, 1923): Geschichte des Weinbaus. 1. Teil. – 1. Aufl. 1907, 2. Aufl. 1923; Frankfurt a.M.

BAUER, C.F. (1815–1835): Materialien zu einer Flora der Fürstenthümer Hohenlohe und Mergentheim. – Manuskript (Abschrift in STU).

BAUHIN, C. (1622): Catalogus Plantarum circa Basileam sponte nascentium. 113 S.; Basel.

BAUHIN, J. (1598): Historia novi et admirabilis fontis balneique Bollensis... 291 S.; Montbeliard.

BAUHIN, J. (1602): Ein new Badbuch, und historische Beschreibung... des Wunder Brunnen und heilsamen Bads zu Boll... Stuttgart.

BAUHIN, J., J.H. CHERLER u. D. CHABREY (1650–51): Historia plantarum universalis... 3 Bände, Yverdon.

BAUMANN, B. u. H. BAUMANN (1990): Die ausgestorbenen oder vom Aussterben bedrohten Farn- und Blütenpflanzen des Landkreises Böblingen. – In: ADE, U. et al., Naturnahe Lebensräume und Flora in Schönbuch und Gäu; 77–187; Remshalden.

BAUMANN, E. (1911): Die Vegetation des Untersees (Bodensee). 554 S.; Stuttgart (E. Schweizerbart).

BAUMGARTNER, L. (1884): Zur Flora von Karlsruhe. – Mitt. Bad. Bot. Ver. 11: 101–108; Freiburg.

BAUMGARTNER, L. (1885): Neue Standorte. – Mitt. Bad. Bot. Ver. 23: 208–209; Freiburg.

BAUMGARTNER, L. (1887): Neue Standorte. – Mitt. Bad. Bot. Ver. 34: 303; Freiburg.

BAUR, K. (1955): Wässerwiesen und Magerrasen im nördlichen Schwarzwald. – Veröff. Landesst. Naturschutz u. Landschaftspflege Bad.-Württ. 23: 144–148; Ludwigsburg u. Tübingen.

BAUR, K. (1967): Ökologische und soziologische Beobachtungen bei *Meum athamanticum* Jacq. – Jahresh. Ver. vaterl. Naturkde. Württemberg 122: 122–125; Stuttgart.

BAUR, K. u. K. MÜLLER (1972): Erläuterungen zur vegetationskundlichen Karte 1:25000 Blatt 7624 Schelklingen (Edit.: Staatliches Museum für Naturkunde Stuttgart). – 41 S.; Stuttgart.

BAUR, W. (1886): Beiträge zur Flora Badens. – Mitt. Bot. Vereins Kreis Freiburg 1: 271–277; Freiburg i.Br.

BECHERER, A. (1921): Beiträge zur Flora des Rheintals zwischen Basel und Schaffhausen. – Verh. Naturf. Ges. Basel 32: 172–200; Basel.

BECHERER, A. (1925): Ein neues Vorkommen von *Oeno-*

thera biennis ssp. *suaveolens* in Baden. – Mitt. bad. Landesver. Naturkunde u. Naturschutz 1 (23/24): 480, Freiburg.

BECHERER, A. (1925): Beiträge zur Pflanzengeographie der Nordschweiz. Mit besonderer Berücksichtigung der oberrheinischen Floreneinstrahlungen. 106 S.; Colmar.

BECHERER, A. (1966): Fortschritte in der Systematik und Floristik der Schweizerflora (Gefäßpflanzen) in den Jahren 1964 und 1965. – Ber. Schweiz. Bot. Ges. 76: 97–145; Teufen.

BECHERER, A. u. M. GYHR (1921): Weitere Beiträge zur Basler Flora. Lörrach, 15 S.

BECHERER, A. u. M. GYHR (1928): Kleine Beiträge zur badischen Flora. – Beitr. naturwiss. Erforsch. Badens 1: 1–5; Freiburg i. Br.

BECHERER, A. u. W. KOCH (1923): Zur Flora des Rheintals von Laufenburg bis Hohenthengen-Kaiserstuhl und der Gegend von Thiengen. – Mitt. Bad. Landesver. Naturk. Naturschutz N.F. 1: 257–265; Freiburg i. Br.

BENTHAM, G. u. J.D. HOOKER (1862): Genera Plantarum. Vol. I, Pars 1, 454 S.; London.

BERGER, A. (1907): Sukkulente Euphorbien. 135 S.; Stuttgart (E. Ulmer).

BERTSCH, K. (1907): Hügel- und Steppenpflanzen im oberschwäbischen Donautal. – Jahresh. Vaterl. Ver. Naturk. 63: 177–196, Stuttgart.

BERTSCH, K. (1919): Wärmepflanzen im oberen Donautal. – Bot. Jahrb. Syst. 55 (3): 313–349; Leipzig.

BERTSCH, K. (1920): Neue Gefäßpflanzen unserer Flora. – Jahresh. Ver. Vaterl. Naturk. Württ. 76: 62–75; Stuttgart.

BERTSCH, K. (1924): Paläobotanische Untersuchungen im Reichermoos. – Jahresh. Ver. Vaterl. Naturk. Württ. 80: 1–19; Stuttgart.

BERTSCH, K. (1927): Die diluviale Flora des Cannstatter Sauerwasserkalks. – Z. Bot. 49: 641–659; Jena.

BERTSCH, K. (1931): Paläobotanische Monographie des Federseeriedes. – Bibl. Bot. 26: 127 S.; Kassel.

BERTSCH, K. (1932): Die Pflanzenreste der Pfahlbauten von Sipplingen und Langenrain am Bodensee. – Bad. Fundber. 2: 305–320. Freiburg.

BERTSCH, K. (1935): Pflanzen. In O. PARET: Der steinzeitliche Pfahlbau von Reuthe, O.A. Waldsee. – Fundber. aus Schwaben N.F. 8: 44–45.

BERTSCH, K. (1939): Die vorgeschichtlichen Wildreben-Funde Deutschlands. – Ber. Deutsch. Bot. Ges. 57: 437–441. Berlin.

BERTSCH, K. (1939): Die wilde Weinrebe im Neckartal. – Veröff. Württ. Landesstelle Naturschutz 15: 41–64; Stuttgart.

BERTSCH, K. (1940): Die wilde Weinrebe in Deutschland. – Forschungen und Fortschritte 16: 360–361, Berlin.

BERTSCH, K. (1949): Beiträge zur Kenntnis unserer Flora. – Veröff. württ. Landesst. Natursch. Landschaftspfl. 18: 145–185, Stuttgart.

BERTSCH, K. (1951): Der Nußbaum *(Juglans regia)* als einheimischer Waldbaum. – Veröff. Württ. Landesst. Naturschutz Landschaftspflege 20: 65–68; Stuttgart.

BERTSCH, K. (1953): Geschichte des Deutschen Waldes. 4. Aufl., 124 S.; Jena.

BERTSCH, K. (1956): Das Schussental in vorgeschichtlicher Zeit. – 55 S.; Ravensburg.

BERTSCH, K. (1962): Flora von Südwest-Deutschland. – 3. Aufl., 471 S.; Stuttgart (Wiss. Verlagsges.).

BERTSCH, K. u. F. BERTSCH (1933): Flora von Württemberg und Hohenzollern. – 311 S.; München (J.F. Lehmann).

BERTSCH, K. u. F. BERTSCH (1947): Geschichte unserer Kulturpflanzen. – 268 S.; Stuttgart.

BERTSCH, K. u. F. BERTSCH (1948): Flora von Württemberg und Hohenzollern. 2. Aufl., 485 S.; Stuttgart (Wiss. Verlagsges.).

BEYER, R. (1898): Über *Linum leonii* Schultz und einige andere Formen der Gattung *Adenolinum*. – Verh. Bot. Ver. Prov. Brandenburg 40: 82–94; Berlin.

BINZ, A. (1901): Flora von Basel und Umgebung. 340 S.; Basel (C.F. Lendorff).

BINZ, A. (1905): Flora von Basel und Umgebung. Rheinebene, Umgebung von Mühlhausen und Altkirch, Jura, Schwarzwald und Vogesen. 2. Aufl., XLIII + 366 S.; Basel (C.F. Lendorff).

BINZ, A. (1910): Neuere Ergebnisse der floristischen Erforschung der Umgebung von Basel. – Verh. Naturwiss. Ges. Basel 21: 126–144; Basel.

BINZ, A. (1911): Flora von Basel und Umgebung. – 320 S.; Basel (C.F. Lendorff).

BINZ, A. (1934): Floristische Beobachtungen in Baden. – Mitt. Bad. Landesver. Naturk. Natursch., N.F. 3 (4/5): 47–53; Freiburg.

BINZ, A. u. C. HEITZ (1986): Schul- und Exkursionsflora für die Schweiz. 624 S.; Basel (Schwabe).

BLUM, A. (1925): Beiträge zur Kenntnis der annuellen Pflanzen. – Bot. Arch. 9: 3–36; Königsberg.

BOCK, A. (1986): Vegetationskundliche Untersuchungen in einer „historischen Weinbergslandschaft" bei Unterjesingen (Stadt Tübingen). – Veröff. Natursch. Landschaftspfl. Bad.-Württ. 61: 335–348, Karlsruhe.

BOCK, H. (1539): Neu Kreüter Buch von Unterscheydt Würckung und Namen der Kreütter so in Teutschen Landen wachsen. Straßburg (W. Rihel).

BÖCHER, T.W. (1947): Cytogenetic and biological studies in *Geranium robertianum* L. – K. Danske Videnskab. Selskab. Biol. Meddel. 20 (8): 1–27.

BOGENRIEDER, A. u. O. WILMANNS (1968): Zur Floristik und Ökologie einiger Pflanzen schneegeprägter Standorte im Naturschutzgebiet Feldberg (Schwarzwald). – Veröff. Landesst. Naturschutz Landschaftspflege Bad.-Württ. 36: 7–26; Ludwigsburg.

BONNET, A. (1887): Beiträge zur Karlsruher Flora. – Mitt. Bot. Ver. Kr. Freiburg 1 (37/39): 323–335; Freiburg.

BORNKAMM, R. (1960): Die Trespen-Halbtrockenrasen im oberen Leinegebiet. – Mitt. Flor. Soz. Arbeitsgem., N.F. 8: 181–208; Stolzenau/Weser.

BOULLET, V. (1982): Première contribution a l'étude des pelouses calcaires du crétace du Charentes. In: La végétation des pelouses calcaires (Edit.: GÉHU, J.-M.). – Colloques phytosoc. 11: 15–36; Strasbourg.

BRANDES, D. (1987): Zur Kenntnis der Ruderalgesellschaften des Alpensüdrandes. – Tüxenia 7: 121–138; Göttingen.

BRANDES, A. (1989): Die Siedlungs- und Ruderalvegetation der Wachau (Österreich). – Tüxenia 9: 183–197; Göttingen.

BRAUN, A. (1824): Correspondenz. – Flora 7: 108–110; Regensburg.

BRAUN-BLANQUET, J. (1931): Zur Vegetation der Oberrheinischen Kalkhügel. – Beitr. Naturdenkmalpflege 14: 281–292; Berlin.

BRAUN-BLANQUET, J. (1961): Die inneralpine Trockenvegetation. 273 S.; Stuttgart (G. Fischer).

BREIDER, H. u. H. SCHEU (1938): Die Bestimmung und Vererbung des Geschlechts innerhalb der Gattung *Vitis*. – Die Gartenbauwissenschaft 11: 624–674, Berlin u. Wien.

BRENZINGER, C. (1904): Flora des Amtsbezirks Buchen. – Mitt. Bad. Bot. Ver. 4 (196–199): 385–416; Freiburg i. Br.

BRESINSKY, A. (1965): Zur Kenntnis des circumalpinen Florenelements im Vorland nördlich der Alpen. – Ber. Bayer. Bot. Ges. 38: 5–67 + Ktn.; München.

BREYER, G. (1991): Über den Rückgang von *Linum perenne* an der nördlichen Bergstraße. – Hess. flor. Briefe 40 (2): 17–20; Darmstadt.

BRIELMAIER, G.W. (1958): Die Bärwurz (*Meum athamanticum* Jacq.) in Oberschwaben. – Aus der Heimat 66 (5/6): 112–115; Öhringen.

BRIELMAIER, G.W. (1959): Neues zur Flora Oberschwabens. – Jh. Ver. vaterl. Naturk. Württemb. 114: 80–95; Stuttgart.

BRIELMAIER, G.W., KÜNKELE, S. u. E. SEITZ (1976): Zur Verbreitung von *Liparis loeselii* (L.) Rich. in Baden-Württemberg. – Veröff. Naturschutz Landschaftspflege Bad.-Württ. 43: 7–68; Ludwigsburg.

BRONNER, G. (1986): Pflanzensoziologische Untersuchungen an Hecken und Waldrändern der Baar. – Ber. Naturforsch. Ges. Freiburg i. Br. 76: 11–85; Freiburg.

BRONNER, J.P. (1857): Die wilden Trauben des Rheintales; Heidelberg (G. Mohr).

BRUNFELS, O. (1532–39): Herbarum vivae eicones... 3 Bände. Straßburg (Schott).

BRUNFELS, O. (1532–37): Contrafayt Kreüterbuch... 2 Bände. Straßburg (Schott).

BRUN-HOOL, J. (1963): Ackerunkraut-Gesellschaften der Nordwestschweiz. – Beitr. Geobot. Landesaufnahme Schweiz 43, 146 S.; Bern.

BRUNNER, F. (1882): Verzeichniss der wildwachsenden Phanerogamen und Gefäßkryptogamen des thurgauischen Bezirks Diessenhofen, des Randens und des Höhgaus. – Mitt. thurgau. naturf. Ges. 5: 11–61; Frauenfeld.

BÜCKING, W. u. H. DIETERICH (1981): Beziehungen einiger Standortsweiser-Pflanzen zu chemisch-analytischen Kennwerten des Oberbodens. – Mitt. Forstl. Standortskunde Forstpflanzenzüchtung 29: 69–74; Stuttgart.

BÜRGER, R. (1983): Die Trespenrasen (Brometalia) im Kaiserstuhl. Zustandserfassung und Dokumentation, Reaktion auf Mahd und Reaktion auf Beweidung als Grundlage für Naturschutz und Landespflege. – Dissertation, 400 S.; Freiburg.

BUTTLER, K.P. u. W. STIEGLITZ (1976): Floristische Untersuchungen im Meßtischblatt 6417 (Mannheim-Nordost). – Beitr. Naturk. Forsch. Südwestdeutschl. 35: 9–51; Karlsruhe.

CANDOLLE, A.P. DE (1824): Prodromus systematis naturalis regni vegetabilis. Vol. 1; Paris.

CARBIENER, R. (1974): Die linksrheinischen Naturräume und Waldungen der Schutzgebiete von Rhinau und Daubensand (Frankreich): eine pflanzensoziologische und landschaftsökologische Studie. – In: Das Taubergießengebiet – eine Rheinauenlandschft (Edit.: Landesstelle für Naturschutz und Landschaftspflege, Baden-Württemberg). – Die Natur- und Landschaftsschutzgebiete Baden-Württembergs, 7: 438–535; Ludwigsburg.

CARBIENER, R. (1976): Un exemple de prairie hygrophile primaire juvenile: L'Oenantho lachenalii – Molinietum de la zonation d'atterrissement rhénane résultant des endiguements du 19e siècle en moyenne Alsace. – Coll. phytosociol. V (Les prairies humides): 13–42; Vaduz.

CHEVALIER, A. (1940): Révision de quelques *Oxalis* utiles ou nuisables. – Rev. Bot. Appl. 20: 657–694; Paris.

CHRIST, H. (1913): Über das Vorkommen des Buchsbaums *(Buxus sempervirens)* in der Schweiz und weiterhin durch Europa und Vorderasien. – Verh. Naturf. Ges. Basel 24; Basel.

CLAPHAM, A.R., TUTIN, T.G. u. E.F. WARBURG (1962): Flora of the British Isles. 2. Aufl., 1269 S.; Cambridge (Univ. Press).

COOMBE, D.E. (1956): *Impatiens parviflora* D.C. – J. Ecol. 44: 701–713; London.

CORDUS, V. (1561): Annotationes in Pedacii Dioscoridis... libros V. Herausgegeben von C. Gesner. Straßburg.

CRANTZ, H. (1769): Stirpium Austriacarum, partes I, II, fasciculi I–VI. 2. Aufl., 516 S.; Wien.

CRONQUIST, A. (1981): An integrated system of classification of flowering plants. 1262 S.; New York.

CWIKLINSKI, E. (1978): Die Einwanderung der synanthropen Art *Impatiens glandulifera* DC. in die natürlichen Pflanzengesellschaften. – Acta bot. Slovaca Acad. Sci. slovacae, ser. A 3.

DAUMANN, E. (1967): Zur Bestäubungs- und Verbreitungsökologie dreier Impatiensarten. – Preslia 39: 43–58; Praha.

DESFAYES, M. (1989): La vigne sauvage en Valais. – Bulletin de la Murithienne 107: 161–165; Sion.

DIERBACH, J.H. (1819–20): Flora Heidelbergensis plantas sistens in praefectura Heidelbergensi et in regione adfini sponte nascentes secundum sytsema sexuale Linnaeanum digestas. Heidelberg (C. Groos), 2 Teile, 406 S.

DIERSSEN, B. u. K. DIERSSEN (1984): Vegetation und Flora der Schwarzwaldmoore. – Beih. Veröff. Naturschutz Landschaftspflege Bad.-Württ. 39, 512 S.; Karlsruhe.

DITTUS, W. (1907): Exkursion nach Wolfegg am 16. Mai 1906 (Sitzungsbericht). – Jh. Ver. vaterl. Naturk. Württemberg 63: LXXVI–LXXVIII; Stuttgart.

DÖLL, J. CHR. (1843): Rheinische Flora. Beschreibung der wildwachsenden und cultivirten Pflanzen des Rheingebietes vom Bodensee bis zur Mosel und Lahn mit besonderer Berücksichtigung des Großherzogthums Baden. 832 S., Frankfurt a.M. (L. Brönner).

Döll, J.Chr. (1857–62): Flora des Großherzogthums Baden. 3 Bände. Carlsruhe (G. Braun).

Döll, J.Chr. (1858): Nachrichten über die mit Unrecht der badischen Flora zugeschriebenen Gewächse. – Ver. Naturk. Mannheim. Jahres-Ber. 23 u. 24 1857/58: 17–39; Mannheim.

Döll, J.Chr. (1865): Beiträge zur Flora des Großherzogtums Baden. – Ver. Naturkunde Mannheim, Jahres-Ber. 31: 34–37; Mannheim.

Döll, J.Chr. (1866): Beiträge zur Pflanzenkunde, mit besonderer Berücksichtigung der Flora des Großherzogthums Baden. – Ver. Naturk. Mannheim. Jahres-Ber. 32: 32–45; Mannheim.

Dörr, E. (1964–83): Flora des Allgäus. – Ber. Bayer. Bot. Ges. 37: 31–40, 1964; 39: 35–45; 1966, 40: 7–16, 1967/8; 41: 55–62, 1969; 42: 141–184, 1970; 43: 25–60, 1972; 44: 143–181, 1973; 45: 83–136, 1974; 46: 47–85, 1975; 47: 21–73, 1976; 48: 27–59, 1977; 49: 203–270, 1978; 50: 189–253, 1979; 51: 57–108, 1980; 52: 83–97, 1981; 53: 125–149, 1982; 54: 59–76, 1983; München.

Dörr, E. (1969): *Geranium phaeum* L. subsp. *lividum* (L'Hér.) Pers. in Bayern. – Ber. Bayer. Bot. Ges. 41: 63; München.

Dörr, E. (1975): Floristische Notizen aus dem Jahre 1974. – Mitt. naturwiss. Arbeitskreis Kempten 19 (1): 37–56; Kempten.

Dörr, E. (1978): Bemerkenswerte Pflanzenfunde im Allgäuer Raum. – Ber. Bayer. Bot. Ges. 49: 199–201, München.

Dörr, E. (1979): Ergebnisse der Allgäu-Floristik 1979. – Mitt. naturwiss. Arbeitskreis Kempten 23 (1/2): 31–53; Kempten.

Dörr, E. (1982): Ergebnisse der Allgäu-Floristik aus dem Jahre 1982 (1. Teil). – Mitt. naturwiss. Arbeitskreis Kempten 25 (2): 41–62; Kempten.

Dörr, E. (1985): Ergebnisse der Allgäu-Botanik aus den Jahren 1983, 1984 und 1985. – Mitt. naturwiss. Arbeitskreis Kempten 27 (1): 5–28; Kempten.

Dörr, E. (1990): Notizen zur Allgäuer Flora aus dem Jahre 1989. – Mitt. naturw. Arbeitskreis Kempten 29 (2): 25–48; Kempten.

Domke, W. (1934): Untersuchungen über die systematische und geographische Gliederung der Thymelaeaceen. – Biblioth. Bot. 111: 1–151; Stuttgart.

Dosch, L. u. J. Scriba (1888): Exkursions-Flora der Blüten- und höheren Blütenpflanzen mit besonderer Berücksichtigung des Großherzogthums Hessen und der angrenzenden Gebiete. 3. Aufl., 616 S.; Giessen.

Durand, B. (1957): Polymorphisme et répartition des sexes chez les Mercuriales annuelles. – C.R. Acad. Sci. Paris, 244: 1249–1251; Paris.

Durand, B. (1962): Un complex polyploïde méconnu: *Mercurialis annua* L. – Revue Cytologie et biol. végét. 25: 337–341; Paris.

Duvernoy, J.G. (1722): Designatio plantarum circa Tubingensem Arcem florentium cum 1. sede seu loco eareum natali, 2. Charactere generico et Individuali,

3. Virtutibus medicis probatissimis. In usum Scholae Botanicae Tubingensis. 154 S.; Tübingen (G.F. Pflick).

Duwensee, H.A. (1976): *Linum catharticum* L. subsp. *suecicum* (MURB.) HAYEK im Oberharz. – Gött. Flor. Rundbr. 10 (4): 1–4; Göttingen.

Eberle, G. (1926): Die Wasser- oder Spitznuß (*Trapa natans* L.) – ein Naturdenkmal in badischen Gewässern. – Bad. Naturdenkmäler in Wort u. Bild 3, 4 S. (Beil. Mitt. bad. Landesver. Naturkunde u. Naturschutz N.F. 2 (5/6); Freiburg i.Br.

Eichler, J., R. Gradmann u. W. Meigen (1905–27): Ergebnisse der pflanzengeographischen Durchforschung von Württemberg, Baden und Hohenzollern. Beil. zu Jahresh. Ver. Vaterl. naturk. Württ. 1–78, 1905; 79–134, 1906; 135–218, 1907; 219–278, 1909; 279–316, 1912; 317–388, 1914; 389–454, 1926.

Eijsink, J. u. H. van Gils (1979): Standortverhältnisse und Morphometrie von *Geranium sanguineum* L. auf der Combe Martigny im Walliser Rhônetal, Schweiz. – Flora 168 (3): 241–262; Jena.

Eiten, G. (1955): The typification of the names „*Oxalis corniculata*" L. and „*Oxalis stricta* L.". – Taxon 4 (5): 99–105; Utrecht.

Eiten, G. (1963): Taxonomy and regional variation of *Oxalis* section *Corniculatae*. I. Introduction, keys and synopsis of the species. – Amer. Midland Naturalist 69 (2): 257–309; Notre Dame, Indiana.

Engesser, C. (1852): Flora des südöstlichen Schwarzwaldes mit Einschluß der Baar, des Wutachgebietes und der anstoßenden Grenze des Höhgaues. 270 S.; Donaueschingen.

Engesser, C. (1857): Flora des südöstlichen Schwarzwaldes. 2. Aufl., 270 S.; Donaueschingen (L. Schmidt).

Etter, H. (1947): Über die Waldvegetation am Südostrand des schweizerischen Mittellandes. – Mitt. Schweiz. Anst. forstl. Versuchsw. 25: 141–210; Birmensdorf b. Zürich.

Faber, A. (1936): Über Waldgesellschaften und ihre Entwicklung im Schwäbisch-Fränkischen Stufenland und auf der Alb. – Anh. Versammlungsber. 1936 Landesgr. Württ. Deutsch. Forstver., 1–53; Tübingen.

Finckh, R. (1860): Beiträge zur württembergischen Flora. – Jahresh. Ver. vaterländ. Naturk. Württ. 16: 153–157; Stuttgart.

Fischer, A. (1982): Mosaik und Syndynamik der Pflanzengesellschaften von Lößböschungen im Kaiserstuhl (Südbaden). – Phytocoenol. 10 (1/2): 73–256; Berlin u. Stuttgart.

Fischer, F. (1867): Flora von Pforzheim oder Aufzählung der bei Pforzheim wachsenden Pflanzen mit Angabe der Standorte. 82 S.; Pforzheim (A. Schwarz).

Fischer, R. (1982): Flora d. Rieses. – 551 S.; Nördlingen (Verein Rieser Kulturtage).

Foerster, E. (1972): Zur Unterscheidung von *Peucedanum palustre*, *Selinum carvifolia* und *Silaum silaus*. – Gött. florist. Rundbriefe 6: 73–74; Göttingen.

Frank, J.C. (1830): Rastadts Flora. 171 S.; Heidelberg (C.F. Winter).

Frank, K.-St. (1989): Untersuchung von botanischen Makroresten aus der archäologischen Tauchgrabung der Seeufersiedlungen „Bodman-Schachen" am nord-westlichen Bodensee unter besonderer Berücksichtigung der Morphologie und Anatomie der Wildpflanzenfunde (Frühe bis Mittlere Bronzezeit). – Unveröff. Dipl.-Arb. Univ. Hohenheim: 202 S. + Beil.; Stuttgart.

FREHNER, H. K. (1963): Waldgesellschaften im westlichen Aargauer Mittelland. – Beitr. geobotan. Landesaufn. Schweiz 44, 96 S.; Bern.

FREIBERG, W. (1911): Die Polygalaceen der Rheinprovinz. – Verh. Naturhist. Ver. Preuss. Rheinl. Westfalens (67: 405–423; Bonn.

FRICKHINGER, H. (1911): Gefäßkryptogamen- und Phanerogamen-Flora des Rieses, seiner Umgebung und des Hesselbergs bei Wassertrüdingen. 403 S.; Nördlingen (C.H. Beck).

FROST, D. (1985): Untersuchungen zur spontanen Vegetation im Stadtgebiet von Regensburg. – Hoppea 44: 5–83; Regensburg.

FUCHS, L. (1542): De historia stirpium commentarii insignes... Basel (M. Isingrin).

FUCHS, L. (1543): New Kreüterbuch... Basel (M. Isingrin).

FUCHS, L. (ca. 1565): De stirpium historia... Manuskript, 3 Bände; Wien.

FUCHS-ECKERT, H.P. u. C.J. HEITZ-WENIGER (1978): Fortschritte in der Systematik und Floristik der Schweizerflora (Gefäßpflanzen) in den Jahren 1976 und 1977 (mit besonderer Berücksichtigung der Grenzgebiete). – Ber. Schweiz. Bot. Ges. 88 (3/4): 121–296; Teufen.

FUCHS-ECKERT, H.P. u. C.J. HEITZ-WENIGER (1982): Fortschritte in der Floristik der Schweizerflora (Gefäßpflanzen) in den Jahren 1978 und 1979. – Bot. Helv. 92 (2): 61–321; Teufen.

FUCHS-ECKERT, H.P. u. C.J. HEITZ-WENIGER (1983): Fortschritte in der Floristik der Schweizerflora (Gefäßpflanzen). 52. Folge (Berichtsjahre 1980 und 1981). – Bot. Helv. 93 (3): 317–488; Teufen.

GADELLA, T.W. u. E. KLIPHUIS (1963): Chromosome numbers of flowering plants in the Netherlands. – Acta Bot. Neerland 12: 195–230; Amsterdam.

GADELLA, T.W. u. E. KLIPHUIS (1967): Chromosome numbers of flowering plants in the Netherlands III. – Koninkl. Nederl. Akad. Wetensch., C70: 7–20; Amsterdam.

GAMS, H. (1924): Geraniaceae. In: Illustrierte Flora von Mitteleuropa IV/3 (Edit.: HEGI, G.): 1656–1725, 1. Aufl.; München (J.F. Lehmann).

GAMS, H. (1926): Hydrocaryaceae. Wassernußgewächse. – In: HEGI, G., Illustrierte Flora von Mittel-Europa, Bd. 5 (2): 882–894; München (J.F. Lehmann).

GATTENHOF, G.M. (1782): Stirpes agri et horti Heidelbergensis. 352 S.; Heidelberg (Pfaehler).

GAUCKLER, K. (1964): Linum anglicum Miller – neu für Bayern. – Ber. Bayer. Bot. Ges. 37: 104–105; München.

GÉHU, J.-M., GÉHU-FRANCK, J. u. A. SCOPPOLA (1982): Les pelouses crayeuses du Boulonnais et de l'Artois (nord de la France). I – Analyse phytosociologique, écologique et dynamique. In: La végétation des pelouses calcaires (Edit.: GÉHU, J.-M.). – Colloques phytosoc. 11: 37–64; Strasbourg.

GÉHU, J.-M., BOULLET, V., SCOPPOLA, A. u. J.-R. WATTEZ (1982): Essai de synthèse phytosociologique des pelouses sur craie du nord-ouest de la France. In: La végétation des pelouses calcaires (Edit.: GÉHU, J.-M.). – Colloques phytosoc. 11: 65–104; Strasbourg.

GEISSERT, F. (1954): Une espèce nouvelle pour la flore française: Cnidium venosum Koch, syn. Cnidium dubium (Schkuhr) Thellung, Sesili venosum, etc. – Bull. Soc. bot. France 101 (3/4): 108–112; Paris.

GEISSERT, F., M. SIMON u. P. WOLFF (1985): Investigations floristiques et faunistiques dans le Nord de l'Alsace et quelques secteurs limitrophes. – Bull. Ass. philom. Alsace et Lorraine 21: 111–127; Strasbourg.

GERSTBERGER, P. (1980): Blattanatomische Merkmale zur Unterscheidung von Berula erecta (Huds.) Coville und Apium nodiflorum (L.) Lag. – Gött. Flor. Rundbr. 14 (1): 6–9; Göttingen.

GERSTBERGER, P. (1988): Zur Kenntnis von Aethusa cynapium subsp. cynapioides (M. Bieb.) Nyman i.d. Bundesrepublik Deutschland. – Tüxenia 8: 3–12; Göttingen.

GESNER, K. (1561): Horti Germaniae. Siehe CORDUS (1561).

GLAVAC, V., SCHLAGE, A. u. R. SCHLAGE (1979): Das Gentiano-Koelerietum Knapp 1942 am Kleinen Dörnberg bei Zierenberg (Kreis Kassel). – Mitt. Flor. Soz. Arbeitsgem. N.F. 21: 105–109; Göttingen.

GLÜCK, H. (1911): Biologische und morphologische Untersuchungen über Wasser und Sumpfgewächse. Dritter Teil: Die Uferflora. 644 S.; Jena (G. Fischer).

GLÜCK, H. (1913): Oenanthe fluviatilis Coleman. Eine verkannte Blütenpflanze des europäischen Kontinents. – Bot. Jahrb. Syst., Pflanzengesch. u. Pflanzengeographie 49 (3/4), Beibl. 109: 89–92; Leipzig.

GMELIN, C.CHR. (1805–26): Flora Badensis Alsatica et confinium regionum cis et transrhenanum plantas a lacu Bodamico usque ad confluentem Mosellae et Rheni sponte nascentes exhibens... 4 Bände. Tom. I, 768 S. (1805); Tom. 2, 717 S. (1806); Tom. 3, 796 S. (1808); Tom. 4, 808 S. (1826); Carlsruhe (A. Müller).

GMELIN, J.F. (1772): Enumeratio stirpium agro tubingensi indigenarum, 334 S.; Tübingen.

GÖRS, S. (1959–60): Das Pfrunger Ried. Die Pflanzengesellschaften eines oberschwäbischen Moorgebiets. – Veröff. Landesst. Naturschutz Landschaftspflege Bad.-Württ. 27/28: 5–45; Stuttgart u. Tübingen.

GÖRS, S. (1966): Die Pflanzengesellschaften der Rebhänge am Spitzberg. – In: Der Spitzberg bei Tübingen. Natur- und Landschaftsschutzgebiete Bad.-Württ. 3: 476–534; Ludwigsburg.

GÖRS, S. (1966): Die Flora des Spitzbergs. In: Der Spitzberg bei Tübingen. Natur- und Landschaftsschutzgeb. Bad.-Württ. 3: 535–591; Ludwigsburg.

GÖRS, S. (1968): Die Flora des Schwenninger Mooses. In: Das Schwenninger Moos. Natur- und Landschaftsschutzgeb. Bad.-Württ. 5: 148–189; Ludwigsburg.

GÖRS, S. (1968): Der Wandel der Vegetation im Naturschutzgebiet Schwenninger Moos unter dem Einfluß des Menschen in zwei Jahrhunderten. – In: Das Schwenninger Moos. Natur- u. Landschaftsschutzgeb. Bad.-Württ. 5: 190–284; Ludwigsburg.

GÖRS, S. (1969): Die Vegetation des Landschaftsschutzgebietes Kreuzweiher im württembergischen Allgäu. – Veröff. Landesst. Naturschutz Landschaftspflege Bad.-Württ. 37: 7–61; Stuttgart.

GÖRS, S. (1974): Die Wiesengesellschaften im Gebiet des Taubergießen. – In: Das Taubergießengebiet. – eine Rheinauenlandschaft. Die Natur- und Landschaftsschutzgebiete Bad.-Württ. 7: 355–399; Ludwigsburg.

GÖRS, S. (1974): Nitrophile Saumgesellschaften im Gebiet des Taubergießen. In: Das Taubergießengebiet – eine Rheinauenlandschaft (Edit.: Landesstelle für Naturschutz und Landschaftspflege, Baden-Württemberg). – Die Natur- und Landschaftsschutzgebiete Baden-Württembergs 7: 325–354; Ludwigsburg.

GÖRS, S. u. T. MÜLLER (1969): Beitrag zur Kenntnis der nitrophilen Saumgesellschaften Südwestdeutschlands. – Mitt. Flor. Soz. Arbeitsgem., N.F. 14: 153–168; Todenmann ü. Rinteln.

GÖRS, S. u. T. MÜLLER (1974): Flora der Farn- und Blütenpflanzen des Taubergießengebietes. – In: Das Taubergießengebiet – eine Rheinauenlandschaft. Natur- und Landschaftsschutzgeb. Bad.-Württ. 7: 209–283; Ludwigsburg.

GOLDER, F. (1922): Neue Standorte. – Mitt. Bad. Landesver. Naturk. Natursch., N.F. 1 (8): 220–221; Freiburg.

GRADMANN, R. (1898, 1900, 1936, 1950): Das Pflanzenleben der Schwäbischen Alb mit Berücksichtigung der angrenzenden Gebiete Süddeutschlands. – 1. Aufl. Tübingen (Schwäb. Albverein) 1898, 2. Aufl. Tübingen 1900, 3. Aufl. Tübingen 1936, 4. Aufl. Stuttgart 1950.

GRADMANN, R. (1912): Pflanzengeographische Mitteilungen über eine in Württemberg und Hohenzollern neue Pflanze, *Trinia glauca*, bei Trochtelfingen. – Jahresh. Ver. vaterl. Naturkunde Württ. 68: CXXIII; Stuttgart.

GRAEBNER, P. (1913): Geraniaceae. – Synopsis der mitteleuropäischen Flora (Edit.: ASCHERSON, P., GRAEBNER, P.), VII (Lfrg. 82): 3–80; Leipzig, Berlin (W. Engelmann).

GRAEBNER, P. (1914): Oxalidaceae. – Synopsis der mitteleuropäischen Flora (Edit.: ASCHERSON, P., GRAEBNER, P.), VII (Lfrg. 84/85): 138–155; Leipzig, Berlin (W. Engelmann).

GREGG, S. (1989): 8. Paleo-Ethnobotany of the Bandkeramik Phases. In: C.-J. KIND: Ulm-Eggingen. – Forsch. u. Ber. z. Vor- u. Frühgesch. Bad.-Württ. 34: 367–399; Stuttgart.

GREGOR, H.-J. u. V. VODIČKOWÁ (1983). Paläokarpologische Charakteristik der pleistozänen Travertine des Neckartales bei Stuttgart. – Stuttgarter Beitr. Naturk., Ser. B, 94, 17 S.; Stuttgart.

GREUTER, W., H.M. BURDET u. G. LONG (1984–89): Med-Checklist. Vol. 1: 330, I–C; 1984; 3: 1–395; I–C–XXIX; 1986; 4: 1–458; I–CXXIX; 1989.

GROSS, L. (1906): Zur Flora des badischen Kreises Konstanz. – Mitt. Bad. Bot. Ver. 210 & 211: 69–83; Freiburg.

GROSSMANN, A.L. (1977): Der Lorbeerseidelbast – *Daphne laureola* L. – noch immer in Südbaden. – Beitr. naturk. Forsch. SüdwDtl. 36: 61–65; Karlsruhe.

GROSSMANN, A. (1989): Die Pflanzenwelt des Belchengebietes im Südschwarzwald. In: Der Belchen im Schwarzwald (Edit.: Landesanstalt für Umweltschutz Bad.-Württ., Inst. Ökologie u. Naturschutz). – Die Natur- und Landschaftsschutzgebiete Baden-Württembergs 13: 617–745; Karlsruhe.

GRÜTTNER, A. (1987): Das Naturschutzgebiet „Briglirain" bei Furtwangen (Mittlerer Schwarzwald). – Veröff. Naturschutz Landschaftspflege Bad.-Württ. 62: 161–271; Karlsruhe.

GRÜTTNER, A. (1990): Die Pflanzengesellschaften und Vegetationskomplexe der Moore des westl. Bodenseegebietes. – Diss. Botanicae 157, 323 S.; Berlin–Stuttgart.

GUINOCHET, M. u. R. DE VILMORIN (1975): Flore de France. Fascicule 2, S. 367–818; Paris (Centre nat. recherche sci.).

GUITONNEAU, G. (1963): I. Contribution à l'étude caryosystématique du genre *Erodium* L'Hérit. – Bull. Soc. Bot. France 110: 43–48, 241–244; Paris.

HACKEL, H. (1991): Seltene Trockenrasen-Arten im Unterallgäu. – Mitt. naturwiss. Arbeitskreis Kempten 31 (1): 17–20; Kempten.

HAEUPLER, H. (1969): Ein Beitrag zum Bestimmen der deutschen *Geranium*-Arten nach Blattmerkmalen. – Gött. Flor. Rundbr. 3 (4): 69–76; Göttingen.

HAEUPLER, H. (1969): *Epilobium adenocaulon* nun auch für Süd-Niedersachsen nachgewiesen. – Gött. flor. Rundbriefe 3 (4): 81–85; Göttingen.

HAEUPLER, H. u. P. SCHÖNFELDER (1988): Atlas der Farn- und Blütenpflanzen der Bundesrepublik Deutschland. 768 S.; Stuttgart (E. Ulmer).

HAFFNER, P. (1990): Geobotanische Untersuchungen im Saar-Mosel-Raum. – Abh. Delattinia 18: 1–383; Saarbrücken.

HALLER, A.v. (1742): Enumeratio methodica stirpium Helvetiae indigenarum. 2 Bde., 794 S.; Göttingen (A. Vandenhoek).

HANEMANN, J. (1924): Die Hygrophyten des zum schwäbisch-fränkischen Hügellande gehörigen Keupergebietes östlich vom Neckar und der Fränkischen Platte. – Jahresh. Ver. Vaterl. Naturk. Württ. 80: 30–47; Stuttgart.

HANEMANN, J. (1927): Ergebnisse der floristischen Durchforschung des östlichen und nordöstlichen Teiles Württembergs. – Jahresh. Ver. Vaterl. Naturk. Württ. 83: 23–48; Stuttgart.

HANEMANN, J. (1929): Ergebnisse der floristischen Durchforschung des östlichen und nordöstlichen Teiles Württembergs. – Jahresh. Ver. Vaterl. Naturk. Württ. 85: 62–109; Stuttgart.

HARMS, K.H., G. PHILIPPI u. S. SEYBOLD (1983): Verschollene und gefährdete Pflanzen in Baden-Württemberg. – Beih. Veröff. Naturschutz Landschaftspflege Bad.-Württ. 32: 1–160; Karlsruhe.

HASSLER, M. (Hrsg.) (1988): Flora von Bruchsal und Umgebung. 3. Aufl., 204 S.; AGNUS Bruchsal und BUND-Ortsgruppe Bruchsal.

HASSLER, M. (Hrsg.): Nachtrag 1988 zur 2. und 3. Auflage von Band V/1: Blütenpflanzen und Farne. AGNUS Bruchsal und BUND Bruchsal.

HAUCK, M. (1986): *Polygala amarella* in Niedersachsen. – Gött. Flor. Rundbr. 19 (2): 96–97; Göttingen.

HAUFF, R. (1936): Die Rauhe Wiese bei Böhmenkirch-Bartholomä. – Veröff. Württ. Landesst. Naturschutz 12: 78–141; Stuttgart.

HAUFF, R. u. O. SEBALD (1965): Ein floristisch und vegetationsgeschichtlich interessantes Moor bei Haigerloch. – Jahresh. Ver. Vaterl. Naturk. Württ. 120: 2242–231; Stuttgart.

HAUFF, R. u. O. SEBALD (1977): Erläuterungen zur vegetationskundlichen Karte 1:25000 Blatt 7818 Wehingen. 53 S. + Tab.; Stuttgart.

HAUFF, R., B. WALDERICH, H. KÖHRER u. W. BÜCKING (1984): Die Neue Hülbe bei Böhmenkirch – eine Feldhülbe der Ostalb, seit 50 Jahren unter Naturschutz. – Veröff. Naturschutz Landschaftspflege Bad.-Württ. 57/58 (1983): 129–156; Karlsruhe.

HAUG, A. (1915): Das Ulmer Herbarium des Hieronymus Harder. – Mitt. Ver. Naturw. Math. Ulm 16: 38–92; Ulm.

HAUSSKNECHT, C. (1876): Floristische Mittheilungen. – Österr. bot. Z. 26: 43–45; Wien.

HAUSSKNECHT, C. (1884): Monographie der Gattung *Epilobium*. – 318 S. + 23 Taf.; Jena (G. Fischer).

HAUSSKNECHT, C. (1893): Pflanzensystematische Besprechungen. – Mitt. Thüring. Bot. Ver. N.F. 3/4: 73–86; Weimar.

HAUSSKNECHT, C. (1894): Floristische Beiträge. – Mitt. Thüring. Bot. Ver. N.F. 6: 22–37; Weimar.

HAYEK, A.v. (1908–1911): Flora von Steiermark, Bd. 1, 1271 S.; Berlin (Borntraeger).

HECKEL, G. (1929): Beiträge zur Flora des nordwestlichen Württemberg. – Jahresh. Ver. Vaterl. Naturk. Württ. 85: 110–137; Stuttgart.

HEER, O. (1866): Die Pflanzen der Pfahlbauten. – Neujahrsblatt Naturf. Ges. Zürich 68: 1–54; Zürich.

HEGI, G. (1906–90): Illustrierte Flora von Mitteleuropa. 7 Bände, 1. Aufl. 1906–31; München. 2. Aufl. 1936–79; München bzw. Berlin–Hamburg. 3. Aufl. 1966–90; Berlin u. Hamburg (P. Parey).

HEGI, G., ZIMMERMANN, W. u. H. BEGER (1925): Euphorbiaceae. In: Illustrierte Flora von Mitteleuropa V/1 (Edit.: HEGI, G.): 113–193, 1. Aufl.; München (J.F. Lehmann).

HEGNAUER, R. (1973): Chemotaxonomie der Pflanzen. Band 6, 882 S.; Basel u. Stuttgart (Birkhäuser).

HELD, F. u. S. SEYBOLD (1987): Die Vegetation des Naturschutzgebiets Wüstnächstenbach bei Weinheim. – Veröff. Naturschutz Landschaftspflege Bad.-Württ. 62: 273–280; Karlsruhe.

HEINE, H. (1952): Beiträge zur Kenntnis der Ruderal- und Adventivflora von Mannheim, Ludwigshafen und Umgebung. – Ver. Naturk. Mannheim, Jahres-Ber. 117/118: 85–132; Mannheim.

HERTER, L. (1888): Mitteilungen zur Flora von Württemberg. – Jh. Ver. vaterl. Naturk. Württemberg 44: 177–204; Stuttgart.

HESS, H.E., E. LANDOLT u. R. HIRZEL (1967–1972): Flora der Schweiz. – Bd. 1, 858 S. (1967); Bd. 2, 956 S. (1970); Bd. 3, 876 S. (1972); Basel u. Stuttgart.

HEYWOOD, V.H. (1978, 1982): Flowering plants of the world. Oxford. Deutsche Übersetzung: Blütenpflanzen der Welt. 336 S.; Basel, Boston, Stuttgart (Birkhäuser) 1982.

HEUBL, G.R. (1984): Systematische Untersuchungen an mitteleuropäischen *Polygala*-Arten. – Mitt. Bot. Staatssamml. München 20: 205–428; München.

HJELMQVIST, H. (1950): The flax weeds and the origin of cultivated flax. – Bot. Not. 2: 257–298.

HÖCK, F. (1910): Neue Abkömmlinge in der Pflanzenwelt Mitteleuropas. – Beih. Bot. Centralbl. 26: 391–433; Dresden.

HÖFLE, M.U. (1850): Die Flora der Bodenseegegend mit vergleichender Betrachtung der Nachbarfloren. 175 S.; Erlangen (F. Enke).

HÖLZER, A. (1975): Zur Unterscheidung steriler Pflanzen von *Apium nodiflorum* (L.) Lag. und *Berula erecta* (Huds.) Coville. – Gött. flor. Rundbriefe 9 (1): 7–8; Göttingen.

HOPF, M. (1968): 1. Früchte und Samen. In H. ZÜRN: Das jungsteinzeitliche Dorf Ehrenstein (Kreis Ulm), Teil II: Naturwissenschaftliche Beiträge: 7–77; Stuttgart.

HORVAT, I., GLAVAC, V. u. H. ELLENBERG (1974): Vegetation Südosteuropas. – Geobotanica selecta IV, 768 S.; Jena (G. Fischer).

HUBER, F. (1891): Bemerkenswerte Pflanzenstandorte der Umgebung von Wiesloch. – Mitt. Bad. Bot. Ver. 82: 257–263; Freiburg i.Br.

HUBER, F. (1909): Ein Beitrag zur Flora der Pfalz. – Mitt. Bad. Landesver. Naturk. 239: 297–302; Freiburg i.Br.

HUBER, W. (1992): Zur Ausbreitung von Blütenpflanzenarten an Sekundärstandorten der Nordschweiz. – Botanica Helvetica 102 (1): 93–108; Basel.

HÜGIN, G. (1979): Die Wälder im Naturschutzgebiet Buchswald bei Grenzach. – In: Der Buchswald bei Grenzach. Die Natur- und Landschaftsschutzgeb. Bad.-Württ. 9: 147–199; Karlsruhe.

HÜGIN, G. (1982): Die Mooswälder der Freiburger Bucht. – Beih. Veröff. Naturschutz Landschaftspflege Bad.-Württ. 29: 88 S.; Karlsruhe.

HÜGIN, G. (1986): Die Verbreitung von *Amaranthus*-Arten in der südlichen und mittleren Oberrheinebene sowie einigen angrenzenden Gebieten. Eine Beschreibung der eingebürgerten Arten und ein Versuch, deren Verbreitung zu erklären. – Phytocoenol. 14 (3): 289–379; Stuttgart u. Braunschweig.

HÜGIN, G. und U. KOCH (1992): Botanische Neufunde aus Südbaden und angrenzender Gebiete. – Mitt. bad. Landesver. Naturk. Natursch., N.F. 15 (3); Freiburg (im Druck).

HULTEN, E. (1950): Atlas över vaxternas utbredning i Norden. 512 S.; Stockholm (Generalstaeb. Litograf. Anst. Förlag).

HUNDT, R. (1975): Zur anthropogenen Verbreitung und Vergesellschaftung von *Geranium pratense* L. – Vegetatio 31 (1): 23–32, The Hague.

ISENBERG, E. (1986): Der pollenanalytische Nachweis von *Juglans regia* L. im nacheiszeitlichen Mitteleuropa. – Abh. Westf. Mus. Naturk. 48: 457–469; Münster.

ISSLER, E. (1926): *Oenanthe fluviatilis* Coleman en Alsace. – Bull. Ass. philom. Alsace et Lorraine 6 (4): 120; Strasbourg.

ISSLER, E. (1930): *Deschampsia media* R. et Sch. in Baden. – Beitr. naturwiss. Erforsch. Badens 5 & 6: 97–103; Freiburg.

ISSLER, E. (1932): Les prairies non fumées du ried ellorhénan et le Mesobrometum du Haut-Rhin. – Bull. Soc. d'histoire natur. Colmar N.S. 23; Colmar.

ISSLER, E. (1938): La vigne sauvage (*Vitis silvestris* Gmelin) des forêts de la vallée rhénane est-elle en voie de disparition? – Bull. Association Philom. d'Alsace et de Loraine, 8 (5): 413–416; Strasbourg.

ISSLER, E. (1942): Vegetationskunde der Vogesen. – Pflanzensoziologie 5, 192 S.; Jena (G. Fischer).

ISSLER, E., WALTER, E. u. E. LOYSON (1965): Flore d'Alsace (Edit.: Société d'étude de la flore d'Alsace). 637 S.; Strasbourg.

JACK, J.B. (1891–1896): Botanische Wanderungen am Bodensee und im Hegau. – Mitt. Bad. Bot. Ver., 2 (91 & 92): 341–356, 1891; 2 (94–98): 365–404, 1892; 2: 419–420, 1892; 3:25–28, 1893; 3: 363–366, 1896; Freiburg.

JACK, J.B. (1900): Flora des badischen Kreises Konstanz. – 132 S.; Karlsruhe (J.J. Reiff).

JACOMET, S. (1988): Pflanzen mediterraner Herkunft in neolithischen Ufersiedlungen der Schweiz. – In: Der prähistorische Mensch und seine Umwelt. Forschungen u. Berichte zur Vor- und Frühgeschichte in Bad.-Württ. 31: 205–212; Stuttgart.

JALAS, J. u. J. SUOMINEN (eds.) (1972–1986): Atlas florae europaeae. Distribution of vascular plants in Europe. Band 1, 1972, Band 2, 1973, Band 3, 1976, Band 4, 1979, Band 5, 1980, Band 6, 1983, Band 7, 1986; Helsinki.

JANCHEN, E. (1956–60): Catalogus florae Austriae (mit Nachträgen). 999 S.; Wien (Springer).

JAUCH, F. (1938): Fremdpflanzen auf den Karlsruher Güterbahnhöfen. – Beitr. Naturkdl. Forsch. Südwestdeutschl. 3: 76–147; Karlsruhe.

JÁVORKA, S. (1924): Magyar Flóra, I; Budapest.

JONG, P.C. DE (1976): Flowering and sex expression in *Acer* L. A biosystematic study. – Meded. Landbouwhogeschool Wageningen 76–2: 1–201; Wageningen.

JUNG, K.-D. (1989): Neuere bemerkenswerte Funde aus der Flora des Darmstädter Raumes, 5. Folge. – Hess. flor. Briefe 38 (3): 45–47; Darmstadt.

KADEREIT, J.W. (1986): *Papaver somniferum* L. (Papaveraceae): A triploid hybrid? – Bot. Jahrb. Systematik 106 (2): 221–244; Stuttgart.

KAPP, E. u. Y. SELL (1965): Les Associations aquatiques d'Alsace. 1. Strasbourg et ses environs. – Bull. Ass. philom. Alsace et Lorraine 12: 66–78; Strasbourg.

KAPPUS, A. (1957): Wilde Oenotheren in Südwestdeutschland. – Z. f. indukt. Abstammungs- u. Vererbungslehre 88: 38–55; Berlin.

KAPPUS, A. (1958): Untersuchungen über die Verbreitung des sulfurea-Merkmales in Populationen von Wildoenotheren. – Z. Vererbungslehre 89: 647–650; Berlin.

KAPPUS, A. (1960): *Oenothera chicaginensis*, eine neue Adventivpflanze in Freiburg i. Br. – Mitt. bad. Landesver. Naturkunde Naturschutz N.F. 7 (6): 487–491; Freiburg i. Br.

KAPPUS, A. (1966): *Oenothera oehlkersi*, eine neue Wildart am Oberrhein. – Z. Vererbungsl. 97: 370–374; Berlin, Heidelberg.

KAPPUS, A. (1979): *Oenothera ersteinensis*, eine neue Art in Baden. – Mitt. bad. Landesver. Naturkunde u. Natursch. N.F. 12: 103–105; Freiburg i. Br.

KAPPUS-MULSOW, H. (1934): Ein fremder Gast am deutschen Rhein. – Kosmos, 8: 289; Stuttgart.

KARG, S. (1990): Pflanzliche Großreste aus der jungsteinzeitlichen Ufersiedlungen Allensbach-Strandbad, Kr. Konstanz. Siedlungsarchäologie im Alpenvorland. 2. Forsch. u. Ber. z. Vor- u. Frühgesch. Bad.-Württ. 37: 113–166; Stuttgart.

KERNER, J.S. (1783–1792): Beschreibung und Abbildung der Bäume und Gesträuche, welche in dem Herzogthum Wirtemberg wild wachsen. 9 Hefte. Stuttgart (J.F. Cotta).

KERNER, J.S. (1786): Flora Stuttgardiensis oder Verzeichnis der um Stuttgart wildwachsenden Pflanzen. 402 S.; Stuttgart.

KETTNER, V. (1815): Merkwürdige Forstnebennutzung in dem Großherzoglich-Badischen Oberforstamt Schwetzingen. – Sylvan, ein Jahrbuch für Forstmänner: 118–121.

KIRCHHEIMER, F. (1939): Vitaceae. In: Fossilium catalogus, II Plantae, Rhamnales (Edit.: JONGMANNS, W.); Neubrandenburg.

KIRCHHEIMER, F. (1944): Die wilde Weinrebe. Ihre Bedeutung und ihr nördlichstes Vorkommen. – Der Deutsche Weinbau 23: 207–209; Wiesbaden.

KIRCHHEIMER, F. (1944): Die nördlichsten Standorte der wilden Weinrebe (*Vitis silvestris* Gmelin). – Wein und Rebe: 15–22; Mainz.

KIRCHHEIMER, F. (1946): Das einstige und heutige Vorkommen der wilden Weinrebe im Oberrheingebiet. – Zeitschr. Naturforsch. 1: 400–413; Wiesbaden.

KIRCHHEIMER, F. (1955): Über das Vorkommen der wilden Weinrebe in Niederösterreich und Mähren. – Zeitschr. Bot. 43: 279–307; Stuttgart.

KIRCHHEIMER, F. (1957): Die Laubgewächse der Braunkohlezeit; Halle (W. Knapp).

KIRCHNER, O. (1888): Flora von Stuttgart und Umgebung (Ludwigsburg, Waiblingen, Esslingen, Nürtingen, Leonberg, ein Teil des Schönbuches etc.) mit besonderer Berücksichtigung der pflanzenbiologischen Verhältnisse. 767 S.; Stuttgart.

KIRCHNER, O. u. J. EICHLER (1900, 1913): Exkursionsflora für Württemberg und Hohenzollern. 1. Aufl., 440 S.; Stuttgart (E. Ulmer) 1900; 2. Aufl., 479 S.; Stuttgart 1913.

KIRSCHLEGER, F. (1852–62): Flore d'Alsace et des contrées limitrophes, 3 Bände; Strasbourg, Paris.

KLAUCK, E.-J. (1988): Das Urtico-Heracleetum mantegazzianii. – Tuexenia 8: 263–267; Göttingen.

KLEIN, L. (1908): Bemerkenswerte Bäume im Großherzogtum Baden. 372 S.; Heidelberg (C.F. Winter).

KLEIN, L. u. M. SEUBERT (1905): Exkursionsflora für Baden. – 5. Aufl., 454 S.; Stuttgart.

KLEINSTEUBER, A. (1992): Die Bärwurz (*Meum athamanticum* Jacq.) im Nordschwarzwald. – Carolinea 50 (im Druck), Karlsruhe.

KNAPP, R. (1946): Über Sumpf- und Wasserpflanzengesellschaften in der nördöstlichen Oberrhein-Ebene. – Unveröff. Mskr., 8 S.

KNEUCKER, A. (1886): Führer durch die Flora von Karlsruhe und Umgegend. 167 S.; Karlsruhe (J.J. Reiff).

KNEUCKER, A. (1887): Ein Ausflug in die Sand- und Sumpfflora von Walldorf und Waghäusel. – Mitt. Bad. Bot. Ver. 34: 295–301; Freiburg.

KNEUCKER, A. (1890): Das Welzthal, ein Beitrag zur Flora unserer nördlichsten Landestheile. – Mitt. Bad. Bot. Ver. 2 (71/72): 165–174; Freiburg i.Br.

KNEUCKER, A. (1895): Nachträge und Berichtigungen zur Flora der Umgebung von Karlsruhe. – Mitt. Bad. Bot. Ver. 133/134: 295–312; Freiburg.

KNEUCKER, A. (1903): Pfingstexkursion 1903. – Mitt. Bad. Bot. Ver. 187 & 188: 313–321; Freiburg.

KNEUCKER, A. (1921): Einige pflanzengeographisch interessante Pflanzenformen Badens und des angrenzenden Gebietes. – Mitt. Bad. Landesver. Naturk. Naturschutz N.F. 1: 125–127; Freiburg i.Br.

KNEUCKER, A. (1924): Die Schweinsweide bei Au a.Rh. mit Berücksichtigung der Schweinsweide bei Illingen a.Rh. – Mitt. Bad. Landesver. Naturk. Naturschutz N.F. 1: 290–294; Freiburg i.Br.

KNEUCKER, A. (1924): Kurzer Bericht über den derzeitigen Zustand einiger phytogeographisch interessanter Gebiete unseres Landes nebst verschiedenen floristischen Einzelbeobachtungen. – Mitt. Bad. Landesver. Naturk. Naturschutz N.F. 1: 294–298; Freiburg i.Br.

KNEUCKER, A. (1927): *Geranium peregrinum* Thellung. – Allg. Bot. Zeitschr. 33: 46; Karlsruhe.

KNEUCKER, A. (1935): Ergebnisse systematischer, floristischer und phytogeographischer Beobachtungen und Untersuchungen über die Flora Badens und seiner Grenzgebiete. – Verh. Naturwiss. Vereins Karlsruhe 31: 209–239; Karlsruhe.

KNUTH, R. (1912): Geraniaceae. In: Das Pflanzenreich IV, 129 (53) (Edit.: ENGLER, A., PRANTL, K.): 1–640; Leipzig (W. Engelmann).

KNUTH, R. (1914): Ein Beitrag zur Systematik und geographischen Verbreitung der Oxalidaceen. – Bot. Jahrb. 50: 215–237, Leipzig u. Berlin.

KNUTH, R. (1930): Oxalidaceae. In: Das Pflanzenreich IV, 130 (Edit.: ENGLER, A.). – 481 S.; Leipzig (W. Engelmann).

KOENIS, H. u. V. GLAVAC (1979): Über die Konkurrenzfähigkeit des Indischen Springkrautes *(Impatiens glandulifera)* am Fuldaufer bei Kassel. – Philippia 4 (1): 47–59; Kassel.

KÖRBER-GROHNE, U. (1978): Pollen-, Samen- und Holzbestimmungen aus der mittelalterlichen Siedlung unter der oberen Vorstadt in Sindelfingen (Württemberg). – In: SCHOLKMANN, B.: Sindelfingen/Obere Vorstadt. – Forsch. u. Ber. d. Archäol. d. Mittelalters in Bad.-Württ. 3: 184–199; Stuttgart.

KÖRBER-GROHNE, U. (1979): Samen, Fruchtsteine und Druschreste aus der Wasserburg Eschelbronn bei Heidelberg (13. Jahrhundert). – Forsch. u. Ber. d. Archäol. d. Mittelalters in Bad.-Württ. 6: 113–127; Stuttgart.

KÖRBER-GROHNE, U. (1987): Nutzpflanzen in Deutschland. – 490 S.; Stuttgart (K. Theiss).

KÖRBER-GROHNE, U. u. U. PIENING (1983): Die Pflanzenreste aus dem Ostkastell von Welzheim mit besonderer Berücksichtigung der Graslandpflanzen. – Flora und Fauna im Ostkastell von Welzheim. – Forsch. u. Ber. z. Vor- und Frühgeschichte in Bad.-Württ. 14: 17–88 + 27 Tafeln; Stuttgart.

KONOLD, W. (1987): Oberschwäbische Weiher und Seen. – Beih. Veröff. Naturschutz u. Landschaftspfl. Bad.-Württ. 52: 634 S.; Karlsruhe.

KOPECKY, K. (1975): Ist der Braune Storchschnabel *(Geranium phaeum)* im Vorland des Adlergebirges ursprünglich? – Preslia 47: 87–92; Praha.

KORNAS, J. (1988): Speiochore Ackerwildkräuter: von ökologischer Spezialisierung zum Aussterben. – Flora 180 (1/2): 83–91; Jena.

KORNECK, D. (1960): Beobachtungen an Zwergbinsengesellschaften im Jahre 1959. – Beitr. naturk. Forsch. Südw. Dtl. 19 (1): 101–110; Karlsruhe.

KORNECK, D. (1962): Die Pfeifengraswiesen und ihre wichtigsten Kontaktgesellschaften in der nördlichen Oberrheinebene und im Schweinfurter Trockengebiet, I. Das Molinietum medioeuropaeum. – Beitr. naturk. Forsch. Südw. Dtl. 21 (1): 55–78; Karlsruhe.

KORNECK, D. (1962): Die Pfeifengraswiesen und ihre wichtigsten Kontaktgesellschaften in der nördlichen Oberrheinebene und im Schweinfurter Trockengebiet, II. Gruppe nässeliebender Niederungs-Molinion-Gesellschaften. – Beitr. naturk. Forsch. Südw. Dtl. 21 (2): 165–190; Karlsruhe.

KORNECK, D. (1963): Die Pfeifengraswiesen und ihre wichtigsten Kontaktgesellschaften in der nördlichen Oberrheinebene und im Schweinfurter Trockengebiet, III. Die wichtigsten Kontaktgesellschaften der Molinieten. – Beitr. naturk. Forsch. Südw. Dtl. 22 (1): 19–44; Karlsruhe.

KORNECK, D. (1974): Xerothermvegetation in Rheinland-Pfalz und Nachbargebieten. – Schriftenreihe Vegetationskunde 7, 196 S., 158 Tab.; Bonn-Bad Godesberg.

KORNECK, D. (1987): Die Pflanzengesellschaften des Mainzer-Sand-Gebietes. – Mainzer Naturw. Archiv 25: 135–200; Mainz.

KRAMER, F. (1942): Die Verbreitung von *Linum perenne* L. in der Rheinebene; ein badischer Standort auf Flugsand. – Beitr. naturk. Forsch. Oberrheingeb. 7: 110–122; Karlsruhe.

KRAUSCH, H.-D. (1974): *Ludwigia palustris* (L.) in der Niederlausitz. – Niederlausitzer flor. Mitt. 7: 23–32; Cottbus.

KRAUSE, E. (1894): Pflanzengeographische Bemerkungen über *Ilex Aquifolium*. – Bot. Centralblatt 49.

KRAUSE, E. (1912): Pflanzenwanderungen längs der Ill, des Rheines und der Eisenbahn. – Mitt. Ges. Erdkunde u. Kolonialwesen 2: 37–43; Straßburg.

KRAUSE, W., G. HÜGIN und Bundesforschungsanstalt für Naturschutz und Landschaftsökologie (1987): Ökologische Auswirkungen von Altrheinverbundsystemen am Beispiel des Altrheinausbaus. – Natur und Landschaft 62: 9 + Karte; Köln.

KREH, W. (1929): Pflanzensoziologische Beobachtungen an den Stuttgarter Wildparkseen. – Jahresh. Ver. Vaterl. Naturk. Württ. 85: 175–203; Stuttgart.

KREH, W. (1951): Verlust und Gewinn der Stuttgarter Flora im letzten Jahrhundert. – Jahresh. Ver. Vaterl. Naturk. Württ. 106: 69–124; Stuttgart.

KREH, W. (1954): Verlust und Gewinn der Stuttgarter Flora im letzten Jahrhundert. Nachtrag 1953. – Jh. Ver. vaterl. Naturk. Württemberg 109: 63–82; Stuttgart.

KREH, W. (1955). Verlust und Gewinn der Stuttgarter Flora im letzten Jahrhundert. Nachtrag 1955. – Jh. Ver. vaterl. Naturk. Württemberg 110: 199–211; Stuttgart.

KREH, W. (1955): Das Ergebnis der Vegetationsentwicklung auf dem Stuttgarter Trümmerschutt. – Mitt. Flor. Soz. Arbeitsgem. N.F. 5: 69–75; Stolzenau/Weser.

KREH, W. (1957): Verlust und Gewinn der Stuttgarter Flora im letzten Jahrhundert. Nachtrag 1957. – Jh. Ver. vaterl. Naturk. Württ. 112: 188–200; Stuttgart.

KREH, W. (1958): Die Verbreitung der Mistel im mittleren Neckarland. – Jahresh. Ver. vaterl. Naturk. Württ. 113: 132–142; Stuttgart.

KREH, W. (1959): Verlust und Gewinn der Stuttgarter Flora im letzten Jahrhundert. Nachtrag 1959. – Jh. Ver. vaterl. Naturk. Württemberg 114: 138–165; Stuttgart.

KREH, W. u. G. SCHAAF (1931): Neue Glieder der Stuttgarter Pflanzenwelt II. – Jahresh. Ver. Vaterl. Naturk. Württ. 87: 131–146; Stuttgart.

KRUMM, E. (1959): Aus der Geschichte der Weinrebe. – Praxis der Naturwiss. 8: 203–205, 223–226; Wien.

KÜBLER-THOMAS, M. (unter Mitwirkung von J. TRITTLER) (1989): Schutzprogramm für Ackerwildkräuter Baden-Württemberg 1989. Zustandserfassung und Bewertung. – Unveröff. Gutachten im Auftrag der LfU; 57 S. + Anhang; Karlsruhe.

KÜSTER, HJ. (1985): Neolithische Pflanzenreste aus Hochdorf. Gemeinde Eberdingen (Kreis Ludwigsburg). – Hochdorf I. Forsch. u. Ber. z. Vor- u. Frühgeschichte in Bad.-Württ. 19:13–83; Stuttgart.

KUHN, J. (1989): Die Vegetation des Schmiechener Sees. – Jh. Ges. Naturkde Württemb. 144: 69–118; Stuttgart.

KUHN, K. (1937): Die Pflanzengesellschaften im Neckargebiet der Schwäbischen Alb. 340 S.; Öhringen (F. Rau).

KUHN, L. (1961): Die Verlandungsgesellschaften des Federseerieds. – In: Der Federsee. Die Natur- und Landschaftsschutzgeb. Bad.-Württ. 2: 1–69; Stuttgart.

KULPA, W. u. S. DANERT (1962): Zur Systematik von Linum usitatissimum L. – Kulturpflanze Beih. 3: 341–388; Berlin.

KUMMER, G. (1937–1946): Die Flora des Kantons Schaffhausen, mit Berücksichtigung der Grenzgebiete. – Mitt. Naturf. Ges. Schaffhausen 13: 49–157, 1937; 15: 37–201, 1939; 17: 123–260, 1941; 18: 11–110, 1943; 19: 1–130, 1944; 20: 69–208, 1945; 21: 75–194, 1946; Schaffhausen.

KURZ, G. (1973): Ulmer Flora. – Mitt. Ver. Naturwiss. Math. Ulm 29: 1–304; Ulm.

KUZMANOV, B. (1964): On the origin of Euphorbia subg. esula in Europe. – Blumea 12: 369–379; Leiden.

LANG, G. (1952): Zur späteiszeitlichen Vegetations- und Florengeschichte Südwestdeutschlands. – Flora 139: 243–294; Jena.

LANG, G. (1952): Späteiszeitliche Pflanzenreste in Südwestdeutschland. – Beitr. naturk. Forsch. Südw. Dtl. 11: 89–110; Karlsruhe.

LANG, G. (1954): Neue Untersuchungen über die spät- und nacheiszeitlichen Vegetationsgeschichte des Schwarzwaldes. I. Der Hotzenwald im Südschwarzwald. – Beitr. naturk. Forsch. Südw. Dtl. 13: 3–42; Karlsruhe.

LANG, G. (1962): Vegetationsgeschichtliche Untersuchungen der Magdalenienstation an der Schussenquelle. – Veröff. geobot. Inst. Rübel 37: 129–154; Zürich.

LANG, G. (1967): Die Ufervegetation des westlichen Bodensees. – Arch. Hydrobiol. Suppl. 32/4: 437–574; Stuttgart.

LANG, G. (1971): Die Vegetationsgeschichte der Wutachschlucht und ihrer Umgebung. – Die Wutach: 323–349; Freiburg.

LANG, G. (1973): Die Vegetation des westlichen Bodenseegebietes. 451 S.; Jena (G. Fischer).

LANG, W. u. O. SCHMIDT (1984): Flora der Pfalz. V. Weitere Ergebnisse. – Mitt. Pollichia 72: 255–276; Bad Dürkheim.

LARSEN, K. (1958): Cytological and experimental studies on the genus Erodium with special references to the collective species E. cicutarium (L.) L'Hér. – Biol. Meddel. Kong. Danske Vid. Selsk. 23 (6): 1–25; Kopenhagen.

LAUTERBORN, R. (1908): Bericht über die Ergebnisse der 3. biologischen Untersuchung des Oberrheines auf der Strecke Basel–Mainz vom 9. bis 22. August 1906. – Arbeiten a. d. Kais. Gesundheits-Amte 28, H. 1; Berlin.

LAUTERBORN, R. (1927): Beiträge zur Flora der oberrheinischen Tiefebene und der benachbarten Gebiete. – Mitt. Bad. Landesver. Naturk. Naturschutz N.F. 2: (7/8): 77–88; Freiburg i. Br.

LAUTERBORN, R. (1934): Acer opalus Miller, ein für Deutschland neuer wilder Waldbaum. – Allg. Forst- und Jagdzeitung 110 (8): 245–246; Frankfurt a. M.

LAUTERBORN, R. (1941–42): Beiträge zur Flora des Oberrheins und des Bodensees. – Mitt. Bad. Landesver. Naturk. Naturschutz Freiburg N.F. 4: 287–301, 1941; 313–321, 1942; Freiburg i. Br.

LECHLER, W. (1844): Supplement zur Flora von Württemberg. 72 S.; Stuttgart (E. Schweizerbart).

LEHMANN, E. (1922): Die Theorien der Oenothera-Forschung. – Jena (G. Fischer).

LEOPOLD, J.D. (1728): Deliciae sylvestres florae ulmensis oder Verzeichnuß deren Gewächsen, welche um deß H. Röm. Reichs Freye Stadt Ulm in Aeckern, Wiesen, … zu wachsen pflegen … 180 S.; Ulm (J.C. Wohler).

LEVADOUX, L. (1956): Les populations sauvages et cultivées de Vitis vinifera L. – Ann. de l'Améliorations des plantes: 59–118; Paris.

LEWEJOHANN, K. (1969): *Linum leonii* Schultz und sein Vorkommen in Südniedersachsen. – Gött. Flor. Rundbr. 3 (1): 7–10; Göttingen.

LHOTSKÁ, M. u. K. KOPECKY (1966): Zur Verbreitungs-biologie und Phytozönologie von *Impatiens glandulifera* Royle an den Flußsystemen der Svitava, Svratka und oberen Odra. – Preslia 38: 376–385; Praha.

LIBBERT, W. (1939): Pflanzensoziologische Untersuchungen im mittleren Kocher- und Jagsttale. – Veröff. Württ. Landesstelle Naturschutz 15: 65–102, Stuttgart.

LINDER, R. (1958): Une Clé pour la détermination des Oenothères. – Bull. Ass. philomat. d'Alsace et de Lorraine 3: 61–64; Strasbourg.

LINDER, R. u. R. JEAN (1969): *Oenothera ersteinensis*, espèce nouvelle. – Bull. Soc. bot. Fr. 116: 523–529; Paris.

LINDER, R., R. JEAN u. M. BOUTANDIN (1957–58): Etude des Oenothères en Alsace. – Bull. Soc. hist. nat. Colmar 48: 21–49; Colmar.

LINDER, TH. (1905): Bemerkenswerte Pflanzenstandorte. – Mitt. Bad. Bot. Ver. 205/206: 41–44; Freiburg i. Br.

LINDER, TH. (1905): Bemerkenswerte Pflanzenstandorte. – Mitt. Bad. Bot. Ver. 207: 47–51; Freiburg i. Br.

LITZELMANN, E. (1951): Neue Pflanzenfundberichte aus Südbaden. – Mitt. Bad. Landesver. Naturk. Naturschutz N.F. 5 (2): 191–196; Freiburg i. Br.

LITZELMANN, E. u. M. LITZELMANN (1963): Neue Pflanzenfundberichte aus Südbaden II. – Mitt. Bad. Landesver. Naturk. Natursch. N.F. 8 (3): 463–475. Freiburg.

LITZELMANN, E. u. M. LITZELMANN (1966): Die Pflanzenwelt am Isteiner Klotz. – In: Der Isteiner Klotz, zur Naturgeschichte einer Landschaft am Oberrhein; 111–268; Freiburg i. Br.

LOHMEYER, W. (1975): Über flußbegleitende nitrophile Hochstaudenfluren am Mittel- und Niederrhein. – Schriftenreihe für Vegetationskunde 8: 79–98; Bonn-Bad Godesberg.

LOHMEYER, W. (1978): Über schutzwürdige natürliche Schlehen-Ligustergebüsche mit Lorbeerseidelbast und einige ihrer Kontaktgesellschaften im Mittelrheingebiet. – Natur und Landschaft 53: 271–277; Bonn-Bad Godesberg.

LOHMEYER, W. u. W. TRAUTMANN (1974): Zur Kenntnis der Waldgesellschaften des Schutzgebietes „Taubergießen". – In: Das Taubergießengebiet. – eine Rheinauenlandschaft. Natur- und Landschaftsschutzgeb. Bad.-Württ. 7: 422–437; Ludwigsburg.

LOTTER, A. u. A. HÖLZER (1989): Spätglaziale Umweltbedingungen im Südschwarzwald. Erste Ergebnisse paläolimnologischer und paläoökologischer Untersuchungen an Seesedimenten des Hirschenmoores. – Carolinea 47: 7–14 + 2 Tab.; Karlsruhe.

LUDWIG, W. (1956): Weitere Mitteilungen über *Impatiens glandulifera* ROYLE (= *I. roylei* WALP.). – Hess. flor. Briefe 5 (58): 1–3; Offenbach.

LUTZ, F. (1889): Ergänzende Beiträge zu unserer einheimischen Flora. – Mitt. Bad. Bot. Ver. 65: 117–121; Freiburg.

MAGNIN, A. (1904): Notes sur les *Thesium* du Jura. – Arch. de la flore jurass. 5 (47–48): 57–61.

MAHLER, G. (1898): Übersicht über die in der Umgebung von Ulm wildwachsenden Phanerogamen. – Nachr. Kgl. Gymnasiums Ulm über Schulj. 1897–98: 1–39; Ulm (Wagner).

MAHLER, K. (1953): Über die Verbreitung einiger Pflanzen auf der Ostalb und ihrem Vorland. – Jh. Ver. vaterl. Naturk. Württemberg 108: 74–89; Stuttgart.

MAIER, U. (1983): Nahrungspflanzen des späten Mittelalters aus Heidelberg und Ladenburg nach Bodenfunden aus einer Fäkaliengrube und einem Brunnen des 15./16. Jahrhunderts. – Forsch. u. Ber. d. Archäol. d. Mittelalters in Bad.-Württ. 8: 139–183; Stuttgart.

MAIER, U. (1988): Botanische Untersuchungen zur Umwelt- und Wirtschaftsgeschichte der jungsteinzeitlichen Siedlung Ödenahlen im nördlichen Federseemoor. – Jh. Ges. Naturkde. Württ. 143: 149–176; Stuttgart.

MANSFELD, R. (1986): Verzeichnis landwirtschaftlicher und gärtnerischer Kulturpflanzen, Band 2 (Edit.: SCHULTZE-MOTEL, J.), S. 579–1126, 2. Aufl.; Berlin, Heidelberg, New York, Tokyo (Springer).

MARQUARDT, F. (1967): *Oxalis dillenii* JACQ. in Darmstadt und Umgebung. – Hess. flor. Briefe 16 (192): 53–58; Darmstadt.

MARTENS, G. VON u. C.A. KEMMLER (1882): Flora von Württemberg und Hohenzollern. 3. Aufl., 2 Bde., 296 + 413 S.; Heilbronn (Henninger).

MAYER, A. (1904): Flora von Tübingen und Umgebung, Schwäbische Alb vom Plettenberg bis zur Teck, Balingen, Hechingen, Reutlingen, Urach, Rottenburg, Herrenberg, Böblingen. 313 S.; Tübingen (F. Pietzcker).

MAYER, A. (1929, 1930): Exkursionsflora der Universität Tübingen. Mittlere und südliche Alb, Württembergischer Schwarzwald, oberes und mittleres Neckargebiet, Schönbuch, Gäu, Schwarzwaldvorland. 519 S.; Tübingen (Tübinger Chronik).

MAYER, A. (1950): Exkursionsflora von Südwürttemberg und Hohenzollern mit besonderer Berücksichtigung der Universitätsstadt Tübingen. 527 S.; Stuttgart (Wiss. Verlagsgesellschaft).

McNEILL, J. (1968): *Polygala*. In: Flora Europaea (Edit.: TUTIN, T.G. et al.) 2: 231–236; Cambridge.

MEIEROTT, L. (1986): Neues und Bemerkenswertes zur Flora Unterfrankens. – Ber. Bayer. Bot. Ges. 57: 81–94; München.

MEIEROTT, L. (1990): Die *Linum perenne*-Gruppe in Nordbayern. – Tuexenia 10: 25–40; Göttingen.

MEISTER, J. (1887): Flora von Schaffhausen. – Beil. zum Osterprogramm des Gymnas. Schaffh.; Schaffhausen (H. Meier).

MEJSTRIK, V.K. (1971): Vesicular-arbuscular mycorrhizas of the species of a Molinietum coeruleae l.i. association: the ecology. – New Phytologist 71: 883–890; London.

MERXMÜLLER, H. u. G.R. HEUBL (1983): Karyologische und palynologische Studien zur Verwandtschaft der *Polygala chamaebuxus* L. – Bot. Helv. 93 (2): 133–140; Teufen.

MEUSEL, H., E. JÄGER u. E. WEINERT (1964, 1978): Vergleichende Chorologie der zentraleuropäischen Flora. 2 Bände; Jena (G. Fischer).

MICHAELIS, P. (1924): Blütenmorphologische Untersuchungen an den Euphorbiaceen. In: Botanische Abhandlungen, Heft 3 (Edit.: GOEBEL, K.): 1–150; Jena.

MOHR, G. (1898): Flora der Umgebung von Lahr. – Mitt. Bad. Bot. Ver. 153:17–31; 154: 33–50; Freiburg.

MONSCHAU-DUDENHAUSEN, K. (1982): Wasserpflanzen als Belastungsindikatoren in Fließgewässern. – Beih. Veröff. Naturschutz Landschaftspflege Bad.-Württ. 28: 1–118; Karlsruhe.

MOOR, M. (1952): Die Fagion-Gesellschaften im Schweizer Jura. – Beitr. Geobot. Landesaufnahme Schweiz 31, 201 S.; Bern (H. HUBER).

MOOR, M. (1962): Einführung in die Vegetationskunde der Umgebung Basels. – 464 S.; Basel (Lehrmittelverlag d. Kantons Basel-Stadt).

MÜLLER, H. (1962): Pollenanalytische Untersuchung eines Quartärprofils durch die spät- und nacheiszeitlichen Ablagerungen des Schleinsees (Südwestdeutschland). – Geol. Jb. 79: 493–526; Hannover.

MÜLLER, K. (1901): Über die Vegetation des Feldseekessels am Feldberg, speciell über dessen Moose. – Mitt. Bad. Bot. Ver. 176/177: 217–234; Freiburg i. Br.

MÜLLER, K. (1935): Über das Vorkommen von Kalkpflanzen im Urgesteinsgebiet des Schwarzwaldes. – Mitt. Bad. Landesver. Naturk. Natursch. N.F. 3 (10 & 11): 129–139; Freiburg.

MÜLLER, K. (1935): Der Stechpalmenhain bei St. Märgen. – Mitt. Bad. Landesver. Naturk. Natursch. N.F. 3 (13/14): 177–180; Freiburg.

MÜLLER, K. (1937): Woher stammen unsere Kulturreben? – Wein und Rebe 18: 271–274; Mainz.

MÜLLER, K. (1937): Pflanzen-Fundberichte aus Baden. – Mitt. Bad. Landesver. Naturk. Naturschutz N.F. 3 (23/24): 349–354; Freiburg i. Br.

MÜLLER, K. (1938): Weitere Beiträge zum Kalkpflanzenvorkommen im Schwarzwald. – Mitt. Bad. Landesver. Naturk. Natursch. N.F. 3 (27/28): 389–396; Freiburg.

MÜLLER, K. (1948): Die Vegetationsverhältnisse im Feldberggebiet. – In: Der Feldberg im Schwarzwald: 211–362; Freiburg i. Br. (L. Bielefeld).

MÜLLER, K. (1950): Der Sumpfquendel (*Peplis portula* L.) auf der Alb und in Oberschwaben. – Jh. Ver. vaterl. Naturkunde Württ. 110: 269; Stuttgart.

MÜLLER, K. (1950): Die Spatzenzunge auf der Schwäbischen Alb. – Aus der Heimat 58 (6): 153–154; Öhringen.

MÜLLER, K. (1953): Geschichte des badischen Weinbaus. 2. Aufl.; Lahr i. Br.

MÜLLER, K. (1957): Ulmer Flora. – Mitt. Ver. Naturwiss. Math. Ulm 25, 229 S.; Ulm.

MÜLLER, K. (1957a): Der Gelbe Lein (*Linum flavum* L.) auf der Südostalb. – Jh. Ver. vaterl. Naturk. Württemberg 112: 217–223; Stuttgart.

MÜLLER, K., BRIELMAIER, G.W. & KURZ, G. (1973): Ulmer Flora. – Mitt. Ver. f. Naturwiss. Mathematik 29, 290 pp.

MÜLLER, N. (1988): Südbayerische Parkrasen-Soziologie und Dynamik bei unterschiedlicher Pflege. – Diss. Botanicae 123, 176 S.; Berlin, Stuttgart.

MÜLLER, TH. (1961): Einige für Südwestdeutschland neue Pflanzengesellschaften. – Beitr. naturk. Forsch. Südw. Dtl. 20: 15–21; Karlsruhe.

MÜLLER, TH. (1962): Die Fluthahnenfußgesellschaften unserer Fließgewässer. – Veröff. Landesst. Naturschutz Landschaftspflege Bad.-Württ. 30: 152–163; Ludwigsburg.

MÜLLER, TH. (1962): Die Saumgesellschaften der Klasse Trifolio-Geranietea sanguinei. – Mitt. Flor.-soz. Arbeitsgem. N.F. 9: 95–140; Stolzenau/Weser.

MÜLLER, TH. (1966): Vegetationskundliche Beobachtungen im Naturschutzgebiet Hohentwiel. – Veröff. Landesst. Naturschutz Landschaftspflege Bad.-Württ. 34: 14–61; Ludwigsburg.

MÜLLER, TH. (1966): Die Wald-, Gebüsch-, Saum-, Trokken- und Halbtrockenrasengesellschaften des Spitzbergs. – In: Der Spitzberg bei Tübingen. Natur- u. Landschaftsschutzgeb. Bad.-Württ. 3: 278–475; Ludwigsburg.

MÜLLER, TH. (1969): Die Vegetation im Naturschutzgebiet Zweribach. – Veröff. Landesst. Naturschutz Landschaftspflege Bad.-Württ. 37: 81–101; Ludwigsburg.

MÜLLER, TH. (1974): Zur Kenntnis einiger Pioniergesellschaften im Taubergießengebiet. – In: Das Taubergießengebiet, eine Rheinauenlandschaft. Natur- und Landschaftsschutzgeb. Bad.-Württ. 7: 284–305; Ludwigsburg.

MÜLLER, TH. (1974): Gebüschgesellschaften im Taubergießengebiet. In: Das Taubergießengebiet – eine Rheinauenlandschaft. Natur- u. Landschaftsschutzgeb. Bad.-Württ. 7: 400–421; Ludwigsburg.

MÜLLER, TH. (1980): Der Scheidenkronwicken-Föhrenwald (Coronillo-Pinetum) und der Geißklee-Föhrenwald (Cytiso-Pinetum) auf der Schwäbischen Alb. – Phytocoenologia 7: 392–412; Stuttgart, Braunschweig.

MÜLLER, TH. (1989): Die artenreichen Rotbuchenwälder Süddeutschlands. – Ber. Reinhold-Tüxen Ges. 1: 149–163; Göttingen.

MÜLLER, TH. u. S. GÖRS (1958): Zur Kenntnis der Auenwaldgesellschaften im württembergischen Oberland. – Beitr. Naturk. Forsch. Südwestdeutschl. 17 (2): 88–165; Karlsruhe.

MÜLLER, TH. u. S. GÖRS (1960): Pflanzengesellschaften stehender Gewässer in Baden-Württemberg. – Beitr. Naturk. Forsch. Südwestdeutschl. 19: 60–100; Karlsruhe.

MÜLLER-SCHNEIDER, P. (1977): Verbreitungsbiologie (Diasporologie) der Blütenpflanzen. – Veröff. Geobot. Inst. der ETH, Stift. Rübel 61, 226 S.; Zürich.

MURMANN-KRISTEN, L. (1987): Das Vegetationsmosaik im Nordschwarzwälder Waldgebiet. – Diss. bot. 104; 290 S. + Abb. + Tab.; Berlin u. Stuttgart.

MURR, J. (1931): Neue Beiträge zur Flora der Umgebung von Innsbruck und des übrigen Nordtirol. – Veröff. Museum Ferdinandeum Innsbruck 11: 41–80, Innsbruck.

MURRAY, E. (1979): Afrasian and european Maples. – Kalmia 9: 1–40; Ridgecrest, USA.

NEBEL, M. (1986): Vegetationskundliche Untersuchungen in Hohenlohe. – Diss. Botanicae 97, 253 S.; Berlin, Stuttgart.

NEUBERGER, J. (1889): Bemerkungen zur Flora Heidelbergs. – Mitt. bad. bot. Ver. 60: 81–84; Freiburg i. Br.

NEUBERGER, J. (1898): Flora von Freiburg im Breisgau. 1. Aufl., 266 S.; Freiburg.

NEUBERGER, J. (1912): Flora von Freiburg im Breisgau (Südl. Schwarzwald, Rheinebene, Kaiserstuhl). 3. u. 4. Aufl., 319 S.; Freiburg (Herder).

NIESCHALK, A. u. C. NIESCHALK (1963): *Linum leonii* Schultz in Hessen. – Hess. flor. Briefe 12 (137): 29–32; Darmstadt.

NOTHDURFT, H. (1970): Über die Unterscheidbarkeit von *Pimpinella saxifraga* L. s. str. und *Pimpinella nigra*. – Gött. flor. Rundbriefe 4 (3): 53–54; Göttingen.

OBERDORFER, E. (1931): Die postglaziale Klima- und Vegetationsgeschichte des Schluchsees (Schwarzwald). – Ber. Naturforsch. Ges. Freiburg 31: 1–85; Freiburg i. Br.

OBERDORFER, E. (1934): Die höhere Pflanzenwelt am Schluchsee. – Ber. Naturforsch. Ges. Freiburg 34: 213–247; Freiburg i. Br.

OBERDORFER, E. (1936): Erläuterungen zur Vegetationskundlichen Karte des Oberrheingebietes bei Bruchsal. – Beitr. Naturdenkmalpflege 16 (2): 1–125; Neudamm.

OBERDORFER, E. (1936): Floristische und pflanzensoziologische Notizen vom Bruhrain (Umgebung von Bruchsal). – Mitt. Bad. Landesver. Naturk. Naturschutz N.F. 3: 204–210, 245–252; Freiburg i. Br.

OBERDORFER, E. (1936): Bemerkenswerte Pflanzengesellschaften und Pflanzenformen des Oberrheingebietes. – Beitr. Naturk. Forsch. Südwestdeutschl. 1: 49–88; Karlsruhe.

OBERDORFER, E. (1949): Die Pflanzengesellschaften der Wutachschlucht. – Beitr. Naturk. Forsch. Südwestdeutschl. 8: 22–60; Karlsruhe.

OBERDORFER, E. (1949): Pflanzensoziologische Exkursionsflora für Südwestdeutschland und die angrenzenden Gebiete. 411 S.; Stuttgart (E. Ulmer).

OBERDORFER, E. (1950): Beitrag zur Vegetationskunde des Allgäu. – Beitr. naturk. Forsch. Südw. Dtl. 9 (2): 29–98; Karlsruhe.

OBERDORFER, E. (1951): siehe Bartsch, J. et al. (1951).

OBERDORFER, E. (1952): Die Vegetationsgliederung des Kraichgaus. – Beitr. Naturk. Forsch. Südwestdeutschl. 11: 12–36; Karlsruhe.

OBERDORFER, E. (1956): Botanische Neufunde aus Baden (und angrenzenden Gebieten). – Mitt. Bad. Landesver. Naturk. Naturschutz N.F. 6 (4): 278–284; Freiburg.

OBERDORFER, E. (1957): Süddeutsche Pflanzengesellschaften. 564 S.; Jena (G. Fischer).

OBERDORFER, E. (1962, 1970): Pflanzensoziologische Exkursionsflora für Süddeutschland und die angrenzenden Gebiete. 2. u. 3. Aufl.; 987 S.; Stuttgart (E. Ulmer).

OBERDORFER, E. (1971): Die Pflanzenwelt des Wutachgebietes. – In: Die Wutach. Naturkundliche Monographie einer Flußlandschaft. – Die Natur- und Landschaftsschutzgeb. Bad.-Württ. Band 6: 261–321; Freiburg.

OBERDORFER, E. (1973): Die Gliederung der Epilobietea angustifolii-Gesellschaften am Beispiel süddeutscher Vegetationsaufnahmen. – Acta bot. Acad. Sci. Hung. 19: 235–253; Budapest.

OBERDORFER, E. (1977, 1978, 1983, 1992): Süddeutsche Pflanzengesellschaften. Teil I–IV; Stuttgart, New York.

OBERDORFER, E. (1979, 1983): Pflanzensoziologische Exkursionsflora. 4. u. 5. Aufl.; 997 bzw. 1051 S.; Stuttgart.

OBERDORFER, E. (1982): Die hochmontanen Wälder und subalpinen Gebüsche. In: Der Feldberg im Schwarzwald. Subalpine Insel im Mittelgebirge. Natur- u. Landschaftsschutzgeb. Bad.-Württ. 12: 317–365; Karlsruhe.

OBERDORFER, E. (1990): Pflanzensoziologische Exkursionsflora. 6. Aufl., 1050 S.; Stuttgart (E. Ulmer).

OBERDORFER, E. u. T. MÜLLER (1984): Zur Synsystematik artenreicher Buchenwälder, insbesondere im präalpinen Nordsaum der Alpen. – Phytocoenologica 12 (4): 539–562; Stuttgart, Braunschweig.

OBERLIN, C. (1881): Die wilden Reben des Rheintales. – Pomologische Monatshefte 27 (N.F. 7): 20–21; Stuttgart.

OBERLIN, C. (1900): Betrachtungen über die Widerstandsfähigkeit des Weinstocks im wilden und kultivierten Zustande. – Weinbauinstitut der Stadt Colmar; Colmar.

OBERLIN, C. (1907): Die wilden Reben des Rheintals; Beblenheim.

OCKENDON, D. J. u. S. M. WALTERS (1968): *Linum* L. In: Flora europaea (Edit.: TUTIN, T. G. et al.) 2: 206–211; Cambridge.

OCKENDON, D. J. (1968): Biosystematic studies in the *Linum perenne* group. – New Phytologist 67: 787–813; London.

OCKENDON, D. J. (1971): Taxonomy of the *Linum perenne* group in Europe. – Watsonia 8: 205–235; London.

OEHLKERS, F. (1956): Das Leben der Gewächse. Ein Lehrbuch der Botanik. 1. Bd. – 463 S.; Berlin, Göttingen, Heidelberg (Springer).

OLTMANNS, F. (1985): Pfingst-Exkursion 1895. – Mitt. Bad. Bot. Ver. 135: 318–322; Freiburg.

OLTMANNS, F. (1922): Das Pflanzenleben des Schwarzwaldes. 708 S. + Ktn. + Taf.; Freiburg i. Br. (Bad. Schwarzwaldverein).

OOSTSTROOM, J. VAN (1962): Flora van Nederland. 15. Aufl., 892 S.; Groningen (Wolters-Noordhoff).

PASSARGE, H. (1981): Gartenunkraut-Gesellschaften. – Tuexenia 1: 63–79; Göttingen.

PASSARGE, H. (1990): Ortsnahe Ahorn-Gehölze und Ahorn-Parkwaldgesellschaften. – Tuexenia 10: 369–384; Göttingen.

PAX, F. u. K. HOFFMANN (1908): Euphorbiaceae. In: Lebensgeschichte der Blütenpflanzen Mitteleuropas III (3) (Edit.: KIRCHNER, O., LOEW, E., SCHRÖTER, C.): 241–308; Stuttgart.

PAX, F. u. K. HOFFMANN (1931): Euphorbiaceae. – Die natürlichen Pflanzenfamilien (Edit.: ENGLER, A., PRANTL, K.) 19c: 11–232; Leipzig.

PEARSON, M. C. u. J. A. ROGERS (1962): *Hippophaë rhamnoides*. – J. Ecol. 50: 501–513; London.

PETRY, H. (1895): *Euphorbia maculata* Boiss. – Allg. Bot. Zeitschr. 1 (12): 234–235; Karlsruhe.

PETRY, H. (1895): *Euphorbia chamaesyce* auct. germ. – Allg. Bot. Zeitschr. 1 (1): 11; Karlsruhe.

PETRY, H. (1907): *Euphorbia chamaesyce* Auct. germ. olim. – Allg. Bot. Zeitschr. 8 (11): 183–185; Karlsruhe.

PETRY, H. (1908): Entgegnung auf die Thellungsche „Erwiderung p.p.". – Allg. Bot. Zeitschr. 14 (3): 43–45; Karlsruhe.

PFADENHAUER, J. (1969): Edellaubholzreiche Wälder im Jungmoränengebiet des Bayerischen Alpenvorlandes und in den Bayerischen Alpen. – Diss. Botan. 3, 213 S.; Lehre.

PFADENHAUER, J. u. G. ERZ (1980): Standort und Gesellschaftsanbindung von *Ophrys apifera* und *Ophrys holosericea* im Naturschutzgebiet „Neuffener Heide". – Veröff. Natursch. Landschaftspfl. Bad.-Württ. 51/52: 411 424; Karlsruhe.

PHILIPPI, G. (1960): Zur Gliederung der Pfeifengraswiesen im südlichen und mittleren Oberrheingebiet. – Beitr. Naturk. Forsch. Südwestdeutschland 19: 138–187; Karlsruhe.

PHILIPPI, G. (1961): Botanische Neufunde aus dem badischen Oberrheingebiet (und angrenzenden Gebieten). – Mitt. Bad. Landesver. Naturk. Naturschutz N.F. 8: 173–186; Freiburg i. Br.

PHILIPPI, G. (1968): Zur Kenntnis der Zwergbinsengesellschaften (Ordnung der Cyperetalia fusci) des Oberrheingebietes. – Veröff. Landesst. Naturschutz Landschaftspflege Bad.-Württ. 36: 65–130; Ludwigsburg.

PHILIPPI, G. (1969): Zur Verbreitung und Soziologie einiger Arten von Zwergbinsen- und Strandlingsgesellschaften im badischen Oberrheingebiet. – Mitt. Bad. Landesver. Naturk. Naturschutz N.F. 10: 139–172; Freiburg i. Br.

PHILIPPI, G. (1969): Laichkraut- und Wasserlinsengesellschaften des Oberrheingebietes zwischen Straßburg und Mannheim. – Veröff. Landesst. Naturschutz Landschaftspfl. Bad.-Württ. 37: 102–172; Ludwigsburg.

PHILIPPI, G. (1969): Besiedlung alter Ziegeleigruben in der Rheinniederung zwischen Speyer und Mannheim. – Mitt. Flor. soz. Arbeitsgem. N.F. 14: 238–254; Todenmann.

PHILIPPI, G. (1971): Sandfluren, Steppenrasen und Saumgesellschaften der Schwetzinger Hardt (nordbadische Rheinebene) unter besonderer Berücksichtigung der Naturschutzgebiete bei Sandhausen. – Veröff. Landesst. Naturschutz Landschaftspflege Bad.-Württ. 39: 67–130; Ludwigsburg.

PHILIPPI, G. (1971): Beiträge zur Flora der nordbadischen Rheinebene und der angrenzenden Gebiete. – Beitr. Naturk. Forsch. Südwestdeutschl. 30: 9–47; Karlsruhe.

PHILIPPI, G. (1972): Erläuterungen zur vegetationskundlichen Karte 1:25000 Blatt 6617 Schwetzingen. 60 S.; Stuttgart.

PHILIPPI, G. (1973): Zur Kenntnis einiger Röhrichtgesellschaften des Oberrheingebietes. – Beitr. Naturk. Forsch. Südwestdeutschl. 32: 53–95; Karlsruhe.

PHILIPPI, G. (1973): Sandfluren und Brachen kalkarmer Flugsande des mittleren Oberrheingebietes. – Veröff. Landesst. Naturschutz Landschaftspflege Bad.-Württ. 41: 24–62; Ludwigsburg.

PHILIPPI, G. (1977): Vegetationskundliche Beobachtungen an Weihern des Strombergebiets um Maulbronn. – Veröff. Naturschutz Landschaftspflege Bad.-Württ. 44/45: 9–50; Karlsruhe.

PHILIPPI, G. (1977): Die vegetationskundliche Luftbildinterpretation zur Erfassung von Trophiestufen im Gewässerbereich am mittleren Oberrhein. – Landeskundl. Luftbildauswertung im mitteleuropäischen Raum 13: 33–48; Bonn-Bad Godesberg.

PHILIPPI, G. (1978): Die Vegetation des Altrheingebietes bei Rußheim. In: Der Rußheimer Altrhein – eine nordbadische Auenlandschaft. Natur- u. Landschaftsschutzgeb. Bad.-Württ. 10: 103–267; Karlsruhe.

PHILIPPI, G. (1980): Die Vegetation des Altrheins Kleiner Bodensee bei Karlsruhe. – Beitr. Naturk. Forsch. Südwestdeutschl. 39: 71–114; Karlsruhe.

PHILIPPI, G. (1981): Wasser- und Sumpfpflanzengesellschaften des Tauber-Main-Gebietes. – Veröff. Naturschutz Landschaftspflege Bad.-Württ. 53/54: 541–591; Karlsruhe.

PHILIPPI, G. (1982): Erlenreiche Waldgesellschaften im Kraichgau und ihre Kontaktgesellschaften. – Carolinea 40: 15–48; Karlsruhe.

PHILIPPI, G. (1982): Änderungen der Flora und Vegetation am Oberrhein. – Natur und Landschaft am Oberrhein 70: 87–105; Speyer.

PHILIPPI, G. (1983): Erläuterungen zur vegetationskundlichen Karte 1:25000 Blatt 6323 Tauberbischofsheim-West, 200 S.; Stuttgart.

PHILIPPI, G. (1983): Ruderalgesellschaften des Tauber-Main-Gebietes. – Veröff. Naturschutz Landschaftspflege Bad.-Württ. 55/56: 415–478; Karlsruhe.

PHILIPPI, G. (1984): Trockenrasen, Sandfluren und thermophile Saumgesellschaften des Tauber-Main-Gebietes. – Veröff. Naturschutz Landschaftspflege Bad.-Württ. 57/58: 533–618; Karlsruhe.

PHILIPPI, G. (1989): Die Pflanzengesellschaften des Belchen-Gebietes im Schwarzwald. In: Der Belchen im Schwarzwald. – Die Natur- und Landschaftsschutzgebiete Bad.-Württ. 13: 747–890; Karlsruhe.

PHILIPPI, G. u. E. OBERDORFER (1977): Klasse: Montio-Cardaminetea. – In: Süddeutsche Pflanzengesellschaften Teil I, 2. Aufl.; Stuttgart, New York: 199–213.

PHILIPPI, G. u. A. SCHREINER (1961): Botanisch-geologische Exkursion ins Donautal bei Immendingen und zum Höwenegg, am 15. Mai 1960. – Mitt. Bad. Landesver. Naturk. Natursch. N.F. 8 (1): 199–201; Freiburg.

PHILIPPI, G. u. V. WIRTH (1970): Botanische Neufunde aus Südbaden. – Mitt. Bad. Landesver. Naturk. Naturschutz N.F. 10: 331–348; Freiburg i. Br.

PLIENINGER, W. (1992): Einige bemerkenswerte floristische Funde in Baden-Württemberg. – Flor. Rundbr. 26 (1): 11–20; Bochum.

POLLICH, J.A. (1776–77): Historia plantarum in Palatinatu electorali sponte nascentium incepta, secundum systema sexuale digesta. 3 Bände; 454 + 664 + 320 S.; Mannheim (C.F. Schwan).

POP, E. (1938): Untersuchungen im Bezug auf die Verwilderungsfähigkeit der Reben. – C.R. Séan. Acad. Sci. de Roumanie 2: 499–503; Bucuresti.

PRAGER, L., SCHUWERK, H. & R. (1986): *Anthriscus sylvestris* (L.) Hoffm. subsp. *alpina* (Vill.) O. Schwarz – neu für die Fränkische Alb. – Ber. Bayer. Bot. Ges. 57: 180–181; München.

PREUSS, M. (1885): Beiträge zur Flora von Ühlingen. – Mitt. Bad. Bot. Ver. 24 & 25: 225–230; Freiburg.

PRITCHARD, T. (1959): Cytotaxonomy and ecology of the weedy species *Euphorbia cyparissias* L. and *E. esula* L. – Congr. Internat. Bot. 9th. 2: 311.

RADCLIFF-SMITH, A. (1982): *Euphorbia*. In: Flora of Turkey, Vol. 7 (Edit.: DAVIS, P. H.):571–630; Edinburgh.

RASTETTER, V. (1974): Zweiter Beitrag zur Phanerogamen- und Gefäß-Kryptogamen-Flora des Haut-Rhin. – Mitt. Bad. Landesver. Naturk. Natursch. N. F. 11 (2): 119–133; Freiburg.

RÁTHAY, E. (1888): Die Geschlechterverhältnisse der Reben und ihre Bedeutung für den Weinbau. 1. Teil; Wien.

RÁTHAY, E. (1889): Die Geschlechterverhältnisse der Reben und ihre Bedeutung für den Weinbau. 2. Teil; Wien.

RÁTHAY, E. (1893): Über die Rebe der Donauauen. – Jahresber. Progr. der k. k. önologischen und pomologischen Lehranstalt Klosterneuburg: 1–14; Klosterneuburg.

RAUNEKER, H. (1984): Ulmer Flora. – Mitt. Ver. Naturwiss. Math. Ulm 33: I–VII, 1–280; Ulm.

RAUSCHERT, S. (1967): *Linum leonii* F. W. Schultz in Thüringen und im nördlichen Harzvorland. – Wiss. Zeitschr. Univ. Halle-Wittenberg, math.-naturw. Kl. 16: 944–948; Halle (Saale).

RAY, CH. jr. (1944): Cytological studies on the flax genus *Linum*. – Amer. Jour. Bot. 31: 241–248; Lancaster, Pennsylvania.

REHDER, A. (1905): Die amerikanischen Arten der Gattung *Parthenocissus*. – Mitt. Dt. Dendrol. Ges. 14: 129–136; Bonn.

REHMANN, E. u. F. BRUNNER (1851): Gaea und Flora der Quellenbezirke der Donau und Wutach. – Beitr. Rhein. Naturgesch. Freiburg 2: 1–107; Freiburg i. Br.

REICHENBACH, H. G. L. (1834–1914): Icones florae germanicae et helveticae . . . 25 Bände. Leipzig (F. Hofmeister).

REINEKE, D. (1983): Der Orchideenbestand des Großraumes Freiburg i. Br. – Beih. Veröff. Naturschutz Landschaftspfl. Bad.-Württ. 33: 1–128; Karlsruhe.

RENNER, O. (1942): Europäische Wildarten von *Oenothera*. – Ber. deutsch. bot. Ges. 60: 448–466; Jena.

RENNER, O. (1950): Europäische Wildarten von *Oenothera*. II. – Ber. deutsch. bot. Ges. 63: 129–138; Stuttgart.

RIZK, A. M. (1987): The chemical constituents and economic plants of the Euphorbiaceae. In: The Euphorbiales – chemistry, taxonomy and economic botany (Edit.: JURY, S. L., REYNOLDS, T., CUTLER, D. F., EVANS, F. J.): 293–326; London.

ROCHOW, M. VON (1948): Die Vegetation des Kaiserstuhls. 3 Bände. Diss. Freiburg i. Br.

ROCHOW, M. VON (1951): Die Pflanzengesellschaften des Kaiserstuhls. 140 S.; Jena (G. Fischer).

ROCHOW, M. VON (1952): Ergänzungen zur Flora des Kaiserstuhls. – Mitt. Flor.-soz. Arbeitsgem. N. F. 3: 89–92; Stolzenau/Weser.

RODI, D. (1959/60): Die Vegetations- und Standortsgliederung im Einzugsgebiet der Lein (Kreis Schwäbisch Gmünd). – Veröff. Landesst. Naturschutz Landschaftspflege Bad.-Württ. 27/28: 76–167; Stuttgart/Tübingen.

RODI, D., R. WINKLER, P. ALEKSEJEW u. M. WALDERICH (1983): Vegetation und Standorte des Rosensteins. – Unicornis 3: 17–35; Schwäbisch Gmünd.

ROENSCH, H. (1979): Der Frühlingsahorn (*Acer opalus* Mill.) im Naturschutzgebiet. – In: Der Buchswald bei Grenzach. Natur- und Landschaftsschutzgeb. Bad.-Württ. 9: 201–205; Karlsruhe.

RÖSCH, M. (1985): Die Pflanzenreste der neolithischen Ufersiedlung von Hornstaad-Hörnle I am westlichen Bodensee – 1. Bericht – Ber. z. Ufer- u. Moorsiedl. Südwestdeutschl. 2. Materialh. z. Vor- u. Frühgeschichte in Bad.-Württ. 7: 164–199; Stuttgart.

RÖSCH, M. (1989a): Botanische Funde aus römischen Brunnen in Murrhardt, Rems-Murr-Kreis. – Arch. Ausgr. 1988: 114–118; Stuttgart.

RÖSCH, M. (1989b): Pflanzenreste des frühen Mittelalters von Mühlheim a. D.-Stetten, Kreis Tuttlingen. – Arch. Ausgr. 1988: 211–212; Stuttgart.

RÖSCH, M. (1990a): Vegetationsgeschichtliche Untersuchungen im Durchenbergried. Siedlungsarchäologie im Alpenvorland 2. – Forsch. u. Ber. z. Vor- u. Frühgesch. Bad.-Württ. 37: 9–64, Stuttgart.

RÖSCH, M. (1990b): Pollenanalytische Untersuchungen in spätneolithischen Ufersiedlungen von Allensbach-Strandbad, Kr. Konstanz. Siedlungsarchäologie im Alpenvorland 2. – Forsch. u. Ber. z. Vor- und Frühgesch. Bad.-Württ. 37: 91–112; Stuttgart.

RÖSCH, M. (1990c): Zur subfossilen Moosflora von Allensbach-Strandbad. Siedlungsarchäologie im Alpenvorland 2. – Forsch. u. Ber. z. Vor- u. Frühgesch. Bad.-Württ. 37: 167–172; Stuttgart.

RÖSCH, M. (1990d): Hegne-Galgenacker am Gnadensee. Erste botanische Daten zur Schnurkeramik am Bodensee. Siedlungsarchäologie im Alpenvorland 2. – Forsch. u. Ber. z. Vor- u. Frühgesch. Bad.-Württ. 37: 199–225; Stuttgart.

RÖSCH, M. (1990e): Botanische Untersuchungen an Pfahlverzügen der endneolithischen Ufersiedlung Hornstaad-Hörnle V am Bodensee. Siedlungsarchäologie im Alpenvorland 2. – Forsch. u. Ber. z. Vor- u. Frühgesch. Bad.-Württ. 37: 325–351; Stuttgart.

RÖSCH, M. (1990f): Pflanzenfunde aus einem mittelalterlichen Dorf in Renningen, Kreis Böblingen. – Arch. Ausgr. 1989: 285–289; Stuttgart.

RÖSCH, M. (1991a): Pflanzenreste aus römischer Zeit von Sontheim/Brenz, Kreis Heidenheim. – Arch. Ausgr. 1990; Stuttgart.

RÖSCH, M. (1991b): Botanische Untersuchungen an hochmittelalterlichen Siedlungsgruben vom Kelternplatz in Tübingen. – Arch. Ausgr. 1990; Stuttgart.

RÖSCH, M. (1991c): Buchbesprechung: H. KÜSTER, Vom Werden einer Kulturlandschaft. – Fundber. a. Bad.-Württ. 15; Stuttgart.

RÖSCH, M. (1992a): Ein verkohlter Kulturpflanzenvorrat aus dem Mittelalter von Biberach an der Riß. – Germania; Mainz.

RÖSCH, M. (1992b): Archäobotanische Untersuchungen

in der spätbronzezeitlichen Ufersiedlung Hagnau-Burg (Bodenseekreis). Siedlungsarchäologie im Alpenvorland 3. – Forsch. u. Ber. z. Vor- u. Frühgesch. Bad.-Württ.; Stuttgart.

RÖSCH, M. (1992c): Pflanzenreste aus einer spätmittelalterlichen Latrine des ehemaligen Augustinerklosters in Heidelberg. – Materialh. z. Vor- u. Frühgesch. Bad.-Württ.; Stuttgart.

RÖSCH, M. (1993): Quartärbotanische Untersuchung eines subfossilen Torfes von Bad Urach (Schwäbische Alb). – Bauhinia; Basel.

RÖSCH, M. & W. OSTENDORP (1988): Pollenanalytische, torf- und sedimentpetrographische Untersuchungen an einem telmatischen Profil vom Bodensee-Ufer bei Gaienhofen. – Telma 18: 373–395, Hannover.

RÖSSLER, L. (1943): Vergleichende Morphologie der Samen der europäischen *Euphorbia*-Arten. – Beih. Bot. Centralbl. 52: 97–173; Dresden.

ROSER, W. (1962): Vegetations- und Standortuntersuchungen im Weinbaugebiet der Muschelkalktäler Nordwürttembergs. – Veröff. Landesst. Natursch. Landschaftspfl. Bad.-Württ. 30: 31–147; Ludwigsburg.

ROSS, H. u. H. HEDICKE (1927): Die Pflanzengallen Mittel- und Nordeuropas. 2. Aufl., 348 S.; Jena (G. Fischer).

ROTH VON SCHRECKENSTEIN, F. (1797): Versuch einer Flora der Gegend um Immendingen an der Donau. Handschrift. Fürstl. Fürstenbergische Bibliothek Donaueschingen.

ROTH VON SCHRECKENSTEIN, F. (1798): Beiträge zu einer schwäbischen Flora. – Botan. Taschenbuch Anf. Wiss. Apothekerkunst auf das Jahr 1798, 80–123; Regensburg.

ROTH VON SCHRECKENSTEIN, F. (1799): Verzeichnis sichtbar Blühender Gewächse, welche um den Ursprung der Donau und des Neckars, dann um den unteren Theil des Bodensees vorkommen. 50 S.; Winterthur.

ROTH VON SCHRECKENSTEIN, F. (1800): Verzeichnis der Schmetterlinge, welche um den Ursprung der Donau und des Neckars . . . vorkommen. Samt Nachträgen und Berichtigungen zu dem Verzeichniss sichtbar blühender Gewächse allda. Tübingen.

ROTH VON SCHRECKENSTEIN, F., J.M. VON ENGELBERG u. J.N. RENN (1804–14): Flora der Gegend um den Ursprung der Donau und des Neckars, dann vom Einfluß der Schussen in den Bodensee bis zum Einfluß der Kinzig in den Rhein. 4 Bände. 389 + 645 + 536 + 567 S.; Donaueschingen.

ROTHMALER. W. (1946): Artentstehung in historischer Zeit, am Beispiel der Unkräuter des Kulturleins *(Linum usitatissimum)*. – Züchter 17/18: 89–92; Berlin.

ROTHMALER, W. (1982): Exkursionsflora für die Gebiete der DDR und der BRD. Band 4 (Edit.: SCHUBERT, R., JÄGER, E., WERNER, K.). 5. Aufl., 811 S.; Berlin.

ROUSI, A. (1971): The genus *Hippophaë* L. A taxonomic study. – Ann. Bot. Fennici 8: 177–227; Helsinki.

ROWECK, H. (1986): Zur Vegetation einiger Stillgewässer im Südschwarzwald. – Arch. Hydrobiol. Suppl. 66 (4): 455–494; Stuttgart.

RUHE, W. (1936): Die Areale der mitteleuropäischen

Acer-Arten. – Beih. Rep. spec. nov. reg. veg. 86: 95–106; Berlin-Dahlem.

SACHS, F. (1961): Veränderungen in der Pflanzenwelt des Landkreises Buchen seit 1904. – Beitr. naturk. Forsch. Südw. Dtl. 20 (1): 7–14; Karlsruhe.

SAUER, M. (1989): Die Pflanzengesellschaften des Goldersbachtals bei Bebenhausen (Stadt Tübingen) im Bereich des geplanten Hochwasserrückhaltebeckens. – Veröff. Naturschutz Landschaftspfl. Bad.-Württ. 64/65: 441–507; Karlsruhe.

SAXER, A. (1955): Die Fagus-Abies- und Piceagürtelarten in der Kontaktzone der Tannen- und Fichtenwälder der Schweiz. – Beitr. Geobot. Landesaufnahme Schweiz 26, 198 S.; Bern (Huber).

SCHAARSCHMIDT, H. (1988): Die Walnußgewächse (Juglandaceae). – Die Neue Brehm-Bücherei 591, 116 S.; Wittenberg Lutherstadt.

SCHEDLER, J. (1981): Vegetationsgeschichtliche Untersuchungen an altpleistozänen Ablagerungen in Südwestdeutschland. – Dissert. botan. 58: 157 S. + Beil.; Lehre/Vaduz.

SCHIEFER, J. (1981): Bracheversuche in Baden-Württemberg. – Beih. Veröff. Naturschutz Landschaftspfl. Bad.-Württ. 22: 1–325; Karlsruhe.

SCHILDKNECHT, J. (1855): Skizze aus der Flora von Ettenheim. – Beilage zu dem Programm der höheren Bürgerschule in Ettenheim. 32 S.; Freiburg i. Br.

SCHILDKNECHT, J. (1862): Nachtrag zu Spenners Flora Friburgensis. – Beilage zum Programm der höheren Bürgerschule Freiburg, 62 S.; Freiburg i. Br.

SCHILDKNECHT, J. (1863): Führer durch die Flora von Freiburg. – 206 S.; Freiburg i. Br. (Fr. Wagner).

SCHINNERL, M. (1912): Ein neues deutsches Herbarium aus dem XVI. Jahrhundert. – Ber. Bayer. Bot. Ges. 13: 207–254; München.

SCHLATTERER, A. (1884): *Anthriscus nitida* Gke. in Baden. – Mitt. Bad. Bot. Ver. Freiburg 1 (10): 99; Freiburg.

SCHLATTERER, A. (1912): Vereinsausflug ins Bodenseegebiet. – Mitt. Bad. Landesver. Naturk. Natursch. 269–271: 152–158; Freiburg.

SCHLENKER, K. (1928): Pflanzenschutz im württembergischen Neckarland. – Veröff. Staatl. Stelle Naturschutz Württ. Landesamt Denkmalpfl. 4: 100–130; Stuttgart.

SCHLOSS, S. (1979): Pollenanalytische und stratigraphische Untersuchungen im Sewensee. Ein Beitrag zur spät- und postglazialen Vegetationsgeschichte der Südvogesen. – Dissert. botan. 52: 1–138; Lehre.

SCHMIDT, J.A. (1857): Flora von Heidelberg. Zum Gebrauch auf Excursionen und zum Bestimmen der in der Umgebung von Heidelberg wildwachsenden und häufig cultivierten Phanerogamen. 349 S.; Heidelberg (J.C.B. Mohr).

SCHNIZLEIN, A. u. A. FRICKHINGER (1848): Die Vegetations-Verhältnisse der Jura- und Keuperformation in den Flußgebieten der Wörnitz und Altmühl. – 344 S.; Nördlingen (C.H. Beck).

SCHÖLCH, H.F. (1973): *Juncus sphaerocarpus* Nees in Rhein-Main-Gebiet. – Hess. Flor. Briefe 22 (3): 41–47; Darmstadt.

SCHÖNFELDER, P. (1970): Südwestliche Einstrahlung in

der Flora und Vegetation Nordbayerns. – Ber. Bayer. Bot. Ges. 42: 17–100; München.

SCHÖNFELDER, P. u. A. BRESINKSY (Hrsg.) (1990): Verbreitungsatlas der Farn- und Blütenpflanzen Bayerns. 751 S. + Anhang; Stuttgart (E. Ulmer).

SCHOLZ, H. (1966): *Oxalis dillenii* JACQ. in Berlin. – Verh. Bot. Ver. Prov. Brandenburg 103: 50–53; Berlin.

SCHORLER, B. (1908): Über Herbarien aus dem 16. Jahrhundert. – Sitzber. Abh. Naturw. Ges. Isis Dresden 1907: 73–91; Dresden.

SCHRECKENSTEIN, ROTH VON (1797, 1798): siehe ROTH VON SCHRECKENSTEIN.

SCHÜBLER, G. u. G. VON MARTENS (1834): Flora von Würtemberg. 695 S.; Tübingen (Osiander).

SCHÜCHEN, G. (1972): Zur Ökologie der Quellen und Quellfluren im Einzugsgebiet der Schiltach (Mittelschwarzwald). – Schr. Ver. Gesch. Naturgesch. Baar 29: 104–144; Donaueschingen.

SCHÜTZ, W. (1991): Der Donau-Altarm bei Laiz. – Carolinea 49: 9–12; Karlsruhe.

SCHÜZ, G.E.C.C. (1858): Flora des nördlichen Schwarzwaldes. 64 S.; Calw (A. Oelschläger).

SCHULDES, H. u. R. KÜBLER (1990): Ökologie und Vergesellschaftung von *Solidago canadensis* und *gigantea*, *Reynoutria japonica* und *sachalinensis*, *Impatiens glandulifera*, *Helianthus tuberosus*, *Heracleum mantegazzianum*. Ihre Verbreitung in Baden-Württemberg sowie Notwendigkeit und Möglichkeit ihrer Bekämpfung. – Unveröff. Gutachten (Edit.: Minist. Umwelt Baden-Württemberg), 122 S.

SCHULDES, H. u. R. KÜBLER (1991): Neophyten als Problempflanzen im Naturschutz. – Arbeitsblätter zum Naturschutz (Edit.: Landesanstalt für Umweltschutz Bad.-Württ.) 12, 16 S.; Karlsruhe.

SCHULTHEISS, F.X. (1950–53): Altes und Neues aus der Botanik und deren Geschichte im Bezirk Ellwangen. – Ellwanger Jahrbuch 1950–53, 4: 25–55; Ellwangen.

SCHULTHEISS, F.X. (1975–76): Flora von Ellwangen. – Ellwanger Jahrb. 26: 143–212; Ellwangen.

SCHULTZ, F.W. (1838): Einige neue und wenig bekannte Pflanzenspecies Frankreichs und Deutschlands. – Flora 21 (2): 642–646; Regensburg.

SCHULTZ, F. (1846): Flora der Pfalz enthaltend ein Verzeichniss aller bis jetzt in der bayerischen Pfalz und den angränzenden Gegenden Badens, Hessens, Oldenburgs, Rheinpreussens und Frankreichs beobachteten Gefäßpflanzen. 576 S.; Speyer (G.L. Lang).

SCHULTZ, F. (1854): *Epilobium lamyi*, *E. tetragonum*, *E. obscurum* und *E. palustre* aufs Neue untersucht. – Jahresber. Pollichia 12: 47–48; Neustadt H.

SCHULTZ, F. (1855): Die in der Pfalz vorkommenden Arten der Gattung *Epilobium*. – Jahresber. Pollichia 13: 24–29; Neustadt H.

SCHULTZ, F.W. (1863): Grundzüge zur Phytostatik der Pfalz. – Jahresber. Pollichia 20/21: 99–319; Neustadt/H.

SCHULZ, A. (1906): Entwicklungsgeschichte der gegenwärtigen phanerogamen Flora und Pflanzendecke der oberrheinischen Tiefebene und ihrer Umgebung. – Forsch. z. deutsch. Landes- u. Volkskunde 16 (3): 167–285, 2 Ktn.; Stuttgart.

SCHUMANN, F. (1967): Die Wildrebe in Mitteleuropa. – Unveröff. Dipl.-Arbeit, 129 S.; Bonn.

SCHUMANN, F. (1968): Die Verbreitung der Wildrebe am Oberrhein. – Die Weinwissenschaft 23: 487–497; Wiesbaden.

SCHUMANN, F. (1977): Zur Erhaltung der Wildrebe *Vitis vinifera* L. var. *silvestris* Gmelin in den rheinischen Auwäldern. – Pfälzer Heimat 28: 150–154; Speyer.

SCHWABE-BRAUN, A. (1980): Eine pflanzensoziologische Modelluntersuchung als Grundlage für Naturschutz und Planung. Weidfeld-Vegetation im Schwarzwald: Geschichte der Nutzung – Gesellschaften und ihre Komplexe – Bewertung für den Naturschutz. – Urbs et Regio 18: 1–212; Kassel.

SCHWABE, A. (1985): Zur Soziologie *Alnus incana*-reicher Gesellschaften im Schwarzwald unter besonderer Berücksichtigung der Phänologie. – Tuexenia 5: 413–446; Göttingen.

SCHWABE, A. (1987): Fluß- und bachbegleitende Pflanzengesellschaften und Vegetationskomplexe im Schwarzwald. – Dissert. botan. 102, 368 S.; Berlin–Stuttgart.

SCHWEIGERT, G. (1991): Die Flora der Eem-interglazialen Travertine von Stuttgart-Untertürkheim (Baden-Württemberg). – Stuttgarter Beitr. Naturk., Ser. B, 178, 43 S.; Stuttgart.

SEBALD, O. (1966): Erläuterungen zur vegetationskundlichen Karte 1:25000 Blatt 7617 Sulz. 107 S.; Stuttgart.

SEBALD, O. (1974): Erläuterungen zur vegetationskundlichen Karte 1:25000 Blatt 6923 Sulzbach/Murr. 100 S. + Tab.; Stuttgart.

SEBALD, O. (1975): Zur Kenntnis der Quellfluren und Waldsümpfe des Schwäbisch-Fränkischen Waldes. – Beitr. Naturk. Forsch. Südwestdeutschl. 34: 295–327; Karlsruhe.

SEBALD, O. (1980): Über einige interessante Ausbildungen der Vegetation auf moosreichen Felsschutthalden im oberen Donautal (Schwäbische Alb). – Veröff. Naturschutz Landschaftspflege Bad.-Württ. 51/52: 451–477; Karlsruhe.

SEBALD, O. (1980): Zur Kenntnis von eschen- und sommerlindenreichen Standortsgesellschaften im Wuchsbezirk Südwestliche Donaualb (Schwäbische Alb). – Forstw. Cbl. 99: 129–136; Hamburg u. Berlin.

SEBALD, O. (1983): Erläuterungen zur vegetationskundlichen Karte 1:25000 Blatt 7919 Mühlheim a.d. Donau. 87 S. + Tab.; Stuttgart.

SEBALD, O. (1983): Alexander Wilhelm Martini (1702–1781), ein Begleiter J.G. Gmelins auf der Sibirien-Reise und sein Herbarium. – Stuttgarter Beitr. Naturk. (A), 368: 1–24; Stuttgart.

SEBALD, O. u. S. SEYBOLD (1969): Beiträge zur Floristik von Süddeutschland I. – Jahresh. Ges. Naturk. Württ. 124: 222–236; Stuttgart.

SEBALD, O. u. S. SEYBOLD (1973): Beiträge zur Floristik von Südwestdeutschland III. – Jahresh. Ges. Naturk. Württ. 128: 142–147; Stuttgart.

SEBALD, O. u. S. SEYBOLD (1978): Beiträge zur Floristik von Südwestdeutschland V. – Jahresh. Ges. Naturk. Württ. 133: 126–132; Stuttgart.

SEBALD, O. u. S. SEYBOLD (1980): Beiträge zur Floristik von Südwestdeutschland VI. – Jahresh. Ges. Naturk. Württ. 135: 244–251; Stuttgart.

SERNANDER, R. (1906): Entwurf einer Monographie der europäischen Myrmekochoren. – Kongl. Svenska Vetenskapsakad. Handl. 41 (7): 1–410; Stockholm.

SEUBERT, M. (1866): Notizen zur badischen Flora. – Verh. Naturwiss. Ver. Karlsruhe, 2. Heft: 71–72.

SEUBERT, M. u. L. KLEIN (1905): Exkursionsflora für das Großherzogtum Baden. 6. Aufl., 454 S.: Stuttgart (E. Ulmer).

SEUBERT, M. u. K. PRANTL (1885): Exkursionsflora für das Großherzogtum Baden. Stuttgart (E. Ulmer).

SEYBOLD, S. (1967): Neue Mistelfunde im mittleren Neckarland. – Jahresh. Ver. vaterl. Naturk. Württ. 122: 129–135; Stuttgart.

SEYBOLD, S. (1977): Die aktuelle Verbreitung der höheren Pflanzen im Raum Württemberg. – Beih. Veröff. Naturschutz Landschaftspflege Bad.-Württ. 9: 1–201; Karlsruhe.

SEYBOLD, S. (1987): Valerius Cordus (1515–1544), einer der frühesten Floristen in Südwestdeutschland. – Jahresh. Ges. Naturk. Württ. 142: 143–155; Stuttgart.

SEYBOLD, S. u. T. MÜLLER (1972): Beitrag zur Kenntnis der Schwarznessel (*Ballota nigra* agg.). – Veröff. Naturschutz Landschaftspflege Bad.-Württ. 40: 51–126; Ludwigsburg.

SEYBOLD, S. u. W. KREH, K. SIEB, R. SEYBOLD (1968, 1969): Flora von Stuttgart. – Jahresh. Ver. Vaterl. Naturk. Württ. 123: 140–297. Auch als Buch; 160 S.; Stuttgart (E. Ulmer) 1969.

SEYBOLD, S., O. SEBALD u. C. P. HERRN (1971): Beiträge zur Floristik von Südwestdeutschland II. – Jahresh. Ges. Naturk. Württ. 126: 256–269; Stuttgart.

SILLMANN, M. (1989): Die verkohlten Pflanzenreste aus einem mittelalterlichen Grubenhaus in Ditzingen, 12. Jahrhundert. – Unveröff. Dipl.-Arb. Univ. Hohenheim: 82 S.; Stuttgart.

SKALICKÁ, A. (1989): Taxonomische und nomenklatorische Bemerkungen zur Gattung *Parthenocissus* Planch. – Novit. Bot. Univ. Carol. 5: 61–64; Praha.

SLEUMER, H. (1933): Die Pflanzenwelt des Kaiserstuhls. – In: Der Kaiserstuhl, S. 158–267. Freiburg. Auch in: Rep. spec. (Fedde) Beih. 77: 6–112, 1934.

SLEUMER, H. (1934): Die Pflanzenwelt des Kaiserstuhls. 170 S.; Berlin-Dahlem.

SLEUMER, H. (1935): Neue Pflanzenstandorte aus Baden. – Mitt. Bad. Landesver. Naturk. Natursch. N.F. 3 (13/14): 181–183; Freiburg.

SMEJKAL, M. (1965): Zur Kenntnis der tschechoslowakischen *Oxalis*-Arten. – Preslia 37: 202–204; Praha.

SMETTAN, H.W. (1990): Naturwissenschaftliche Untersuchungen in der Neckarschlinge bei Lauffen am Neckar. – Fundber. Bad.-Württ. 15: 437–473; Stuttgart.

SMETTAN, H. (1986): Pollenanalytische Untersuchungen zur Vegetations- und Siedlungsgeschichte der Umgebung von Sersheim, Kreis Ludwigsburg. – Fundber. Bad.-Württ. 10: 367–421 + 4 Beil.; Stuttgart.

SOWERBY, J. and J.E. SMITH (1790–1814): English botany; or, coloured figures of British plants, with their essential characters, synonyms, and places of growth. 36 Bände, London.

SPENNER, F.C.L. (1825–29): Flora Friburgensis et regionum proxime adjacentium. 3 Bände; 1088 S.; Freiburg (F. Wagner).

STEHLE, J. (1895): Standorte seltener Pflanzen aus der Umgebung von Freiburg. – Mitt. Bad. Bot. Ver. 3 (136): 323–330; Freiburg i. Br.

STEIN, W. (1884): Zur Flora der Taubergegend. – Mitt. Bot. Vereins Kreis Freiburg 1 (14): 124–130; Freiburg.

STEINER, L. (1984): *Hippophaë rhamnoides* ssp. *fluviatilis* am südlichen Oberrhein. – Universität Freiburg, Diplomarbeit, 172 S.

STEWART, W.D.P. and ;.C. PEARSON (1967): Nodulation and nitrogenfixation by *Hippophaë rhamnoides* L. in the field. – Plant and Soil 26 (2): 348–360; The Hague.

STIKA, H.-P. (1991): Die paläoethnobotanische Untersuchung der linearbandkeramischen Siedlung Hilzingen im Hegau, Kreis Konstanz. – Fundber. Bad.-Württ. 16; Stuttgart.

STOFFLER, H.D. (1978): Der Hortulus des Walahfrid Strabo. Aus dem Kräutergarten des Klosters Reichenau. 102 S.; Sigmaringen (Thorbecke).

STROBL, W. & WITTMANN, H. (1989): Morphologische, soziologische und karyologische Studien an *Anthriscus nitida* (Wahlenb.) Hazsl., einer häufig übersehenen Art der heimischen Flora. – Ber. Bayer. Bot. Gesellschaft 59: 51–63; München.

STUMMER, A. (1911): Zur Urgeschichte der Rebe und des Weinbaus. – Mitt. anthropol. Ges. Wien 41: 283–296; Wien.

STUMMER, A. (1944): Etwas über die Wildrebe. – Blätter für Naturkunde und Naturschutz 31: 83–84; Wien.

SUCCOW, F.G.L. (1821–22): Flora Mannhemiensis et vicinarum regionum Cis- et Transrhenanarum. 2 Teile, 244 + 168 S.; Mannheim.

SUESSENGUTH, K. (1953): Rhamnaceae. – Die natürlichen Pflanzenfamilien (Edit. ENGLER, A., PRANTL, K.) 20d: 7–173; 2. Aufl.; Berlin.

SUESSENGUTH, K. (1953): Vitaceae. – Die natürlichen Pflanzenfamilien, 20d: 174–371; 2. Aufl.; Berlin.

TABERNAEMONTANUS, J. (1588–91): siehe THEODOR, J.

TAKHTAJAN, A. (1973): Evolution und Ausbreitung der Blütenpflanzen. 189 S.; Stuttgart.

TAN, K. (1980a): Studies in the Thymelaeaceae. I. Germination, seedlings, fruits and seeds. – Notes Roy. Bot. Gard. Edinburgh 38: 149–164; Edinburgh.

TAN, K. (1980b): Studies in the Thymelaeaceae. II: A revision of the genus *Thymelaea*. – Notes Roy. Bot. Gard. Edinburgh 38: 189–246; Edinburgh.

THELLUNG, A. (1903): Beiträge zur Freiburger Flora. – Mitt. Bad. Bot. Ver. 5 (184): 295–296; Freiburg i. Br.

THELLUNG, A. (1907): Die in Europa bis jetzt beobachteten *Euphorbia*-Arten der Sektion Anisophylum. – Bull. Herb. Boiss., 2me sér., 7: 741ff.; Genf.

THELLUNG, A. (1908): Erwiderung auf den Artikel „*Euphorbia chamaesyce* auct. germ. olim." von H. Petry. – Allg. Bot. Zeitschr. 14 (2): 25–26; Karlsruhe.

THELLUNG, A. (1908): Zur Freiburger Adventivflora. – Mitt. Bad. Bot. Ver. 224: 186–187; Freiburg.

THELLUNG, A. (1911): Ein neues adventives *Geranium* aus Baden. – Rep. spec. nov. regni vegetabilis 9: 549–550; Berlin-Wilmersdorf.

THELLUNG, A. (1911): Nachträge zu: KIRCHNER und EICHLER, Exkursionsflora für Württemberg und Hohenzollern (1900). – Allg. Bot. Z. Syst. 17: 34–35; Karlsruhe.

THELLUNG, A. (1917): *Euphorbia* – Sec. *Anisophyllum.* – Synopsis der mitteleurop. Flora (Edit.: ASCHERSON, P., GRAEBNER, P.) VII (Lfrg. 92): 421–480; Leipzig.

THELLUNG, A. (1925): Floristische Beobachtungen um Freiburg. – Mitt. Bad. Landesver. Naturkunde u. Naturschutz 1 (16/17): 366–367; Freiburg i. Br.

THELLUNG, A. (1926): Umbelliferae. – In Hegi, G., Illustrierte Flora von Mittel-Europa 5 (2), S. 926–1537; München (J.F. Lehmann).

THEODOR, J. (1588–91): Neuw Kreuterbuch mit schönen künstlichen und leblichen Figuren und Konterfeyten aller Gewächss der Kreuter … 2 Teile; Frankfurt/Main (N. Bassaeus).

THOMAS, P. (1989): Schutzwürdige Grünlandschaften und Grünlandpflanzen in der nordbadischen Rheinaue. – Unveröff. Gutachten für die LfU Bad.-Württ., 241 S.; Karlsruhe.

THOMAS, P. (1990): Grünlandgesellschaften und Grünlandbrachen in der nordbadischen Rheinaue. – Diss. Botanicae 162, 257 S.; Berlin, Stuttgart.

THOMMA, R. (1972): Pflanzenstandorte vom Hochrheingebiet, Südschwarzwald und Klettgau. – Mitt. Bad. Landesver. Naturk. Naturschutz N.F. 10: 549–557; Freiburg i. Br.

TREPL, L. (1984): Über *Impatiens parviflora* DC. als Agriophyt in Mitteleuropa. – Diss. Botanicae 73, 400 S.; Vaduz.

TREPP, W. (1947): Der Lindenmischwald (Tilio-Asperuletum taurinae). – Beitr. Geobot. Landesaufnahme Schweiz 27, 128 S.; Bern.

TUBEUF, K.F. VON (1923): Monographie der Mistel. XII + 832 S. München u. Berlin (R. Oldenbourg).

TÜXEN, J. (1958): Stufen, Standorte und Entwicklung von Hackfrucht- und Garten-Unkrautgesellschaften und deren Bedeutung für Ur- und Siedlungsgeschichte. – Angewandte Pflanzensoziologie 16, 164 S.; Stolzenau/Weser.

TÜXEN, R. (1931): Pflanzensoziologische Beobachtungen im Feldbergmassiv. – Beiträge zur Naturdenkmalpflege 14: 252–274; Berlin.

TÜXEN, R. (1950): Grundriß einer Systematik der nitrophilen Unkrautgesellschaften in der Eurosibirischen Region Europas. – Mitt. Flor. Soz. Arbeitsgem. N.F. 2: 94–175; Stolzenau/Weser.

TÜXEN, R. u. J. BRUN-HOOL (1975): *Impatiens noli-tangere*-Verlichtungsgesellschaften. – Mitt. Flor. Soz. Arbeitsgem. N.F. 18: 133–156; Todenmann/Göttingen.

TURKOVIC, Z. (1953): Vorkommen der *Vitis silvestris* in Jugoslawien. – Die Weinwissenschaft 7: 153–158; Wiesbaden.

TURKOVIC, Z. (1958): Neuere Forschungen über die *Vitis silvestris* Gmel. – Mitt. Rebe und Wein 8: 319–325; Klosterneuburg.

TURKOVIC, Z. (1962): Betrachtungen über die Blütenmorphologie der *Vitis silvestris* Gmelin. – Die Weinwissenschaft 18: 1–19; Wiesbaden.

TUTIN, T.G. et al. (ed.) (1964–1980): Flora Europaea. Vols 1–5; Cambridge.

ULBRICH, E. (1928): Biologie der Früchte und Samen (Karyobiologie). – Biologische Studienbücher (Edit.: SCHOENICHEN, W.) 6, 230 S.; Berlin.

VALET, F. (1847): Übersicht der in der Umgebung von Ulm wildwachsenden phanerogamischen Pflanzen; Ulm.

VENKATA, R.C. (1971): Anatomy of the inflorescens of some Euphorbiaceae. – Bot. Not. 124: 39–64; Lund.

VOGGESBERGER, M. (1991): Floristische und vegetationskundliche Untersuchungen im Weihergebiet um Ellwangen. Teil 1: Wasserpflanzen. – Jahresh. Ges. Naturkunde 146: 159–191; Stuttgart.

VOGT, B. (1985): Vier neue Frühlingsahorne (*Acer opalus* Miller) in Grenzach-Wyhlen. – Mitt. bad. Landesver. Naturkunde u. Naturschutz N.F. 13: 343–348; Freiburg i. Br.

VOLK, O.H. (1931): Beiträge zur Ökologie der Sandvegetation der oberrheinischen Tiefebene. – Zeitschr. Bot. 24: 81–185; Stuttgart.

VOLLMANN, F. (1914): Flora von Bayern. 840 S.; Stuttgart (E. Ulmer).

VULPIUS, S. (1791): Zwanzigster Brief und Spicilegium florae Stuttgardiensis 1786–1788. Beytr. für Naturk. 6: 69–79; Hannover u. Osnabrück.

WALTERS, S.M. (1968): *Acer* L. – In: TUTIN et al.: Flora Europaea 2: 238–239; Cambridge.

WANGERIN, W. (1926): Geraniaceae. In: Lebensgeschichte der Blütenpflanzen Mitteleuropas (Edit.: KIRCHNER, O., LOEW, E., SCHRÖTER, C.) III (3): 1–147; Stuttgart.

WEBB, D.A. (1967): What is *Parthenocissus quinquefolia* (L.) Planchon? – Feddes Rep. 74: 6–10.

WEBB, D.A. (1968): *Parthenocissus.* In: Flora Europaea (Edit.: TUTIN, T.G. et al.) 2: 246–247; Cambridge.

WEBB, D.A. u. A.O. CHATER (1968): *Erodium* (L.) L'Hér. In: Flora Europaea (Edit.: TUTIN, T.G. et al.) 2: 199–204; Cambridge.

WEISS, F.E. (1906): Die Blütenbiologie von *Mercurialis.* – Ber. Dt. Bot. Ges. 24: 501–505; Berlin-Dahlem.

WELTEN, M. u. R. SUTTER (1982): Verbreitungsatlas der Farn- und Blütenpflanzen der Schweiz. 2 Bände, 716 + 698 S.; Basel, Boston, Stuttgart (Birkhäuser).

WELZ, F. (1885): Die geologischen Verhältnisse in der Umgebung von Thiengen und Aufzählung nicht allgemeiner Pflanzen in derselben. – Mitt. Bot. Vereins Kreis Freiburg 1 (23): 203–208; Freiburg i. Br.

WENIGER, A. (1967): Die Buchsbestände am Dinkelberg. – Bauhinia 3 (2): 147–151; Basel.

WEPFER, J.J. (1679): Cicutae aquaticae Historia et noxae. Commentario illustrata. Basel (J.R. König).

WERNECK, H.L. (1953): Die Formenkreise der bodenständigen Wildnuß in Ober- und Niederösterreich. – Verh. Zool.-Bot. Ges. Wien 93: 112–119; Wien.

WERTH, E. (1932): Ursprüngliche Verbreitung und älteste Geschichte der Weinrebe. – Wein und Rebe 13: 29–38; Mainz.

WESTRICH, P. (1989, 1990): Die Wildbienen Baden-Württembergs. 2 Bände, 972 S. 1. Aufl. 1989, 2. Aufl. 1990; Stuttgart (E. Ulmer).

WETTSTEIN, R. v. (1916): Das Abschleudern der männlichen Blüten bei *Mercurialis*. – Ber. Dt. Bot. Ges. 34: 829–836; Berlin-Dahlem.

WIBEL, A. W. E. C. (1797): Dissertatio inauguralis botanica Primitiarum Florae Werthemensis sistens prodromum. 40 S.; Jena.

WIBEL, A. W. E. C. (1799): Primitiae florae Werthemensis. 372 S.; Jena (Goepferdt).

WILDE, J. (1935): Die Wildreben der Rheinpfalz in Art und Geschichte. – Aus der Heimat 48: 289–297; Stuttgart.

WILMANNS, O. (1956): Pflanzengesellschaften und Standorte des Naturschutzgebietes „Greuthau" und seiner Umgebung (Reutlinger Alb). – Veröff. Landesst. Naturschutz Landschaftspflege Bad.-Württ. 24: 317–451; Ludwigsburg.

WILMANNS, O. (1956): Die Pflanzengesellschaften der Äcker und des Wirtschaftsgrünlandes auf der Reutlinger Alb. – Beitr. naturk. Forsch. Südw. Dtl. 15: 30–51; Karlsruhe.

WILMANNS, O. (1975): Wandlungen des Geranio-Allietum in den Kaiserstühler Weinbergen? – Pflanzensoziologische Tabellen als Dokumente. – Beitr. naturk. Forsch. Südw. Dtl. 34: 429–443; Karlsruhe.

WILMANNS, O. (1988): Können Trockenrasen derzeit trotz Immissionen überleben? – eine kritische Analyse des Xerobrometum im Kaiserstuhl. – Carolinea 46: 5–16; Karlsruhe.

WILMANNS, O. (1989): Vergesellschaftung und Strategie-Typen von Pflanzen mitteleuropäischer Rebkulturen. – Phytocoenologia 18 (1): 83–128; Berlin, Stuttgart.

WINSKI, A. (1983): Die Waldgesellschaften der Ortenau und ihre Randstrukturen. – Ber. Naturf. Ges. Freiburg 73: 77–137; Freiburg i. Br.

WINTER, F. J. (1882): Botanische Streifzüge in der Baar. – Mitt. Bot. Ver. 3/4: 29–48; Freiburg i. Br.

WINTER, F. J. (1884): Charakteristische Formen der Flora von Achern. – Mitt. Bot. Vereins Kreis Freiburg 1 (15): 132–137, 140–145; Freiburg i. Br.

WINTER, F. J. (1887): Frühling um den Feldberg. – Mitt. Bot. Ver. 35/36: 307–319; Freiburg i. Br.

WINTER, F. J. (1889): Am Isteiner Klotze. – Mitt. Bad. Bot. Ver. 57/58: 49–63; Freiburg i. Br.

WIRTH, V. (1975): Die Vegetation des Naturschutzgebietes Utzenfluh (Südschwarzwald), besonders in lichenologischer Sicht. – Beitr. naturk. Forsch. SüdwDtl. 34: 463–476; Karlsruhe.

WITSCHEL, M. (1980): Seltene Pflanzengesellschaften auf Reliktstandorten der Baar und ihre Schutzwürdigkeit. – Schr. Ver. Geschichte Baar 33: 117–135; Donaueschingen.

WITSCHEL, M. (1980): Xerothermvegetation und dealpine Vegetationskomplexe in Südbaden. Vegetationskundliche Untersuchungen und die Entwicklung eines Wertungsmodells für den Naturschutz. – Beih. Veröff. Naturschutz Bad.-Württ. 17: 1–212; Karlsruhe.

WITSCHEL, M. (1984): Zur Ökologie, Verbreitung und Vergesellschaftung des Reckhölderle *(Daphne cneorum)* auf der Baar und im Hegau. – Schr. Ver. Gesch. Naturgesch. Baar 35: 119–135; Donaueschingen.

WITSCHEL, M. (1986): Zur Ökologie, Verbreitung und Vergesellschaftung des Berghähnleins (*Anemone narcissiflora* L.) in Baden-Württemberg. – Veröff. Natursch. Landschaftspfl. Bad.-Württ. 61: 155–173; Karlsruhe.

WITSCHEL, M. (1986): Zur Ökologie, Verbreitung und Vergesellschaftung von *Daphne cneorum* L. in Baden-Württemberg, unter Berücksichtigung der zönologischen Verhältnisse in den anderen Teilarealen. – Jh. Ges. Naturkde. Württemberg 141: 157–200; Stuttgart.

WITSCHEL, M. (1991): Die *Trinia glauca*-reichen Trockenrasen in Deutschland und ihre Entwicklung seit 1800. – Ber. bayer. bot. Ges. 62: 189–219; München.

WÖRZ, A. (1992): Zur morphologischen und ökologischen Charakterisierung von *Anthriscus sylvestris* ssp. *stenophylla* (Rouy & Camus) Briquet: Abgrenzung, Verbreitung und Standortwahl einer wenig bekannten Unterart des Wiesenkerbels. – Bot. Jahrb. Syst. (im Druck); Stuttgart.

WOLFF, P. (1989): *Potamogeton* × *variifolius* Thore dans les Vosges septentrionales – Plante nouvelle en Europe centrale. – Bull. Ass. philom. Alsace et Lorraine 25: 5–20; Strasbourg.

WURSTER, G. (1930): Die Strahldolde, eine eigenartige pflanzengeographische Erscheinung. – Schwäbisches Heimatbuch 1930: 49–52; Eßlingen (O. Bechtle).

YOUNG, D. P. (1958): *Oxalis* in the British Isles. – Watsonia 4 (2): 51–69; London.

ZAHN, H. (1889): Flora der Baar und der umliegenden Landesteile. – Schr. Ver. Gesch. Naturgesch. Baar 7: 1–174; Donaueschingen.

ZAHN, H. (1890–91): Altes und Neues aus der badischen Flora. – Mitt. Bad. Bot. Ver. 2 (76–79): 234–236, 1890; 2 (83): 268–270, 1891; Freiburg i. Br.

ZAHN, H. (1895): Altes und Neues aus der badischen Flora und den angrenzenden Gebieten. – Mitt. Bad. Bot. Ver. 3 (131/132): 279–289; Freiburg i. Br.

ZAKHAROV, A. A. (1980): Oberserver ants: storers of foraging area formation in *Formica rufa* L. (Formicidae: Hymenoptera). – Insectes Sociaux 27 (3): 203–211; Paris.

ZENNECK, L. H. (1822): Flora von Stuttgart. Stuttgart.

ZIEGLER, MORIO (1921): Die Rebenzüchtung in Bayern. – Landwirt. Jb. Bayern 11: 544–591; München.

ZIMMERMANN, F. (1906): Flora von Mannheim und Umgebung. – Mitt. Bad. Bot. Ver. 5: 85–104, 109–137, 141–158; Freiburg i. Br.

ZIMMERMANN, F. (1907): Die Adventiv- und Ruderalflora von Mannheim, Ludwigshafen und der Pfalz nebst den selteneren einheimischen Blütenpflanzen und den Gefäßkryptogamen. 171 S.; Mannheim (H. Haas). Auch in: Mitt. Pollichia 67: 1–174, 1911; Bad Dürkheim.

ZIMMERMANN, F. (1913): Neue Standorte. – Mitt. Bad. Landesver. Naturk. Natursch. 284–286: 280–281; Freiburg.

ZIMMERMANN, F. (1914): Neue Adventivpflanzen der Badischen Pfalz. – Mitt. Bad. Landesver. Naturk. Natursch. 6 (294): 341–343; Freiburg.

ZIMMERMANN, P. u. U. ROHDE (1989): Auswirkungen von Extensivierungsmaßnahmen auf Ackerwildkrautgesellschaften. – Carolinea 47: 153–156; Karlsruhe.

ZIMMERMANN, W. (1923): Neufunde und neue Standorte in der Flora von Achern. – Mitt. Bad. Landesver. Naturk. Naturschutz N.F. 1: 265–269; Freiburg i. Br.

ZIMMERMANN, W. (1924): Xerothermensiedlungen am südöstlichen badischen Jurarand. – Mitt. Bad. Landesver. Naturk. Naturschutz N.F. 1: 298–301; Freiburg.

ZIMMERMANN, W. (1926): Weitere Neufunde und Standortsmitteilungen aus der Flora von Achern (1924–25). – Mitt. Bad. Landesver. Naturk. Naturschutz N.F. 2: 28–32; Freiburg i. Br.

ZIMMERMANN, W. (1929): Neufunde und Standortsmitteilungen aus der Flora von Achern (1926–1928). – Beitr. naturwiss. Erforsch. Badens 4: 57–61; Freiburg i. Br.

ZUCCARINI, P. (1826): Über *Oxalis corniculata* und *stricta*. – Flora 9: 257–261; Regensburg.

Pflanzenregister

Mehr zum Thema finden Sie hier

Dieses Werk ist ein Verzeichnis der wissenschaftlichen und deutschen Namen aller in Deutschland wildwachsenden oder eingebürgerten Farn- und Blütenpflanzen. Es enthält in einer übersichtlichen Darstellung die gültigen wissenschaftlichen Namen von über 4.000 Pflanzensippen und listet sämtliche Synonyme auf. Es vergleicht außerdem gegenüberstellend deren Gebrauch in den maßgeblichen Florenwerken. Standardisierte Autorennamen, Typusangaben, Zitate der Originalbeschreibungen, erläuternde Texte und eine umfangreiche Bibliographie sind weitere Ausstattungsmerkmale. Das Werk ist sowohl für den Wissenschaftler als auch für den Praktiker geeignet, da es neben fundamentalen Sach- und Quelleninformationen die Möglichkeit bietet, Pflanzennamen eindeutig zuzuordnen.

Standardliste der Farn- und Blütenpflanzen Deutschlands – *mit Chromosomenatlas. Rolf Wisskirchen, Henning Haeupler. 1998. 765 S. ISBN 3-8001-3360-1.*

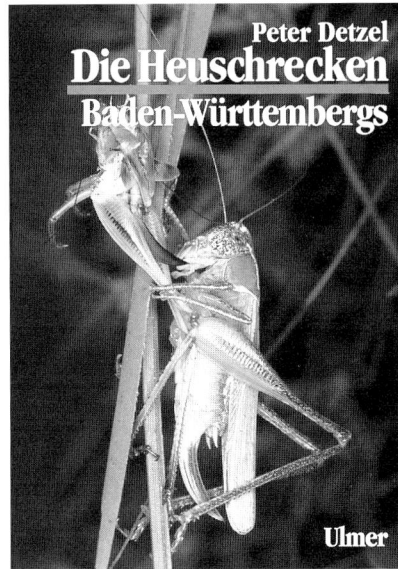

Dies ist das umfassende Standardwerk über die heimischen Heuschrecken (Grillen, Langfühlerschrecken, Kurzfühlerschrecken) und die Gottesanbeterin. Es werden 70 Arten jeweils mit Farbfoto, Verbreitungskarte und ausführlicher Beschreibung ihrer Ökologie und Biologie vorgestellt. Ihre Gefährdung sowie die notwendigen Schutzmaßnahmen werden detailliert beschrieben. Im allgemeinen Buchteil finden sich die Nomenklatur, Zoogeographie, Biologie, Ökologie und die Lebensräume der Tiere. Im speziellen Buchteil werden alle Heuschreckenarten Baden-Württembergs ausführlich beschrieben.

Die Heuschrecken Baden-Württembergs.
Peter Detzel. 1998. 580 Seiten, 222 Farbfotos, 132 Verbreitungskarten, 137 Grafiken, 51 Tab. ISBN 3-8001-3507-8.

Verlag Eugen Ulmer, Stuttgart